식물병학사전

A Dictionary of Plant Pathology

대표저자 박원목

월드사이언스
worldscience.co.kr

대표저자 박원목 고려대학교 명예교수
저자 이영근 안동대학교 교수
이용세 대구대학교 교수
최창원 배재대학교 교수
류기현 서울여자대학교 교수
고한규 산림협동조합 중앙회 기사
최승국 농촌진흥청 농업 연구사

식물병학사전

인쇄 2010년 10월 20일
발행 2010년 10월 30일

저 자 박원목 외
발행인 박 선 진
발행처 도서출판 월드사이언스

주소 서울시 서초구 방배4동 864-31 월드빌딩 1층
등록일자 1988년 2월 12일
등록번호 제 16-1601호
대표전화 (02) 581-5811~3
팩스 (02) 521-6418
E-mail worldscience@hanmail.net
URL http://www.worldscience.co.kr

정가 48,000원

ISBN 978-89-5881-079-7

여 는 글

식물생산이 인류의 먹거리를 공급하기 위한 것이든 공업이나 의료산업의 원료를 생산하기 위한 것이든 또는 생태계 보존을 위한 것이든, 식물병학을 빼고는 그 생산성을 논할 수 없을 것이다. 한국식물보호학회로부터 한국식물병리학회가 독립한 이후 최근 30년간 한국의 식물병리학계는 양적으로나 질적으로 놀라운 성장을 거듭하고 있다. 최근 10년 이내에 외국의 유명 식물병리학 교과서의 번역본은 물론 우리말로 된 식물병리학 교과서도 여러 학자들에 의해 발간되어 각 대학에서 사용되고 있다.

많은 사람들이 전문분야를 처음 공부하는 과정에서 용어의 의미를 몰라 정확한 내용을 파악하지 못한 경험을 가지고 있을 줄 안다. 이러한 학생들을 위하여 외국에서는 생물학사전 · 식물학 사전 · 식물병학 사전 등 전문용어 사전들이 많이 보급되어 왔다. 한국에서도 최근 전문학회나 연구기관이 중심이 되어 생물학이나 농학 분야의 사전류들을 발간하고 있다. 그러나 식물병학 분야에서는 아직 우리말로 된 전문용어 사전은 물론 용어집조차도 보급되어 있지 못한 실정이다.

식물병학은 식물학과 농학 · 미생물학 · 곤충학 · 농약학 · 생화학 등 여러 학문분야가 밀접한 관계를 가지고 이루어진 복합학문이기 때문에, 그 전문용어의 범위도 엄청나게 넓을 수밖에 없다. 또한 최근 자연과학의 눈부신 발전으로 인하여 이 분야에서도 계속 새로운 용어가 만들어지고 있으며, 한 개의 용어에 새로운 의미가 추가되기도 한다. 이러한 어려움으로 인하여, 필자는 30여 년간 대학에서 식물병학을 강의하면서 이 분야 전문용어사전의 필요성을 절감하였음에도 불구하고, 감히 식물병학사전 집필에 착수할 엄두를 내지 못하였다.

이제 정년퇴임을 맞으며 이 사전을 집필하게 된 것은, 이 분야를 공부하게 될 후진들을 위하여 작은 보탬이라도 되었으면 하는 바람에서였다. 이 사전에서는 우리말로 번역되지 않은 용어와 우리말 용어, 병원체 별 주요병해와 병원체의 학명으로 나누어 편집하였다. 최근 미생물 분류체계에 의한 식물병원체의 분류학적 위치도 사전 뒷부분에 추가하여, 이 사전의 이용성을 높이고자 하였다. 이처럼 사전의 본문 내용이 여러 주제로 나뉜 점을 감안하여, '찾아보기'에서는 모든 주제의 용어들을 영문과 국문으로 통합하여 편집하였다. 이용자들이 용어를 찾기 쉽도록 하기 위함이었다.

각 분야의 중견 학자들이 자신의 전공분야 용어를 수집하고 풀이하였으나, 부족한 용어도 많고 미흡한 해석도 있으리라고 생각된다. 이 사전의 부족한 점은 앞으로 이 분야의 뜻있는 학자들께서 보완하여 더욱 완벽한 사전을 편찬하여 주시리라고 믿는다. 끝으로, 이 사전을 만들기 위해 함께 수고해준 집필진과 이 사전의 좁은 시장성에도 불구하고 기꺼이 발간을 맡아주신 '월드 사이언스'에 감사드린다.

2007. 2. 15.

이천 농장에서 대표저자 박원목

차 례

I. 용 어

1. 영 문

A

abiotic factor, 비생물적 요인 : 생태계에 영향을 미치는 빛, 온도, 습도 등과 같은 물리적 환경요인을 통칭한다.

abiotic, 비생물적 : 살아있지 않은, 또는 무생물에 의해 발생되는.

abnormal predisition, 비정상적 개체소인 : 식물의 감수성을 결정하는 온도, 광선, 일조시간, 양분 등과 같은 요인.

abnormal thickening, hypertrophy, 이상비대 : 병원균에 감염된 식물의 세포가 지나치게 생장하여 식물의 일부 조직이 비정상적으로 커지는 것. 그 결과, 혹(gall)이 생기는 등 식물체가 기형이 된다. 병원균에 의해 식물조직 안에 생장조절물질이 많아지기 때문에 나타나는 병적현상이다.

abortive transformation, 부형질전환 : 배양중인 세포의 정상적인 표현형이 DNA 바이러스에 의하여 일시적으로 세포 형질전환을 일으키는 것.

abscission layer, 이층 : 어떤 식물의 조직이 주변 조직으로부터 떨어져 나가도록, 식물의 조직과 조직 사이에 형성되는 세포층을 이층이라고 한다. 예를 들어, 세균성구멍병균(*Xanthomonas arboricola* pv. *pruni*)에 감염된 복숭아나무 잎에 처음에는 수침성 병반이 형성되나, 이 병반의 주위에 1~2개의 세포층이 이상비대(hypertrophied)되고, 세포중엽의 펙틴질이 용해된다. 병원균이 있는 병반은 마르고 찌그러져서 마침내 잎에서 탈락되고, 병반이 있던 자리에 작은 구멍이 생긴다.

acervulus, 분생자층 : 진균의 무성생식 과정 중 분생포자를 형성하는 분생자병이 기부의 세포에 밀생하여 층을 이룬 것.

Acetobacter : 원핵생물계(界)의 Acetobacteria과(科)에 속하는 속(屬)이다. 이 속의 세균은 0.6~0.8×1.0~4.0㎛ 크기의 그람 음성균이고, 절대호기성 간균이며, 한천배지 상에서 창백한 색의 콜로니를 생성한다. 운동성이 있는 종(種)과 운동성이 없는 종이 있으며, 운동성이 있는 종은 주생모(周生毛) 또는 단극모(單極毛)를 갖고 있다. Ethanol을 acetic acid로 산화하며, acetate나 lactate를 CO_2나 H_2O로 산화한다. 포자나 형광색소를 생성하지 않으며, GC Mol %는 51~62이다. 기준 종은 *A. aceti*이다. 파인애플 pink병균이 이 속에 속한다. 아직 한국에는 이 속의 병원세균에 의한 식물 병은 발견되지 않았다.

Acetobacteriaceae : 원핵생물계(界)의 Rhodospirilla목(目)에 속하는 과(科) 중 두 번째

과이다. 이 과에 속하는 10개의 속(屬) 중 *Acetobacter*속과 *Gluconobacter*속이 식물 병원세균을 포함하고 있다.

Acidovorax : 원핵생물계(界)의 Comamonadaceae에 속하는 15개의 속(屬) 가운데, 유일하게 식물 병원세균을 포함하는 속이다. 0.2~0.7×1.0~5.0㎛ 크기의 그람 음성이고 호기성인 간균이며, 1개의 단극모(單極毛)를 갖고 있다. 형광색소를 생성하지 않으며, GC Mol %는 62~66이다. 포자를 생성하지 않으며, nutrient 한천배지에서 표면에 매끄러운 둥근 우유 빛 콜로니를 형성한다. 기준 종은 *A. facilis*이다. 식물 병원세균으로 벼 세균성줄무늬병균(*A. avenae*)과 수박 과일썩음병균(*A. avenae* pv. *citrulli*)을 포함하고 있다. 근래에 *Pseudomonas*屬에서 분리되었다.

acquired resistance, 획득저항성 : 미생물을 접종한 후 또는 화학물질의 처리에 의해 활성화된 식물체의 병 저항성.

Actinobacteria : Bergey's manual of systematic bacteriology(1984~1988)에 의하면 Firmicutes 문에 속해 있었으나, Bergey's manual of systematic bacteriology 2판(2001)에 의해 Domain Bacteria의 Actinobacteria門(Phylum)으로 독립하였다. 5개의 아강(subclass)을 포함하는 Actinobacteria강으로만 구성되어 있다. 이 가운데, Actinobacteridae에 많은 식물 병원세균이 포함되어있다.

Actinobacteridae : 원핵생물계(界)의 Actinobacteria강(綱)을 구성하는 5개의 아강(亞綱) 중 하나. 2개의 목(目)으로 구성되어 있으며, 이 중 Actinomycetales에 많은 식물 병원세균이 포함되어있다.

Actinomycetales : 원핵생물계(界)의 Subclass Actinobacteria(아강, 亞綱)을 구성하는 2개의 목(目) 중 하나. 10개의 아목(亞目)으로 구성되어 있으며, 이 중 3개의 아목(Micrococcineae, Corynebacterineae, Streptomycineae)에 식물 병원세균이 포함되어있다.

Actinomycetes, 방선균 : 곰팡이처럼 실 모양의 균사를 만드는 세균의 통칭. 사상균(絲狀菌)이라고도 하며, 균사 모양의 균체 끝에 곰팡이처럼 둥근 외생포자(外生胞子)를 형성한다. 원핵생물계의, Actinobacteria문의 Actinobacteria강, Actinobacteria목에 속하는 세균(Domain Bacteria)의 통칭이지만, 균사를 생성하지 않는 Micobacteria과의 세균과 Corynebacteria과에 속하는 세균은 방선균에서 제외 한다(Ⅳ. 식물 병원세균의 분류학적 위치 참조). 토양 중에 많이 서식하며, 방선균에 속하는 대표적인 식물 병원세균으로는 감자에 더뎅이병을 일으키는 *Streptomyces scabies*가 있다.

adenine : 6-aminopurine. 핵산을 구성하는 purine계 염기의 하나이며, 다른 DNA 가닥의 pyrimidine계 염기인 thymine과 결합하여 쌍을 이룬다.

adult plant resistance, 성체식물 저항성 : 대부분의 식물이 어릴 때는 감수성이지만 자라면서 점차 나타내게 되는 저항성.

aeciospore, 녹포자 : 진균의 담자균문, 녹병균목에 속하는 녹병균의 녹포자기에서 형성되는 2핵성의 포자로 발아하게 되면 2핵의 균사체로 발달하여 기주식물을 감염하고, 더 많은 2핵 균사를 만들며, 여름포자퇴(夏胞子堆, uredium)를 만든다.

aecium, 녹포자기 : 녹병균에서 녹포자를 형성하는 컵 모양의 자실체. 녹포자기는 병포자 및 병포자기에 의한 원형질융합에 의해 형성되며, 생활환 중에서 최초로 나타나는 2핵성의 녹포자(銹胞子, aeciospore)를 생성한다.

aerobic, 호기성 : 산소가 존재하는 상태에서 일어난 대사과정 또는 그 상태에서 생존하는 미생물.

agar, 한천 : 미생물을 배양하고 연구하는 배양배지의 조제에 사용되며, 해초에서 추출하는 젤라틴 같은 물질로, 98℃ 이상에서 액체 상태로 되며, 42~43℃ 이하에서 고체 상태로 변한다.

agarose gel : Agarose는 한천이 주성분이며, 황산기를 거의 갖지 않은 다당이다. Agarose를 물에 녹여 만든 gel이다. 전기영동이나 항혈청응집반응의 일종인 '한천내 침강반응', '겔 여과' 등에 담체로 이용된다.

agglutination, 응집 : 용액 내에 현탁 된 바이러스 또는 세균이 이들에 특이적인 항체를 지니고 있는 항혈청으로 처리할 때 덩어리로 모이게 되는 혈청학적 반응.

aggressiveness, 침해력 : 병원체가 식물체를 침입할 수 있는 능력을 의미하며, 양적으로 평가할 수는 없는 질적인 의미를 내포하고 있다.

Agonomycetales, 무포자균목 : 진균의 불완전균류, 총생균강에 속한다. 포자를 형성하지 않는다(mycelia sterilia), 담자균류의 무성생식세대이다.

Agrobacterium : 원핵생물계(界)의 Rhizobia과(科)에 속하는 속(屬)이다. 이 속의 세균은 0.6~1.0×1.5~3.0㎛ 크기의 그람 음성이고, 호기성인 간균이다. 1~6개의 주생모(周生毛)를 갖고 있다. 포자를 생성하지 않으며, nutrient 한천배지에서 표면에 매끄러운 둥근 우유 빛 콜로니를 형성한다. Catalase를 생성하며, 대부분의 strain들이 oxidase와 urease를 생성한다. Biovar 1~3이 있으며, 어떤 병원성 plasmid를 가지고 있느냐에 따라 종(種)이 분류된다. GC Mol %는 57~63이며, 기준 종은 *A. tumefaciens*이다. 많은 식물의 뿌리혹병균(*A. tumefaciens, A. rubi, A. vitis*)과 털뿌리병균(*A. rhizogenes*)이 이 屬에 포함된다.

agroinfiltration, 아그로박테리움 주입법 : 식물에 외래적인 유전자의 기능이나 특성을 분석하기 위하여 그 단백질을 일시적으로 발현시키는 방법이다. 외래유전자를 가진 식물발현용 재조합벡터를 아그로박테리움에 형질전환 시킨 후 배양하여 현탁액을 바늘이 없는 주사기를 이용하여 잎에 주입시킨다. 대량으로 주입하여야 할 경우 진공법(vacuum infiltration)을 이용한다.

AK-toxin : 배나무 검은무늬병균(*Alternaria kikuchiana*)에서 생성되는 기주 특이적 독소(toxin).

alarm signal, 경고신호 : 병원체의 감염에 의해 기주식물이 생성하는 화합물로서 기주세포의 핵에 전달되어 병원체를 억제하는 물질을 생성하도록 한다.

Albuginaceae, the white rusts, 흰녹가루병균과 : 유사균류(pseudofungi)의 색조류계(Chromista), 난균문, 난균강, 노균목에 속한다. 유주자낭병은 표피 아래에 곤봉형으로 놓여 있고 이 위에 타원형의 유주자낭이 연쇄상(連鎖狀)으로 형성된다. 활물영양균(biotriph)이며 대부분의 십자화과 식물을 침해한다.

allele, 대립유전자 : 염색체의 동일한 위치에 존재하는 유전자가 2개 이상의 다른 형태로 존재할 때 그 중 하나의 유전자.

Alphaproteobacteria : 원핵생물계(界)의 Proteobacteria문(門)에 속하는 5개의 강(綱) 중 첫 번째 강이다. Rhodospirillales, Rhizobiales, Sphingonomonadales가 이 강에 속한 목(目)으로 식물 병원세균을 포함하고 있다.

alternate host, 중간기주 : 식물병원 곰팡이(예 : 녹병균)가 생활환을 완성하기 위해 교대하여 기생하는 두 종류의 식물 중 병원 곰팡이에 의한 피해가 적은 식물.

amber stop codon, 앰버 종결신호 : 부분적으로 중복된 두 유전자가 같은 해독틀(reading frame)을 이용하여 단백질을 합성할 때 일어나는 현상이다. 한 유전자에 존재하는 단백질 종결신호를 지나쳐(read-through) 해독된다.

ambi-sense : 양성가닥과 음성가닥의 성질을 동시에 가진 단일가닥 RNA를 칭한다.

amylovorin : 사과 화상병균(*Erwinia amylovora*)이 생성하는 독소이며, 병원세균과 사과의 상호반응에 의해 생성된다. 인공배지에서 병원세균을 배양할 때는 이 독소가 생성되지 않는다.

anaerobic, 혐기성 : 산소가 존재하지 않는 상태에서 일어나는 대사과정 또는 그 상태에서 생존하는 미생물.

anamorph, 불완전세대 : 곰팡이의 불완전 또는 무성 세대.

anastomosis, 균사융합, 균사접합 : 균사끼리 융합하여 유전물질이 상호 교환되는 현상.

antagonism, 길항작용 : 어떤 생물이 다른 종에 속하는 생물의 생장 또는 증식을 억제하거나 사멸시키는 작용. 길항작용은 영양원에 대한 경쟁, 서식처에 대한 경쟁, 포식이나 기생, 항생물질의 분비 등에 의해 일어난다.

antagonist, 길항인자(拮抗因子) : 길항효과를 나타내는 인자를 말하며, 특히 길항인자가 미생물이나 균(菌)일 경우에 길항미생물 또는 길항균이라고 한다.

antheridium, 장정기, 조정기 : 곰팡이의 유성 생식과정에서 볼 수 있는 웅성생식 기관으로 난균류에서는 장정기에서 수정관을 형성하여 핵이 장난기로 흘러 들어가 수정 후 난포자를 만든다.

anthracnose, 탄저병 : 불완전균류인 *Colletotrichum* 屬(유성세대 : *Glomerella* 屬)에 속하는 진균에 의해 일어나는 식물의 병. 곡류・두류・채소류・과수・수목 등 유용식물의 잎・줄기・과실 등에 발생하여 갈색의 선명한 병반을 만들고, 때로 검게 패인 괴저를 만들므로 탄저병이라 한다. 병반이 오래되면 검게 패인 부분에 분홍빛의 점질물이 생긴다. 이것은 이 균의 분생포자로서 비산(飛散)하여 2차 전염원이 된다. 분생포자 또는 병반부에 침입하는 균사는 여름을 지내고 월동하여 다음해 병의 1차 전염원이 된다. 자낭포자를 형성하는 것도 있는데 병의 전파에 큰 역할을 하는 것은 분생포자이다. 잘 알려진 것으로 밀・옥수수・벼과의 탄저병, 강낭콩 탄저병, 오이・수박 등 박과식물의 탄저병, 감귤나무 탄저병, 감나무 탄저병, 배・사과나무 등 과실의 탄저병 등이 있다. 특히 포도의 탄저병은 만부병이라고 한다.

antibiosis, 항생 : 생물 특히 미생물 사이의 길항현상. 일반적으로 동일한 배지 상에서 배양할 때, 한 미생물이 다른 미생물의 생육을 억제하는 현상.

antibiotic, 항생물질 : 미생물이 생성 분비하는 2차 대사산물로, 낮은 농도에서 다른 종에 속하는 미생물의 생육을 억제하거나 죽이는 물질의 총칭이다. A. Flaming(1929)이 *Penicillium novatum*의 대사산물에서 penicillin을 발견한 것이 항생물질의 최초 발견이었다. *Streptomyces anulatus* (*S. griseus*)가 생성하는 streptomycin sulfate, *S. rimosus* subsp. *pseudoverticillatus*가 생성하는 oxytetracycline, *S. kasugagensis*가 생성하는 kasugamycin 등이 식물 세균병을 대상으로 한 농용항생제의 원료로 사용되고 있다.

antibody, 항체 : 주입된 외부 항원에 반응하여 온혈동물에서 생성되며, 항원에 특이적으로 반응하는 단백질.

antigen, 항원 : 일반적으로 단백질이며, 온혈동물에 주입했을 때 항체가 생성되도록 하는 물질.

antigenic determinant : 항체와 결합하는 항원 결정부위(epitope).

antigenic drift, 항원 연속변이 : 점돌연변이가 축적되어 바이러스 구성 요소의 항원 결정구조가 점진적으로 변화하는 현상이다. 바이러스가 숙주에 침입하였을 때 면역반응에 살아남기 위한 방법 중의 하나이다. 바이러스 게놈(genome)에 소규모의 돌연변이가 점진적으로 축적된다. 이는 유전 암호의 미세한 변화를 가져오며 그에 따른 항원성의 변화로 인해 면역계에 의한 인식이 감소되는 결과를 유발한다.

antigenic shift, 항원 이동 : 바이러스가 다른 바이러스와의 유전자 조각을 서로 교환하는 과정을 통하여 그들의 표면 항원을 완전히 교환하는 것이다. 이러한 항원 변경을 통하여 면역된 개체에 의하여 인식되지 않는다.

antiserum, 항혈청 : 항체가 들어있는 온혈동물의 혈청.

antiviral agent, 항바이러스 약물 : 바이러스를 병원체로 하는 질병에 유효한 약제. 백신으로서는 두묘(痘苗) 소크백신 외에 광견병이나 인플루엔자 백신 등이 공인되어 있다. 항생물질로서는 테트라시클린(아클로마이신・오레오마이신・테라마이신 등)이나 클로람페니콜(클로로마이세틴・케미세틴・파락신 등)이 바이러스의 일부에 유효하다는 것이 알려져 있다.

aphid : 바이러스 매개 능력이 있는 진딧물.

aphid-transmission factor : 진딧물 매개 기능과 관련된 결정부위를 갖는 식물바이러스 유전자나 아미노산 서열

Aphyllophorales, 다공균目 : 균계(菌界)의 담자균문, 모균강에 속한다. 담자과가 외견상 보이고, 담자과의 형태는 다양하다. 담자과 내에 자실층(hymenium)은 납작하거나, 곤봉모양이거나, 치아상이거나 구멍이 열지어 있고 Agaricales처럼 육질성이 아니고 단단하다.

apothecium, 자낭반 : 자장균류의 유성생식과정 중에 형성되는 쟁반처럼 넓게 열려 있는 모양의 자낭과.

appressorium, 부착기 : 곰팡이의 포자가 기주식물에 전반되어 발아한 후 침입하기 위해 발아관의 끝부분이 부풀어 오른 조직으로 감염균사의 생장을 계속하게 한다.

arbuscule : 균근 곰팡이가 식물 뿌리 내에 형성하는 분지된 실타래 모양의 흡기.

Archaea : 원핵생물이지만 진정세균(bacteria)과는 달리 세포벽에 peptidoglycan을 함유하지 않는다. 따라서 세포는 일정한 형태가 없는 다형성이다. 세포벽은 고분자 단백질과 다당류로 되어 있다. 토양 또는 수중(水中)균이며, 동물의 장 안에서 공생하기도 한다. 중온성 또는 고온성으로 100℃ 이상에서 생육하는 종도 있다. Bergey's manual of systematic bacteriology(1984~1988)에 의하면 Mendosicute門의 유일한 강(class)으로 분류되어 있었으나, Bergey's manual of systematic bacteriology 2판(2001)에 의해 2개의 門을 가진 Domain Archaea로 승격 되었다. 현재까지 이 원핵생물에 속하는 식물 병원세균은 알려진 것이 없다.

Archiascomycetes, 고생자낭균강, 원생자낭균강 : 균계(菌界)의 자낭균문에 속하며, 특징짓기 어려운 다양한 곰팡이 그룹이다, 균사는 빈약하거나 없으며, 분화된 자낭과는 없고 자낭은 균사위에 나출되어 있다.

arginine hydrolysis test : Arginine 가수분해시험. 세균이 arginine desmidase와 citrulline ureidase를 생성하는지 조사하는 시험이며, 이 형질은 세균을 분류하기 위한 중요한 특성이다. *Pseudomonas marginalis* pv. *marginalis*(마늘 부패병균)을 비롯한 일부 *Pseudomonas*屬 세균들이 arginine desmidase와 citrulline ureidase을 분비하기

때문에 arginine을 분해하여 citrulline을 거쳐 ornithine을 생성한다. Thornley's 배지(arginine HCl과 phenol red를 넣은 영양액체배지)에 세균을 접종하고 배지의 위를 액체파라핀으로 덮어 혐기적 조건으로 배양하면, 배양기의 색이 붉은색으로 변한다. 이것은 arginine을 ornithine으로 분해하는 과정에서 NH_3가 생성되기 때문에 배지의 산도가 알카리성으로 변하기 때문이다. 배지에 넣어준 phenol red는 알카리성에서 붉은 색으로 변한다(Thornley's medim 참조).

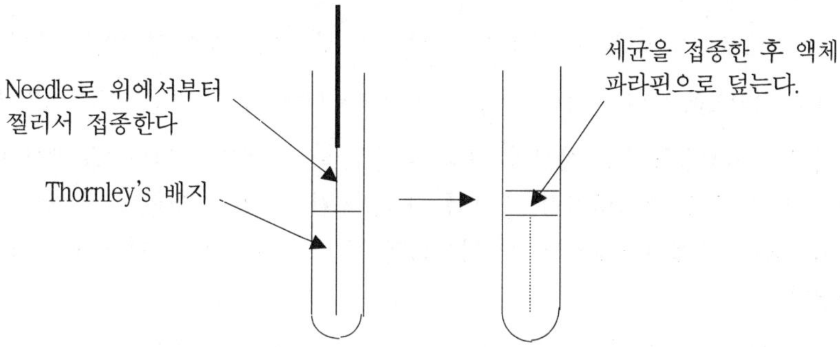

Arthrobacter : 원핵생물계(界)의 Micrococca과(科)를 구성하는 11개의 속(屬) 중 하나. 편모가 없는 호기성 구균 또는 간균이며, 일부 간균은 운동성이 있는 종도 있다. 1.2~1.8×1.0~8.0㎛ 크기의 막대모양 또는 0.6~1.0㎛ 크기의 구형이다. 분열 후의 균체는 직각 또는 V자 모양의 배열을 한다. 그람 양성균이지만 쉽게 탈색이 된다. Catalase를 생성하며, 최적 생육온도는 25~30℃이다. 포자를 만들지 않으며, DNA의 GC Mol %는 59~66이다. *Corynebacterium* 屬으로부터 근래에 분리되었으며, 기준 종은 *A. globiformis*이다. 토양 속에 많이 분포되어 있으며, 식물 병원세균으로는 american holly의 세균성마름병균(*A. illicis*)이 포함되어 있다. 아직 한국에서 이 속의 세균에 의한 식물 병 발생은 보고되어 있지 않다.

arthrospore, 분절포자 : 균사에 격막이 생겨 절단되어 형성된 포자로, 분열포자(分裂胞子, oidium)라 한다.

ascocarp, 자낭과 : 자낭균의 유성생식과정 중에 형성되는 자낭을 둘러싸고 있는 자실체. 자낭과는 그 형태에 따라 구형이면서 완전히 막힌 폐쇄자낭각(cleistothecium), 병 모양의 끝에 구멍이 있는 유공자낭각(perithecium), 쟁반처럼 넓게 열려있는 자낭반(apothecium) 등이 있다.

ascogenous hypha, 조낭기 균사 : 자낭균의 유성생식과정 중에 수정된 조낭기에서 자라나온 균사. 조낭기 균사의 말단세포에서 여러 번 분열 후에 단핵의 자낭이 형성된다.

ascogonium, 조낭기 : 자낭균의 유성생식과정 중에 생성되는 자성배우자낭 또는 생식기관.

Ascomycetes, 자낭균綱 : 균계(菌界)의 자낭균문에 속하는 강(綱) 중의 하나이다. 유성생식을 통해 유성포자인 자낭포자를 자낭 내에 형성한다.

Ascomycota, the sac fungi, 자낭균門 : 균계(菌界)에 속하는 문(門) 중의 하나이다. 대부분 유성세대와 무성세대를 가지고 있으며, 유성포자는 자낭포자로서 보통 자낭에 8개씩 형성된다. 무성포자(분생포자)는 자유균사(분생포자경) 위 또는 무성자실체, 분생포자각, 분생포자층 등에서 형성된다. 균사는 격막이 있고, 잘 발달되어있다.

ascospore, 자낭포자 : 자낭균류에서 유성생식에 의해 자낭 내에 형성되는 포자.

ascostroma, 자낭자좌 : 내강 속에 자낭을 형성하는 자낭균류의 자낭과 또는 생식 구조체.

ascus, 자낭 : 자낭균류의 유성생식 과정 중에 조낭기 균사의 말단세포에서 여러 번의 세포 분열 후에 주머니처럼 생긴 균사세포. 감수분열을 포함한 세 번의 세포분열 후에 2배체 핵에서 8개의 핵이 형성되어 막으로 나누어져서 8개의 자낭포자가 생성된다.

asexual reproduction, 무성생식 : 배우자끼리의 융합 또는 감수분열을 하지 않는 증식의 형태.

asexual spore, 무성포자 : 무성생식에 의해 형성된 포자.

attachment, 부착 : 바이러스 입자가 세포 표면의 수용체에 특이적으로 결합하는 현상이다.

aucuparin : 비파나무가 *Pseudomonas syringae* pv. *eriobotryae*의 침입을 받았을 때 생성하는 phytoalexin이다.

Auriculariales, 목이균目 : 균계(菌界, kingdom Fungi)의 담자균문, 모균강에 속한다. 대부분이 목재부후균(木材腐朽菌)이며 기생성이 약하다.

autocidial control, 자멸적 방제법 : 유해생물을 이용하여 이 유해생물의 자체 종을 스스로 제거시키는 방법. 곤충을 인위적으로 대량증식, 방사하는 특별한 경우로 어떠한 종의 개체를 불임으로 만들거나 유전적으로 손상시켜 방사하는 방법이 이용되고 있다.

autoecious fungus, 동종기생균 : 동일한 기주에서 모든 생활사를 완성하는 기생성 곰팡이.

autoradiography, 자기방사법 : DNA나 RNA 같은 방사능 표지된 분자, 혹은 염색체와 같은 구조가 사진 필름 상에 영상을 나타내는 방법이다.

auxin : Indol-3-acetic acid(IAA)와 같은 생리작용을 일으키는 식물생장조절물질의 총칭이다. 세포분열・꽃눈 형성・부정근 형성 등을 조장한다. 일반적으로 이 물질이 저농도일 때는 세포분열이 촉진되며, 고농도일 때는 오히려 식물생장이 억제된다.

많은 식물 병원세균들이 감염된 식물체 내의 auxin 생성에 관여하여 식물을 기형으로 만든다. 과수 뿌리혹병균인 *Agrobacterium tumefaciens*는 auxin 생성에 관여하는 T-DNA를 식물세포에 전이시켜, 식물세포의 이상증식과 이상비대를 유도한다. 또한 가지과작물의 풋마름병균인 *Ralstonia solnacearum*은 직접 auxin을 생성하여 어린 식물의 생장을 억제한다.

avirulence gene, 비병원성 유전자 : 병원성, 발병력이 없는 유전자.

avirulence, 비병원성 : 병원성, 발병력이 없는.

avirulent race, 비병원성 race : 병원성, 발병력이 없는 race.

avirulent, 비병원성 : 병원성이 없는, 발병력이 없는. 저항성 기주 품종에 병원성(독성)을 나타내지 않는 병원균의 특정한 race나 strain을 칭한다.

B

Bacillaceae : 원핵생물계(界)의 Bacillia목(目)을 구성하는 9개의 과(科) 중 첫 번째 과. 8개의 속(屬)으로 구성되어있으며, 이 가운데 *Bacillus*屬이 식물 병원세균을 포함하고 있다. 그러나 아직 한국에서 이 과에 속하는 세균에 의해 발생된 식물 병은 보고되지 않았다.

Bacillales : 원핵생물계(界)의 Bacilli강(綱)을 구성하는 2개의 목(目) 중 첫 번째 목. 9개의 과(科)로 구성되어있으며, 이 가운데 Bacilla科와 Paenibacilla科가 식물 병원세균을 포함하고 있다.

Bacilli : ①막대기 모양을 한 세균의 총칭. ②원핵생물계(界)의 Firmicutes門(Phylum)을 구성하는 3개의 강(Class) 중 세 번째 강. 2개의 목(Order)으로 구성되어있으며, 이 가운데 Bacillia目이 식물 병원세균을 포함하고 있다.

Bacillus : 원핵생물계(界)의 Bacillia과(科)를 구성하는 8개의 속(屬) 중 하나이다. 그람양성 간균이며, 주생모를 가진 호기성 또는 임의적 혐기성균이다. 알처럼 생긴 내생포자를 균체마다 1개씩 형성하며, 대부분의 종(種)이 catalase를 생성한다. 식물 병원세균으로 *B. megatrium* pv. *cerealis*(밀의 white stripe병균)가 포함되어 있으나, 아직 한국에서 이 속의 세균에 의해 발생된 식물 병은 보고되지 않았다.

bacterial ooz : 병든 식물조직에서 흘러나오는 세균 누출액. 건조한 환경에서는 보기 어려우나, 습한 환경에서는 식물 조직 속에서 증식된 세균이 수액과 함께 식물체 밖으로 밀려나오기도 한다. 도관성 시들음병에 걸린 식물의 병든 줄기를 물속에 넣으면, 수 분 안에 병든 도관으로부터 물속으로 세균이 하얀 실 모양으로 흘러나오는 것을 볼 수 있다.

bactericide, 살세균제 : 세균을 죽이는 화학물질.

bacteriocin : 세균이 생성하는 단백질이며, 그 bacteriocin을 생성하는 세균과 유전적으로 매우 근연관계(近緣關係)에 있는 세균을 죽이거나 생장을 억제한다. 1개의 bacteriocin 입자가 1개의 세균세포를 죽일 정도로 항균력이 높다. 호주의 A. Kerr(1972)는 bacteriocin 생성균주인 *Agrobacterium radiobacter* strain 84를 이용하여 복숭아나무의 뿌리혹병(*A. tumefaciens*)을 성공적으로 방제하였으며, 이것은 식물세균병에 대해 생물적 방제법을 실용화한 첫 번째 예로 기록되었다. 비식물병원성 세균이 생성하는 bacteriocin으로, *Bacillus megaterium*이 생성하는 megacin, *Escherichia coli* (대장균)이 생성하는 colicin, *Pseudomonas aeruginosa*가 생성하는 pyocin 등이 알려져 있다.

bacteriophage : 세균에 기생하는 virus이다. 다른 virus와 마찬가지로 DNA 또는 RNA로 된 핵산이 단백질로 된 껍질에 싸여 있다. 올챙이 모양, 공 모양, 실 모양의 phage가 있다. 균체에 침입한 phage DNA에 의해 새로운 phage가 만들어지고, 균체 내의 phage가 충분히 성숙하면 균체 안에 세포벽 분해효소가 만들어져서 peptidoglycan의 수소결합이 가수분해 되기 때문에 용균현상이 일어난다. Phage에 따라 기주범위가 달라서 특정 세균이나 특정 세균의 특정 strain만 용균 시킨다. Phage의 이러한 성질을 phage의 특이성이라고 한다. Phage에 대한 감수성에 따라 분류된 세균 군(群)을 phagotype이라고 한다. 1915년 영국의 세균학자 F. W. 트워트가 포도상구균(Micrococcus) 집락이 어떤 것에 의해 투명하게 녹는 현상을 우연히 발견하여 bacteriophage를 발견하였다.

bacteriostatic, 정세균 : 세균을 죽이지는 않으면서 증식을 막는 화학물질 또는 물리적 요인.

Baculovirus, 배큘로 바이러스 : 대부분의 곤충을 포함하는 절족동물에 감염하는 바이러스를 칭한다.

Baltimore classification, 볼티모어 분류법 : ①바이러스 유전체를 바이러스 단백질을 합성할 때 사용되는 mRNA의 종류에 따라 분류하는 방법이며, David Baltimore가 제안하였다. ②이 방법에 의한 분류에 이용되는 핵산의 성질에는 genome이 DNA 인지 RNA 인지, genome이 한 가닥(single stranded) 인지 두 가닥(double stranded) 인지, genome이 반수체(haploid) 인지 배수체(diploid) 인지, genome이 한 가닥 RNA인 경우 그 RNA의 염기배열이 mRNA와 같은지(positive sense) 아니면 상보적인지(negative sense), 아니면 두 가지 경우가 모두 존재하는 지(ambisense), genome의 구조가 양쪽 끝이 있는 선형인지(linear) 아니면 원형(circular) 인지, genome이 하나로 연결되어 있는지(non-segmented genome), 아니면 여러 조각으로 나누어져 있는지(segmented genome) 등을 알아보는 데 이용되고 있다.

Barritt's reagent : Barritt 시약. 95% ethanol 100㎖에 α-naphthol 6g을 녹여서 A액을

만들고, 100㎖의 증류수에 potassium hydroxide(KOH) 16g을 녹여서 B액을 만든다. 2,3-butanediol의 전구물질인 acetoin과 반응하여 붉은 색으로 변하기 때문에, glucose를 발효하여 ethanol과 2,3-butanediol을 생성하는지 알아보는 VP 시험(voges-proskauer test)의 지시약으로 사용한다.

basal body, 세균 편모기저체(細菌 鞭毛基低體) : 몇 개의 원판구조로 되어 있는 단백질이며, 각각 세포질막 및 세포벽과 결합하여 있다. 이 원판의 중앙에 막대기 모양의 구조가 있고, 이곳에서 세균의 편모가 자라기 시작한다. 편모의 회전기능을 하는 기관이다.

base, 염기 : 세포나 바이러스 핵산의 퓨린 또는 피리미딘 부분에 사용되는 알칼리성의 질소 유기화합물

Basidiomycetes, 담자균강(綱) : 균계(菌界)의 담자균문에 속하는 강(class, 綱)이다. 유성생식 과정 중에 형성되는 담자기에 유성포자인 담자포자를 형성한다. 균사에는 격막이 없고 핵융합과 감수분열 후에 단세포이며 반수체인 4개의 담자포자(basidospore)가 담자기(basidium) 위에 외생 한다. 이 담자기를 형성하는 담자과(basidiocarp)는 형태가 다양하다. 일반적으로 버섯이라고 부르는 균류의 거의 전부가 여기에 속하고, 녹병균목 및 깜부기병균목도 담자균류에 속한다. 버섯은 자실체(子實體)인데, 이 속에 담자기(basidium)가 생기며, 담자기에 보통 4개의 담자포자(basidospore)를 형성한다. 자실체의 색·형태·구조나 포자의 형성방법·색 등은 분류의 기준이 된다. 영양체는 대부분 균사 상태이고 격막부에 꺾쇠연결(clamp connection)이 있는 것이 많다. 무성생식에 의해 분생자(分生子)를 만드는 것도 있다. 균사세포가 단상 1핵인 1차 균사와 2핵으로 중상인 2차 균사가 있는데 꺾음쇠(clamp connection)은 바로 2차 균사에서 만들어진다. 또한 1차 균사는 체세포 접합에 의해서 2차 균사가 되며 여기서 자실체가 형성된다. 이 자실체의 뒷면에는 방사상의 많은 주름이 있고, 그 안에 담자포자가 생기고 바람에 의해 비산된다. 전 세계에 550속, 1만 5,000여 종이 알려져 있다.

basidiospore, 담자포자 : 담자균류의 담자기에 형성되는 반수체의 핵을 지닌 포자로 담자기의 소병(sterigma)이 출아하여, 그 끝부분에 4개씩 형성된다.

basidium, 담자기 : 담자포자가 형성되는 곤봉 모양의 구조체. 자실체의 하층에 울타리 모양으로 열을 지어 층으로 배열되어 있는 균사(자실층, hymenium)의 말단세포가 곤봉모양으로 팽대된 것.

Bdellovibrio : Proteobacteria문(門)의 Deltaproteobacteria강(綱), Bdellovibrio목(目), Bdellovibrio과(科)에 속하는 절대호기성균이며, 단극모를 가진 콤마 모양의 그람음성 세균이다. 기생성 bdellovibrio와 부생성 bdellovibrio가 있으며, 활물기생성 bdellovibrio는 형광성 *Pseudomonas*를 비롯한 많은 그람음성 세균의 periplasm에

기생하여 세균을 죽인다.

Benedict reagent : Benedict 시약. Sodium citrate 17.3g과 Na_2CO_3 10g을 증류수 60㎖에 녹여서 A액을 만들고, $CuSO_4 \cdot 5H_2O$ 1.73g을 증류수 20㎖에 녹여서 B액을 만든다. A액과 B액을 합하여 100㎖가 되게 한다. 많은 식물에 뿌리혹병 또는 털뿌리병을 일으키는 *Agrobacterium*屬 세균을 검출할 때 사용하는 시약이다. Lactose를 함유한 한천평면배지에서 *Agrobacterium*屬 세균을 배양하면, lactose를 이용하여 3-ketolactose를 생성한다. 배양된 세균의 콜로니 위에 benedict시약을 떨어뜨리고, 1~2시간 후에 관찰하면, 3-ketolactose가 benedict시약과 반응하여 세균의 콜로니 주변이 노랗게 변한다.

Bergey's manual : 세균의 분류·동정을 위한 지침서이며, 대부분의 세균학자들이 이 지침서에 따르고 있다. Bergey's manual of determinative bacteriology와 Bergey's manual of systematic bacteriology의 두 종류로 나누어 출간되고 있다. Bergey's manual of determinative bacteriology는 1921년에 초판이 출간되었으며, 그 후 세균 분류의 발전과 함께 그 내용이 보완되면서 1994년에 9판이 발간되기에 이르렀다. 이 책은 세균의 특성을 중심으로 편집되었기 때문에, 아직 분류학적 위치를 잘 알지 못하는 세균을 동정할 때 참고 하기에 적합하다고 할 수 있다. Bergey's manual of systematic bacteriology는 1984년부터 1988년까지 4권으로 나누어 발간되었으며, 계통발생학적인 분류체계를 강조하여 그 초판이 편집되었다. 따라서 두 종류의 Bergey's manual은 서로 보완적 성격을 가지고 있으며, 1세트로 사용할 수 있다. 2001년부터 Bergey's manual of systematic bacteriology의 개정판이 발간되어, 전면적으로 개편된 세균의 분류체계를 보여주고 있다. 그러나 2003년 4월 현재까지 총 5권 중 제1권 만 발간되었기 때문에, 후속 권들이 발간되어야 새로운 분류체계의 전모를 알 수 있을 것이다.

Betaproteobacteria : 원핵생물계의 Proteobacteria문(門)을 구성하는 5개의 강(綱) 중 두 번째 강이다. 이 강을 구성하는 6개의 목(目) 중 Burkholderiales目에 식물 병원 세균이 포함되어 있다.

bioassay, 생물검정 : 시험생물을 사용하여 병원체의 상대 감염성 또는 물질의 독성을 검사하는 것.

bio-convension, 생물전환 : 특별한 미생물에 의해 제공되는 효소반응을 통하여 특별한 유기화합물이나 분자의 중요한 산물로 전환된다. 이 과정은 상업적으로 중요한 화합물의 합성에 필요한 합성 화학단계를 최소화한다.

biological control, biocontrol, 생물적 방제 : 인간외의 살아있는 생물을 이용하여 병원균의 생존이나 활동을 억제시켜 병원균이 일으키는 병을 감소시키는 것.

biotechnology, 생물공학 : 유전적으로 변형된 생물이나 현대기술을 사용하는 공정 또는 산업적인 생산을 위하여 생물을 사용하는 공정.

biotroph, 활물영양체 : 반드시 살아있는 생물체에서만 생존하고 증식하는 생물.

biotype, 생물형 : 분류학상 종이나 레이스의 하위그룹으로, 일반적으로 한 가지 또는 몇 가지의 새로운 특성에 의해 구분되는 것.

biovar(biotype, biochemical variety) : 세균의 종(種) 계급 이하의 분류 단위이며, 생화학적 또는 생리적 특성이 서로 다른 세균 군(群). 예를 들어 가지과 작물의 세균성 풋마름병균(*Ralstonia solanacearum*)은 탄수화물에 대한 이용성에 따라 5 종류의 biovar로 나눈다.

Blastomycetes, 분아균강 : 균계(菌界)의 불완전균류(不完全菌類, imperct fungi)에 속한다. 효모와 같이 분아 증식하는 곰팡이 그룹.

blastospore, 아생포자 : 출아에 의해 발생하는 포자. 아생포자는 모세포에서 싹 모양으로 융기되어 쇄상으로 형성되어 떨어져 나간다.

blight, 마름병 : 식물의 잎, 꽃, 줄기가 일반적으로 급속하게 고사하는 병

blotch, 무늬, 얼룩 : 잎, 신초, 줄기에 크고 불규칙한 반점이 형성되는 증상.

Brenneria : 원핵생물계(界)의 장내세균과(Enterobacteriaceae)를 구성하는 41개의 속(屬) 중 하나. 근래에 *Erwinia*屬에서 분리되었으며, 식물 병원세균으로 복숭아나무와 자두나무에 세균성구멍병을 일으키는 *B. nigrifluens*가 이 속에 포함되어있다.

Agar media of Brisbane & Kerr : Brisbane과 Kerr의 한천배지. 과수의 뿌리혹병균(*Agrobacterium tumefaciens*)의 biovar 1과 2를 분리하기 위한 선택배지이다. 병원세균의 biovar에 따라 조성이 다른 선택배지를 사용한다. Biovar 1을 분리하기 위한 배지는 L(-) arabitol 3.04g, NH_4NO_3 0.16g, KH_2PO_4 0.54g, K_2HPO_4 1.04g, sodium taurocholate 0.29g, $MgSO_4 \cdot 7H_2O$ 0.25g, agar 15g, 0.1% crystal violet 2mℓ를 살균증류수 1ℓ에 녹인 다음 고압증기 살균(121℃)한 후, 2% cyclohexamide 1mℓ, 1% Na_2SeO_3 6.6mℓ를 혼합하여 만든다. Biovar 2를 분리하기 위한 배지는 NH_4NO_3 0.16g, erythritol 3.05g, KH_2PO_4 0.54g, K_2HPO_4 1.04g, sodium taurocholate 0.29g, $MgSO_4 \cdot 7H_2O$ 0.25g, 1% yeast extract 1mℓ, 0.1% malachite green 5mℓ, agar 15g을 살균증류수 1ℓ에 넣고 녹인 다음 고압증기 살균(121℃)한 후, 2% cyclohexamide 1mℓ, 1% Na_2SeO_3 6.6mℓ를 혼합하여 만든다. 99%의 선택성을 보이는 것으로 알려져 있다.

Bromcresol green : 산성 범위에서 사용하는 산도 지시약의 일종. 적정 사용범위는 pH 3.8~5.4이다. 산성에서 노란색, 알카리성에서 푸른색을 나타낸다. Bromcresol green 0.4g을 95% ethanol 500mℓ에 녹인 후 증류수 500mℓ를 더하여 조제하고, 여과지로 여과하여 녹지 않은 찌꺼기를 제거한 후 사용한다.

Bromcresol purple : 약산성 범위에서 사용하는 산도 지시약의 일종. 적정 사용범위는 pH 5.2~6.8이다. 산성에서 노란색, 알카리성에서 자주색을 나타낸다. Bromcresol purple 0.4g을 95% ethanol 500mℓ에 녹인 후 증류수 500mℓ를 더하여 조제하고, 여과지로 여과하여 녹지 않은 찌꺼기를 제거한 후 사용한다.

Bromthymol blue : 산도 지시약의 일종. 적정 사용범위는 pH 6.0~7.6이다. 산성에서 노란색, 알카리성에서 푸른색을 나타낸다. Bromthymol blue 0.4g을 95% ethanol 500mℓ에 녹인 후, 증류수 500mℓ를 더하여 조제하고, 여과지로 여과하여 녹지 않은 찌꺼기를 제거한 후 사용한다. 중성 부근에서 민감하게 반응하기 때문에, 세균이 영양원을 이용하여 산을 생성하는지를 조사할 목적으로 실험용 배지를 조제할 때 많이 사용한다.

Brown : N. A. Brown. 1923년에 *Agrobacterium tumefaciens*(뿌리혹병균)의 비병원성 균주를 데이지(*Bellis perrenia*)에 접종하여, 뿌리혹병균에 대한 저항성이 유도되었음을 보고하였다. 이것은 식물의 병에 대한 유도저항성을 최초로 보고한 것이었다.

budding, 출아, 눈접 : ①모식물체로부터의 눈을 대목에 삽입하여 식물체를 영양번식 시키는 방법. ②(출아법) 단세포 미생물에서 모세포로부터 딸세포가 형성되는 무성번식법. ③피막성 바이러스 형성의 최종 단계로 뉴클레오캡시드가 숙주의 막 시스템으로부터 팽출되는 것.

bunt, 비린깜부기병 : *Tilletia caries*(*T. tritici*, 구명 : *Uredo caries*)에 의한 밀에 발생하는 병. 병든 이삭은 다소 암록색을 띠며 씨껍질은 불규칙하게 중축에 착생하고 팽대한 씨알이 노출된다. 이 씨껍질에 암다갈색의 후막포자가 가득 차 있고 악취(비린내)를 발산한다. 종자에 붙어 있는 후막포자로 전염하며 유묘감염을 한다. 종자에서 후막포자로 월동한다.

buoyant density, 부력밀도 : ①분리하려는 물질이 원심분리로 밀도기울기를 따라 끌려 내려갈수록 고농도의 설탕용액에 의한 부력이 증가하고 이동은 느려짐. ②분리하려는 물질의 구성인자들은 농도기울기 속에서 층을 형성함.

Burkholderia : 원핵생물계(界)의 Burkholderia과(科)에 속하며, 형광색소를 생성하지 않는 대부분의 종들이 *Pseudomonas*屬에서 분리되어 신설되었다. 호기성 간균이며, 운동성이 있는 종은 1~수개의 단극모를 가지고 있다. Catalase를 생성하며. 종에 따라 oxidase생성 능력은 다르다. 한천배지 상에서 우유 빛 콜로니를 형성하며, 균체 내에 PHB 입자를 축적한다. GC mol %는 64~68이다. 기준 종은 *B. cepacia*(마늘·양파 부패병균)이며, *B. glasdioli* pv. *gladioli*(글라디오러스 세균성부패병균)를 비롯한 많은 식물 병원세균이 포함되어 있다.

Burkholderiaceae : 원핵생물계(界)의 Burkholderia목(目)을 구성하는 5개의 과(科) 중 첫 번째 과이다. 4개의 속(屬)으로 구성되어 있으며, *Burkholderia*屬이 식물 병원세

균을 포함하고 있다.

Burkholderiales : 원핵생물界의 Betaproteobacteria강(綱)을 구성하는 6개의 목(目) 중 첫 번째 목이다. 이 목에 속한 5개의 과(科) 중 Burkholderiaeae, Ralstoniaceae, Oxalobacteriaceae, Comamonadaeae에 식물 병원세균이 속해 있다.

Burrill : Thomas Jonathan Burrill. 미국 Illinois대학의 식물병리학 교수였다. 1877년에 사과나무의 화상병이 세균(*Erwinia amylovora*)에 의해 발생된다고 하여, 식물의 세균병을 처음 보고하였다.

C

cacodylate buffer solution : 식물조직을 전자현미경으로 관찰하기 위해 포매(embedding) 시료를 조제하는 과정에서, 1차 고정액(Karnovsky's fixative)을 씻어 내는 완충용액이다. Sodium dimethyl arsonate를 증류수에 녹여서 만든 0.2M sodium carcodylate 50㎖와 증류수에 녹여 만든 0.2M HCl 4.2㎖를 섞어 pH 7.2가 되게 한 후, 증류수를 더하여 100㎖의 0.1M carcodylate 완충액을 만들어 사용한다.

callus, 칸루스 : 식물의 잎이나 뿌리의 일부를 특정 조건하에서 배양하면 세포가 분화한 상태에서 분화하지 않은 상태(미분화 상태)로 된다. 미분화 상태가 된 세포는 증식하여 혹과 같은 부정형의 덩어리가 된다. 이 덩어리를 칼루스라고 한다. 칼루스를 적절한 조건에서 배양하면 뿌리와 잎, 줄기가 분화하여 완전한 식물체가 만들어진다. 동물의 분화한 세포는 보통 분열하거나 다시 다른 세포로 되는 일은 없다. 그러나 식물에는 이와 같이 분화한 체세포가 일단 미분화 상태가 되고 분열하여 증식하고, 다시 다양한 세포로 분화하여 완전1개체를 만드는 능력이 있다는 것이 일찍부터 알려져 있었다. 이처럼 1개의 세포에서 개체를 만들 수 있는 능력을 '전능성'이라고 한다. 동물에서는 수정란이나 아주 초기의 배세포 이외에는 식물과 같은 전능성은 없다고 생각되어 왔다. 그러나 성체의 줄기 세포를 이용한 클론 양 '돌리'의 성공으로 동물의 분화한 세포도 전능성을 잃은 것은 아니라는 것이 증명되었다.

canker, 궤양 : 식물체의 줄기와 가지에 형성되는 괴저 병반.

Capnodiales, 그을음병균目 : 균계(菌界)의 자낭균문, 소방자낭균강에 속하는 목(order, 目)의 일종. 자낭과가 작고 구형이며 강실(腔室)이 하나이다. 자낭과는 표생하며 엉성하고 어두운 색의 균사층으로 구성되어 있다.

capsid, coat protein, 외피 단백질 : 바이러스의 유전물질인 핵산을 둘러싸고 있는 관 또는 밀폐된 공 모양의 단백질로 만들어진 껍질.

capsidiol : 고추에서 생성되는 phytoalexin의 일종.

cap-snatching mechanism, 캡강탈기작 : TSWV의 복제효소(RdRP)에 내재된 내부핵산

가수분해효소(endonuclesae) 활성에 의해 기주 mRNA의 5' 말단에 존재하는 10~20개의 염기가 절단된 후, 이들 선도 염기들을 바이러스 지놈 mRNA가 전사 개시를 할 수 있도록 선도한다.

capsomer, 캡소머 : 바이러스 외피단백질의 형태적 단위(morphological units)로서 프로타머 5개가 클러스터를 형성한 경우 오량체(pentamer), 6개가 클러스터를 형성한 경우 육량체(hexamer)라고 한다.

capsule, 캡슐 : 일부 세균을 둘러싸고 있는 비교적 두꺼운 점질 다당류의 층.

carbohydrates, 탄수화물 : 탄소, 수소, 산소로 구성되어 있으며 수소 산소가 2 : 1의 비율로 되어있는 화합물.

carcinogen, 발암물질 : 암을 유발시키는 물질. 실험동물에 투여하거나 인간이 섭취했을 때 높은 비율로 암을 발생시키는 물질이다. 최근까지 인체에서 우발적으로 암을 발생시킨 발암물질의 수는 22종으로 알려져 있으며, 동물실험에서 증명된 발암물질의 수는 약 1,500종에 달하고 있다. 각종 발암물질의 검출에 있어서 체세포염색체의 변이(變異) 또는 미생물의 돌연변이 유발을 통한 검사법이 널리 사용되고 있으나, 최종적으로 사람과 유사한 감수성을 나타내는 동물을 사용하여 발암성을 실제로 증명하게 되었다.

carotinoid : *Clavibacter michiganensis* subsp. *michiganensis* (토마토 세균성궤양병균), *Curtobacterium flaccumfaciens* pv. *poinsettiae* (포인세치아 세균성궤양병균), *Pantoea agglomerans*(벼 내영갈변병균)이 생성하는 노란색 비수용성 색소이다.

casamino acid peptone glucose agar media : CPG 한천배지. Casamino acid 1g, bacto peptone 10g, glucose 0.5g, bacto agar 15g을 증류수 1ℓ에 넣고 녹인 다음 고압증기 살균(121℃)하여 만든다. 대부분의 세균이 이 배지에서 잘 자란다. 식물 병원세균에 대한 길항균을 검출하기 위여 사용하는 한천중층 배양법의 기본배지로 많이 사용 된다(한천 중층배양법 참조).

casein hydrolysis test(protein digestion test) : Casein은 우유에 풍부하게 들어 있어서 우유가 하얗게 보이게 한다. 뽕나무 세균성위축병균(*Pseudomonas syringae* pv. *mori*)과 *Xanthomonas campestris*에 속하는 많은 pv.들이 casein을 가수분해한다. 탈지분유 1.5%를 함유한 yeast extract 한천배지를 nutrient 한천평판배지 위에 덮어 2층 배지를 만들고, 이 배지 위에 세균을 배양한다. 우유 빛 한천배지 위에 자란 세균이 casein을 분해하였으면, 세균의 콜로니 주변이 투명하게 변한다.

catalase : 과산화수소(H_2O_2)를 분해하는 다음 반응을 촉매 하는 효소이다. $2H_2O_2 \rightarrow 2H_2O+O_2$. 대부분의 식물 병원세균인 호기성 세균은 모두 catalase를 생성한다.

catalase test : 세균이 catalase를 생성하는지 검정하는 시험. 세균의 콜로니 위에 과산화수소수(H_2O_2)를 몇 방울 떨어뜨리면, 과산화수소수가 분해되어 기체(O_2)에 의한 거품이 발생하기 때문에 catalase가 생성되는 것을 알 수 있다. Catalase 생성여부는 세균을 동정하기 위한 중요한 특성이다. 대부분의 호기성인 식물 병원세균들은 catalase를 생성하지만, 편성혐기성균인 *Clostridium* 屬 세균이나 *Xenorhabdus nematophilus*(선충 공생세균)는 catalase를 생성하지 않는다.

cDNA, 상보적 DNA : ①mRNA의 정보를 바탕으로 만든 DNA. ②일부의 바이러스들은 자신의 유전정보를 RNA 상태로 보존하는데, 이런 바이러스는 역전사효소(reverse transcriptase)를 갖고 있으며 숙주의 내부에서 이 효소를 이용하여 자신의 DNA를 만들어내고 복제를 하여 새로운 바이러스를 만들어 증식한다.

cell culture, 세포배양 : 생물체의 조직으로부터 분리된 세포를 배양하는 것이다. 세포배양으로 얻은 세포군이나 조직배양으로 얻은 세포군이 어떤 경우에는 1개의 개체로까지 생장하고, 어떤 경우에는 단순한 세포 덩어리로만 있는지에 대한 명확한 이유는 형태형성상의 문제점이며, 앞으로의 검토가 필요하다. 이것과 관련하여 1955년에 미국의 C. O. 밀러 등이 발견한 카이네틴은 오래 된 세포에 분열 능력을 생기게 하는 것이며, 형태형성의 한 방향을 제시하였다. 원생동물이나 단세포 식물을 배양하는 것도 일종의 세포배양인데, 이 경우에는 원래 단독생활을 하는 단세포를 인공적으로 배양하는 일이므로, 조직에서 분리한 세포를 인공적으로 배양하는 세포배양과는 다르다.

cell-to-cell movement(transport), 세포간 이동 : 바이러스 혹은 바이러스 지놈 RNA-기주요인 복합체가 원형질연락사를 통하여 감염된 세포에서 이웃한 세포로 이동하는 현상.

cellulase, 섬유소 분해효소 : 섬유소를 분해하는 효소.

Ceratobasidiales, 뿔담자균목 : 균계(菌界)의 담자균문, 모균강에 속하는 목(order, 目)의 일종. 담자과가 자실층을 지닌 밑층에 납작하게 놓여 있다.

Chatterjee : A. K. Chatterjee. 접합(conjugation)에 의한 식물 병원세균(*Erwinia* spp.)의 유전자 전환(transformation)을 처음 보고하였다.

chemotherapy, 화학요법 : 식물이 흡수하여 체내로 이행되는 화학물질을 이용한 식물병의 방제방법.

chimera, 키메라 : 포유류의 2~8세포기의 배 2개를 하나로 합친 배를 만들면 정상 크기의 개체가 된다. 이처럼 2종류 이상의 각각의 개체에서 만들어진 생물을 키메라로 부른다. 키메라는 그리스어에 등장하는 머리는 사자, 몸은 양, 꼬리는 뱀이라고 하는 괴물의 이름이다. 식물의 접붙이기도 키메라라고 할 수 있다. 이를테면 검은 털 마우스의 초기 배와 하얀 털 마우스의 초기 배를 융합하여 대리모의 자궁에 옮겨 발생을 진행시키면 검은색과 흰색 털이 얼룩진 키메라마우스가 된다. 배를 융합하는 방법 외에 마우스의 배가 속이 빈 채 부풀어 오르는 '배반포' 라는 시기에 다른 배의 '배성 간세포(ES 세포)' 를 유리관으로 주입하는 방법도 있다. 형성된 키메라마우스는 배반포의 세포에 유래하는 조직과 ES 세포에 유래하는 조직을 모두 가지게 된다. 같은 종 생물끼리의 키메라만이 아니라 다른 종끼리의 키메라도 만들 수 있는데, 염소와 양의 키메라 '기프' 가 이미 탄생하였다.

chitin : 절지동물이나 연체동물의 외피, 곰팡이나 세균의 세포벽 구성물질로 존재하는 murein의 일종이다. 구조는 β-poly-N-acetylglucosamine이다. 강알카리에 의해 키토산(chitosan, poly-β-1,4-glucosamine)과 아세트산으로 분해된다.

chitinase : Chitin을 가수분해하여 N-acetylglucosamine을 생성하는 반응을 촉매하는 효소이다. *Serratia marcens*를 비롯한 많은 세균들이 chitinase를 분비하여 곰팡이의 세포벽을 분해하기 때문에, 곰팡이에 의한 식물 병을 방제하기 위한 길항균으로 이용될 수 있다.

chlamydospore, 후막포자 : 곰팡이 균사의 일부 세포가 둥글게 되어 막이 두터워지면서 생성된 무성적인 휴면포자.

chlorosis, 황화 : 엽록소가 형성되지 않거나 파괴되어 정상적인 녹색 조직이 누렇게 변하는 현상.

chlorotic lesion, 황화반점 : 식물의 감염부위에 엽록소가 감소하거나 합성이 중지됨으로써 누렇게 변색된 반점.

chlorotic ring, 황화환 : 병원체 감염 결과 병징으로서 고리모양으로 형성된 황화반점.

chloroticring spot, 황화윤문반점 : 병원체 감염 결과 병징으로서 고리모양의 황화윤문 반점이 여러 개 나타난 것.

Christensen medium : Christensen 배지. 세균의 urease 생성 여부를 조사하기 위하여 사용하는 배지이다. Peptone 1g, NaCl 5g, glucose 1g, KH_2PO_4 2g, phenol red 0.012g, agar 15g을 증류수 900㎖에 넣고 녹인 다음 고압증기 살균(121℃)한 후, urea(요소, NH_2CONH_2) 30g을 증류수 150㎖에 녹여 세균여과기로 여과한 urea액 100㎖와 혼합하여 평면배지로 만든다. 뽕나무 세균성위축병균(*Pseudomonas syringae* pv. *mori*) 등 몇 종의 세균은 urease를 생성하여, 요소를 암모니아와 탄산가스로 분해한다. 이 때 생성된 암모니아로 인하여 배지가 알카리성으로 변하고, 배지에 함유된 phenol red로 인하여 배지가 붉은 색으로 변한다.

Chromista, 색조류계 : 유사균류(pseudofungi, fungallike organism)에 속한다. 단세포 또는 다세포, 사상형 또는 집락형, 광의존 영양의 생물군. 일부는 관상 편모를 갖거나 조면소포체에 엽록체를 가진 것도 있다. 갈조류(brown algae), 규조류(diatoms), 난균류(oomycetes) 등이 포함된다.

chronic symptoms, 만성병징 : 오랜 시간에 걸쳐서 나타나는 병징.

Chytridiomycetes, 병꼴균綱 : 균계(菌界)의 병꼴균문(Phylum Chytridiomycota)에 속하는 강(class, 綱). 진정한 균사가 없고 유주자의 아래부위에 1개의 채찍형 편모가 있다.

Chytridomycota, 병꼴균門 : 균계(菌界)에 속하며, 운동성 포자인 유주자를 형성하며, 유주자의 편모 형태에 따라 분류한다.

circular double-stranded DNA, 원형 이중가닥 DNA : ①일부 박테리아나, 바이러스 및 미토콘드리아의 DNA의 구조. ②말단 반복 염기(terminal redundancy)를 가진 선형 DNA가 유전정보의 손실을 막기 위해 원형으로 전환되는 경우가 또 다른 종에서도 발견되어짐. ③선형 DNA의 단일가닥으로 된 점성말단이 서로 상호 보완하여 부착할 경우 원형 이중가닥으로 전환됨.

circulative virus, 순환형 바이러스 : 매개충의 입을 통하여 획득되고 체내에 축적되며 조직을 통과한 후 다시 매개충의 입을 통하여 식물체로 전염되는 바이러스.

cistron : 상보성 검정에 의해 정의되는 유전자의 기능 단위로, 특정 단백질을 암호화하는 핵산(DNA 또는 RNA)의 특정 부위에 있는 뉴클레오타이드의 배열. 보통 유전자와 같은 의미로 사용된다. 1개의 cistron은 1개의 polypeptide의 아미노산배열을 결정하지만, rRNA나 tRNA처럼 polypeptide에 번역되지 않는 RNA 구조 결정 유전자도 포함하여 cistron이라고 한다.

Clavibacter : 원핵생물계(界)의 Microbacteria과(科)를 구성하는 10개의 속(屬) 중 하나. 균체의 모양이 막대모양이거나 쐐기모양 또는 장갑모양으로 불규칙하다. 그람양성이며 운동성이 없는 절대호기성균이다. Catalase는 생성하지만 oxidase는 생성하지 않으며, 질산염을 환원시키지 않고 indole도 생성하지 않는다. 생육최적온도는 20~29℃이며, 최고생육온도는 35℃이다. *Corynebacterium*屬에서 재분류되었으며, 한국에서 발생되고 있는 식물 병원세균으로 *C. michiganensis* subsp. *sepedonicus* (감자 둘레썩음병균) · *C. michiganensis* subsp. *michiganensis* (고추와 토마토의 궤양병균)을 포함하고 있다.

clean zone : 한천평판배지 상에 세균과 그 세균에 대한 길항균을 함께 배양할 때, 길항균 주위에서 세균이 자라지 못하기 때문에 생기는 세균의 발육 저지원. 한천평판배

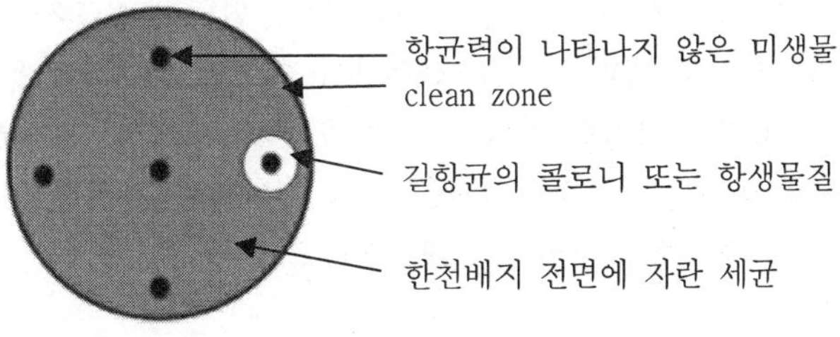

지에 세균을 배양하면서 항균제를 부분적으로 처리해도 항균제의 주변에 clean zone이 생기는 것을 볼 수 있다.

cleistothecium, 폐쇄자낭각 : 완전히 폐쇄된 자낭과.

clone : 1개체로부터 무성적으로 생산되었기 때문에 유전적으로 동일1개체들의 집단. 생물이나 세포 또는 유전자를 막론하고, 1개체로부터 기원된 복사체는 모두 clone이라고 한다.

cloning : 특정 DNA 단편 또는 유전자를 vector에 결합하여 기주세균에 넣어 증폭시켜주는 작업. 복제시키는 대상에 따라 DNA cloning 또는 gene cloning이라고 한다.

Clostridia : 원핵생물계(界)의 Firmicutes문(門)을 구성하는 3개의 강(綱) 중 첫 번째 강. 3개의 목(目)으로 구성되어있으며, 이 가운데 Clostridia目이 식물 병원세균을 포함하고 있다. 그러나 아직 한국에서 이 강에 속하는 세균에 의해 발생된 식물 병은 보고되지 않았다.

Clostridiaceae : 원핵생물계(界)의 Clostrida목(目)을 구성하는 8개의 과(科) 중 첫 번째 과. 11개의 속(屬)으로 구성되어있으며, 이 가운데 *Clostridium*屬에 느릅나무에 wet-wood syndrome을 일으키는 식물 병원세균이 포함되어 있다. 그러나 아직 한국에서 이 과의 병원세균에 의해 발생된 식물 병은 보고되지 않았다.

Clostridiales : 원핵생물계(界)의 Clostridia강(綱)을 구성하는 3개의 목(目) 중 첫 번째 목. 8개의 과(科)로 구성되어있으며, 이 가운데 Clostridia과가 식물 병원세균을 포함하고 있다. 그러나 아직 한국에서 이 목에 속하는 세균에 의해 발생된 식물병은 보고되지 않았다.

Clostridium : 원핵생물계(界)의 Clostridia과(科)를 구성하는 11개의 속(屬) 중 하나. 그람 양성의 짧은 간균이며, 이 속에 속하는 대부분의 종(種)이 절대혐기성균이다. 구형 또는 타원형의 내생포자를 형성하며, 주생모를 가지거나 또는 무모균이다. 대부분의 세균들이 catalase를 생성하지 않는다. DNA의 G+C mol %는 22~55이다. 느릅나무에 wet-wood syndrome을 일으키는 식물 병원세균이 포함되어 있다. 그러나 아직 한국에서 이 속의 병원세균에 의해 발생된 식물 병은 보고되지 않았다.

coat protein-mediated viral resistanc, 외피단백질-매개 바이러스 내성 : 특정한 바이러스의 껍질 단백질을 과생산하는 유전자를 포함하도록 유전공학적으로 개량한 식물체를 만들면 그 식물체는 과발현 되는 외피 단백질 유전자뿐만 아니라, 동시에 침입하는 바이러스의 외피 단백질 유전자의 발현도 억제하는 RNA 사일런싱 기작을 유도한다. 따라서 특정한 바이러스 및 유전적으로 상관도가 있는 바이러스의 증식 및 감염이 억제되어 식물은 바이러스에 면역력을 가지게 된다. 이러한 종류의 내성을 외피단백질-매개 바이러스 내성이라고 한다.

coding, 코딩, 암호화 : 특정 단백질을 합성할 때 RNA의 어떤 부위에 있는 뉴클레오타이드의 배열이 아미노산의 배열을 결정하는 과정.

codon : 전령 RNA(mRNA)를 구성하고 있는 4 종류의 염기(adenine, guanine, cytosine, uracil) 중, 3개로 구성된 염기배열. 이 3개의 연속된 염기배열의 순서가 하나의 아미노산을 결정한다. Triplet이라고도 한다.

Coelomycetes, 유각균綱 : 균계(菌界)의 불완전균류에 속하는 강(class, 綱) 중의 하나. 분생포자가 자실체 내에 형성된다.

colony forming unit(cfu) : 어떤 서식처에 살고 있는 미생물을 배양하여, 살아있는 미생물의 밀도를 조사할 때 사용하는 단위. 고형배지에 미생물을 배양하였을 때 형성되는 독립된 원형 콜로니(single colony)의 수를 cfu로 표기한다. 예를 들어 1㎖의 물을 도말하여 배양한 한천배지에서 10개의 single colony가 형성되었으면, 세균 밀도를 10 cfu/㎖로 표기한다. 이 single colony는 1개의 독립된 세포에서 증식된 콜로니로 간주한다.

colony, 집락 : 고체배지 상에서 세균이나 곰팡이가 증식하여 눈에 보이는 덩어리를 형성한 것. 특히 배양기 상에서 1개체의 세포로부터 분열한 것으로 보이는 하나의 둥근 세균의 덩어리를 single colony라고 한다.

Comamonadaceae : 원핵생물계(界)의 Burkholderia목(目)을 구성하는 5개의 과(科) 중에서 다섯 번 째 과이다. 15개의 속으로 구성되어 있으며, 이 가운데 *Acidovorax*屬이 식물 병원세균을 포함하고 있다.

competence, 수용성 : 세균이 자신의 세포벽과 접촉된 DNA를 받아들여 형질전환(transformation)할 수 있는 상태. 외부 DNA를 받아들일 수 있는 수용성은 대수증식기에 가장 높으며, 이런 상태의 세포를 competent cell이라고 한다.

complement faxation, 보체고정법 : ①항원과 항체가 결합된 항원·항체 복합체가 혈액에 존재하는 보체를 활성화시키는 성질을 이용한 방법이다. ②바이러스를 항체와 반응시킨 후, 바이러스와 결합된 항체가 혈액의 보체를 활성화시켜 혈액의 보체가 사라지는 것을 측정한다.

complementary DNA(cDNA), 상보적 DNA : RNA 주형으로부터 역전사효소에 의해 합성되는 DNA.

complementation, 보완 : ①돌연변이 된 바이러스의 손상된 단백질 기능을 같은 숙주세포에 감염된 정상적인 바이러스나 다른 돌연변이체 바이러스의 단백질이 보완하여 돌연변이체 바이러스가 손상된 기능을 복구하여 돌연변이 된 성질이 나타나지 않는다. ②자손 바이러스는 여전히 돌연변이체로 나타난다. ③자연 상태에서의 defective interfering particle(DI particle)의 손상된 기능을 온전한 바이러스가 보완하는 경우가 대표적인 예이다.

conducive soil, 유발토양 : 자연적으로 병 발생이 잘 되는 토양.

conidia, conidiospore, 분생포자 : 분생자, 분생아포라고도 하며, 곰팡이의 무성생식과정 중에 나타나는 형태다. 균사의 끝부분에 생기는 포자. 분생포자의 형태 또는 착생방법은 곰팡이의 종류에 따라 현저하게 다르다.

conidiophore, 분생자병 : 균사에서 분기하여 나와 1개 이상의 분생포자를 형성하는 특별히 분화된 균사.

conidium, 분생포자 : 무성적으로 생성되는 진균의 포자로 모균사(母菌絲)의 핵상과 같다. 일반적으로 특별히 분화된 균사인 분생자병(conidiophore)에 노출된 상태로 형성되는데, 주머니모양의 구조인 분생자각(pycnidium) 내부에 형성되는 것도 있다. 분생포자는 단세포 또는 다세포로 모양, 크기, 색 및 그 형성과정이 여러 가지이며, 균류 중에서도 특히 유성생식이 알려지지 않은 불완전균류에서는 분생포자의 특징이 분류의 중요한 기준이 된다. 인간 생활과 밀접한 관계가 있는 누룩곰팡이나 푸른곰팡이는 오로지 분생포자에 의해 번식한다. 누룩곰팡이는 분생자병의 끝부분이 부풀어 있으며, 그 표면에 많은 작은 가지가 방사상으로 나오고, 그 말단부에 노란색의 분생포자가 염주모양으로 줄지어 있다. 또한 푸른곰팡이는 분생자병이 몇 번 분지하고, 그 말단부에 청록의 분생포자가 줄지어 있으며, 전체가 빗자루모양이다.

conjugation, 접합 : 두 배우자의 융합 등을 포함하는 유성생식 과정. 또한 세균에서는 세포와 세포의 직접 접촉에 의해 유전물질이 공여세포에서 수용세포로 전해지는 현상.

constiutive : 기질의 존재여부에 관계없이 세포내에 농도가 일정하게 유지되는 물질로서 대개 효소임.

Coons : G. H. Coons. 1925년에 J. A. Kotila와 함께 *Pectobacterium carotovorum* subsp. *carotovorum*(채소 무름병균)에 기생하는 bacteriophage를 분리하였다고 보고하였다.

cork, 코르크 : 수분과 가스가 통과할 수 없는 외부의 2차 조직. 종종 상처나 감염에 반응하여 형성된다.

coronatine : 많은 식물의 잎에 점무늬병을 일으키는 *Pseudomonas syringae* pv.들이 생성하는 기주 비특이적 독소이다. Coronafacic acid와 coronamic acid의 두 부분으로 되어 있다. Coronatine의 독성기작은 이 독소를 생성하는 세균에 따라 다르지만, 대부분 α-amino levulinic acid 합성을 방해하거나 ethylene을 생성하여 식물의 잎을 황변 시킨다. 감자의 괴경에는 이상증식을 일으킨다. 대부분의 coronatin생성 유전자는 plasmid에 있는 것으로 알려져 있다.

Corynebacterineae : 원핵생물계(界)의 Actinomycetales목(目)을 구성하는 10개의 아목(亞目) 중 하나이다. 7개의 科로 구성되어 있으며, 이 가운데 Nocardia科에 식물 병원세균이 포함되어있다.

cosmid, 코스미드 : λ phage DNA를 파아지 입자내로 포함시킬 때 필요한 특정 DNA 배열을 가진 플라스미드로부터 만들어지는 클로닝 벡터,

costunolide : 상추가 세균성썩음병균(*Pseudomonas cichorii*)의 침입을 받았을 때 생성하는 phytoalexin이다.

coumestrol : 강낭콩이 세균성점무늬병균(*Pseudomonas syringae* pv. *phaseolicola*)의 침입을 받았을 때 생성하는 phytoalexin이다.

cresol red : 산성범위에서 사용하는 산도 지시약의 일종이며, 적정 사용범위는 pH 0.2~1.8이다. 산성에서 붉은색, 알카리성에서 노란색으로 변한다. Cresol red 0.2g을 95% ethanol 500㎖에 녹인 후 증류수 500㎖를 더하여 조제하고, 여과지로 여과하여 녹지 않은 찌꺼기를 제거한 후 사용한다.

cross protection, 교차보호 : 약독 계통(mild strain)의 바이러스에 감염된 식물이 이 바이러스의 근연종인 병원성이 강한 바이러스에 의한 병 발생을 억제하는 현상.

cross resistance, 교차저항성 : 어떤 특정한 유효성분을 처리하여 저항성 개체군이 선발되고, 이들이 이제까지 접촉이 전혀 없었던 유효성분에 대해서도 동시에 저항성이 나타나는 현상.

crystal violet(Hucker's) : 세균의 그람염색에 사용하는 시약이며, 그람양성세균의 생육을 억제하기 위한 선택성 배지를 조제하기 위해 사용하기도 한다. 95% ethanol에 녹여서 10%(w:v) crystal violet 용액 20㎖를 만들고, 80㎖의 증류수에 녹인 1% ammonium oxalate 용액과 섞어서 조제 한다(그람염색 참조).

crystal violet-pectate agar media, CVP 한천배지 : 채소 무름병균(*Pectobacterium carotovorum* subsp. *carotovorum*)을 분리하기 위한 준선택성 배지로 많이 사용된다. 0.075% crystal violet 용액 1㎖, 1N-NaOH 4.5㎖, 10% $CaCl_2 \cdot 2H_2O$ 6㎖, agar 4g, $NaNO_3$ 1g, trisodium citrate dihydrate 2.5g, sodium polypectate 9g, 10% sodium lauryl sulfate 0.5㎖를 살균증류수 1ℓ에 넣고 녹인 다음 고압증기 살균(121℃)하여 만든다. Pectin질 분해효소를 생성하는 세균은 sodium polypectate를 분해하여 콜로니의 주변이 움푹하게 들어가기 때문에, 다른 세균의 colony와 쉽

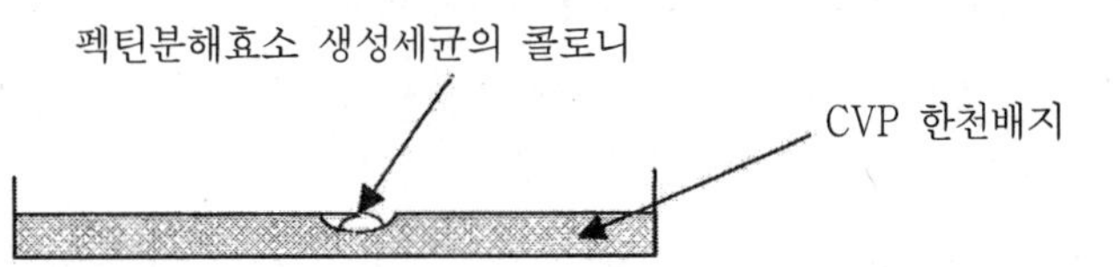

게 구별된다.

cultivar resistance, genotypic resistance, 유전인자형 저항성 : 기주식물의 한 품종은 특정한 바이러스의 strain에 대해 고도의 저항성을 보이는 반면에 같은 유전자 pool을 가진 다른 품종은 그 strain에 대해 감수성을 나타낸다.

culture, 배양 : 준비된 영양물질에서 미생물이나 식물조직을 인위적으로 키우는 것. 이러한 영양물질 상에서 미생물의 균총이나 식물세포가 인위적으로 유지됨.

cup method : 항생물질에 대한 세균의 감수성 정도를 조사하는 방법 중의 하나이다. 세균 현탁액을 섞어서 굳힌 한천평면배지 위에 직경 6㎜ 정도의 짧은 원통을 올려놓고, 이 원통 속에 항생제 현탁액을 넣는다. 한천배지 속의 세균을 배양하면서, cup 주위에 형성되는 세균에 대한 발육 저지원(clean zone)의 크기를 조사한다.

curing : 세균의 plasmid를 제거하는 것을 curing이라고 한다. Acridine 염료가 들어있는 배지에서 배양하면 세균의 plasmid가 복제되지 못하기 때문에, 어버이 세포가 가지고 있던 plasmid가 많은 세균의 후손 중 오직 1개의 세포로만 전달된다. 따라서 대부분의 후손 세포에서 plasmid가 없어지는 효과로 나타난다.

Curtobacterium : 원핵생물계(界)의 Microbacteria과(科)를 구성하는 10개의 속(屬) 중 하나. 균체는 일정하지 않은 모양의 짧은 막대 모양(irregular rods) 이다. 호기성균이며, 한천영양배지 위에서 자라면 매끈하고 둥근 콜로니를 형성한다. 콜로니 색은 보통 노란색이거나 오렌지색이다. Catalase를 생성하며, 최적생육온도는 25~30℃이다. 튤립의 잎쪼김병균(*C. flaccumfaciens* pv. *oortii*)이 포함되어 있다.

cuticle, 각피 : 식물 표피세포의 외벽 위에 있는 얇은 층으로서 주로 왁스와 큐틴으로 구성됨.

cutin, 큐틴 : 각피의 내부 층을 구성하는 왁스 같은 물질.

Cyanobacteria, 남세균 : 수생 생태계의 단세포, 독립영양, 광합성세균. 지구 생성 초기에 출현한 최초의 광 독립영양 생물(photoautotroph)로서 무산소상태의 원시 대기 환경을 오늘날 유산소 대기 환경으로 전환시킨 중요한 생물체이다. 이 남세균은 38억년의 역사를 가지고 있으며, 고등식물의 엽록체의 기원으로 생각하고 있다. 광합성 기작을 통해 태양 에너지를 생체 화학에너지로 바꾸어 타가영양 생물들의 진화과정을 촉진해 왔다. 또한, 많은 남세균 종들은 질소를 고정할 수 있는 능력(nitrogen fixation)을 보유하고 있어서 다른 생물체들의 질소 동화작용(nitrogen assimilation)을 돕고 있는 생태계의 중요 위치를 차지하고 있다.

cyst, 시스트 : 낭으로 둘러싸인 유주포자(곰팡이). 선충에서는 알을 담고 있는 *Heterodera*屬과 *Globodera*屬의 죽은 암컷 성충의 잔해.

cystein broth medium, Cystein 액체배지 : 세균이 cystein을 환원시켜 유화수소 gas를

생성하는지 검정하는데 사용하는 배지이다. $NH_4H_2PO_4$ 0.5g, K_2HPO_4 0.5g, $MgSO_4 \cdot 7H_2O$ 0.2g, NaCl 5g, yeast extract 5g, cystein-HCl 0.5g을 증류수 1ℓ에 넣고, 고압증기 살균(121℃)하여 만든다. 벼 내영갈변병균(*Pantoea agglomerans*)을 비롯하여 과거 *Erwinia*屬으로 분류되었던 몇 종의 세균들이 이 배지의 cystein으로부터 황을 환원시켜 H_2S 가스를 생성한다.

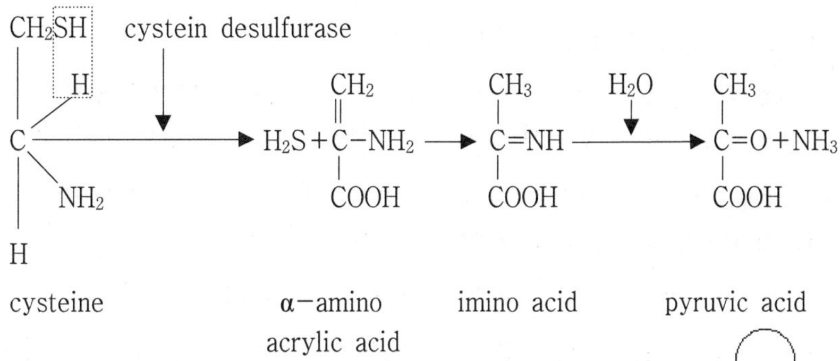

이 배지에서 배양된 세균이 H_2S 가스를 생성하면, 시험관 입구에 고정시킨 연당지의 납을 검게 변색 시킨다. 연당지(lead acetate paper)는 lead acetate 1g을 2N-NaOH 용액 10ml에 녹인 용액에 여과지를 적셔서 만든다.

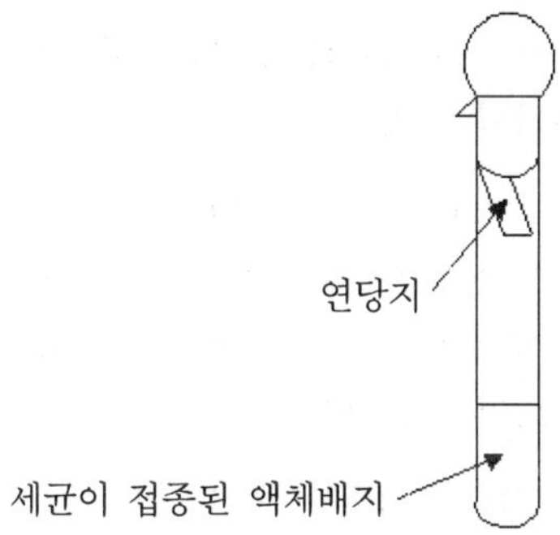

cytokinin, 사이토키닌 : 식물의 최초 세포분열에서 꽃과 과일 형성 시까지 작용하여 효소작용, 다른 생장조절물질 형성을 포함한 많은 대사과정에 영향을 미치는 식물생장조절물질의 일종. 지금까지 약 1,000여개의 사이토키닌이 합성되었거나 천연의 사이토키닌이 알려져 있다.

cytosine : 2-hydroxy 6-aminopyrimidine. 핵산을 구성하는 pyrimidine계 염기 중의 하나이며, 다른 DNA 가닥의 purine계 염기인 guanine과 결합하여 쌍을 이룬다.

D

D-1 agar media : *Agrobacterium*속(屬) 세균과 *Pseudomonas*屬 세균을 구분하기 위한 배지로 사용되고 있다. Mannitol 15g, $NaNO_3$ 5g, LiCl 6g, $Ca(NO_3)_2 \cdot 4H_2O$ 0.002g, K_2HPO_4 2g, $MgSO_4 \cdot H_2O$ 0.2g, bromthymol blue 0.1g, agar 15g을 증류수 1ℓ에 넣고 고압증기살균하여 만든다. 단, 배지의 산도를 pH 7.2로 조절하여 고압증기 살균(121℃)한 후에 배지의 색이 청녹색으로 되도록 한다. 이 배지에서 *Pseudomonas*속을 비롯한 기타 속의 식물 병원세균은 자라지 못한다.

dalton, 달톤 : 수소원자의 원자무게와 동일한 중량 단위.

damping-off, 모잘록병(立枯病) : *Thanatephorus cucumeris* (무성세대 : *Rhizoctonia solani*)에 의해 발생되는 병으로, 식물의 유묘기에 땅과 줄기 부위에 잘록 증상으로 나타나며, 병든 묘는 잘 쓰러지고, 말라 죽는다. 병원균은 병든 식물체의 조직 혹은 토양 내에서 균사나 균핵으로 존재하며, 월동 후 발아하여 식물체의 지제부를 침해한다. 습기가 많은 토양에서 발병이 많다.

defective interfering particle, 결손 간섭입자 : 형태적으로 완전한 입자와 유사하지만 유전체에 일부 결손이 있어서 단독으로 증식할 수 없는 손상된 바이러스 입자.

defective virus, 결손 바이러스 : 스스로 복제하지 못하고 자신이 복제하기 위하여 다른 바이러스가 숙주세포에 같이 감염되어야 하는 바이러스.

denatured protein, 변성 단백질 : 물리, 화학적 처리에 의해서 성질이 변한 단백질.

density-gradient centrifugation, 밀도구배 원심분리 : 입자의 크기나 밀도에 따라 층으로 분리되는 원심분리 방법.

Deuteromycotina, imperct fungi, 불완전균류 : 균계(菌界)에 속한다. 균사에는 격막이 있으며 유성세대가 알려져 있지 않다. 유성(完全)세대가 알려지면 대부분이 자낭균류에 속하고 일부는 담자균류에 속한다. 분생포자의 형태, 색깔, 격막, 자실체의 종류에 따라 분류한다.

diagnosis, 진단 : 병든 식물을 정밀하게 검사하여 정확한 병명을 결정하는 것.

Diagnostic Virology, 진단 바이러스학 : ①인체에 바이러스성 감염질환을 일으키는 주요 바이러스의 특성과 바이러스성 질병의 진단에 이용되고 있는 각 혈청학적 진단법 및 바이러스 분리방법을 소개. ②각 질환에 있어서 올바른 검사방법을 선택하고 검사결과를 판독할 수 있는 실제적인 능력을 배양한다.

Diaporthales, 동고병균目 : 균계(菌界)의 자낭균문, 각균강에 속하는 목(order, 目) 중의 하나. 유공자낭각이 균사조직 및 기주조직에 묻혀있거나 기주 위의 균사조직에 묻혀있다. 자낭은 원통형이며 자낭포자는 하나 내지 여러 개의 격막을 가지고 있고 무색이거나 갈색이다.

die-back, 마름병 : *Phomopsis*屬에 의해 과수나 수목에 발생하는 진균병. 신초, 가지, 뿌리의 끝부분부터 시작되어 급격하게 말라죽는 병. 발병 초기에는 불규칙한 타원형, 수침상의 병 무늬가 암갈색을 나타내면서 생기고 나중에 마르면 건전부와의 경계부위에 틈이 생기고 적갈색으로 된다. 병세가 진전되면 병 무늬 표면에 흑색의 과립체(병자각)가 밀생하며 나무껍질이 거칠게 된다. 줄기의 방향별로는 서남쪽에, 큰 가지에는 위쪽에 발병이 많으며, 또 햇가지가 병에 걸리면 6월경에 급히 말라죽으면서 가지마름 현상을 나타낸다. 병 무늬는 봄과 가을에 확대되나 여름에는 한때

맺는다. 분생포자는 상처를 통해서 침입하며, 분생자각으로 병든 가지에서 월동한다.

dienes' staining : 일반 광학현미경을 이용하여 *Phytoplasma*에 감염된 식물을 쉽게 진단할 목적으로 Deeley 등(1979)에 의하여 개발되었다. Dienes' 염색액은 methylene blue 2.5g, azure II 1.25g, maltose 10g, sodium carbonate 0.25g을 증류수 1ℓ에 녹이고 증류수를 더해 0.4%로 희석하여 만든다. 식물의 도관 부위를 Dienes' 염색액으로 10분 동안 염색하고, 텅스텐 적색광(赤色光)을 사용하여 관찰한다. 병든 식물의 도관세포는 청녹색으로 염색된다.

differential set, 판별품종 : 병원체의 개개 race에 대하여 저항성 반응이 뚜렷하게 다른 여러 가지 품종으로 되어 있는 일련의 품종 군. 판별품종에 의해 race가 유별되기 때문에 병원체의 race를 검정할 때 이용된다. 판별 가능한 race의 수는 판별품종의 수와 유전적 다양성에 따라 달라진다. 도열병균의 레이스는 일본 판별품종 14개에 의하여 T, N, C 군(群)으로 분류하거나, 국제 판별품종, 필리핀 판별품종 등을 사용하여 연구자에 따라 다르게 레이스를 판별하고 있다.

dihydroxycadalen : 목화가 모무늬병균(*Xanthomonas axonopodis* pv. *malvacearum*)의 침입을 받았을 때 생성하는 phytoalexin이다.

dikaryotic, 2핵 상태 : 일반적으로 담자균류에서 한 세포 내에 유전적으로 화합성이 있는 2개의 핵을 지닌 균사체 또는 포자.

Discomycetes, ascomycets with apothecia, 반균綱 : 균계(菌界)의 자낭균문에 속하는 강(class, 綱) 중의 하나. 쟁반처럼 넓게 열려 있는 자낭반(apothecium)을 만든다. 자낭은 원통형 내지 난형으로 측사와 나란히 존재한다. 자낭포자는 물리적으로 힘차게 방출된다.

disease cycle, 병환 : 병원체의 발달단계와 병이 기주에 미치는 영향 등을 포함하는 병 발달과정의 연속.

disease decline, 병 감소 : 어떠한 토양 병이 몇 년 동안 단일작물을 계속적으로 연작하였을 때 발생이 감소되는 현상.

disease, 병 : 병원체나 환경요인의 계속적인 방해해 의한 기주세포와 조직의 기능 이상으로 결국 병징으로 발달되는 현상.

disinfestant, 소독제 : 환경 내에 존재하는 병원체 또는 식물체나 식물기관의 표면에 존재하는 병원체가 식물을 감염하기 전에 죽이거나 불활성화 시키는 화학적 물질.

disposition, 종속소인 : 식물체가 가지고 있는 유전적으로 병에 걸리기 쉬운 성질.

dissemination, 전반 : 때에 맞추어 병원체가 기주식물에 옮겨지는 것. 전반에는 능동적으로 움직여 기주에 도달하는 자동전반, 식물 종자에 의한 직접전반, 무생물적 요인이나 곤충과 같은 생물적 요인의 도움을 받아서 기주에 운반되는 간접전반 등이 있다.

DNA(deoxyribonucleic acid, deoxy-pentose nucleic acid) : 유전자의 본체이며, 당성분이 D-2-deoxyribose인 핵산이다. 세균의 DNA는 purine계 염기(adenine, guanine)와 pyrimidine계 염기(thymine, cytosine)인 4종류의 염기로 구성되며, 약 5,000~ 5,000,000 base로 되어 있다. 염색체는 두 가닥의 DNA가 일정한 방향으로 꼬여서 이중 나선 구조를 하고 있다. DNA 한 가닥의 adenine은 반드시 다른 가닥의 thymine과 쌍을 이루며, guanine은 cytosine과 쌍을 이룬다. 이와 같이 특정 purine계 염기와 특정 pyrimidine계 염기가 쌍을 이루는 특성을 DNA의 상보성이라고 한다.

DNA linker, DNA 연결체 : 클로닝을 위한 제한부위를 형성하기 위하여 DNA 조각의 끝에 연결된 제한부위를 포함하는 합성 올리고뉴클레오티드.

DNA repair, DNA 수선 : 원래의 염기서열에 대하여 손상되거나 부적절한 뉴클레오티드의 대체한다. DNA 중합효소, DNA 연결효소 그리고 다른 효소들이 수선에 수반된다.

DNA vaccine, DNA 백신 : ①바이러스의 유전자를 포함한 DNA의 단편을 몸속에 항원으로 투여하여 항원을 형성하는 방법. ②이전의 약독화 백신 및 기타 백신에 비하여 안전성이 높고, 가격이 싸서 대량 생산이 가능하다.

Doi : Doi Yoi(土居養二). 1967년에 일본 동경대학교에 근무하던 중, 오갈병에 걸린 뽕나무와 누른 오갈병에 걸린 과꽃의 사부(phloem)에서 마이코플라스마 모양의 미생물(Mycoplasma like organism, MLO)을 관찰하였다. 이것은 식물병원체로서의 *Phytoplasma*속 세균을 발견한 최초 보고였다.

dot blot ELISA(dot blot enzyme-linked, immunosorbent assay), 점블럿-효소면역측정법 : 항원을 함유한 실험시료를 필터가 장착한 96 well 키트에 첨가하고, 순서에 따라 1차 항체 및 효소가 공유결합 된 2차 항체에 특이적 결합을 유도한 후 기질을 반응시켜 변화되는 색의 강도를 측정하는 방법.

dot immunobinding assay (DIBA), 점부착 면역분석법 : 항원을 함유한 실험시료를 니트로셀룰로오스(nitrocellulose) 혹은 나일론(nylon) membrane filter에 직접 처리하거나, 혹은 진공시스템 dot-blot 키트를 이용하여 고정한 후, 1차 항체, 효소가 공유결합 된 2차 항체, 기질을 순서에 따라 반응시켜 항원-항체 특이적 반응의 강도를 발색을 통하여 측정하는 방법.

Dothideales, 갈반병균目 : 균계(菌界)의 자낭균문, 소방자낭균강에 속하는 목(order, 目) 중의 하나. 자낭이 총생하며 형태는 곤봉형이고 위측사는 없다. 500여 종 이상의 식물 잎에 반점을 형성하는 병원균이다. 소방은 측사가 없고 머리 구멍으로 열려있다. 자낭은 난형 내지 원통형이며, 다발로 형성된다. 자낭포자는 단세포 또는 다세포이며, 무색 내지 갈색이다.

double antibody sandwitch ELISA, 이중항체 샌드위치 면역측정법 : 적정 농도(일반적으로 1 : 1,000)로 희석한 항체를 코팅한 96-well 플라스틱 플레이트를 37℃에서

2~4시간 처리하여 세척한 후 실험시료를 첨가하고 4℃에서 익일 처리함. 다시 세척하고 항원·효소결합체를 37℃에서 2~4시간 처리하여 기질을 첨가함. 특이적 반응에 의해 발색된 강도를 분광광도계를 이용하여 흡광도 405nm에서 측정함.

double diffusion test, 이중확산 분석법 : 한천(agar)를 함유한 페트리디쉬(petridish)에 수 개의 구멍을 뚫어 한 가운데에 위치한 구멍에 항체를 처리하고 주위에 위치한 구멍에 대조구를 포함한 다양한 항원을 처리함. 항원과 항체가 확산되어 접하게 되면 흰 색의 침강선이 형성됨.

double-stranded DNA, 이중가닥 DNA : 상호 보완 된 염기 A와 T(이중결합) 및 G와 C(삼중결합)가 수소결합에 의해 형성한 이중나선 구조 DNA.

double-stranded RNA : 상호 보완 된 염기 A와 U(이중결합) 및 G와 C(삼중결합)가 수소결합에 의해 형성한 2가닥 RNA.

downy mildew, 노균병 : 진균의 노균병균科에 속하는 곰팡이에 의해서 발생한다. 맥류, 채소, 과수 등에 발생한다. 발병 초기에는 잎의 앞면에 퇴록 된 부정형 반점이 생기고 엷은 황색을 띠는데. 잎 뒷면에는 불분명하게 보인다. 아래 잎에서 먼저 발생되고 위로 번지며, 반점들이 합쳐지면 병반은 커지고 잎이 말라죽는다. 이때 병든 잎은 잘 찢어지고, 황갈색을 띤다. 잎 뒷면에는 이슬처럼 보이는 곰팡이가 다량 형성되어 흰색 혹은 회색으로 보인다. 병원균은 병든 식물체의 조직 속에서 난포자 상태로 월동하여 이듬해 새로운 식물체가 파종되어 생장하면 다시 발아하여 지상부로 침입하고, 잎 뒷면에서 다량의 포자를 형성하여 공기 중으로 쉽게 전반된다. 병원균의 균사가 잎의 기공이나 수공으로 침입하여 세포간극에서 생장하며 흡기를 내어 세포의 영양을 흡수한다.

durham tube : 한쪽 끝이 막힌 작은 시험관 모양의 튜브. 세균을 배양하는 액체배지 속에 막힌 쪽이 위로 오도록 넣어서, 세균이 당을 발효하여 CO_2 gas를 만들어 내는지 조사하는데 사용된다. 세균이 생성한 CO_2 gas가 durham tube 속의 배양기 위쪽에 모여 육안으로 확인할 수 있다.

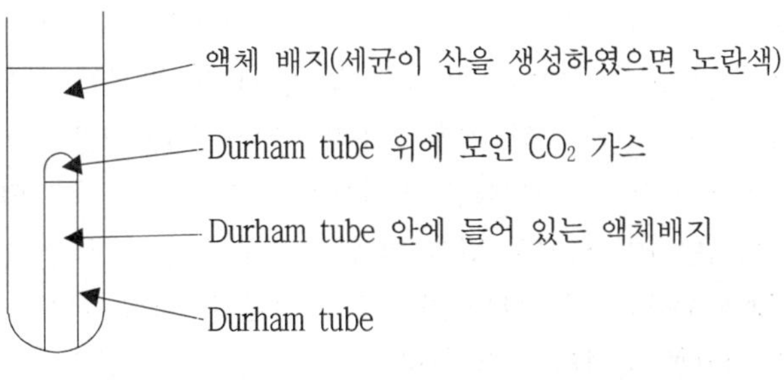

dwarf, 왜화증, 위축증 : 병원체의 감염에 의해 식물에서 나타나는 증상으로서 비정상적인 성장을 보여 개체의 크기가 작음.

E

early genes, 초기 유전자 : RNA 복제효소 유전자와 같이 바이러스 유전체 복제를 하기 위하여 숙주 세포 침입 후 선 발현을 시작하는 유전자.

eclipse, 암흑기 : 바이러스가 숙주세포에 감염할 때 흡착된 후 핵산이 방출되어 감염 입자로서의 기능과 형태를 잃어버리는 기간.

economic injury level, 경제적 피해수준 : 방제를 하지 않거나 불충분할 경우 경제적 피해를 초래하는 병·해충의 개체군 밀도.

economic threshold level, 방제수준 : 병·해충의 개체군 밀도가 경제적 피해수준 보다 다소 낮은 수준으로 경제적 피해수준에 도달하는 것을 방지하기 위해 적절한 방제 수단을 취하여야 하는 개체군 밀도.

ectomycorrhizae, 외생 균근 : 식물의 뿌리에 정착하여 세포사이에서 자라는 균근.

ectoparasite, 외부 기생체 : 기주의 외부에 기생하면서 양분을 섭취하는 기생체.

egg, 알 : 자성 배우자, 선충에서는 접합체 또는 유충을 포함하는 생활사의 첫 단계.

electron microscopy, 전자미세현미경 : 전자를 이용한 광선을 집중적으로 모아주는 기계를 사용함으로써 형상을 만들어내는 방법. 형광스크린 또는 사진판에 놓인 물체의 이미지를 확대 형성하기위하여 사용된다.

elicitor : 식물의 phytoalexin 생산을 유도하는 물질. 병원균의 세포벽 구성물질이다. 이 물질은 기주식물의 세포질막에 있는 수용체와 결합하며, 식물의 신호전달체계를 통해 식물로 하여금 phytoalexin 생산에 필요한 효소합성을 유도하는 것으로 생각되고 있다.

ELISA(enzyme-linked immunosorbent assay), 효소면역계 흡착법 : ①효소가 결합된 항체를 이용하여 이 항체와 반응하는 항원의 양을 조사할 때 이용하는 방법으로, 현재 많은 종류의 바이러스 감염증 진단에 이용한다. ②짧은 배양시간 동안 무색의 효소기질이 유색의 생성물로 전환되고, 이에 따라 매우 적은 양의 항원이 만들어내는 신호가 증폭되는 것이다. 항원을 투입한 혈액이 색변화를 일으키는 효소의 작용으로 판단. IgG 아형(IgG1 IgG2 IgG3 IgG4)의 항체를 포함하여 IgG 매개성의 음식 알레르기를 검사하는데 매우 유용한 결과를 도출한다. 각각의 IgG아형들은 체내로 침입한 특이 단백 분자들을 공격하는데 음식 항원뿐만 아니라, 어떤 항원이라도 IgG 아형이나 IgE 항체로 인한 반응을 유발할 수 있다는 것은 중요한 사실이다. 따라서 ELISA test를 이용하는 알레르기 전문의사들은 모든 종류의 IgG와 IgE 존재에 대한 검사를 확실히 해야 한다.

enation, 돌기 : 바이러스 감염에 의해 야기되는 조직의 기형 또는 과대생장.

endomycorrhizae, 내생 균근 : 식물의 뿌리에 정착하여 세포 내에서 자라는 균근.

endoparasite, 내부 기생체 : 기주체 내로 침입하여 양분을 섭취하는 기생체.

end-point dilution technique, 종말점 희석기법 : 바이러스를 희석하여 검사단위 만큼 배양세포에 접종하여 각 희석배수에 대하여 감염이 일어난 검사 단위의 수를 조사하는 방법이다.

enhancer, 증폭자 : 진핵세포 유전자의 전사를 증진시키는 조절 DNA 염기서열 인자. 수천의 염기쌍이 떨어져 있으며 그 안에 배치된 기능성 인자. 전사의 활성을 상승(enhance)시키는 DNA배열에서 cis에만 작용하여 유전자의 발현을 높인다. SV40 바이러스, 마우스 백혈병 레트로바이러스 LTR의 전사개시부위의 근방에 있는 72~73 염기 길이의 같은 방향 반복배열로서 처음 발견되었다. 증폭제배열은 유전자의 상류, 하류에 삽입하여도 정방향, 역방향으로 삽입하여도 그의 유전자의 전사활성을 높인다. 레트로바이러스 유전자가 동물세포의 원형암 유전자의 근방에 짜넣어지면 원형암 유전자의 전사를 활성화하여 정상세포를 암호화하는 것이 알려져 있다.

Enterobacter : 원핵생물계(界)의 Enterobacteriaceae(장내세균과)를 구성하는 41개 속(屬) 중 하나. 그람 음성의 짧은 간균이며, 대부분 주생모를 가지고 있는 임의 혐기성균이다. V-P test와 citrate test에서 양성반응을 나타내며, 대부분의 세균들이 malonate를 이용하며 gelatin을 서서히 액화시킨다. Indole은 생성하지 않으며, L-arabinose · cellobiose · maltose · D-mannitol · D-mannose · salicin · trehalose를 발효시킨다. 기준 종은 *E. cloacae*이며, 이 세균이 한국에서 참외 발효과의 원인균으로 보고되어있다.

Enterobacteriaceae : 원핵생물계(界)의 장내세균목(Enterobacteriales)을 구성하는 유일한 과(科). 41개의 속(屬)으로 구성되어 있으며, 이 가운데 *Brenneria*를 비롯한 5개의 속이 식물 병원세균을 포함하고 있다.

Enterobacteriales : 원핵생물계(界)의 Gammaproteobacteria강(綱)을 구성하는 13개의 목(目) 중 12번 째 목. 1개의 과(科)인 장내세균과(Enterobacteriaceae)로 되어있으며, 많은 식물 병원세균들이 포함되어 있다.

Entomoplasmatales : 원핵생물계(界)의 Mollicutes강(綱)을 구성하는 5개의 목(目) 중 두 번째 목. 2개의 과(科)로 구성되어 있으며, 이 가운데 Spiroplasma科에 식물 병원세균이 포함되어 있다.

envelope, 외막, 피막 : 핵단백질을 둘러싼 이중의 지질층을 가진 막 구조로서 당단백질(glycoprotein) 성분의 lectin 활성을 가진 hemagglutinin과 neuramic acid로 된 돌기(spike)를 포함하고 있으며, 이들 돌기는 바이러스의 기주 부착 기능을 가진다.

enzyme linked immunosorbent assay, ELISA : Double antibody sandwitch ELIISA(이중항체 샌드위치 면역측정법) 참고.

enzyme, 효소 : 살아있는 세포에 의해 형성되어 특정 유기반응을 촉매하는 단백질.

epidemic : 병 특히 전염성 병이 짧은 기간 안에 비교적 넓은 지역으로 확산되는 것. 식물의 병이 대발생되는 것을 특히 동물의 병과 구분하여 epiphytotics라고 한다.

epidemic rate, 전염속도 : 식물 집단에서 단위시간당 병해의 증가 또는 감소량.

epidemiology, 병역학 : 전염성병의 발생과 전반 및 이에 영향을 미치는 요인에 대하여 연구하는 학문분야.

epidermis, 표피 : 식물체의 모든 부위에 나타나는 세포의 외피 층.

epiphytic, 식물 표면서식 : 감염을 일으키지 않고 식물체 또는 식물체 기관의 표면에 존재하는 것.

epipthytotic, 유행병, 돌림병 : 식물 병이 넓은 면적에 파괴적으로 발생된 상황.

episome : 세균 염색체에 삽입되어 염색체와 함께 증식될 수 있는 유전자의 총칭. 세균의 염색체와는 별도로 세포질 속에 존재하는 plasmid나 용원성 phage가 그 예가 된다.

eradicant, 치료제, 제거제 : 병원체가 최초로 발생한 곳에서 병원체를 제거하는 화학물질.

eradication, 제거 : 병원체에 감염된 식물이나 병든 식물 조직 또는 공동 기주잡초나 매개충을 없애서 전염원을 줄이는 경종적 방제법의 하나.

ergot, 맥각병 : *Claviceps purpurea*에 의해 발생된다. 이삭에 모가 난 검은 덩어리 즉 맥각이 생기는 병으로 밀과 보리에서 발생하며, 호밀에 가장 흔히 발생한다. 이 병에 감염되어 균핵이 있는 낟알로 빵을 만들어 먹거나 사료로 사용되었을 때, 인간과 가축에게 독성이 있다. 병징은 처음에는 병든 이삭의 어린 꽃으로부터 방출된 크림색의 점액 방울이 나타나며, 이것은 단단하고 뿔 모양인 흑자색 곰팡이덩어리로 변한다. 맥각에는 유독성분이 있어 인축에 해롭지만 ergotoxin 등의 성분이 있어 수축제 또는 혈압상승제 등의 약용으로 이용되기도 한다. 병원균의 균핵인 맥각이 포장에서 월동하여 다음해 봄에 자낭포자를 형성한 후 개화 중인 암술머리에 도달하여 씨방에 침입하고 번식하여 분생포자를 만드는데, 이것은 점착성이 있고 꿀이 섞여 있어 '밀로'라고 하며, 곤충이 이것을 흡수하여 다른 꽃에 옮긴다.

Erwinia : 원핵생물계(界)의 장내세균과(Enterobacteriaceae)를 구성하는 41개의 속(屬) 중 하나. 0.5~1.0×1.0~3.0㎛ 크기의 통성혐기성 간균이며, 많은 주생모(周生毛)를 갖고 있다, 대부분의 종이 nutrient 한천배지에서 무색 또는 우유 빛 콜로니를 생성하며, catalase는 생성하지만 oxidase는 생성하지 않는다. 27~30℃에서 잘 자라며, GC mol %는 49.8~54.1이다. 기준 종은 *E. amylovora*(사과나무 화상병균)이며, *E. rhapontici*(마늘 무름병균)를 포함하여 많은 식물 병원세균들을 포함하고 있다.

Erysiphales, the powdery mildew fungi, 흰가루병균目 : 균계(菌界, Fungi)의 자낭균문,

고생자낭균강에 속하는 목(order, 目) 중의 하나. 대부분 완전히 막힌 구형의 폐쇄자낭각(cleistotechecium)을 가진다. 활물영양균(biotroph)이며 표피세포 내에 흡기(haustorium)을 형성하고 균사가 외생하며, 무성 분생포자가 쇄생한다. 폐쇄자낭각 내에 자낭의 수와 부속사(appendage)의 모양에 의해 분류된다.

ethidium bromide : 염기 간에 삽입되어 DNA분자가 자외선 존재 하에서 빛을 낸다. 특히 아가로오스 젤(agrose gel)의 DNA 염색을 위하여 사용된다.

ethylene, 에틸렌 : 에틸렌($H_2C=CH_2$)은 거의 모든 식물조직에 존재하는 가스다. 낮은 농도에서도 고등식물에 여러 가지 효과를 일으킨다. 생육, 뿌리생성, 꽃 및 과일성숙, 낙엽, 낙과, 노쇠 등에 영향을 준다.

etiology of disease, 병원학 : 병의 원인에 대해 연구하는 학문 분야.

Exobasidiales, 떡병균目 : 균계(菌界)의 담자균문, 모균강에 속하는 목(order, 目) 중의 하나. 담자과가 없이 담자기가 기주 표피 위에 노출되어 있다.

exon, 엑손 : 구조 유전자의 염기(鹽基) 배열 가운데 단백질 합성의 정보를 가진 부분이다. 최종적으로 mRNA로서 발현될 수 있는 DNA의 부분으로, 진핵 생물의 유전 정보는 정보를 가지지 않은 염기의 배열에 의하여 DNA의 가운데에서 분단(分斷)되어 있는 경우가 많은데, 이 경우에 정보를 가지고 있는 부분을 이른다.

F

F' factor : 염색체에 통합되었던 plasmid가 염색체의 일부 DNA와 함께 다시 염색체로부터 떨어져 나온 plasmid를 말하며, F'(F prime) 인자라고 부른다. F'인자는 정상적인 plasmid와 마찬가지로 접합에 의해 다른 세균으로 이동하여, F'에 결합된 염색체 DNA가 F'과 함께 다른 세균으로 이전되는 현상을 반성도입(sex duction, F duction)이라고 한다.

facultative parasite, 임의 기생체 : 대부분 부생생활을 영위하지만 기생체로서의 능력을 가진 미생물.

facultative saprophyte, 임의 부생체 : 대부분 부생생활을 영위하는 미생물.

fermentation, 발효 : ATP를 생산하기 위하여 산소의 부재 하에서 세포나 생물체에 의한 유기화합물의 분해. 산업적 응용에서, 세포나 미생물은 원하는 산물을 얻거나 생체량을 증대시키기 위하여 산소가 있거나 없는 상태로 발효조에서 배양한다.

fertilization, 수정 : 2개의 핵이 융합하여 염색체의 수가 2배로 되는 것.

fervenulin : 벼 알마름병균(*Burkholderia glumae*)이 생성하는 독소.

filamentous, 사상의 : 실 모양의, 섬유 모양의.

fingerprinting : DNA 지문법. DNA의 고도가변 영역에서 유래하는 개개의 DNA 밴드의 양상을 규명하기 위하여 사용되는 방법이다.

Firmicutes : Bergey's manual of systematic bacteriology(1984~1988)에 의해 분류된 원핵생물계의 4개 문(Division) 중 1개의 문이었다. 세포벽에 외막이 없으며, 세포벽의 주요 구성성분인 peptidoglycan을 함유하고 있다. 그람양성이고 내생포자를 형성하는 세균과 균사를 형성하는 세균도 포함되어 있다. Bergey's manual of systematic bacteriology 2판(2001)에 의하면, Fermicutes門의 Thallobacteria강에 속하였던 세균을 중심으로 이 문의 일부 세균이 Actinobacteria門으로 독립하였다. 또 과거에 Tenericutes門에 속하던 세균과 Firmicutes門에 속하던 일부 세균을 합하여 Frmicutes門으로 재분류되었다(IV. 식물 병원세균의 분류학적 위치 참조). 몇 종(種)의 식물 병원세균이 포함되어 있다.

firtility plasmid(F-plasmid) : 대장균(*Escherichia coli*) K12에서 발견된 접합성 plasmid이다. 세균에 성선모를 만들고, 복제된 plasmid 한 가닥을 이 성선모를 통하여 수령 세균으로 보낼 수 있다. 이와 같이 세균 사이에 성선모를 통하여 유전물질이 전달되는 현상을 접합이라고 한다.

fission, 이분법 : 1개의 세포가 2개로 나누어지는 무성생식.

flagellin : 세균의 운동기관인 편모의 섬유를 구성하는 단위 단백질. 편모의 끝에서부터 섬유사 내부의 빈 공간을 따라 원통형으로 겹겹이 쌓여가며 편모를 자라게 한다. 편모 섬유사를 구성하는 데 필요한 정보가 편모 단위단백질 소단위에 들어있기 때문에, 세균 특정효소의 도움을 받지 않고 스스로 조립이 가능하다.

flagellum, 편모 : 세균 또는 유주포자에 달려있는 말총 모양의 구조로서 이동기관으로 작용한다. Cilium이라고도 불림.

fluoresce inisothiocyanate(FITC) : 형광시약으로서 주로 항체와 결합하여 조직 내의 항원을 탐색하는데 활용함.

fluorescence in situ hybridization, FISH : 방사성 동위원소를 이용하여 표지하는 방법을 대신할 수 있는 방법으로 형광 표지자를 탐침에 부착시키고 광학현미경을 이용하여 직접 확인하는 방법이다.

fluorescin : 수용성 형광색소의 일종. Bergey's manual of systematic bacteriology (1984~1988)에서 *Pseudomonas* RNA group Ⅰ으로 분류되던 12개의 종(種) 가운데 8 종의 세균이 이 수용성 형광색소를 생성한다. 이 세균들은 King B 배지에서 배양하여 366nm의 파장을 쪼여주면 밝은 녹색 내지 하늘색의 형광을 발한다. 이 형광색소를 생성하는 대표적인 세균은 많은 식물의 잎에 점무늬병을 일으키는 *P. syringae* pv.들과 인삼 근부병을 일으키는 *P. fluorescens*이다.

forma specialis(f.sp.), 분화형 : 한 屬 또는 種에 속하는 기주식물만 감염시키는 병원균의 레이스 또는 생물 분화형 그룹.

free-living, 자유생활 : 머물러 살지 않고 자유롭게 생활하는 미생물의, 또는 기주 바깥의 고양에서 생활하는 병원체의.

fructification, 포자형성 : 곰팡이에 의한 포자나 자실체의 형성.

fruiting body, 자실체 : 곰팡이가 포자형성을 위해 만든 복잡한 구조체.

fumigant, 훈증제 : 일정한 지역의 다양한 병원체를 소독하는데 사용되는 독성 가스 또는 휘발성 물질.

fumigation, 훈증 : 일정한 지역 또는 구역을 소독하기 위하여 훈증제를 처리하는 것.

Fungi Imperfecti, 불완전균류 : 균사에는 격막이 있으며 유성(완전)세대가 알려져 있지 않은 균의 총칭. 유성세대가 알려지면 대부분이 자낭균류에 속하고 일부는 담자균류에 속한다. 분생포자의 형태, 색깔, 격막, 자실체의 종류에 따라 분류한다.

Fungi, 균계 : 균사체를 형성하며 세포벽은 glucan과 키틴(chitin)을 함유하고, 엽록체가 없는 균류의 총칭으로 병꼴균(Chytridiomycetes), 접합균(Zygomycetes), 자낭균(Ascomycetes), 담자균(Basidomycetes) 및 불완전균류(Deuteromycetes)가 있으며, 이를 모두 균계(菌界, Kingdom Fungi)라 한다.

fungicide, 살균제 : 곰팡이에 독성이 있는 화합물.

fungigation, 살균제 관수 : 관수를 통하여 식물체의 잎이나 뿌리에 살균제를 처리하는 것.

fungistatic, 정균 : 곰팡이를 죽이지 않으며 생장을 억제하는 작용.

Fusarium : 균계(菌界)의 불완전균류, 총생균강에 속한다. 많은 중요한 식물병원균이 속하고 있다. 소형 분생포자(microconidia)의 존재여부, 대형 분생포자(macroconidia)와 후막포자(chlamydospore)의 크기, 형태 등에 따라 분류 된다(*F. oxysporum, F. solani*에서 많은 formae speciales가 다시 세분되어 진다).

fusion peptide, 융합펩티드 : 세포막과 바이러스 피막의 융합을 촉진하는 융합 단백질에 존재하는 일련의 소수성 아미노산.

G

gall, 혹 : 병원체의 감염에 따른 식물체의 일부분이 팽창 또는 과대생장하여 형성된 것.

gametangium, 배우자낭 : 배우자 또는 배우자로 작용하는 핵을 지닌 세포.

gamete, 배우자 : 배우자낭 속에 있는 암·수의 생식세포 또는 핵.

Gammaproteobacteria : 원핵생물계의 Proteobacteria문(門)을 구성하는 5개의 강(綱)

중 세 번 째 강이다. 13개의 목(目)으로 구성되어 있다(IV. 식물 병원세균의 분류학적 위치 참조). 이 가운데 Xanthomonas目, Pseudomonas目, Enterobacteria目이 식물 병원세균을 포함하고 있다.

gel double diffusion test, double diffusion test : (이중확산 분석법) 참조.

gelatin liquefaction, Gelatin 액화 : *Pectobacterium carotovorum* subsp. *carotovorum* (채소 무름병균)은 gelatin을 가수분해하여 액화시키지만 *Erwinia tracheiphila*(오이 세균성시들음병균)이나 *Ralstonia solanacearum*(토마토 풋마름병균)은 gelatin을 액화시키지 않는다. 이처럼 gelatin 가수분해 효소 생성여부는 세균 동정을 위한 중요한 형질이다. 한천을 넣지 않고 geltin을 배지의 12%가 되게 넣어준 고체영양배지에 세균을 배양하면, gelatin이 가수분해 된 배지는 액화된다.

gene activator protein, 유전자 활성인자 단백질 : RNA 중합효소가 특정한 프로모터에 잘 결합하도록 촉진하는 단백질.

gene cloning, 유전자 클로닝 : 개별 유전자의 분리와 증식 가능한 세균 내로의 삽입에 의해 gene를 복제시키는 방법.

gene for gene theory, 유전자 대 유전자설 : 기주식물에 저항성이나 감수성을 결정하여 주는 개개 유전자에 대하여 기생체에 비병원성이나 병원성을 결정하여 주는 상응하는 특이적인 유전자가 있다는 이론. Flor가 1956년에 제시하였다.

gene, 유전자 : 하나 이상의 유전적 특징을 결정하거나 조절하는 염색체의 한 부분으로 유전물질의 최소기능 단위.

genetic code, 유전암호 : ①유전암호는 각각의 염기서열에 특정 의미를 부여하는 암호사전이라 할 수 있다. 유전암호는 mRNA의 코돈(codon)으로 구성되어 있다. 코돈은 4종류의 서로 다른 염기(G, C, A, U)를 3개의 서열로 구성한 것으로 64개의 조합으로 이루어져 있고 이중 61개의 코돈은 아미노산을 암호화하고 나머지 3개 (UAA, UAG, UGA)는 유전자를 암호화 하지 않는 종결 코돈이다. ②바이러스에 대해 동물과 식물은 바이러스의 퇴치를 할 수 있는 자물쇠와 암호를 가지고 있다. 바이러스는 이들 암호를 신속하게 푸는 방법으로 진화하였다.

genetic engineering, 유전공학 : 조직배양에서 다양한 절차(유전자 조작, 원형질 융합 등)에 의해 세포의 유전적 조성을 변경하는 것.

genetic linkage map, 유전자 연관지도 : 대체형을 가지는 연관된 다형성 DNA 표지나 유전자간의 유전적 거리를 나타내는 지도. 재조합 빈도에 의해 결정된다.

genetically modified plants, 형질전환식물 : 유전자재조합 기술을 이용하여 어떤 생물의 유전자 중 유용한 유전자(예 : 추위, 병충해, 살충제, 제초제 등에 강한 성질)만을 취하여 다른 식물체에 삽입하여 새로 만들어진 식물을 의미 하며 GMO 식물체라 한다. GMO 식물체가 최초로 상업적 목적으로 판매가 허용된 것은 1994년 미국 칼젠사가 개발한 'Flavr Savr'라는 상표의 토마토이다. 토마토는 숙성과정에서 물러지게 되는데, 칼젠사는 이 과정에 관여하는 유전자 중의 하나를 변형하여 수확 후에도 상당 기간 단단한 상태를 유지하도록 하였다. 그런데, GMO 식물체가 본격적으로 환경단체나 소비자단체의 주목을 받기 시작한 것은 1996년 미국 몬산토사가 개발한 'Round-Up Ready Soybean'이라는 상표명의 대두와 스위스 노바티스사가 개발한 충해에 내성을 가지도록 개발된 'Bt maize'라는 상표의 옥수수가 본격적으로 상품화 되면서부터이다. 하지만 빠른 개발 및 상품화와 시장에서의 높아지는 점유율에도 불구하고 현재로서는 국제적으로 통일된 정의는 없는데, 어느 수준까지를 유전자변형기술로 보느냐에 따라서 다양한 정의가 존재하고 있다. 용어 자체도 "유전자 공학(gene engineered)", "유전자 조작(gene manipulated)", "유전자 이전(transgenic)" 등과 같이 다양한 용어들이 사용되고 있다. 우리나라에서도 용어에 대한 정의뿐만 아니라, 용어 자체도 아직 통일되어 있지 않고, 다양한 용어가 사용되고 있다. 식품의약품안전청은 GMO를 "유전자 재조합식품"으로 명명하고 "식량증산, 영양성분의 개선, 저장성 향상 및 병충해 내성 향상 등을 위하여 생물공학기법으로 처리한 생물체로부터 유래한 식품"으로 정의하고 있다. 농림부는 "유전자변형농산물"이란 용어를 사용하고 있다.

genome : 하나의 배우자가 가진 모든 유전자를 말한다. 원핵생물인 세균의 게놈에는 염색체 유전자 외에 세포질 유전자인 plasmid DNA와 prophage DNA가 있을 수 있다.

genome organization, 지놈 구성 : 한 바이러스의 모든 유전자가 체계적으로 정렬되어 있는 것이다.

genome, 유전체 : 한 생물체가 가지고 있는 유전자 전체.

genome-linked(associated) protein(VPg) : Potyvirus NIa 단백질의 N-terminus 부위가 절단되어 바이러스 지놈의 5' 말단에 공유결합 된 단백질로서, 바이러스 세포간 이동 및 도관부 이동에 관여하며, 이웃한 NIb와 상호 작용하여 바이러스 RNA의 증식에 관여하고, cap 부착 해독인자와 상호 작용하여 단백질합성에도 관여한다. 최근 NTP 부착부위의 7개 아미노산 보존서열(AYTKKGK) 및 핵 표적신호(nuclear localization signal)등이 알려져 있다.

genotype, 유전형 : 생물체의 유전적 구성. 1개 이상의 유전자 쌍을 포함할 수 있다.

germ theory, 미생물 병원설 : 감염성 전염병과 접촉성 전염병은 미생물에 의해 일어난다는 설.

germ tube, 발아관 : 발아하는 곰팡이 포자에 의해 형성되는 초기 생장 균사체.

Glomales, 내생균근균목 : 균계(菌界)의 접합균문에 속하는 목(order, 目) 중의 하나. 내생균근의 하나인 vesicular arbuscular(VA) 균근을 형성하는 곰팡이이다. 소포

(arbuscules)는 식물뿌리에 형성하며 후막포자 같은 포자를 토양이나 뿌리 등에 형성시키고 유성생식은 드물다. *Glomus, Acaulospora, Gigaspora* 및 *Scutellospora* 屬이 있다.

Gluconobacter : 원핵생물界의 Acetobacteria科에 속하는 屬이며, 그람음성 간균이다. 3~8개의 속생모를 가지고 있거나 무모균이다. 생육적온은 25~30℃이며, 영양한천배지에서 배양하면 무색 콜로니를 형성한다. Catalase를 생성하지만, oxidase는 생성하지 않는다. 질산염 환원・젤라틴 액화・indole생성・유화수소 가스 생성 시험에서는 음성반응을 나타낸다. Ethanol을 산화하여 acetic acid를 생성하며, D-glucose로부터 ketogluconic acid를 생성한다. *G. oxidans*가 이 속에 속하며, 한국에서 배나무에 갈색썩음병을 일으키는 원인균으로 보고 된 바 있다.

glucosylyation, 당화 : ①바이러스가 숙주의 제한작용을 피할 수 있는 방법 중의 하나이다. 또 다른 회피방법은 메틸화이다. ②바이러스는 자기 자신의 핵산을 변형하여 숙주의 제한 작용을 피하게 한다. ③당화는 뉴클레아제의 공격을 피하거나 크게 줄인다.

glyceollin : 콩이 세균성점무늬병균(*Pseudomonas savastanoi* pv. *glycinea*)의 침입을 받았을 때 생성하는 phytoalexin이며, glyceolin Ⅰ・Ⅱ・Ⅲ의 3종류가 있다.

Goodman : R. N. Goodman. 1967년에 Klement와 함께 비병원세균의 현탁액을 담배 잎에 침윤시키면 초과민반응이 나타난다는 것을 보고하였다.

gossypol : 목화에서 생성되는 phytoalexin의 일종.

Gracilicutes : Bergey's manual of systematic bacteriology(1984~1988)에 의해 분류된 원핵생물계의 4개 문(門, phylum) 중 1개의 門이었다. 세포벽에 외막이 있으며, 그람 음성이고 내생포자를 형성하지 않는다. 가장 많은 식물 병원세균의 속(屬)이 포함되어 있었으며, Bergey's manual of systematic bacteriology 2판(2001)에 의해 Proteobacteria門을 비롯한 여러 개의 문으로 세분되었다(Ⅳ. 식물 병원세균의 분류학적 위치 참조).

grafting, 접목 : 다른 식물체의 눈이나 접수를 이식하여 식물체를 변식시키는 방법, 또한 살아있는 연합체로 만들기 위하여 두 식물체의 절단면을 붙여서 번식시키는 방법이다.

Graham : T. L. Graham. 1977년에 세균성풋마름병균(*Ralstonia solanacearum*)의 비병원성 균주는 감수성식물의 lectin과 결합하지만, 병원성 균주는 이 lectin과 결합하지 않는다고 하였다. L. Sequeira와 함께 발표한 이 연구결과는 병원균과 식물사이의 인식현상을 설명하는데 기여하였다.

Gram's iodine : 그람염색에 사용하는 시약. Crystal violet과 반응하여 iodopararosanilin을 형성하여, 그람양성 세균의 세포벽을 푸른색으로 염색시키는 역할을 한다. Lugol

의 조제법에 따르면, 증류수 300㎖에 potassium iodine 2g을 녹이고 여기에 다시 iodine crystal 1g을 녹여서 만든다(그람염색 참조).

Gram : Cristian Gram. 덴마크의 미생물학자이며, 1884년에 세균의 중요한 분별 염색법인 그람염색법을 개발하였다(그람염색 참조).

gray mold, 잿빛곰팡이병 : *Botrytis*屬 균에 의해 발생되며, 엽채류, 과채류, 과일 등에 발생한다. 과꽃, 과실, 잎과 줄기에 발병한다. 오래된 꽃받침이 갈색의 수침상으로 썩고 꽃받침 위에 번식한 균사는 유과, 신초, 과실 등에 침입한다. 유과에는 갈색의 움푹 패인 병반을 형성하고 그 위에 회색의 곰팡이를 형성한다. 이병과는 떨어진다. 신초와 과실도 갈변하며 곰팡이를 형성한다. 발병한 꽃받침이 잎에 닿으면 잎에도 옅은 갈색의 윤문이 있는 대형병반을 형성한다. 병원균은 불완전균류의 일종이며 분생포자에 의해 균핵을 형성한다. 피해 경엽 또는 짚 등 다른 유기물에 부생적으로 번식하고 그 곳이 전염원으로 된다. 온도가 높은 하우스재배에서 많이 발생한다.

grid (mesh grid) : 작고 둥근 모양의 얇은 금속판이다. 200개의 작은 구멍이 뚫려 있는 그물모양이며, 세균이나 식물시료를 이 grid에 얹어 투과전자현미경(TEM)으로 관찰한다. 전자현미경으로 세균의 형태를 관찰하기 위해 grid에 세균을 흡착시키는 과정은 다음 그림과 같다.

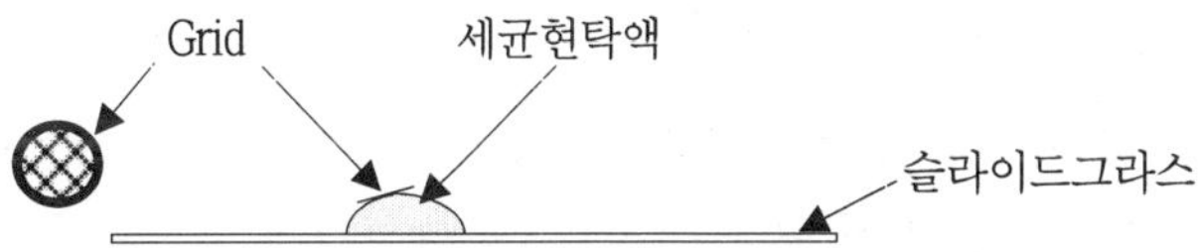

growth regulator, 생장조절물질 : 식물세포의 신장, 분열을 활성화, 조절하는 물질.

guanine : 2-amino-6-oxopurine. 핵산을 구성하는 purine계 염기의 하나이며, 다른 DNA 가닥의 pyrimidine계 염기인 cytosine과 결합하여 쌍을 이룬다.

gum, 고무질 : 식물의 gum duct를 통해서 외부로 분비되는 고무질·수지·정유·점액 등 분비물. 고무질은 주로 전분의 분해에서 유래되는 탄수화물이지만 상처나 병해 등으로 붕괴된 세포가 고무질로 변하기도 하며, 이러한 현상을 gumosis라고 한다.

gummosis, 검 생산 : 식물조직에 의한 또는 식물조직 내에서의 검 생성.

guttation, 일액현상 : 식물체, 특히 잎의 가장자리를 따라 물이 누출되는 현상.

H

habitat, 서식상, 서식지 : 생물이 발생하는 자연적인 장소, 그 장소에 서식하는 생물의 구성.

halo : 잎에 생긴 검은 갈색 점무늬병반 주위의 노랗게 변한 잎살(葉肉)조직. 곰팡이에 의한 병반보다 세균에 의한 병반에서 많이 볼 수 있지만, *Pseudomonas syringe* pv. *tabaci*에 의한 담배 들불병의 병반에서 특히 큰 halo를 볼 수 있다.

haploid, 반수체 : 핵이 하나의 완전한 염색체 세트를 가진 세포 또는 생물.

haustorium, 흡기 : 기주세포 내로 삽입되어 영양물질을 흡수하는 기관으로 작용하는 곰팡이 균사의 돌출 부분.

Helotiales, 균핵병균目 : 균계(菌界, kingdom Fungi)의 자낭균문, 반균강에 속하는 목(order, 目) 중의 하나. 자낭반은 컵 모양 내지 원반형이며. 자낭은 끝이 약간 비후된 형태다. 자낭포자는 구형, 장형, 또는 막대형으로, 하나 내지 여러 개의 격막이 있다.

helper component protein(HC-Pro) : Potyvirus 지놈 유전자의 다기능 단백질로서 P1~HC-Pro polypreotein 형태로부터 P1 단백질의 C-terminus와 HC-Pro 단백질의 N-terminus 존재하는 2개의 펩티드 tyrosine-serine에서 단백질 분해효소(serine-type proteinase) 활성에 의해 절단된다. HC-Pro의 C-terminus와 P3 단백질의 N-terminus에 존재하는 2개의 glycine 사이에서 HC-Pro 단백질이 가지고 있는 단백질 분해효소(cystein-type proteinase) 활성에 의해 절단된다. 알려진 기능은 바이러스를 매개하는 진딧물의 구강에 바이러스를 부착시키고, 바이러스의 세포간 이동 및 장거리 이동, 지놈 증폭, PTGS 억제 등에도 관여한다.

helper virus, 보조 바이러스 : 단독 감염으로는 증식할 수 없는 바이러스에 대하여 동시감염으로 증식을 보조하는 바이러스.

hemagglutination inhibition test, 혈구응집 저지반응 : ①여러 가지 바이러스가 동물이나 사람의 적혈구를 응집시키는 것을 착안하여 검사하는 방법. ②혈구응집 반응을 일으키는 바이러스에 의한 감염이나 전염병에서는 혈구응집 반응을 특이적으로 저지하는 항체 즉 혈구응집 저지 항체가 생산되어 혈액 속에 나타난다. ③시행이 간편하고 특이성이 높기 때문에 혈구응집 능력을 지닌 바이러스에 의한 감염이나 전염병의 진단에 널리 이용된다.

hemmagglutination inhibition, 혈구응집 방해법 : ①혈구응집원이라는 적혈구 응집기능이 있는 단백질(HA protein)을 생산하는 바이러스를 분석할 때 이용한다. ②혈구응집 능력이 있는 바이러스는 적혈구를 서로 연결하여 커다란 적혈구 응집체를 형성한다. ③이러한 성질이 있는 바이러스에 혈구응집원에 대한 항체를 반응시키면, 바이러스가 혈구응집원을 이용하여 적혈구를 응집할 수 없게 된다.

herbaceous plant, 초본식물 : 목본조직을 형성하지 않는 고등식물.

Herbaspirillum : 원핵생물계(界)의 Oxalobacteria과(科)에 속하며, 그람 음성균이다. 균체의 형태는 보통 vibroid이나 때로는 나선형으로 나타나기도 한다. 편모는 1~3개의 속생모이며, 감자 한천배지에서 배양하면 중앙이 갈색이고 매끈한 콜로니를 형성한다. 질소를 고정하며, 암모니움염과 같은 질소원이 있을 경우에 대기압 하에서 잘 자란다. Oxidase를 생성하며, malate · fumarate · succinate · pyruvate · citrate를 영양원으로 하여 잘 자란다. 생육최적 온도는 34℃이다. 식물 병원세균으로 사탕수수 mottled stripe병균(*H. rubrisubalbicans*)이 포함되어 있으나, 아직 한국에서 이 속에 속하는 식물 병원세균에 의한 피해는 보고되지 않았다.

hermaphrodite, 자웅동체 : 기능적인 암·수 생식구조를 모두 가지고 있는 개체.

heteroecious, 이종기생 : 자신의 일생을 완성하기 위하여 서로 다른 2종류의 기주를 필요로 하는 기생체. 특히 녹병균에서 흔함.

heterokaryosis, 이핵 현상 : 균사가 하나의 세포 내에 유전적으로 서로 다른 2개의 핵을 지닌 상태 또는 현상.

heteroploid, 이수체 : 정상적인 n 또는 2n 보다 많거나 적은 수의 염색체가 들어 있는 핵을 가진 세포, 조직, 또는 생물.

heterothallic fungus, 이체성 곰팡이 : 화합성이 있는 암·수 배우자를 생리학적으로 별개인 균사체에 형성하는 곰팡이.

heterothroph, 종속영양생물 : 생명현상 유지에 필요한 유기물질을 스스로 합성하지 못하고 다른 생물체가 합성한 탄수화물을 흡수하여 생활하는 생물.

hetrocapsidation, transcapsidation, phenotypic mixing, 이형 외피화 : 한 바이러스의 유전물질을 다른 바이러스의 외피 단백질이 둘러싸 재조립하는 현상으로서 같은 종에 속하는 바이러스나 혹은 그 바이러스 strain 사이에서 일어난다.

Hfr(high frequency recombinant) : 접합과정을 통하여 이전된 plasmid가 수령세균의 염색체와 통합된 균주. Plasmid와 통합된 염색체는 접합에 의한 전달이 가능하지만, 염색체와 통합된 plasmid를 전달받은 수령세균은 공여세균으로 바뀌지 않는다.

homothallic fungus, 동체성 곰팡이 : 화합성이 있는 암·수 배우자를 동일한 균사체에 형성하는 곰팡이.

homothallic, 동체 접합성 : 자성, 웅성 배우자가 동일 균사체에서 생성되며, 웅성배우자가 동일 균사체의 자성배우자와 수정하는 것.

horizontal resistance, broad spectrum of resistance, 수평저항성 : 기주식물이 특정 병원균의 모든 race에 대하여 부분적으로 동일하게 나타나는 저항성.

horizontal transmission, 수평전파 : 감염된 1개체에서 다른 개체로 전파되는 현상.

host nanspecific toxin, 기주 비특이적 독소 : 독소를 생성하는 병원균에 대해 감수성인 식물뿐만 아니라, 저항성인 식물에 대해서도 병징을 생성하는 독소. 감수성 식물에서만 병징을 생성하는 독소를 기주 특이적 독소(host specific toxin)라고 한다.

host range, 숙주범위 : 병원체가 감염하여 증식할 수 있는 숙주 생물 종의 범위.

host resistance, 기주식물 저항성 : 균의 증식 및 전파를 억제하기 위하여 기주식물이 발현한 병에 대한 저항성으로서, 괴저 병반을 포함하여 심할 경우 치사적(lethal) 반응을 나타낸다.

host specific toxin, 기주 특이적 독소 : 독소를 생성하는 병원균에 대해 감수성인 식물에만 병징을 생성하는 독소.

host, 기주 : 기생체가 침입하여 양분을 얻는 식물체.

HRT : TCV에 대한 아라비돕시스의 저항성 유전자.

hybrid virus, 잡종 바이러스 : 이종의 바이러스가 동일세포에 동시에 감염할 때 유전자의 변환이 생기고, 양자의 성질을 보유하는 바이러스가 생기는 일이 있다. 이 양자의 성상을 보유한 바이러스를 일컬음. 예로서 아데노 바이러스가 있다.

hybridization, 교잡 : 한 가지 이상의 유전적 특징이 상이한 2개체의 교배.

hybridoma, 접합세포 : 두 가지 세포가 융합하여 생긴 잡종 세포. 양쪽 세포의 특징을 합한 것이라는 이점이 있다. 분화한 세포는 배양해도 분열하지 않는다. 이것을 무한히 증식할 수 있는 종양 세포와 융합해 주면 분화한 세포로서의 성질을 가진 채 증식도 할 수 있는 하이브리도마가 된다. 하이브리도마는 항체를 만들기 위해 가장 많이 이용되고 있다. 항체는 체내에 외부로부터의 이물이 침입했을 때 림프구 B세포가 만드는 공격용 단백질이다. 체내에서 만들어지는 항체에는 많은 종류가 있고 그것을 만드는 B세포도 항체의 종류만큼 있다. 1종류의 항체가 대량으로 필요한 경우 1개의 B세포를 꺼내 배양해도 B세포에는 수명이 있고 증식도 하지 않는다. 이것을 종양 세포와 융합하여 하이브리도마로 만들면 B세포로서의 항체를 만드는 성질을 가지면서 증식도 할 수 있어서 1종류의 항체를 대량으로 얻을 수 있다. 이처럼 하여 만든 균질한 항체를 '모노클로널 항체' 라고 한다.

hydathode, 수공 : 앞의 내부로부터 잎의 가장자리 표면으로 물을 방출시키는 1개 이상의 열린 부위를 가진 구조.

hydrogen sulfide(H_2S) production test : *Pantoea agglomerans* (벼 내영갈변병균)를 비롯한 몇 종의 식물 병원세균들이 cystein으로부터 황을 환원시켜 유화수소가스(H_2S)를 생성한다. Cystein-HCl을 0.05% 넣은 고체영양 사면배지에서 세균을 배양하면서, 배양기가 들어 있는 시험관의 위에 연당지(lead acetate paper)를 끼워놓는다. 세균이 유화수소가스를 생성하면 연당지가 검은색으로 변한다(cystein broth medium 및 연당지 참조).

hydrolysis, 가수분해 : 물을 첨가하여 화합물을 고분자에서 저분자로 분해하는 것.

hydroxyphaseollin : 콩이 *Pseudomonas savastanoi* pv. *glycinea* (세균성점무늬병균)의 침입을 받았을 때 생성하는 phytoalexin.

Hymenomycetes, 모균강 : 균계(菌界, kingdom Fungi)의 담자균문에 속하는 강(class, 綱) 중의 하나. 자실층 내에 담자기가 있다.

hyperparasite, 중복 기생체 : 다른 기생체에 기생하는 기생체.

hyperplasia, 이상증식 : 과도한 세포분열에 의한 식물체의 과대생장.

hypersensitivity(hypersensitive response), 과민성반응 : 기주식물이 특정한 병원균을 인식하여 감염 부위에서 확산되지 못하도록 방어기작을 유도하여 신속하게 프로그램화된 세포사멸(programmed cell death)를 일으켜 병원균의 생장을 제한하는 현상.

hypertrophy(hyperplasia), 증생 : 세포분열의 이상으로 병든 조직의 세포 수가 건전한 세포 수보다 많거나(hyperplasia), 세포의 크기가 커져서(hypertrophy) 생육이 촉진되어 나타나는 증상.

hypha, 균사 : 진균의 균사체에서 1개의 실모양 구조.

Hyphomycetales, 총생균目 : 균계(菌界)의 불완전균류, 총생균강에 속하는 목(order, 目) 중의 하나. 분생포자는 균사에서 형성된다. 분생자병은 모여 있지 않다(분생자좌가 없다).

Hypocreales, 육좌균目 : 균계(菌界)의 자낭균문, 각균강에 속하는 목(order, 目) 중의 하나. 유공자낭각은 밝은 색을 띠고 담색 내지 청색, 자색, 또는 다양한 자좌(stroma)에 놓여 있다. 자낭은 난형 내지 원통형으로 머릿구멍(孔口)이 있으며, 자낭포자는 구형 내지 침형, 단세포 또는 다세포, 흔히, 물리적으로 힘차게 방출됨. 분생포자는 phialide를 가진 분생포자경에서 형성된다. 일부 종은 인축에 독성이 있는 물질을 생성한다. 일부 종은 생장조절물질을 생성하며, 일부 종은 다른 곰팡이에 길항적이거나 기생성이 있다. 일부 종은 많은 곡류와 벼과 목초류에 내생균으로 존재하며 이를 뜯어먹는 동물에 독성을 나타낸다.

Hypomycetes, 총생균강 : 균계(菌界)의 불완전균류에 속하는 강(class, 綱) 중의 하나. 균사에 포자를 형성하지 않거나, 균사위에 포자를 생성하며 자실체가 없다.

hypotrophy, 감생 : 건전한 조직에 비하여 병든 조직의 세포 수가 적거나 세포의 크기가 작아져서 생육이 위축되는 현상.

hypovirulence, 저병원성 : 이동 가능한 dsRNA가 존재함으로써 병원균의 병원성이 감소된 것.

I

icosahedral symmetry, 정이십면체 대칭 : ①바이러스 캡시드를 구성하는 단백분자의 배열법의 하나로, 단위는 수개 모여서 캡소머를 형성하여 정이십면체 모양으로 배열하여있는 것이 전자현미경으로 관찰된다. ②바이러스의 종류에 따라 캡시드 구조 단위의 크기와 수가 결정된다.

icosahedron, spherical, 정이십면체 구형 : 20면체 구형의 바이러스 외피 단백질 구조.

immunity(extreme resistance, ER), 면역성 : 접종된 기주의 세포에서 바이러스가 증식할 수 없는 상태 혹은 탐색되지 않는다.

immunoassay, 면역학적 분석 : 혈액과 같은 생물표본에서 특이한 항원의 존재를 확인하기 위하여 항체의 특이성을 이용하는 방법이다.

immunofluorescent test, 면역형광 항체법 : 형광색소(플루오레세인, 로다민)로 표지된 항체를 이용하여 분주를 찾는 기술이다. 면역형광 항체법은 직접법 또는 간접법을 사용하여 감염세포 내에 특정 바이러스 항원의 존재 유・무를 찾는 방식과, 이미 알고 있는 바이러스 항원에 대한 혈청 내 형광항체(fluorescent antibody)의 존재 유・무와 그 역가를 측정하는 방식이 있다.

immunoglobulin : 척추동물의 혈청 속에 생성되며, 항체로서의 기능을 갖고 있는 단백질의 총칭.

imperfect fungus, 불완전세대 : 곰팡이의 생활사 중 유성포자가 형성되지 않는 세대.

in vitro : 생물 생체 내에서가 아니라 인공 배양기를 비롯하여 생체 밖에서 이루어지는 각종 실험에 대해서 사용하는 용어이며, '생체 밖에서 이루어지는' 이라는 뜻이다.

in vitro translation, 생체 외 단백질합성, 시험관 내 해독 : mRNA 혹은 바이러스의 지놈 RNA를 토끼의 망상 적혈구 용해물(rabbit reticulocyte lysate) 혹은 밀의 배 추출물(wheat germ extract) 시스템에 도입하여 인위적으로 단백질을 합성하는 방법이다.

in vivo : '생물 생체 내에서 이루어지는' 이라는 뜻이다.

inclusion body, 봉입체 : 바이러스에 감염된 세포에서 바이러스에 의해 유도된 세포내 구조체. 대표적인 예로 potyvirus가 감염된 세포에서 관찰되는 pinwheel, bundle, laminated aggregates와 같은 cylindrical inclusion body가 이에 속한다.

incubation period, 잠복기 : 병원체가 기주에 침입하는 시점부터 기주에 병징이 최초로 나타나는 시점까지의 기간.

indexing, 검정 : 식물체가 바이러스에 감염되었는지 결정하는 방법으로서, 감염 식물체의 즙액 등을 지표식물에 접종하여 나타나는 병징을 통하여 바이러스를 분류 진단하는 방법. Indicator plant(지표식물).

indigoidin : 국화의 세균성마름병균(*Pectobacterium chrysanthemi*)이 생성하는 수용성 푸른 색소이다.

indol-3-acetic acid(IAA) : 식물 생장 호르몬인 auxin의 일종이다. 식물 병원세균 중 *Agrobacterium tumefaciens*는 t-DNA를 식물세포로 전이시키며, t-DNA를 받아들인 식물세포가 비정상적으로 IAA를 많이 생성하기 때문에 혹을 만들게 된다. 또한 *Ralstonia solanacearum*도 tryptophan을 전구물질로 IAA를 생성하기 때문에, 어린 식물이 이 병원세균에 감염되면 난장이가 된다.

indole test(tryptophan hydrolysis test) : *Pantoea annas* (파인애플 속부패병균)을 비롯한 장내세균과에 속하는 일부 세균들이 tryptophan을 가수분해하여 indole과 pyruvic acid를 생성한다. 그러나 채소 무름병균(*Pectobacterium carotovorum* subsp. *carotovorum*)을 비롯한 많은 세균들은 tryptophan을 가수분해하지 않는다. 따라서 세균의 tryptophanase 생성여부는 세균 동정을 위한 특성으로 이용된다. Tryptophan을 함유한 액체배지에 세균을 배양한 후, 세균이 자란 배지에 Kovac 용액을 몇 방울 넣어 섞어 준다. 만일 indole이 생성되었으면 배지가 붉은 색으로 변한다(Kovacs' reagent참조).

induced mutagenesis, 유도성 돌연변이 : 화학물질, 자외선(UV light), X-ray 등과 같은 물질의 작용에 의하여 유도되는 돌연변이.

induced resistance, 유도 저항성 : 병원균의 감염이나 어떤 천연물질 또는 합성화학물질의 처리에 반응하여 비특이적으로 발현되는 식물체의 저항성.

induced systemic resistance, 유도 전신저항성 : 어떠한 병원체의 감염이나 어떤 천연물질 또는 화학합성물질의 처리에 식물체가 반응하여 나타내는 비특이적 저항성으로 식물체 전체에 작동하여 모든 종류의 병원체가 일으키는 병을 감소시키는 현상.

inducer, 유도물질 : 유도자라고 불리는 기질 또는 구조적으로 관련된 화합물에 의해서 자극받아 생성되는 물질, 특히 효소.

infection peg, 침입사 : 곰팡이가 식물체의 표피조직을 통해 침입할 때 침입관이 점차 자라서 형성된 균사. 정상적인 균사보다 직경이 훨씬 가늘지만 감염이 이루어진 후 점차 자라면서 정상적인 균사로 회복된다.

infection, 감염 : 병원체가 기주식물을 침입하여 안정된 기생관계가 성립되는 과정. 바이러스가 자연적인 방법으로 숙주세포에 들어가 새로운 자손 바이러스를 생산하는 것.

infectious disease, 전염성병 : 병든 식물에서 건전한 식물로 전염될 수 있는 병원체에 의한 병.

infested, 오염된 : 한 지역 또는 포장에 수많은 곤충, 응애, 선충 등이 있는. 또한 식물체 표면, 토양, 컨테이너, 도구 등에 세균, 곰팡이 등이 존재하는.

inhibition : 어떤 원인에 의한 세균의 생육 억제를 말한다. 온도나 습도 등 물리적 원인, 항생물질이나 중금속 등 화학적 원인, 길항균이나 동종의 세균들 사이의 경합 등 생물적 원인에 의하여 세균의 생육억제 현상이 발생할 수 있다.

initiation codon, 개시코돈 : ①mRNA 상에서의 유전정보인 염기배열을 번역할 때 개시점으로 삼는 코돈. ②염기배열이 유전정보로서 올바르게 번역되기 위해서는 어떤 특정한 위치에서 번역이 개시될 필요가 있다. 이 개시점이 되는 코돈을 개시코돈이라 하며, AUG의 배열이 여기에 해당한다.

injury, 해(害) : 동물, 물리적, 또는 화학적 재료에 의해 식물의 기관 또는 조직의 일부가 손실되는 현상.

inoculate, 접종하다 : 병원체를 기주식물에 접촉시키는 것.

inoculation, 접종 : 병원체가 기주에 도달하여 부착되는 현상.

inoculum, 전염원 : 감염을 일으키는 병원체. 기주와 접촉하기 위하여 옮겨가는 각 병원체 개체의 부분.

integrated control, 종합적 방제 : 적은 비용으로 환경에 피해를 적게 입히고 최대한의 방제효과를 얻기 위하여 모든 가능한 방제방법을 사용하여 작물의 병해충을 방제하려는 접근 방법.

integrated pest management, 종합적 병해충관리 : 효과적인 비용으로 환경에 최소한의 피해를 입히는 다양한 관리방법을 사용하여 병원체, 해충, 잡초를 작물의 경제적 피해수준이하로 관리하는 방법.

intercellular : 세포간극. '세포와 세포사이의' 라는 뜻이다.

interference, 간섭·방해 현상 : ①결함 있는 바이러스(defective virus)가 wild type 바이러스와 공동으로 감염되어 wild type 바이러스의 증식을 억제하는 현상. 예) defective interfering particle(DI particle). ②DI particle이 많이 증식하면 wild type 바이러스의 수가 줄어들고, 그렇게 되면 다시 DI의 증식이 줄어들게 되어 다시 wild type virus의 수가 늘어나는 순환 현상이 되풀이된다. ③Wild type 바이러스의 증식이 무한정 나타나는 것을 막아주는 효과가 있다.

interferon, 인터페론 : ①인터페론은 세포가 만들어내는 물질로서 바이러스에 감염된 동물의 세포에서 생산되는 항(抗)바이러스성 단백질이다. ②항바이러스 성질을 갖고 있으나, 그들의 진정한 효과는 세포성 조절 단백질로서의 주요 기능을 통하여 간접적으로 나타낸다. ③종류로는 α, β, γ 세 종류가 있다.

internal ribosome entry site, IRES : 단백질 합성의 보다 큰 과정의 부분으로서 mRNA 서열의 중간에서 번역을 개시하게 하는 nucleotide 서열이다. 보통, 5′cap 인식이 개시 복합체의 합성에 요구되어진 이후로 진핵세포에서 번역은 mRNA 분자의 5'에서 시작할 수 있다.

International Committee on Taxonomy of Viruses, ICTV, 바이러스 분류에 관한 국제 위원회 : ①바이러스를 생물학적인 연관성에 따라 보다 과학적으로 분류하기 위하여 바이러스 분류에 관한 국제 위원회. ②Virion의 모양 및 크기, genome의 구조 및 복제 방식, protein의 생산 방법, 물리적인 성질, 생물학적인 성질 등을 종합하여 바이러스를 다음의 단계로 분류한다.

intracellular : '세포 안의 또는 세포 안을 통하여' 라는 뜻이다.

invasion, 침입 : 병원체가 기주로 확산 되는 현상.

isogenic line : 동질유전자 계통. 품질과 형태 등 모든 형질을 지배하는 유전자의 조성이 같지만, 병원균에 대한 저항성 유전자 조성만 다른 식물계통을 말한다. 이러한 계통들을 섞어서 만든 품종을 재배하게 되면, 상품성이 균일한 수확물을 얻을 수 있으면서도 병원균의 특정 race에 의한 병해의 대발생(epidemic)을 막을 수 있다.

isolate, 분리 주 : 단 포자 또는 배양 그리고 계대 배양체. 또한 다른 시기에 채집된 병원체를 나타내는데 사용되는 용어.

isolation, 분리 : 기주로부터 병원체를 분리하여 영양배지에서 배양.

isozymes, 동위효소 : 동일한 효소반응을 수행하나 최적 활성을 나타내기 위해서는 다른 조건(pH, 온도 등)을 요구하는 효소의 다른 형태.

J

jasmonic acid, 자스몬산 : 식물계에 널리 분포하는 cyclopentanone 화합물인 jasmonic acid(JA)와 methyl ester인 MeJA는 식물생장과 발생과정에서 새로운 식물 생장조절물질로 주목을 받고 있다. Jasmonate는 억제, 촉진 또는 유도작용에 의해서 식물생장, 상해반응, 병원균 침범, 수분 부족, 염분스트레스, 냉해, 괴경 형성 등을 포함한 다양한 생리학적 과정에 영향을 미친다. Jasmonate와 abscisic acid는 여러 면에서, 특히 스트레스에 대한 반응에서 생리학적 유사성을 보여 준다. 내생적 jasmonate는 스트레스 신호와 스트레스 반응 사이의 신호전달계의 integral part이며, jasmonate는 스트레스 환경에 적응하는데 필요한 방어 유전자의 유도와 발현을 조절하여 상해 및 병원균 침범과 같은 외부 스트레스와 세포반응사이의 신호전달계에 참여하는 것으로 추측된다.

Jensen : C. O. Jensen. 1910년에 뿌리혹병에 걸린 식물조직이 그 조직 안에 병원세균(*Agrobacterium tumefaciens*)이 존재하지 않는다고 할지라도 자율적으로 증식하여 혹을 형성하기 때문에, 동물의 암조직과 유사하다는 것을 증명하였다.

Jones : L. R. Jones. 1905년에 *Pectobacterium carotovorum* subsp. *carotovorum*이 생성하는 펙틴분해효소에 의해 무름병이 발생된다고 하였으며, 이로 인하여 식물 병원세균의 발병기작 중 한 가지가 밝혀지게 되었다.

junction, 간극 : 동물세포간의 간극(nexus)을 가로질러 세포를 연결하는 통로.

junk DNA, 쓸모없는 DNA : ①많은 염기서열 중에서 단백질을 만들어내는 유전정보를 가진 유전자 이외에 기능을 알 수 없는 유전자를 말한다. ②Junk DNA는 반복서열이라 하여 일정한 염기가 반복되는 부분이 많이 있다. 반복 부분은 매우 다양하게 되어 있다.

K

kanamycin : 1955년에 토양 속의 방선균(放線菌)인 *Streptomyces kanamyceticus*의 배양에 의하여 분류·명명한 항생물질. 백색 또는 황색을 띤 분말로 물에 녹는다. 비교적 안정하여 주사에나 내복에도 사용한다. 광항균(廣抗菌) 스펙트럼을 가지는 항생제·항결핵제로 그람 양·음성균, 항산균(抗酸菌)에도 유효하다. 세균성 질환(포도상구균·이질균·임균·결핵균 등에 의한 각종 감염증)에 사용하는 화학요법제인데 가벼운 귀울음 등의 부작용이 있다.

karnovsky's fixative : 식물조직을 전자현미경으로 관찰하기 위하여 포매(embedding) 시료를 조제하는 과정에서, 식물 시료를 고정시키기 위해 사용하는 시약이다. Glutaraldehyde에 0.15M 인산 완충액을 더하여 8% glutaraldehyde 용액을 만든다. 이 8% glutaraldehyde 용액 10㎖, 10% paraformaldehyde 용액 8㎖, 0.1M carcodylate 완충액 20㎖, 증류수 2㎖를 섞어서 Karnovsky's fixative를 조제한다.

karyogamy, 핵융합 : 2개의 핵이 결합하여 접합체(zygote)를 만드는 단계.

karyotype, 핵형 : 중기에 놓여있는 상동염색체와 성염색체의 쌍으로 배열된 체세포의 완전한 염색체 세트.

kasugamycin : *Streptomyces kasugagensis*가 생성하는 항생물질이며, 세균의 단백질 합성을 억제한다. 원래 의약용으로 개발되었으나, 구리와 혼합하여 '가스란' 이라는 상품명의 농용항생제로 등록되었다. 감귤나무 궤양병, 고추 더뎅이병(*Xanthomonas vesicstoria*) 등을 대상으로 사용되고 있다. 궤양병(*Pseudomonas syringae* pv. *actinidae*)을 방제하기 위하여 kasugamycin을 키위나무의 줄기에 주입하기도 한다.

Kerr : A. Kerr. 1972년에 *Agrobacterium radiobacter* strain 84를 복숭아나무의 종자에 묻혀주어 뿌리혹병(*A. tumefaciens*) 방제에 성공하였으며, 그 후 1980년에 복숭아 묘목의 뿌리를 *A. radiobacter* strain 84의 현탁액에 침지하여 뿌리혹병 방제 효과를 더욱 높였다고 하였다. 이것은 bacteriocin 생성균주를 이용한 식물세균병의 생물학적 방제를 처음 실용화한 예가 되었다.

3-ketolactose production test : 과수를 비롯하여 많은 식물에 뿌리혹병을 일으키는 *Agrobacterium*屬 세균을 검출할 때 사용하는 시험이다. *Agrobacterium*屬 세균은 lactose를 이용하여 3-ketolactose를 생성한다. Lactose를 넣은 영양배지에서 자란 세균의 콜로니 주변에 Benedict 시약을 접촉시키면, 3-ketolactose가 생성된 콜로니 주변이 노랗게 변한다(benedict 시약 참조).

kievitone : 강낭콩이 세균성점무늬병균(*Pseudomonas syringae* pv. *phaseolicola*)의 침입을 받았을 때 생성하는 phytoalexin이다.

killed vaccine, 불활성화 백신 : ①정밀하게 조절된 조건 하에서 바이러스를 변성시약에 노출시켜 만든 백신을 말한다. ②목적(target)은 항원성의 손실 없이 바이러스의 감염력을 손상시키는 것이다. ③장점은 비교적 안정적이고 백신과 관련된 감염의 위험성이 거의 없다 단점은 바이러스 단백질의 변성이 어떤 종(홍역 바이러스)에서는 항원성이 손상될 수 있기 때문에 불활성화 백신의 생성이 불가능하다.

kilobase(kb), 킬로베이스 : 외가닥 RNA 또는 DNA에서 연결되어 있는 염기(뉴클레오타이드) 1,000개.

King B agar media : King B 한천배지. Garibaldi에 의해 1967년도에 개발되었으며, fluorescin 배지라고도 한다. 형광색소(fluorescin)를 생성하는 *Pseudomonas*屬 세균을 검출하거나 배양할 목적으로 많이 사용되고 있다. Proteose peptone 20g, K_2HPO_4 1.5g, $MgSO_4 \cdot 7H_2O$ 1.5g, agar 15g, glycerol 15㎖를 살균증류수 1ℓ에 넣고 고압증기 살균(121℃)하여 만든다. 이 배지에서 배양된 세균의 콜로니에 파장 366nm의 근자외선을 쪼이면, 밝은 녹색형광을 발하는 것을 볼 수 있다. 이 형광색소의 생성여부는 *Pseudomonas*屬 세균을 분류하기 위해 중요한 특성이다.

Klement : Z. Klement. 1967년에 비식물 병원세균의 현탁액을 침윤시킨 담배 잎 조직에서 괴사현상이 발생됨을 보고하였다. 이것은 식물과 세균 사이에서 발생하는 초과민반응을 처음으로 보고한 것이었다.

Koch's postulate : Koch의 4원칙. 19세기에 독일의 Robert Koch에 의해 *Bacillus anthracis*가 소의 폐역병을 일으키는 병원세균이라는 사실을 입증하는 과정으로 제기되었다. Koch의 4원칙은 다음과 같다. ①병환부에는 반드시 병원미생물이 있어야 한다. ②병환부로부터 이 병원미생물을 순수 분리하여 배양할 수 있어야 한다. ③분리된 병원미생을 접종하여 동일한 병징(病徵)을 재현할 수 있어야 한다. ④재현된 병환부로부터 동일한 병원미생물을 재분리할 수 있어야 한다. 이 4원칙은 어떤 미생물이 특정 병의 병원이라는 사실을 입증하기 위하여 충족시켜야 하는 과정으로 제시되었다. 그러나 절대활물기생체의 존재가 알려진 현대 병원미생물학에서는, Koch의 4원칙 중 두 번째 원칙은 모든 병원미생물에 대하여 적용할 수 없다.

Kotila : J. A. Kotila. 1925년에 G. H. Coons와 함께 당근 무름병균(*Pectobacterium carotovorum* subsp. *carotovorum* 에 기생하는 bacteriophage를 분리하였다고 보고하였다.

kovacs' reagent : p-dimethylamine-benzaldehyde 5g을 n-amyl alchol(or butanol) 75㎖에 넣어 50~55℃에서 녹인 후, 진한 염산 25㎖를 천천히 더하여 만든다. Indol과 반응하여 붉은 색으로 변하기 때문에, indol을 검출하기 위하여 사용하는 시약이다.

kresek : 흰잎마름병에 대해 감수성이 높은 밀양 21호와 23호 품종의 벼에서 나타나는 급성형 병징이며, 한국에서 1976년에 처음 관찰되었다. 모를 이앙한 후부터 분얼 최성기 사이에 벼가 갑자기 말라죽는 현상이다. 잎에서는 뚜렷한 병징을 보기 어렵다. 잎 가장자리나 잎 끝에서 병원세균(*Xanthomonas oryzae* pv. *oryzae*)이 흘러나와 말라붙은 작은 딱지가 보일 뿐이다.

L

lacinilene : 모무늬병균(*Xanthomonas axonopodis* pv. *malvacearum*)의 침입을 받은 목화가 생성하는 phytoalexin이다.

late blight, 역병 : 잎·줄기·열매가 급속하게 갈색으로 변하여 연화·부패하는 식물의 병이다. 병원균은 유사균류의 색조류계, 난균문, 난균강, 노균목, 부패균과에 속하는 *Phytophthora* 屬이다. 대표적인 것에는 *P. infestans*에 의한 감자·토마토 역병, *P. nicatianae* 및 *P. capcici*에 의한 담배·오이·참외·고추 역병, *P. cactorum*에 의한 감귤류·사과나무 역병 등이 있다. 감자역병은 세계 각지에서 심각한 병으로 취급되고 있다. 특히 유럽에서는 1842년 이래 몇 년에 걸친 대 발생으로 큰 피해를 입혀 식량기근을 일으킨 기록이 있다. 비가 많을 때에 많이 발생하며, 일단 발생하면 급속하게 퍼진다. 감귤류나 사과나무의 역병은 밑동부분의 줄기가 침범되고, 곧 나무 전체가 시든다. 병반(病斑)에 만들어지는 레몬 형태의 분생포자(分生胞子)가 발아하여서 유주자(遊走子)를 방출하기 때문에 전염된다. *Phytophthora*는 기주의 지하부 뿐만 아니라 경엽과 과실 등 지상부도 침해한다. 이는 땅 속이나 지제부의 병반 위에 형성된 유주자낭이 빗방울에 튕겨져 아래 잎으로 전염되기 때문이다. 감자. 토마토, 가지의 역병은 경엽에 생긴 병반 위에 유주자낭을 다량으로 형성하여 이것이 비바람을 타고 비산함으로써 차례차례 새로운 병반을 만들어 가는 것이다. 그뿐만 아니라 감자의 경우에는 지상부의 병반 위에 형성된 유주자낭이 빗물을 타고 토양 속으로 이동하여 괴경에 병반을 형성한다. 또한 이 병든 괴경을 씨감자로 이용하면 맹아한 싹에 병반이 생겨 이것이 지상부의 발병으로 이어지는 종서(씨감자) 전염이 일어나게 된다.

latent infection, 잠복감염 : ①감염이 시작된 후부터 세포 밖에 바이러스가 나타나는 데까지 걸리는 시간. ②잠복기와 일식기가 크게 차이가 나지 않는 바이러스는 바이러스가 만들어지는 대로 세포 밖으로 방출되는 것을 의미하며, 잠복기가 일식기보다 큰 경우는 만들어진 바이러스가 세포 안에 오래 축적되어 있는 경우. ③바이러스 유전체가 감염된 세포에서 지속적으로 존재하지만 뚜렷한 병징을 나타내지 않는다. ④환경조건이 적절하면 재활성화여 감염능력이 있는 바이러스를 생산한다.

latent period, 잠복기 : 기주 식물에 침입한 후 병원체가 증식하여 병징을 일으키기 전까지의 기간.

latent virus, 잠재 바이러스 : 기주 내에 존재하면서 병징 발현을 시키지 않는 바이러스.

leadacetate : 세균이 cystein desulfurase를 생성하여 cystein으로부터 유화수소(H_2S) 가스를 생성하는지 시험하는데 사용되는 시약이다. Lead acetate 1g을 2N-NaOH 용액 10㎖에 녹여서 용액을 만들고, 이 용액을 폭 1cm, 길이 7cm 정도의 여과지에 적셔서 연당지를 만든다. 이 연당지에 유화수소 가스가 접촉되면, 흰색이 여과지가 검은 색으로 변하기 때문에 유화수소가 생성되었는지 검정할 수 있다(cystein broth medium 및 연당지 참조).

lectin : 식물세포벽과 세포질막의 표면에 있는 세포의 구성물질이며, 세균의 세포벽 표면에 있는 탄수화물의 특정 부분과 강하게 결합하는 단백질 또는 당단백질이다. 식물병리학에서 병원체와 감수성 식물 사이에 일어나는 인식현상을 lectin의 역할로 가장 잘 설명하고 있다. Boyd 등(1948)이 동물 혈구세포를 응집시키는 피마자의 독소 등 여러 식물의 물질에 대해 lectin이라고 처음 명명하였다.

Leeuwenhoek : Antonie van Leeuwenhoek. 네덜란드의 박물업자였다. 1673년부터 자신이 만든 현미경으로 세균을 처음 관찰하여 런던 왕립학교에 보고하였다. 이 업적으로 그는 "세균학의 아버지" 로 불린다.

lenticel, 피목 : 아래 부분에 해면세포가 있는 목본식물의 줄기에 있는 열린 부분으로서 식물체와 대기 사이의 가스교환을 가능하게 한다.

lettucenine A : 상추가 세균성썩음병균(*Pseudomonas cichorii*)의 침입을 받았을 때 생성하는 phytoalexin이다.

levan : Fructose polymer로 이루어진 세균성 다당(多糖)이다. 많은 식물에 점무늬병을 일으키는 *Pseudomonas syringe* pv.를 포함하여 많은 *Pseudomonas* 屬 세균들이 levansucrase를 생성한다. 이 효소가 sucrose를 fructose 공여체로 이용하여 levan을 만든다. Levan을 생성한 세균의 콜로니는 돔 모양으로 융기된 흰색 대형 점성 콜로니를 형성한다.

levan formation test : Sucrose를 5% 함유한 평판영양배지 위에 세균을 streak method

로 접종하고, 형성된 single colony가 돔 모양으로 융기된 흰색 대형 점성 콜로니를 형성하였는지 조사 한다(levan 참조).

life cycle, 생활사 : 생명체의 동일한 단계의 출현과 소멸 사이에 일어나는 생물의 생장과 발달 단계.

Linne : Carl von Linne(1707~1778). 스웨덴의 박물학자. 움살라대학 의학교수와 식물원장을 지냈다. 생물의 분류학을 집대성하고, 속명(屬名)과 종명(種名)으로 생물의 학명을 기록하는 이명법(二名法)을 확립하였다.

live attenuated vaccine, 약독화 백신 : ①항원을 약하게 무력화 시켜 항체가 상대적으로 많아지게 하는 백신. ②인체에 해가 없을 정도로 약독화 되어 있으나, 면역을 만들기 위한 항원성은 보유하고 있는, 즉, 살아 있는 균이나 바이러스가 있는 백신을 말한다.

local acquired or activated resistance, 국부적 획득저항성 : 병원균의 감염이나 화학물질의 처리에 의한 식물 괴사부위 주변에만 유도저항성이 발현되는 현상.

local lesion, 국부 병반 : 바이러스의 기계적 접종에 의해 잎에 국지적으로 형성되는 반점 증상.

local necrotic lesion, 국부 괴저반점 : 기주식물의 저항성 및 방어물질의 축적으로 인해 침입부위에서 바이러스를 제한하여 바이러스의 전파를 허용하지 않기 때문에, 침입한 부위가 죽어 갈변화한 반점.

local resistance, 국부 저항성 : 비병원성 혹은 병원성 균주의 감염에 반응하여 식물의 감염부위에서 일어나는 부분적 저항성.

Loculoascomycetes, ascomycetes with ascostromata, 소방자낭균綱 : 균계(菌界)의 자낭균문에 속하는 강(class, 綱) 중의 하나. 자좌(子座)의 소방에 자낭이 있는 자낭자좌(ascost roma)를 가지며 자낭벽은 두 겹막(bitunicate)으로 되어 있다. 대부분 고등식물에 기생한다.

longevity *in vitro* : 기주세포 밖으로 노출된 바이러스의 감염력이 지속되는 기간.

lysis, 용해, 용균 : 세포가 손상되어 분해되거나 삼투·충격 등에 의하여 세포막이 파괴되는 것이다.

lysogenic cycle, 용원회로 : 숙주 염색체를 파열시키는 대신 파지(phage) DNA가 절단되어 숙주 DNA에 삽입하여 생활하는 방법. 삽입된 바이러스 DNA는 숙주 DNA와 함께 복제되어 모든 세균 자손에 전달된 후에 바이러스 DNA는 숙주 DNA로부터 떨어져 나와 그 자신의 사본을 만든다. 이때 숙주 세포가 파열되고 수백 개의 새로운 바이러스 입자가 유리된다.

lysogenic virus, 용원성 바이러스 : 숙주세포 핵의 DNA에 유전체를 삽입한 바이러스.

lysogenic, 용원성 : 세균의 게놈과 통합되어 용균되지 않는 박테리오파아지 DNA. 프로파아지(prophage)라고 한다.

lysozyme : 세균의 세포벽 분해효소. Muramidase라고도 부른다. 세포벽의 주성분인 peptidoglycan의 n-acetylmuramic acid와 n-acetylglucosamin 사이의 결합을 가수분해 한다.

lytic, 용균성 : 숙주세포에서 복제되어 용균되는 박테리오파아지를 설명한다.

M

macroconidia, 대형 분생포자 : *Fusarium*屬에서 생성되는 크고 격막이 있는 분생포자.

malachite green : 세균의 포자를 염색하기 위한 염색 시약. 증류수에 녹여서 malachite green oxalate 5%액(w:v)으로 만들어 사용한다. Malachite green으로 염색하면 세균의 내생포자가 초록색으로 염색되기 때문에, 광학현미경으로 세균의 내생포자 형성 여부를 관찰할 수 있다(포자염색 참조).

malignant, 악성의 : 자발적으로 분열하고 확장하는 세포나 조직에 사용되는, 즉 생장이 그 위에서 생장하는 생물체에 의해서 더 이상 조설되지 않는.

masked symptoms, 은폐 병징 : 어떤 환경조건 하에서는 나타나지 않으나, 기주가 특정 광과 온도조건에 노출되었을 때에는 나타나는 바이러스에 감염된 식물체의 병징.

masking, 잠복 감염 : 바이러스에 감염된 기주 식물에서 생리·환경적인 조건이 발병조건에 맞지 않아 병징이 나타나지 않는 상태.

mechanical inoculation, 기계적 접종 : 바이러스에 감염된 식물체의 즙액을 건전한 식물체에 옮기는 방법으로 물리적인 방법에 의하여 바이러스를 식물체에 접종하는 것.

mechanical transmission, 기계적 전파 : 감염된 기주식물에서 병원체가 인위적인 방법에 의해 1개체에서 다른 개체로 전파되는 것.

Melanconiales, 분생자층목 : 균계(菌界, kingdom Fungi)의 불완전균류, 분생자각균강에 속하는 목(order, 目) 중의 하나. 분생포자가 분생자층(acervulus)에 형성된다. 많은 식물에 피해를 주는 탄저병이 여기에 속한다.

Mendosicutes : Bergey's manual of systematic bacteriology(1984~1988)에 의해 분류된 원핵생물계의 4개 문(Division) 중 1개의 문이었다. 진정세균(eubacteria)에 속하지 않으며, 그람 음성이다. 세포벽은 있지만 진정세균의 세포벽 주성분인 peptidoglycan을 함유하고 있지 않아서, 균체가 일정한 형태를 유지하지 못하는 다형성이다. Bergey's manual of systematic bacteriology 2판(2001)에 의하면 Domain Archaea의 2개 문(Phylum)으로 재분류 되었다. 아직까지 이 문에 속하는 식물 병원세균은 보고되어 있지 않다.

methyl red reagent, Methyl red 시약 : Methyl red 0.2g을 95% ethanol 500㎖에 녹인 후, 증류수 500㎖를 더하여 만든다. 산성에서 붉은 색으로, 알카리성에서 노란색으로 변하기 때문에 산도 지시약으로 사용한다. pH 4.4~6.4의 범위에서 민감하게 반응한다.

methyl red/voges-proskauer media, MR/VP 배지 : Peptone 5g, K_2HPO_4 5g, glucose 5g을 증류수 1ℓ에 넣고 고압증기 살균(121℃)하여 만드는 액체배지이다. 대장균(*E. coli*)을 비롯하여 장내세균과(Enterobacteriaceae)에 속하는 많은 그람음성 세균들이 glucose를 발효하여 유기산을 생성하기 때문에, 이 배지에서 배양한 후 methyl red를 넣어주면 배지의 색이 붉게 변한다(MR test). *Pectobacterium carotovorum* subsp. *carotovorum* (십자화과 채소의 무름병균)은 이 배지에서 유기산 대신 ethanol과 2,3-butanediol을 생성한다. 2,3-butanediol의 전구물질인 acetoin이 배지에 있을 경우에 barritt 시약 A액과 B액을 차례로 넣어주면, 배지의 색이 핑크 빛 또는 붉은 색으로 변한다(VP test).

methylen blue : 세균의 형태 관찰을 위한 단순 염색시약으로 많이 사용된다. 95% ethanol에 methylen blue를 녹여 만든 1% 용액(v : w)과 100 ㎖와 증류수에 녹인 potassium hydroxide 0.01% 용액 100㎖와 섞어서 사용 한다(Loeffler의 조제 방법, 단순염색 참조).

micro RNA, 미세 RNA : 기주식물의 전사체로서 siRNA와 유사하게 표적 RNA에 부착하여 그 기능을 억제한다. 식물의 발달을 조절하는 RNA인자와 상호작용하여 식물 발달에 영향을 미친다.

Microascales, 소자낭균目 : 균계(菌界)의 자낭균문, 각균강에 속하는 목(order, 目) 중의 하나. 자좌(子座)는 없으며, 대부분 자낭각을 형성하거나 일부는 자낭구를 형성한 자낭은 구형 내지 난형이며, 쉽게 파괴된다. 자낭포자는 단세포이다. 대부분이 부생균이며 몇 가지 목재부후균(木材腐朽菌)과 시들음병균이 속한다.

Microbacteriaceae : 원핵생물계(界)의 아목(亞目) Micrococcineae를 구성하는 10개의 과(科) 중 하나이며, 10개의 속(屬)으로 구성되어 있다. 이 가운데 *Clavibacter* 와 *Curtobacterium*, *Rathayibacter*屬에 식물 병원세균이 포함되어있다.

Microbacterium : 원핵생물계(界)의 Microbacteria과(科)를 구성하는 10개의 속(屬) 중 하나. 호기성, 그람 양성균이며, 어린 세포는 불규칙한 짧은 막대 모양의 간균이다. 늙은 세포는 짧은 가지를 치기도 하지만 균사모양으로 자라지는 않는다. 종에 따라 무모균이거나, 3개 이내의 속생모를 가지고 있다. Catalase를 생성하며 glucose를 비롯한 탄수화물을 이용하여 산을 생성한다. Yeast extract-peptone-glucose 한천배지에서 불투명하고 매끈한 콜로니를 형성한다. 노란 콜로니를 형성하는 종도 있다.

생육적온은 30℃이다. 한국에서 *M. phyllosphaerae*이 참외 발효과의 원인이 되는 것으로 보고되었다.

Micrococcaceae : 원핵생물계(界)의 아목(亞目) Micrococcineae를 구성하는 10개의 과(科) 중 하나. 11개의 속(屬)으로 구성되어 있으며, 이 가운데 *Arthrobacter*屬에 식물 병원세균이 포함되어있다.

Micrococcineae : 원핵생물계(界)의 Actinomycetales목(目)을 구성하는 10개의 아목(亞目) 중 하나. 10개의 과(科)로 구성되어 있으며, 이 가운데 2개의 과에 식물 병원세균이 포함되어있다.

microconidia, 소형 분생포자 : *Fusarium*屬에서 생성하는 단세포성의 분생포자.

microlog system : 미국의 Biolog사가 개발한 세균동정 system이다. 이 system은 각종 세균의 탄소원에 대한 이용 여부를 data base화한 soft ware와 세균의 탄소원에 대한 이용성을 판독할 수 있는 비색계로 구성되어 있다. 95가지 탄소원을 각각 저장한 microplate에서 세균을 배양한 뒤, 이 microplate를 비색계에 넣으면, 세균의 탄소원에 대한 이용성 결과를 data base와 비교하고 판독하여 가장 유사한 세균부터 유사도를 제시해 준다. 그러나 그람염색 반응·포자형성 유무·호기성 여부·탄소원에 대한 이용성 만 기준으로 삼고 있으며, 이 system의 data base에는 전체 세균 중 극히 일부의 세균이나 strain에 대한 정보만 입력되어 있다는 단점이 있다. 이러한 단점을 극복하기 위하여 이 system의 data base가 계속 보강되고 있다. 아직까지 이 system을 이용하여 얻어진 결과를 절대적으로 신뢰하기는 아직 어려우며, 별도로 Bergey의 분류방법에서 이용하는 다른 중요한 특성도 조사하여 보완자료로 삼아야 한다.

middle lamella, 중벽, 중엽 : 인접한 세포 사이의 벽을 접착시키는 층; 일반적으로 펙틴질로 구성되어 있으나, 목본조직에서는 펙틴 대시에 리그닌으로 구성되어 있음.

migratory, 이주성의 : 식물체에서 식물체로 이동하는.

mildew, 노균병 또는 흰가루병 : 곰팡이의 균사와 포자가 기주식물의 외부에서 생장하면서 흰색으로 나타나는 곰팡이 병해.

mismatch, 오접합 : 2개의 DNA 서열에서 비상보적인 하나 혹은 그 이상의 뉴클레오티드가 있다로 인해 두 염기서열간의 염기 쌍의 형성이 이루어지지 않거나 혼성화 반응이 일어나지 않게 된다.

mobile silencing signal, 유동성 사일런싱 신호 : 현재 siRNA로 알려져 있으며, 바이러스와 이동경로를 공유한다. 원형질연락사(plasmodesmata)를 통하여 세포간을 이동하고, 도관부를 통하여 식물의 다른 부위로 장거리 이동한다. 만일 신호가 바이러스보다 먼저 이동하여 이웃한 부위에 사이런싱을 유도하면 바이러스는 표적이되어 더 이상 감염을 진행할 수 없음.

modification, 수정 : ①일부의 바이러스들이 숙주세포의 분해 과정을 피하기 위하여 자신의 genome을 숙주세포의 genome처럼 위장하기 위하여 하는 행동. ②Bacteriophage는 제한효소가 절단할 수 있는 자신의 염기배열에 methyl(메틸)기를 결합시키든지 하여 숙주의 DNA 처럼 보이게 하여 제한효소의 작용을 피한다.

mold, 곰팡이 : 습기가 차거나 부후된 물질 또는 식물체의 표면에 솜털 모양으로 많이 자라는 곰팡이.

Mollicutes : 세포벽이 없고 세포질막 만으로 싸여있는 원핵생물을 통칭한다. 그람음성이며, 세포벽이 없기 때문에 일정한 형태를 유지하지 못하는 다형성(pleomorphic)이다. 균체의 크기가 다양하며, 작은 균체는 0.2㎛의 세균여과기를 통과한다. Bergey's manual of systematic bacteriology 초판(1984~1988)에 의하면 Tenericutes門을 구성하는 유일한 강이었다. 그러나 이 manual 2판(2001)에 의하면 원핵생물계(界)의 Firmicute문(門)을 구성하는 2개의 강(綱) 중 하나로 분류되어 있다(Ⅳ. 식물병원세균의 분류학적 위치 참조). 5개의 목(目)으로 구성되어 있으며, 이 가운데 2개의 목에 식물 병원세균이 포함되어 있다.

Moniliaceae, 담색선균科 : 균계(菌界)의 불완전균류, 총생균강, 총생균목에 속하는 과(family, 科) 중의 하나. 균사는 무색이며 분생포자는 단세포이거나 다세포이다.

monocistronic mRNA, 모노시스트론적 mRNA : RNA 분자 당 하나의 폴리펩티드를 암호화할 수 있는 mRNA의 한 유형.

monoclonal antibody, 단일클론 항체 : 단일 B 세포로부터 유래하는 하이브리도마 클론에 의해 분비되는 하나의 항원결정기에 특이한 항체의 한 가지 형태.

monocyclic disease, 단주기성 병 : 기주식물의 한 생장기간 동안 한 번 발생하는 병. 깜부기병과 반복세대가 없는 짧은 생활사를 가진 녹병균의 단세대종(短世代種, microcyclic species)은 한 번의 생활사를 완성하기 위해 1년이 걸린다. 따라서 1년에 단 한번만 감염을 일으킬 수 있다.

monocyclic pathogen, 단주기성 병원균 : 기주식물의 한 생장기간 동안 한 번의 병환 또는 병환의 일부분을 마치는 병원균.

monocyclic, 단주기성 : 기주식물의 한 생장기간 동안 한 번의 생활사를 가진.

morphovar(morphotype) : 세균의 종(種) 계급 이하의 분류 단위이며, 같은 종에 속하는 다른 세균들과 형태적으로 차이가 있는 세균 군(群)을 morphovar로 분류한다.

mosaic, 모자이크 : 바이러스병 때문에 식물체에 나타난 정상적인 색깔과 연한 녹색 및 노란색 등이 혼합된 반점.

mottle, 얼룩 : 명암부분이 뚜렷하지 않은 불규칙한 형태.

mu phage, 뮤 파지 : 박테리오파지 중의 하나로서 이 파지는 잠재성, 이동성 유전요소로서 복제 되는 특성이 있다. Mu라는 명칭은 이 파지(phage) DNA가 숙주 DNA에 삽입되면 숙주에 돌연변이를 일으키기 때문에 돌연변이 유발 파지라는 뜻에서 유래되었다.

Mucoraceae, 털곰팡이科 : 균계(菌界)의 접합균문, 접합균강, 털곰팡이목에 속하며, 털곰팡이라고 한다. 대부분이 부생생활을 하고 식물에 대한 병원성이 강한 것이 없다. 무성생식에 의해 형성된 포자는 포자낭 속에 있다.

Mucorales, 털곰팡이目 : 균계(菌界)의 접합균문, 접합균강에 속하는 목(order, 目) 중의 하나이며, 포자낭 끝에 비운동성의 무성포자를 형성한다.

multicomponent virus(segmented genome virus) : 바이러스 지놈 RNA 혹은 DNA가 2개 이상으로 구성된 것.

multiplicity of infection, 감염다중도 : 감염된 세포에 들어가는 바이러스의 평균 개수.

mutant, 돌연변이체 : 돌연변이에 의해 새로운 유전적 성질을 지닌 개체.

mutation, 돌연변이 : Genome의 염기배열(nucleotide sequence)이나, 염색체에 우연한 변화가 생긴 결과 개체 내에 새로운 특성이 갑작스럽게 나타나는 현상. 바이러스의 기능이나 모양 또는 성질에 변화를 유도. 복제과정의 실수로 나타나며, 그 과정은 숙주세포의 경우와 유사하다. 돌연변이에 의하여 얻어진 새로운 바이러스를 일반적으로 type(형), 변종(variant), 분리 종(isolate)등의 이름으로 호칭한다.

mycelial anastomosis, 균사융합 : 분지된 균사가 상호 상대의 방향으로 신장하여 접합하는 현상으로 무성 및 유성 생식기관 또는 포자생성 기관을 형성하는 준비단계에서 나타난다.

mycelium, 균사체 : 실모양의 곰팡이 영양기관인 균체(thallus)를 구성하는 균사.

Mycoplasma like organism(MLO) : 1967년에 일본의 Doi 등에 의해 보고되었다. 그들은 오갈병에 걸린 뽕나무와 누른오갈병에 걸린 과꽃의 사부(phloem)에서 가축에 폐역병을 일으키는 *Mycoplasma*屬 원핵생물과 같은 모양의 미생물을 관찰하였다. 그러나 동물의 mycoplasma와는 달리 인공 합성배지에서 배양을 할 수 없었기 때문에, mycoplasma like organism(mycoplasma유사미생물, MLO)이라고 불렀다. 1994년 프랑스 보르도에서 열린 제10회 국제마이코플라스마학회에서 식물병원 MLO의 속명(屬名)을 *Phytoplasma*로 잠정 결정하였다.

mycorrhiza, 균근 : 곰팡이와 식물체 뿌리간의 공생관계. 균근은 뿌리에 정착하여 세포사이에서 자라거나 세포 내에서 자란다. 균근은 식물에서 유기영양분을 흡수하여 살아가지만 식물이 토양에서 양분을 흡수하고 수분을 수송하는데 도움을 주어 식물의 생장과 수확을 증진시킨다. 때로 균근은 토양전염성 병원균으로부터 식물을 보호해주기도 한다.

mycotoxicoses, 균독소 중독증 : 균독소를 생성하는 곰팡이에 오염된 사료와 식품을 섭취함으로써 발생하는 동물과 사람의 병 또는 중독증상.

mycotoxin, 균독소 : 곰팡이가 생성 분비하는 물질로 인축에 해로운 것.

Myxomycota, 점균문 : 원생동물계에 속하며 세포벽이 없이 변형체(plasmodium)나 유사변형체를 생성하며 세포 또는 편모로 운동을 한다. 세균이나 효모 같은 미생물을 포식하여 영양을 얻으며 원시동물과 같은 생장을 한다.

N

NAC protein : 바이러스와 기주식물의 상호작용에 관련하는 기주 단백질. RNA 바이러스의 외피 단백질과 상호 작용하여 아라비돕시스(Arabidopsis)의 저항성 기작에 필요한 요인으로 밝혀져 있으나, geminivrus의 경우 증식 enhancer 단백질(REn)이 상호 작용하여 바이러스 증식에 관여한다.

N gene : TMV에 대한 담배식물의 저항성 유전자.

Nakata : Nakata Kakukorou(中田覺五郎). 미국 농무성 병리과장이며 식물세균병학이 선구자였던 E. F. Smith로부터 식물세균병학을 연수받았으며, 조선총독부 권업모범장에서 다키모토(瀧元淸透)와 함께 연구생활을 하였다. 한국에 발생하는 많은 식물세균병을 조사하여, 1928년에 조선작물병해목록(朝鮮作物病害目錄)을 작성하였다.

necrosis, 괴저 : 보통 과민성 반응(hypersensitive response) 과정에서 일어나며, virus와 기주식물간의 상호작용에 의해서 이루어진다. Programmed cell death와 매우 유사한 과정을 거치며, salicylic acid와 같은 많은 신호분자(signal molecules)들이 관여하게 된다.

necrotroph, 사물영양체 : 죽은 유기체에서만 양분을 흡수하여 생명현상을 유지해 나가는 생물.

necrotrophic : 기주와 상호 작용하여 기주에 괴사를 일으킬 수 있는 능력을 가진 병원체.

nectarthode, 밀선 : 화밀이 흘러나오는 꽃 밑 부분의 열린 부분.

negative staining : 전자현미경으로 세균의 미세구조를 관찰하기 쉽도록, 시료를 만드는 과정에서 uranyl acetate 등의 전자밀도가 높은 물질로 생물시료 안의 빈 공간을 채우는 방법.

nematicide, 살선충제 : 선충을 죽이거나 억제하는 화합물 또는 물리적 재료.

Nematode, 선충 : 물속이나 토양 내에서 부생적으로 생활하거나 식물 또는 동물에 기생체로 생활하며 현미경으로 관찰 가능한 지렁이 모양의 소동물.

nestedset, 둥지조 : 동일한 3' 말단을 가지고 있으며 점진적으로 짧은 mRNA 그룹.

neutralization test, 중화시험 : 일정한 시간과 온도에서 작용시킨 바이러스와 혈청을 그 바이러스에 대한 감수성이 있는 생체에 접종하여, 항체의 유·무를 알아보기 위한 시험이다. 혈청 내에 특정 바이러스의 감염능을 중화시키는 특이 중화항체의 존재 유·무와 그 역가를 계측하는 것으로 특이성이 높아서 진단적 의미가 높다. 다만 실행하는 시간과 경비가 많이 소요된다.

Nicotiana glutinosa : ①가지과 담배속의 한 종. ②당에스테르 성분으로 인해 천연 살충제로 쓰인다.

Nicotiana rustica : ①가지과 담배속의 한 종. ②남아메리카가 원산지인 Mapacho로 알려져 있는 야생형 담배식물. ②고농도의 니코틴을 함유하고 있다.

Nicotiana sylvestris : ①가지과 담배속의 한 종. ②남아메리카가 원산지로서, 강한 향을 내는 꽃을 가지고 있음. ③*Nicotiana tabacum* 양친 중 하나로 단순 잎과 흰색 관모양의 꽃송이를 가지고 있다.

Nicotiana tabacum : ①가지과 담배속의 한 종. ②남미 원산의 일년초 재배 식물로 줄기 높이는 1.5~2m, 길이 50cm, 폭 25cm 가량으로 매우 크고 둥글며 뾰족한 끝을 가진 잎은 어긋맞게 자람. ③여름에 담홍색 꽃이 원줄기 끝에 핌. 건조된 잎은 흡연용 재료이며, 잎 속에 들어 있는 니코틴 성분은 농업용 살충제로 쓰인다.

nitrite reduction test : 혐기성 세균들이 질산염(nitrate)을 아질산염(nitrite)으로 환원시키는지 조사하는 시험이다. KNO_3를 함유하는 액체배지에서 혐기적 조건으로 2일간 세균을 배양한 후, 배양액에 nitrate test 시약 A액과 B액을 차례로 2~3방울 넣어준다. 세균을 배양한 액체배지 속의 nitrate가 환원되어 nitrite가 생성되어 있으면, 즉시 배지의 색이 붉은 색으로 변한다.

nitrite test reagent : Nitrite reduction test에 사용되는 시약이다. 5N acetic acid 1ℓ에 sulfanilic acid 8g을 녹여서 A액을 만들고, dimethyl-α-naphthylamine 6㎖ 또는 α-naphthylamine 5㎖를 acetic acid 1ℓ에 녹여 B액을 만든다(Nitrite reduction test 참조).

Nocardia : 원핵생물계(界)의 Nocardia과(科)를 구성하는 2개의 속(屬) 중 하나이다. 편모가 없으며 가지를 치는 균사 형태로 자라지만, 끊어지면 간균 모양의 균체가 된다. 드물게 기중균사(氣中菌絲)에 분생포자를 형성하지만, 내생포자는 생성하지 않는다. 그람 양성 또는 음성으로 다양하며, catalase를 생성한다. DNA의 G+C mol %는 64~72이다. 식물 병원세균으로 Blueberry의 혹병균(*N. vaccini*)이 포함되어 있으나, 아직 한국에서는 이 속의 세균에 의한 식물 병이 보고되어 있지 않다.

Nocardiaceae : 원핵생물계(界)의 Actinomycetes목(目)을 구성하는 10개의 아목(亞目)

중 하나. 이 과(科)를 구성하는 2개의 속(屬) 모두 식물 병원세균을 포함하고 있으나, 아직 한국에서는 이 과의 세균에 의한 식물 병이 보고되어 있지 않다.

non obligate parasite, 비절대기생체 : 살아 있는 기주식물과 죽은 기주식물체에서 뿐만 아니라 여러 가지 영양배지에서도 살아갈 수 있는 곰팡이와 세균.

nonhos tresistance, 비기주식물 저항성 : 특정한 병원균에 대해 식물의 한 종에 속한 모든 유전자형(genotype)이 저항성을 보이거나, 감염성에 대한 유전적 다양성으로 인해 특정한 바이러스에 대해 감염이 되지 않는 모든 경우를 포함한다.

noninfectious disease, 비전염성병 : 비생물적 요인, 즉 병원생물이 아닌 환경요인에 의해 발생하는 병.

nonpersistent infection, 비영속성 감염 : Potyvirus와 같이 곤충의 구침에 의해 매개되는 바이러스의 경우 곤충 내에 일시적으로 존재한다. 매개충이 식물을 흡즙할 때 바이러스의 획득(acquisition)이 순간적(초~분)으로 이루어지며 즉시 감염할 수 있으나, 곤충이 탈피할 때 혹은 단시간(분~시간) 내에 바이러스가 손실할 수 있다.

nonspecific toxin, 비특이적 독소 : 특정 식물 종과 관계없이 병을 유발할 수 있는 독소.

nuclear inclusion a protein(NIa) : Potyvirus 지놈이 합성한 거대 polyprotein의 2/3를 적어도 6개 부위에서 cis- 및 trans-processing 기작에 의해 절단한다. 거의 모든 potyvirus의 NIa는 분자량이 49 kDa 이며 2개의 기능부위로(22 kDa VPg 및 27 kDa 단백질 분해효소)구성된다. 3개의 아미노산 histine, aspartic acid, cysteine이 단백질분해 활성에 관여하는 촉매 삼각점(catalytic triad)으로 예상된다.

nucleation, 핵형성 : 조립 개시 복합체를 형성하기 위하여 핵산과 몇 개의 캡시드 소단위 유전체가 상호작용하는 것이다.

nucleic acid hybridization, 핵산 결합법 : ①핵산이 G-C, A-T끼리 서로 염기쌍을 형성하여 두 가닥이 되는 성질을 이용하여 서로 상보적인 염기배열을 가진 핵산 두 가닥을 하나의 덩어리로 만드는 과정. ②이를 위해서는 기존의 핵산을 열을 가하여 변성시켜 하나의 가닥으로 분리한 다음, 여기에 이들과 결합한 상보적인 염기배열을 가진 핵산을 첨가하면 두 가닥의 핵산으로 돌아가는 현상을 이용.

nucleic acid, 핵산 : 당(5 탄당), 인, 피리미딘 및 퓨린 등의 염기를 가진 산성물질. 핵산은 생물체의 유전적 성질을 결정.

nucleocapsid, 핵단백질 : 바이러스 유전물질인 핵산을 둘러싼 외피단백질.

nucleoside, 뉴클레오사이드 : 핵산을 구성하는 뉴클레오타이드의 당과 염기분자의 결합단위.

nucleotide, 뉴클레오타이드 : 뉴클레오사이드에 인산이 에스터 결합된 것으로 RNA와 DNA를 구성하는 기본 구성단위이다.

nutrient agar media : 대부분의 세균을 배양할 때 사용하는 기초 배양기이다. Beef extract 3g, peptone 5g, agar 15g을 살균증류수 1ℓ에 넣고 고압증기 살균(121℃) 하여 만든다. Beef peptone agar 또는 meet infusion이라고도 부른다.

nystatin polymixin penicillin cyclohexamide water agar : NPPC 물 한천배지. Davies와 Williams가 1970년에 토양에서 방선균(Actinomycetes)를 조사하기 위하여 만든 배지이다. 증류수 990㎖에 agar 20g을 넣고 고압증기 살균(121℃)하여 50℃ 전후로 식힌 후, 살균된 증류수 100㎖에 nystatin 500㎎, polymixin B sulfate 50㎎, sodium penicillin-G 10㎎, cyclohexamide 500㎎을 넣어 만든 항생제 기본용액 10㎖를 혼합하여 만든다.

nystatin polymixin penicillin cyclohexamide yeast maltextract agar media : NPPC YME 한천배지. Loria가 1988년에 감자 더뎅이병균을 분리하기 위하여 사용하였다. Yeast extract 4g, malt extract 10g, dextrose 4g, agar 20g을 살균증류수 990㎖에 넣고 고압증기 살균(121℃)한 후, 살균된 증류수 100㎖에 nystatin 500㎎, polymixin B sulfate 50㎎, sodium penicillin-G 10㎎, cyclohexamide 500㎎을 넣어 만든 항생제 기본용액 10㎖를 혼합하여 만든다.

O

obligate parasite, 절대기생체 : 자연 상태에서 살아있는 생물체에 기생해서만 생장과 증식이 가능한 기생체.

octopine(pectenin) : 문어 등 해상연체동물의 근육 속에서 발견된 arginine산 유도체이다. 뜨거운 물에 잘 녹지만, methanol이나 ethanol에는 녹지 않는다. 뿌리혹병균(*Agrobacterium tumefaciens*)에 감염된 식물의 혹에서도 발견되는 opine의 한 종류이며, Ti plasmid의 도입에 관여 한다(opine 참조).

oidium, 분열포자 : 곰팡이의 무성생식 방법 중의 하나로 균사에 격막이 생기고 절단되어 생성되는 포자. 분절포자(arthrospore)라고도 한다.

Okabe : N. Okabe(岡部). 1954년에 *Ralstonia solanacearum*(가지과 작물의 세균성풋마름병균)의 계통(strain) 사이에 선택적으로 길항작용이 있다고 하였으며, 이것은 bacteriocin의 존재를 처음 보고한 것이었다.

oligotrophs : 대부분의 세균들은 영양이 풍부한 환경에서 잘 자라지만, 유기물이 많은 배지에서 오히려 잘 자라지 못하는 세균. 식물 병원세균으로는 당근 세균성뿌리혹병균(*Rhizobacter daucus*), 상추 corkyroot병균(*Rhizomonas suberifaciens*) 등이 이 부류에 속한다.

one-step growth experiment, 일단 증식실험 : Phage의 생활 주기나 증식을 감염균 집

단을 사용해서 조사하는 방법이다.

oogonium, 장난기 : 하나 이상의 배우자를 지니고 있는 난균류의 자성 배우자낭.

Oomycetes, 난균綱 : 유사균류(pseudofungi)의 색조류계(kingdom Chromista), 난균문에 속하는 강(class, 綱) 중의 하나. 균사에는 격막(septum)이 없고 긴 균사체를 형성한다. 유주자낭에 유주자를 형성하며, 유주자는 앞(섬모형)과 뒤(채칙형)에 2개의 편모를 가지고 있다. 형태적으로 상이한 장정기와 장란기의 배우자낭 접촉 후에 난포자를 형성한다. 난균류에 속하는 균은 물속과 육상에 살며 부생(腐生)이나 식물체에 기생을 한다. 세포내 기생인 단세포, 또는 간단한 균사에서는 그 영양체 전체가 유주자낭 또는 장난기・장정기로 된다. 그 밖에 대부분의 것은 다핵을 함유하는 관 모양의 균사가 분지한 균사체이며, 유성생식시에는 균사의 앞쪽 끝부분이 격막으로 구분되어 유주자낭이 된다. 식물에 기생하는 난균류는 세포 사이에 침입한 균사체가 숙주세포 내에 혹 모양이나 분지한 흡기(吸器)를 만들어 영양을 흡수하고, 기공에서 돌출하여 포자낭을 형성한다. 이것을 분생포자낭이라 하며 분생포자가 떨어져 바람이나 빗물에 의해 분산되며, 발아 시에 물이 있으면 유주자를 만들지만 물이 없는 경우는 발아관을 만들어 균사체로 성장한다. 물곰팡이목・노균목으로 분류 된다.

Oomycota, 난균門 : 유사균류(pseudofungi)의 색조류계(kingdom Chromista)에 속하는 문(phylum, 門) 중의 하나. 유주자에 전방을 향한 긴 섬모형 편모와 후방을 향한 짧은 채칙형 편모를 가지고 있다. 핵상 배수체이며 배우자낭을 형성할 때 감수분열을 한다. 유성포자는 난포자이고, 세포벽은 글루칸과 소량의 hydroxyprolin 및 섬유소를 함유하고 있다.

oospore, 난포자 : 난균류에서 형태적으로 다른 2개의 배우자낭(장란기, 장정기)의 결합에 의해 형성되는 유성포자.

operator, 작동부위 : 오페론의 3가지 부위 중의 하나(조절, 구조, 작동 유전자)로서 억제 물질이 결합하는 부위로서 억제 물질의 결합 여부에 따라 구조 유전자의 활동을 조절한다.

operon : 하나 또는 그 이상 유전자의 발현을 조절하는 DNA의 단위 염기 서열.

Ophiostomatales, 장경각균목 : 진균의 자낭균문, 각균강에 속한다. 자낭각에 측사가 없으며, 자낭은 구형 내지 나형이고 쉽게 파괴된다. 일부 種은 딱정벌레에 의해 전염되며, 일부 종은 목재의 변색균 또는 청변균이다.

opine : 뿌리혹병에 감염된 식물의 혹 조직에서 특이적으로 생산되는 1군 화합물의 총칭. 병원세균인 *Agrobacterium tumefaciens* 의 Ti-plasmid의 종류에 따라, octopine・nopaline・aglopine・agrocinopine 등 다른 종류의 opine이 생성된다.

osmium tetroxide : OsO_4. 생물이 살아있을 때와 가까운 상태로 생물의 조직을 고정시키기 때문에, 전자현미경으로 관찰하기 위한 생물시료를 만들 때 2차 고정액 시약으로 사용한다. OsO_4를 증류수에 녹여 2% 용액(w:v)을 만든 후, 0.1M cacodylate 완충액을 더하여 1% 용액으로 만들어 사용한다. 생물조직 시료를 고정할 때, karnovsky's fixative로 1차 고정한 후 0.05M cacodylate 용액으로 세척하고, 1% osmium tetroxide 용액에 넣어 2시간 동안 2차 고정시킨다.

osmosis, 삼투 : 선택성 투과막을 통하여 고농도로부터 저농도로 용매가 확산되는 현상.

ostiole, 머릿구멍 : 자낭각과 분생포자각으로부터 포자가 빠져나오는 구멍처럼 생긴 열린 부분.

ovary, 난소 : 알을 형성하여 지니고 있는 자성 생식 구조체.

overlapping gene, 중복 유전자 : 부분 혹은 전체적으로 중복되어 같은 해독틀을 이용하는 두 유전자.

Oxalobacteriaceae : 원핵생물계(界)의 Burkholderia목(order, 目)을 구성하는 5개의 과(科) 중에서 세 번째 과이다. 5개의 속(屬)으로 구성되어 있으며, 이 가운데 *Herbaspirillum*屬이 식물 병원세균을 포함하고 있다. 그러나 아직 한국에서 이 과에 속하는 병원세균에 의한 피해는 발견되지 않았다.

oxidase reagent : 산화효소(oxidase)를 생성하는지 검정하기 위한 시약. Dimethyl-p-phenylendiamine hydrochloride를 증류수에 녹여 1%(w:v) 용액으로 만들어 사용한다. 조제된 시약은 냉장고에 보관하며, 조제한지 1주일 이내의 것을 사용하여야한다(oxidae test 참조).

oxidase test : 세균이 산화반응을 촉매하는 산화효소(oxidase)를 생성하는지 조사하는 실험이며, oxidase생성여부는 세균을 분류하는데 사용하는 중요한 특성이다. 대나무바늘(금속성 제품이 아닌)을 사용하여 세균을 여과지 위로 옮기고, 여과지 위의 세균 colony에 oxidase 시약을 1~2방울 떨어뜨린다. Oxidase를 생성하는 세균의 colony는 15초 이내에 붉게 변한다. 배양한지 오래된 세균은 음성으로 나타날 수 있기 때문에 24시간 이내의 젊은 균을 사용한다. *Pseudomonas*屬 식물 병원세균은 oxidase를 생성하지만, 혐기성균인 *Pectobacterium*屬 세균은 oxidase를 생성하지 않는다.

oxidative phosphorylation, 산화적 인산화 : 호흡의 산화반응에 의해 방출되는 에너지를 이용하여 고에너지 화합물인 ATP를 합성하는 과정.

oxytetracycline : *Streptomyces rimosus* subsp. *pseudoverticillatus*가 생성하는 항생물질이며, terramycin이라는 약품명의 의약용으로 오랫동안 사용되어 왔다. 세균의 ribosome에 작용하여 단백질합성을 방해한다. 한국에서 streptomycin sulfate와 혼

합한 농용살균제가 '아그리마이신'이라는 상표명으로 등록되어, 각종 세균성점무늬병이나 무름병(*Pectobacterium carotovorum* subsp. *carotovorum*), 벼 흰잎마름병(*Xanthomonas oryzae* pv. *oryzae*)을 대상으로 시판되고 있다. 또 대추나무의 빗자루병(*Candidatus* Phytoplasma zizyphi)을 방제하기 위하여 줄기에 oxytetracyclin을 주사(注射)하는 방법이 보고되었다.

ozone(O_3), 오존 : 정상 농도보다 높은 상태에서 식물체에 피해를 입히는 불안정한(계속적으로 반응하려는)상태의 산소.

P

Paenibacillus : 원핵생물계(界)의 Paenibacillia과(科)를 구성하는 6개의 속(屬) 중 하나. 인삼의 세균성뿌리썩음병균(*P. polymyxer*)이 포함되어 있다.

Pantoea : 원핵생물계(界)의 장내세균과(Enterobacteriaceae)를 구성하는 41개의 속 중 하나. 등나무 혹병균(*P. agglomerans* pv. *miletia*)를 비롯하여 몇 종(種)의 식물 병원세균들을 포함하고 있다.

paper disk method : 항생물질에 대한 세균의 감수성을 조사하기 위하여 사용하는 한 가지 방법이다. Nutrient 한천평면배지 표면에 세균현탁액을 발라주거나, nurient 한천배지에 세균현탁액을 섞어서 평면배지를 만든다. 이 한천배지 위에 적정 농도(보통 250ppm)의 항생물질을 적신 둥근 여과지(직경 6㎜)를 올려놓고, 항생물질의 세균에 대한 발육 저지원을 조사한다(clean zone 참조).

papilla, 방어돌기 : 곰팡이의 공격을 받은 식물세포에서 감염에 대항하는 작용기작으로 내부에 있는 세포벽이 솟아나 형성된 돌기.

paraphysis, 측사 : 곰팡이의 자실체 내에 존재하는 불임성 균사.

parasexualism, 준유성생식 : 곰팡이의 이핵세포 내에서 일어나는 유전형질의 재조합 기작.

parasite, 기생체 : 살아 있는 다른 생물체(寄主)에 기생하여 양분을 흡수하여 생명현상을 유지하는 생물체.

parasitism, 기생 : 일종의 먹이-포식자 관계임. 예로서 식물의 즙액을 흡즙하는 진딧물.

parenchyma cell, 유세포 : 식물의 대부분을 차지하고 있는 세포로 비교적 얇은 1차 세포벽만을 가지고 있어서 세포형태가 유연성이 있으며 양분 저장, 광합성, 호흡작용 등 매우 다양한 기능을 하고, 형태도 다양하다.

Pasteur : Luis Pasteur. 프랑스의 미생물학자였으며, S자 모양으로 목을 길게 뽑은 플라스크 속에 넣어 살균한 고기국물에서는 결코 미생물이 번식하지 못한다는 것을 입증하였다. 이로써 1861년까지 계속 되어온 "미생물의 자연발생설"은 부인되었다(생물 속생설 참조). 포도주의 산패현상을 방지하기 위하여 1866년에 간헐살균법(pasteurization)을 창안하였다(간헐살균 참조).

pathogen, 병원체, 병원균 : 병을 일으키는 실체로서 주로 미생물.

pathogenesis, 병생성 : 병원체가 식물체 내에 침입하여 안정된 기생관계가 성립되고(infection), 기주 식물체 내에서 파급되어 병징을 발현시키는 일련의 단계.

pathogenesis-related(PR) proteins, 병원성관련 단백질 : 바이러스의 감염시 일련의 신호전달체계에 의해서 최종적으로 항바이러스성 단백질이 생성된다. 그 결과 식물전체로 방어기작의 신호전달이 이루어지게 되어 전신 획득저항성(systemic acquired resistance)이 유도되어 식물체는 바이러스에 대해 효과적으로 방어할 수 있다.

pathogenicity, 병원성 : 병원체가 기주식물을 침입, 기주에서 증식하여 병징을 유지시킬 수 있는 병원체의 기본적인 능력으로 이의 강하고 약함을 양적으로 구분할 수 없는 질적인 의미를 내포하고 있다.

pathovar(pathotype) : 세균의 종(種) 계급 이하의 분류 단위이며, 기주생물에 대한 병원성이 다른 세균 군(群). Pathological varietyfkrheh 한다. 식물병원 세균의 종 이하 단위는 1980년에 제정된 "국제 식물 병원세균 pathovar 명명규약"에 따라 pathovar로 명명하고 있다. Pathovar는 종명 뒤에 pv.를 적고 그 뒤에 pathovar의 학명을 표기 한다(예 : *Pseudomonas syringae* pv. *tabaci*). 단 *Pectobacterium carotovorum*과 *Clavibacter michiganensis*에 대해서는 pathovar를 사용하지 않고, 몇 가지 생리적 특성의 차이에 따라 각각 5종류의 subsp.로 나누고 있다.

PCR(Polymerase Chain Reaction), 중합효소 연쇄반응 : ①소량의 유전자를 대량적으로 복제하는 기술. ②Primer와 DNA 중합효소를 이용하여 고온과 저온을 반복하여 중합하도록 하는 기술. ③잠복 감염중인 바이러스의 게놈(genome)을 확인하는 데 매우 유용하게 이용된다.

pectin degradation test : *Pectobacterium carotovorum* subsp. *carotovorum*(채소 무름병균)을 포함하여 *Pectobacterium*屬에 속하는 많은 세균들이 pectinase를 생성한다. 이 세균들을 CVP 한천평판배지 상에 배양하면 pectin을 분해하여 콜로니 주변의 한천배지가 움푹하게 함몰 된다(crystal violet-pectate agar media 참조).

pectin, 펙틴 : 식물체의 중벽과 1차세포벽에 있는 갈락투론산의 메틸화된 중합체.

pectinase, 펙틴 분해효소 : 펙틴을 분해하는 효소.

Pectobacterium : 원핵생물계(界)의 장내세균과(Enterobacteriaceae)를 구성하는 41개의 속 중 하나. 주생모를 가진 그람 음성의 짧은 간균이며, 임의혐기성이고, pectin 분해효소를 생성한다. 과거에는 *Erwinia*屬이었으나 재분류 과정에서 분리・독립되었다. 채소의 무름병균(*P. carotovorum* subsp. *carotovorum*)을 포함하여 많은 식물 병원세균들을 포함하고 있다.

penetration, 침투 : 바이러스 입자와 세포의 불가역적 접착으로부터 바이러스의 특이적 합성 반응이 개시되기까지의 과정.

penetrration peg, 침입관 : 곰팡이가 식물체의 표피조직을 통해 침입할 때 포자나 균사체에서 직접 형성된 부착기에서 형성된 기관. 기주식물의 표면과 접촉하기 용이하도록 편평한 바닥을 가진 구형 내지 원추형의 부착기 아래쪽에서 기주식물 쪽으로 자라 나와 식물체의 각피와 세포벽을 뚫는 관 모양의 기관.

penicillin : 세계에서 최초로 발견되고 최초로 임상에 응용된 항생물질. 1929년 영국의 A. 플레밍이 우연히 오염된 푸른곰팡이(*Penicillium notatum*)이 포도상구균의 발육을 억제하고 있는 것을 발견하였다. 이 곰팡이가 그람 양성균에 대해 강한 항균성 물질을 생산하고 있으며, 이 항균성물질이 숙주에 대해서는 저독성인 것을 알아낸 뒤 이 물질을 페니실린이라고 명명하였다.

pentamer, 펜타머 : 정이십면체 모양 캡시드의 꼭지 점에 있는 단백질 분자들로 인접하는 5개의 단백질 분자.

peptidoglycan : 대부분의 원핵생물에서 세포벽의 주성분이다. n-acetylglucosamine과 n-acetylmuramic acid가 여러 번 반복되면서 이 중합체의 골격을 이룬다. Murein 이라고도 부른다. 그람양성균의 세포벽은 두꺼운 단일 층의 peptidoglycan으로 되어 있으며, 그람음성균의 세포벽은 세포벽 외막 아래에 두 겹의 얇은 peptidoglycan층으로 되어 있다. 고세균(Archaea)의 세포벽에는 peptidoglycan이 없으며, 몰리쿠트(Mollicutes)강 세균도 세포벽이 없기 때문에 peptidoglycan을 함유하고 있지 않다.

peptone : 뷰렛반응에서 양성반응을 나타내는 oligopeptide 및 amino acid 혼합체의 총칭이며, 단백질을 가수분해하여 얻을 수 있다. 대부분의 세균을 배양하기 위한 배양기를 조제할 때, 질소원으로 사용한다.

perfect stage, 완전세대 : 곰팡이의 생활사에서 유성세대. Teleomorph.

perithecium, 유공자낭각 : 자낭균류의 유성생식 과정 중에 형성되는 자낭과의 일종으로서 둥글거나 플라스크 모양이며 끝에 구멍이 존재 함.

Peronosporaceae, the downy mildews, 노균병균科 : 유사균류(pseudofungi)의 색조류계(kingdom Chromista), 난균문, 난균강, 노균목에 속한다. 유주자낭병과 균사는 뚜렷하게 구별된다. 활물영양균(절대기생체)이며 노균병균이 여기에 속한다. 분생자병의 형태에 따라 분류된다.

Peronosporales, 노균목 : 유사균류(pseudofungi)의 색조류계(kingdom Chromista), 난균문, 난균강에 속한다. 균사체는 잘 발달되어 있으며, 무격벽, 분지, 기주에서 세포간 또는 세포 내에 존재한다. 흔히 흡기를 형성하고. 유주자낭은 난형 내지 레몬형이며, 균사 위 또는 포자낭경에 형성된다. 포자낭은 대부분의 종에서 유주자를 형성하나 일부의 종에서는 직접 발아하여 발아관을 형성한다. 유성생식은 특징적인 장란기와 장정기의 융합으로서 난포자를 형성하며 난포자는 종에 따라 유주자를 형성하거나 직접 발아하여 발아관을 형성하는데, 발아 후 곧 포자낭을 형성하기도 한다.

persistent(circulative) infection, 영속성(지속) 감염 : ①매개충이 식물을 흡즙할 때 체관부로부터 최소한의 시간(수 분 내지 수 시간)이 소요되어야 바이러스를 획득(acquisition)할 수 있다. ②획득된 바이러스는 일정한 잠복기간(수 시간 내지 수 일)을 거친 후에 수 일 내지 수 주간 전파 능력을 갖는다. ③매개충 내에서 순환이 되어 혈림프에서도 바이러스가 탐색된다. 경우에 따라 바이러스가 매개 곤충의 알로 수직전파(vertical transmission)되어 지속적으로 식물에 병을 일으키기도 한다. ④기계적 접종은 불가하며 대표적인 예로 Luteovirus가 있다. ⑤보통의 바이러스는 대부분 침투하였더라도 숙주의 면역체계에 의해 제거 되지만 몇몇은 지속적으로 살아남는 경우도 있다. ⑥바이러스가 지속적으로 살기 위해서는 그 항원성을 변화시키든지 스스로 숙주의 면역반응을 조절할 수 있는 방법을 가지고 있어야 한다.

petroff-Hauser cell counter : 일정한 부피 속에 들어있는 세균의 수를 조사하기 위하여 이용하는 기구이다. 슬라이드그라스(slide glass)의 중앙에 일정한 깊이의 사각 우물이 파여 있다. 이 우물에 조사하고자 하는 세균현탁액을 넣고, 일정한 간격으로 눈금이 그려진 덮개유리(cover glass)를 덮는다. 덮개유리의 작은 모눈 25개를 통하여 보이는 현탁액의 양은 1/1,250,000㎖이다. 광학현미경을 통하여 이 25개의 모눈 속에 보이는 균체의 수를 센 다음, 1㎖에 들어 있는 균체의 수를 산출한다. 그러나 운동성이 활발한 세균의 경우에는 중복하여 셀 우려가 있으며, 또한 살아있는 균체와 죽은 균체를 구분하기 어렵다는 단점이 있다.

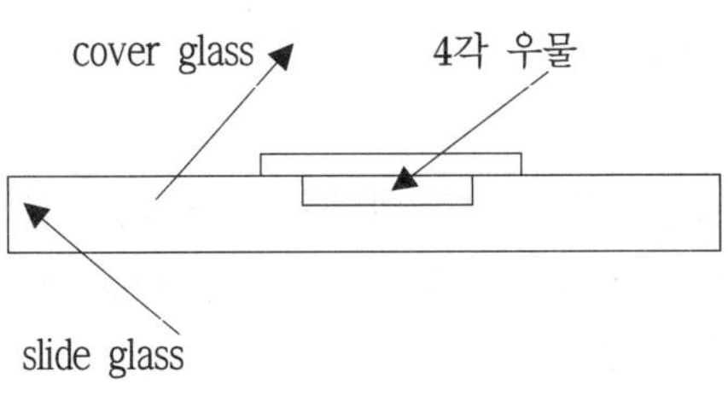

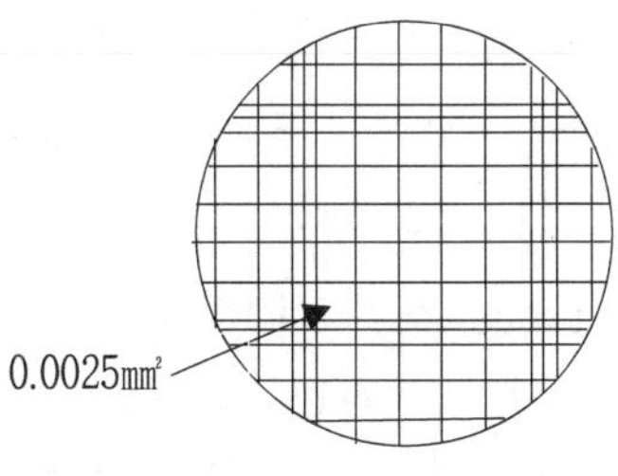

phage, 파아지, 세균 바이러스 : 세균을 가해하는 바이러스로서 박테이로파아지로 불림.

phagovar(phagotype) : 세균의 종(種) 계급 이하의 분류 단위이며, bacteriophage에 따라 용균반응이 서로 다른 세균 군(群)이다.

phaseollin : 강낭콩이 세균성점무늬병균(*Pseudomonas syringae* pv. *phaseolicola*)의 침

입을 받았을 때 생성하는 phytoalexin이다.

phaseollinisoflavan : 강낭콩이 *Pseudomonas syringae* pv. *phaseolicola* (세균성점무늬병균)의 침입을 받았을 때 생성하는 phytoalexin.

phaseolotoxin : 강낭콩의 세균성점무늬병균(*Pseudomonas syringae* pv. *phaseolicola*)이 생성하는 기주 비특이적 독소이다. 잎을 황변시키며, ornithine carbamoyl-transferase의 작용을 방해하여 식물 세포 안에 ornithine을 축적시킨다.

phenolic compounds, 페놀계 화합물 : 1개 이상의 페놀 고리를 가진 화합물.

phenolphthalein : 알카리성 범위에서 사용하는 산도 지시약의 일종이다. 적정 사용범위는 pH 8.3~10.0이다. 산성에서 무색, 알카리성에서 붉은 색을 나타낸다. Phenol-phthalein 1.0g을 95% ethanol 500㎖에 녹인 후 증류수 500㎖를 더하여 조제하고, 여과지로 여과하여 녹지 않은 찌꺼기를 제거한 후 사용한다.

phenotype mixing, 표현형의 혼합 : 서로 다른 바이러스 사이에서 genome은 그대로 있으면서 envelope protein이 혼합되는 현상. 서로 다른 엔빌롭바이러스가 같은 숙주세포에 공동 감염되었을 때 나타나는 현상. 방출 시 바이러스의 엔빌롭에는 두 가지 바이러스의 단백질이 모두 존재하여 pseudotype(가짜형)이 생성되며, 자손 바이러스는 원형복구 된다.

phenotype, 표현형 : 생물체의 외부로 나타나는 가시적인 형태.

phenotypic trait, 표현형질 : 유전형이나 유전적 구성, 또는 환경과 연계하여 결정되는 생물체나 세포의 관찰 가능한 특성.

pheol red : 알카리성 범위에서 사용하는 산도 지시약의 일종이다. 적정 사용범위는 pH 6.8~8.4이다. 산성에서 노란색, 알카리성에서 붉은 색을 나타낸다. Phenol red 0.2g을 95% ethanol 500㎖에 녹인 후 증류수 500㎖를 더하여 조제하고, 여과지로 여과하여 녹지 않은 찌꺼기를 제거한 후 사용한다.

phloem, 체관부 : 유관속식물에서 체관, 반세포, 사부유세포, 그리고 사부섬유로 구성된 양분 통도조직.

phosphotungstic acid(PTA) : 투과전자현미경(TEM)으로 미생물의 형태를 관찰하기 위하여 사용하는 염색용 시약이다. 증류수에 녹여 2%(w : v)용액을 만든 후 1N NaOH를 더하여 pH 7.0으로 조절하여 사용한다.

Phyllachorales, 흑종병균目 : 균계(菌界)의 자낭균문, 각균강에 속하는 목(order, 目) 중의 하나. 유공자낭각은 자좌에 있으며 자낭은 장타원형 또는 원통형이다. 자낭포자는 형태가 다양하며 무색 또는 어두운 색이다.

phylloplane, 엽면 : 식물체 잎의 표면.

phyllosphere, 엽권 : 식물체의 잎 표면 생태계를 의미함.

Physarales, 자색점균目 : 원생동물계(kingdom Protozoa)의 점균문, 점균강에 속하는 목(order, 目)으로 포자와 자실체를 만드는 부생성 변형체를 생성하며 유주포자는 2개의 편모를 가지고 있다. *Fuligo*, *Mucilago*, *Physarum*屬 등은 지면 가까이에 있는 식물체를 뒤덮어 점균병을 일으킨다.

phytoalexin : 식물이 병원체와 반응하여 식물체 내에 합성 축적하며, 항미생물 효과가 있는 저분자 화합물이다. 건전한 식물에는 거의 없으며, 미생물에 의해서 뿐만 아니라, 물리적 또는 화학적 자극에 의해서도 생성된다. 병원균에 대해 감수성인 식물에서도 생성되지만, 저항성 식물에서 훨씬 빨리 많은 양이 생성된다. 따라서 초과민반응과 함께 식물의 대표적인 저항성 기작으로 설명되고 있다. 일반적으로 phytoalexin 생성에는 빛이 필요하다.

phytopathogenic, 식물 병원성 : 식물체에 병을 일으킬 수 있는 미생물의 성질.

Phytophthora : 유사균류(pseudofungi)의 색조류계(kingdom Chromista), 난균문, 난균강, 노균목, 부패균과에 속하는 屬이다. *Phytophthora*屬에는 40여종이 있는데 그 중에서 채소를 침해하여 문제를 일으키는 것은 10여종 정도이다. 감염되는 부위는 신초, 잎, 줄기, 근관부, 뿌리 및 과실 등 식물체 전체이다. 뿌리나 줄기가 감염되면 풋마름 증상이나 잘록(시들음)을 일으키고 경엽이나 과실이 감염되면 무름과 부패 증상을 보이고 경엽에 침윤상의 대형 반점을 형성하기도 한다. *Phytophthora*는 기주의 지하부 뿐만 아니라 경엽과 과실 등 지상부도 침해한다. 이는 땅 속이나 지제부의 병반 위에 형성된 유주자낭이 빗방울에 튕겨져 아래 잎으로 전염되기 때문이다. 감자. 토마토, 가지의 역병은 경엽에 생긴 병반 위에 유주자낭을 다량으로 형성하여 이것이 비바람을 타고 비산함으로써 차례차례 새로운 병반을 만들어 간다. 그뿐만 아니라, 감자의 경우에는 지상부의 병반 위에 형성된 유주자낭이 빗물을 타고 토양 속으로 이동하여 괴경에 병반을 형성한다. 또한 이 병든 괴경을 씨감자로 이용하면 맹아한 싹에 병반이 생겨 이것이 지상부의 발병으로 이어지는 종서(씨감자) 전염이 일어나게 된다.

Phytoplasma : 일본의 Doi 등이 오갈병에 걸린 뽕나무와 누른오갈병에 걸린 과꽃의 도관세포에서 발견하여 mycoplasma유사체(mycoplasma like organism, MLO)라고 불렀던 병원체이다. 동물에 폐역병을 일으키는 병원체인 *Mycoplasma*屬 원핵생물과 모양이 같지만, 인공합성배지에서 배양이 되지 않기 때문에 붙여진 이름이었다. 그러나 1994년 프랑스 보르도에서 열린 제10회 국제마이코플라스마학회에서 식물병원 MLO의 속명(屬名)을 *Phytoplasma*로 잠정 결정하였다. 세포벽이 없고 세포질은 두 겹의 세포질막에 싸여 있다. 지금은 전 세계에서 100여 종의 식물에 병을 일으키는 것으로 알려져 있으며, 한국에서도 10여 종의 식물에 오갈병 또는 빗자루병을 일으키는 것으로 밝혀졌다. 자연 상태에서 매미충 또는 노린재 등의 흡즙성 곤충에 의해 전반된다. Bergey's manual of systematic bacteriology 2판(2001)에는 아직 이 속(屬)이 등재되어 있지 않다. 과거에는 이 병원균을 virus처럼 기주식물의 이름을 병기하여(예 : 뽕나무 Phytoplasma) 불렀으나, 지금은 속명과 종명 앞에 후보종임을 밝혀(예 : *Candidatus* Phytoplasma asteris) 명명하고 있다.

phytotoxic : 식물체에 독성이 있는.

phytuberine : 감자가 무름병균(*Pectobacterium carotovorum* subsp. *atrocepticum*)의 침입을 받았을 때 생성하는 phytoalexin이다.

pilin : 선모(pili)를 구성하는 입상 단백질이다. Subunit 분자가 나선상으로 쌓인 관상구조로 선모를 구성한다(선모 참조).

Plamodiophoromycetes, 근류병균綱 : 원생동물계(kingdom Protozoa)의 근류병균문에 속하는 강(class, 綱)으로, 조류, 곰팡이 및 고등식물에 내생적으로 순활물기생하여 조직을 증생 시킨다. 변형체는 분열하여 유주자낭이나 휴면포자를 형성한다. 이들에서 형성된 유주자는 2개의 상이한 크기의 편모를 가진다.

plant pathogenesis-related proteins, PR 단백질 : 식물체가 병원체에 접종된 후 몇 분 또는 몇 시간 내에 식물체의 세포 내에서 새로이 생성되는 단백질 그룹.

plant virus : 식물바이러스. 식물에 감염하여 증식하는 바이러스. 고등식물 뿐만 아니라, 균류나 조류에 기생하는 종류도 있다. 핵산성분은 대부분의 종류가 단일가닥 RNA 이지만, 이중가닥 RNA, 단일가닥 DNA, 이중가닥 DNA를 갖는 종류도 있다. 또한 분절게놈을 갖는 바이러스도 많다. 식물바이러스의 감염에 필요한 수용체는 알려져 있지 않다. 바이러스에 감염된 식물의 대부분은 각종 병징(모자이크, 반점, 퇴록, 괴사, 왜화 등)을 나타내며 생육이 나빠진다. 바이러스는 종류에 따라 다르고 정해진 전염방법을 갖고 있으며, 그 방법으로는 즙액전염, 토양전염, 종자전염, 화분전염, 접목전염, 균에 의한 전염, 충매전염, 경란전염 등이 알려져 있다.

plantibodies, 식물항체 : 식물을 감염하는 병원체(주로 바이러스)를 주사한 뒤의 혈청생산 유전자를 형질전환 시킨 식물체에서 생산되는 항체.

plaque assay, 플라크 시험법 : 바이러스의 감염에 의하여 손상된 숙주세포가 주위의 정상적인 세포와 구별되게 나타나게 되는데, 이러한 손상된 세포의 집단을 플라크(plaque) 라고 한다. 플라크를 형성하기 위해서 먼저 숙주 세포를 단층으로 배양한 후, 이들 세포에 virus를 감염시킨다. 여기에, 한천이 첨가된 배지(agar medium)를 부어 세포와 바이러스를 굳힌다. 이렇게 하면 증식된 바이러스가 배지 용액을 따라 섞이지 않고, 감염된 세포와 그 근처에만 존재하게 된다. 그 후, 감염된 세포가 죽거나 변하여 나타나는 plaque의 수를 측정하면, 바이러스 용액에 들어 있는 감염단위의 수를 측정할 수 있다.

plaque, 용균반 : 박테리오파아지에 의해 용균되어 고체배지 상에 배양된 후 형성된 투명한 원형의 구역.

plasmalemma, 원형질막 : 세포질을 둘러 싸고 있는 원형질체의 외부에 있는 단위막으로 인지질의 이중층으로 구성되어 있다. 세포 안과 세포 주위 환경간의 교류를 조절하는 역할을 하고 있다.

plasmid : 염색체와는 별도로 세포질 속에 있는 유전자이며, 염색체 DNA의 지배를 받지 않고 독립적으로 자기복제를 할 수 있다. Plasmid는 고리 모양의 2중 사슬로 되어 있으며, 접합성 plasmid는 성선모를 통하여 다른 세포로 전달될 수 있다. 병원성, 항생제나 중금속에 대한 내성, bacteriocin 생성, 영양물질에 대한 이용성 등 많은 형질이 plasmid에 의해 지배되는 것으로 알려져 있다. 불화합성군(群)에 속하는 plasmid가 1개의 세균 세포에 들어가게 되면, 나중에 들어간 plasmid는 복제되지 못하기 때문에 후손 세포에서는 없어진다. 염색체와는 달리 acridine 염료를 이용하여 쉽게 제거할 수 있다. 이와 같이 균체 안의 plasmid가 없어지는 것을 curing이라고 한다. Plasmid가 없어져도 세균은 살 수 있다(세균의 구조 · curing 참조).

plasmodesma, 원형질연락사 : 두 원형질체를 분리하는 세포벽을 가로질러 두 원형질체를 연결하는 가느다란 원형질의 줄.

Plasmodiophoraceae, 근류병균과, 무사마귀병균과 : 원생동물계(kingdom Protozoa)의 근류병균문, 근류병균강, 근뮤병균목에 속하며, *Plasmodiophora*, *Spongospora* 및 *Polymyxa* 屬이 있다. 이들은 모두 사상균이지만 균사를 전혀 형성하지 않는다. 또한 모두 부생성이 없어 살아있는 기주식물에 기생하는 것 외는 달리 번식할 수 없는 절대적 기생균이다. 또한 이들 균은 기주식물체에 형성하는 휴면포자의 형태로 내구생존하고 휴면포자에서 형성된 유주자에 의해 감염, 전염하는 공통점을 가지고 있다. 물 속을 헤엄쳐 다니는 유주자를 형성하기 때문에 감염과 전염에 물이 중요한 역할을 하는 것은 *Phytophthora*, *Pythium*, *Aphanomyces* 등과 공통된 점이다. 이들 중에서 무사마귀병균은 십자화과 작물의 뿌리에 기생하면서 심한 병해를 일으킨다. 또한 감자의 가루더뎅이병(瘡痂病)균은 괴경에 기생하기 때문에 상품가치를 저하시키는 병해를 일으키지만 다른 3가지 병균들은 식물에 기생하지만 특기할 만한 병해를 일으키지는 않는다. 그러나 무사마귀병균 이외의 4가지 병균은 모두 토양전염성 바이러스를 매개하는 성질을 가지고 있다.

Plasmodiophorales, 근류병균목, 무사마귀병균目 : 원생동물계(kingdom Protozoa)의 근류병균문, 근류병균강(class, 綱)에 속하며, 식물의 뿌리와 줄기의 세포내에 변형체를 형성하며 유주자는 2개의 편모를 가지고 있으며 순활물기생체이다.

plasmogamy, 원형질융합 : 2개의 원형질이 합치면서 반수체의 핵을 모아 놓는 단계인데 양친으로부터 온 2개의 핵을 가진 세포를 이핵세포(dikaryon)이라 한다.

plasmolysis, 원형질분리 : 원형질체에서 수분이 빠져나가 세포벽으로부터 원형질이 이탈되거나, 세포벽을 분해시킨 후 원형질만 남게 하는 것.

pleomorphic : 부정형(不定形) 또는 다형성(多形性). 많은 식물에 도깨비집병이나 오갈병을 일으키는 *Phytoplasma*나 *Spiroplasma*屬 세균은 세포벽이 없기 때문에 아메바처럼 일정한 형태를 유지하지 못하는 다형성균이다. 또한 식물 병원세균은 아니지만, Domain Archaea에 속하는 세균들도 세포벽에 peptidoglycan을 보유하고 있지 않아서 다형성이다.

Pleosporales, 위자낭각균目 : 진균의 자낭균문, 소방자낭균균강에 속한다. 자낭자좌는 다양하며, 자낭자좌에 강실(腔室, pseudothecium)이 하나 또는 여러 개 있다. 유공자낭각은 위측사로 둘러싸여 있으며, 자낭은 곤봉모양이다.

plerome, 플레롬 : 피층 안쪽의 식물조직.

Plsmodium, 변형체 : 많은 핵을 지니고 있는 점질의 원형질 덩어리.

polyclonal antibodies, 다클론 항체 : 많은 항원 결정기를 가진 병원체나 단백질을 주사한 동물의 혈청에 존재하는 항체의 혼합.

polycyclic disease, 다주기성 병 : 녹병, 노균병, 흰가루병, 점무늬병 등과 같이 증식주기가 매우 짧아서, 작물의 한 생육기간 중에 여러 증식주기(세대)를 거치는 병. 이들은 짧은 시간 내에 대발생될 수 있다.

polycyclic pathogen, 다주기성 병원체 : 작물재배 한 생육기간 중에 여러 증식주기(세대)를 거치는 병원체. 1년에 2~30번의 병환을 완성하고 병환이 거듭될수록 전염원의 양은 몇 배씩 증가하는 병원체. 녹병균, 노균병균, 흰가루병균, 점무늬병균 등이 대표적이다.

polyetic, 다년성의 : 생활사 또는 병환을 완성하기 위하여 수년이 필요한 현상.

polyetic, 다주기성의 : 1년에 여러 번의 생활사(병환)을 완성하는 현상.

polygenic, 다유전자의 : 여러 유전자에 의해서 조절되는 현상.

polyhedron, 다면체 : 많은 면을 가진 구형 입자 또는 결정.

polymerase chain reaction(PCR), 중합효소 연쇄반응 : Primer(DNA의 작은 조각)가 있는 DNA의 절편을 증폭(증식)시키는 기술.

polymerase, 중합효소 : 하나하나의 작은 분자들을 연쇄상의 분자(DNA, RNA)로 묶어주는 효소.

polysaccharide, 다당류 : 여러 개의 단당류로 구성된 큰 유기물 분자.

polysome (polyribosome), 폴리솜 : 전령 RNA와 관련 있는 리보솜의 덩어리.

poly-β-hydroxybutyrate(PHB) : 과립체 형태로 세포질 내에서 관찰되는 탄소 저장중합체이며, 영양이 부족한 환경조건이 되면 탄소원이나 에너지원으로 이용되는 것으로 생각된다. PHB는 3% sudan black B 용액으로 염색하여 위상차현미경(phase contrast microscope)으로 관찰하면 검은색 입자로 보인다. Bergey's manual of systematic bacteriology 초판(1984~1988)에 의하면, *Pseudomonas* 屬 5개 RNA group 중에서 PHB를 생성하는 세균은 RNA group Ⅰ으로 분류된다.

porin : 그람 음성세균의 세포벽 외막에 있으며, 투과공(透過孔)을 형성하는 단백질.

positive polarity, 양성 극성 : ①바이러스 게놈(genome)의 핵산 가닥이 mRNA의 같은 서열을 가질 때(+), 양성 극성이라 한다. ②양성 극성을 지닌 게놈(genome)은 그대로 숙주에서 번역되어 바이러스의 단백질이 만들어질 수 있기 때문에 게놈(genome)만 가지고도 증식할 수 있다. ④게놈(genome)의 핵산 가닥이 mRNA와 상보적인 서열일 때는(-), 음성 극성이라고 한다.

positive-sensesingle-stranded RNA virus : 지놈 RNA가 단일가닥으로서 mRNA와 같은 방향성을 갖는 바이러스.

post-transcriptional gene silencing(PTGS), 전사 후 유전자 사일런싱 : 바이러스 RNA, transposon RNA, 이중가닥(double-strand) RNA와 같은 이질적인 RNA를 표적하는 염기 특이적 RNA 분해과정이다.

powdery mildew, 흰가루병 : 박과작물을 비롯한, 맥류, 두류, 과수 등 거의 모든 작물에 발생한다. 병징은 아래 잎부터 잎 표면에 흰색 혹은 회백색 곰팡이가 생겨 덮인다. 병반은 점점 위로 올라가 엽초, 줄기, 이삭줄기까지 퍼지는데 광합성을 방해하므로 수량에 상당한 영향을 끼친다. 후기에는 회백색으로 덮인 병반에 까뭇까뭇한 작은 흑색 점들이 생기는데 이것이 병원균의 월동형(폐쇄자낭각)으로 다음 해의 전염원이 된다. 병반의 초기에는 윤곽이 뚜렷한 원형 내지 타원형 병반이 형성되나 나중에는 병반끼리 합쳐져 엽신 표면이 모두 회백색 가루로 뒤덮이게 된다.

precipitin, 침강 : 항원과 항혈청이 반응하여 가시적으로 침전된 현상.

preformed resistance, 선천성 저항성 : 식물체가 병원체에 감염되기 전부터 가지고 있는 구조적인 특성 또는 생화학적 물질의 유・무에 의해 나타내는 저항성.

primary infection, 1차 감염 : 월동(越冬) 또는 월하(越夏)한 병원체에 의해 식물체가 재배기간 중 최초로 감염되는 현상.

primary inoculation, 1차 전염원 : 월동 또는 월하한 병원체, 즉 1차 감염을 일으키는 병원체.

primer : 핵산을 합성 증폭시킬 때, 모체로 제공되는 polynucreotide 사슬이다.

prion, 프리온 : 동물 세포 내에서 핵산이 없어도 자기 복제가 가능하고 열에 강하며 느리게 감염하는 작은 독성 단백질이다.

probe : 교잡에 의한 상보적 가닥이 존재하는 지를 탐색하는데 사용되는 방사성 핵산.

proferrorosamin A : 마늘에 무름병을 일으키는 *Erwinia rhapontici*이 생성하는 분홍색 색소이다.

prokaryote, 원핵생물 : 세균처럼 유전물질이 단위막으로 둘러싸인 핵 내에 일정한 형태로 존재하지 않는 생물.

promoter : 전사를 시작하기 위하여 RNA중합효소에 의해 인식되는 DNA 또는 RNA상의 특정부분.

promycelium, 전균사 : 겨울포자에 의해 형성되는 짧은 균사.

propagative virus, 증식형 바이러스 : 매개충 내에서 증식하는 바이러스.

propagule, 번식체 : 생물체를 전반시키고 증식시키는 생물체의 일부분.

prophage : 세균에 침입한 phage가 균체를 용균 시키지 않고 균체 안에 남아 있는 phage이며, temperate phage라고도 한다. 세균의 염색체와 통합되거나 세균의 염색체와는 별도의 DNA로 남아있기도 한다. 세균 균체의 증식과 함께 prophage도 복제되어, 기주 세균의 자손 세포가 각각 1개 씩의 prophage를 분배 받는다. 어떤 원인에 의해 세균의 균체 안에서 다시 phage의 복제가 시작되면, 용균현상을 일으키는 독성 phage가 되기도 한다.

protectant fungicide, 보호살균제 : 곰팡이에 의한 감염에 대해 예방효과가 있는 살균제.

protectant, 보호제 : 병원체의 감염으로부터 생물체를 보호하는 물질.

protein subunit, 단백질 소단위체 : 바이러스 단백질 껍질의 구조적, 화학적 단위체인 작은 단백질 분자.

Proteobacteria : Bergey's manual of systematic bacteriology(1984~1988)에 의하면 Gracilicutes門(Division)의 1개 강(綱)이었으나, Bergey's manual의 2판(2001)에 의해 Domain Bacteria의 Proteobacteria門으로 승격되었다. 4개의 綱으로 구성되어 있으며, 가장 많은 식물 병원세균을 포함하고 있는 문이다(Ⅳ. 식물 병원세균의 분류학적 위치 참조).

proteolysis(peptonization) : 세균들이 caseinase를 생성하여 casein을 분해하는 것을 말한다. *Xanthomonas campestris*에 속하는 많은 pathovar들이나 뽕나무 세균성위축병균(*Pseudomonas syringae* pv. *mori*)을 casein이 함유된 배지에서 배양하면, casein을 가수분해하기 때문에 콜로니 주변이 투명하게 변한다. Peptonization이라고도 부른다.

protomer, 프로타머 : 바이러스의 외피 단백질을 구성하는 최소단위로서, 구조적 단위(structural unit)이다.

protoplast, 원형질체 : 세포벽이 제거된 식물세포. 단세포로 구성된 생명단위, 내부에 세포막, 세포질, 핵, 다른 세포들이 존재.

prototroph, 정상균 : 인위적인 조작을 가하지 않은 자연 상태의 미생물.

Protozoa, 원생동물 : 원생동물界 또는 원생생물界에 속하는 생물. 단세포형, 변형체형, 집락형, 또는 간단한 다세포형 및 식세포형 미생물이다. 식물병원체 중에는 점균류, 무사마귀병균류, 편모충류 등이 포함됨.

provirus, 프로바이러스 : 숙주세포의 유전체에 삽입된 바이러스 유전체.

Pseudofungi, 유사균류 : 하등균류(fungallike organism)로 원생동물계(Protozoa)와 색조류계(Chromista)가 있다. 점균류, 무사마귀병균류, 난균류 등에 대한 총칭. 이들은 1990년경까지 곰팡이로 분류되었으나 지금은 점균류와 무사마귀병균류는 원생생물界로 분류되고 난균류는 색조류界로 분류되고 있다. 그러나 모두 병꼴균류, 접합균류, 자낭균류, 담자균류 등의 진정균류와 같이 연구됨.

pseudoknot, 위매듭 결합 : 2개의 줄기-고리 구조를 가지는 RNA의 2차 구조이다. 1982년 turnip yellow mosic virus에서 처음 알려졌다. 바이러스의 증식 및 복제에 관여하면 바이러스들의 산물들의 전사 및 발현과정에서도 관여 한다

Pseudomonadaceae : 원핵생물계(界)의 Pseudomonas과(科)를 구성하는 2개의 과중 하나. 이 과를 구성하는 15개의 속(屬) 중에서 *Rhizobacter, Pseudomonas, Xylophilus*가 식물 병원세균을 포함하고 있다.

Pseudomonadales : 원핵생물계(界)의 Gammaproteobacteria강(綱)을 구성하는 13개의 목(目) 중 8번째 목. 이 목을 구성하는 2개의 과(科) 중 Pseudomonas科가 식물 병원세균을 포함하고 있다.

Pseudomonas : 원핵생물계(界)의 Pseudomonas과(科)에 속하는 15개 속(屬) 중 하나. 그람 음성의 호기성인 짧은 간균이며, 이 속에 속하는 대부분의 세균들이 단극모 또는 속생모를 가지고 있다. Oxidase와 catalase를 생성한다. 이 속에 속하는 식물 병원세균은 다음 두 group으로 나뉘어 진다. ①King B 한천배지에서 배양하면 푸른색 형광색소를 생성하며 균체 내에 PHB granule을 집적하지 않는다. D-arabinose를 영양원으로 이용하지 못한다. ②균체 내에 PHB를 집적하며 형광색소를 생성하지 못하고 D-arabinose를 영양원으로 이용하여 생육한다. 식물에 점무늬병, 부패병, 무름병, 마름병, 오갈병 등을 일으키는 많은 종(種)을 포함하고 있다.

pseudothecium, 위자낭각 : 자낭이 균사체 자좌 내의 소방(강실)에서 직접 형성되는 소방자낭균綱(자낭포자좌를 형성하는 자낭균류)의 자낭과. 자낭포자좌(ascostroma)라고도 불림.

PSSA media : 일본의 Hara와 Ono가 1984년도에 가지과 작물의 풋마름병균(*Ralstonia* *solanacearum*)을 분리하기 위한 선택성 배지로 개발하였다. Crystal violet과 cyclohexamide 및 몇 가지 항생제를 첨가하여 *R. solanacearum*을 제외한 미생물의 출현율을 크게 감소시켰다. 감자 300g 추출액 1ℓ에, $Na_2HPO_4 \cdot 12H_2O$ 2g, $Ca(NO_3)_2 \cdot 4H_2O$ 0.5g, peptone 5g, suclose 15g, agar 20g을 넣어 고압증기 살균(121℃)한 후, crystal violet 0.005g, cyclohexamide 0.05g, polymyxin B 0.05g, chloromycetin 0.01g, 0.5% 2,3,5-triphenyltetrazolium Cl(TZC) 용액 5mℓ를 혼합하여 만든다. 이 배지에서 *R. solanacearum*은 중앙이 핑크색인 흰색 콜로니를 형성한다.

purification, 순화, 정제 : 다른 세포성분이 없이 순수한 형태로 바이러스 입자를 분리하여 농축하는 일련의 과정.

purine : 핵산이나 뉴크레오타이드의 purin핵을 갖는 질소성 염기이다. 두 고리가 연결된 구조로 되어 있다. 세균이 DNA를 구성하는 purine계 염기는 adenine과 guanine이다.

pustule, 표피융기 : 포자가 아래 부분에 형성되어 밖으로 밀고 나올 때 표피에 작은 털 모양으로 솟아오른 것처럼 만들어지는 것.

pycnidium, 분생자각 : 내부에 분생자경이 일렬로 형성되어 분생포자가 형성되는 구형 또는 플라스크 모양의 무성 자실체.

pycniospore, 녹병포자 : 담자균의 녹병균목에 속하는 녹병균의 생활환 중에 생성되는 포자의 일종으로 녹병정자기 내에서 형성된다. 녹병정자(spermatium)라고도 불림.

pycnium, 녹병포자기 : 녹병정자기(spermagonium)의 옛 명칭.

Pyrenomycetes, ascomycetes with perithecia, 각균綱 : 균계(菌界)의 자낭균문에 속하는 강(class, 綱) 중의 하나. 병모양의 끝에 구멍이 있는 유공자낭각(perithecia)이 엉성한 균사층에 묻혀 자좌에서 또는 완전히 노출되어 형성된다.

pyrimidine : 핵산이나 뉴크레오타이드의 pyrimidine핵을 갖는 질소성 염기이며, 하나의 고리로 이루어져 있다. Thymine과 cytosine, uracil이 있다. 세균의 DNA를 구성하는 pyrimidine계 염기는 thymine과 cytosine이며, RNA를 구성하는 pyrimidine계 염기는 uracil과 cytosine이다.

pyrosequencing, 파이로씨퀀씽 : DNA sequencing에 이용되기도 하는 SNP(단기 염기변이) 분석방법으로 DNA가 합성되는 동안 방출되는 light 발현을 감지하는 방법. dNTP와 ddNTP를 사용하여 여기에 형광물질을 붙여준 후, ddNTP의 종류에 따라 정지된 DNA 조작들의 전기영동 결과의 순서에 따라 읽으면 DNA 염기서열이 알 수 있다.

Pythiaceae, 부패균科 : 유사균류(pseudofungi)의 색조류계(kingdom Chromista), 난균

문, 난균강, 노균목에 속하는 과(family, 科)의 일종이다. 유주자낭병과 균사가 잘 발달되지 않는다. 사물영양균(임의 기생체, perthotroph)으로 주로 식물 병원균이 속하고 있다. 유주자낭(游走子囊)은 영양균사에 직접 형성되거나 무한생장하는 균사의 끝에 형성되어 떨어져 나간다. 장란기는 세포벽이 얇다. *Pythium*屬은 아직 원시적이며, *Phytophthora*屬은 이미 고도로 분화되어 있다.

Pythium : 유사균류(pseudofungi)의 색조류계(kingdom Chromista), 난균문, 난균강, 노균목, 부패균과에 속하는 屬이다. 각종 식물 유묘의 모잘록병, 종자썩음병, 뿌리썩음병 등을 일으킨다. 생활사에 어느 부분에서 유주자를 형성하므로 전염과 감염에 물이 중요한 역할을 하게 되는 수인성 병원균의 하나이다. *Pythium*屬에는 70여종에 이르는 많은 종이 있으며 대부분의 경우 피해는 지하부 부패와 그 결과 일어나는 지상부의 급격한 시들음과 고사이다. *Pythium*은 전형적인 토양전염성 병원균이다. 이 점은 역병이 지상부 병해처럼 경엽에 약제를 살포함으로써 어느 정도 방제가 가능한 것에 비하면 *Pythium*에 의한 병해의 방제는 더 곤란하다고 할 수 있다.

Q

qualitative resistance, 질적 저항성 : 어떤 작물의 품종이 병원체의 특정 레이스에 대해서만 저항성을 나타내는 현상. 수직저항성과 같은 의미다.

quantitative resistance, 양적 저항성 : 기주 품종과 병원체 레이스 간에 특이적 상호작용이 발생하지 않으며 저항성을 나타내는 것. 수평저항성과 같은 의미다.

quarantine, 검역 : 법과 제도로 병, 해충, 잡초의 매개물이 되리라고 추정되는 모든 일용품을 수입금지 및 제한하는 것. 한국에서는 1912년에 수입 과수 및 벚나무에 대한 검역규칙이 제정되었으며, 1961년에 식물방역법이 제정되었다. 전염원의 국가간 이동을 제한하는 국제검역과 국내에서의 이동을 제한하는 국내검역으로 나누어 시행되고 있다. 한국의 수입금지 대상 세균병으로는 감귤나무 그린병(유관속국재세균), 사과나무 빗자루병(*Phytoplasma* sp.), 포도나무 피어스병(*Xylella fastidiosa*), 포도나무 황화병(*Phytoplasma* sp.) 등이 있다.

quasi-equivalence, 준등가 구조 : 최소한의 에너지로서 바이러스의 구조를 유지할 수 있다.

quaternary structure, 4차 구조 : 단백질의 삼차 구조인 덩어리가 몇개 결합되어 특정 기능을 나타낼 수 있는 구조. 여러 개의 복수의 폴리펩티드 사슬을 가지고 있는 단백질은 또 하나의 레벨의 구조인 4차 구조를 형성하고 있다. 헤모글로빈은 2쌍의 소단위(subunit)로 구성되며 4개의 폴리펩티드로 이루어진다.

R

race : 식물의 품종 또는 종류에 따라 서로 병원성을 달리하는 병원세균의 종 이하 분류 단위이다. 원래 식물병원곰팡이에 대해서 많이 사용하고 있는 분류 단위이다. 식물 병원세균의 경우에는 식물의 종류에 따라 병원성을 달리하는 병원세균의 종 이하 단위를 pathovar(pv.)로 분류하고 있다. 그러나 *Ralstonia solanacearum* (가지과 작물의 풋마름병균)의 경우에는 식물의 품종이 아닌 식물의 종류에 따라 병원성을 달리하는 5 종류의 race로 나누고 있다. *R. solanacearum*의 race 3는 감자와 토마토에 풋마름병을 일으키지만, race 4는 뽕나무에만 병을 일으킨다.

radioimmunoassay(RIA), 방사성 면역법 : 바이러스(항원)가 항체에 결합할 때에 항원이 경합(競合)하는 것을 이용하여 측정하는 방법. 극소량의 항원을 측정할 수 있는 특이성과 민감성이 매우 높은 측정 방법이다. 측정하고자 하는 항원과 동일한 표준항원을 표지하여 항체와 결합을 관찰하는 방법이다.

Ralstonia : 원핵생물계(界)의 Ralstonia과(科)를 구성하는 유일한 속(屬)이다. 그람음성의 짧은 간균이며, 단극모이거나 주생모 또는 무모균이다. *Pseudomonas* 屬에서 *Burkholderia* 屬을 거쳐 독립되었다. Galactose · mannitol · mannose · sorbitol를 동화하지 못하는 점에서 *Burkholderia*屬 세균들과 구별된다. 식물 병원세균으로 가지과 식물을 포함하여 많은 식물에 시들음병을 일으키는 *R. solanacearum*이 포함되어 있다.

Ralstoniaceae : 원핵생물계(界)의 Burkholderia목(目)을 구성하고 있는 5개의 과(科) 중에서 두 번째 과이다. *Ralstonia*屬만으로 되어있으며, 많은 식물에 시들음병을 일으키는 *R. solanacerum*이 이 과에 포함된다.

Rathayibacter : 원핵생물계(界)의 Microbacteria과(科)를 구성하는 10개의 속(屬) 중 하나. *Clavibacter*屬에서 DNA-DNA 상동성 차이에 의해 분리되었다. DNA의 G+C mol %는 63~72이다. *R. tritici* (밀의 malformation병균)가 이 속에 포함되어 있으나, 아직 한국에서 이 속의 세균에 의해 발생된 식물 병은 보고되어 있지 않다.

RCY 1 : CMV에 대한 아라비돕시스의 저항성 유전자.

reactive oxygen radicals, 반응산소 라디칼 : 저항성 세포가 병원체와 접촉하는 즉시 반응하여 다양한 세포물질을 병원체에 유해한 물질로 산화시키는, 산소 분자보다 훨씬 더 반응성인 산소형태.

reading frame, 해독틀 : 뉴클레오티드 염기서열에서 삼자체 염기. 전령 RNA는 3개의 해독틀로 읽힐 수 있으나 오로지 하나만이 폴리펩티드의 정확한 아미노산 서열을 생성할 수 있다.

reassortment, 재배열, 재분류 : ①분절 지놈(segmented genome)을 가지고 있는 RNA

바이러스에서 나타나는 현상이다. ②특히, 독감 바이러스(influenza virus)가 속해있는 orthomyxovirus에 잘 나타나며, 독감 바이러스의 새로운 형의 발생의 원인(antigenic shift)이다. ③재배열 결과 얻어진 바이러스는 원래의 바이러스에 비하여 하나 이상의 분절 지놈이 완전히 다른 형으로 바뀐 새로운 형의 바이러스가 되는 것이며, 결과적으로 기존의 바이러스와는 그 항원성이 크게 변화된다.

receptor, 수용체 : 당단백질이 주성분으로서 바이러스 외막 및 세포막 표면에 존재하여 상호인식에 관여하는 물질.

recognitionfactors, 인식인자 : 병원체(또는 기주)에 의해서 인식될 수 있는 기주(또는 병원체)의 특정 수용체 분자 또는 구조.

recombination, 유전자 재조합 : 돌연변이 된 바이러스의 genome이 다른 바이러스의 genome과 유전자를 서로 교환하여 재조합됨으로서 원래의 바이러스로 돌아가거나 새로운 바이러스로 전환되는 현상. 다른 바이러스와의 중복감염 동안 게놈(genome) 간에 일어나는 물리적 상호작용으로, 양쪽 바이러스의 어느 쪽에도 존재하지 않던 새로운 유전자 조합이 나타나는데 이러한 것을 지칭한다. 메커니즘은 가닥의 절단과 재결합에 의한 분자 내 재조합, 주형선택에 의한 분자 내 재조합, 재분류(reassortment)에 의해 발생한다. 재조합에 의한 바이러스 genome의 변화는 DNA를 genome으로 가지고 있는 바이러스에서 뿐 아니라, RNA를 genome으로 가지고 있는 virus 모두에서 관찰된다. 바이러스의 genome과 숙주의 genome 사이에서도 재조합이 가능하며, 그 결과 숙주의 염색체에 변화를 유도할 수도 있다.

replicon : 복제시점을 가지고 있어서 자율적으로 복제가 가능한 DNA 절편. 복제단위라고도 하며, plasmid나 episome은 하나의 replicon이다.

repressor protein, 억제인자 단백질 : 특정한 유전자의 해독 또는 전사를 억제하는 단백질이다.

resistance plasmid(R-plasmid) : 항생물질이나 중금속에 저항할 수 있는 인자를 가진 plasmid. R-factor라고도 하며, 접합성 plasmid이다.

resistance, 저항성 : 병원체의 영향 또는 피해요인을 완전히 또는 어느 정도 배제시키거나 극복할 수 있는 생물체의 능력.

restingspore, 휴면포자 : 세포벽이 두꺼운 유성포자 또는 무성포자로서 극단적인 물리·화학적인 조건에 대해 저항성이 있으며, 형성된 후 일정기간이 지난 후에만 발아함.

restriction enzymes, 제한효소 : 세균으로부터 분리된 효소의 그룹으로서 아주 특정적인 지점에서 DNA의 내부결합을 끊어 줄 수 있는 효소.

restriction fragment length polymorphism(RFLP) : 세균의 특정 유전자를 프로브로 사

용하여 핵산증폭기로 증폭시키고, 증폭된 핵산밴드를 표준 세균의 유전자와 비교하여 동정하는 방법이다. 식물 병원세균의 병원성 유전자, 16S rRNA의 특수 염기서열, 23S rRNA와 16S rRNA에 위치하는 spacer DNA의 특수 염기서열을 프로브로 사용할 수 있다.

restriction, 제한 : 숙주 안으로 침투한 바이러스 게놈(genome)을 파괴하기 위한 숙주의 방어기작이다. 바이러스가 안으로 침투시 바이러스의 게놈(genome) DNA를 숙주의 핵산 분해효소(제한효소)가 특정한 염기배열을 인식하여 그 부위를 절단하여 불활성화 시킨다. 그 결과 바이러스 증식이 억제되고 바이러스는 제거된다.

reverse transcriptase, 역전사 효소 : 상보적 DNA(cDNA)의 합성에서 RNA 주형을 사용하는 RNA 의존 DNA 중합효소. Retrovirus의 필요한 구성 성분으로, 숙주 세포의 DNA에 자신의 RNA 게놈을 복제한다.

reverse transcription, 역전사 : RNA의 염기서열을 주형으로 하여, DNA가 복사되는 현상.

Rhizobacter : 원핵생물계(界)의 Pseudomonas과(科)에 속하는 15개 속(屬) 중 하나. 그람 음성 간균이며 속생모 또는 주생모를 가지고 있다. 균체에 PHB granule을 집적하며, 영양한천배지에서 배양하면 우유 빛 또는 황백색의 콜로니를 형성한다. 대부분의 식물 병원세균이 영양원이 풍부한 배지에서 잘 자라는 eutrophs인데 비하여, 이 세균은 영양원이 적은 환경에서 오히려 더 잘 자라는 oligotrophs이다. Oxidase와 catalase를 생성하며, 질산염을 환원시키고 cystein을 이용하여 H_2S gas를 생성한다. 전분·dextrine·glycogen을 가수분해하나, arginine을 가수분해하지 않는다. Indole·acetoin·형광색소도 생성하지 않는다. 식물 병원세균으로 당근의 세균성뿌리혹병균(*R. daucus*)을 포함하고 있으나, 아직 한국에서 이 속의 세균에 의해 발생된 식물 병은 보고되어 있지 않다.

Rhizobiaceae : 원핵생물계(界)의 Rhizobia목(目)의 첫 번째 과(科). 이 과에 속하는 6개의 속(屬)에는 콩과 식물의 뿌리에 공생하는 뿌리혹세균(*Rhizobium*)과 많은 식물에 뿌리혹병이나 털뿌리병을 일으키는 *Agrobacterium*屬이 속해있다.

Rhizobiales : 원핵생물계(界)의 Alphaproteobacteria강(綱)에 속하는 여섯 번째 목(目)이다. 이 목에 속하는 10개의 과(科) 중 Rhizobia科에 식물 병원세균이 포함되어 있다.

rhizobitoxin : 수수의 줄기마름병균(*Pseudomonas andropogonis*)과 콩과식물의 뿌리혹세균(*Bradyrhizobium japonicum*)이 생성하는 독소이다. 식물의 β-cystathioninase의 활성을 방해한다.

Rhizobium : 원핵생물계(界)의 Rhizobia과(科)에 속하는 속. 단극모 또는 주생모를 가진 그람 음성의 호기성 간균이다. Yeast-mannitol-mineral salt 한천배지에서 배양하면 둥글고 매끈한 콜로니를 형성하며, 생육적온은 25~30℃이다. Cellulose와 전분을 이용하지 못하며, DNA의 G+C mol %는 59~64이다. *R. leguminosarum* (클로버 뿌리혹세균)을 비롯하여 콩과식물의 뿌리에 공생하여 뿌리혹(nodule)을 형성하는 세균들이 이 속에 포함된다. 이 세균들은 식물에 경제적 피해를 주지 않는다는 의미에서 병원세균이라고 할 수 없지만, 뿌리에 형성하는 혹을 병적현상이라고 판단하여 병원세균이라고 분류되기도 한다.

rhizoid, 가근 : 기질을 향하여 식물체의 뿌리처럼 자라는 짧고 얇은 균사.

Rhizomonas : 원핵생물계(界)의 Sphingomonadales목(目)에 속하며, 이 목에서 유일하게 식물 병원세균을 포함하는 속(屬). 그람 음성의 호기성인 짧은 간균이며, 균체의 한쪽 끝 또는 측면에 1개의 편모를 가지고 있거나 속모균이다. 균체에 PHB granule을 집적하며 arginine 가수분해효소를 생성하지 않는다. 형광색소를 생성하지 않으며, 한천 영양배지 상에 배양하면 우유 빛 또는 황백색 콜로니를 형성한다. 대부분의 식물 병원세균이 영양원이 풍부한 배지에서 잘 자라는 eutrophs인데 비하여, 이 세균은 영양원이 적은 환경에서 더 잘 자라는 oligotrophs이다. Oxidase와 catalase를 생성하며, 생육적온은 28~33℃이다. 식물 병원세균으로 상추 corkyroot 병균(*R. suberifaciens*)을 포함하고 있으나, 아직 한국에서 이 병원세균에 의한 병은 발견되지 않았다.

rhizomorph, 균사속 : 많은 균사가 서로 밀착하여 실이나 끈 모양의 구조를 이루고 있는 것.

rhizoplane, 근면 : 식물의 뿌리 표면.

rhizosphere, 근권 : 살아있는 식물 뿌리 근처의 토양.

Rhodococcus : 원핵생물계(界)의 Nocardia과(科)를 구성하는 2개의 속(屬) 중 하나. 구균 또는 짧은 간균이지만, 길게 균사처럼 자라서 가지를 친 형태로 된다. 콜로니 색은 우유 빛, 노란색, 오렌지색, 붉은색 등 다양하다. 그람 양성 호기성균이며, lysozyme에 대해 감수성이다. 완두의 대화병균(*R. fasciens*)이 포함되어있으나, 아직 한국에서는 이 속의 세균에 의한 식물병이 보고되어 있지 않다.

Rhodospirillales : 원핵생물계(界)의 Alphaproteobacteria綱에 속하는 6개의 目 중 첫번째 목이다. 이 목에 속하는 Acetobacteria과(科)에 *Acetobacter* 屬과 *Gluconobacter*屬이 식물 병원세균을 포함하고 있다.

Rhytismales, 타르병균目 : 균계(菌界)진균의 자낭균문, 반균강에 속하는 목(order, 目)이다. 자낭반은 자좌(stroma)로 덮여 있으며, 흑색, 구형, 원반형, 또는 장형이다. 자낭은 다양하며 자낭포자는 무색 내지 어두운 색이고 난형 내지 막대형이다.

Ri plasmid : *Agrobacterium rhizogenes*(사과나무 털뿌리병)가 가지고 있는 병원성 유전자이며, 이 유전자로 인하여 식물의 뿌리가 털뿌리(hairy root) 모양으로 자라게 된다.

ribosome : 세균의 세포질 속에 있는 구조체이며, 단백질 생합성이 이루어지는 장소. 몇 종류의 rRNA와 리보솜단백질로 되어있다. 진핵생물의 ribosome 기본입자(monomer)는 침강계수가 80S인데 비하여, 세균의 ribosome 기본입자는 침강계수가 70S이다. 세균 ribosome의 50S subunit은 23S와 5S RNA를, 30S subunit은 16S RNA를 포함하고 있다. 이 16S RNA가 mRNA의 번역개시 반응에 관여한다.

Rickettsia like bacteria(RLB) : 리켓치아 유사세균. 1972년에 Windsor와 Black이 club leaf 병에 걸린 클로버의 사부에서 리켓치아 모양의 세균을 발견하였다. 지금은 식물의 유관속에 존재하며, 일반 합성배지에서 자라지 않기 때문에 유관속 국재 세균(fastidious vascular bacteria)이라고 부른다. 체관 국재 세균(fastidious phloem-limited bacteria)과 물관 국재 세균(fastidious xylem-limited bacteria)으로 나눌 수 있다(유관속 국재 세균 참조).

ring spot, 가락지 무늬 : 바이러스에 의하여 중간에 녹색을 띠고 바깥 부분에 둥근 황화 고리무늬가 나타나는 병징.

rishitin : 감자가 무름병균(*Pectobacterium carotovorum* subsp. *carotovorum*)의 침입을 받았을 때 생성하는 phytoalexin이다.

RNA(ribonucleic acid, pentose nucleic acid) : Pentose를 당 성분으로 하는 핵산이며, 염기-(D-ribose)-인산으로 이루어진 nucleotide가 사슬 모양으로 중합한 polynucleotide이다. Purine계 염기인 adenine · guanine과 pyrimidine계 염기인 uracil · cytosine의 4종류 염기로 구성되어 있다. 세균의 genome은 DNA로 되어 있으나, virus의 genome은 RNA로 되어 있는 경우가 많다. 세균에서는 ribosome을 구성하는 rRNA, 번역기능을 하는 mRNA, 운반기능을 담당하는 tRNA 등이 있다.

RNA replicase, RNA 복제효소 : RNA-의존성 RNA 중합효소.

RNA silencing, RNA 사일런싱 : 진균의 quelling, 식물의 PTGS 혹은 동시억제(co-suppression), 동물의 RNAi를 통칭하여 일반적으로 쓰인다.

RNA splicing, RNA 스플라이싱 : ①유전자의 전사 후에 일어나는 RNA 가공과정에서 가장 특이한 현상으로 인트론을 제거하는 작용이다. ②전사체 중에서 단백질을 암호화하고 있지 않은 부위(intron)을 제거하고, 단백질을 암호화하고 있는 부분을 서로 연결하는 과정으로 이 과정을 거치면 단백질을 암호화하고 있는 부분이 끊어짐이 없이 계속 연결된 mRNA가 만들어 진다.

RNA virus : ①게놈이 RNA virus인 바이러스의 총칭, genome의 RNA에는 이중가닥 RNA(reovirus), (-)사슬의 단일가닥 RNA(orthomyxovirus 등), (+)사슬의 단일가닥 RNA(coronavirus 등)가 있다. ②게놈가닥의 성질에 따라 복제양식이 다양하다.

③게놈 복제를 위한 RNA 복제효소는 virus genome에 coding 되어 있다.

RNA-dependent RNA polymerase, RNA-의존성 RNA 중합효소 : RNA를 주형으로 상보적인 뉴클레오티드 배열의 RNA를 합성하는 효소의 총칭.

RNase(Ribonuclease), 리보핵산 분해효소 : RNA를 분해하는 효소.

rosette, 로제트 : 짧게 다발로 된 식물체의 생장.

rot, 썩음, 부패 : 곰팡이 또는 세균의 감염에 의한 다즙성 식물 조직이 무름, 변색, 분해되는 증상.

rough colony type mutant : 균체가 짧은 막대 모양인 세균은 통상 매끈한 콜로니(smooth colony)를 형성한다. 그러나 어떤 원인에 의해 세포벽이 분열되지 못하면, 균체가 짧게 끊어지지 못해서 긴 실모양의 균체로 자라게 된다. 전자현미경으로 관찰하면, 이 실모양의 긴 균체 속에 짧은 여러 개의 세포가 들어있는 것이 관찰되기도 한다. 이렇게 실 모양으로 자란 변이주(mutant)는 표면이 주름 잡힌 콜로니를 형성하며, 이 주름 잡힌 콜로니를 형성하는 변이주를 rough colony type mutant라고 한다.

roy-sasser medium : 포도 뿌리혹병균(*Agrobacterium vitis*, *Agrobacterium* biovar 3)를 분리하기 위한 선택성 배지이다. $MgSO_4 \cdot 7H_2O$ 0.2g, K_2HPO4 0.9g, KH_2PO_4 0.7g, adonitol 4.0g, yeast extract 0.14g, NaCl 0.2g, H_3BO_3 1.0g, agar 15g, 4% chlorothalonil(Bravo 500) 0.5㎖를 살균증류수 1ℓ에 넣고 고압증기 살균(121℃) 한 후, 별도로 2,3,5-triphenyltetrazolium chloride 80㎎, D-cycloserine 20㎎, trimethoprime 20㎎를 증류수에 넣어 조제한 시약 100㎖와 혼합하여 조제한다. 27℃에서 4일간 배양하면, *Agrobacterium*은 중앙이 어둡게 빨갛고, 주변은 흰색인 콜로니로 나타난다.

Rsv : SMV에 대한 대두콩의 저항성 유전자.

RTM 1 및 ***RTM*** 2 : TMV에 대한 아라비돕시시스의 저항성 유전자.

rubrifacine : 호도나무 궤양병균(*Brenneria ruburifaciens*)이 생성하는 색소이며, 식물세포의 전자전달을 방해하기 때문에 호도나무에 대해 독소로 작용한다.

russet, 코르크화 : 코르크 형성으로 인하여 과실 표면이 갈색으로 거칠거칠하게 되는 현상.

rust, 녹병 : 녹병균의 기생에 의해 식물에 발생하는 병의 총칭. 병원균은 담자균류의 녹병균목에 속하며 기생하는 식물에 따라 종류가 다르다. 녹병균이 기생하는 식물은 잎과 줄기에 포자 덩어리(포자층)를 만드는데, 이 포자 덩어리가 철에 녹이 형성된 것과 비슷해 녹병이라 한다. 녹병균은 균류 중 가장 진화한 형태다. 녹 모양의 포자층은 무성적(無性的)으로 만들어지는 여름포자 또는 겨울포자 덩어리로서, 여름포자는 노란색·귤색·붉은 갈색이며, 바람에 날려 숙주의 잎이나 줄기에서 발아하고, 기공을 통해 숙주 안으로 침입, 7~10일 후에 다시 여름포자를 만들어 만연한다. 겨울포자는 병세가 진전되면 형성되며, 여름포자보다 색이 짙고 갈색·검은 갈색인 것이 많다. 겨울포자는 성숙·휴면 후 발아하면, 전균사(前菌絲)라고 하는 특수한 발아관을 형성하고, 이때 감수분열하여 4개의 소생자(小生子)를 만든다. 소생자는 식물에 침입하여 병포자를 형성하고, 병포자가 서로 수정하여 유성적으로 녹포자가 생긴다. 녹포자는 털 모양, 작은 그릇 모양 등 독특한 모양을 한 포자층에 형성되어, 때때로 소나무혹병과 같은 이상비대를 일으키기도 한다. 녹병균은 녹포자시기·여름포자시기·겨울포자시기를 아주 다른 식물 위에서 지내는 것이 많다. 이와 같은 성질을 이종기생성, 이 현상을 이종기생 또는 숙주교대라 한다. 밀 붉은녹병은 밀에 여름포자·겨울포자를 만들고, 좀꿩의 다리에서 녹포자시기를 지내는데, 이때 좀꿩의 다리를 중간숙주라고 한다. 배나무 붉은별무늬병에서는 병포자시기·녹포자시기를 배나무에서 기생하며, 겨울포자시기를 향나무류에서 기생한다. 녹병균은 겨울포자의 성상에 의해서, 충생녹병균과와 병생녹병균과로 구분된다. 충생녹병균과의 겨울포자는 자루(柄)가 없고, 녹포자시기에 침엽수에서 기생하며 피해를 주기도 한다. 병생녹병균과는 겨울포자에 자루가 있으며, 보리류·옥수수·벼과 목초류·파·국화에 기생하고, 약 340종이 알려져 있는, 농작물에 유해한 병원균이다. 녹병의 방제는 중간숙주를 제거하거나 녹병균에 강한 품종(저항성 품종)을 배양하는 등 경종(耕種)에 의한 방법과, 발생시기에 석회황합제·지네브제·4-4식 보르도액 등을 살포하는 방법이 있다.

Rx 1 및 *Rx* 2 : PVX에 대한 감자의 저항성 유전자.

S

safranin O : 세균 염색용 시약이며, 포자 염색이나 그람 염색을 할 때 대조 염색용으로 사용한다. Safranin O를 95% ethanol에 녹여 2.5%(w : v)액으로 만든 후, 증류수를 더하여 최종 희석농도를 0.25%로 만들어 사용한다. 세균의 균체가 분홍색으로 염색된다.

salicylic acid, 살리실산 : 병원균 및 무생물적인 스트레스에 반응하여 다저항성(multiple resistance)을 활성화시키는 내재적 전달자로서 오르토-히드록시벤조산이라고도 한다. 아스피린을 비롯한 여러 조제약품의 제조에 쓰이는 화학약품. 유리산(遊離酸)은 천연에서 많은 식물 특히, 다양한 조팝나무속에서 소량 산출된다. 1838년 이탈리아의 화학자 R. 피리아가 살리실알데히드로부터 최초로 얻었고, 1860년 독일의 화학자 H. 콜베와 E. 로터만은 페놀과 이산화탄소를 원료로 하는 합성법을 발견한다. 상업적으로 생산된 대부분의 살리실산은 아스피린을 만들기 위해 초산 무수물로 처리된다. 순수한 살리실산은 뜨거운 물에서 흰색의 침상결정(針狀結晶)으로 결정화되며, 155℃에서 분해 되지 않은 채로 승화되고, 159℃에서 녹으며 200℃ 이상에서는 페놀과 이산화탄소로 분해 된다.

salting out, 탈염 : 수용액으로 녹아있는 단백질과 같은 거대 분자 화합물을 가라앉힐 때 사용하는 방법이다. 바이러스를 가라앉힐 때에도 사용 가능하다. 바이러스가 들어있는 용액에 적당한 염류(salt)를 첨가하면 바이러스와 물분자사이의 결합력에 변화가 생기게 되고, 결과적으로 바이러스들이 서로 모여 침전을 형성하면 원심분리하여 바이러스를 축적할 수 있다.

sanitation, 위생 : 감염된 식물체의 제거 및 소각, 도구, 장비, 손 등의 소독.

Saprolegniaceae, 수생균科, 물곰팡이科 : 유사균류(pseudofungi, fungallike organism)의 색조류계(Chromista), 난균문, 난균강, 물곰팡이목에 속하는 과(family, 科)이다. 수생인 것이 많으며 유주자낭과 유주자를 형성한다. *Aphanomyces*屬과 *Achlya*屬을 포함한다.

Saprolegniales, 물곰팡이目, 수생균목 : 유사균류(pseudofungi)의 색조류계(Chromista), 난균문, 난균강에 속하는 목(order, 目)이다. 잘 발달된 균사체를 가지고 있으며, 균사에 부착된 긴 원통형의 유주자낭에 유주자를 형성한다. 일반적으로 하나의 장난기에 여러 개의 난포자를 형성한다.

saprophyte, 부생균 : 살아 있는 식물을 침해하지 못하고 죽은 유기물을 영양원으로 이용하며 생존하는 미생물. 사물영양균(necrotroph)라고도 한다.

scab, 더뎅이, 더뎅이병 : 처음에는 식물의 표피에 갈색의 작은 점무늬가 생기고, 점차 이 점무늬가 커지면서 코르크질로 변하여 부스럼같이 되는 병징이다. 더뎅이병균(*Streptomyces scabies*)에 의해 감염된 감자의 괴경에서 볼 수 있다.

scion, 접수 : 접목에서 다른 식물체에 삽입하는 가지나 신초의 일부분.

sclerotium, 균핵 : 균사체가 변형하여 위유조직(pseudoparenchyma)를 형성하고 이 안에 포자가 없는 단단하고 둥근 균사덩이가 형성된 것. 기주식물 없이 존재하며 불리한 환경조건에서도 생존할 수 있다.

scorch, 잎가 마름 : 감염 또는 불리한 환경조건에 의해서 잎의 가장자리가 탄 것처럼 마르는 증상.

screening : 여러 물질이나 생물 속에 섞여 있는 특정 활성물질 또는 생물을 선발·분리하는 것. 예) 특정 병원균에 대한 길항물질이나 길항균주를 찾아내는 것.

secondary infection, 2차 감염 : 1차 또는 연속적인 감염의 결과에 따라 나타나는 전염원에 의한 감염. 2차 전염원에 의한 감염.

secondary inoculum, 2차 전염원 : 1차 전염원이 기주체에서 감염, 파급, 생장 증식한 후 생성된 전염원.

sedentary, 고착성 : 한 장소에 머무는, 고정적인 성질.

seed transmission, 종자감염 : 종자에 의해 병원체가 전염되는 현상. 특정 바이러스에 감염된 식물의 경우 약 10%가 난세포나 화분을 통해 수정된 씨로 전달된다.

semi biotroph, 반활물영양체 : 살아 있는 조직을 침해하는 것은 활물영양균과 비슷하나 부생적으로도 생육이 가능한 생물. 흔히 임의 부생체가 반활물영양체이다.

septate, 격막(벽)이 있는 : 곰팡이 균사나 포자에 횡단막(벽)이 있는.

septum, 격막(벽) : 균사 또는 포자 내에 있는 횡단막. 격막의 유·무는 곰팡이의 분류에 중요한 기준이 된다. 유사균류(pseudofungi)의 색조류계(Chromista)에 속하는 난균류와, 균계(kingdom Fungi)의 접합균류에 속하는 균의 균사에는 격막이 없다. 세균의 세포분열 과정에서 세포질을 2개로 나누는 얇은 막. 세균의 염색체가 붙어 있는 간질체(septal mesosome)가 길게 신장되어 격막을 형성하는 것으로 여겨지고 있다.

sequeira : L. Sequeira. 1977년에 세균성풋마름병균(*Ralstonia solanacearum*)의 비병원성 균주는 감수성식물의 lectin과 결합하지만, 병원성 균주는 이 lectin과 결합하지 않는다고 하였다. T. L. Graham과 함께 발표한 이 연구결과는 병원세균과 식물사이의 인식현상을 설명하는데 기여하였다.

serology, 혈청학 : 항원물질 또는 항원물질을 지니고 있는 미생물의 탐색과 동정을 위하여 항원항체 반응의 특이성을 이용하는 방법.

serovar(serotype) : 세균의 종(種) 계급 이하의 분류 단위이며, 혈청학적 특성이 다른 세균 군(群). 즉 같은 종에 속하지만, 가지고 있는 항원결정기가 다르기 때문에 혈청학적 반응(항원·항체 반응)을 다르게 나타내는 세균 군이다. Serological variety.

Serratia : 원핵생물계(界)의 장내세균과(Enterobacteriaceae)를 구성하는 41개의 속(屬) 중 하나. 그람 음성이고 임의 혐기성이며, 보통 주생모를 가진 간균이다. 보통 indole을 생성하지 않으며, VP test 결과는 양성이다. Lysine decarboxylase와 ornithine decarboxylase를 생성하며, arginine dehydrolase와 H_2S gas는 생성하지 않는다. Gelatin은 가수분해하지만 urea는 가수분해하지 않는다. 대부분의 세균들이 maltose·D-mannitol·D-mannose·salicin·suclose·trehalose를 발효시킨다. *S. proteameculans* (*Protea synaloides* 의 점무늬병균)를 포함하여 몇 종(種)의 식물병원세균들을 포함하고 있으며, 한국에서 *S. liquefaciens*가 인삼 뿌리썩음병을 일으키는 것으로 보고되었다.

serum, 혈청 : 응집 후에 남는 혈액의 맑은 물 같은 부분.

sexual, 유성의 : 감수분열이 일어나는 곳에서 참여하는 또는 핵의 융합에 의해 형성되는.

sherlock system : 미국 MIDI사에서 개발한 세균 동정 system이다. 이 system은 GC(gas chromatography)와 data base를 연결하는 soft ware로 구성되어 있다. 세균의 세포막 및 세포벽에 함유된 지방산을 추출하여 이 system의 GC로 분석하면, data base에 등록되어있는 각 세균의 지방산 조성과 비교하여 가장 유사한 세균부터 유사도를 제시해 준다. 그러나 이 system의 data base에는 전체 세균 중 극히 일부의 세균이나 strain에 대한 정보만 입력되어 있다는 단점이 있다. 이러한 단점을 극복하기 위하여 이 system의 data base가 계속 보강되고 있다. 그러나 이 system을 이용하여 얻어진 결과를 절대적으로 신뢰하기는 아직 어려우며, 별도로 Bergey의 분류방법에서 이용하는 다른 중요한 특성도 조사하여 보완자료로 삼아야 한다.

shock symptom, 쇼크 병징 : 바이러스에 감염된 후 첫 번째 생장에서 형성되는 심한 괴저 병징으로 급성 병징이라고도 불림.

shot-hole, 구멍 : 병든 잎의 아주 작은 부분이 떨어져 나가 작은 구멍이 생기는 병징.

siderophore : 철이 부족한 환경조건에서 철과 결합하여 chelate 물질을 만드는 호기성-그람음성세균의 대사산물이며, 세균에 따라 다양한 구조의 siderophore를 생성한다. Siderophore는 식물 병원세균의 병원성 발현, 다른 미생물과의 길항 또는 협력작용과 관계가 있는 것으로 생각되고 있다. Saintpaulia(시화과의 화초)의 무름병균(*Pectobacterium chrysanthemi*)은 철이 부족한 환경에서 세포벽 외막 단백질이 없어진 비병원성 변이주가 된다. 이 세포벽 외막 단백질은 siderophore의 수용체로 생각되고 있다. 모마름병균(*Burkholderia plantarii*)은 siderophore 유사물질인 troporone의 독성에 의해 벼 잎의 황화마름현상을 나타내고 뿌리 신장을 억제 한다. 또한 *Pseudomonas putida*의 pseudobactin이라고 하는 siderophore는 식물 근권(根圈)의 철분과 결합하여 제거하기 때문에 다른 해로운 미생물이 뿌리 표면에서 살수 없게 한다. *Agrobacterium vinelandii*의 siderophore는 비가용성(非可用性) 철화합물을 가용성 철화합물로 바꾸어, 주변에 서식하는 *A. tumerfaciens*(과수 뿌리혹병균)에 공급하는 역할을 한다.

sieve plate, 체판 : 2개의 체관사이를 연결하는 구멍이 뚫린 벽면.

sieve tube, 체관 : 체관세포들이 연결되어 긴관 모양으로 된 것으로 이곳을 통하여 영양물질이 운반 됨.

sign, 표징 : 병원체에 감염된 식물체의 병환부에 병원체, 병원체의 일부, 또는 병원체의 산물이 육안으로 보일 수 있도록 나타나는 현상.

signal molecules, 신호분자 : 병원체의 감염에 반응하여 신호를 식물체나 세포의 다른 부위에 있는 단백질이나 유전자에 전달하고 이들을 활성화시켜 방어 작용을 일으키는 기주의 분자화합물.

single-cell protein, 단세포 단백질 : 단백질원으로서 동물과 사람에 의해 소화될 수 있는 건조된 미생물 세포.

single-stranded RNA genome, 단일가닥 RNA 지놈 : 단일가닥 RNA로 구성된 바이러스의 지놈.

slim molds, 끈적균류 : 유사균류(pseudofungi)에 속하는 점균강(粘菌綱). 균사가 없고, 아메바상이며 다핵의 나출된 무정형 변형체이고 유주자(zoospore)를 생성하며 식물에 감염하지는 않는다.

Smith : Erwin Frink Smith(1854~1927). 미국 농무성의 식물병리학자였다. 식물의 병은 곰팡이에 의해서 발생된다는 Alfred Fischer에 대항하여, 세균도 식물병원이라는 것을 입증하였다. 과수 뿌리혹병(*Agrobacterium tumefaciens*), 오이 시들음병(*Erwinia tracheiphila*), 담배·토마토·감자 등 가지과 작물의 세균성시들음병(*Ralstonia solanacearum*) 등 100여종에 달하는 식물 세균병을 보고하였다. 식물 세균병학을 식물병리학의 한 분과로 세운 공로자였다.

smut, 깜부기병 : 작물의 이삭이나 꽃 부분에 깜부기 포자가 가득 차서, 열매가 정상적으로 맺히지 않는 병. 흑수병(黑穗病)이라고도 한다. 보리·밀·옥수수·사탕수수 등에 잘 발생된다. 병원균은 균계(菌界)의 담자균류(擔子菌類)인 깜부기병균목(目)에 속하는 균의 총칭이며, 자연조건에서는 속씨식물에 기생한다. 세계적으로 약 35속(屬) 1,100종이 알려져 있다. 한국에 발생하는 것은 겉깜부기병·속깜부기병·비린깜부기병·줄기깜부기병 등이 있다. 기주식물의 줄기·잎·꽃 등에 포자퇴(胞子堆)가 발달해서 내부에 다량의 깜부기포자가 생긴다. 이삭에 포자퇴가 생기는 경우가 많다. 보리·밀의 겉깜부기병은, 이삭 부분의 종피(種皮)가 찢어져서 깜부기포자가 튀어 나오지만, 속깜부기병에서는 종피가 찢어지지 않고 포자를 둘러싸며 비·바람에 의하여 쉽게 흩어지지 않는다. 밀의 비린깜부기병도 종피 속에 깜부기포자가 가득 차 있어, 부수면 비린내가 난다. 겉깜부기병은 특수한 감염형식을 거치는데, 바람에 날려 암술머리에 부착한 깜부기포자는 발아해서 씨방 속의 배주(胚珠)로 들어가 잠재적 휴면 후에, 이듬해 씨가 발아하고 식물이 생장함에 따라 균도 발달해서, 이삭에 도달하여 병을 일으킨다. 파종 때에는 병에 걸린 종자도 언뜻 보기에 건전한 종자와 구별되지 않는다. 속깜부기·줄기깜부기·옥수수깜부기에서는 종자에 포자가 부착해서 전염되기도 하고 토양전염도 한다.

soft rot, 연부, 무름 : 다육질 과일, 채소 또는 관상식물의 조직이 병원균의 효소에 의해 물러지며 썩는 증상.

soil inhabitants, 토양 서식균 : 토양 내에서 무한정 부생균으로 생존 가능한 미생물의 총칭.

soil solarization, 태양열 토양소독 : 토양을 투명한 비닐로 덮어서 태양열에 의해 토양

온도를 병원균이 죽을 정도로 상승시킴으로써 토양 내의 병원균을 감소시키거나 제거시키는 방법.

soil transients, 토양 체류균 : 짧은 기간 동안 토양 내에서 생존할 수 있는 기생성 미생물.

somaclonal variation, 체세포 변이 : 조직배양에 의해 하나의 모식물체, 잎 등으로부터 발생되는 클론의 변이.

somatic hybrization, 체세포 교잡 : 상이한 유전적 조성을 지닌 2개의 원형질체 융합에 의한 교잡세포의 생산.

sooty mold, 그을음병 : 진딧물, 가루깍지벌레, 깍지벌레, 온실가루이 등의 곤충이 분비하는 달콤한 분비물에서 생장하는 곰팡이의 검은 균사에 의해 잎이나 열매가 검게 뒤덮이는 병.

sorus, 포자낭군 : 특히 녹병균과 깜부기병균에 있는 치밀한 포자집단이나 포자형성 구조체.

southern blotting, 서던 혼성화 : 젤 전기영동(gel electrophoresis) 후, 아가로스 젤(agrose gel)에서 특별한 염기서열을 탐침 하고자 혼성화를 위하여 막으로 변성된 DNA를 전달하는 방법

specialized transduction, 특이적 형질도입 : 감염한 바이러스의 유전체의 일부로 하나 또는 그 이상의 세포 유전자를 가지고 나오는 것이다.

spermagonium, 녹병정자기 : 녹병균의 월동단계 포자인 유성의 동포자(teliospore)가 발아하여 담자포자(basidospore)인 소생자(sporidium)를 만들고 소생자가 기주식물을 감염하여 반수성의 균사를 만들고 여기서 반수성의 녹병포자와 수정균사를 가지고 있는 녹병정자기를 만든다.

spermatium, 녹병정자 : 녹병균의 웅성 배우자 역할을 하며, 식물체를 감염할 수는 없다. 녹병정자는 자성의 수정균사와 수정하여 2핵 균사체(2核 菌絲體, dikaryotic mycelium)와 2핵 포자(2핵 포자, dikaryotic spore)를 만든다. 이 녹포자기(녹포자기, aecium)를 만들고, 녹포자기에서는 녹포자(銹胞子, aeciospore)가 만들어진다.

Sphaeropsidales, 분생자각균綱 : 균계(菌界)의 불완전균류에 속하는 강(class, 綱)이다. 분생포자가 분생자각(pycinidium) 안에 형성된다.

Sphingomonadales : 원핵생물계(界)의 Alphaproteobacteria강(綱)에 속하는 네 번째 목(目)이며, 1개의 과(科)인 Sphingmonadaceae(假稱)로 구성되어 있다. 이 과의 *Rhizomonas*屬에 식물 병원세균이 포함되어 있다. 아직 한국에서 이 목의 병원세균에 의한 식물 병은 발견되지 않았다.

Spiroplasma : 원핵생물계(界)의 Spiroplasma과(科)를 구성하고 있는 유일한 속(屬)이다. 부정형균이며, 편모는 없지만 나선형 실모양의 균체는 운동성이 있다. 임의적

혐기성균이며, 2분법에 의해 증식한다. 인공배양을 위하여 영양원으로 cholesterol 공급이 필수적이며, 이 속에 속하는 대부분의 세균이 arginine을 가수분해한다. 생육적온은 20~41℃이다. *S. citri*(감귤나무 오갈병균)를 비롯한 식물 병원세균이 포함되어 있으나, 아직 한국에서 이 속의 세균에 의한 식물 병은 보고되지 않고 있다.

Spiroplasmataceae : 원핵생물계(界)의 Entomoplasma목(目)을 구성하고 있는 2개의 과(科) 중 하나. *Spiroplasma*속(屬)으로만 구성되어 있으며, 식물 병원세균을 포함하고 있다.

splicing, 스플라이싱 : 전사체에서 인트론을 제거하고 엑손을 연결하는 과정으로서, 주로 진핵세포에서 활발히 일어나나, DNA virus에서도 매우 흔하다.

spontaneous induction : Prophage가 염색체로부터 떨어져 나와 독성 phage로 되어 기주 세균의 균체 안에서 증식이 시작되는 것. Induction이라고도 한다.

spontaneous mutagenesis, 자연적 돌연변이 : 바이러스가 증식하는 동안 자연히 발생한 돌연변이로서, RNA genome을 가진 바이러스에서 자주 발견된다. 새로운 항원성을 가진 바이러스들이 자주 출현하여 면역반응을 회피한다.

sporangiophore, 포자낭병 : 포자낭을 형성하는 특별히 분화된 균사. 포자낭병 위에 포자낭이 형성된다.

sporangiospore, 포자낭 포자 : 포자낭에서 형성되는 비운동성의 무성포자.

sporangium, 포자낭 : 무성생식으로 무성포자가 형성되는 주머니 모양의 기관.

spore, 포자 : 1개 또는 여러 개의 세포로 구성된 곰팡이의 증식 단위. 녹색식물의 종자에 해당함.

sporidium, 소생자 : 담자균류의 깜부기균목과 녹균목의 담자포자. 거의가 무색이며 편평하고 미끄러운 얇은 벽을 가진 소형포자이다. 담자기 내에서 감수분열이 일어나 생기므로 단상인 1개의 핵이 들어 있다. 1개의 담자기에서는 성(性)이 다른 2종류의 소생자가 생기고 이 소생자가 기주식물을 감염한다.

Sporobolomycetales, 스포로볼로균目 : 균계(菌界)의 불완전균류, 분아균강에 속하는 목(order, 目)이다. 부생적이며, 엽권(phyllosphere)에서 생활하는 균이다.

sporodochium, 분생자좌 : 균사덩어리와 함께 엉켜있는 분생자경 집단으로 구성된 포자형성 구조.

sporophore, 포자경 : 포자를 달고 있는 균사 또는 포자형성 구조.

sporulate, 포자형성 : 포자를 형성하는.

SPURR : 식물조직을 투과전자현미경(TEM)으로 관찰하기 위한 시료 조제에 사용되는 포매제(embedding media) 중 하나. Vinylcyclohexane dioxide(VCD) 10g, diglycidal ether of polypropylenglycol(DER 736) 6g, nonenyl succinic anhydride (NSA) 26g, dimethylaminoethanol(DMAE) 0.4g을 혼합하여 만든다. 고정(fixation)이 끝난 식물절편을 SPURR와 함께 포매틀에 넣어 단단하게 굳히고, 초박편절편기로 얇게 잘라서 grid에 얹어 염색한 후 TEM으로 관찰 한다(포매 참조).

starch agar media : 세균의 amylase 생성 능력이 있는지를 조사하기 위하여 사용하는 배지이다. Beef extract 3g, peptone 또는 tryptone 5g, starch(soluble) 2g, agar 5g을 증류수 1ℓ에 넣고 녹인 후 고압증기 살균하여 만든다. 이 배지 위에서 자란 세균이 amylase를 생성하면, 전분을 maltose, glucose, dextrin으로 분해한다. 전분이 iodine과 접촉하면 요오드반응을 일으켜 푸른색으로 변하기 때문에, 세균이 자란 주변의 배지에 iodine액을 부어 요오드반응이 일어나는지를 관찰하여 amylase 생성 여부를 알 수 있다. 전분 가수분해 효소를 생성하는 세균의 콜로니 주변은 요오드 반응이 일어나지 않기 때문에 푸른색으로 변하지 않는다.

stem-pitting : 식물체의 줄기가 눌려 패인 듯한 바이러스의 병징.

sterigma, 소병 : 담자기에 가늘게 돌출하여 담자포자를 지탱하는 부분.

sterile fungi, 무포자 곰팡이 : 어떤 종류의 포자도 형성하지 않는 곰팡이 그룹.

sterilization, 멸균 : 열이나 화학물질로 토양, 용기 등에 있는 병원체와 다른 살아있는 생물을 제거하는 것.

Stilbellales, 속상선균目 : 균계(菌界)의 불완전균류, 총생균강에 속하는 목(order, 目)중의 하나. 분생자병이 다발로 되어 있다(분생자병속, synnema 또는 coremium).

stolon, 포복근 : 기질에 부착하여 균사체가 생장하도록 발단된 균사.

strain : 식물 병원바이러스에 대해서 많이 사용하고 있는 종(種) 이하 분류 단위이다. 감수성 식물의 품종에 따라 병원성 반응이 다르거나, 같은 바이러스이면서도 식물에 나타내는 병징을 다르게 나타내는 병원체의 분류학적 단위. 식물 병원세균의 경우에는 같은 식물에 대해서도 wild type과 다른 병징을 타나내는 변종에 대해 사용하고 있다. 담배 들불병균(*Pseudomonas syringae* pv. *tabaci*)은 담배의 잎에 괴저형 점무늬 병징을 형성하며, 검은 갈색 점무늬 주변에 노란색 달무리를 형성한다. 이 노란색 달무리는 tabtoxin이라고 하는 병원세균의 독소에 의해 형성되는데, 이 독소를 만들지 못하는 변종은 검은 갈색 점무늬 병반만 형성하고 그 주위의 노란색 달무리는 만들지 못한다. 이 tabtoxin생성을 못하는 변종을 *P. syringae* pv. *tabaci* strain *angulata*로 명명하고 있다.

Streptomyces : 원핵생물계(界)의 Strptomycetaceae를 구성하고 있는 3개의 속(屬) 중 하나. 1㎛ 굵기의 나선형 균사가 가지를 치며 자라고, 이 기중 균사의 끝이 잘록하게 조여져 3개 이상의 연쇄상 포자를 형성한다. 포자는 운동성이 없다. 한천배지

상에서 처음 형성된 콜로니는 비교적 매끈하지만, 점차 표면이 거칠어지고 포자가 형성되면 가루 모양의 포자로 뒤덮인다. 그람 양성의 호기성균이며, 많은 종(種)들이 한 가지 이상의 항생물질을 생성한다. 생육적온은 25~35℃이며, 토양에서 많이 서식하고 있다. 식물 병원세균으로는 감자 더뎅이병균(*S. scabies*)이 포함되어 있다.

Streptomycetaceae : 원핵생물계(界)의 Strptomycineae를 구성하고 있는 유일한 과(科). 3개의 속(屬)으로 구성되어 있으며, 이 가운데 1개의 속이 식물 병원세균을 포함하고 있다.

streptomycin sulfate : *Streptomyces anulatus* (옛 학명은 *S. griseus*)가 생성하는 항생물질이며, Waksman이 1944년에 발견하였다. 세균의 70S ribosome의 30S subunit에 결합하여 정상적인 단백질 합성을 방해한다. 원래 의약용으로 개발되었으나, streptomycin sulfate 20%를 함유하는 농용항생제가 '농용신수화제' 라는 상표명으로 한국에서도 1974년에 등록되었다. 사과나무 화상병(*Erwinia amylovora*), 담배 들불병(*Pseudomonas syringae* pv. *tabaci*) 등 잎에 발생하는 점무늬병류나 감귤 궤양병(*Xanthomonas axonopodis* pv. *citri*), 벼 흰잎마름병(*Xanthomonas oryzae* pv. *oryzae*), 채소 무름병(*Pectobacterium carotovorum* subsp. *carotovorum*) 등의 세균성 병해를 대상으로 사용되고 있다.

Streptomycineae : 원핵생물계(界)의 Actinomycetales목(目)을 구성하는 10개의 아목(亞目) 중 하나. Streptomycetaceae 1개의 과(科)로 구성되어 있으며, 식물 병원세균을 포함하고 있다.

stroma, 자좌 : 병든 조직과 밀착하여 형성되고 쉽게 이탈하지 않으며 여기에서 진균의 포자가 형성되는 균사 뭉치.

structural subunit, 구조 소단위체 : 캡소머를 구성하는 각각의 단백질로서 프로토머라 부른다.

stylet, 구침 : 선충과 일부 곤충이 양분 섭취에 이용하는, 길고 가늘며 속이 비어 있는 구조.

stylet-borne, 구침 전반 : 매개충의 구침을 통해 전반되는 바이러스, 비순환형 바이러스.

subspecies(subsp.) : 종(種) 이하 분류 계급. 고유의 특성을 공유하며, 특정한 속(屬) 또는 종(種)의 식물에만 감염되어 병을 일으키는 세균 군(群). 대부분의 식물 병원세균에서 이러한 의미로 pathovar(pv.)를 사용한다. 그러나 *Pectobacterium carotovorum*은 pv. 대신에 subsp.를 사용하여 *atrocepticum, betavascullorum, carotovorum, oderiferum, wasaviae* 등 5개의 subsp.로 분류하며, *Clavivacter michiganensis*도 *indisiosus, michiganensis, nebrakensis, sepedonicus, tessellarius* 등의 5개 subsp.로 분류하고 있다. 표기 방법은 pathovar와 마찬가지로 subsp.를 병원세균의 종명(種名) 뒤에 이어서 표기 한다(예 : *Pectobacterium carotovorum* subsp. *carotovorum*).

substrate, 기질 : 미생물이 생장을 위하여 섭취하는 재료 또는 물질, 또한 효소에 의해 변화되는 물질.

superinfection, 중감염 : 2종류의 바이러스(동일 종의 다른 2계통, 예 : 야생주와 변이주, 또는 다른 virus)가 동일 세포에 감염하는 것, 바이러스 간에 상호작용이 일어나서 증식이 억제 또는 증강이 일어나는 경우가 있다. 예를 들어 T4 phage 등에서는 먼저 감염된 phage 또는 prophage가 균 표면에 변화를 일으키는 것에 의해서 중복 감염phage genome 주입의 저지나 가수분해에 의한 절단이 일어남. 이것을 중복감염 배제(superinfection exclusion)라고 한다.

suppressive soils, 발병 억제토양 : 토양 내에 병원균에 대한 길항미생물 등이 존재하기 때문에 병 발생이 자연적으로 억제되는 토양.

suppressor to RNA silencing, RNA 사일런싱 억제 단백질 : 대다수의 식물 바이러스는 식물의 PTGS에 대항하는 억제 단백질을 가지고 있다. 대표적인 예로 TEV의 HC-pro, TCV의 외피 단백질 및 TBSV의 p19 등이 알려져 있다.

suppressor, 억제제 : 병원균 감염 후 감수성(친화성) 기주 식물에서 phytoalexin 등과 같은 저항성 발현과 관련된 물질의 생성을 저지시키거나 불활성화 시키는 병원균이 생성하는 물질.

suscept, 감수체 : 병원체에 의해 가해 받을 수 있는 식물. 기주식물.

susceptibility, 감수성 : 특정한 병원균에 대해 병이 유발되기 쉬운 상태.

***Sw* 5** : TSWV에 대한 토마토의 저항성 유전자.

symbiosis(symbiotic relationship), 공생 : 한 종의 생물이 숙주가 되는 다른 종의 생물과 갖는 상호적 관계로서 기생(parasitism), 편리공생(commensalism), 상호공생(mutualism)의 세 가지 유형이 있다.

symptom, 병징 : 병의 결과로서 식물체 내부와 외부에 나타나는 반응 또는 식물체의 변화.

symptomless carrier, 보독체 : 병원체(보통 바이러스)에 감염되었지만 뚜렷한 병징을 나타내지 않는 식물.

syncytium, 거대세포 : 하나의 세포벽에 둘러싸인 다핵의 커다란 원형질 덩어리.

synergism, 상승작용 : 한 기주에 두 종류의 병원체가 동시에 기생하는 것으로 병징이나 식물체에 미치는 영향이 각 병원체가 단독으로 작용할 때 나타나는 영향을 합친 것보다 동시에 작용할 경우 더 크게 나타나는 것.

syringomycin : 사탕수수에 침범하는 *Pseudomonas syringae* pv. *syringae*가 생성하는 기주 비특이적 독소이며, lipopeptide로 되어 있다. 감귤나무에 침범하는 *P.*

syringae pv. *syringae*는 syringotoxin을, 라일락에 침범하는 이 병원세균의 strain은 syringostatin을, 또 다른 strain들은 syringopeptin을 독소로 생성한다. 이 독소들도 lipopeptide로 되어있으나, 그 구조가 syringomycin과 조금씩 다르며, 대부분 기주 식물 세포의 원형질막 기능을 방해하여 원형질막을 통한 K^+나 Ca^{++}의 이동을 방해하고, H^+-ATPase의 활성에 영향을 미친다.

systemic acquired or activated resistance, 전신적 획득저항성 : 병원균의 감염이나 화학물질의 처리에 의해 생성된 유도저항성이 감염되지 않은 식물체 말단 부위까지 전신적으로 발현되는 현상.

systemic, 전신성 : 병원체나 화학물질이 식물체 내부를 통하여 퍼지는 현상.

T

tabtoxin : 담배 들불병균(*Peudomonas syringe* pv. *tabaci*)이 생성하는 기주 비특이적 독소이다. 가장 잘 알려진 식물 병원세균이 생성·분비하는 독소 중의 하나이며, tabtoxinine과 L-threonine으로 구성되어 있다. 기주식물의 glutamine synthetase의 활성을 방해하여 ammonia가 세포에 축적되고, 이로 인하여 엽록소가 파괴되어 잎에 노란 병반이 형성된다. 이 독소를 생성하지 못하는 변종(*P. syringae* pv. *tabaci* strain *angulata*)은 담배 잎에 검은 갈색 점무늬병반은 형성하지만, 병반 주위에 노란 달무리(halo)는 형성하지 않는다.

tagetitoxin : 군자란의 세균성점무늬병균(*Pseudomonas syringae* pv. *tagetis*)이 생성하는 독소다. 엽록체를 파괴하여 군자란 외에 독말풀·메리골드·해바라기 등의 잎을 황변시킨다.

Taphrinales, 외자낭균目 : 균계(菌界)의 자낭균문, 고생자낭균강에 속하는 목(order, 目) 중의 하나이다. 2핵의 자낭형성 세포로부터 자낭을 형성하며, 식물에 기생하여 기형을 일으킨다.

T-DNA : Ti plasmid가 가지고 있는 유전자이며, auxin 및 cytokinine 합성 유전자를 가지고 있어서 식물조직에 혹을 만든다. *Agrobacterium tumefaciens*가 식물에 감염되면, 병원세균의 세포질 유전자인 Ti plasmid로부터 T-DNA가 식물세포 내의 핵으로 옮겨져 염색체에 삽입된다. T-DNA로 형질전환 된 식물세포에서는 auxin과 cytokinine의 생성량이 많아져서 세포분열이 빨라지게 되고, 그 결과 혹이 형성된다. 뿌리혹병에 감염된 식물의 1차 혹(primary gall)에서는 병원세균이 검출되지만, 1차 혹과 거리를 두고 형성되는 2차 혹(secondary gall)은 병원세균의 T-DNA 전이에 의해 형성되기 때문에 병원세균이 검출되지 않는다.

teichoic acid : 그람양성 세균의 세포벽 구성물질이며, glycerol이나 ribitol이 인산기로 연결된 중합체다. 세포벽의 주성분인 peptidoglycan과 공유결합 하여 세포벽의 표면층을 구성하며, 또 세포질막과도 결합되어 있다. Peptidoglycan 외부로 돌출되어 있어 세포벽이 음전하를 띠게 된다.

teleomorph, 완전세대 : 곰팡이의 생활사 중 유성세대 또는 완전세대.

teliospore, 겨울 포자 : 녹병균이나 깜부기병균에서 볼 수 있는 두꺼운 세포벽을 가진 휴면포자. 겨울포자는 기주에서 병이 진전되면 겨울포자퇴에서 만들어진다. 여름포자보다 색이 짙고 갈색 내지 검은 갈색인 것이 많다. 겨울포자는 휴면 후 발아하면서 전균사(前菌絲)라고 하는 특수한 발아관을 형성하고, 이때 감수분열이 일어나고 4개의 담자포자(擔子胞子, basidiospore)인 소생자(小生子, sporidium)을 만든다. 소생자는 식물에 침입하여 반수성의 균사를 만들고, 여기서 반수성의 녹병포자와 수정균사(receptive hyphae)를 가지고 있는 녹병정자기를 만든다.

telium, 겨울 포자퇴 : 녹병균의 겨울포자가 형성되는 포자형성 구조체.

telomere, 텔로미어 : 복제를 하는 동안 염색체의 말단이 짧아지는 것을 방지하기 위하여 복제될 수 있는 특별한 염기서열을 가지는 진핵염색체의 말단.

Tenericutes : Bergey's manual of systematic bacteriology 초판(1984~1988)에 의해 분류된 원핵생물계의 4개 門(Division) 중에, 1개의 문이었다. 진정세균(eubacteria)에 속하지 않았으며, 그람 음성이며 세포벽이 없고 세포질막 만으로 균체가 싸여있다. 세포벽이 없기 때문에 균체가 일정한 형태를 유지하지 못하는 다형성이다. Bergey's manual of systematic bacteriology 2판(2001)에 의하면 Domain Bacteria의 Firmicutes門의 Mollicutes綱에 편성되었다. 감귤나무 오갈병균(*Spiroplasma citri*)를 포함하여 몇 종의 식물 병원세균이 이 강에 속해있다.

terminase, 말단 효소 : DNA 연쇄체를 절단하고 유전체 크기의 분자를 캡시드로 이동하는 것을 돕는 단백질 복합체.

tetrazolium agar media : 미국의 A. Kelman이 1954년도에 개발한 배지이다, 가지과 작물의 풋마름병균(*Ralstonia solanacearum*)을 분리하기 위한 준선택성 배지(semi-selective medium)로 이용되고 있다. Peptone 10g, casein hydrolysate 1g, glucose 0.5g, agar 20g를 살균증류수 1ℓ에 넣고 녹인 다음 고압증기 살균한 후, 0.5% 2,3,5-triphenyl-tetrazolium Cl(TZC) 용액 10㎖를 혼합하여 만든다. *R. solanacearum*은 이 배지 위에서 중앙이 pink색인 흰색 콜로니를 형성한다.

thallus : 진균의 실모양을 한 영양기관인 균체.

thornley's medium : Peptone 1g, NaCl 5g, K_2HPO_4 0.3g, agar 3g, phenol red 0.01g, arginine HCl 10g을 증류수 1ℓ에 녹여 pH를 7.2로 조절한 후 시험관에 분주하여 고압증기 살균한다. 이 배지가 굳기 전에, glucose액을 세균여과기로 여과하여 최종

함량이 1%가 되도록 넣어 준다. 시험관을 세워서 배지를 굳힌다. 이 때 배지의 색은 약한 핑크 빛이다. 세균의 arginine 가수분해효소의 생성 여부를 조사하기 위하여 사용되는 배지이다. 많은 식물에 무름병을 일으키는 *P. fluorescens* biotype II는 혐기적 조건에서 arginine 가수분해효소를 생성하기 때문에, arginine을 citrulline과 ornithine으로 분해하는 과정에서 NH_3를 생성한다. Thornley의 배지에 이 세균을 접종하고 혐기적 조건에서 배양하면, NH_3가 생성되어 배지의 pH가 알카리성으로 된다. 배지에 함유된 phenol red는 알카리에서 붉은 색으로 변하는 산도 지시약이기 때문에, 배지가 붉은 색으로 변화 된다(arginine hydrolysis test 참조).

thymine : 5-methyluracil. 핵산을 구성하는 pyrimidine계 염기의 하나이며, 다른 DNA 가닥의 purine계 염기인 adenine과 쌍을 이룬다.

thymol blue : 산도 지시약의 일종이며, 산성 범위에서 사용하는 산도 지시약과 알카리성 범위에서 사용하는 시약이 있다. ①산성 범위에서 사용하는 지시약의 경우에는 적정 사용범위가 pH 1.2~2.8이다. 산성에서 붉은 색, 알카리성에서 노란 색으로 변한다. ②알카리성 범위에서 사용하는 지시약의 사용범위는 적정 사용범위가 pH 8.0~9.6이다. 산성에서 노란 색, 알카리성에서 푸른 색을 나타낸다. 산성 범위에서 사용하는 지시약이나 알카리성 범위에서 사용하는 지시약 모두 thymol blue 0.4g을 95% ethanol 500㎖에 녹인 후 증류수 500㎖를 더하여 조제하고, 여과지로 여과하여 녹지 않은 찌꺼기를 제거한 후 사용한다.

Ti plasmid : T-DNA를 가지고 있어서 식물에 혹을 만드는 plasmid. Ti는 tumor inducing의 약자이다. 뿌리혹병균인 *Agrobacterium tumefaciens*가 이 plasmid를 가지고 있으며, *Agrobacterium*屬의 다른 종(種)들은 이 plasmid가 없다(T-DNA 참조). 식물의 유전자 조작을 위한 대표적인 벡터(vector)로서 쓰인다.

Tilletiaceae, 비린깜부기병균科 : 균계(菌界)의 담자균문, 녹병균강, 깜부기병균목에 속하는 과(family, 과)이다. 전균사는 단세포이고 동포자에서 감수분열하여 전균사 끝에 소생자를 윤생한다.

tolaasin : 버섯류에 갈색부패병을 일으키는 *Pseudomonas tolaasii*가 생성하는 독소다. 일종의 lipopeptide이며, 기주 세포의 세포질막에 구멍을 만들어 세포를 파괴한다.

tolerance, 내성 : 식물이 병원체에 감염되었으나, 죽거나 심한 피해 또는 작물의 손실 없이 병해의 영향을 견디는 식물체의 능력.

toxin, 독소 : 식물 병원 미생물이 생성 분비하는 물질로 아주 낮은 농도에서 살아 있는 기주 세포질에 직접 작용하여 식물세포에 극심한 피해를 주거나 세포를 죽일 수 있는 물질이다. 어떤 독소는 비특이적으로 많은 식물 종에 영향을 주나 어떤 것은 오로지 소수의 식물 종에만 독성이 있고 다른 종에 대해서는 전혀 해가 없다.

toxoflavin : 벼 알마름병균(*Burkholderia glumae*)이 생성하는 독소.

trans-complementation : 서로 다른 유전자에 각각 돌연변이를 가진 2개의 돌연변이체 바이러스를 같은 숙주 세포에 공동으로 감염시킬 때에(co-infection), 숙주 세포 안에서는 돌연변이 되어 손상된 각각의 단백질 기능을 서로 보충해 줄 수 있게 되는 것이다. 결과적으로 두 바이러스는 돌연변이 되지 않은 wild type처럼 증식할 수 있다. 그러나 이때 얻어진 후손 바이러스를 따로 따로 숙주세포에 감염시키면 여전히 돌연변이 된 유전자가 고쳐지지 않았기 때문에, 이들 바이러스 후손들은 여전히 돌연변이체로 나타난다.

transcription factor, 전사 활성인자 : 자신의 유전자로부터 물리적으로 멀리 떨어진 다른 유전자의 활성을 조절하는 단백질로서 활성에 따라 활성자(activator) 및 억제자(repressor, suppressor)로 구분할 수 있다.

transcription, 전사 : 유전자가 RNA로 복사되는 것. 또한 바이러스 RNA가 상보적으로 RNA로 복사되는 것.

transduction, 형질도입 : 바이러스가 박테리오파지를 운반자로 사용하여 한 세균에서 다른 세균으로 유전물질을 운반한다. 바이러스 효소가 숙주 DNA를 절단 시키고 바이러스 DNA를 복제한다. 숙주 DNA 절편이 비어 있는 바이러스 외막 안으로 들어갈 수 있다.

transfection : 진핵세포가 DNA를 흡수하는 현상. Viral genome만이 숙주 세포에 들어가 증식하는 현상이다. Transfection은 infection에 비하여 그 감염의 효율이 매우 낮은 편이긴 하지만, infection에서처럼 숙주 세포의 종류에 제한을 받지 않는다.

transfer RNA(tRNA), 운반 RNA : mRNA에 의해 정해진 순서대로 아미노산을 리보솜에 운반하는 RNA.

transformation, 형질전환 : 세포가 원래의 성질과는 다른 새로운 성질을 얻게 되는 것이다. 외부로부터 주어진 DNA에 의하여 생물의 유전적인 성질이 변하는 것이다. 효모나 세균 세포 내로 DNA의 흡수와 발현이 일어나는 현상이며, 정상세포가 암세포로의 전환되는 현상이다. 형질변환·형전환·형변환 등이라고도 한다. 형질전환은 1928년 영국의 F.그리피스가 폐렴쌍구균(肺炎雙球菌)을 이용하여 실시한 실험이 계기가 되어 처음 발견되었다. 폐렴쌍구균을 예로 들면, 다당류로 이루어진 두꺼운 막, 즉 협막(莢膜)을 가진 S형 균으로부터 DNA를 추출하여 이것을 다당류성 협막을 가지지 않은 R형 균에 작용시키면 R형 균의 일부가 S형 균으로 변한다. 이것은 S형 세균의 DNA가 R형 세균 속에 들어가서 유전자 발현을 하기 때문이다. 전환을 일으키는 데 필요한 DNA의 최소량은 약 10만분의 1 mol이며, DNA 단일가닥 보다도 이중가닥을 이용하는 것이 전환을 일으키기 용이하다.

transgenic(or transformed) plants, 형질전환 식물체 : 유전공학기법에 의해 다른 식물체 또는 생물체로부터 유전자가 도입되어 발현됨에 따라 예상된 화합물의 생성이나 기능을 수행하는 식물체.

transgenic organism, 형질전환 생물 : 유전자 조작에 의해 생식세포계열에 삽입된 유용 유전자를 가지는 살아있는 생물체.

transition : DNA 복제과정에서 같은 purine이나 같은 pyrimidine 안에서 염기가 바뀌어 복제되는 치환(replacement)의 일종. 즉 A-T 쌍이 G-C 쌍으로, 또는 G-C 쌍이 A-T 쌍으로 바뀌어 복제된다.

translation, 번역 : mRNA의 codon에 의해 단백질이 합성되는 것.

translocation, 전이, 이동 : 식물체 내에서 일어나는 양·수분의 이동.

transmission, 전염 : 한 식물체에서 다른 식물체로 바이러스 또는 다른 병원체의 이동 또는 확산되는 현상.

transpiration, 증산 : 식물체 내의 수증기가 잎이나 다른 지상부의 표면으로부터 확산되어 증발되는 현상.

transposable element, 전위요소 : 지놈(genome) 내에서 이동할 수 있으며 염색체의 다른 부위에 삽입할 수 있는 염색체 DNA 조각.

transversion : DNA 복제 과정에서 purine계 염기가 pyrimidine계 염기로 바뀌거나 pyrimidine계 염기가 purine계 염기로 바뀌어 복제되는 치환(replacement)의 일종. A-T이 T-A 쌍으로, G-C 쌍이 C-G 쌍으로 바뀌어 복제 된다.

triploid, 삼배체 : 3개의 복사체를 가지는 상동염색체(3n).

Tryptone broth medium, Tryptone 액체배지 : 세균이 tryptophanase를 생성하는지 조사하기 위하여 사용하는 배지이다. Tryptone 10g을 증류수 1ℓ에 넣고 고압증기 살균하여 만든다. 장내세균과(Enterobacteriaceae)에 속하는 *Pantoea ananas* (파인애플 속썩음병균) 등 일부 세균들을 이 배지에서 배양하면, tryptophan을 가수분해하여 indole과 pyruvic acid를 생성한다. Kovacs' reagent를 이 배지에 넣으면, indol과 반응하여 붉은 색으로 변한다.

T-toxin : 옥수수 깨씨무늬병균(*Helminthosporium victoriae*)에서 생성되는 기주 특이적 독소(toxin). 이 독소는 'Victoria'라는 품종(*Avena sativa* var. *victoria*) 및 이 품종과 교잡하여 얻어진 계통에 대해서만 독성이 있다.

Tuberculariales, 류상선균목 : 균계(菌界)의 불완전균류, 총생균강에 속하는 목(order, 目)이다. 분생자좌(sporodochium)에 분생자병이 방석모양으로 놓여있다.

tumor, 암종 : 세포분열이 조절되지 않아 과대 분열된 조직.

tylosis, 전충 : 유조직 세포의 원형질체가 인접한 물관 또는 헛물관으로 과대 생장해 가는 현상. 저항성 반응으로 생성된다.

U

ultracentrifugation : 용액이 들어 있는 튜브를 초고속으로 회전시킴으로써 강한 중력장을 발생시켜 용질의 침강속도를 높이는 장치.

uncoating, 탈외피 : 상처, 곤충의 흡즙, 기계적 접종 등에 의해 세포로 침입한 식물 바이러스의 외피가 벗겨져서 바이러스의 핵산이 노출되는 현상이다. Bacteriophage에서 핵산의 입자는 세포내에 주입되고, 외피는 세포밖에 머물기 때문에 탈외피에 해당하는 과정은 없다. 동물 virus의 경우에는 endocytosis 혹은 membrane fusion 기작에 의해 침입한 후 탈외피화가 진행된다.

unequal crossing over, 불균등 교차 : 염색체 이상을 초래하는 사건(event) 중의 하나로서 염색체의 어느 부분이 중복해 있는 현상이다. 이 경우 유전자가 중복되어 이로 인한 유전물질의 양이 증가되므로 생체의 밸런스에 균형을 잃어 각종 기형을 유발한다. 원인은 상동염색체간의 불균등 교차이며, 이는 두 상동 염색체간에 동일한 좌위 부위에서 교차가 발생하지 않으면 상동염색체 한쪽은 결실이 한쪽은 중복이 되기 때문이다.

uracil : 핵산을 구성하는 pyrimidine계 염기의 하나이며, 다른 RNA 가닥의 purine계 염기인 adenine과 쌍을 이룬다.

Uredinales, rust fungi, 녹병균目 : 균계(菌界)의 담자균문, 녹병균강에 속하는 목(order, 目)이다. 담자기는 격벽이 있다. 정자라고 부르는 성세포는 녹병정자기 안에서 대응하는 수정균사와 수정한다. 2가지 이상의 포자를 형성한다. 기주식물을 교대하며 담자포자(basidiospore) 또는 소생자(sporidium), 정자(spermatium) 또는 녹병포자(pycniospore), 녹포자(aeciospore), 하포자(uredospore), 동포자(teliospore)를 만든다.

Urediomycetes, 녹병균綱 : 균계(菌界)의 담자균문에 속하는 강(class, 綱)이다.

uredium, 여름 포자퇴 : 여름포자가 형성되는 녹병균의 포자형성 구조체.

uredospore, 하포자 : 담자균의 녹병균목에 속하는 녹병균의 생활환 중에서 녹포자(銹胞子, aeciospore)가 기주식물을 감염한 다음 여름포자퇴를 만들고 여기에서 여름포자가 만들어진다. 이 포자는 기주식물을 감염할 수 있고 더 많은 여름포자퇴와 여름포자를 만들어 기주를 감염한다.

Ustilaginaceae, 깜부기병균科 : 균계(菌界)의 담자균문, 녹병균강, 깜부기병균목에 속하는 과(family, 科)이다. 전균사는 일반적으로 격막이 있다. 전균사에서 감수분열을 한다.

Ustilaginales, smut fungi, 깜부기병균目 : 균계(菌界)의 담자균문, 녹병균강에 속하는 목(order, 目)이다. 담자기는 격막이 있거나 없으며 겨울포자에서 유래된 전균사

(promycelium)이다. 겨울포자와 담자포자만 형성한다. 겨울포자는 홀로 또는 집단으로 형성되어, 기주조직 속에 남아 있거나 기주의 표피를 뚫고 터져 나온다. 화합성의 포자 또는 균사융합으로 수정한다.

V

Van der Plank : 식물의 모든 병 저항성을 수직(vertical)과 수평(horizontal) 저항성으로 유별하여 평가하여 발표하였다.

variability, 변이성 : 한 세대에서 다른 세대로 특성을 변화시키는 생물의 특성 또는 능력.

vascular disease : 유관속 병.

vascular, 유관속 : 통도조직(물관부, 체관부)로 구성된 식물체 조직.

vector, 매개체 : ①병원체를 옮겨주는 매개 동물. 식물 병원세균의 매개곤충으로 처음 밝혀진 vector는 사과나무 화상병균을 매개하는 꿀벌이었으며, 매미충이나 노린재 등 흡즙성 곤충은 phytoplasma에 의한 식물병을 매개하는 중요한 vector로 알려져 있다(waite 참조). ②유전자재조합 과정에서, 제한효소로 절단된 DNA 절편을 이어서 증폭시키기 위해 사용하는 DNA 분자. 이 vector DNA는 자율적으로 증식하며, 살아있는 세포 안으로 침입이 가능해야 한다. Plasmid DNA 또는 virus DNA가 사용된다. 공여체 DNA의 증폭을 위한 cloning vector와 유전자의 기능발현을 위한 expression vector로 나눌 수 있다.

vegetative, 영양체의 : 무성의, 체세포적인 의미.

vertical resistance, 수직저항성 : 어떤 특정 작물의 품종이 병원균의 특정 레이스에 대해서만 완전한 저항성을 나타내는 현상.

vertifolia effect : 수평저항성 유전자와 수직저항성 유전자를 모두 가지고 있는 품종의 품질을 향상시키기 위해, 고품질 품종과의 교배를 되풀이하는 과정에서 수평저항성 유전자를 잃어버리는 현상. 이것은 육종과정 중의 저항성 검정단계에서, 강한 수직저항성 때문에 수평저항성 유전자가 상실된 것을 모르고 지나쳤기 때문에 발생된다.

vesicle, 구낭 : 유주자낭에 의해 생성되며 유주자가 방출되거나 분화되는 풍선처럼 생긴 구조체.

vessel, 물관 : 수분과 무기양분을 이동시키는 기능을 하는 물관 요소.

viral receptor, 바이러스 수용체 : 바이러스 입자와 특이적으로 결합하여 침입 및 탈외피의 반응을 유기하는 세포성분이다. 이 개념은 바이러스의 숙주역을 설명하기 위해서 바이러스와 숙주세포 표면과의 특이적인 상보관계를 생각한 F. M. Burnet (1929)의 파아지 연구에서 비롯되었다. 바이러스 일반에 공통되는 물질이나 구조가 있는 것은 아니고, 숙주에서 일정한 역학을 담당하는 구조체가 종종 바이러스 수용체로서 가능을 하고 있다.

viral ropism, 바이러스 친화성, 바이러스 향성 : 바이러스의 종류에 따라서 증식 가능한 세포의 종류가 특정되어 있는 것. 예를 들면 인플루엔자 바이러스는 오로지 사람이나 생쥐의 기도 상피세포에서 증식하며, 대장균 박테리오파아지는 대장균 내에서 증식한다. 각각의 바이러스가 특히 어떤 내장기과에 친화성을 갖는 것을 장기친화성이라고 하며 어떤 장기와 친화성을 갖느냐에 따라 폐친화성(향폐성)이라든지, 신경친화성(향신경성)이라고 부른다.

virion, 비리온 : 감염 능력이 있는 하나의 완전한 바이러스 입자 형태로서 세포 밖에 존재한다.

viroid, 바이로이드 : 외가닥에 RNA를 가진 것은 바이러스와 같지만 외피 단백질을 가지지도 않고 스스로 단백질을 합성하지 않는다. 약 300~380개의 RNA 염기로만 구성되어 있다. 스스로 복제할 수 있는 능력을 가진 작은 원형의 RNA 분자. 예로서 potato tuber spindle viroid가 있다.

virulence, 병원성, 발병력 : 병원체가 기주식물을 침해하여 병을 일으키는 능력. 비병원성(avirulence)의 반대 개념으로서 공격적인 침투성(aggressiveness). 병을 일으키기 위해서 기주의 유전적 저항성을 극복할 수 있는 병원균 생태종(race)의 능력. 발병 환경조건에서 주어진 유전 인자형을 가진 하나의 특이적 기주에 주어진 유전 인자형을 가진 병원균의 상대적인 능력.

virulent, 병독성 : 질병이나 생물체의 치사를 일으킬 수 있는 미생물이나 바이러스를 나타낸다. 숙주세포 용균을 일으키는 박테리오파아지도 포함한다.

viruliferous, 보독성의 : 바이러스를 몸에 지니고 전반시킬 수 있는 매개충.

Virus, 바이러스 : 절대적 기생자(obligate parasite)로서 DNA 혹은 RNA를 유전물질로 가지고 있으며, 기주특이성, 자가복제, 돌연변이, 전파 능력을 가지고 있으나 물질대사 및 에너지 생산시스템이 결여된 비세포성 생물체. 보호용 단백질 막으로 싸인 유전물질로 이루어진 단순하고 기생적으로 살아가는 현미경적 유기체. 바이러스가 증식하려면 반드시 살아있는 숙주세포로 침투하여 숙주의 유전자 발현시스템을 활용하여야 한다.

virus-induced gene silencing(VIGS), 바이러스 유도 유전자 사일런싱 : 바이러스는 기주식물의 방어관련 유전자를 억제하여 증식을 하지만, 한편으로 기주에 내재된 유전자나 염기서열과 동질한 유전자를 운반하는 벡터의 역할을 할 경우 유전자 사일런싱을 유도한다.

virusoid : 바이로이드와 유사한 성질을 가진 위성 RNA의 한 종류.

voges-proskaur test(VP test, butanediol fermentation test) : 세균이 탄수화물을 분해하여 acetoin(acetylmethylcarbinl)을 생산하는지 조사하는 시험. 세균을 glucose-peptone 액체배지에서 배양한 후, 세균이 자란 배양액에 barritt시약을 넣어주면 acetoin과 반응하여 핑크 색 또는 붉은 색으로 변한다. *Erwinia*屬 세균을 동정하는 중요한 key가 된다(MR/VP media 참조).

W

Waite : Melton B. Waite. 세균성 식물병을 처음 보고한 Burrill의 제자였으며, 1891년에 사과나무의 화상병균이 꿀벌을 비롯한 곤충에 의해 사과나무의 꽃으로 전반된다고 하였다. 이것은 식물병의 곤충에 의한 전반을 보고한 최초의 기록이었다.

western blotting, 웨스턴블롯 : 항원이 복잡하게 뒤섞여 있는 혼합물에서 특이적인 바이러스 단백질을 분석하는 방법이다. 바이러스 항원이 포함되어 있는 표본들을 폴리아크릴아미드 겔(polyacrylamide gel)에서 전기영동 후 니트로셀룰로오스 또는 나일론 막으로 이동시키고 고정시킨다. 검출하려는 항원에 대해 반응하는 항체를 막과 반응시키면 특정 항원이 검출된다. 즉 여러 단백질의 혼합물로부터 어떤 특정단백질을 찾아내는 기법이다. 찾고자 하는 단백질에 대한 항체를 사용하여 항원-항체 반응을 일으킴으로써 특정단백질의 존재여부를 밝힐 수 있다. 사용하는 항체는 찾고자 하는 항원(단백질)에 대해 특이하게 반응하는 것을 방사성 동위원소로 표식하여 사용하거나, 또는 특정 효소(예 : alkaline phosphatase, horseradish peroxidase 등) 또는 형광을 나타내는 색소(예 : FITC: fluorescein isothiocyanate)를 결합시킨 것을 이용한다.

wild firet oxin : 담배에 들불병을 일으키는 *Pseudomonas syringae* pv. *tabaci*가 생성하는 독소. 이 세균의 배양여액은 담배뿐만 아니라, 여러 가지 다른 식물에 대해서도 이 세균이 일으키는 것과 동일한 병반을 형성한다.

wild type, 야생형 : 유전 형질에서, 야생종 생물들이 갖고 있는 유전자의 본래 형을 이르는 말.

wilt, 시들음 : 식물체에서 수분의 부족으로 팽압을 잃어 식물체의 지상부 부분이 건조되어 늘어지는 현상.

witches' broom, 빗자루 증상 : 목본식물의 가지가 밀생하여 빗자루 모양으로 생장하거나 총생하는 증상.

Woronin : Michael Woronin. 1866년에 콩과식물과 뿌리혹세균의 공생관계를 처음 발표하였다.

X

Xanthomonadaceae : 원핵생물계(界)의 Xanthomonas목(目)를 구성하는 유일한 과(科). 8개의 속(屬)으로 구성되어 있으며, 이 가운데 *Xanthomonas*와 *Xylella*屬이 식물 병원세균을 포함하는 속이다.

Xanthomonadales : 원핵생물계(界)의 Gammaproteobacteria강(綱)을 구성하는 13개의 목(目) 중 두 번 째 목. 이 목을 구성하는 과(科)는 Xanthomonadaceae뿐이다.

Xanthomonadin : *Xanthomonas*속(屬) 세균의 세포벽 외막에 있는 노란색 비수용성 색소이다.

Xanthomonas : 원핵생물계(界)의 Xanthomonas과(科)를 구성하는 8개의 속(屬) 중 하나. 그람음성의 호기성인 짧은 간균이며, PHB를 생성하지 않으며, 단극모를 가지고 있다. Xanthomonadine을 생성하여 한천배지 상에서 노란색 콜로니를 형성한다. 질산염을 환원하지 않으며, oxidase를 생성하지 않고, catalase는 생성한다. Calcium lactate를 이용하여 생육할 수 있으나, glutamine은 이용하지 못한다. 생육적온은 25~30℃이며, 세균의 종에 따라 glutamic acid, methionine 및 nicotinic acid 등의 발육인자를 요구 한다. *X. oryzae* pv. *oryzae*를 포함하여, 식물에 점무늬병과 부패병 또는 마름병을 일으키는 많은 병원세균이 포함되어 있다.

XCO agar media : 1994년에 전남대학교의 김형무 교수 등이 볍씨에서 *Xanthomonas oryzae* pv. *oryzae*(벼 흰잎마름병균)을 분리하기 위한 선택성배지로 개발하였다. Yeast extract 1g, peptone 2g, sucrose 5g, sodiumglutamate 1g, $FeSO_4 \cdot 7H_2O$ 0.05g, Fe·EDTA 1mg, cephalexin 20mg, 0.1% evan blue 1.5㎖, 0.1% bromcresol purple 2.5㎖, cyclohexamide 100mg, agar 15g을 살균증류수 1ℓ에 넣고 녹인 다음 고압증기 살균하여 만든다. *X. oryzae* pv. *oryzae*는 28℃에서 6일간 배양하였을 때, 직경 4~5㎜의 매끄러우며 중앙이 진청색인 콜로니를 형성한다. 종래에 같은 목적으로 사용되던 Wakimito배지에 비하여, 부생세균 출현이 70% 정도 감소된 것으로 보고되었다.

X-ray crystallography, 엑스선 결정학 : ①결정과 X선과의 상호작용, 특히 결정에 의한 X선의 산란 및 회절 현상과 그 응용에 관해 연구하는 결정학의 한 분야. ②X선의 산란·회절 이론, X선회절에 의한 결정구조의 해석 또는 물질의 분석 등의 분야가 있다. ③X선은 수십 nm 이하 정도의 파장인 전자기파이며, 원자에 입사시키면 원자 내의 전자를 강제 진동시켜 그 결과 입사한 X선과 같은 파장의 X선을 모든 방향으로 방출한다. ④한편 결정 속에서의 근접 원자 간의 거리는 100pm(피코미터) 정도의 크기임. 이 때문에 결정에 입사된 X선은 원자 내의 전자와의 상호작용으로 모든 방향으로 산란되는데, 결정 내에 규칙적으로 배열되어 있는 원자가 회절격자의 구실을 하고, 그 격자에 의해 회절된 X선만이 결정 외부로 방출된다. ⑤결정 내의 원

자 배열이 관측에 의해 결정된다. ⑥성과는 물리학·화학·광물학은 물론, 생물학적으로 중요한 단백질 등의 물질의 구조 해석에 의해 생물학에 큰 영향을 미침. ⑦X선결정학의 비약은 컴퓨터의 진보에 힘입은 바가 크며, X선회절 측정의 자동신속화에는 비교적 소형컴퓨터(미니컴·마이컴)가 활용되고, 측정 결과의 다량신속계산에는 대형컴퓨터가 이용되고 있다.

Xylariales, 꼬투리버섯目 : 균계(菌界)의 자낭균문, 각균강에 속하는 목(order, 目)이다. 유공 자낭각은 검은색이며 때때로 자좌에 묻혀 있다. 자낭은 원통형 내지 구형이며 자낭포자는 단세포나 다세포이고 무색 또는 어두운 색이다.

Xylella : 원핵생물계(界)의 Xanthomonas과(科)를 구성하는 8개의 속(屬) 중 하나. 그람음성의 비운동성인 짧은 간균이지만, 생육조건에 따라 긴 실 모양 균체로 자라기도 한다. 호기성이며, catalase를 생성하지만 oxidase나 색소는 생성하지 않는다. 종(種)에 따라 표면이 매끈한 콜로니와 거친 콜로니를 생성한다. 일반 영양배지에서 잘 자라지 않으며, serum albumin을 함유한 특수배지에서 자란다. 생육적온은 26~28℃이며, 식물의 물관에서 서식한다. 식물 병원세균으로 포도나무 piere's병균(*X. fastidiosa*)이 있지만, 아직 한국에서 이 속의 세균에 의한 식물 병은 발견되지 않았다. 포도나무 piere's병은 한국에서 수입금지 대상 식물 병으로 고시되어 있다.

xylem, 물관부 : 헛물관, 물관, 목부 유세포, 목부 섬유 등으로 구성된 식물체의 수분 이동통로 조직.

Xylophilus : 원핵생물계(界)의 Pseudomonas과(科)에 속하는 15개 속(屬) 중 하나. 그람 음성의 단극모를 가진 호기성인 짧은 간균이지만 오래 배양된 세포에서는 길가 30㎛인 사상형 균체도 나타난다. Catalase를 생성하지만 oxidase는 생성하지 않는다. 최적 생육온도는 24℃이지만, 성장속도는 매우 느리다. L-glutamin을 이용하지만 calcium lactate를 이용하지 못한다는 점에서 *Xanthomonas*屬 세균들과 다르다. 식물 병원세균으로 포도나무 궤양병균(*X. ampelinus*)을 포함하고 있다. 그러나 아직 한국에서 이 속의 세균에 의한 세균병은 보고되어 있지 않다.

Y

yeast artificial chromosome, 효모 인공염색체 : 효모숙주세포에서 복제되는 선상의 재조합 DNA 분자. 중요성분은 거대한 외부 DNA 조각, 동원체, 복제기원, 텔로미어 등을 포함한다.

Yeast extract-dextrose-$CaCO_3$ media, YDC 배지 : Yeast extract 10g, calcium carbonate(USP, light powder) 20g, agar 15g을 살균증류수 900㎖에 넣고 녹인 다음 고압증기 살균한 후, 세균여과기를 통과시킨 20% glucose 용액 100㎖를 혼합하여 만든다. 대부분의 세균들이 이 배지에서 잘 자란다. Schaad(1988)는 이 배지에서

자란 세균의 콜로니 색을 이용하여 식물 병원세균의 속(屬)을 구분하였다. *Pantoea, Rhizomonas, Xanthomonas* 및 *Xylophilus*屬 세균은 이 배지에서 노란 콜로니를 생성하지만, 다른 속 세균들은 우유 빛으로 자란다.

Z

Zaenen : I. N. Zaenen. 1974년에 과수 뿌리혹병균(*Agrobacterium tumefaciens*)의 Ti-plasmid를 처음 발견하였다.

zoosporangium, 유주자낭 : 유주자를 담고 있거나 형성하는 포자낭.

zoospore, 유주자 : 물속에서 편모의 운동에 의해 이동할 수 있는 포자.

Zygomycetes, the bread molds, 접합균강 : 균계(菌界)의 접합균문에 속하는 강(class, 綱)이며, 세포벽은 키틴으로 되어 있고 운동성인 유주자가 없으며, 포자낭에 비운동성인 무성포자를 형성한다. 같은 모양과 크기의 배우자낭이 서로 합쳐져 접합포자(zygospore)를 형성하며 균사에는 격막이 없다. 부생균이거나, 식물, 인간, 동물에 기생성이 있다.

Zygomycota, 접합균문 : 균계(菌界)에 속하며, 세포벽은 키틴으로 되어 있고 운동성인 유주자가 없으며, 포자낭에 비운동성 무성포자를 형성한다. 같은 모양과 크기의 배우자낭이 합쳐져 접합포자(zygospore)를 형성하며 균사에 격막이 없다. 접합균류는 육상에 서식하는 곰팡이인데 이들의 포자는 흔히 공기 중에 떠다니며, 부생균이거나 식물체 또는 농산물에 부패를 유발하기도 하는 나약 기생체(weak parasite)이다.

zygospore, 접합포자 : 접합균류에서 형태적으로 유사한 두 배우자의 접합으로 형성된 유성포자 또는 휴면포자.

zygote, 접합체 : 두 배우자의 접합에 의해 형성된 배수체 세포.

2. 한 글

ㄱ

간균(桿菌, bacillus) : ①균체(菌體)가 막대 모양 또는 원통 모양인 세균의 통칭. 균체가 긴 장간형, 짧은 단간형, 여러 개의 균체가 사슬 모양으로 연결 된 연쇄상 간균 등 여러 종류로 세분된다. 식물 병원세균 중에는 단간형 간균이 가장 많다. 간균 외에 균체가 실 모양으로 길게 자라는 방선균(放線菌, filament), 공처럼 둥근 균체의 구균(球菌, cocci), 파도처럼 구불구불한 나선균(螺線菌, spirillum), 균체의 형태가 일정하지 않은 부정형균(不定形菌, pleomorphic)이 있다. 간균은 다시 편모의 부착 위치나 편모의 수에 따라 무모균, 단모균, 양모균, 속모균, 주모균으로 나누어진다. ②원핵생물계의 세균(Domain Bacteria)이며, Proteobacteria문의 Bacilli강, Bacillia목, Bacillia과의 한 속(species)의 학명. 호기성 또는 미호기성이고 그람양성 간균이며, 아포를 형성하기 때문에 부적합한 환경에서 생존력이 강하다. 많은 동물병원세균이 이 속에 속하며, 식물 병원세균으로는 밀 white stripe병균(*Bacillus megatrium* pv. *cerealis*)이 보고되어 있으나, 아직 한국에서는 이 병이 발견된 바 없다(Bacillus 참조).

간질체(間質體, mesosome) : 세포질막이 세포질 쪽으로 밀려들어와 주머니 모양으로 된 것이다. 따라서 간질체도 본질적으로 세포질막의 연장이며, 세포질막이 갖는 여러 가지 기능을 수행한다. 세포의 한쪽 끝에 생긴 간질체를 lateral mesosome이라고 하며, 균체의 옆에 생긴 간질체를 septal mesosome이라고 한다. Septal mesosome에 염색체가 붙어 있으며, 세포가 분열할 때 격막(septa)을 만들어 세포질을 2개로 나누는 역할을 하는 것으로 생각 된다(세균의 구조 모식도 참조).

간헐살균(間歇殺菌, tyndallization) : Casein이나 urea 등 고온에서 파괴되기 쉬운 물질을 살균할 때나, *Bacillus*, *Clostridium* 및 *Paenibacillus* 등과 같은 아포(内生胞子, endospore)를 생성하는 세균을 살균하고자 할 때 실시하는 살균방법이다. 65~67℃로 1시간 가열한 후 30℃로 배양하고, 다음날 70~80℃로 30분 동안 가열한 후 다시 30℃로 배양하고, 다음날 90℃로 30분 동안 가열한다. 아포를 발아시켜 살균하는 방법이다(Pasture 참조).

감수성(感受性, susceptibility) : 식물이 가지고 있는 병에 걸리기 쉬운 성질. 병에 걸리기 쉬운 감수성 유전자인 종족소인(種族素因)과 식물의 병에 대한 저항력을 약하게 하는 환경인자인 개체소인(個體素因)에 의해 결정된다.

감염(感染, infection) : 병원균이 감수성 식물에 침입하여, 병원균과 식물 사이에 기생관계가 성립되는 것. 병원균이 제한된 식물조직에 존재하여 국부병반을 형성하는 국부감염(局部感染, local infection)과 병원균이 식물체의 전신으로 확산되는 전신감염(全身感染, systemic infection)으로 나눌 수 있다. 대부분의 식물 병원세균들은 국부 감염균이다. 그러나 *Ralstonia solnasearum*이나 *Clavibacter michiganensis* pv. *sepedonicus*, *Phytoplasma*, *Spiroplasma* 등 식물의 유관속에 존재하는 원핵생물들이 전신 감염성 식물 병원세균들이다.

감염 전 저항성(感染前抵抗性, preformed resistance) : Agrios(1978)가 그의 저서 Plant pathology에서 사용1개념이다. 식물의 병에 대한 저항성 중에서, 식물이 원래 가지고 있는 형태적 특성이나 화학적 조성에 의해 병원체의 침입이나 병원작용이 억제되어 나타나는 저항성을 말한다. 감염 후 저항성에 대비되는 용어이다.

감염 후 저항성(感染後抵抗性, defense induced by the attacking pathogen) : Agrios (1978)가 그의 저서 Plant pathology에서 사용1개념이다. 식물의 병에 대한 저항성 중에서, 병원체에 감염된 후 식물조직에서 나타나는 구조적 또는 생화학적 변화에 의해 병원체의 침입이나 병원작용이 억제되기 때문에 나타나는 저항성을 말한다. 감염 전 저항성과 대비되는 용어이다.

강(綱, class) : Linne에 의한 생물계층 분류방법에서 문(phylum, division, 門) 이하이며, 목(order, 目) 이상의 계급. Bergey's manual of systematic bacteriology 2판에 의하면, 식물 병원세균은 원핵생물계의 Domain Bacteria에서 Proteobacteria문을 비롯한 3개 문의 7개 강에 속해 있다(Ⅳ. 식물 병원세균의 분류학적 위치 참조).

강모(剛毛, seta) : 분생자층(acervulus)에 생성되는 강한 털 모양을 한 구조.

개체군(個體群, population) : 집단(集團). 외부와 격리된 일정한 공간 또는 일정한 지역을 차지하는 생물의 같은 종(種)에 속하는 개체의 모임. 자연 상태의 공간에서 살고 있는 자연 개체군과 인위적으로 설정된 공간에 살고 있는 실험 개체군으로 구분할 때도 있다. 제한된 공간에 살고 있는 2종 이상의 개체군을 대상으로 할 때 이종 개체군이라고 부르기도 한다. 개체 수를 의미하기도 한다.

개체군 밀도(個體群密度, population density) : 일정한 공간 안에 살고 있는 개체군의 개체 수 또는 개체군의 양. 세균의 개체군 밀도는 ①현미경을 이용하여 일정한 부피 속에 들어 있는 세균의 수를 직접 조사하는 직접 계수법(direct microscopic count)과 ②시료를 각 단계별로 희석하여 한천배지 위에 도말·배양하여 형성된 single colony 수를 조사하는 생균 수 측정법(viable count), ③비색계를 이용하여 세균 현탁액의 흡광도를 측정하는 방법(turbidity determination) 등이 있다.

개체군 생장(個體群 生長, population growth) : 집단생장(集團生長). 시간이 경과함에 따라 개체군의 개체 수가 증가하는 것. 미생물이 생육하기에 온도와 영양·수분·삼투압·산도 등 환경조건이 호조건이고 길항생물이 없을 경우에, 폐쇄된 공간에서 미생물의 개체군 생장은 유도기 → 대수증식기 → 정지기 → 사멸기를 경과하는 생장곡선을 나타낸다.

검역(檢疫, quarantine) : 법과 제도로 병, 해충, 잡초의 매개물이 되리라고 추정되는 모든 일용품을 수입금지 및 제한하는 것. 한국에서는 1912년에 수입 과수 및 벚나무에 대한 검역규칙이 제정되었으며, 1961년에 식물방역법이 제정되었다. 전염원의 국가 간 이동을 제한하는 국제검역과 국내에서의 이동을 제한하는 국내검역으로 나누어 시행되고 있다. 한국의 수입금지 대상 세균병으로는 감귤나무 그린병(유관속국재 세균), 사과나무 빗자루병(*Phytoplasma* sp.), 포도나무 피어스병(*Xylella fastidiosa*), 포도나무 황화병(*Phytoplasma* sp.) 등이 있다.

검정식물(檢定植物, test plant) : 판별기주식물(判別寄主植物, differential host plant). 병원세균에 대한 반응을 근거로 하여 세균의 정확한 동정에 사용하는 식물. 예를 들어 과수 뿌리혹병균(*Agrobacterium tumefaciens*)을 목본식물에 접종하면 병징이 발현될 때까지 오랜 기간이 필요하지만, 피마자에 접종하면 짧은 시간 안에 혹이 형성되기 때문에, 피마자를 과수 뿌리혹병균의 검정식물로 이용한다. 또 다음 표의 3배체 바나나・감자・토마토・뽕나무・생강 등이 가지과 작물의 풋마름병균(*Ralstonia solanacearum*)의 race를 판별하기 위한 판별기주식물로 이용될 수 있다. 즉 3배체 바나나에 풋마름병을 일으키면 race 2로, 감자와 토마토에만 풋마름병을 일으키면 race 3로 판정할 수 있다. *R. solanacearum*의 race 별 기주범위

Race	기 주 범 위
1	담배, 토마토, 가지, 감자 등 대부분의 가지과 작물
2	3배체 바나나, *Heliconia* sp.
3	감자, 토마토
4	뽕나무
5	생 강

겨울포자(冬胞子, teliospore) : 녹병균이나 깜부기병균에서 볼 수 있는 두꺼운 세포벽을 가진 휴면포자. 겨울포자는 기주에서 병이 진전되면 겨울 포자퇴에서 만들어진다. 여름포자보다 색이 짙고 갈색 내지 검은 갈색인 것이 많다. 겨울포자는 휴면 후 발아하면서 전균사(前菌絲)라고 하는 특수한 발아관을 형성하고, 이때 감수분열이 일어나고 4개의 담자포자(擔子胞子, basidiospore)인 소생자(小生子, sporidium)을 만든다. 소생자는 식물에 침입하여 반수성의 균사를 만들고, 여기서 반수성의 녹병포자와 수정균사(receptive hyphae)를 가지고 있는 녹병정자기를 만든다.

겨울포자퇴(冬胞子堆, telium) : 녹병균의 겨울포자가 형성되는 포자형성 구조체.

격막(隔膜, septum) : 균사 또는 포자 내에 있는 횡단막. 격막의 유・무는 곰팡이의 분류에 중요한 기준이 된다. 유사균류의 색조류계(Chromista)에 속하는 난균류와, 균계의 접합균류에 속하는 균의 균사에는 격막이 없다. 세균에서는 세포분열 과정에서 세포질을 2개로 나누는 얇은 막. 세균의 염색체가 붙어있는 간질체(septal mesosome)가 길게 신장되어 격막을 형성하는 것으로 여겨지고 있다.

결함 파아지(缺陷 phage, defective phage) : 세균에 침입하여 세균을 용균시키고 phage를 재조합하는 과정에서, phage DNA의 일부가 없어졌거나 불완전하게 복제된 phage. 이렇게 DNA의 일부가 불완전한 phage는 세균에 침입하더라도 단독으로 기주 세균을 용균시키거나, 증식하지 못한다.

경고신호(警告信號, alarm signal) : 병원체에 감염된 식물이 생성하는 화합물이며, 기주 세포의 유전자로 전달되어 병원체를 억제하는 물질을 생성하도록 한다.

경란전염(經卵傳染, transovarial passage) : 병든 식물체를 흡즙하여 식물병원체를 보유하게 된 곤충이 낳은 알에도 식물 병원체가 있을 수 있다. 이 알에서 부화된 곤충에 의해 식물에 병이 전염되는 것을 경란전염이라고 한다. 경란전염 되는 식물병원바이러스는 알려져 있으나, 아직 경란전염 되는 식물병원 원핵생물은 보고된 것이 없다.

경쟁(競爭, competition) : 두 집단의 생물 또는 개체가 모두 이용할 수 있는 영양·공간·산소 등 자원의 공급이 부족할 때, 상대 집단 또는 개체의 생육에 부정적 영향을 주는 상호작용. 이러한 부정적 상호작용이 세균의 종 간(種間) 또는 종 내(種內) 경쟁으로 나타날 수 있으며, 길항작용으로 나타날 수 있다.

경제적 피해수준(經濟的 被害水準, economic injury level) : 병을 방제하여 얻는 경제적 이익이 병을 방제하는데 드는 비용보다 커지는 수준. 이 수준 이하의 병이 발생할 때는, 병 방제를 실시하는 것이 오히려 경제적으로 손해가 된다.

경종적 방제(耕種的 防除, cultural control) : 식물을 위생적으로 재배하거나 식물을 튼튼하게 자라도록 환경을 조절하여 주어 병 발생을 줄이는 방법이다. 전염원을 제거해주거나 외부로부터 병원체가 전반되어 오는 것을 차단하는 방법, 돌려짓기(輪作)를 하여 전염원의 밀도를 낮추는 방법, 비배관리나 재식밀도를 조절하는 방법, 조기재배(早期栽培)를 통하여 발병 최성기를 피하는 방법, 저항성 대목으로 접목하는 방법 등이 포함된다.

계통분류(系統分類, phylogenetic classification) : 생물의 taxon간 형질을 비교하여 생물의 계통발생학적인 유연관계를 반영하는 분류. Darwin의 진화론이 받아들여진 후, 생물이 진화해온 발자취에 근거한 분류방법이라는 의미에서 가장 자연스러운 분류방법이라고 인식되어 왔다. 과거의 세균 분류는 균체의 형태·편모의 수나 부착 위치·colony의 색 등 표현형에만 의존하여 왔기 때문에 매우 작위적이라는 비판을 받아왔다. 그러나 최근에는 분자생물학의 발달에 힘입어 DNA나 RNA의 핵산 구조를 비교하여 분류에 반영함으로서, 계통발생학적인 분류에 근접하고 있다.

고무질 (gum) : 병원체의 감염이나 상해 후에 병반 또는 상처 부위에서 식물의 gum duct를 통해서 외부로 분비되는 고무질·수지·정유·점액 등 분비물. 고무질은 주로 전분의 분해에서 유래되는 탄수화물이지만 상처나 병해 등으로 붕괴된 세포가 고무질로 변하기도 하며, 이러한 현상을 gumosis라고 한다.

고생균(古生菌, Archimycetes) : 진균의 구 분류체계에 따른 분류 그룹으로, 현재 유사균류의 근류병균문에 해당한다.

고정(固定, fixation) : 살아있는 세균이나 세포는 그 내용물의 구조가 생물학적·화학적으로 계속해서 변하기 때문에, 이러한 구조적 변화가 일어나지 않도록 어떤 시점에서 정지시키는 조작. 세균 또는 세균에 감염된 식물 조직을 현미경으로 관찰하기 위하여 필요한 조작이다.

공생(共生, symbiosis) : 서로 다른 종(種)의 생물이 서로 이익을 주며 살아가는 현상. 대표적인 예로 콩과 식물과 콩과 식물의 뿌리에 기생해 살면서 식물에 질소를 공급해주는 뿌리혹 세균을 들 수 있다(근류균 참조). 그러나 뿌리혹 세균에 감염된 식물에 형성되는 뿌리혹을 비정상적인 식물의 형태라는 의미에서 병적현상으로 보는 견해도 있다.

공여균(供與菌, donor) : 준유성생식 방법에 의한 세균의 유전자전달 과정에서 유전물질을 주는 세균. 공여자로부터 유전물질을 받아들이는 세균을 수령균(recipient)라고 한다.

과(科, family) : Linne식 생물분류체계에서 목(order, 目)의 하위 계급이며, 속(屬)이 모여서 과를 구성하고 있다. Bergey's manual of systematic bacteriology 2판에 의하면, 현재까지 알려진 식물 병원세균은 Rhodospirillales목을 비롯한 11개 목의 18개 과에 속해 있다(IV. 식물 병원세균의 분류학적 위치 참조).

과민성 반응(過敏性 反應, hypersensitive reaction) : 병원체에 감염된 부위에서 국부적으로 기주세포가 급격하게 반응하여 붕괴, 괴사되는 현상으로 병원체의 생장을 제한하여 저항성을 나타낸다. 붕괴 또는 괴사는 신속하게 일어나는 프로그램화된 세포사멸(programmed cell death)이다. 과민성 반응은 수많은 진균, 세균, 바이러스 해충에 대한 식물의 반응에서 관찰되며, 특이적으로 병원체가 생성하는 elicitor로 알려져 있는 신호분자를 식물이 인식하여 일으키는 최고 수준의 식물 방어반응이다.

과산화효소(過酸化酵素, peroxidase) : 어떤 물질을 산화시키면서 얻어진 수소를 이용하여 과산화수소(H_2O_2)를 물로 환원시키는 작용($H_2O_2 + AH_2 \rightarrow 2H_2O + A$)의 촉매역할을 하는 효소. 식물에 많이 함유되어 있으며, *Pseudomonas syringae* pv. *tabaci*에 의한 담배 들불병을 포함하여 여러 병에 대한 식물의 저항성이 이 효소의 활성과 관계가 있다는 연구보고가 있다.

광합성세균(光合成細菌, phototrophic bacteria, photosynthetic bacteria) : 초록색 식물처럼 빛에너지를 이용하여 CO_2를 동화하고 유기물을 합성하는 녹색 황세균(green sulfer bacteria, Chlobi문에 속하는 *Clorobiom*이나 *Pelodictyon* 屬 세균)과 저분자

유기화합물이나 H_2S를 전자 공여체로 이용하는 녹색 활주세균(green gliding bacteria, Chloroflexi門에 속하는 *Chloroflexus* 屬 세균)이 있다. 이제까지 광합성 세균으로 알려진 식물 병원세균은 없다.

괴저(壞疽, necrosis) : 병원체에 의해 감염된 식물조직이 죽는 것. 병원체의 종류와 식물의 종류에 따라 괴저형 반응이 다르기 때문에, 독특한 병징을 형성하게 된다.

괴저형 점무늬(壞疽形 점무늬, necrotic spot) : 병원세균의 독소에 의해 식물 잎의 세포 또는 조직이 죽어서 발생되는 병징이다. 처음에는 잎에 노란색 점무늬가 생겨서 점차 커지며, 그 중앙이 검은 갈색으로 변하고, 주변에 노란색 달무리 모양이 생기기도 한다. 대기 습도가 높으면, 병반이 물에 젖은 것처럼 수침상으로 나타난다. 병이 심하게 진전되면, 병든 잎 조직이 썩고 떨어져 나가 걸레처럼 된다. *Pseudomonas syringae* pv.들에 의해 감염된 식물의 잎에서 쉽게 볼 수 있다.

교차보호(交叉保護, cross protection) : 약독 계통(mild strain)의 바이러스에 감염된 식물이 이 바이러스의 근연종인 병원성이 강한 바이러스에 의한 병 발생을 억제하는 현상. 다른 방제법으로 저지하기 어려운 바이러스병을 억제하는데 이용된다.

교차저항성(交叉抵抗性, cross resistance) : 어떤 특정한 유효성분을 처리하였을 때 출현된 저항성 개체군이 이제까지 접촉이 전혀 없었던 유효성분에 대해서도 동시에 저항성을 나타내는 현상.

구균(球菌, coccus) : 균체(菌體)가 둥근 공 모양인 세균의 통칭. 균체가 뭉쳐 있는 모양에 따라 단구균, 쌍구균, 사연구균, 연쇄상구균, 포도상구균 등으로 나눈다. 사람의 비뇨기 계통과 눈의 점막에 염증을 일으키는 임균(*Neisseria gonorrhoeae*)이나 사람과 젖소의 유방염을 일으키는 *Staphylococcus aureus*등 동물 병원세균에는 구균이 많지만, 식물 병원세균으로 보고 된 구균은 아직 없다.

구멍병(shot-hole) : 병원세균에 의해 감염된 식물 세포 또는 조직과 건강한 세포 또는 조직의 사이에 이층(離層, abscission layer)이 형성되어, 마침내 병든 식물조직이 식물체로부터 떨어져 나가기 때문에 생기는 병징이다. *Xanthomonas arboricola* pv. *pruni*(세균성구멍병균)에 감염된 복숭아나무 잎에서 볼 수 있다(이층 참조).

국부 병징(局部 病徵, local symptom) : 식물의 일부 조직에 한정하여 나타나는 병징. 잎에 나타나는 세균성구멍병, 점무늬병, 순마름병, 꽃썩음병 등의 병징이 국부병징에 해당된다. 전신 병징과 대비되는 용어이다.

국부적 획득저항성(局部的 獲得抵抗性, local acquired or activated resistance) : 병원균의 감염이나 화학물질의 처리에 의한 식물 괴사부위 주변에서만 유도저항성이 발현되는 현상.

궤양(潰瘍, canker) : 잎, 가지, 줄기, 열매의 겉껍질이 쪼개지거나 움푹 들어가고 속 조직이 노출되는 병징이다. 손상된 식물조직에서 식물즙액과 함께 병원세균이 누출되거나 캘루스(callus)가 생성되기도 한다. *Xanthomonas axonopodis* pv. *citri*에 감염된 감귤나무나 *Clavibacter michiganensis* subsp. *michiganensis*에 감염된 토마토에서 볼 수 있다.

균계(菌界, Fungi) : 균사체를 형성하며 세포벽은 glucan과 키틴(chitin)을 함유하고, 엽록체가 없는 진균류의 총칭으로 병꼴균(Chytridiomycetes), 접합균(Zygomycetes), 자낭균(Ascomycetes), 담자균(Basidomycetes) 및 불완전균류(Deuteromycetes)이 있으며 이를 모두 균계(菌界, Kingdom Fungi)라 한다.

균근(菌根, mycorrhiza) : 곰팡이와 식물체 뿌리간의 공생관계. 균근은 뿌리에 정착하여 세포 사이에서 자라거나 세포내에서 자란다. 균근은 식물에서 유기영양분을 흡수하여 살아가지만 식물이 토양에서 양분을 흡수하고 수분을 수송하는데 도움을 주어 식물의 생장과 수확을 증진시킨다. 때로 균근은 토양전염성 병원균으로부터 식물을 보호해주기도 한다.

균독소(菌毒素, mycotoxin) : 곰팡이가 생성 분비하는 물질로 인축에 해로운 것.

균사(菌絲, hypha) : 진균의 본체를 구성하는 분지(分枝)된 가느다란 실 모양의 구조. 균사 덩이를 균사체(mycelium)라고 한다. 균사는 선단생장(先端生長)에 의해 계속 생장하며, 영양분이 되는 유기물의 공급과 적당한 습도 및 온도 등의 양호한 조건이 지속되는 한 계속 생장한다. 균사에는 격막(隔壁)이 없이 다핵체를 이루는 것(접합균류)과 격막이 있는 것(자낭균류·담자균류)이 있다. 균사의 세포벽은 일반적으로 키틴(chitin) 과 glucan으로 되어 있다.

균사속(菌絲束, rhizomorph) : 많은 균사가 서로 밀착하여 실이나 끈 모양의 구조를 이루고 있는 것.

균사융합(菌絲融合, mycelial anastomosis) : 무성적으로 균사끼리 융합하여 유전물질이 상호 교환되는 현상.

균사접합(菌絲接合, mycelial anastomosis) : 유성생식 방법으로 생식형이 다른 균사끼리 접합하여 유전물질이 상호 교환되는 현상.

균사체(菌絲體, mycelium) : 실모양의 곰팡이 영양기관인 균체(thallus)를 구성하는 균사. 균사 덩어리.

균주(菌株, isolate) : 분리된 1개체의 균으로부터 증식되었기 때문에 유전적으로 균일한 후손들. 분리주(分離株)라고도 한다.

균체항원(菌體抗原, O-antigen) : 그람 음성세균의 균체 표면에 있으며 항원으로 작용하는 부분이다. 지질당(lipopolysaccharide, LPS)을 구성하는 다당부분이다. 균체항원에 대비되는 용어로, 항원으로 작용하는 편모 단백질을 편모항원(H-antigen)이라고 한다.

균총(菌叢, colony) : 고체배지 상에서 세균이나 곰팡이가 증식하여 눈에 보이는 덩어리를 형성한 것. 특히 배양기 상에서 1개체의 세포로부터 분열한 것으로 보이는 하나의 둥근 세균의 덩어리를 single colony라고 한다.

균핵(菌核, sclerotium) : 불량한 환경조건을 견디기 위해 균사체가 변형하여 위유조직(pseudoparenchyma)를 형성하고 이 안에 포자가 없는 단단하고 둥근 균사덩이가 형성된 것. 기주식물 없이 존재하며 불리한 환경조건에서도 생존할 수 있다.

균핵병(菌核病, sclerotial disease) : 균핵을 형성하는 병원진균(*Sclerotinia* 屬)에 의해서 발생되는 작물의 병으로 균핵이 병반 부위에 형성된다. 이 균은 32과 160종 이상의 식물에 침범하여, 쥐똥과 비슷한 특징의 균핵을 형성하므로 이 병을 균핵병이라 부른다. 균핵은 균사가 조밀하게 서로 뒤엉켜 굳어져서 고온이나 건조 등의 악조건에서도 견디어 생존할 수 있게 된 균의 한 형태이다. 참외, 가지류 등의 시설재배에서 많이 발생하며 피해가 크다. 노지재배(露地栽培) 작물에서는 밑동 부분이나 가지의 분기점 등에 변색부가 생기는데 후에 엷은 갈색이 되고 줄기 전체가 침해당하여 그대로 말라 죽는다. 비가 내린 뒤나 습도가 높을 때 병반(病斑) 부위에 흰색 솜털 모양의 균사가 생기고 작고 까만 균핵을 만든다. 온실이나 하우스 재배의 야채류에서는 잎·줄기·과일 등 모든 부분이 침해되어, 부패하거나 말라 죽는 등 피해가 크다. 10~15℃ 정도에서 잘 발생하며, 계절적으로 보면 늦가을부터 이른 봄에 걸쳐 많이 발생한다.

그람염색(gram staining) : 1884년에 덴마크의 Christian Gram이 개발한 염색법이며, 매우 중요한 분별 염색법이다. Crystal violet으로 세균을 염색한 후 iodine을 더하여 주면, 두 시약이 반응하여 iodopararosanilin이 생성된다. 그람 양성균의 세포벽에서는 iodopararosanilin이 쉽게 탈색되지 않기 때문에 푸른색으로 염색된다. 그러나 그람 음성균의 세포벽에서는 iodopararosanilin이 쉽게 탈색되기 때문에, 대조 염색된 safranin O에 의해 붉은 색으로 보인다. 식물 병원세균은 *Arthrobacter, Bacillus, Clavibacter, Clostridium, Curtobacterium, Nocardia, Paenibacillus, Rathaibacter, Rhodococcus, Streptomyces*屬 세균과 일부 유관속 국재 세균을 제외하고 모두 그람 음성균이다.

근권(根圈, rhizosphere) : 식물의 뿌리에서 분비되는 각종 물질로 인하여 다른 생물의 생육에 주는 영향을 근권효과(rhizosphere effect)라고 한다. 이와 같이 근권효과가 있을 정도로 식물의 뿌리에 가까운 영역을 근권(2~3㎜)이라고 한다. 다른 토양 부분보다 미생물이 많고 그 종류도 다양하며 생리적으로도 활발한데, 미생물의 활동이 뿌리의 양분 흡수작용을 돕기도 하나 방해하기도 한다.

근류균(뿌리혹세균. 根瘤菌, leguminous bacteria) : 식물의 뿌리에 기생해 살면서 뿌리혹을 형성하고 공중질소를 고정하여 식물에 공급해주는 공생세균. 대표적인 근류균은 콩과식물의 뿌리혹 세균인 *Rhizobium*屬 세균이다(예 : 클로버의 뿌리혹세균 *R. leguminosarium*). *Rhizobium*屬세균은 근류균목(Rhizobiales)에 속하는 그람 음성의 짧은 간균이지만, 또 다른 근류균으로 방선균목(Actinobacteriales)에 속하는 *Frankia*屬 세균(오리나무의 뿌리혹세균)도 있다.

근부 서식균(根部棲息菌) : 기주식물의 살아 있는 뿌리에서 사는 미생물.

근자외선(近紫外線, **near ultraviolet light**) : 360~380nm인 파장의 광선. Bergey's manual of systematic bacteriology 초판(1984~1988)에서 *Pseudomonas* RNA group Ⅰ으로 분류되던 12개 종(種) 가운데 8개 종의 세균은 수용성 형광색소인 fluorescin을 생성한다. 이 세균들은 King B 배지에서 배양하여 366nm 파장의 근자외선을 쪼여주면 밝은 녹색 내지 하늘색의 형광을 발한다. 이 형광색소를 생성하는 대표적인 세균은 많은 식물의 잎에 점무늬병균을 일으키는 *P. syringae* pv.들과 인삼의 뿌리썩음병을 일으키는 *P. fluorescens*이다.

기공(氣孔, **stomata**) : 고등 육상식물의 표피 공변세포 사이에 생기는 작은 틈. 보통 잎 뒷면에 많으며, 탄소동화작용·호흡작용·증산작용을 할 때 공기나 수증기의 통로가 된다. 많은 식물에 점무늬병을 일으키는 *Pseudomonas*나 *Xanthomonas*에 속하는 세균들이 기공을 통하여 식물체 내로 침입한다.

기관탈락 : 병원균(진균)에 감염되어 잎이나 과일이 조기에 떨어지는 현상. 예로서 사과나무 검은별무늬병, 포도나무 노균병이 있다.

기생(寄生, **parasitism**) : 어떤 생물이 다른 생물로부터 영양을 섭취하여 살아가는 것. 영양을 탈취 당하는 생물을 기주라고 하며, 영양을 탈취하는 생물을 기생자라고 한다. 기생자가 기주의 체내에 침입하여 기생하는 것을 내부기생이라고 하고, 기주체의 표피에 붙어서 살아가며 영양을 탈취하는 기생을 외부기생이라고 한다. 반드시 살아있는 생물에 기생해서만 생육이나 증식이 가능한 기생을 절대활물기생이라고 하며, 평소에는 부생생활을 하지만 감수성 생물을 만나면 기생생활도 하는 기생을 반활물기생이라고 한다. 대부분의 식물 병원세균은 반활물기생균이며, *Phytoplasma*屬 세균은 절대활물기생균으로 볼 수 있다.

기생성 병(寄生性 病, **parasitic disease**) : 바이러스, 세균, 곰팡이, 선충 등 병원미생물의 기생에 의해서 발생되는 병. 생물적 병, 전염성 병이라고도 한다.

기생성 병원(寄生性 病原) : 기생성 병의 원인이 되는 미생물. 바이러스, 세균, 곰팡이(진균), 선충 등이 있다.

기생식물(寄生植物, **parasitic plant**) : 다른 생물체에서 기생생활을 하는 식물의 총칭. 활물기생식물과 사물기생식물이 있다. 엽록소가 없어 광합성을 하지 못하고 다른 생물체에 기생하여 그로부터 양분을 섭취하는 전기생성 식물과 겨우살이처럼 엽록소가 있으면서 다른 식물에 붙어 기주로부터 수분, 영양염류 등을 섭취하면서 광합성을 하는 반기생성 식물이 있다.

기생자(寄生者, parasite) : 기생생물이라고도 한다. 살아있는 생물에 기생하여 살아갈 수 있는 생물을 말하며, 식물 병원세균을 포함하여 모든 식물병의 병원미생물은 기생자다.

기생체(寄生體, parasite) : 살아 있는 다른 생물체(기주)에 기생하여 양분을 흡수하여 살아가는 생물체.

기주(寄主, host) : 기생자(parasite)의 기생 대상이 되는 생물. 보통 감수성 생물과 같은 의미로 사용된다. 자연상태에서 감염된 생물은 발견되지는 않았지만, 인공접종을 하면 감염이 되는 생물을 실험기주(experimental host)라고 하고, 실험기주에 대비되는 용어로 자연상태에서도 감염되는 기주를 자연기주(natural host)라고 한다.

기주 비특이적 독소(寄主 非特異的 毒素, host non-specific toxin) : 독소를 생성하는 세균에 대해 감수성인 식물뿐만 아니라, 저항성인 식물에 대해서도 병징을 생성하는 독소. 감수성 식물에서만 병징을 생성하는 독소를 기주 특이적 독소(host specific toxin)라고 한다. 대부분의 식물 병원세균이 생성하는 독소는 기주 비특이적 독소로 알려져 있다.

기주식물(寄主植物, host plant) : 병원균에 감염된 식물. 그러나 보통 병원균의 감염 대상이 되는 감수성 식물을 기주식물이라고 한다. 이 때 병원균과 기주식물 사이에 친화성(affinity)이 있다고 한다.

기주 특이적 독소(寄主 特異的毒素, host specific toxin) : 독소를 생성하는 병원균에 대해 감수성인 식물에만 병징을 생성하는 독소. 기주 특이적 독소에는 tabtoxin, syringomycin, phaseolotoxin, tentoxin 등 여러 종류가 밝혀져 있다.

기중균사(氣中菌絲, aerial mycelium, aerial hypha) : 공기 중에서 자라는 균사. 곰팡이나 *Streptomyces*屬 세균이 식물체에 침입하여 영양생장을 하지만, 포자를 생성할 때는 식물체 밖으로 균사가 자라는 것을 볼 수 있다.

기질(基質, substrate) : 효소나 활성물질에 의해 반응을 일으켜 새로운 물질을 만들어내는 물질. 예를 들면 *Ralstonia solanacearum*(가지과 식물의 풋마름병균)은 tryptophan을 기질로 하여 식물 생장호르몬인 IAA를 생성하기 때문에, 어린 식물이 이 병원세균에 감염되면 난장이가 된다.

길항곰팡이(拮抗眞菌, antagonistic fungi) : 병원균의 생육을 억제하거나 저지시키는 능력이 있는 진균. *Trichoderma*屬에 속하는 균이 가장 잘 알려져 있으며, 이를 이용하여 몇 가지 토양전염성 병원진균에 대한 생물학적 방제가 실용화되고 있다.

길항미생물(拮抗 微生物, antagonistic microorganism, antagonist) : 병원균의 생육을

억제하거나 저지시키는 능력이 있는 미생물.

길항세균(拮抗細菌, antagonitic bacteria) : 병원균의 생육이나 증식을 억제시킬 수 있는 세균. *Agrobacterium radiobacter* 84와 *Bacillus*屬에 속하는 균이 가장 잘 알려져 있으며, 생물학적 방제에 응용되고 있다.

길항인자(拮抗因子, antagonist) : 길항효과를 나타내는 인자를 말하며, 특히 길항자가 미생물이나 균(菌)일 경우에 길항미생물 또는 길항균이라고 한다.

길항작용(拮抗作用 : antagonism) : 어떤 생물이나 물질이 다른 생물의 생육이나 다른 물질의 작용을 억제하는 작용. 미생물 사이의 길항작용은 양분이나 산소 등을 소비하기 위한 경쟁, 포식이나 기생, siderophore나 항생물질 생성 등에 의해 일어난다.

길항효과(拮抗效果, antagonistic effect) : 길항작용을 하는 정도나 그 정도가 미치는 효과.

깜부기병(黑穗病, smut) : 작물의 이삭이나 꽃 부분에 깜부기 포자가 가득 차서, 열매가 정상적으로 맺히지 않는 병. 흑수병(黑穗病)이라고도 한다. 보리 · 밀 · 옥수수 · 사탕수수 등에 잘 발생된다. 병원균은 담자균류(擔子菌類)인 깜부기병균목(目)에 속하는 균의 총칭이며, 자연조건에서는 속씨식물에 기생한다. 세계적으로 약 35속(屬) 1100종이 알려져 있다. 한국에 발생하는 것은 겉깜부기병 · 속깜부기병 · 비린깜부기병 · 줄기깜부기병 등이 있다. 기주식물(寄主植物)의 줄기 · 잎 · 꽃 등에 포자퇴(胞子堆)가 발달해서 내부에 다량의 깜부기포자가 생긴다. 이삭에 포자퇴가 생기는 경우가 많다. 보리 · 밀의 겉깜부기병은, 이삭 부분의 종피(種皮)가 찢어져서 깜부기포자가 튀어 나오지만, 속깜부기병에서는 종피가 찢어지지 않고 포자를 둘러싸며 비 · 바람에 의하여 쉽게 흩어지지 않는다. 밀의 비린깜부기병도 종피 속에 깜부기포자가 가득 차 있어, 부수면 비린내가 난다. 겉깜부기병은 특수한 감염형식을 거치는데, 바람에 날려 암술머리에 부착한 깜부기포자는 발아해서 씨방 속의 배주(胚珠)로 들어가 잠재적 휴면 후에, 이듬해 씨가 발아하고 식물이 생장함에 따라 균도 발달해서, 이삭에 도달하여 병을 일으킨다. 파종 때에는 병에 걸린 종자도 언뜻 보기에 건전한 종자와 구별되지 않는다. 속깜부기 · 줄기깜부기 · 옥수수 깜부기에서는 종자에 포자가 부착해서 전염되기도 하고 토양전염도 한다.

깨씨무늬병(胡麻葉枯病, brown spot) : 잎, 잎집, 이삭줄기, 이삭목, 이삭가지 등에 발생하나 주로 잎에 많이 발생한다. 깨알 같이 작은 암갈색 타원형의 병반이 무수히 형성되어 잎의 초기 병반은 주위에 황색의 중독부를 가지고 시간이 지나면 원형의 대형 병반으로 윤문이 있다. 잎집과 줄기에는 흑갈색의 미세한 무늬가 생기고 후에 확대하여 합쳐지면 잎집과 줄기 전체가 담갈색으로 변한다. 분생포자로 전염되며, 이병식물에서 분생포자나 균사 상태로 월동한다.

꿀샘(蜜腺, nectary) : 겉씨식물에서 꿀을 분비하는 선(腺)이며, 대부분 꽃의 씨방의 아래 또는 씨방과 수술 사이에 있다. 사과나무 화상병균(*Erwinia amylovora*)은 꿀샘을 통하여 침입한다.

끈적균(粘菌類, slime molds) : 유사균류인 점균류에 속하며 균사가 없고, 아메바상이며 다핵의 나출된 무정형 변형체이고 유주자(zoospore)를 생성하며 식물에 감염하지 않는다.

ㄴ

나선균(螺線菌, spirillum) : 꼬불꼬불한 나선 모양의 균체(菌體)를 가진 세균의 통칭. 사람의 재귀열균(*Borrelia recurrentis*)이나 황달 출혈증을 일으키는 *Leptospira interogans*가 나선균이며, 식물 병원세균으로 보고 된 나선균은 아직 없다.

난균류(卵菌類, oomycetes) : 유사균류의 색조류계, 난균문에 속한다. 균사는 격막(septum)이 없고 긴 균사체를 형성한다. 유주자낭에 유주자를 형성하며, 유주자는 앞(섬모형)과 뒤(채칙형)에 2개의 편모를 가지고 있다. 형태적으로 상이한 장정기와 장란기의 배우자낭 접촉 후에 난포자를 형성한다. 난균류에 속하는 균은 물속과 육상에 살며 부생(腐生)이나 식물체에 기생을 한다. 세포내 기생인 단세포, 또는 간단한 균사에서는 그 영양체 전체가 유주자낭 또는 장난기・장정기로 된다. 그 밖에 대부분의 것은 다핵을 함유하는 관 모양의 균사가 분지한 균사체이며, 유성생식시에는 균사의 앞쪽 끝부분이 격막으로 구분되어 유주자낭이 된다. 식물에 기생하는 난균류는 세포 사이에 침입한 균사체가 숙주세포 내에 혹 모양이나 분지한 흡기(吸器)를 만들어 영양을 흡수하고, 기공에서 돌출하여 포자낭을 형성한다. 이것을 분생포자낭이라 하며 분생포자가 떨어져 바람이나 빗물에 의해 분산되며, 발아 시에 물이 있으면 유주자를 만들지만 물이 없는 경우는 발아관을 만들어 균사체로 성장한다. 물곰팡이목・노균목으로 분류 된다.

난균문(卵菌門, Oomycota) : 유사균류의 색조류계에 속한다. 유주자에 전방을 향한 긴 섬모형 편모와 후방을 향한 짧은 채칙형 편모를 가지고 있다. 핵상 배수체이며 배우자낭을 형성할 때 감수분열을 한다. 유성포자는 난포자이고, 세포벽은 글루칸과 소량의 hydroxyprolin 및 섬유소를 함유하고 있다.

난포자(卵胞子, oospore) : 난균류에서 형태적으로 다른 2개의 배우자낭(장란기, 장정기)의 결합에 의해 형성되는 유성포자.

내독소(內毒素, endotoxin) : 세균의 균체 성분 중에 있는 독소를 말하며, 외독소(外毒素, exotoxin)에 대비되는 용어이다. 외독소는 살아있는 세균이 생성하여 균체 밖으로 배출하지만, 내독소는 균이 죽을 때 생성되는 lysozyme에 의해 세포벽이 분해되면서 밖으로 누출된다. 내독소의 성분은 그람 음성세균의 세포벽 외막 성분인 지질다당체(lipopolysaccharide, LPS)이며, 열에 대해 안정성이다.

내병성(耐病性, tolerance) : 식물이 병원체에 감염되었으나, 죽거나 심한 피해 또는 작물의 손실 없이 병해의 영향을 견디는 식물체의 능력.

내부기생체(內部寄生體, endoparasite) : 기주체 내로 침입하여 양분을 섭취하는 기생체. 즉 장내, 조직내, 세포내, 혈액내 등에 기생하는 생물.

내생균근(內生菌根, endomycorrhizae, endotrophic mycorrhiza) : 식물의 뿌리에 정착하여 세포 내에서 자라는 균근.

내생포자(內生胞子, endospore) : 세균의 균체 안에 생성되는 포자. 많은 곰팡이나 *Streptomyces*屬 세균처럼 균체 밖에 형성되는 포자와 대비되는 용어이며, 아포라고도 부른다. 균체마다 1개 씩 형성되기 때문에, 외생포자와 같은 증식수단으로는 생각되지는 않는다. 오히려 내생포자는 두꺼운 포자껍질에 싸여 있기 때문에, 고온이나 저온・삼투압・건조 등 불리한 환경 속에서 살아남을 수 있는 휴면태로 볼 수 있다. 식물 병원세균 중에 *Bacillus, Clostridium, Paenibacillus*屬 세균들이 내생포자를 형성한다.

내성(耐性, tolerance) : 병원체에 감염되더라도 경제적인 피해를 크게 입지 않도록 견뎌내는 식물의 능력. 세균성마름병에 대해 감수성 담배 품종인 BY4는 병원세균인 *Ralstonia solanacearum*에 감염되면 매우 빠른 시간 안에 잎이 노랗게 변색되면서 시드는 병징이 나타나고, 병이 더 진전되면 줄기의 기부로부터 흑갈색으로 부패된 줄무늬 병징이 나타나 줄기 윗부분으로 진전된다. 그러나 저항성 담배 품종인 NC82는 병원세균에 감염되어 줄기 기부로부터 흑갈색으로 부패된 줄무늬가 10cm 이상 진전되어도 잎이 별로 시들지 않는다. 담배는 잎을 수확하여 이용하는 작물이기 때문에, NC82 품종의 담배를 재배하는 농민의 입장에서는 BY4 품종의 담배를 재배하는 농민에 비하여 경제적인 피해가 적다.

노균병(露菌病, downy mildew) : 진균의 노균병균科에 속하는 곰팡이에 의해서 발생한다. 주로 상추・오이・배추・시금치・호박 및 수박・포도나무 등의 잎과 줄기에 발생한다. 병원은 작물의 종류에 따라 형태나 숙주성(宿主性)이 각기 다르다. 발병 초기에는 잎의 앞면에 퇴록된 부정형 반점이 생기고 엷은 황색을 띠는데. 잎 뒷면에는 불분명하게 보인다. 대부분 아래 잎에서 먼저 발생되고 위로 번지며, 반점들이 합쳐지면 병반은 커지고 잎이 말라죽는다. 이때 병든 잎은 잘 찢어지고, 황갈색을 띤다. 잎 뒷면에는 이슬처럼 보이는 곰팡이가 다량 형성되어 흰색 혹은 회색으로 보인다. 병원균은 병든 식물체의 조직 속에서 난포자 상태로 월동하여 이듬해 새로운 식물체가 파종되어 생장하면 다시 발아하여 지상부로 침입하고, 잎 뒷면에서 다량의 포자를 형성하여 공기 중으로 쉽게 전반된다. 병원균의 균사가 잎의 기공이나 수공으로 침입하여 세포간극에서 생장하며 흡기를 내어 세포의 영양을 흡수한다.

녹병(銹病, rust) : 녹병균의 기생에 의해 식물에 발생하는 병의 총칭. 병원균은 담자균류의 녹병균목에 속하며 기생하는 식물에 따라 종류가 다르다. 녹병균이 기생하는 식물은 잎과 줄기에 포자 덩어리(포자층)를 만드는데, 이 포자 덩어리가 철에 녹이 형성된 것과 비슷해 녹병이라 한다. 녹병균은 균류 중 가장 진화한 형태다. 녹 모양의 포자층은 무성적(無性的)으로 만들어지는 여름포자 또는 겨울포자 덩어리로서, 여름포자는 노란색·귤색·붉은 갈색이며, 바람에 날려 숙주의 잎이나 줄기에서 발아하고, 기공을 통해 숙주 안으로 침입, 7~10일 후에 다시 여름포자를 만들어 만연한다. 겨울포자는 병세가 진전되면 형성되며, 여름포자보다 색이 짙고 갈색·검은 갈색인 것이 많다. 겨울포자는 성숙·휴면 후 발아하면, 전균사(前菌絲)라고 하는 특수한 발아관을 형성하고, 이때 감수분열하여 4개의 소생자(小生子)를 만든다. 소생자는 식물에 침입하여 병포자를 형성하고, 병포자가 서로 수정하여 유성적으로 녹포자가 생긴다. 녹포자는 털 모양, 작은 그릇 모양 등 독특한 모양을 한 포자층에 형성되어, 때때로 소나무혹병과 같은 이상비대를 일으키기도 한다. 녹병균은 녹포자시기·여름포자시기·겨울포자시기를 아주 다른 식물 위에서 지내는 것이 많다. 이와 같은 성질을 이종기생성, 이 현상을 이종기생 또는 숙주교대라 한다. 밀 붉은녹병은 밀에 여름포자·겨울포자를 만들고, 좀꿩의 다리에서 녹포자시기를 지내는데, 이때 좀꿩의 다리를 중간숙주라고 한다. 배나무 붉은별무늬병에서는 병포자시기·녹포자시기를 배나무에서 기생하며, 겨울포자시기를 향나무류에서 기생한다. 녹병균은 겨울포자의 성상에 의해서, 층생녹병균과와 병생녹병균과로 구분된다. 층생녹병균과의 겨울포자는 자루(柄)가 없고, 녹포자시기에 침엽수에서 기생하며 피해를 주기도 한다. 병생녹병균과는 겨울포자에 자루가 있으며, 보리류·옥수수·벼과 목초류·파·국화에 기생하고, 약 340종이 알려져 있는, 농작물에 유해한 병원균이다. 녹병의 방제는 중간숙주를 제거하거나 녹병균에 강한 품종(저항성 품종)을 배양하는 등 경종(耕種)에 의한 방법과, 발생시기에 석회황합제·지네브제·4-4식 보르도액 등을 살포하는 방법이 있다.

녹(수)포자(銹胞子, aeciospore) : 진균의 담자균문, 녹병균목에 속하는 녹병균의 녹포자기에서 형성되는 2핵성의 포자로 발아하게 되면 2핵의 균사체로 발달하여 기주식물을 감염하고, 더 많은 2핵 균사를 만들며, 여름포자퇴(夏胞子堆, uredium)를 만든다.

녹병정자(銹病精子, spermatium) : 녹병균의 웅성 배우자 역할을 하며, 식물체를 감염할 수는 없다. 녹병정자는 자성의 수정균사와 수정하여 2핵 균사체(2核 菌絲體, dikaryotic mycelium)와 2핵 포자(2핵 포자, dikaryotic spore)를 만든다. 이 녹포자기(銹胞子器, aecium)를 만들고, 녹포자기에서는 녹포자(銹胞子, aeciospore)가 만들어진다.

녹병정자기(銹病精子器, spermagonium) : 녹병균의 월동단계 포자인 유성의 동포자(teliospore)가 발아하여 담자포자(basidospore)인 소생자(sporidium)를 만들고 소생자가 기주식물을 감염하여 반수성의 균사를 만들고 여기서 반수성의 녹병포자와 수정균사를 가지고 있는 녹병정자기를 만든다.

녹병포자(銹病胞子, pycniospore) : 담자균의 녹병균목에 속하는 녹병균의 생활환 중에 생성되는 단핵성인 포자로 녹병정자기 내에서 형성된다. 녹병정자(spermatium)라고도 불림.

녹병자기(銹病子器, pycnium) : 녹병정자기(spermagonium)의 옛 명칭.

녹포자기(銹胞子器, aecium) : 녹병균에서 녹포자를 형성하는 컵 모양의 자실체. 녹포자기는 병포자 및 병포자기에 의한 원형질융합에 의해 형성되며, 생활환 중에서 최초로 나타나는 2핵성의 녹포자(銹胞子, aeciospore)를 생성한다.

농약(農藥, pesticide) : 농업의 생산성을 높이기 위하여 사용하는 약제 및 생물을 모두 지칭한다. 살균제・살충제・제초제・생장조절제・천적・페로몬 등 곤충 유인제 및 기피제 까지 포함한다.

농용항생제(農用抗生劑, agricultural antibiotics) : 항생제를 주원료로 조제된 농업용 살균제이다. 한국에는 streptomycin sulfate를 주원료로 만든 농용신수화제, streptomycin sulfate와 oxytetracycline을 혼합한 아그리마이신, kasugamycin과 구리(銅)의 혼합제인 가스란 등이 농용항생제로 등록되어 있다.

ㄷ

다범성(多犯性, polyxenic) : 한 종류의 병원세균이 여러 종류의 기주식물에 침입하여 병을 일으키는 성질. 예를 들면, *Pectobacterium carotovorum* subsp. *carotovorum*은 십자화과 채소를 비롯하여 100종이 넘는 기주식물에 무름병을 일으키며, *Ralstonia solanacearum*도 대부분의 가지과 식물을 포함하여 100종이 넘는 식물에 시들음병을 일으킨다. 이에 비하여 한 종류의 식물에만 병을 일으키는 병원세균의 성질을 단범성이라고 한다.

다분지형 항체(多分枝型 抗體, polyclonal antibody) : 다클론성 항체. 항원에 존재하는 여러 종류의 항원 결정기에 결합하는 항체가 섞여 있는 항체이며, 단분지형 항체와 대비되는 용어이다. 식물 병원세균의 균체를 토끼에 일정한 간격으로 3~4회 정맥주사 또는 근육주사한 후 채혈하는 방법으로 쉽게 얻을 수 있다.

다주기성 병원체(多週期性 病原體, polycyclic pathogen) : 작물재배 한 생육기간 중에 여러 증식주기(세대)를 거치는 병원체. 1년에 2~30번의 병환을 완성하고 병환이 거듭될수록 전염원의 양은 몇 배씩 증가하는 병원체. 녹병균, 노균병균, 흰가루병균, 점무늬병균 등이 대표적이다.

다주기성 병(多週期性 病, polycyclic disease) : 녹병, 노균병, 흰가루병, 점무늬병 등

과 같이 증식주기가 매우 짧아서, 작물의 한 생육기간 중에 여러 증식주기(세대)를 거치는 병. 이들은 짧은 시간 내에 대발생될 수 있다.

다핵 균사(多核 菌絲, coencidytic hyphae) : 한 세포 내에 여러 개의 핵을 갖고 있는 균사.

단모균(單毛菌, monotrichate) : 균체의 한 쪽 끝에 1개의 편모(鞭毛)를 가진 세균의 통칭. 벼의 흰잎마름병균(*Xanthomonas oryzae* pv. *oryzae*)이 단모균이다(편모 참조).

단범성(單犯性, monoxenic) : 한 종류의 병원세균이 한 종류의 경제성 식물에만 침입하여 병을 일으키는 성질이다. 예를 들면, *Pseudomonas syringae* pv. *tabaci*는 담배를 비롯하여 *Nicotiana*屬 식물에만 들불병을 일으키는 것으로 알려져 있다. 이에 비하여 채소 무름병균(*Pectobacterium carotovorum* subsp. *carotovorum*)처럼 많은 종류의 식물에 병을 일으키는 성질을 다범성이라고 한다.

단분지형 항체(單分枝型 抗體, monoclonal antibody) : 단클론성 항체. 항원에 존재하는 1개의 항원 결정기에만 결합하는 항체이며, 다분지형 항체에 대비되는 용어이다. 항체를 만드는 세포와 골수종세포를 융합시켜 만든 잡종세포를 클론배양하여 단분지형 항체를 만든다. 1개의 항체생성세포는 한 종류의 항체만 만든다는 원리를 이용하여 만든 항체이며, 단일클론 항체라고도 한다.

단순염색(單純染色, simple staining) : 균체의 모양이나 균체의 배열상태를 알기 위하여, 한 가지 염색액만으로 염색하는 방법이다. Methylene blue, crystal violet 또는 basic fuchsin 등을 염색액으로 사용한다. 이러한 염료는 염기성염료이기 때문에, 세균의 핵산·산성 다당류 등 음성으로 하전된 세균의 성분과 쉽게 결합한다. Methylene blue나 crystal violet으로 염색하였을 때는 푸른색으로, basic fuchsin으로 염색하였을 때는 붉은 색으로 균체가 염색된다.

단주기성 병원균(單週期性 病原菌, monocyclic pathogen) : 기주식물의 한 생장기간 동안 한 번의 병환 또는 병환의 일부분을 마치는 병원균.

단주기성 병(單週期性 病, monocyclic disease) : 기주식물의 한 생장기간 동안 한 번 발생하는 병. 깜부기병과 반복세대가 없는 짧은 생활사를 가지 녹병균의 단세대종(短世代種, microcyclic species)은 한 번의 생활사를 완성하기 위해 1년이 걸린다. 따라서 1년에 단 한번만 감염을 일으킬 수 있다.

담자균류(擔子菌類, basidiomycetes, basidiomycotina) : 균계에 속하며, 유성생식 과정 중에 형성되는 담자기에 유성포자인 담자포자를 형성하는 곰팡이 그룹. 균사에는 격막이 없고 핵융합과 감수분열 후에 단세포이며 반수체인 4개의 담자포자(basidospore)가 담자기(basidium) 위에 외생 한다. 이 담자기를 형성하는 담자과(basidiocarp)는 형태가 다양하다. 일반적으로 버섯이라고 부르는 균류의 거의 전부가 여기에 속하고, 녹병균목 및 깜부기병균목도 담자균류에 속한다. 버섯은 자실체(子實體)인데, 이 속에 담자기(basidium)가 생기며 보통 4개의 담자포자(basidospore)를 형성한다. 자실체의 색·형태·구조나 포자의 형성방법·색 등은 분류의 기준이 된다. 영양체는 대부분 균사상태이고 격막부에 꺾쇠연결(clamp connection)이 있는 것이 많다. 무성생식에 의해 분생자(分生子)를 만드는 것도 있다. 균사세포가 단상 1핵인 1차 균사와 2핵으로 중상인 2차 균사가 있는데 꺾음쇠(clamp connection)은 바로 2차 균사에 만 만들어진다. 또한 1차 균사는 체세포 접합에 의해서 2차 균사가 되며 여기서 자실체가 형성된다. 이 자실체의 뒷면에는 방사상의 많은 주름이 있고, 그 안에 담자포자가 생기고 바람에 의해 비산된다. 전 세계에 550속, 1만 5,000여종이 알려져 있다.

담자기(擔子器, basidium) : 담자포자가 형성되는 곤봉 모양의 구조체. 자실체의 하층에 울타리 모양으로 열을 지어 층으로 배열되어 있는 균사(자실층, hymenium)의 말단 세포가 곤봉모양으로 팽대된 것.

담자포자(擔子胞子, basidiospore) : 담자균류의 담자기에 형성되는 반수체의 핵을 지닌 포자로 담자기의 소병(sterigma)이 출아하여, 그 끝부분에 4개씩 형성된다. 담자균류에 있어서 감수분열 결과 담자기위에 4개의 포자를 형성함.

대수증식기(對數增殖期, logarithmic growth phase) : 세균이 유도기를 지나 급속히 증식하는 기간. 대부분의 세균은 2분법에 의해 증식하기 때문에, 균체의 수가 단위시간마다 기하급수적으로 늘어나게 된다. 그러나 이러한 세균의 증식속도는 무한정 계속되는 것은 아니다. 폐쇄된 환경에서 세균을 배양한다고 가정할 때, 세균의 증식에 따라 영양물질이나 산소는 줄어들고 세균에 해로운 대사산물은 쌓이게 된다. 이러한 환경조건의 악화로 인하여, 세균의 증식속도도 점점 낮아져서 마침내 정상기를 거쳐 사멸기로 접어들게 된다(증식곡선 참조).

대형 분생포자(大形分生胞子, macroconidia) : *Fusarium* 屬에서 생성되는 크고 격막이 있는 분생포자.

더뎅이(scab) : 처음에는 식물의 표피에 갈색의 작은 점무늬가 생기고, 점차 이 점무늬가 커지면서 코르크질로 변하여 부스럼같이 되는 병징이다. *Streptomyces scabies* (더뎅이병균)에 의해 감염된 감자의 괴경에서 볼 수 있다.

독기설(毒氣說) : 오염된 공기에 의해 전염병이 발생된다는 해석이며, BC 400~300년경에 Hippocrates와 Aristoteles에 의해 제기되었다. 이 설은 1세기 경 페스트·폐병 등 인체의 각종 전염병을 인정하는 배경이 되었다.

독립영양 세균(獨立營養細菌, autotroph) : 자가영양 세균(自家營養 細菌)이라고도 한다. 유기물을 이용하지 않고 무기물만을 영양원으로 이용하여 살아가는 세균의 총칭이며, 종속영양 세균과 대응되는 용어이다. 화학반응에서 생성되는 에너지를 이용하는 화학합성독립영양세균과 빛에너지를 이용하는 광합성 독립영양 세균이 있다. 독립영양 세균으로 알려진 식물 병원세균은 아직 없다.

독성(毒性, toxicity) : 독소 또는 화합물이 생물에게 피해를 주는 성질이다.

독성 phage(virulent phage) : 세균에 침입하여 균체를 용균시키는 phage이며, 용원 phage(temperate phage)에 대응되는 용어이다(bacteriophage 참조).

독소(毒素, toxin) : 병원세균에 의해 생성되며, 미량으로도 생체의 생리작용에 해를 주는 물질. 대부분의 식물 병원세균이 생성하는 독소는 기주 비특이적 독소이다. 담배들불병균(*Pseudomonas syringae* pv. tabaci)이 생성하는 tabtoxin, 강낭콩 세균성 점무늬병균(*P. syringae* pv. *phaseolicola*)이 생성하는 phaseolotoxin, 가지과 작물의 풋마름병균(*Ralstonia solanacearum*)이 생성하는 glycoprotein 등이 식물 병원세균의 기주 비특이적 독소로 알려져 있다.

돌려짓기(輪作, crop rotation) : 연작장해를 피하기 위하여 작물의 종류를 바꾸어 재배하는 것. 밭 흙 속의 병원균 밀도가 높아져서 연작장해가 발생할 경우에는, 그 병원균에 대해 감수성 작물이 아닌 작물을 선택하여 재배하여야 한다.

돌연변이(突然變異, mutation) : 세균 유전자의 핵산 구조에 변화가 생겨서 모세포와 다른 유전형질이 여러 대의 후대에서 계속하여 나타나는 것. 세균의 돌연변이는 유전자의 복제과정에서 치환・결손・삽입이 일어나 발생되기도 하지만, 접합・형질도입・형질전환 등에 의해 모세포 외의 다른 세포로부터 유전자가 도입되어 발생된다.

동결건조법(凍結乾燥法, freeze-drying method) : -45℃ 이하의 낮은 온도에서 미생물을 급속 냉동시킨 후에, 진공상태에서 서서히 온도를 높여 가며 건조시키는 것. 보통 20℃ 전후의 온도에서 건조를 끝낸다. 서서히 미생물을 얼리게 되면, 세포가 파괴되고 효소가 불활성화 되어 미생물이 죽게 된다. 동결건조가 끝난 미생물은 진공상태의 용기에 넣어 보관하며, 초저온에서 보관하면 더욱 오랫동안 보관할 수 있다. 세균이나 혈청, 일부 곰팡이를 오랫동안 정미생(靜微生, microstasis) 상태로 보관하기 위하여 이용되고 있다.

동정(同定, identification) : 분류학적 위치와 학명을 모르는 어떤 생물의 특성을 조사하여, 분류학적 위치와 학명을 알아내는 것. 세균의 특성을 조사하여, Bergey's manual에 기록된 세균 중 어떤 세균의 특성과 일치하는지 비교하는 방법이 전통적으로 사용되어 왔다. 그러나 근래에는 세균의 95가지 탄수화물에 대한 이용성을 자동 분석하여 비교하여 주는 Microlog system을 이용하는 방법(microlog system 참조), 세균의 세포질막 및 세포벽에 함유된 지방산을 GC로 분석하여 비교하여 주는 scherlock system을 이용하는 방법(scherlock system 참조), 항혈청을 이용하는 방법(한천 내 이중확산법 및 효소결합 항체법 참조), PCR을 이용하여 특정 유전자 부위를 증폭시킨 후 이미 알고 있는 세균의 핵산부위와 비교하는 방법(restriction fragment length polymorphism 참조) 등도 많이 사용되고 있다.

동종 기생균(同種 寄生菌, autoecious fungus) : 동일한 기주에서 모든 생활사를 완성하는 기생성 곰팡이.

동화작용(同化作用, 生合成代謝, anabolism) : 에너지를 이용하여 단순한 화합물을 복잡한 고분자 화합물로 합성하는 생체 내 화학변화.

등형질체 (spheroplast) : 그람 음성세균에 세포벽 분해효소를 처리하여 세균의 일부 세포벽이 제거된 균체. 이 상태의 균체는 삼투압을 비롯한 외부 환경에 매우 취약하다. 세포벽 합성 저해물질이나 세포벽 분해효소가 없는 환경에서 배양하면, 다시 세포벽을 합성하여 정상적인 세포가 된다.

ㅁ

마름(blight) : 병원세균에 감염된 식물조직이 빠른 속도로 말라 죽어서 발생되는 병징이다. 잎 또는 새순에 많이 발생된다. *Xanthomonas oryzae* pv. *oryzae*에 의한 벼 흰잎마름병에서 볼 수 있다.

매개충(媒介蟲, insect vector) : 병원체를 건강한 식물로 전반시켜주는 곤충. 곤충에 의해 병원균이 전반되는 것을 충매전염이라고 한다. 사과나무 화상병균(*Erwinia amylovora*)이 벌에 의해서 전염된다고 한 것(Meltone B. Waite, 1891)이 식물 병원세균의 충매전염에 관한 최초의 기록이었다.

맥각병(麥角病, ergot) : *Claviceps purpurea*에 의해 발생된다. 이삭에 모가 난 검은 덩어리 즉 맥각이 생기는 병으로 밀과 보리에서 발생하며, 호밀에 가장 흔히 발생한다. 이 병에 감염되어 균핵이 있는 낟알로 빵을 만들어 먹거나 사료로 사용되었을 때, 인간과 가축에게 독성이 있다. 병징은 처음에는 병든 이삭의 어린 꽃으로부터 방출된 크림색의 점액 방울이 나타나며, 이것은 단단하고 뿔 모양인 흑자색 곰팡이 덩어리로 변한다. 맥각에는 유독성분이 있어 인축에 해롭지만 ergotoxin 등의 성분이 있어 수축제 또는 혈압상승제 등의 약용으로 이용되기도 한다. 병원균의 균핵인 맥각이 포장에서 월동하여 다음해 봄에 자낭포자를 형성한 후 개화 중인 암술머리에 도달하여 씨방에 침입하고 번식하여 분생포자를 만드는데, 이것은 점착성이 있고 꿀이 섞여 있어 밀로라고 하며, 곤충이 이것을 흡수하여 다른 꽃에 옮긴다.

맥각중독(麥角中毒, ergot poisoning) : 맥각에 의한 중독. 자궁 출혈이나 내장 출혈에 맥각을 남용하면 급성 중독이 되는데 구토, 복통, 혀·팔다리와 흉부의 동통, 안면 창백 등의 증상을 나타낸다. 심하면 혼수에 빠져 죽게 된다. 또 맥각을 오래 사용하면 만성 중독에 걸리는데, 경련과 사지(四肢) 끝의 괴저가 특징이다.

맥각중독증(麥角中毒症, ergotism) : 맥각병이 발생한 곡류를 다량 섭취하게 되면

ergot alkaloids의 독성으로 인해 발생하는 증상으로 후구마비를 수반하는 경련성 중독증과 혈액순환장애가 수반되는 괴저성 중독증이 발생함.

명명(命名, nomenclature) : 분류된 생물의 학명(學名, scientific name)을 결정하는 것. 학명에는 라틴어를 사용하며 명명한다. 속(屬) 이상의 계급 군에는 한 단어로 된 단명법(單名法)을, 종(種) 이하의 계급 군에는 종명과 속명으로 된 이명법(二名法)을 사용한다. 종명과 속명을 떼어서 모두 이태릭체로 기록하되, 속명의 머리글자만 대문자로 기록 한다(예 : *Ralstonia solanacearum*).

모자이크(mosaic) : 바이러스병 때문에 식물체에 나타난 정상적인 색깔과 연한 녹색, 노란색 등이 혼합된 반점.

모잘록병(立枯病, damping off) : *Pythium*屬, *Rhizoctonia*屬 등에 의해 발생되는 병으로 각종 식물의 유묘에 발생하거나 파종한 종자가 발아하지 못한다. 유묘의 줄기에 잘록이 생겨 쓰러지며, 잎에 암갈색 병반이 생성된다. 유주자로 과습한 상태에서 잘 전염되며, 병원균은 토양에서 병든 조직이나 난포자 혹은 균사체로 월동한다.

목(目, order) : Linne식 생물 계층분류에서 강(綱) 아래이며 과(科) 위에 있는 분류 단위. Bergey's manual of systematic bacteriology 2판에 의하면, 현재까지 알려진 식물 병원세균은 Alphaproteobacteria강을 비롯한 7개의 강에 나뉘어 분포되어 있는 11개 목에 속해 있다(Ⅳ. 식물 병원세균의 분류학적 위치 참조). Phytoplasma는 아직 Bergey's manual에서 정식 속명으로 인정받지 못하고 있기 때문에, 아직 분류학적 위치가 정해지지 않은 상태이다.

무름(soft rot) : 병원균이 생성한 펙틴질분해효소나 섬유소분해효소에 의해 식물의 세포벽이 분해되어, 식물의 조직이 원래의 형태를 유지하기 못하고 물컹물컹하게 썩어서 죽처럼 되는 병징이다. 목본식물을 제외한 거의 모든 식물의 잎, 줄기 속, 알뿌리 등 수분이 많은 조직에서 발생된다. *Pectobacterium carotovorum* subsp. *carotovorum*에 감염된 채소에서 쉽게 볼 수 있다.

무모균(無毛菌, atrichate) : 편모(鞭毛)가 없는 세균의 통칭. 균체의 모양에 따른 구균·방선균·부정형균은 모두 무모균이며, 감자 둘레썩음병을 일으키는 *Clavibacter michganensis* subsp. *sepedonicus* 등 일부 간균도 무모균이다.

무성생식(無性生殖, asexual reproduction) : 배우자가 관여하지 않고, 오직 1개체로부터 자손에게로 유전자가 전달되는 생식방법의 총칭이다. 어버이 개체와 딸 개체의 유전자 구성이 완전히 동일하다. 원핵생물의 이분법, yeast의 출아법, 곰팡이의 분생포자에 의한 증식 등이 무성생식 방법이다. 세균은 기본적으로 무성생식에 의해 증식한다.

무성세대(無性世代, asexual generation) : 생활환 중에서 포자체를 생활의 본체로 하는 세대. 접합자의 시기로부터 감수분열이 이루어지는 포자형성 직전까지의 복상기간을 지칭함.

무성포자(無性胞子, asexual spore) : 진균의 무성생식에 의해 형성된 분절포자, 분생포자, 후막포자, 포자낭포자 등.

문(門, phylum, division) : Linne식 생물 계층분류에서 계(界) 아래이며 강(綱) 위에 있는 분류 단위. 원핵생물계는 archaea와 bacteria(진정세균)의 2개의 domain으로 나누어진다. Domain은 Linne식 생물계층분류상의 분류단위는 아니다. Domain bacteria는 23개의 문으로 나누어져 있다. Bergey's manual of systematic bacteriology 2판에 의하면, 현재까지 알려진 식물 병원세균은 3개의 문(Proteobacteria와 Firmicutes, Actinobacteria)에 속해 있다(Ⅳ. 식물 병원세균의 분류학적 위치 참조). 세균의 문에 해당하는 분류학적 계급에 대해서, Bergey's manual of systematic bacteriology 2판에서는 Phylum이라는 용어를 사용하고 있지만, Bergey's manual of systematic bacteriology 1판에서는 Division이라는 용어를 사용하였다.

물관(xylem) : 유관속의 구성요소 중 하나이며, 목부(木部)라고도 부른다. 세로로 길게 배열된 물관세포의 격벽이 없어져서 긴 관 모양을 하고 있다. 식물에서 수액의 통로이며, 식물체의 기계적지지 작용도 하고 전분이나 유지 등의 저장 조직이기도 하다. 유관속 국재 세균에는 체관에 존재하는 세균도 있고 물관에 존재하는 세균도 있다. 유관속 국재 세균 외에도 가지과 식물에 풋마름병을 일으키는 *Ralstonia solanacearum*이나 감자에 둘레썩음병을 일으키는 *Clavibacter michiganensis* subsp. *sepedonicus*는 식물의 물관에서 급속히 증식하여 물관을 막게 되며, 이것이 식물에 시들음 증상을 일으키는 중요한 원인으로 알려져 있다.

물리적 방제(物理的 防除, physical control) : 물리적 방법을 통하여 식물의 병을 방제하는 모든 방법을 말한다. 높은 온도를 이용하여 식물이나 종자에 감염 또는 오염된 병원체를 죽이는 방법이 가장 많이 사용되고 있다. 그러나 낮은 온도를 이용하는 방법도 있다. 예를 들어 *Phytoplsama*에 감염된 뽕나무로부터 한 겨울에 가지를 채취하여 꺾꽂이 하면 건강한 식물체를 얻을 수 있다.

물한천(water agar) : 길항균을 검출하기 위한 한천중층 배양법의 중층용 배지로 많이 사용 된다(한천중층 배양법 참조). 증류수에 0.7%되게 bacto agar을 넣고 고압증기 살균(121℃)하여 만든다.

미동유전자(微動遺傳子, poly gene) : 연속변이를 하는 양적형질을 분석하기 위하여 Mather(1943)에 의해 제창 되었음. 이 유전자 자체만으로는 작용이 약하지만, 다수의 유전자가 동의적으로 작용하여 양적형질의 발현에 관여할 때 이 유전자군을 폴리진계라 하고 그들 안에 포함되어 있는 개개의 유전자를 통틀어 폴리진이라고 함. 주유전자와 비교하여 쓰는 말.

미동유전자 저항성(微動遺傳子 抵抗性, minor gene resistance) : 효과가 크지 않은 유전자의 발현에 의하여 생긴 저항성을 말하며 효과가 큰 주동유전자 저항성의 반대 개념으로 쓰임. 미동유전자 저항성은 환경에 의한 영향을 받기 쉬움.

미생물(微生物, microbe, microorganism) : 육안으로 관찰하기 어려울 정도로 매우 작은 생물의 총칭이며, 생물의 계통분류학적 단위가 아니다. 세균을 포함한 모든 원핵생물과 곰팡이와 원생동물, 선충이 포함된다. 조류와 바이러스를 포함시키는 경우도 있다.

ㅂ

반성도입(伴性導入, sex-duction) : 세균의 염색체에 통합되었던 plasmid가 염색체의 일부 DNA와 함께 다시 염색체로부터 떨어져 나온 plasmid를 F'인자(F prime factor)라고 부른다. 이 F'-factor는 정상적인 plasmid와 마찬가지로 접합에 의해 다른 세균으로 이동하여, F'-factor에 결합된 염색체 DNA가 다른 세균으로 이전되는 현상을 반성도입(sex duction, F duction)이라고 한다.

반활물영양체(半活物營養體, semibiotroph) : 비절대기생체 중 일부는 대부분의 시간 또는 대부분의 생활사 동안 기생체로 살아가지만, 죽은 유기물에서도 부생적으로 살아갈 수 있다. 이와 같은 기생체를 반활물영양체라 한다.

발병 억제토양(發病抑制土壤, suppressive soil) : 토양 내에 병원균에 대한 길항미생물이 존재하기 때문에 병 발생이 자연적으로 억제되는 토양.

발병 유도토양(病誘發土壤, conducive soil, 유발토양) : 자연적으로 병 발생이 잘 되는 토양.

발아관(發芽管, germ tube) : 발아하는 곰팡이 포자에 의해 형성되는 초기 생장 균사체.

발육인자(發育因子, growth factor) : 미생물의 생장에 극히 적은 양이 필요하지만 없어서는 안 되는 유기화합물이며, 미생물이 스스로 합성할 수 없는 성분을 말한다. 모든 미생물이 이 발육인자들을 모두 필요로 하는 것은 아니며, 미생물에 따라 필요한 발육인자의 종류나 양이 다르다. 특정 발육인자를 필요로 하는 미생물에게 그 발육인자를 공급해주지 않으면 발육하지 못한다. 발육인자에는 다음과 같은 것이 있다. p-aminobenzoic acid, biotin, choline, folic acid, glutamic acid, inocitol, niacin(nicotinic acid), nicotinamide, thiamine, thioctic acid, pantotheic acid, purine, pyrimidine, riboflavin, vitamin B_{12}, X-factor, V-factor 등.

방선균(放線菌, filament) : 곰팡이처럼 실 모양의 균사를 만드는 세균의 통칭. 사상균(絲狀菌)이라고도 하며, 균사 모양의 균체 끝에 곰팡이처럼 둥근 외생포자(外生胞子)를 형성한다. 원핵생물계의 세균(Domain Bacteria)이며, Actinobacteria문의

Actinobacteria강, Actinobacteria목에 속하는 세균의 통칭이지만 균사를 생성하지 않는 Micobacteria과의 세균과 Corynebacteria과에 속하는 세균은 방선균에서 제외한다(Ⅳ. 식물 병원세균의 분류학적 위치 참조). 토양 중에 많이 서식하며, 방선균에 속하는 대표적인 식물 병원세균으로는 감자에 더뎅이병을 일으키는 *Streptomyces scabies*가 있다.

방황변이(彷徨變異, fluctuation, environmental variation, adaptation) : 환경에 적응하여 일시적으로 모세포와 다른 형질을 나타내는 변이이며, 유전자 핵산구조의 변화에 의해 나타나는 것이 아니기 때문에 후손에게 유전되지 않는다. *Ralstonia solanacearum* (가지과 작물의 세균성풋마름병균)의 생육 적온은 28~30℃이지만, 이 세균의 배양 온도를 단계적으로 낮춰 13℃의 저온에서 오래 동안 계대배양(繼代培養)하면, 30℃에서만 배양해온 균주에 비하여 저온에서도 훨씬 잘 자라는 방황변이주를 얻을 수 있다. 그러나 이 저온성 변이주를 30℃에서 배양하면, 오래지 않아 저온 적응력을 잃어버린다.

배(胚, embryo) : 다세포생물의 개체 발생 초기 단계. 종자식물에서는 보통 어린뿌리, 어린줄기, 어린자엽으로 분화되어 있다.

배양(培養, culture) : 영양물질을 이용하여 미생물이나 식물세포 또는 조직을 인위적으로 키우는 것을 배양이라고 한다.

배젖(胚乳, endosperm) : 종자식물에서 배가 자랄 때 사용할 수 있는 양분저장 조직이다. 배젖에 병원세균이 감염되면, 종자전염의 원인이 된다.

배지(培地, media) : 미생물이나 식물을 배양하기 위하여 영양을 공급하는 기질. 공기로부터 공급되는 것을 제외하고 모든 무기 또는 유기 형태의 영양물질을 혼합하여 조제한다. 한천을 첨가하여 만든 고체배지와 한천을 첨가하지 않은 액체배지로 만들 수 있다. 배양기(培養基)라고도 한다. 배양접시(petri dish)에 살균한 한천배지를 부어서 굳힌 후 사용하는 평면배지(평면배지 참조)와 시험관에 한천배지를 넣고 시험관을 기울인 상태에서 굳힌 후 사용하는 사면배지(사면배지 참조)가 있다.

번역(飜譯, translation) : 생물이 단백질을 생합성하는 한 과정이다. 먼저 전령 RNA(mRNA) 상에 배열된 염기의 상보적 염기 배열(역 codon)을 갖는 운반 RNA (tRNA)가 만들어 진다(전령 RNA 및 운반 RNA 참조). 효소가 전령 RNA의 역 codon에 해당하는 아미노산을 선발하여 운반 RNA에 붙여줌에 따라 ribosome 상에서 단백질이 만들어진다.

변이(變異, mutation) : 어버이와는 다른 형질이 후대에서 갑자기 나타나는 것. 유전자의 변화에 의한 돌연변이와 유전자의 변화는 없고 단지 환경에 적응하기 위한 방황변이가 있다(돌연변이 및 방황변이 참조).

변이빈도(變異頻度, mutation frequency) : 어떤 세균 집단 중 변이세포의 수. 일반적으로 변이빈도가 변이율보다 높으며, $1/10^{4-8}$이라고 한다(변이율 참조).

변이 유발인자(變異 誘發因子, mutagen) : 자연적으로 발생되는 돌연변이 빈도보다 높은 돌연변이 빈도를 나타내게 하는 물리적 또는 화학적 인자. 화학물질로는 plasmid DNA 제거에 사용되는 acridine색소, DNA염기 유사체인 5-buromouracil-2-aminopurine, DNA 염기의 구조를 바꿔주는 nitroguanidine등이 있다. 200~300nm의 파장을 가진 자외선도 DNA의 pyrimidine dimer를 형성하기 때문에, dimer가 수복되는 과정에서 변이를 유발시킬 수 있다. 돌연변이원(突然變異原)이라고도 한다.

변이율(變異率, mutation rate) : 1개의 세포에서 2개의 세포로 분열되는 한 세대 기간 중에 변이가 나타날 수 있는 가능성.

변이주(變異株, mutant) : 어버이와 다른 형질을 나타내는 후손을 말한다. 유전자의 변화에 기인하는 돌연변이주와 유전자의 변화가 없는 방황변이주가 있다(변이 참조).

병(病, disease) : 병원체 또는 부적절한 환경요인으로 인한 스트레스 때문에 식물의 생리적 기능이 정상적으로 발현될 수 없도록 되어가는 과정. 병원미생물에 의해서 발생되는 기생성 병과 부적절한 환경에 의해서 발생되는 비기생성병으로 나눌 수 있다.

병리학(病理學, pathology) : 기생성병과 비기생성병을 모두 포함하여 병의 원인을 규명하고, 병이 발생하게 되는 과정과 방제법에 대해서 연구하는 학문이다.

병원력(病原力, virulence) : 병원체가 기주식물을 침해하여 병을 일으키는 능력. 비병원성(avirulence)의 반대 개념으로서 공격적인 침투성(aggressiveness). 병을 일으키기 위해서 기주의 유전적 저항성을 극복할 수 있는 병원균 생태종(race)의 능력. 발병 환경조건에서 주어진 유전 인자형을 가진 하나의 특이적 기주에 주어진 유전인자형을 가진 병원균의 상대적인 능력.

병원성(病原性, pathogenicity) : 병원 미생물이 감수성 식물에 병을 일으키는 성질을 말한다. 병원성은 질적인 표현이며, 병을 일으키는 힘을 나타내는 발병력(virulence)은 양적인 표현이다. 그러나 이 두 용어는 종종 같은 의미로 사용되고 있다.

병원성 검정(病原性 檢定, pathogenicity test) : 병원체로 추정되는 미생물을 감수성 식물에 접종하여, 자연상태에서 감염된 식물에 나타나는 병징이 재현되는지 확인하는 작업.

병원체(病原體, pathogen) : 기주생물에 기생하여 병적현상을 나타나게 하는 생물의 총칭. 식물에 기생하는 병원체로는 바이러스・세균・진균・선충・기생식물 등이 있다.

병원학(病原學, etiology) : 병의 원인에 대해서 연구하는 학문이다.

병원형(病原形, pathovar ; pv.) : 세균의 종(種) 계급 이하의 분류 단위이며, 기주생물에 대한 병원성이 다른 세균 군(群). Pathological variety라고 한다. 식물 병원 세균의 종 이하 단위는 1980년에 제정된 "국제 식물 병원세균 pathovar 명명규약" 에 따라 pathovar로 명명하고 있다. Pathovar는 종명 뒤에 pv.를 적고 그 뒤에 pathovar의 학명을 표기한다(예 : *Pseudomonas syringae* pv. *tabaci*). 단 *Pectobacterium carotovorum*과 *Clavibacter michiganensis*에 대해서는 pathovar를 사용하지 않고, 몇 가지 생리적 특성의 차이에 따라 각각 5종류의 subsp.로 나누고 있다.

병 진전곡선(disease progress curve) : 시기별로 병 진전 상황을 조사하여 곡선으로 나타낸 것.

병징(病徵, symptom) : 병원균의 감염으로 인하여 나타난 식물의 비정상적인 생육상태. 병원균의 발병기작에 따라 괴저형점무늬(necrotic spot), 마름(blight), 구멍(shot-hole), 시들음(wilt), 더뎅이(scab), 무름(soft rot), 대화(fasciation), 혹(gall), 빗자루 모양(witches' broom), 오갈(Dwarf or stunt), 궤양(canker) 등의 형태로 나타난다. 의학이나 수의학에서는 증상(증후)이라고 번역한다.

병해충 방제(病害蟲 防除, pest control) : 식물을 병해충에 의한 피해로부터 보호하는 것. 방제수단에 따라 법적방제 · 육종적방제(또는 저항성품종 이용) · 경종적방제 · 화학적방제 · 물리적방제 · 생물적방제 등의 수단을 사용한다. 위 방법을 종합하여 농약의 사용을 최소화하자는 의미에서 종합적 방제법이 제시되고 있으며, 최근에는 병원체와 해충의 밀도를 경제적 피해수준 이하에서 관리한다는 개념의 병해충 종합관리가 보편화되고 있다(경제적 피해수준, 종합적 관리 참조).

병환(病環, disease cycle) : 전염사슬. 전염원에서 시작하여 전반과 감염, 잠복기간을 거쳐 발병되는 연속적인 과정. 병원체의 발달과정과 병이 진전되는 과정을 포함한다.

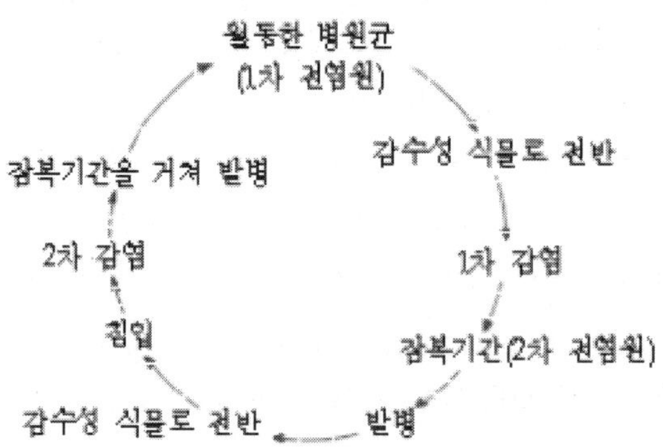

병회피(病回避, disease escaping) : 병이 심하게 발생되는 시기를 피하여 재배하는 것을 말하며, 식물병에 대한 한 가지 경종적 방제법이다. 보통 조기 재배(早期 栽培)를 통하여, 병이 심하게 발생되는 한 여름이 되기 전에 수확을 마쳐서 병에 의한 피해를 줄이는 방법이 사용되고 있다.

보르도액(bordeaux mixture) : 1885년에 프랑스의 Millardet가 포도 노균병 방제용으로 개발하였으며, 세균병에 대해서도 보호 살균제로 사용되고 있다. 황산구리($CuSO_4 \cdot 5H_2O$) 450g과 생석회(CaO) 225~900g을 물 72～144ℓ에 타서 조제한다. 황산구리에 대한 생석회와 물의 양에 따라 6~3식, 4~4식, 3~6식 보르도액으로 각각 부른다. 석회보르도액이라고도 부른다.

보호 살균제(保護 殺菌劑, protective fungicide) : 식물체의 표면에 있는 병원균을 죽이거나, 병원균이 식물에 침입하는 것을 막기 위하여 사용하는 살균제. 병을 예방할 목적으로 사용되는 살균제이며, 이미 식물체에 침입한 병원균을 죽일 목적으로 사용하는 직접 살균제(치료제)와 대비되는 용어이다. 보호 살균제는 약효 지속기간이 길어야 하며, 식물체에 대한 부착성 및 고착성이 좋아야 한다. 석회보르도액이 보호 살균제 이다.

복제단위(複製單位, replicon) : 복제시점을 포함하여 하나의 단위로 복제되는 독립적 유전체 부위. Plasmid가 독립적인 복제단위이다.

복합저항성(multiple resistance) : 식물이 2종 이상의 병원균에 대해 동시에 저항성을 나타내는 것. 해충에 대해서 말하는 경우가 많음.

봉입제(封入劑, mounting agent) : 반영구적으로 보존할 수 있는 영구프레파라트를 만들 때, slide glass 위에 만들어진 시료 위를 cover glass로 씌우고 slide glass와 cover glass 사이를 밀봉하기 위하여 사용하는 액체. 빛의 굴절율이 세포나 조직의 굴절율보다 약간 작은 것을 사용하는 것이 좋으며, 흔하게 사용하는 봉입제로 canada balsam이 있다.

부생균(腐生菌, saprophyte) : 죽은 유기물을 영양원으로 이용하는 세균 및 곰팡이 등 미생물. 살아있는 세포에 기생하지 못하기 때문에 기생성병을 일으키지 못하고, 생태학적으로 분해자의 위치에 속한다.

부정형균(不定形菌, pleomorphic) : 균체가 일정한 형태를 유지하지 못하는 세균의 통칭이다. 여러 종류의 식물에 빗자루병이나 누른오갈병을 일으키는 *Phytoplasma*屬 세균들은 세포벽이 없고 세포가 세포질막 만으로 싸여있는 부정형균이며, Domain Archaea에 속하는 원핵생물들은 세포벽은 있지만 peptidoglycan을 함유하고 있지 않아서 부정형균이다.

부착기(附着器, appressorium) : 곰팡이가 기주식물에 부착하거나 침입하기 위하여 곰팡이의 균사나 발아관의 끝부분이 부풀어 오른 것.

분류(分類, classification) : 생물을 계통발생학적인 유연관계에 따라 같은 발생기원과 진화과정을 갖는 생물군(生物群)으로 나누는 것을 말한다. 생물의 일반적인 분류체계는 계(界, Kingdom)-문(門, Division 또는 Phylum)-강(綱, Class)-목(目, Order)-과(科, Family)-속(屬, Genus)-종(種, Species)으로 되어 있다. 과거의 분류체계에서 세균은 식물계(Kingdom Plant)의 원생식물문(Division Protophyta)에 속해 있었으나, Bergey's manual 8판이 발간된 1974년 이후부터 원핵생물계(Kingdom Procaryotae)로 독립된 분류체계를 갖게 되었다. Bergey's manual of systematic bacteriology 2판(2001)에 의하면, 원핵생물계를 Domain Archaea(과거 Archaeobacteria)와 Domain Bacteria(Eubacteria와 Tenericutes를 포함)로 크게 나누었다. Domain Archaea는 2개의 문(門, Phylum)으로, Domain Bacteria는 23개의 문으로 나누어져 있다. 식물 병원세균은 Domain Bacteria의 Proteobacteria문과 Firmicutes문, Actinobacteria문의 3개 문에 나뉘어 속해있다(IV. 식물 병원세균의 분류학적 위치 참조).

분류군(分類群, taxon) : 분류학상 다른 집단과 구별되는 생물군. 각 분류군은 생물의 분류학적 위치에 속하며 고유의 학명이 부여된다.

분리(分離, isolation) : 어떤 미생물을 병든 식물 조직 또는 다른 미생물과 혼합된 집단으로부터 무균적인 작업을 통하여 순수하게 분리해내는 과정.

분생포자각(分生胞子殼, pycnidium) : 내부에 분생자경이 일렬로 형성되어 분생포자가 형성되는 구형 또는 플라스크 모양의 무성 자실체.

분생포자경(分生胞子硬, conidiophore) : 균사에서 분기하여 나와 1개 이상의 분생포자를 형성하는 특별히 분화된 균사.

분생포자경다발(分生胞子梗束, synnema, coremium) : 분생포자를 형성하는 분생자병이 다발로 뭉쳐 형성된 것.

분생포자좌(分生胞子座, sporodochium) : 균사의 집합체로 방석같이 생긴 좌좌 형태를 한 균사의 집합체로 그 위에 분생포자경이 집단으로 구성된 포자형성 구조.

분생포자층(分生胞子層, acervulus) : 진균의 무성생식 과정 중 분생포자를 형성하는 분생자병이 기부의 세포에 밀생하여 층을 이룬 것.

분생포자(分生胞子, conidia, conidiospore) : 분생자, 분생아포라고도 하며, 곰팡이의 무성생식과정 중에 형성되는 포자이다. 균사의 끝부분에 생기는 포자. 분생포자의 형태 또는 착생방법은 곰팡이의 종류에 따라 현저하게 다르다.

분열포자(oidiospore) : 균사의 횡단으로 생기는 포자.

분절포자(arthrospore) : 균사에 격막이 생겨 절단되어 형성된 포자로, 분열포자(分裂胞子, oidium)라 한다. 세포질의 분활에 의해서 분절포자낭 중에 형성되는 무성포자.

분화(分化, differentiatin) : 형태적·생리적·병원성 등에서 동질의 형질을 나타내던 생물군 중 일부 생물이 새로운 형질을 획득하여 서로 다른 생물군으로 나누어지는 과정.

분화형(分化形, forma specialis (f.sp.) : 한 속 또는 종에 속하는 기주식물만 감염시키는 병원균의 레이스 또는 생물 분화형 그룹.

불완전균류(不完全菌類, Fungi Imperfecti, Anamorphic fungi) : 균사에는 격막이 있으

며 균류의 분류 기준이 되는 유성세대(완전세대)가 알려져 있지 않은 균의 총칭. 완전세대가 알려지면 대부분이 자낭균류에 속하고 일부는 담자균류에 속한다. 대개는 분생포자를 형성하여 증식한다. 분생포자의 형태, 색깔, 격막, 자실체의 종류에 따라 분류한다.

불완전세대(不完全世代, anamorph 또는 imperfect) : 분생포자세대 또는 무성세대를 가리켜 불완전세대라 한다.

불임감염(不姙感染, 不全感染, infection abortive) : 감염된 병원세균이나 바이러스가 기주체 내에서 정상적으로 증식되지 않는 것, 따라서 식물이 감염되었더라도 병징이 나타나지 않으며, phage에 감염된 세균에서는 증식된 phage의 방출이 일어나지 않는다.

불임 용원화(不姙溶原化, abortive lysogenization) : 기주 세균에 침입한 용원성 phage의 genome이 기주세균의 염색체에 삽입되지 않을 뿐만 아니라, 복제 증식도 되지 않는 상태를 말한다. 따라서 불임 감염된 세균의 후손 개체 중에서 오직 1개의 개체만 phage의 genome을 갖게 된다.

비기생성 병(非寄生性病, non parasitic disease) : 병원체 이외의 원인에 의하여 발생되는 병.

비기주 저항성(非寄主抵抗性, nonhost resistance) : 병원균이 필요로 하는 영양성분이 식물체 안에 없거나, 병원균과 화합할 수없는 물질이 식물체 안에 있기 때문에 나타내는 저항성. 비기주식물이 나타내는 저항성.

비대(肥大, hypertrophy) : 조직이나 기관을 구성하는 세포의 크기가 커져서, 조직 또는 기관 전체가 커지는 것을 말한다. 넓은 의미로 세포 수가 증가하는 증생을 포함하기도 한다.

비병원성 균주(非病原性 菌株, avirulent isolate) : 병원균이 어떤 원인에 의해서 병원성을 잃어버린 균주. 대부분의 병원균들을 오랫동안 인공배지에서 계대배양을 하면 점차 병원성을 잃어버리고 비병원성균주가 되는데, 가지과 식물에 풋마름병을 일으키는 *Ralstonia solanacearum*이 인공배양을 통해 빠른 기간 안에 병원성을 잃어버리는 대표적인 병원세균이다.

비병원성 유전자(非病原性 遺傳子, avirulence gene) : 병원성, 발병력이 없는 유전자.

비생물적 병(非生物的 病, abiotic disease) : 생물적 원인이 아닌 무생물에 의해 발생되는 병. 생리적 장해, 공해, 약해, 부적합한 기상환경 등에 의해 병적 현상이 나타나게 되는 과정. 비전염성 병 또는 비기생성 병, 생리적 병이라고도 한다.

비전염성 병(非傳染性 病, non infectious disease) : 비생물적 요인, 즉 병원생물이 아닌 환경요인에 의해 발생하는 병.

비절대기생체(非絶對 寄生體, non obligate parasite) : 살아 있는 기주식물과 죽은 기주식물체에서 뿐만 아니라, 여러 가지 영양배지에서도 살아갈 수 있는 곰팡이와 세균.

비특이적 반응(非特異的 反應, non-specific reaction) : 특정 병원균과 기주식물 간에 선택적이 아닌 반응.

빗자루 병징(witches'-broom) : 곁눈이 발아하여 잔가지가 총생(叢生)되며, 마디 사이가 짧아져서 포기 전체가 싸리나무 빗자루처럼 되는 병징이다. *Phytoplasma*屬 또는 *Spiroplasma* 屬 원핵생물의 감염에 의해 발생되며, 빗자루병(*candidatus* P. ziziphi)에 걸린 대추나무에서 볼 수 있다.

빙핵세균(氷核細菌, ice nucleation-active bacteria) : 과냉각(supercooling) 상태의 물을 얼게 하는 핵(核)으로 작용하는 세균. 1970년대 초에 빙핵(ice nuclei)으로 작용하는 세균이 식물의 표면에서 발견되었으며, 식물에 동상해(凍霜害)를 유발하게 하는 한 원인으로 인정되고 있다. 세균의 빙핵활성 물질은 균체 세포벽의 막단백질 또는 탄수화물로 알려져 있다. *Pantoea agglomerans, Pseudomonas syringae, P. fluorescens* 등이 잘 알려진 빙핵세균들이다.

ㅅ

사면배지(斜面培地, slant agar media) : 한천(agar)을 넣고 고압증기 살균(121℃)을 하여 만든 배양기를 시험관에 분주하여 기울인 상태에서 굳힌 배양기. 평면배지에서 배양할 때보다 오염될 가능성이 적기 때문에, 순수 분리된 미생물을 짧은 기간 동안 보관하기 위하여 이용하면 편리하다.

사멸기(死滅期, death phase) : 폐쇄된 공간에서 자라는 세균의 집단생장 과정을 그린 증식곡선의 마지막 단계이며, 대수증식기와 정상기를 거쳐 세균이 모두 죽어가는 단계이다. 세균의 증식이 계속되면서 영양물질이나 산소가 줄어들고 해로운 대사산물이 축적되는 등 생육환경이 악화되어, 새로 증식되는 균체의 수보다 죽는 균체의 수가 많아지게 된다(생장곡선 참조).

사물기생균(死物寄生菌, nectrotroph) : 죽은 유기물에서만 영양을 섭취하는 균. 병원균이 아니며, 부생균(腐生菌)과 동일한 의미로 사용된다.

살균(殺菌, sterilization) : 열이나 화학물질 또는 방사선 등을 이용하여 모든 미생물을 죽이는 것. 멸균(滅菌)이라고도 하며, 병원미생물 만을 죽이는 소독(消毒)과 구별된다.

살세균제(殺細菌劑, bactericide) : 세균을 죽일 수 있는 화학물질의 총칭.

삽입서열(插入序列, insertion sequence, IS) : DNA 양쪽 끝에 있는 전이인자의 일종. 삽입서열을 가지고 있는 유전자 절편을 전이인자(transposon)라고 하며, 다른 유전자로 이동하여 유전자재조합을 이룰 수 있다. 삽입서열은 전이에 필요한 효소

(transposase)를 가지고 있으며, 전이인자의 양쪽 끝에 있는 삽입서열은 보통 15~25 염기쌍 정도의 짧은 역반복서열(inverted repetitive sequence)을 보인다. 삽입배열 또는 삽입인자라고도 한다.

생균수 측정법(生菌數測定法, viable count) : 미생물이 들어 있는 액체를 한천평판배지 위에 골고루 도말하고, 일정 기간 동안 배양한 후에 형성된 개개의 콜로니(single colony) 수를 조사하는 방법이 많이 사용된다. 살아있는 세균의 밀도를 조사한다는 의미에서 식물세균병학 등 응용미생물학 분야에서 많이 이용하는 방법이다.

생리적 레이스(生理的 레이스, race) : 식물의 품종 또는 종류에 따라 서로 병원성을 달리하는 병원균의 종 이하 분류단위이다. 원래 식물병원곰팡이에 대해서 많이 사용하고 있는 분류 단위이다. 식물 병원세균의 경우에는 식물의 종류에 따라 병원성을 달리하는 병원세균의 종 이하 단위를 pathovar(pv.)로 분류하고 있다. 그러나 가지과 작물의 풋마름병균(*Ralstonia solanacearum*)의 경우에는 식물의 품종이 아닌 식물의 종류에 따라 병원성을 달리하는 5종류의 race로 나누고 있다. *R. solanacearum*의 race 3는 감자와 토마토에 풋마름병을 일으키지만, race 4는 뽕나무에만 병을 일으킨다.

생리적 분화(生理的 分化, physiological specialization) : 병원체에 있어서 형태적으로는 같은 종에 속하지만 배양적·생리적·생화학적 성질 또는 병원성 등이 다르게 나타나는 현상.

생리형(生理形, physiological) : 분화형 또는 변종 중에서 품종에 대한 기생성이나 생리적 성질이 서로 다른 것

생물검정(生物檢定, bioassay) : 생물을 검정 대상으로 하여 병원성 반응이나 독성반응을 조사하는 것.

생물공학(生物工學, biological engineering) : 생물의 유전적 구조를 변형시켜 유용한 생물의 고유 기능을 극대화 시키는 공정에 관한 학문. 넓은 의미로는 산업생산을 위하여 생물의 고유 기능을 이용하는 학문 전체를 말한다.

생물농약(生物農藥, biotic pesticide) : 농작물의 병해충 및 잡초를 방제하기 위하여, 살아있는 천적 또는 길항미생물을 재료로 사용하여 만든 농약이다. 재료의 특성에 따라 살아있는 미생물을 직접 이용하는 미생물농약, 미생물이 생성하는 항균 또는 살충물질을 이용하는 생화학농약, 곤충이 생성하는 성페로몬을 이용하는 페로몬 농약, 천적을 이용하는 천적농약 등으로 나눌 수 있다. 식물세균병을 대상으로 개발된 생물농약으로는 사과 및 복숭아의 뿌리혹병(*Agrobacterium tumefaciens*) 방제용으로 미국에서 개발된 Galltrol-A(길항균 : *A. radiobacter* strain 84), 버섯 갈색무늬병(*Pseudomonas tolaasii*) 방제용으로 호주에서 개발된 Concuer(길항균 : *P. fluorescens*) 등이 있다.

생물속생설(生物續生說) : 1861년에 프랑스의 미생물학자 Louis Pasteur가 입증하였으며, 생물은 무생물로부터 저절로 발생되는 것이 아니라 생물의 증식에 의해 발생된다는 학설이다. Pasteur는 S자 모양으로 목을 가늘고 길게 뽑은 플라스크 속에 넣어 살균한 고기국물에서는 결코 미생물이 번식하지 않는다는 실험결과로 이 학설을 입증하였다.

생물적 방제(生物的 防除, **biological control**) : 생물(사람을 제외한)을 이용하여 식물병이나 해충을 방제하는 것. 발병억제에 도움을 주는 생물을 직접 농산물 생산 또는 농산물 저장 현장에 투입하거나, 병 방제에 도움을 주는 미생물이 잘 자랄 수 있도록 환경을 개선해 주는 방법이 이용되고 있다. 병 방제에 도움이 되는 미생물의 대사산물을 이용하는 것도 넓은 의미의 생물학적 방제에 포함시킨다. 식물세균병의 생물적 방제에서 가장 성공적인 예는, 호주의 A. Kerr(1980)이 bacteriocin생성세균인 *A. radiobacter* strain 84를 이용하여 사과나무와 복숭아나무의 뿌리혹병(*Agrobacterium tumefaciens*)을 방제한 것이었다.

생식(生殖, **reproduction**) : 생물 개체가 자신과 유전적으로 같은 개체를 만들어내어 증식하는 것. 1개체의 어버이로부터 유전자를 받아 자식 개체를 생산하는 무성생식과 2개체의 어버이로부터 받은 유전자를 재조합하여 자식 개체를 생산하는 유성생식으로 나누어진다. 세균은 엄밀한 의미에서 무성생식에 의해 증식된다.

생장곡선(生長曲線, 증식곡선, **growth curve**) : 폐쇄된 공간에서 집단 생장하는 미생물의 밀도변화를 곡선으로 나타낸 것. 휴면상태의 미생물이 생장에 필요한 효소와 세포의 구성성분을 합성하는데 필요한 유도기(lag phase), 미생물의 균체가 단위 시간마다 2배로 증가하는 대수증식기(log phase), 증식되는 개체 수와 죽는 세포 수가 같아지는 정지기(stationary phase), 미생물이 모두 죽어가는 사멸기(death phase)로 구분한다.

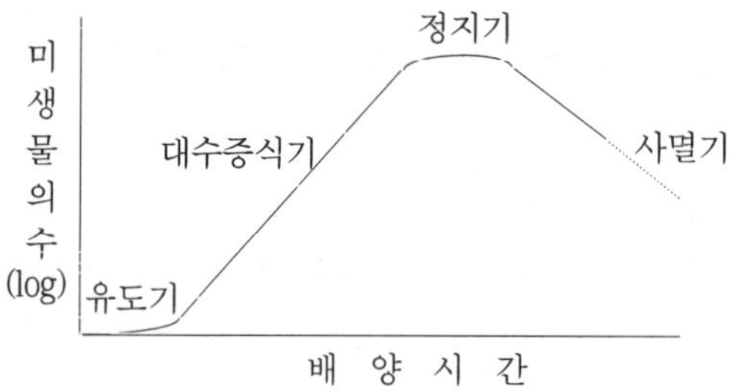

생합성(生合成, **biosynthesis**) : 생체 안에서 이루어지는 동화작용(同化作用). 에너지를 흡수하는 반응이며, 화학적으로 단순한 저분자 화합물을 고분자 화합물로 합성한다.

생화학적 변이주(生化學的 變異株, **biochemical mutant**) : 당(糖)이나 아미노산 분해능력·indol 생성·각종 색소 생성능력 등 생화학적 형질에 변이를 일으킨 세균. 각종 효소 생산능력에 변이가 일어난 균주를 말하며, 이 변이균주에 대응하여 변이가 일어나지 않은 세균을 야생균주(wild type)라고 한다.

석탄산 계수(石炭酸 係數, phenol coefficient) : 어떤 물질의 살균효과를 석탄산(pheol)과 비교한 계수. 이 계수가 1이면 석탄산과 같은 수준의 살균효과를 나타낸다는 것을 의미하며, 1보다 크면 석탄산에 비하여 살균효과가 높다는 것을 의미한다.

선모(線毛, pili) : 편모처럼 세포질막에서부터 세포벽 밖으로 나와 있으며, 편모보다 훨씬 짧고 가는 실 모양의 파이프이다(세균의 구조 모식도 참조). Pilin이라고 하는 단백질로 만들어져 있으며, 길이나 기능이 다른 몇 종류의 선모(線毛)가 공존한다. 운동성과는 관계가 없다. 세균을 액체배양할 때 균체가 액체배지 표면에 얇은 막처럼 떠서 자라게 하는 역할을 하며, bacteriophage에 대한 수용체 역할도 하는 것으로 알려져 있다. 세균 사이에 접합(conjugation)이 이루어 질 때, plasmid DNA가 전달되는 통로로 이용되는 선모를 특히 성선모(sex pili)라고 부른다(접합 참조).

선충(線蟲, nematode) : 선형동물문의 선충강에 속하는 실 모양의 미생물. 식물기생선충과 부생선충이 있다. 식물기생선충의 밀도가 높을 경우에는 식물에 상처를 주고 병원세균을 매개하여 토양전염성 세균병의 발생이 많아지게 된다.

선택성 배지(選擇性培地, selective media) : 배양하고자 하는 미생물 외에 다른 미생물은 자라지 못하도록 조성된 배지. 배지의 산도(pH)를 조절하거나, 항균물질 또는 항생물질을 배지에 첨가하여 조제한다. 배양하고자하는 미생물 외의 다른 미생물들이 못자라는 것은 아니지만, 콜로니의 색이나 모양에 의해 배양하고자하는 미생물을 쉽게 식별할 수 있도록 조성된 배지를 준선택성 배지(semi-selective media)라고 한다. Tetrazolium 한천배지는 가지과작물의 풋마름병균(*Ralstonia solanacearum*)이 핑크색 중앙을 가진 흰색 콜로니를 형성하기 때문에 다른 세균의 콜로니와 쉽게 구별되는 준선택성 배지이다.

선택적 투과성(選擇的透過性, selective permeability) : 생체막이 가진 투과성이며, 모든 물질을 같은 정도로 투과시키지 않고 물질에 따라 투과정도를 달리하는 투과성. 세균의 세포벽 외막이나 세포질막은 ①물질마다 확산계수가 다른 외에도, ②그 막을 구성하는 담체가 특정 물질만을 수송하기 때문에 물질에 따라 선택적 투과성을 나타내는 것으로 생각되고 있다.

성체 저항성(成體抵抗性, adult resistance) : 대부분의 식물이 어릴 때는 감수성이지만 자라면서 점차 나타내게 되는 저항성. 감귤의 어린 잎에서는 기공의 전강(front cavity)이 열려 있지만, 잎이 자라면서 뿔 모양의 돌기가 자라 기공의 전강을 닫아버린다. 따라서 성숙한 잎에서는 빗방울에 섞인 궤양병균(*Xanthomonas axonopodis* pv. *citri*)이 기공으로 침입하기 어렵다. 담배의 *Ralstonia solanacearum*(세균성마름병균)에 대한 저항성도 발아 후 7주가 지나야 발현된다고 한다.

세균(細菌, bacteria) : 1개의 원핵세포로 되어 있는 단세포 미생물이며, 이제까지 약 1,600여종(種)이 알려져 있다. 대부분의 세균은 0.5~1.0㎛×1.0~2.0㎛의 크기이다. 균체의 모양에 따라 구균·간균·나선균·방선균·부정형균으로 나누어진다. 편모를 가지고 있는 세균은 물속에서 이동을 하며, 편모의 수와 부착된 위치에 따라 무모균·단모균·양모균·속모균·주모균으로 나누어진다. 구균과 나선균·양모균 중에는 아직 식물병원으로 알려진 세균이 없다. 염색체는 핵막에 둘러싸여 있지 않고, 심하게 꼬인 상태로 세포질 안에 흩어져 있다. Mitochondria가 없고 세포질막에서 호흡기능을 수행한다. Mollicute강에 속하는 세균을 제외하고는 균체가 세포벽으로 싸여있으며, 세포벽의 주성분은 peptidoglycan이다. 대부분의 세균이 2분열에 의한 무성생식으로 증식하며, Mollicute강에 속하는 세균과 방선균은 출아법과 외생포자 생성에 의해 증식 한다. 일부세균은 bacterio-chlorophyll이나 carotenoid를 가진 광합성 세균이지만, 식물 병원세균을 포함한 대부분의 세균들은 엽록소가 없기 때문에 광합성작용을 하지 못하는 화학합성종속영양세균이다. 대부분의 세균은 부생생활을 하며, 생태계의 물질순환을 위해 꼭 필요한 생물이다. 그러나 약 200종의 세균은 사람에게 장티프스·콜레라·디프테리아·폐결핵·나병·성병 등 질병을 일으키며, 식물 병원세균도 약 200종이 알려져 있다.

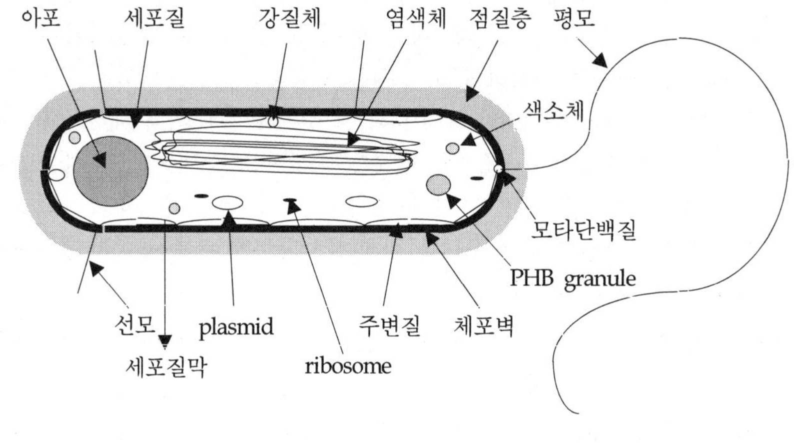

세균여과기(細菌濾過器, bacterial filter) : 세균을 통과시키지 않고 용액만을 통과시키는 장치. Screen filter와 depth filter가 있다. Screen filter는 cellulose acetate로 만든 얇은 막을 이용하며, 직경 0.2㎛의 작은 구멍이 뚫려있다. 보통 세균의 직경은 0.5㎛ 이상이기 때문에 이 구멍을 통과할 수 없다. Depth filter는 석면이나 규조토로 만든 여과장치를 용액이나 기체가 통과할 때 세균이 흡착되도록 만든 장치이다. Screen filter에 비하여 세균여과 기능이 완벽하지 못하다.

세균콜로니복사기(bacterial colony replicater) : 길항균 검출을 위한 한천중층 배양법에 이용하면 편리하다. 복사기의 직경은 가장 보편적으로 사용하는 petridish의 직경과 일치하게 9㎜로 만드는 것이 좋다. ①둥근 알미늄판의 바닥에 우단을 씌우고 알미늄판 위에 손잡이를 만든다. 토양현탁액을 CPG 한천배지에 섞어 배양한 후 길항세균의 콜로니가 형성되면, 살균된 세균복사기로 토양미생물이 자란 CPG 한천평면배지 위를 덮어 콜로니 전체가 세균복사기 밑면 우단에 묻게 한다. 이 세균복사기를 깨끗한 CPG 한천평면배지 위에 접촉시켜 길항균의 콜로니를 복사한 후, 한천중층배양법에 의해 길항균의 항균력을 측정한다. ②알미늄판에 직경 4㎜의 알미늄봉을 일정한 간격으로 세워서 고정시킨다. 먼저 이 알미늄봉의 위치에 해당하는 CPG 한천평면배지 상에 각각 서로 다른 길항균을 이식하여 배양한다. 길항균의 콜로니가 형성된 한천평면배지 위에 세균콜로니 복사기를 접촉시켜 알미늄봉의 바닥에 각각 세균이 묻게 한다. 세균의 콜로니가 묻은 알미늄봉을 깨끗한 CPG 한천평면배지 상에 접촉시켜, 길항균의 콜로니를 복사한다.

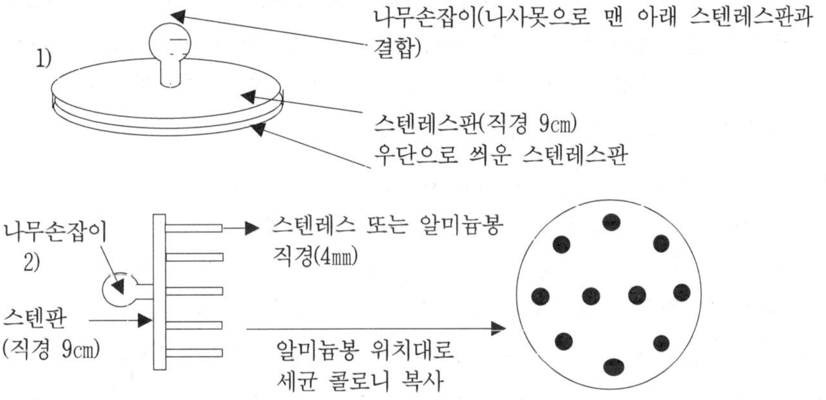

세대기간(世代期間, generation time) : 1개의 세균이 2개체로 분열하기까지 걸리는 기간. 세균의 종(種)에 따라 다르며, 배양조건에 따라서도 달라진다. 채소 무름병균(*Pectobacterium carotovorum* subsp. *carotovorum*)의 세대기간은 25~30분으로 짧지만, 콩 불마름병균(*Xanthomonas axonopodis* pv. *glycines*)의 세대기간은 134분으로 길다.

세포간 균사(細胞間菌絲, intercellular mycelium) : 식물체의 세포간극에서 생장 파급하는 곰팡이 균사.

세포간극(細胞間隙, intercellular space) : 식물세포가 자라면서 생긴 세포 사이의 틈. 식물에 침입한 대부분의 병원세균은 식물 세포에 침입하지 않고 식물의 세포간극에서 생육한다.

세포내 균사(細胞內菌絲, intracellular mycelium) : 곰팡이가 식물기관의 모든 조직을 침입하여, 세포막을 관통하며 자라는 균사.

세포벽(細胞壁, cell wall) : 식물이나 세균의 세포질막 외부에 존재한다. 세포의 형태를 유지하는 시멘트 조직이며, 외부환경으로부터 세포를 보호하는 역할을 한다. ①세균의 세포벽 : 세포벽의 일정한 형태를 유지하게 하는 주성분은 peptidoglycan이다. 세포벽을 그람염색법에 따라 염색하면, 세포벽의 구조에 따라 푸른색으로 염색되는 그람 양성균과 붉은 색으로 염색되는 그람 음성균으로 나누어진다. 그람 양성균의 세포벽은 peptidoglycan층이 두터우며, 그 외부를 산성 다당류인 teichoic acid가 둘러싸고 있다. 그람 음성균의 세포벽은 얇은 파도 모양의 peptidoglycan 층이 두 겹으로 되어 있으며, 그 외측에 인지질(phospholipid)과 지질 다당체(lipopolysaccharide, LPS)·단백질로 된 외막(outer membrane)이 있다. Mollicute강에 속하는 감귤나무 오갈병균(*Spiroplasma citri*)이나 대추나무 빗자루병균(*cadidatus* Phytoplasma ziziphy)은 세포벽이 없고, 균체가 세포질막 만으로 싸여 있다. ②식물의 세포벽 : 1차 세포벽과 2차 세포벽·중엽으로 구성되어 있으며, cellulose·hemicellulose·pectin을 주성분으로 하고 있다. *Pectobacterium carotovorum* subsp. *carotovorum* (채소 무름병균)은 pectinase를, 알로에 무름병균(*P. chrysanthemi*)은 hemicellulase를, 가지과 식물의 풋마름병균(*Ralstonia solanacearum*)은 cellulase를 생성하여 식물의 세포벽을 와해시키고 특징적인 병징을 나타낸다.

세포벽 외막(細胞壁 外膜, **bacterial outer-membrane**) : 그람 음성세균의 세포벽 외측에 있는 얇은 막이며, 그람 양성세균의 세포벽에는 외막이 없다. 단백질·인지질·지질다당(LPS)으로 구성되어 있다. 세포질막에 비하여 지질 다당이 많으며, 외막 가장 바깥쪽에 존재한다. 지질 다당은 많은 병원세균에서 독소(toxin)로 작용하거나 기주-기생자 사이의 인식작용에 관여하는 것으로 알려져 있다.

세포질(細胞質, **cytoplasm**) : 세포질막에 둘러싸여 있는 세포 내용물이며, 진핵세포의 경우에 핵을 제외한 부분이다. 그러나 원핵세포에서는 핵막이 없고 염색체가 세포질 안에 흩어져 있기 때문에, 핵과 세포질이 격리되어 있지 않다. 세균의 세포질에는 ribosome, plasmid, 색소체, 탄소 저장중합체 등이 들어 있다. 각종 효소들이 들어 있어서 합성대사 및 분해대사가 이 곳에서 이루어진다(세균의 모식도 참조).

세포질막(細胞質膜, **cytoplasmic membrane**) : 세포벽 안쪽에서 세포질을 둘러싸고 있는 얇은 막이며, 인지질(phospholipid)과 단백질·약간의 다당체로 구성되어 있다. 세포질막은 다음과 같은 기능을 수행한다. ①세포질 보호, ②영양흡수 및 노폐물을 배출하는 선택적 투과기능, ③세포벽 합성과 핵 물질 분비, ④호흡기능, ⑤편모 회전을 통한 운동성. Mollicutes강에 속하는 원핵생물(*Phytoplasma*, *Spiroplasma*, *Mycoplasma* 등)들은 세포벽이 없고 지질 이중막으로 된 세포질막으로 싸여 있다. 많은 식물의 위황오갈병을 일으키는 *Phytoplasma*의 지질막은 대부분 인지질, glycolipid, neutral lipid로 되어 있으며, 감귤 오갈병을 일으키는 *Spiroplasma citri*의 세포질막의 주성분은 spiralin이라고 하는 양친매성(amphiphilic) 단백질이다. 세포질막 표면의 당단백질은 기주-기생자 사이의 인식작용(recognition phenomena)에서 중요한 역할을 한다.

소독(消毒, **disinfection**) : 식물체 조직의 표면에 있는 미생물을 죽여서 감염 또는 오염되지 않도록 하는 화학적 또는 물리적 조치. 엄밀한 의미에서 모든 미생물을 죽이는 것은 살미생(殺微生), 모든 균을 죽이는 것은 살균(殺菌)이라고 하며, 소독은 병원미생물만 죽이는 조치를 말한다.

소병(小柄, sterigma) : 담자기에 가늘게 돌출하여 담자포자를 지탱하는 부분.

소생자(小生子, sporidium) : 담자균류의 깜부기균목과 녹균목의 담자포자. 거의가 무색이며 편평하고 미끄러운 얇은 벽을 가진 소형포자이다. 담자기 내에서 감수분열이 일어나 생기므로 단상인 1개의 핵이 들어 있다. 1개의 담자기에서는 성(性)이 다른 2종류의 소생자가 생기고 이 소생자가 기주식물을 감염한다.

소수유전자 저항성(小數遺傳子 抵抗性, oligogenic resistance) : 하나 또는 소수의 유전자에 의해 조절되는 저항성.

소인(素因, disposition) : 식물이 병에 걸리기 쉽게 하는 감수성 인자. 유전적인 요인인 종족소인(種族素因)과 후천적 또는 환경적 요인인 개체소인(個體素因)으로 나누어 설명된다.

소형 분생포자(小形分生胞子, microconidia) : *Fusarium* 屬에서 생성하는 단세포성의 분생포자.

속(屬, genus) : Linne식 생물분류체계에서 과(科)의 하위 계급이며, 종(種)이 모여서 속을 구성하고 있다. 1980년대까지 식물 병원세균으로 *Agrobacterium, Erwinia, Corynebacterium, Pseudomonas, Streptomyces, Xanthomonas* 의 6개 屬만 알려졌으나, 2004년 현재에는 30여개의 속이 알려져 있다(IV. 식물 병원세균의 분류학적 위치 참조).

속모균(束毛菌, lophotrichate) : 균체의 한 쪽 끝에 여러 개의 편모(鞭毛)가 다발로 부착되어 있는 세균의 통칭. 많은 식물의 잎에 점무늬병을 일으키는 *Pseudomonas syringae*의 pathovar들이 속모균이다(편모 참조).

수공(水孔, water pore, hydathode) : 벼, 토란, 수국, 양귀비 등 식물의 잎에서 수분을 배출하는 작은 구멍. 구조는 기공과 비슷하며, 엽선(葉先), 엽연(葉緣) 등 잎맥 끝 가까운 곳에 있다. 벼 흰잎마름병균(*Xanthoonas. oryzae* pv. *oryzae*)은 상처와 수공을 통하여 벼에 침입한다.

수령균(受領菌, recipient) : 준유성생식 방법에 의한 세균의 유전자전달 과정에서 유전물질을 받아들이는 세균. 수령자에게 유전물질을 주는 세균을 공여자(donor)라고 한다.

수직저항성(垂直抵抗性, vertical resistance) : 병원세균의 특정 race나 strain에 대하여 고도의 저항성을 나타내는 1개 또는 적은 수의 유전자에 의해 발현되는 저항성. 단인자 저항성(oligogenic resistance) 또는 진정저항성(true resistance)이라고도 한다. 수직저항성 품종은 소수의 저항성 유전자를 극복할 수 있는 race나 strain이 나타날 때는 쉽게 감수성 품종으로 전환될 우려가 높다.

수침상 병반(水沈狀 病斑, water soaking region) : 습한 환경에서 식물의 잎에 생긴 물에 젖은 것처럼 보이는 세균성 병반. 건조한 환경에서는 이 수침상 병반을 관찰하기 어렵다. 식물의 세포 간극에서 증식한 병원세균의 점질층으로 인하여 세포간극이 물에 차 있는 것처럼 보이기 때문에 생기는 병징이다.

수평저항성(水平抵抗性, horizontal resistance) : 특정 병원균의 race 또는 strain에 대하여 고도의 저항성을 나타내지는 않지만, 많은 병원균의 race 또는 strain에 대하여 저항성을 나타내는 여러 개의 유전자에 의해 발현되는 저항성. 따라서 수평저항성을 다인자 저항성(polygenic resistance)이라고도 하며, 병원균의 여러 race에 대해 노출된 실제 포장에서 쉽게 감수성으로 전락되지 않기 때문에 포장저항성(field resistance)이라고도 한다.

순화(純化, purification) : 여러 종의 미생물이 섞여 있는 미생물 집단으로부터 목적하는 한 종의 미생물을 순수하게 분리하는 과정. 세균을 순화하기 위해서는 획선 배양법이나 희석 평판법에 의해 single colony를 채취하는 방법이 보통 많이 사용된다. 선택성 배지나 준선택성 배지가 개발되어 있으면, 훨씬 쉽게 목적하는 미생물을 순화할 수 있다.

시들음(萎凋, wilting) : 식물의 지상부가 시드는 병징. 뿌리썩음·유조직병균에 의한 줄기 속 부패·물관병균에 의한 물관 폐쇄 등으로 인하여 식물의 지상부로 수분이 공급되지 못해서 발생된다. *Ralstonia solanacearum*에 의한 가지과 작물의 풋마름병이 대표적인 세균성 시들음병이다.

식균작용(食菌作用, phagocytosis) : 식세포(phagocyte)가 세균이나 조류(algae) 등을 잡아먹는 작용. *Pseudomonas syringae* pv. *mori* (뽕나무 세균성오갈병균), *Xanthomonas axonopodis* pv. *citri* (감귤나무 궤양병균), *X. campestris* pv. *campestris* (십자화과 채소의 검은썩음병균) 등을 잡아먹는 원생동물(protozoa)들이 있으며, 이 중 *Pseudomonas syringae* pv. *mori*를 먹는 원생동물은 다른 몇 종의 그람 음성세균도 포식하는 것으로 알려져 있다. Bacteriophage나 bacteriocin과는 달리, 원생동물의 세균에 대한 식이 선호(食餌 選好)의 특이성은 높지 않은 것 같다. 영양이 풍부한 조건에서 부생생활을 하지만, 영양이 고갈된 상태에서는 다른 세균을 잡아먹는 토양세균도 있다. *Agromyces ramosus, Ensifer adhaerens, Streptomyces* spp.가 세균을 포식하는 것으로 알려져 있다. 일반적으로 그람 양성 포식세균보다 그람 음성 포식세균이 다양한 종류의 세균을 공격하는 것으로 보고되어 있다.

식물 방어활성제(植物 防禦活性劑, plant defence activator) : 식물의 여러 가지 병이

나 충에 대한 생체방어 반응과 식물 병충 상호작용을 세포면역학적, 생리생화학적, 분자 유전학적 관점에서 생체방어기작을 구명하고 병충해에 대한 생체방어 유전자의 기능을 분석하며 식물병충해의 방제가 가능한 것.

식물병 예찰(豫察, forecasting) : 식물체의 저항성, 병원균의 밀도 및 환경인자 등을 종합적으로 판단하여 병의 발생 시기나 병 발생 진전을 사전에 예측하는 행위.

식물병 진단(診斷, diagnosis) : 병이든 식물체를 정밀하게 검사하여 비슷한 병과 구별하고, 정확한 병명을 결정하는 과정

식물병 피해임계점(被害 臨界點, damage threshold) : 작물의 병에 대한 내성정도

식물병리학(植物病理學, plant pathology) : 식물의 병이 발생하게 되는 원인과 병이 발생하게 되는 과정·병적현상과 병 방제에 관한 학문이다. 병의 원인에 따라 기생성병학과 비기생성병학(생리병학)으로 나눌 수 있다. 기생성병에 관한 학문은 병원체에 따라 바이러스병학·세균병학·균병학(곰팡이병학)·선충병학 등으로 나눈다.

식물생육촉진 근권세균(植物生育促進根圈細菌, plant growth promoting rhizobacteria, PGPR) : 식물과 공생관계에 있지는 않지만, 식물의 근권에 살면서 식물의 생육을 촉진시켜주는 세균. 식물 뿌리 주변의 해로운 미생물들을 억제하며, 뿌리의 기능을 향상시키는 것으로 알려져 있다. *Pseudomonas putia*와 *P. fluorescens* 등의 그람음성 세균, *Bacillus*나 *Penibacillus* 등 내생포자를 형성하는 세균들이 보고되고 있다.

식물 생장조절물질(植物生長調節物質, plant growth regulating substance) : 극히 미량으로 식물의 생장에 변화를 주는 물질이며, 영양물질이 아닌 유기 화합물. 식물이 생산하는 식물호르몬과 합성된 화합물을 모두 포함한다. 식물 병원세균 중에는 식물생장조절물질을 직접 생성하거나 감염된 식물세포가 생장조절물질을 생성하도록 유도하여, 식물의 전체 또는 일부 조직이 비정상적으로 생장되도록 하는 것이 있다. *Agrobacterium tumefaciens*에 감염된 식물세포는 auxin 및 cytokinin을 과다 생성하여 식물에 혹을 형성한다. *Pseudomonas savastanoi* pv. *savastanoi*는 직접 IAA를 생성하여 감염된 식물 조직에 혹을 만들게 한다.

식물세균병학(植物細菌病學, plant bacterial pathology) : 식물병리학의 한 분야이다. 병원세균의 분류·생리·유전·생태 등 병원세균 자체를 다루는 병원세균학과 병원세균의 월동·전반·병원세균의 발병기작·식물의 병에 대한 저항성·발병환경·병진단·방제법 등을 다루는 세균병학으로 나누어 생각할 수 있다.

신벌설(神罰說) : 모든 자연현상은 신(神)에 의해 다스려지며, 동·식물의 각종 질병도 신이 내리는 벌이라는 해석이다. BC 400년경까지 이러한 관점에서 질병을 해석하였다.

ㅇ

아생포자(芽生布子, blastospore) : 균사의 끝 부분에서 출아에 의해 발생하는 포자. 아생포자는 모세포에서 싹 모양으로 융기되어 쇄상으로 형성되어 떨어져 나간다.

아종(亞種, subspecies) : Linne식 생물 분류체계에서 종(種) 아래에 있는 계급의 생물군(群). 종 이름 뒤에 subsp.를 쓰고 그 뒤에 아종의 명을 명기한다(예 : *Pectobacterium carotovorum* subsp. *carotovorum*). 국제식물 병원세균명명규약에 따라, 식물 병원세균의 종 이하 계급에 대해서는 pathovar로 명명하고 있다. 그러나, *Pectobacterium carotovorum*은 *atrosepticum* · *betavascullorum* · *carotovorum* · *oderiferum* · *wasaviae*의 5개 subsp.로, *Clavibacter michiganensis*는 *insidiosus* · *michiganensis* · *nebrakensis* · *sepedonicus* · *tessellarius*의 5개 subsp.로 나누어진다.

액체배지(液體培地, liquid culture media) : 영양성분을 비롯한 배지의 구성성분을 모두 넣지만 한천(agar)은 넣지 않고 살균하여 액체 상태로 만든 배지. 호기성 세균을 액체배지에서 배양할 경우에는 보통 진탕배양(shaking culture)을 하며, 혐기성 세균을 배양할 경우에는 액체배지의 윗면을 액체파라핀으로 덮어서 산소를 차단하여 배양한다.

야생균주(野生菌株, wild type) : 변이가 일어나지 않은 정상적인 균주. 모든 종류의 변이주(變異株)에 대응되는 용어로 사용된다.

약제내성인자(藥劑耐性因子, resistance factor, r factor) : 항생물질이나 중금속에 대한 내성유전자를 가진 plasmid. 저항성 유전자인 r-determinant와 내성전달인자로 구성되며, 접합에 의해 전달된다.

양모균(兩毛菌, amphitrichate) : 균체의 양쪽 끝에 편모(鞭毛)가 있는 세균의 통칭(편모 참조). 고인 물 속에서 분리되는 나선균인 *Spirillum volutans*가 양모균이다. 양모균으로 보고 된 식물 병원세균은 아직 없다.

억제토양(抑制土壤, suppressive soil) : 토양의 물리 · 화학 · 생물적 특성에 의해 식물 병원미생물이 증식하기 어렵기 때문에, 식물에 병 발생이 잘 안되는 토양. 보통 토양 속에 병원 미생물에 대한 길항 미생물의 밀도가 높을 경우에 발병억제 효과를 보인다.

여름포자(夏胞子, uredospore) : 담자균의 녹병균목에 속하는 녹병균의 생활환 중에서 녹포자(銹胞子, aeciospore)가 기주식물을 감염한 다음 여름포자퇴를 만들고 여기에서 여름포자가 만들어진다. 이 포자는 기주식물을 감염할 수 있고 더 많은 여름포자퇴와 여름포자를 만들어 기주를 감염한다.

여름포자퇴(夏胞子堆, uredium) : 여름포자(夏胞子, uredospore)가 형성되는 녹병균의 포자형성 구조체.

역가(力價, titer) : 항원과 항체가 결합하여 침강반응을 일으키는 항혈청의 희석한계배수. 어떤 항혈청의 2^{-128}배 희석액을 항원과 섞었을 때 침전반응이 일어나는 것을 확인할 수 있었으나, 이 항혈청의 2^{-256}배 희석액에 항원을 투여한 결과 침전반응이 일어나는 것은 관찰할 수 없었다면, 이 항혈청의 역가는 2^{-128}이 된다.

역변이(逆變異, back mutation, reverse mutation) : 돌연변이가 일어난 세균이 다시 원 상태로 돌아오는 변이. 역변이 빈도는 10^{-8} 정도로 낮다.

역병(疫病, late blight) : 잎 · 줄기 · 열매가 급속하게 갈색으로 변하여 연화 · 부패하는 식물의 병이다. 병원균은 유사균류의 색조류계, 난균문, 난균강, 노균목, 부패균과에 속하는 *Phytophthora*屬이다. 대표적인 것에는 *P. infestans*에 의한 감자 · 토마토 역병, *P. nicatianae* 및 *P. capcici*에 의한 담배 · 오이 · 참외 · 고추 역병, *P. cactorum*에 의한 감귤류 · 사과나무 역병 등이 있다. 감자역병은 세계 각지에서 심각한 병으로 취급되고 있다. 특히 유럽에서는 1842년 이래 몇 년에 걸친 대 발생으로 큰 피해를 입혀 식량기근을 일으킨 기록이 있다. 비가 많을 때에 많이 발생하며, 일단 발생하면 급속하게 퍼진다. 감귤류나 사과나무의 역병은 밑동부분의 줄기가 침범되고, 곧 나무 전체가 시든다. 병반(病斑)에 만들어지는 레몬 형태의 분생포자(分生胞子)가 발아하여서 유주사(遊走子)를 방출하기 때문에 선염된다. *Phytophthora*는 기주의 지하부 뿐만 아니라, 경엽과 과실 등 지상부도 침해한다. 이는 땅 속이나 지제부의 병반 위에 형성된 유주자낭이 빗방울에 튕겨져 아래 잎으로 전염되기 때문이다. 감자. 토마토, 가지의 역병은 경엽에 생긴 병반 위에 유주자낭을 다량으로 형성하여 이것이 비바람을 타고 비산함으로써 차례차례 새로운 병반을 만들어 가는 것이다. 그뿐만 아니라 감자의 경우에는 지상부의 병반 위에 형성된 유주자낭이 빗물을 타고 토양 속으로 이동하여 괴경에 병반을 형성한다. 또한 이 병든 괴경을 씨감자로 이용하면 맹아한 싹에 병반이 생겨 이것이 지상부의 발병으로 이어지는 종서(씨감자) 전염이 일어나게 된다.

역학(疫學, epidemiology) : 전염병학 또는 유행병학이라고도 한다. 집단적으로 급속하게 대발생되는 전염병의 발생 원인과 그 대책에 대하여 연구하는 학문이다.

연당지(lead actate paper) : Lead acetate 1g을 2N-NaOH 용액 10㎖에 녹인 용액에 여과지를 적셔서 만들며, 세균이 cystein을 환원시켜 유화수소(H_2S) gas를 생성하는지 검정하는데 사용한다. *Pantoea agglomerans*(벼 내영갈변병균) 등 몇 종의 세균들은 cystein으로부터 황을 환원시켜 H_2S 가스를 생성한다. Cystein 액체배지에서 세균을 배양하면서 시험관 입구에 고정시킨 연당지의 납을 검게 변색시키는지 관찰 한다(cystein broth medium 참조).

연속배양(連續培養, continuous culture) : 폐쇄된 공간에서 세균을 배양하면, 세균의 증식이 계속되면서 영양물질이나 산소가 줄어들고, 해로운 대사산물이 축적되는 등

세균이 생육하기 위한 환경이 나빠진다. 이로 인하여 대수증식기가 무한정 계속되지 못하고, 세균의 집단생장 속도가 점점 느려져서 마침내 모든 세균이 죽어가게 된다. 따라서 배양기에 영양물질을 추가로 공급하고 진탕배양에 의해 산소를 공급해주면, 대수증식기·정상기를 연장하고 사멸기를 늦출 수 있다. 이와 같이 세균을 배양하는 과정에서 배양조건을 개선하여 줌으로써, 계속하여 세균의 대수생장이 가능하도록 하는 배양법을 연속배양이라고 한다.

연작장해(連作障害, **replant failure, continuous cropping hazard**) : 같은 밭에 한 종류의 작물을 여러 해 동안 재배하여, 밭의 물리·화학적 성질이 나빠지고 밭 흙 속에 있는 병원체의 밀도가 높아져서, 더 이상 농사를 지을 수 없을 정도로 작물의 생육이 나빠지는 현상. 특히 토양전염성 병원체의 밀도가 높아졌을 경우에 연작장해가 심하게 발생된다.

염기(鹽基, **base**) : 핵산이나 뉴클레오타이드를 구성하는 염기성 부분이며, purine계 염기(adenine과 guanine)와 pyrimidine계 염기(cytosine과 thymine 또는 uracil)로 구성된다. DNA의 pyrimidine계 염기는 cytosine과 thymine으로 구성되며, RNA의 pyrimidine계 염기는 cytosine과 uracil로 구성된다.

염색(染色, **staining**) : 생물시료를 현미경으로 관찰할 때 세포나 조직을 선명하게 관찰하기 위하여 색소로 착색시키는 것. 세균 균체의 모양이나 균체의 배열을 관찰하기 위하여 한 가지 염색액 만 사용하여 염색하는 단순염색, 세균의 분류를 위한 분별염색, 세균의 포자나 편모 등의 일부 조직만 염색하는 부분염색 등으로 나눌 수 있다. 단순염색에는 methylen blue·crystal violet·basic fuchsin 등 염기성 염료를 많이 사용하며, 대표적인 분별염색법으로는 그람염색이 있다. 전자현미경 관찰을 위해 사용하는 염색은 염료로 착색시키는 것이 아니고, 우라늄이나 납 등의 중금속을 세포나 조직에 결합시킨다.

염색체(染色體, **chromosome**) : 원핵생물의 염색체는 양 끝이 연결된 고리모양이며, 한쪽이 세포질막의 간질체에 붙어 있는 상태에서 심하게 꼬인 상태로 세포질 속에 펴져 있다. 대부분의 세균에서 염색체의 크기는 2,000～4,000kb(killobase pair)지만, *Pseudomonas tolaasii*(양송이 세균성갈색무늬병균)의 염색체는 5,500kb나 되는 것으로 알려져 있다. 세균은 단세포 생물이기 때문에 균체마다 염색체가 1개이지만, 세포분열과정에서 일시적으로 2개의 염색체를 가질 수도 있다(세균의 모식도 참조).

엽권(葉圈, **phyllosphere**) : Ectodesmata를 통하여 분비되는 각종 물질로 인하여 잎 부근에 서식하는 생물들의 생육에 영향을 미칠 정도로 잎 표면에 가까운 영역.

엽권착생균(葉圈着生菌, **epiphyte**) : 잎 표면이나 엽권에 서식하는 균. 이 착생균 중에는 많은 식물 병원세균들도 포함되는 것으로 보고되어 있다. 복숭아 잎 1개당

10^{4-7}개의 궤양병균(*P. syringae* pv. *morsprunorum*)이 검출되었다는 보고가 있으며, 콩 잎마름병균(*P. syringae* pv. *syringae*)의 착생밀도는 병 발생예찰에 이용된다고 한다. 잎 뿐 만 아니라 식물 표면 전체에 서식하는 균을 대상으로 할 경우에는 식물 착생균이라고 한다.

엽면(葉面, phylloplane) : 식물체의 잎 표면. 특히 ectodesmata를 통하여 잎 표면으로 분비되는 각종 물질의 영향으로 인하여, 독특한 미생물상을 보이는 영역을 특히 엽권(葉圈, phyllosphere)라고 한다.

영구프레파라트(永久프레파라트, permanent preparation) : 생물시료를 프레파라트로 만들 때, slide glass와 cover glass 사이에 봉입제를 넣어 반영구적으로 보존할 수 있는 프레파라트를 만드는 것. 또는 그렇게 만든 프레파라트(봉입제 참조).

영양공생(營養共生, syntrophism) : 서로 다른 종류의 미생물이 영양을 이용하는 과정에서 협력하며 살아가는 것. 예를 들면 *Pseudomonas*屬 세균은 cyclohexan을 이용할 수 없지만, *Nocardia* 屬 세균이 cyclohexan을 분해하여 biotin이 생성되면, *Pseudomonas*屬 세균이 이를 이용할 수 있다.

영양요구성 변이주(營養要求性 變異株, auxotrophic mutant) : 당(糖)이나 아미노산·단백질·비타민 등 영양성분을 합성할 수 있는 효소 생성능력에 변이를 일으킨 세균. 이러한 세균은 무기염류와 탄소원 만으로 만든 배지에서는 증식할 수 없기 때문에, 스스로 합성할 수 없는 유기영양원을 공급해 주어야만 증식시킬 수 있다. 이와 같이 세균이 어떤 영양원을 이용할 수 있는지에 관한 특성을 영양요구성(auxotrophy)이라고 한다.

예찰(豫察, forecasting) : 병 발생이나 증가 가능성을 미리 예측하는 것. 1차 전염원 및 2차 전염원의 밀도, 병 진전에 영향을 주는 기상요인, 기타 병 발생의 특성에 관한 정보를 이용한 예찰공식을 만들어 사용한다.

오갈(dwarf) : 곁순이 발아하여 잔가지가 많이 나오고, 잎이 작아지며 오글쪼글하게 되어 포기전체가 작아지는 병징이다. 잎이 노랗게 되는 위황증상을 동반하는 것이 보통이다. *Phytoplasma*屬 또는 *Spiroplasma*屬 원핵생물의 감염에 의해 발생되며, 오갈병(*Candidatus* Phytoplasma asteris)에 걸린 뽕나무에서 볼 수 있다.

오염(汚染, contamination) : 미생물을 순수배양하고 있는 배양기나 순수배양한 미생물에 다른 종(種)의 미생물이 혼입된 상태. 토양이나 식물의 종자 또는 식물의 영양번식체의 표면에 병원체가 부착되어 있는 것도 오염이라고 한다.

완전배지(完全培地, complete medium) : 주로, 미생물의 배양 때에 그 생물의 생장, 증식이 최고도로 번성하는 데에 필요한 조건을 모두 갖춘 배지.

외생균근(外生菌根, ectotrophic mycorrhiza) : 균근(菌根) 중 균사가 고등식물의 뿌리

의 표면, 또는 표면에 가까운 조직 속에 번식하여 균사는 세포간극에 들어가지만 뿌리의 세포 내에까지 침입하지 않는 것

외생포자(外生胞子, **exospore**) : 미생물의 균체외부에 형성되는 포자를 말하며, 세포의 균체 안에 생성되는 내생포자와 대비되는 용어이다. 많은 곰팡이가 생성하는 분생포자를 예로 들 수 있다. 대부분의 세균은 포자를 생성하지 않지만, 식물 병원세균 중에 감자 더뎅이병균(*Streptomyces scabies*)을 비롯한 일부 방선균(Actinobacteria)은 외생포자를 생성한다.

용균(溶菌, **bacteriolysis**) : 세균세포가 어떤 원인에 의해 파괴되는 현상을 뜻하는 용어이며, 보통 길항작용의 결과로 발생한다. Bacteriophage나 bdellovibrio의 기생 또는 bacteriocin 등 항생물질, 식균미생물 등의 포식자에 의해 일어나기도 하지만, siderophore에 의한 철분 결핍 등에 의해 세균이 생육하기 어려운 환경에 놓이게 되면 스스로 peptidoglycan을 분해하는 자가용해(autolysis) 현상을 일으키기도 한다.

용균반(溶菌斑, **plaque**) : 세균이 고르게 증식한 고형 배지 상에서 어떤 원인에 의해 세균이 자라지 못하여 생긴 지역. 보통 작은 원형의 clean zone으로 나타나며, bacteriophage나 *Bdelloviblio* 屬 세균 · bacteriocin 생성세균 · 기타 길항균에 의해 형성될 수 있다.

용원 **phage(temperate phage, lysogenic phage)** : 세균에 침입하지만 균체를 용균 시키지 못하고, 기주세포에 prophage로 들어갈 수 있는 용원성(lysogeny)을 갖춘 phage. Phage DNA의 결합이 아니라는 면에서 결함 phage와는 다르며, 약독 phage 또는 잠재 phage라고도 한다.

용원성(溶原性, **lysogeny**) : Phage DNA가 기주 세균의 균체 안에서 복제되지 못하고 prophage로 되는 성질.

용원세균(溶原細菌, **lysogenic bacteria**) : Prophage를 가지고 있는 세균. 용원세균은 자신이 가지고 있는 prophage와 같은 계통의 phage에 대해 면역성이다.

운반 **RNA(transfer RNA, tRNA)** : 유전자의 정보가 단백질로 발현되는 과정에서 만들어지는 RNA이며, 전령 RNA(mRNA) 상에 배열된 염기의 상보적 염기 배열(역 codon)을 갖도록 만들어진다. 효소가 전령 RNA의 역 codon에 해당하는 아미노산을 선발하여 운반 RNA에 붙여줌에 따라 ribosome 상에서 단백질이 만들어지는 것을 번역(translation)이라고 한다.

원핵생물(原核生物, **procaryotes**) : 핵막이 없기 때문에 세포질 안에 흩어져있는 염색체를 원핵이라고 하며, 원핵을 가진 세포를 원핵세포(procaryotic cell)라고 한다. 원핵세포로 되어 있는 생물이 원핵생물이다. 무성생식을 하며 mitochondria가 없고 세포질막에서 호흡기능을 수행한다. 대부분 세포질막에 sterol이 없으며, 세포벽은

peptidoglycan으로 구성되어있다. 원핵생물계(kingdom Procaryotae)는 크게 domain Archaea와 domain Bacteria로 나누어진다. Domain Bacteria에 식물 병원세균이 포함되어 있다(IV. 식물 병원세균의 분류학적 위치 참조), 진핵생물의 핵은 핵막에 둘러싸여 세포질과 분리되어있다.

원핵세포(原核細胞, procaryotic cell) : 핵막이 없기 때문에, 염색체가 세포질 안에 흩어져 있는 세포. 모든 세균은 원핵세포로 되어 있다.

원형질체(原形質體, protoplast) : 그람 양성세균에 세포벽 분해효소를 처리하여 세포벽이 분해되고 세포질막으로만 싸여 자라는 균체. 이 상태의 균체는 삼투압이나 건조한 환경 등 부적합한 외부 환경에 매우 취약하다. 세포벽 합성저해물질이나 세포벽 분해효소가 없는 환경에서 배양하면, 다시 세포벽을 합성하여 정상적인 세포가 된다.

위상차현미경(位相差顯微鏡, phase contrast microscope) : 직사광과 회절광을 동시에 이용하여, 투명하지만 굴절율이나 두께가 다른 시료에 명암을 극대화하여 관찰하기 좋도록 만든 광학현미경.

위자낭각(僞子囊殼, pseudothecium) : 자낭이 균사체 자좌 내의 소방(강실)에서 직접 형성되는 소방자낭균綱(자낭포자좌를 형성하는 자낭균류)의 자낭과. 자낭포자좌(ascostroma)라고도 불림.

위조(萎凋, wilting) : 식물체를 시들게 하는 증상

유공자낭각(有孔子囊殼, perithecium) : 자낭균류의 유성생식 과정 중에 형성되는 자낭과의 일종으로서 둥글거나 플라스크 모양이며 끝에 구멍이 존재하는 자낭각.

유관속(維管束, 관다발, vascular bundle) : 식물의 체내에서 물질이 이동하는 통도조직. 물관(木部)과 체관(篩部)으로 구성되어 있다.

유관속 국재 세균(維管束局在細菌, fastidious vascular bacteria) : 식물의 유관속에만 존재하는 병원세균. 1972년에 Windsor와 Black이 club leaf disease에 걸린 클로버의 체관(體管, phloem)에서 리켓치아 모양의 세균을 관찰하고, 다음 해에 Maramorosch도 왜화된 사탕수수의 물관에서 같은 모양의 세균을 관찰하여 리켓치아 모양의 세균(rickettsia like bacteria)이라고 불렀다. 그 후 이 병원세균은 포도, 복숭아, 밀, 감자 등의 사부(篩部, phloem)나 물관(木部, xylem)에서도 관찰되었다. 체관 국재 세균(fastidious phloem-limited bacteria)과 물관 국재 세균(fastidious xylem-limited bacteria)으로 나눌 수 있다. 체관 국재 세균은 그람 음성 간균이며 편모가 없다. 물관 국재 세균은 그람 음성균과 그람 양성균을 모두 포함하고 있다. 체관 국재 세균에 의한 병으로는 감귤 greening병이 있으며, 물관 국재 세균에 의한 병으로는 *Xylella fastidiosa* 에 의한 포도나무 pierce's병, 복숭아나무 phony peach병 등이 있다. 인공배양이 어려우며, 세포벽 외부 형태가 톱니모양이다. 매미충을 비롯한 흡즙성 곤충에 의해 매개되며, 경란전염을 하는 병도 알려져 있다. 아

직 한국에서는 유관속 국재 세균에 의한 병 발생이 보고되지 않았다.

유도기(誘導期, lag phase) : 폐쇄된 공간에서 자라는 세균의 집단생장 과정을 그린 증식곡선의 첫 단계이며, 가장 활발하게 증식하는 대수증식기의 전단계이다. 세균이 생장에 필요한 효소와 세포 구성성분을 합성하는데 필요한 기간으로 생각되며, 세균의 증식속도가 대수증식기에 비해서 매우 늦다. 늙거나 휴면기에 가까운 상태의 세균일수록 유도기가 길며, 대수증식기에 있는 젊은 세균을 이식하면 유도기가 거의 없거나 짧다(생장곡선 참조).

유도저항성(誘導抵抗性, induced resistance) : 획득저항성(acquired resistance). 미생물이나 화학물질과의 접촉에 의해 식물에 생성되는 병에 대한 저항성. Brown(1923)이 데이지(*Bellis perennia*)와 장미에 죽은 뿌리혹병균(*Agrobacterium tumefaciens*)을 접종하여, 이 뿌리혹병에 대한 저항성을 처음 유도하였다. 풋마름병균(*Ralstonia solanacearum*)의 죽은 균주나 살아있는 비병원성 균주를 접종하여 담배나 감자에 저항성을 유도하고, 부생균인 *Pantoea herbicola*를 벼 잎에 접종하여 흰잎마름병(*Xnathomonas oryzae* pv. *oryzae*)에 대한 저항성을 유도하였다는 보고도 있다. 유도저항성은 국부적 또는 식물체 전체에 나타날 수 있으며, 접목에 의하여 이전될 수도 있다고 한다. 또 항원-항체 반응처럼 전접종(前接種)된 미생물에 대해서만 특이적으로 저항성을 나타내기도 하지만, 여러 종류의 병원체에 대해 복합적으로 저항성을 나타내기도 한다.

유리접시(샤레, petridish) : 얇은 유리 또는 플라스틱으로 만든 둥근 그릇모양의 납작한 제품이며, 뚜껑과 바닥이 한 쌍을 이루고 있다. 배양기를 담아 균류나 세균 등 미생물을 배양할 때 흔히 사용하며, 먹이를 넣어 곤충 등 작은 동물을 배양할 때 사용하기도 한다.

유발토양(誘發土壤, conducive soil) : 자연적으로 병 발생이 잘 되는 토양.

유사균류(類似菌類, Pseudofungi) : 하등균류로 원생동물계(kingdom Protozoa)와 색조류계(kingdom Chromista)가 있다. 점균류, 무사마귀병균류, 난균류 등에 대한 총칭. 이들은 1990년경까지 곰팡이로 분류되었으나 지금은 점균류와 무사마귀병균류는 원생동물界로 분류되고 난균류는 색조류界로 분류됨. 그러나 모두 병꼴균류, 접합균류, 자낭균류, 담자균류 등의 진정균류와 같이 연구됨.

유성생식(有性生殖, sexual reproduction) : 자성과 웅성 배우자의 결합, 즉 수정에 의한 생식을 말한다. 자성과 웅성으로 구분하기는 어렵더라도, 서로 다른 2개체로부터 유래된 유전자가 재조합되어 자손 개체의 유전자를 구성하는 모든 생식방법을 넓은 의미의 유성생식에 포함한다. 엄밀한 의미에서 세균은 유성생식을 하지 않는다.

유성포자(有性胞子, sexual spore) : 곰팡이에서 유성생식에 의해 형성된 2n 상태의 포자.

유전(遺傳, heredity) : 자손에게서 어버이의 형질과 똑같은 형질이 나타나나는 현상.

유전형질은 단백질의 합성에 의해 나타나며, 유전자는 하나의 단백질 구조를 결정하는 기능을 갖는 유전물질의 최소 단위이다.

유전자 대 유전자설(遺傳子 對 遺傳子說, gene for gene theory) : 기주식물에 저항성이나 감수성을 결정하여 주는 개개 유전자에 대하여 기생체에 비병원성이나 병원성을 결정하여 주는 상응하는 특이적인 유전자가 있다는 이론. Flor가 1956년에 제시하였다.

유전자 분석(遺傳子 分析, genetic analysis) : 어떤 형질 발현에 관여하는 유전자의 종류나 수, 유전자 개개의 기능, 염색체 상에서의 유전자 위치, 유전자 사이의 거리, 유전자의 구조 등을 조사하는 것.

유전자재조합(遺傳子再調合, genomic recombination) : 유성생식을 하는 생물의 자웅개체가 각각 가지고 있는 유전물질, 즉 서로 다른 genome의 유전물질이 하나의 genome으로 합쳐지는 현상. 무성생식을 하는 세균에서도 접합·형질도입·형질전환에 의해 유전자재조합이 이루어질 수 있다(준유성생식 참조).

유전형(遺傳型, genotype) : 생물의 유전형질을 결정하는 유전자 구성. 열성유전자를 포함하며, 표현형과 대비되는 용어이다.

유주자(遊走子, zoospore) : 물속에서 편모의 운동에 의해 이동할 수 있는 포자. 유주포자.

유주자낭(遊走子囊, zoosporangium) : 유주자를 담고 있거나 형성하는 포자낭.

유행병(流行病, epidemics) : 광범위한 지역에서 발생되거나 또는 광범위한 지역에서는 아니라도 심하게 발생되는 병.

은폐병징(隱閉病徵, masked symptoms) : 어떤 환경조건 하에서는 나타나지 않으나, 기주가 특정 광과 온도조건에 노출되었을 때에는 나타나는 바이러스에 감염된 식물체의 병징.

응집(凝集, agglutination) : 용액 내에서 바이러스 또는 세균이 가지고 있는 항원 부위와 이 항원에 대해 특이적으로 결합하는 항체가 연속적으로 결합하여 큰 덩어리가 되는 혈청학적 반응.

이병성(罹病性, disposition) : 식물체가 유전적으로 병에 걸리기 쉬운 성질.

이분열(二分裂, binary fission) : 세균과 같은 단세포 미생물의 균체가 거의 같은 크기의 2개체로 나누어지는 무성생식방법. 큰 세포와 작은 세포의 2개체로 나누어져 증식할 때는 출아법(budding)이라고 한다.

이상비대(異常肥大, hypertrophy) : 병원세균에 감염된 식물의 세포가 지나치게 생장하여 식물의 일부 조직이 비정상적으로 커지는 것. 그 결과, 혹(gall)이 생기는 등 식물체가 기형이 된다. 병원세균에 의해 식물조직 안에 생장조절물질이 많아지기 때문에 나타나는 병적현상이다.

이상증식(異常增殖, hyperplasia) : 병원세균의 감염에 의해 세포분열이 빈번하게 일어나서 비정상적으로 식물의 조직이 커지는 것. 그 결과, 혹(gall)이 생기는 등 식물체가 기형이 된다. 병원세균에 의해 식물조직 안에 생장조절물질이 많아지기 때문에 나타나는 병적현상이다.

이종기생균(異種寄生菌, heteroecious) : 자신의 생활사를 완성하기 위하여 서로 다른 2종류의 기주를 필요로 하는 기생체. 녹병균이 대표적인 이종기생균이다. 녹병균의 생활사 중에는 녹병포자, 녹포자, 여름포자, 동포자, 소생자시대가 있는데 이종기생을 하는 녹병균은 중간기주에서 이들 중 일부의 포자시대를 거쳐 생활환을 완성한다.

2차 감염(二次 感染, secondary infection) : 월동한 병원체에 의해 봄에 처음 식물이 감염되는 것을 1차 감염이라고 부르는데 비하여, 1차 감염된 식물체에서 증식한 병원체가 건강한 식물체로 전반되어 일어나는 감염을 2차 감염이라고 한다. 2차 감염된 식물체에서 증식한 병원체가 다시 건강한 식물체로 전반되어 발생하는 감염도 모두 2차 감염이라고 부른다.

2차 전염원(二次傳染源, secondary inoculum) : 1차 전염원에 대비되는 용어이다. 월동한 전염원을 1차 전염원이라고 한다. 1차 전염원에서부터 병원체가 건강한 생물로 전반되어 1차 감염된 식물이 다시 전염원으로 작용할 때, 이 1차 감염된 식물 또는 1차 감염된 식물조직을 2차 전염원이라고 부른다. 1차 감염된 식물로부터 병원체를 보유하게 된 곤충도 2차 전염원이 될 수 있다. 2차 전염원에 의해 감염된 식물도 역시 2차 전염원이다.

이층(離層, abscission layer) : 어떤 식물의 조직이 주변 조직으로부터 떨어져 나가도록, 식물의 조직과 조직 사이에 형성되는 세포층을 이층이라고 한다. 예를 들어, 세균성구멍병균(*Xanthomonas arboricola* pv. *pruni*)에 감염된 복숭아나무 잎에 처음에는 수침성 병반이 형성된다. 그러나 이 병반의 주위에 1~2개의 세포층이 이상비대(hypertrophied)되고, 세포중엽의 펙틴질이 용해된다. 병원균이 있는 병반은 마르고 찌그러져서 마침내 잎에서 탈락되고, 병반이 있던 자리에 작은 구멍이 생긴다.

2핵 현상(2核現象, heterokaryosis) : 균사가 하나의 세포 내에 유전적으로 서로 다른 2개의 핵을 지닌 상태 또는 현상.

이화작용(異化作用, catabolism) : 생화학적 분해작용. 생체 내에서 발생하는 물질대사에서 화학적으로 복잡한 고분자 물질을 단순한 저분자 물질로 분해하는 작용. 에너지를 방출하는 대사작용이며, 이 때 방출된 에너지는 동화작용에 이용된다.

인식(認識, recognition) : 어떤 세포가 다른 세포에 대하여 자신과의 차이점 또는 특이성을 식별하는 모든 방법. 식물 병원세균이 감수성 식물을 인식하는 과정은 식물과 병원체에서 최초의 접촉이 이루어지는 세포벽 또는 외막의 어떤 구성물질 사이에서 일어나는 것으로 생각되고 있으며, lectin의 역할로 가장 잘 설명되고 있다. Lectin

은 식물세포벽과 세포질막의 표면에 있는 세포 구성물질이며, 세균의 세포벽 표면에 있는 탄수화물의 특정부분과 강하게 결합하는 단백질 또는 당단백질이다. 작두콩(jack baen)의 lectin인 ConA는 D-glucose 및 D-mannose와 결합하고, 대두(soybean)의 lectin은 D-galactose, N-acetyl-D-galactosamine과 결합한다. 담배의 lectin은 *Ralstonia solanacearum*(세균성마름병균)의 세포벽 외막 지질 다당체 lipid A와 결합한다.

1차 감염(一次感染, primary infection) : 월동한 병원체가 감수체로 전반되어 처음 이루어지는 감염. 1차 감염된 식물체에서 증식된 병원체가 다른 감수성 식물체로 전반되어 이루어지는 감염을 2차 감염(secondary infection)이라고 한다.

1차 전염원(一次傳染源, primary inoculum) : 월동한 후 처음 감수체로 전반되어 병을 일으키는 병원체 또는 그 병원체가 있는 곳. 나출된 병원균은 대부분 월동 중에 죽기 때문에, 1차 전염원은 대체로 병든 식물조직 속에서 월동한 병원균이 된다. 1차 전염원에 의해 감염된 식물체에서 증식된 병원체가 전염원으로 작용할 때, 이 새로 증식된 병원체 또는 이 병원체가 있는 식물조직을 2차 전염원(secondary inoculum)이라고 한다.

임의기생체(任意寄生體, facultative parasite) : 부생생활을 하지만 기생생활도 가능한 미생물의 총칭. 절대활물기생체에 대비되는 용어이다. Mollicute강에 속하는 세균과 유관속 국재 세균을 제외하고 대부분의 식물 병원세균이 임의기생체에 속한다.

ㅈ

자가용해(自家溶解, autolysis) : 세균이 자라기 어려운 환경에서 스스로 glycanase나 peptidase를 생성하여 peptidoglycan을 분해하고 균체가 분해되는 현상이다. 다음과 같은 조건에서 자가용해 현상이 쉽게 발생되는 것으로 알려져 있다. ①절대호기성균에게 산소 공급이 갑자기 차단되거나, 절대혐기성균에게 갑자기 산소가 공급될 때, ②생육적온에서 자라는 세균을 갑자기 저온 또는 고온에 노출시킬 때, ③D-alanine이나 D-glucose 또는 glucose나 D-methionine이 결핍되어 있을 때. 세균의 세포 안과 밖의 삼투압이 같은 환경에서 세포벽 자기용해가 일어나면, 세균은 세포벽이 없이 L-form으로 생육하기도 한다. 세균이 증식정지기에 있을 때보다 대수증식기 때 쉽게 발생된다.

자낭(子囊, ascus) : 자낭균류의 유성생식 과정 중에 조낭기 균사의 말단세포에서 여러 번의 세포 분열 후에 주머니처럼 생긴 균사세포로서 감수분열을 포함한 세 번의 세포분열 후에 2배체 핵에서 8개의 핵이 형성되어 막으로 나누어져서 8개의 자낭포자가 생성됨.

자낭과(子囊菓, ascocarp) : 자낭균의 유성생식과정 중에 형성되는 자낭을 둘러싸고 있는 자실체. 자낭과의 형태는 구형이면서 완전히 막힌 폐쇄자낭각(cleistothecium), 병모양의 끝에 구멍이 있는 유공자낭각(perithecium), 쟁반처럼 넓게 열려있는 자낭반(apothecium) 등이 있다.

자낭균류(子囊菌類, Ascomycota, Ascomycetes, the sac fungi) : 균계에 속한다. 대부분 유성세대와 무성세대를 가지고 있다. 유성포자는 자낭포자로서 보통 자낭 내에 8개씩 형성된다. 무성포자(분생포자)는 자유균사(분생포자경) 위 또는 무성자실체(분생포자각, 분생포자층 등) 안에 형성된다. 균사에는 격막이 있고 잘 발달되어있다.

자낭반(子囊盤, apothecium) : 자장균류의 유성생식과정 중에 형성되는 쟁반처럼 넓게 열려 있는 모양의 자낭과.

자낭세대(子囊世代): 자낭균류의 생활사 중 자낭을 형성한 시기.

자낭자좌(子囊子坐, ascostroma) : 내강 속에 자낭을 형성하는 자낭균류의 자낭과 또는 생식 구조체.

자낭포자(子囊胞子, ascospore) : 자낭균류에서 유성생식에 의해 자낭 내에 형성되는 포자.

자멸적 방제법(自滅的 防除法, autocidal control) : 유해생물을 이용하여 이 유해생물의 자체 종을 스스로 제거시키는 방법. 곤충을 인위적으로 대량증식, 방사하는 특별한 경우로 어떠한 종의 개체를 불임으로 만들거나 유전적으로 손상시켜 방사하는 방법이 이용되고 있다.

자실체(子實體, fruiting body) : 곰팡이가 포자형성을 위해 만든 복잡한 구조체.

자좌(子坐, stroma) : 병든 조직과 밀착하여 형성되고 쉽게 이탈하지 않으며 여기에서 진균의 포자가 형성되는 균사 뭉치.

잘록병(立枯病, damping-off, 모잘록병) : *Thanatephorus cucumeris* (무성세대 : *Rhizoctonia solani*)에 의해 발생되는 병으로, 식물의 유묘기에 땅가 줄기 부위에 잘록 증상으로 나타나며, 병든 묘는 잘 쓰러지고, 말라 죽는다. 병원균은 병든 식물체의 조직 혹은 토양 내에서 균사나 균핵으로 존재하며, 월동 후 발아하여 식물체의 지제부를 침해한다. 습기가 많은 토양에서 발병이 많다.

잠복기간(潛伏期間, incubation period) : 식물체에 병원세균이 접종된 후부터 병징이 나타나기까지의 기간. 이 기간 동안 병원세균의 증식이 이루어질 뿐만 아니라, 병원세균의 각종 발병기작이 진행된다. 병원세균과 식물의 종류 또는 환경에 따라 이 기간은 달라진다. 병리학적인 면에서는 incubation period라고 하며, 어떤 자극에 대한 반응이 나타나기까지의 기간은 latent period라고 한다.

장난기(藏卵器, oogonium) : 곰팡이의 유성 생식과정에서 볼 수 있는 자성생식 기관으로 난균류에서는 하나나 여러 개의 핵을 지닌 난구(oosphere)에서 발생하며 주변질로 둘러싸여 있다. 장정기에서 수정관을 형성하여 핵이 장난기로 흘러 들어가 수정 후 난포자를 만든다.

장정기(藏精器, antheridium) : 곰팡이의 유성 생식과정에서 볼 수 있는 웅성생식 기관으로 난균류에서는 장정기에서 수정관을 형성하여 핵이 장난기로 흘러 들어가 수정 후 난포자를 만든다.

잿빛곰팡이병(灰色黴病, gray mold) : *Botrytis*屬 균에 의해 발생되며, 엽채류, 과채류, 과일 등에 발생한다. 과꽃, 과실, 잎과 줄기에 발병한다. 오래된 꽃받침이 갈색의 수침상으로 썩고 꽃받침 위에 번식한 균사는 유과, 신초, 과실 등에 침입한다. 유과에는 갈색의 움푹 패인 병반을 형성하고 그 위에 회색의 곰팡이를 형성한다. 이병과는 떨어진다. 신초와 과실도 갈변하며 곰팡이를 형성한다. 발병한 꽃받침이 잎에 닿으면 잎에도 옅은 갈색의 윤문이 있는 대형병반을 형성한다. 병원균은 불완전균류의 일종이며 분생포자에 의해 균핵을 형성한다. 피해 경엽 또는 짚 등 다른 유기물에 부생적으로 번식하고 그 곳이 전염원으로 된다. 온도가 높은 하우스재배에서 많이 발생한다.

저온성 세균(低溫性 細菌, psychrophilic bacteria) : 생육온도의 범위에 따라 세균을 저온성균, 중온성균, 고온성균으로 나눈다. 생육에 필요한 최저 온도가 5℃ 이하, 최적 온도는 25~30℃, 최고 온도가 30~35℃인 균을 통성저온성균(faculatative psychrophilic bacteria)으로 분류한다. 절대저온성균(obligate psychrophilic bacteria)의 최적온도는 15~18℃, 최고 온도는 19~32℃이다. 대부분의 식물 병원세균은 통성저온성균이다.

전균사(前菌絲, promycelium) : 녹병균의 겨울포자에 의해 형성되는 짧은 균사.

전기영동(電氣泳動, electrophoresis) : 전기장이 가해진 용액 또는 gel상에서 전하를 가진 물질이 그 대응되는 극을 향하여 이동하는 현상. 고분자물질의 전기영동 이동도(electrophoretic mobility)는 전하 및 분자의 크기에 따라 다르다. Agrose gel이나 polyacrylamide ge를 담체로 이용하여 전기영동을 시키면, 이러한 성질 때문에 핵산이나 단백질의 분리가 잘 일어난다. 혼합물의 분석이나 분자량 추정의 수단으로 많이 이용되고 있다.

전령 RNA(messenger RNA, mRNA) : 유전자의 정보가 단백질로 발현되는 과정에서 만들어지는 RNA이며, DNA polymerase에 의해 DNA의 한쪽 사슬과 상보적인 염기배열을 갖도록 합성된다. 이와 같이 전령 RNA가 만들어지는 과정을 전사(transcription)라고 한다. 전령RNA의 염기배열은 운반 RNA로 번역되어 ribosome 상에서 단백질로 합성된다.

전반(傳搬, dissemination) : 전염원을 포함한 생물이 다른 곳으로 이동하는 것을 분산이라고 한다. 전반은 전염원으로부터 병원체가 감수성 생물로 이동하는 것만을 말하며, 분산 중 극히 일부에 해당 된다. 바람·물·토양·곤충·농기구·사람 등에 의해 옮겨지거나, 병원체에 감염 또는 오염된 식물체(종자, 종구, 접수, 삽수, 대목)를 통하여 전반될 수 있다.

전배우자낭(前配偶者囊, progametangium) : 접합균류인 *Rhizopus*屬에서 인접한 두 균사가 접합하기 직전에 형성되는 짧은 균사. 전배우자낭이 접합하여 격막을 만들고 접합포자를 형성한다.

전분 가수분해 시험(澱粉 加水分解 試驗, starch hydrolysis test) : 전분은 amylose와 amylopectin으로 된 고분자화합물이다. *Erwinia rapontici* (양파 무름병균)를 비롯한 몇 종의 식물 병원세균들은 amylase를 분비하여 전분을 maltose·glucose·dextrin으로 분해한다. 그러나 *Pseudomonas*속과 *Pectobacterium carotovorum* 에 속하는 대부분의 세균들은 전분을 분해하지 못한다. 따라서 전분 가수분해 여부는 세균을 동정하는 중요한 형질이다. 전분을 함유한 한천평판배지에서 세균을 배양한 후 iodine 용액을 배지에 접촉시키면, 전분을 함유한 배지가 보라색으로 변한다. 그러나 세균이 amylase를 분비하여 전분이 분해된 콜로니 주변 배지는 푸른색으로 변하지 않는다(starch agar media 참조).

전사(轉寫, transcription) : 유전자의 정보가 형질로 발현되는 첫 단계이며, DNA polymerase에 의해 DNA의 한쪽 사슬과 상보적인 염기배열을 갖도록 전령 RNA(mRNA)가 만들어지는 과정이다.

전신병(全身病, systemic disease) : 병원체가 감염된 식물의 내부를 통하여 전신에 퍼져 존재하는 병이며, 국부병에 대비되는 용어이다. 세균병 중 전신병은 대부분 도관병(導管病)에 속하는 병들이며, *Phytoplasma* 및 *Spiroplasma* 屬 원핵생물에 의한 각종 식물의 빗자루병이나 오갈병, *Ralstonia solanacearum*에 의한 가지과 작물의 풋마름병, *Clavibacter michiganensis* subsp. *michiganensis*에 의한 고추 및 토마토의 궤양병, *C. michiganensis* subsp. *sepedonicus*에 의한 감자 둘레썩음병, *Erwinia tracheiphila*에 의한 박과 작물의 세균성시들음병 등이 해당된다.

전신적 획득저항성(全身的 獲得抵抗性, systemic acquired or activated resistance) : 병원균의 감염이나 화학물질의 처리에 의해 생성된 유도저항성이 감염되지 않은 식물체 말단 부위까지 전신적으로 발현되는 현상.

전염사슬(病環, disease cycle) : 전염원으로부터 병원체가 감수성식물로 전반되고, 식물체 안으로 침입하여 감염이 이루어진 후, 잠복기간을 거쳐 발병이 되고, 죽은 식물조직이 다시 전염원이 되는 일련의 과정.

전염성병(傳染性病, infectious disease) : 병든 식물에서 건전한 식물로 전염될 수 있는 병원체에 의한 병.

전염원(傳染源, inoculum source) : 전염병을 일으키는 병원체를 접종원(inoculum)이라고 하며, 전염원의 실체는 병원체가 된다. 그러나 통상 병원체가 있는 곳을 전염원이라고 한다. 예를 들어 식물의 세균병을 일으키는 전염원의 실체는 식물 병원세균이지만, 병든 식물조직 또는 병든 식물조직의 부스러기가 섞여있는 토양도 전염원이라고 한다.

전이(轉移, transposition) : 전이인자가 다른 염색체 부위로 이동하여 유전자 재조합을 이루는 것.

전이인자(轉移因子, transposon) : 양끝에 삽입서열을 가지고 있어서, 다른 유전자로 이동하여 재조합을 이룰 수 있는 유전자 절편이다. Plasmid처럼 독립적으로 복제되지 못하고, 염색체에서 분리되어 존재하지는 못한다.

전자현미경(電子顯微鏡, electron microscope) : 광학현미경이 광선을 이용하는 대신에 전자선을 사용하고, 광학렌즈 대신에 가변전자장을 이용한 전자렌즈를 사용하여 미세한 구조를 관찰할 수 있게 만든 장치. 전자현미경을 이용하면, 광학현미경으로 관찰할 수 없는 미생물의 미세한 형태나 미생물이 식물체 내에서 기생하고 있는 부위와 기생하고 있는 상태를 쉽게 관찰할 수 있다. 현미경의 기능에 따라 투과전자현미경(TEM)과 주사전자현미경(SEM)으로 나눈다.

전충체(塡充體, tylose, tylosis) : 식물의 도관이나 가도관의 안쪽에 2차적으로 생긴 세포군. 도관에 인접한 유조직 세포가 도관의 벽공을 뚫고 도관 안쪽으로 들어와 커진 것이며, 여러 개의 진충체가 커지게 되면 도관을 막게 된다. 세균성 도관병의 시들음병 발병기작 중 하나로 설명되기도 하며, 도관에 침입한 병원세균의 이동을 차단한다는 의미에서 식물의 저항성 기작으로 설명되기도 한다. 세균성 시들음병균(*Erwinia tracheiphila*)에 감염된 식물의 물관에서 볼 수 있다.

절대기생체(絶對寄生體, obligate parasite) : 자연 상태에서 살아있는 생물체에 기생해서만 생장과 증식이 가능한 기생체.

절대혐기성균(絶對嫌氣性菌, obligate anaerobe) : 산소를 전자수용체로 이용하지 않고 발효에 의해 에너지를 얻는 균. 산소가 없는 곳에서만 생육한다. Superoxidase나 peoxidase를 생성하지 못하기 때문에, 산소가 있는 곳에서는 superoxide(O_2^-)나 peroxide(O_2^{-2}) 같은 독성물질을 제거하지 못하고 죽는다. 식물 병원세균으로는 느릅나무에 wet-wood syndrome을 일으키는 *Clostridium*屬 세균이 있다.

절대활물기생체(絶對活物寄生體, obligate parasite) : 죽은 유기물에서는 증식할 수 없으며, 반드시 살아있는 세포에 기생하여서만 증식할 수 있는 미생물이다. 바이러스가 대표적인 절대활물기생체이며, 모든 절대활물기생체는 병원체이다. 식물 병원 원미생물로는 *Phytoplasma*屬 세균과 유관속 국재 세균(fastidious vascular bacteria)이 있다. 활물영양체(biotroph)라고도 한다.

점균(粘菌, Myxomycota) : 원생동물계(kingdom Protozoa)에 속하며 세포벽이 없이 변형체(plasmodium)나 유사변형체를 생성하며 세포 또는 편모로 운동을 한다. 세균이나 효모 같은 미생물을 포식하여 영양을 얻으며 원시동물과 같은 생장을 한다.

점질층(粘質層, glycicaryx, slime layer) : 세균이 균체의 표면으로 분비한 다당체 함유물이며, 당단백질과 여러 종류의 다당류로 되어 있다(세균의 구조 모식도 참조). 이 조직이 치밀하고 단단할 경우에는 협막(capsule)이라고 부르며, 조직이 엉성할 경우에는 점질층(slime layer)이라고 부른다. 병원세균이 기주식물(寄主植物)에 기생하여 살아갈 때에는 점질층이 두텁게 발달하지만, 인공배지 상에서 배양하는 기간이 길어지면 점점 얇아져서 마침내 거의 소실된다. 이렇게 점질층이 소실된 세균은 병원성도 약해지는 것으로 알려져 있다. 가지과 작물의 세균성풋마름병균(*Ralstonia solanacearum*)이 식물체의 물관 속에서 급속히 증식하면, 점질층의 점성 때문에 균체가 서로 뭉쳐 큰 덩어리를 형성한다. 이 균체 덩어리가 식물의 물관을 막아 시들음 현상을 일으킨다고 알려져 있다.

접종(接種, inoculation) : 병원체를 식물에 침입시켜 주는 과정. 또는 미생물을 배양기로 옮겨주는 과정.

접종원(傳染原, 接種原, inoculum) : 감염을 일으키는 병원체. 기주와 접촉하기 위하여 옮겨가는 각 병원체 개체의 부분.

접종원 능력(接種源能力, inoculum potential) : 병원세균이 식물에 감염될 수 있는 힘. 병원세균 1개체의 발병력은 물론이고 병원세균의 양과 밀접한 관계가 있다. 담배 세균성마름병균(*Ralstonia solnacearum*)이 식물에 병을 발생시킬 수 있는 최저농도는 10^4cells/ml라고 한다.

접합(接合, conjugation) : 공여세균의 유전물질이 수령세균으로 이전되는 방법이다. 전달성 plasmid(F-plasmid)를 가진 세균이 공여세균이 될 수 있으며, 전달되는 유전물질은 전달성 plasmid 또는 전달성 plasmid와 함께 전달되는 염색체의 일부일 수 있다. 유전물질이 전달되는 과정에서 공여세균의 성선모(sex pili)가 수령세균의 세

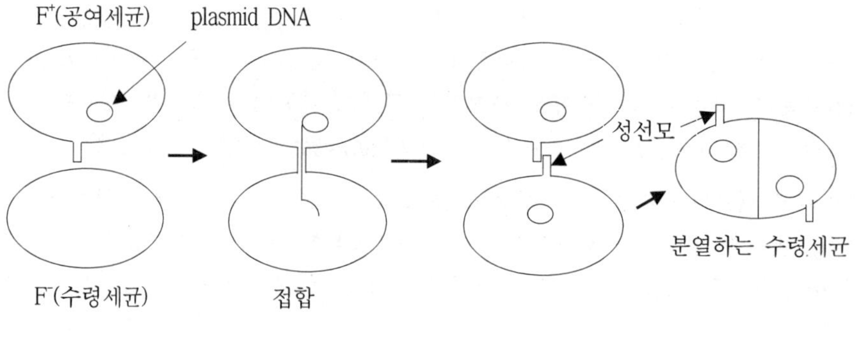

포벽 외막 단백질 A에 부착되어 두 세포 사이의 다리역할을 한다. 전달성 plasmid를 이전 받은 수령세균은 성선모를 만들고 공여세균이 된다. 수령세균은 성선모가 없지만 세포 표면에 공여세균의 성선모를 인식할 수 있는 인식기관을 갖고 있다. 따라서 유전적으로 근연계통에 있는 세균 사이에서만 접합이 일어난다.

접합균류(接合菌類, Zygomycota) : 균계에 속하며, 세포벽은 키틴으로 되어 있고 운동성인 유주자가 없으며, 포자낭에 비운동성 무성포자를 형성한다. 같은 모양과 크기의 배우자낭이 합쳐져 접합포자(zygospore)를 형성하며 균사에 격막이 없다. 접합균류는 육상에 서식하는 곰팡이인데 이들의 포자는 흔히 공기 중에 떠 다니며, 부생균이거나 식물체 또는 농산물에 부패를 유발하기도 하는 나약 기생체(weak parasite)이다.

접합성 plasmid(conjugative plasmid) : 성선모를 만드는 유전자를 가지고 있어서, 성선모를 만들고 접합에 의해 다른 세균에 자신의 복제된 유전자를 이동시킬 수 있는 plasmid. 성인자(sex factor) 또는 전달성 plasmid라고도 한다. 좁은 의미에서는 접합성만을 부여하는 F 인자(F-plasmid)를 의미하지만, R-plasmid 등 접합성 유전자를 가지고 있는 모든 plasmid를 의미하기도 한다. 모든 plasmid가 접합성 plasmid는 아니다.

접합체(接合體, zygote) : 두 배우자의 접합에 의해 형성된 배수체 세포

접합포자(接合胞子, zygospore) : 접합균류에서 형태적으로 유사한 두 배우자의 접합으로 형성된 유성포자 또는 휴면포자.

정균(靜菌, fungistatic) : 곰팡이를 죽이지 않으며 생장을 억제하는 작용.

정미생(靜微生, microstasis) : 미생물이 죽지는 않았지만, 대사작용이 매우 낮아져서 발육이 정지된 휴면 상태. 저온·건조·영양고갈 등의 환경조건을 이용하여 정미생 시킬 수 있으며, 변이가 일어나는 것을 방지하고 오랫동안 미생물을 보관하기 위한 방법으로 사용된다. 특히 세균의 발육을 정지시키는 것을 정세균(bacteriostasis)이라고 하며, 곰팡이의 생육을 정지시키는 것을 정균(fungistasis)이라고 한다.

정상기(定常期, 정지기, stationary phase) : 폐쇄된 공간에서 자라는 세균의 집단생장 과정을 그린 생장곡선의 한 단계이며, 대수증식기 이후에 온다. 세균의 증식이 계속되면서 영양물질이나 산소가 줄어들고, 해로운 대사산물이 축적되는 등 생육환경은 악화된다. 이로 인하여 세균의 집단생장 속도가 점점 느려져서, 마침내 새로 태어나는 세균의 개체 수와 죽는 개체 수가 같아지는 단계이다. 이 기간의 세균 집단은 개체 수에서 거의 변동이 없다. 이 기간이 지나면 모든 세균이 죽어가는 사멸기로 접어든다(생장곡선 참조).

정세균(靜細菌, bacteriostasis) : 세균이 죽지는 않았지만, 대사작용이 매우 낮아져서 발육이 정지된 상태. 저온·건조·영양고갈 등의 환경조건을 이용하여 정세균 시킬

수 있으며, 변이가 일어나는 것을 방지하고 오랫동안 세균을 보관하기 위한 방법으로 사용된다.

정세균제(靜細菌劑, bacteriostasic agent) : 세균을 죽이지 않고 단지 세균의 생육이나 증식을 억제시키는 물질. Tetracycline은 잘 알려진 정세균제다. 한천평판배지 위에 세균현탁액을 발라주고 그 중앙에 tetracyclin과 같은 항생물질을 넣은 여과지 절편을 올려놓고 배양하면, 여과지 절편 주위에 세균의 생육저지원(clean zone)이 생긴다. 그러나 4~5일이 지나면 tetracycline의 정세균 효과가 약해져서, 세균생육저지원 안에 세균의 작은 콜로니(secondary colony)가 생기는 것을 볼 수 있다.

제한효소(制限酵素, restriction enzyme) : 숙주 지배성 제한에 관여하는 효소이며, DNA의 특정한 염기배열을 인식하여 이중가닥을 절단하는 endonuclease. 세균의 종에 따라 특성이 다르기 때문에, 효소의 이름에 생물의 종명을 표기한다. I형과 II형이 있으며, I형은 불특정한 위치에서 DNA를 절단하지만 II형은 특정 위치에서 DNA를 절단한다.

조낭기(造囊器, ascogonium) : 자낭균의 유성생식과정 중에 생성되는 자성배우자낭 또는 생식기관.

조낭기 균사(造囊器 菌絲, ascogenous hypha) : 자낭균의 유성생식과정 중에 수정된 조낭기에서 자라나온 균사. 조낭기 균사의 말단세포에서 여러 번 분열 후에 단핵의 자낭이 형성된다.

조류(藻類, algae) : 물속에서 생장하며 녹색식물처럼 엽록체를 이용해 독립영양생활을 하는 식물의 한 군. 일반적으로 조류는 바다 속이나 육상의 담수에서 생육하는 식물을 가리키지만, 서식처가 매우 넓어 다양한 분류군을 포함한다.

조정기(造精器, antheridium) : 자낭균류의 유성 생식과정에서 볼 수 있는 웅성생식 기관으로 난균류에서는 장정기에서 수정관을 형성하여 핵이 장난기로 흘러 들어가 수정 후 난포자를 만든다.

조효소(助酵素, coenzyme) : 복합단백질로 이루어진 효소의 비단백질 성분이며, 단백질과의 결합이 약하기 때문에 가역적(可逆的) 해리 평형상태에 있다. 단백질부분이나 조효소 모두 혼자서는 촉매기능을 수행하지 못하고, 두 부분이 결합하였을 때 촉매기능을 나타낸다.

종(種, species) : 생물의 계통분류학적 기본단위이다. Handerson(1963)에 의하면, "개체 사이에 서로 교배가 가능하고 다른 집단과는 교배가 불가능하며, 서식지가 지리적으로 구별되는 속(屬) 이하의 집단"이라고 하였다. 그러나 무성생식을 하는 세균의 경우에는 이러한 교배의 개념을 그대로 적용하기는 곤란하다. 원핵생물의 종은 "DNA hybridization 결과 상동성이 70% 이상이고 개체간의 GC content가 비슷하며, 표현형도 같은 집단"으로 하고 있다. Bergey's manual(1984~19888)에서는 종

이하의 분류단위로 분류방법에 따라 biovar · serovar · pathovar · phagovar · morphovar를 적용하고 있다. 식물 병원세균의 종 이하 분류단위는 1980년에 제정된 "국제식물 병원세균명명규약"에 따라 pathovar로 명명하고 있다. 단 *Pectobacterium carotovorum*과 *Clavibacter michiganensis*에 대해서는 pathovar를 사용하지 않고, 몇 가지 생리적 특성의 차이에 따라 각각 5종류의 subsp.로 나누고 있다(아종 참조).

종속영양생물(從屬營養生物, heterotroph) : 유기물을 영양원으로 이용하여 생육하는 생물이다. 무기물을 영양원으로 이용하는 독립영양생물에 대응되는 용어이다. 광화학반응에서 생성된 에너지를 이용하는 생물을 광합성 종속영양생물이라고 하고, 화학적 암반응에서 생성된 에너지를 이용하는 생물을 화학합성 종속영양생물이라고 한다. 모든 식물 병원세균은 화학합성 종속영양생물이다.

종자전염(種子傳染, seed transmission) : 병원체에 감염 또는 오염된 종자를 파종하여 발아된 식물에 발병이 되는 과정. 토마토 궤양병균(*Clavibacter michiganensis* pv. *michiganensis*), 무 · 배추의 검은썩음병균(*Xanthomonas campestris* pv. *campestris*), 강남콩의 불마름병균(*X. axonopodis* pv. *phaseoli*)을 비롯한 많은 식물 병원세균들과 곰팡이에 의한 깜부기병 등이 종자전염되는 것으로 밝혀져 있다.

종피(種皮, seed coat) : 종자껍질. 식물의 종류에 따라 한 겹 또는 두 겹으로 구성되어 있으며, 종피가 두 겹일 때 외종피와 내종피로 구분된다.

종합적 관리(綜合的 管理, integrated pest management, IPM) : 육종적 · 경종적 · 생물적 방제 방법 등 이용 가능한 모든 방법을 동원하여 농약의 사용량을 줄이면서 식물병을 방제하는 것을 종합적 방제(integrated control)라고 한다. 근래에는 이 종합적 방제에 환경친화적인 방법으로 경제적 피해 수준 이하에서 식물병을 관리한다는 농업경영적 개념을 추가하여 종합적 관리라는 용어를 사용하고 있다.

주기성(走氣性, aerotaxis) : 호기성 세균이 산소를 향해 이동하는 성질.

주모균(周毛菌, peritrichate) : 균체의 주위에 여러 개의 편모(鞭毛)가 있는 세균의 통칭. 십자화과 채소를 비롯하여 많은 식물에 무름병을 일으키는 *Pectobactrium carotovorum* subsp. *carotovorum*이 주모균이다(편모 참조).

주변 세포질(周邊細胞質, periplasm) : 그람음성 세균의 세포벽 외막과 세포질막 사이에서 peptidoglycan을 둘러싸고 있는 단백질과 탄수화물로 이루어진 기질(matrix)이다. Cellulase나 peptidase 같은 효소를 가지고 있으며, 이 효소들은 이동이 어려운 대사산물을 이동성으로 바꾸는데 이용되기도 한다. 주변세포질에 들어있는 β-1,2-D-glucan 등 oligosaccharide는 주변세포질의 삼투압을 세포질의 삼투압과 같아지게 하는 역할을 한다. 따라서 주변세포질은 세포 내외로 이동되는 물질 수송과 대사에 관여하며, 세포질 및 세포질막을 보호하는 기능을 수행한다. 세포질막과 세포벽 외막은 이 주변 세포질 내 여러 곳에서 접촉하고 있는 것으로 생각되고 있다

(세균의 구조 모식도 참조).

주화성(走化性, chamotaxis) : 운동성이 있는 세균이 화학물질에 유인되어 이동하는 성질. 세균을 유인하는 화학물질로는 당류, 아미노산, 알콜 등이 알려져 있다. 사과나무 화상병균(*Erwinia amylovora*)은 aspartate, fumalate, malate, malonate 등에 이끌리지만, 동물 병원세균인 *Pseudomonas aeruginosa*를 유인하는 당류에는 반응하지 않는다고 한다.

준유성생식(準有性生殖, parasexual reproduction) : 감수분열 이외의 과정에 의해 유전적 재조합이 일어나는 방법을 모두 포함하여 말한다. 원래 곰팡이인 *Aspergillus nidulans*의 체세포 재조합에 대해 명명되었다. 그러나 지금은 넓은 의미로 세균의 접합·형질도입·형질전환과 세포융합에 의한 유전자 재조합까지 포함한다.

중간기주(中間寄主, alternate host) : 식물병원 곰팡이(예 : 녹병균)가 생활환을 완성하기 위해 교대하여 기생하는 두 종류의 기주 중에서 경제적 가치가 적은 기주.

중복기생체(重複寄生體, hyperparasite) : 다른 기생체에 기생하는 기생체.

지속가능한 농업(sustainable agriculture) : 병충해나 토양의 물리적·화학적 악화 등 연작장해를 야기하지 않고 농사를 계속할 수 있는 농업방법을 말한다. 과도한 농약이나 비료의 사용으로 인해 발생하는 생태계 파괴와 토양의 악화를 방지하기 위해 권장되고 있는 친환경 농법이나 유기농법도 지속가능한 농업이 일환이다.

지질다당(脂質多糖, lipopolysaccharide, LPS) : 그람음성 세균의 세포벽 외막을 구성하는 성분이며, 지질과 다당의 공유결합체이다. 동물 병원세균의 경우에 내독소(endotodxin)로 작용하는 것이 알려져 있으며, 식물 병원세균의 경우에도 병원성과 관련이 있을 것으로 생각되고 있다.

지표식물(指標植物, indicators) : 특정 바이러스에 대해 감수성이며, 바이러스를 접종하면 특징적인 병징을 나타내기 때문에 바이러스 병의 검정에 사용되는 식물.

직접계수법(直接計數法, direct microscopic count) : 광학현미경을 이용하여 일정한 부피의 액체 속에 들어 있는 세균의 수를 세는 방법이다. 보통 Petroff-Hauser cell counter를 이용하여 1/1,250,000㎖에 들어있는 세균의 수를 조사하여 1㎖에 들어있는 세균의 수를 역산한다. 매우 간편하게 세균이 밀도를 측정할 수 있지만, 살아있는 균체와 죽은 균체를 구분할 수 없으며 활발하게 움직이는 균체의 수는 측정하기가 어렵다는 단점이 있다(Petroff-Hauser cell counter 참조).

직접살균제(直接 殺菌濟, eradicant) : 식물체에 침입한 병원체를 죽이는 작용을 하는 살균제. 이미 발병된 식물에 치료를 목적으로 사용할 수 있어야 하기 때문에, 식물에 대한 침투성이 있어야 한다. *Candidatus* Phytoplasma zizyphi에 의한 대추나무 빗자루병을 치료하기 위하여, tetracycline을 수간주사(樹幹注射)하는 방법이 사용되고 있다.

진균(眞菌, true fungi) : 균사체를 형성하며 세포벽은 glucan과 키틴(chitin)을 함유하고, 엽록체가 없는 진균류의 총칭으로 병꼴균(Chytridiomycetes), 접합균(Zygomycetes), 자낭균(Ascomycetes), 담자균(Basidomycetes) 및 불완전균류(Deuteromycetes)가 있으며 이를 모두 균계(菌界, kingdom Fungi)라 한다.

진단(診斷, diagnosis) : 병의 원인을 정확하게 알아내는 과정. 이미 많이 경험해본 식물병에 대해서는 병징과 표징만 가지고도 진단이 가능하다. 병징과 표징만으로 진단이 어려운 병에 대해서는 병원균을 분리・동정하여 진단한다. 그 밖에 항혈청을 이용하여 간편하게 진단하는 방법도 사용되고 있다.

진탕배양(振湯培養, shaking culture) : 호기성 세균을 비롯한 세포를 액체배지에서 배양할 때, 배지에 산소를 공급해주기 위하여 배지가 들어 있는 용기를 흔들어주는 배양법. 이에 비하여 배지를 흔들어 주지 않고 배양하는 것을 정치배양(靜置培養, static culture)이라고 한다.

진핵생물(眞核生物, eucaryote) : 핵이 핵막에 둘러싸여 세포질과 분리되어 있는 핵을 진핵이라고 하며, 진핵을 가진 세포를 진핵세포(eucaryotic cell)라고 한다. 진핵세포로 되어 있는 생물이 진핵생물이다. 감수분열을 동반하는 유성생식을 하며 호흡기능은 mitochondria에서 수행한다. 세포질막이 sterol을 함유하고 있으며, 식물의 세포벽은 chitin과 당류로 구성되어있다. 곰팡이와 원생동물을 포함하여 고등생물은 모두 진핵생물이다. 원핵생물계의 염색체는 핵막이 없어서 세포질 속에 분산되어 있다.

질산염 환원 시험(窒酸鹽 還元 試驗, nitrate reduction test) : 세균을 분류하기 위해 중요한 특성인 질산염(nitrate)을 아질산염(nitrite)으로 환원시키는 능력을 조사하는 시험이다. 채소 무름병균(*Pectobacterium carotovorum* subsp. *carotovorum*)을 비롯한 많은 혐기성 세균들이 nitrate reductase를 분비하여 질산염을 아질산염으로 환원시킨다. KNO_3를 함유한 액체영양배지에 세균을 배양하고 nitrate test 시약 A(sulfanilic acid 8g, 5N-acetic acid 1ℓ)와 시약 B(α-naphthylamine 5㎖, 5N-acetic acid 1ℓ)를 차례로 2~3방울씩 넣어주면 배지가 붉은 색으로 변한다. 질산염 환원 반응은 혐기적 조건에서 일어나기 때문에, 세균을 접종한 액체배지의 위를 액체 파라핀으로 덮은 후 배양해야 한다.

ㅊ

체관(體管, 사관, phloem) : 식물의 양분이 이동하는 통로이며, 물관(木部)과 함께 유관속(관다발)을 구성한다. 체관세포들이 연결되어 긴 관 모양으로 되어 있다. 보통 종자식물의 체관은 물관의 바깥쪽에 있으며, 양치식물의 줄기에서는 체관이 물관을 둘러싸고 있다. 사부(篩部)라고도 부르며, 유관속 국재 세균에는 체관에 존재하는 세균과 물관에 존재하는 세균이 있다.

초과민반응(超過敏反應, hypersensitive reaction) : 병원체가 비친화적 식물에 침입하면 식물의 세포 또는 조직이 빠른 속도로 죽는 반응이며, 대표적인 식물의 저항성 기작이다. 죽은 세포나 조직에 의해 국부병반이 생기지만, 죽은 조직 속의 병원세균은 건강한 식물조직과 격리되기 때문에 병이 더 이상 잘 진전되지 않는다. 세균성 초과민반응에 의해 생성되는 괴저형 반점은 흰색 또는 밝은 갈색이며, 건조 후에는 얇은 막처럼 된다. 그러나 진균성 또는 바이러스성 초과민반응에 의해 생성되는 괴저형 점무늬는 암갈색이다.

초기 전염원(初期 傳染原, primary inoculation) : 월동 또는 월하한 병원체, 즉 1차 감염을 일으키는 병원체.

총생(叢生, witches' broom) : *Phytoplsma*屬 원핵생물에 감염된 식물에 나타나는 병징 중 하나. 가지나 잎이 잘 자라지 못하고 액아가 발아하여 마디 사이가 짧아지기 때문에 가늘고 잔 가지와 잎이 뭉쳐있는 것처럼 된 상태. 이러한 병징을 보이는 식물의 병을 도깨비집병 또는 빗자루병이라고 한다.

최소배지(最少培地, minimal medium) : 세균이 증식할 수 있는 합성배지로서 가장 간단한 조성을 가진 배지.

충매전염(蟲媒傳染, insect transmission) : 곤충에 의해 병원체가 전반되어 발병되는 것을 말하며, 식물 병원세균의 충매전염은 사과나무 화상병균(*Erwinia amylovora*)이 벌에 의해 전염되는 것으로 처음 밝혀졌다. 많은 식물에 오갈 또는 빗자루병을 일으키는 *Phytoplasma*·유관속 국재 세균 및 *Spiroplasma*의 가장 효과적인 전염방법은 매미충류를 비롯한 흡즙성(吸汁性)곤충에 의한 전염이다.

침강계수(沈降係數, sedimentation coefficient) : 용질이 단위 원심력장에서 침강하는 속도를 말하며, 그 단위는 1×10^{-13}초를 1 svedberg unit로 하며 S로 표기한다. 분자량·분자의 형상·수화도 등에 의해 결정되며, 생체 고분자의 중요한 특성으로 이용된다. 진핵생물의 ribosome 기본입자(monomer)는 침강계수가 80S인데 비하여, 세균의 ribosome 기본입자는 침강계수가 70S이다. 세균 ribosome의 50S subunit은 23S와 5S RNA를, 30S subunit은 16S RNA를 포함하고 있다.

침강반응(沈降反應, precipitation reaction) : 가용성인 항원과 항체가 결합하여 물에 녹지 않는 흰색 침강물을 형성하는 반응.

침입(侵入, penetration) : 병원체가 식물체 안으로 들어가는 것. 직접 식물의 표피조직을 뚫고 침입하거나, 기공 또는 수공과 같은 식물의 자연개구 및 상처를 통하여 침입한다.

침입관(侵入管, penetrration peg) : 곰팡이가 식물체의 표피조직을 통해 침입할 때 포자나 균사체에서 직접 형성된 부착기에서 형성된 기관. 기주식물의 표면과 접촉하기 용이하도록 편평한 바닥을 가진 구형 내지 원추형의 부착기 아래쪽에서 기주식물쪽으로 자라 나와 식물체의 각피와 세포벽을 뚫는 관 모양의 기관.

침입사(侵入絲, infection peg) : 곰팡이가 식물체의 표피조직을 통해 침입할 때 침입관이 점차 자라서 형성된 균사. 정상적인 균사보다 직경이 훨씬 가늘지만 감염이 이루어진 후 점차 자라면서 정상적인 균사로 회복된다.

침해력(侵害力, aggressiveness) : 병원체가 식물체를 침입할 수 있는 능력을 의미하며, 양적으로 평가할 수는 없는 질적인 의미를 내포하고 있다.

ㅋ

콜로니(菌叢, colony) : 생물이 모여 사는 집단. 미생물학에서는 고형 배양기 상에서 번식하여 덩어리를 형성한 세균·곰팡이·세포의 집단을 콜로니라고 한다.

ㅌ

타감작용(他感作用, allelopathy) : 식물이 가까운 곳에서 서식하고 있는 다른 생물의 생육에 영향을 주는 작용. 다른 종(種)의 식물, 또는 미생물에 미치는 영향을 모두 포함한다.

탄소원 이용성 조사(炭素源 利用性 調査, durham tube sugar fermentation test) : 세균이 어떤 탄소원을 이용할 수 있는가는 세균의 동정을 위해 매우 중요한 형질이다. 미국의 Biolog사에서는 세균의 95가지 탄소원에 대한 이용성을 data base화 하여 세균을 동정하는 Microlog system을 개발하였으며, 이 system은 많은 연구기관에서 이용되고 있다(Microlog system 참조). 전통적인 탄소원 이용성 조사방법에서는 Ayers, Rupp & Johnson 배지($NH_4H_2PO_4$ 1g, KCl 0.2g, $MgSO_4 \cdot 7H_2O$ 0.2g, 1.6% bromthymol blue 10 mℓ)가 들어 있는 시험관에 durham tube를 막힌 부분이 위로 가도록 넣어준다. 이 배지에 시험하고자 하는 탄소원을 0.1%되게 넣어주고 세균을 배양한다. 세균이 탄소원을 이용하여 유기산을 생성하였으면 배지의 색이 노란색으로 변하며, 탄산가스를 생성하였으면 durham tube의 윗부분에 기체가 모인 것을 볼 수 있다(durham tube 참조).

탄저병(炭疽病, anthracnose) : 불완전균류인 *Colletotrichum* 屬(유성세대 : *Glomerella* 屬)에 속하는 진균에 의해 일어나는 식물의 병. 곡류·두류·채소류·과수·수목 등 유용식물의 잎·줄기·과실 등에 발생하여 갈색의 선명한 병반을 만들고, 때로 검게 패인 괴저를 만들므로 탄저병이라 한다. 병반이 오래되면 검게 패인 부분에 분홍빛의 점질물이 생긴다. 이것은 이 균의 분생포자로서 비산(飛散)하여 2차 전염원이 된다. 분생포자 또는 병반부에 침입하는 균사는 여름을 지내고 월동하여 다음 해 병의 1차 전염원이 된다. 자낭포자를 형성하는 것도 있는데 병의 확대에 큰 역할을 하는 것은 분생포자이다. 잘 알려진 것으로 밀·옥수수·벼과의 탄저병, 강낭콩 탄저병, 오이·수박 등 박과식물의 탄저병, 감귤나무 탄저병, 감나무 탄저병, 배·사과나무 등 과실의 탄저병 등이 있다. 특히 포도의 탄저병을 만부병이라고 한다.

탈지우유 한천배지(脫脂牛乳 寒天培地, **skim milk agar medium**) : 세균이 caseinase를 생성하는지 조사하기 위하여 사용하는 배지이다. 증류수 900㎖에 yeast extract 5g과 agar 23g을 넣고 고압증기 살균(121℃)하여 YNA(yeast extract agar)배지를 만든다. 증류수 150㎖에 skim milk 150g을 녹여서 간헐살균하거나 세균여과기로 여과한 후, 아직 굳지 않은 YNA 배지와 혼합하여 skim milk 한천배지를 만든다. *Xanthomonas campestris*에 속하는 많은 pathovar들과 *Pseudomonas syringae* pv. *mori*(뽕나무 세균성위축병균)을 이 배지에서 배양하면, caseinase를 생성하여 세균의 콜로니 주변에 있는 casein을 가수분해한다. 따라서 우유 빛으로 불투명하던 콜로니 주변의 탈지우유한천배지가 투명하게 변한다.

토양 병원균(土壤病原菌, **soil pathogen**) : 토양전염성 병원균이라고도 한다. 토양에 서식하면서 식물에 병을 일으키는 병원균을 총칭한다. 기주식물이 없어도 토양 속에 남아있는 식물의 잔존 유기물을 영양원으로 이용하여 여러 해 동안 생존이 가능하지만, 기주식물이 없으면 점점 밀도가 감소하게 된다. 연작으로 인한 토양전염성 병원균의 밀도 증가는 연작 장해의 가장 큰 원인이 된다. 대표적인 토양전염성 식물병원균은 *Fusarium, Rhizoctonia, Pythium, Phytophthora*屬에 속하는 곰팡이와 가지과 작물에 풋마름병을 일으키는 *Ralstonia solanacearum*, 과수를 비롯한 여러 식물에 뿌리혹병을 일으키는 *Agrobacterium tumefaciens*, 감자에 더뎅이병을 일으키는 *Streptomyces scabies*, 양파와 마늘 등 여러 작물에 뿌리썩음병을 일으키는 *Pseudomonas marginalis* pv. *marginalis* 등이 있다.

토양전염(土壤傳染, **soil transmission**) : 토양병원균이 그 밭에서 자라는 식물에 감염되는 과정,

통성혐기성균(通性嫌氣性菌, **facultative anaerobe**) : 산소가 있는 곳에서도 살 수 있고 산소가 없는 곳에서도 살 수 있는 균. 산소를 전자수용체로 이용하지만, 산소가 없는 곳에서 발효나 기타 방법으로 에너지를 얻는다. 대부분의 식물 병원세균은 호기성균이다. 식물 병원세균 중 장내세균과에 속하는 *Brenneria, Erwinia, Pantoea, Pectobacterium*屬 세균들이 통성혐기성균에 속한다.

투과성(透過性, **permeability**) : 막이 물질이나 이온을 투과시키는 성질. 세균 세포의 투과성은 외막과 세포질막의 투과성에 의해 결정된다. 세균의 외막과 세포질막은

물질에 따라 투과성이 다른데, 이와 같이 선택적으로 물질을 투과시키는 성질을 선택적 투과성이라고 한다.

투과효소(透過酵素, permease) : 담체단백질 (carrier protein)이라고도 한다. 세포질막에 존재하며, 특정 물질만 선택적으로 투과시키는 효소. 예를 들어 galactoside 투과효소가 없는 세균의 세포질막은 lactose를 투과시키지 못하기 때문에 lactose를 탄소원으로 공급한 배지에서 자랄 수 없다.

ㅍ

파이토알렉신(phytoalexin) : 식물이 병원체와 반응하여 식물체 내에 합성 축적하며, 낮은 농도에서 항미생물 효과가 있는 저분자 화합물이다. 건전한 식물에는 거의 없으며, 미생물에 의해서 뿐만 아니라 물리적 또는 화학적 자극에 의해서도 생성된다. 병원균에 대해 감수성인 식물에서도 생성되지만, 저항성 식물에서 훨씬 빨리 많은 양이 생성된다. 따라서 초과민 반응과 함께 식물의 대표적인 저항성 기작으로 설명되고 있다. 일반적으로 phytoalexin생성에는 빛이 필요하다.

파이토플라스마(Phytoplasma) : 일본의 Doi 등이 오갈병에 걸린 뽕나무와 누른오갈병에 걸린 과꽃의 도관세포에서 발견하여 mycoplasma 유사체(mycoplasma like organism, MLO)라고 불렀던 병원체이다. 동물에 폐역병을 일으키는 병원체인 *Mycoplasma*속 원핵생물과 모양이 같지만, 인공합성배지에서 배양이 되지 않기 때문에 붙여진 이름이었다. 그러나 1994년 프랑스 보르도에서 열린 제10회 국제마이코플라스마학회에서 식물병원 MLO의 속명(屬名)을 *Phytoplasma*로 잠정 결정하였다. 세포벽이 없고 세포질은 두 겹의 세포질막에 싸여 있다. 지금은 전 세계에서 100여 종의 식물에 병을 일으키는 것으로 알려져 있으며, 한국에서도 10여 종의 식물에 오갈병 또는 빗자루병을 일으키는 것으로 밝혀졌다. 자연 상태에서 매미충 또는 노린재 등의 흡즙성 곤충에 의해 전반된다. Bergey's manual of systematic bacteriology 2판(2001)에는 아직 이 속(屬)이 등재되어 있지 않다. 과거에는 이 병원균을 virus처럼 기주식물의 이름을 병기하여(예 : 뽕나무 Phytoplasma) 불렀으나, 지금은 속명과 종명 앞에 후보종임을 밝혀(예 : *Candidatus* Phytoplasma asteris) 명명하고 있다.

파지 전환(phage conversion, lysogenic conversion) : 세균이 가지고 있는 prophage의 특성 때문에, 세균이 prophage를 갖기 전과 다른 형질을 갖게 되는 것,

판별품종(判別品種, differential set) : 병원체의 개개 race에 대하여 저항성 반응이 뚜렷하게 다른 여러 가지 품종으로 되어 있는 일련의 품종 군. 판별품종에 의해 race가 유별되기 때문에 병원체의 race를 검정할 때 이용된다. 판별 가능한 race의 수는 판별품종의 수와 유전적 다양성에 따라 달라진다. 도열병균의 레이스는 일본 판

별품종 14개에 의하여 T, N, C 군(群)으로 분류하거나, 국제 판별품종, 필리핀 판별품종 등을 사용하여 연구자에 따라 다르게 레이스를 판별하고 있다.

편모(鞭毛, flagella) : Flagellin이라고 하는 11가닥의 단백질이 모여 만들어졌으며, 직경은 12~19㎚이다. 세포질막 안쪽에 있는 기저부위(basal body)에서 만들어져서 세포벽을 뚫고 균체 밖으로 자라 있다. 편모가 붙어 있는 기저부위에 2~3개의 고리 모양이 있고, 이 고리 옆에 모타 단백질이 있어서 편모를 회전시킨다. 편모가 회전되면 세균의 균체가 앞으로 이동하기 때문에, 편모는 세균의 운동기관이다. 균체에서 쉽게 떨어져 나가지만, 편모가 다시 자라면서 세균의 운동성도 회복된다. 균체에 편모가 부착된 위치와 편모의 수는 세균을 분류하는 중요한 key가 되며, 편모단백질은 균체의 O항원과는 다른 독립적인 항원(H항원)으로 작용한다. 세균의 편모 유무·편모의 부착위치·편모의 수에 따라, 무모균·단모균·양모균·속모균·주모균으로 나눈다. 양모균 중에는 아직 식물 병원세균으로 알려진 것이 없다.

무모균 단모균 양모균 속모균 주모균

평면배지(平面培地, agar plate media) : 한천(agar)을 넣고 고압증기살균 하여 만든 배양기를 샤레(petri dish)에 부어 평면으로 굳힌 배양기. 미생물을 순수 분리하거나 콜로니 형태를 관찰할 때, 또는 살아있는 미생물의 밀도를 조사할 때 이용하면 편리하다.

폐쇄자낭각(閉鎖子嚢殼, cleistothecium) : 자낭균의 유성생식과정 중에 형성되는 자낭을 둘러싸고 있는 자실체인 자낭과의 일종으로 구형이면서 완전히 막힌 자낭각.

포매(包埋, embedding) : 어떤 물질을 침투시켜 생물조직을 단단하게 하는 작업. 단단하게 굳어지는 물질인 포매제에 생물조직을 넣어 초박편으로 자르기 쉽게 하는 과정. 식물이나 동물의 조직의 구조를 현미경으로 관찰하기 위하여 초박편으로 얇게 자르려면, 조직을 단단하게 할 필요가 있다. 포매틀에 모매제와 생물조직을 함께 넣어 굳히며, 포매제로는 EPON이나 SPURR를 많이 사용한다.

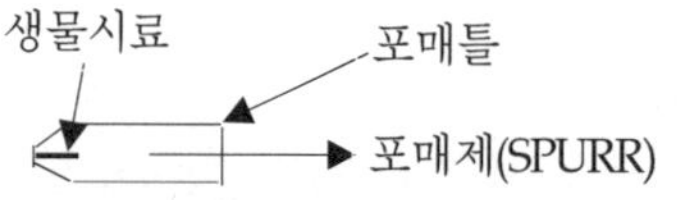

포복근(匍腹根, stolon) : 곰팡이에서 기질에 부착하여 균사체가 생장하도록 하는 균사.

포식(捕食, predation) : 어떤 생물이 다른 생물을 잡아먹는 것. 넓은 의미로는 기생도 포함한다. 일부 원생동물이 세균을 잡아먹는 현상은 식균(食菌, phagocytosis)이라고 한다(식균작용 참조).

포자(胞子, spore) : 미생물이 생식 또는 생존이 수단으로 만드는 생식세포. 두 배우자로부터 받은 유전물질을 재조합하여 생성하는 유성포자와 1개체의 어버이로부터 무성생식에 의해 생성하는 무성포자가 있다. 진핵생물인 곰팡이는 종류에 따라 다양한 유성포자와 무성포자를 생성하지만, 대부분의 세균은 포자를 생성하지 않는다. 그러나 Firmicute문의 *Clostridium*屬 세균과 *Bacillus*屬 세균은 균체 안에 내생포자(endospore)를 만들고, Actinobacteria문의 *Streptomyces* 屬이나 *Nocardia* 屬 세균은 곰팡이 같은 기중균사의 끝에 염주알처럼 연결된 외생포자를 만든다. 외생포자는 여러 개가 형성되기 때문에 번식체라고 할 수 있다. 그러나 내생포자는 균체마다 1개씩만 만들고, 두꺼운 포자껍질에 싸여 있어서 불리한 외부 환경조건에 대해 강한 저항성을 갖는 휴면태다. 내생포자를 아포(芽胞)라고도 부른다.

포자낭(胞子囊, sporangium) : 진균의 무성생식 과정 중 무성포자가 형성되는 주머니 모양의 기관.

포자낭병(胞子囊柄, sporangiophore) : 포자낭을 형성하는 특별히 분화된 균사. 포자낭병 위에 포자낭이 형성된다.

포자낭포자(胞子囊 胞子, sporangiospore) : 포자낭에서 형성되는 비운동성의 무성포자.

포자염색(胞子染色, spore staining) : 일반 광학현미경을 사용하여 세균의 내생포자를 관찰하기 위해 사용하는 염색법이다. 세균을 슬라이드그라스에 고정시킨 후, 뜨거운 수증기 위에서 5% malachite green oxalte로 5분 동안 염색한다. Malachite green oxalate를 흐르는 물로 세척한 후 safranin O로 20초 동안 대조염색을 한다. 균체는 붉은 색으로, 내생포자는 초록 색으로 보인다.

표징(標徵, sign) : 병반 위에 나타난 병원체. 균핵병에서 볼 수 있는 균핵, 잿빛곰팡이병에서 볼 수 있는 잿빛의 분생포자 등이 대표적인 표징이라 할 수 있다. 습한 상태에서는 병원세균 또는 병원세균의 현탁액이 고름처럼 병든 조직 밖으로 누출되기도 하지만, 건조한 상태에서는 이 누출된 병원세균이 작은 딱지처럼 병든 조직에 말라붙어 있다. 곰팡이에 의한 병과는 달리, 보통 건조한 자연상태에서 식물 세균병의 표징을 직접 눈으로 확인하기는 쉽지 않다.

표현형(表現型, phenotype) : 생물이 나타내는 형질. 즉, 형태적·생리적 특성. 우성유전자에 의해 결정되기 때문에 유전형에 대비되는 용어이지만, 환경의 지배도 받는다.

풋마름병(青枯病, bacterial wilt) : 지상부의 줄기나 잎이 푸른색을 유지하면서 시들어 죽는 증상을 보이는 병이다. 병원세균은 *Ralstonia solanacearum*이다. 33과 197종이 넘는 식물에 병을 일으킨다. 우리나라에서는 고추·토마토·참깨·담배에서 피해가 심하다. 이 병원세균에 의한 병을 보통 세균성풋마름병 또는 풋마름병(青枯病)이라고 부르지만, 담배에서는 세균성마름병(立枯病)이라고 부른다. 밭 흙 속에 섞여 있는 병든 식물의 찌꺼기에서 월동한 병원세균이 주로 땅가 부분의 줄기나 뿌리에 생긴 상처를 통하여 침입한다. 병원세균이 흙탕물에 섞여서 또는 순지르기하는 도구에 묻어서 전반되기도 한다. 식물체 내에 침입한 세균이 물관에 도달하면 빠른 속도로 증식하여, 끈적끈적한 덩어리를 만들어 물관을 막기 때문에 식물이 시들게 된다. 또 세균이 생성하는 효소와 독소는 식물의 도관세포와 조직을 파괴한다. 한 포기에서도 병원세균에 의해 감염된 한쪽 잎부터 시들며, 병이 진전되면 포기의 잎 전체가 시들어 죽게 되고, 병원세균에 감염된 물관이 썩어서 줄기 외피까지 흑갈색의 줄무늬를 나타낸다. 병든 줄기를 잘라 보면 물관부위가 검게 썩어 있으며, 잘라진 줄기토막을 습한 곳에 보관하면 검게 썩은 물관부위로 우유 빛 고름이 밀려나온다. 병든 줄기를 잘라 물위에 띄어 놓으면, 검게 썩은 물관 부위로부터 물 속으로 하얀 실처럼 세균이 누출된다. 뿌리혹선충(*Meloidogyne incognita* 외 3종)이나 고자리파리(*Delia antiqua*)의 유충이 많으면 뿌리에 상처를 주어 병 발생이 많아진다. 침수되었던 밭이나 인산비료를 많이 준 밭, 질소비료를 적게 준 밭에서 이 병의 발생이 많다. 토마토를 양액재배 하는 하우스에서 한번 공급하였던 양액을 회수하여 다시 공급하게 되면, 하우스 안의 모든 토마토에 병원세균을 전반시킬 수 있다.

피목(皮目, lenticel) : 식물의 줄기나 뿌리에서 콜크 조직이 형성된 후에 기공처럼 공기의 통로가 되는 조직. 감자 더뎅이병균(*Streptomyces scabies*)은 감자의 피목을 통하여 침입한다.

ㅎ

하포자(夏胞子, uredospore) : 담자균의 녹병균목에 속하는 녹병균에서 형성되는 포자. 녹포자(銹胞子, aeciospore)가 기주식물을 감염하여 2핵 균사를 만들고 여름포자퇴(夏胞子堆, uredium)를 만든 다음 여기에서 여름포자가 생성된다. 기주가 자라고 있는 동안 여름포자는 발아하여 기주를 감염하며, 병을 발생시킨다. 기주가 성숙해지면 겨울포자퇴와 겨울포자(冬胞子, teliospore)를 만든다.

하포자퇴(夏胞子堆, uredium) : 여름포자가 형성되는 녹병균의 포자형성 구조체.

학명(學名, scientific name) : 계통발생학적으로 분류된 단위 생물(taxon)에 명명규약에 따라 붙여진 학술적 이름. Linne의 이명법에 따라 속명(屬名)과 종명(種名)으로 표기한다. 이태릭체를 사용하며, 속명의 머리글자만 대문자로 표기한다. Pathovar나 subspecies 등 종 이하의 분류 단위명을 표기할 때는 종명 뒤에 표기한다. 종명이나 pathovar명 뒤에 명명자의 이름과 명명된 년도를 표기 하지만, 보통 명명자의 이름과 년도는 생략한다. 예 : *Peudomonas syringae* pv. *tabaci*(담배 들불병균), *Pectobacterium carotovorum* subsp. *carotovorum*(배추 무름병균).

한천(寒天, agar) : 미생물을 배양하기 위한 고체배지를 만드는 시약 중 하나. 해초에서 추출되는 젤라틴과 유사한 물질이다. 저온에서 응고하여 고체로 되지만 고온에서는 액체 상태가 된다.

한천 내 이중확산법(寒天內 二重擴散法, **agar gell double diffusion test**) : 한천겔 확산법이라고도 하며, 항원·항체 반응에 의해 항원의 존재를 확인하는 방법 중 하나이다. 한천(agar)을 물에 넣고 고압증기 살균하여 만든 물 한천 평면 겔(gell)을 만든다. 이 겔의 중앙에 구멍을 뚫고, 중앙 구멍의 주위에 돌아가며 여러 개의 구멍을

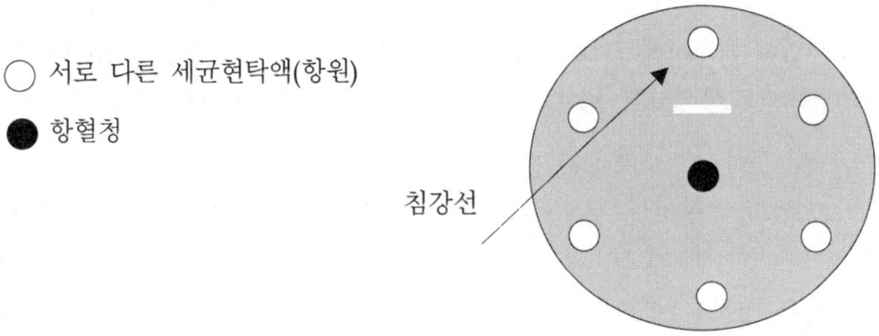

뚫는다. 중앙 구멍에 항혈청을 넣고 주변 구멍에 서로 다른 항원을 넣으면, 항혈청과 항원이 한천 안에서 각각 확산되어 마침내 만나게 된다. 항혈청에 들어있던 항체와 항원이 결합하여 흰색 침강선을 형성하는지 관찰하는 방법이다.

한천 중층배양법 (**agar double layer culture method**) : 어떤 미생물에 대한 길항균을 검출하기 위하여 사용하는 방법이다. 일정한 간격으로 여러 개의 alminum봉이 달린 세균콜로니 복사기를 이용하면 매우 편리하다. 세균복사기를 이용하여 서로 다른 길항균을 CPG 한천평면배지에 복사하고 배양한다(세균콜로니 복사기 참조). CPG 한천평면배지 위에 길항균의 콜로니가 형성되면 chloroform에 1시간 동안 노출시켜 길항균을 죽이고(아래 그림 참조), 그 위에 식물 병원세균의 현탁액이 섞여 있는 0.7% 물한천(water agar)로 덮는다. 이렇게 길항균이 자란 CPG 배지와 식물 병원세균이 포함된 물한천으로 중층을 만들어 배양하면, 길항균이 생성한 항균물질로 인하여 물한천 속의 식물 병원세균이 자라지 못하는 clean zone이 형성된다. Clean zone의 직경을 측정하면, 길항균의 항균력을 수치화할 수 있다.

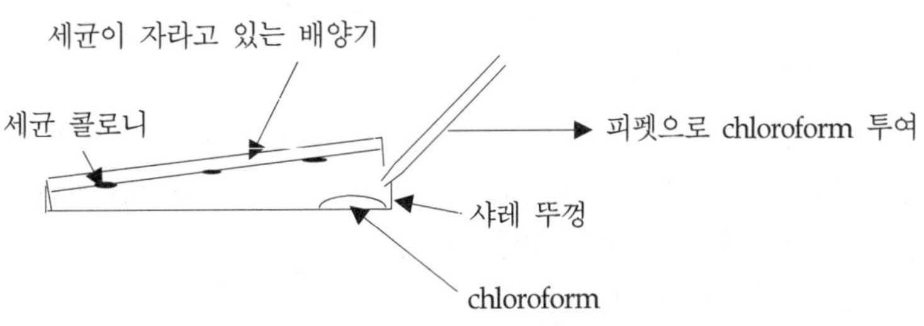

한천평판배지(寒天平板培地, **agar plate method**) : 평면배지. 한천을 넣고 살균한 배지를 샤레나 납작한 배양병에 넣어 편편하게 굳힌 배지. 병원미생물을 순수 분리하거나 미생물의 여러 가지 특성을 관찰하기 위한 목적으로 사용한다.

항생(抗生, antibiosis) : 생물 특히 미생물 사이의 길항현상. 일반적으로 동일한 배지 상에서 배양할 때, 한 미생물이 다른 미생물의 생육을 억제하는 현상.

항생물질(抗生物質, antibiotics) : 미생물이 생성분비하는 2차 대사산물로서, 다른 종에 속하는 미생물의 생육을 억제하거나 죽이는 물질의 총칭. A. Flaming(1929)이 *Penicillium novatum*의 대사산물에서 penicillin을 발견한 것이 항생물질의 최초 발견이었다. *Streptomyces anulatus* (*S. griseus*)가 생성하는 streptomycin sulfate, *Streptomyces rimosus* subsp. *pseudoverticillatus*가 생성하는 oxytetracycline, *S. kasugagensis*가 생성하는 kasugamycin이 식물 세균병을 대상으로 한 농용항생제의 원료로 사용되고 있다.

항원(抗原, antigen) : 항원 결정기를 갖고 있어서 척추동물의 혈청 속에 투입되면 항체를 형성하는 물질의 총칭. 보통 항원마다 2개 이상의 항원 결정기를 갖고 있다. 세균은 균체와 편모를 구성하는 고분자 단백질과 이 단백질과 결합한 탄수화물 · 지질 등 여러 종류의 항원을 가지고 있기 때문에, 혈청 속에 투입되는 항원의 종류에 따라 여러 종류의 항체가 만들어 진다.

항원결정기(抗原決定基, epitope, antigenic determinant) : 특정 항체와 결합하는 항원의 특정 부분. 1개체의 세균은 균체를 구성하는 고분자단백질 · 탄수화물 · 지질 등 여러 종류의 항원 결정기를 갖고 있으며, 항원 결정기에 따라 여러 종류의 항체가 만들어진다.

항원항체 반응(抗原抗體 反應, antigen-antibody reaction) : 항원의 항원 결정기와 항체의 항원 결합부위 사이의 비공유 결합에 의해 발생되며, 항원과 항체가 결합하면 물에 녹지 않는 침전물이 된다. 보통 항체는 그 항체를 만들게 하였던 항원과 같은 화학적 구조를 가진 항원과만 특이적으로 결합한다. 혈청학적 반응이라고도 한다.

항체(抗體, antibody) : 항원의 자극에 의해 척추동물의 혈청 속에 만들어지는 물질이며, 그 항체를 만들게 하였던 항원과 같은 화학적 구조를 가진 항원과만 특이적으로 결합하는 물질. 몇 개의 항원 결정기에 결합하는지에 따라 단분지형 항체와 다분지형 항체로 구분한다. 항체로서의 분자구조를 갖는 단백질을 면역글로브린(immunoglobulin)이라고 한다.

항혈청(抗血淸, antiserum) : 특정 항체를 가지고 있는 혈청. 동물의 혈청 속에 항원을 투여하고 일정 기간이 지난 다음에 채혈하여, 36.5℃에 보관한다. 하룻밤이 지나면 혈청과 혈병이 분리되어 혈병(혈구와 피브린의 결합체)은 원뿔 모양으로 가라앉는다. 혈병 위의 맑은 혈청만을 채혈하여 항혈청으로 사용한다.

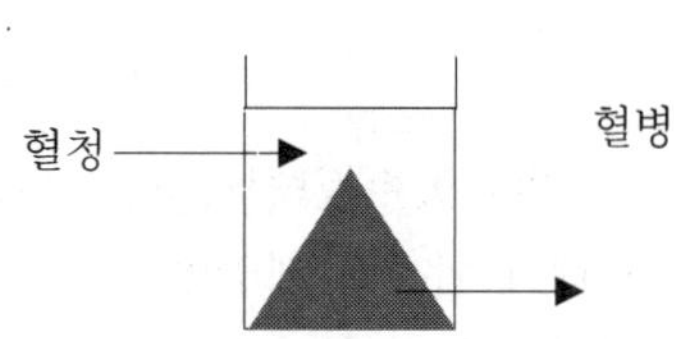

핵산 증폭기(核酸增幅器, polymerase chain reactor, PCR) : 소량의 DNA에서 다량의 특수한 nucleotide 서열을 합성하는 기기. 이 합성반응에는 열에 안정한 DNA 중합효소를 사용하며, 목적하는 유전자와 상보적으로 결합하는 oligo-nucleotide primer를 사용한다. 중합효소 연쇄반응기라고도 한다.

혈병(血餠, brood-clot) : 혈구 속에 분산되어 있던 혈구와 피브린이 결합하여 생긴 붉은 색의 덩어리. 적혈구와 백혈구, 혈소판 등이 피브린과 엉켜서 형성 된다(항혈청 참조).

혈장(血漿, blood plasma) : 척추동물의 혈액 중 액체 성분이며, 적혈구 및 기타 유형성분을 제외한 부분이다. 약 90%가 물이고 7%가 혈장 단백질, 1%가 무기염, 2%는 혈장 단백질 외의 유기물이다. 혈장에서 피브린을 제거한 것이 혈청이다.

혈청(血淸, serum) : 혈액에서 각종 응고성분들이 분산되어 있는 액체 성분. 혈액을 36.5℃에 보존하면, 혈병과 맑은 액체 상태의 혈청으로 분리된다. 혈구세포와 혈소판이 피브린과 엉긴 것이 혈병이다. 특히 항체를 함유하고 있는 혈청을 항혈청이라고 한다(항혈청 참조).

혈청학적 분류(血淸學的 分類, serological classification) : 같은 종(種)의 세균 중에도 가지고 있는 항원결정기가 다르기 때문에, 혈청학적 반응(항원·항체 반응)이 다르게 나타내는 세균 군이 존재한다. 이 혈청학적 반응에 따라 세균을 serovar (serotype)로 나누는 분류를 혈청학적 분류라고 한다.

혐기성균(嫌氣性菌, anaerobe) : 발효나 기타 방법으로 에너지를 얻기 때문에, 산소가 없는 곳에서 생육하는 균. 산소가 있는 곳에서도 살수 있는 통성혐기성균과 산소가 없는 곳에서만 살 수 있는 절대혐기성균이 있다. 대부분의 식물 병원세균은 호기성균이지만, *Clostridium*屬에 속하는 세균은 절대혐기성균이다. *Brenneria, Enterobacter, Erwinia, Pectobacterium, Pantoea*屬 세균들은 통성혐기성균에 속한다.

혐기성 배양(嫌氣性培養, anaerobic culture) : 혐기성균을 분자상태의 산소(O_2)와 접촉하지 않는 혐기적 조건에서 배양하는 것. 통성혐기성균은 호기적 조건에서도 배양이 가능하지만, 절대혐기성균은 혐기적 조건이 아니면 배양할 수 없다.

형광 항체법(螢光抗體法, fluorescent antibody technique) : 항원에 대한 항체에 형광색소를 표지시켜 형광항체를 만들고, 이 형광항체를 항원과 결합시킴으로써 항원의 존재를 쉽게 알 수 있게 하는 방법. 예를 들어 병원세균에 감염된 식물조직에 형광항체를 결합시키고 형광현미경으로 관찰하면, 병원세균이 형광항체와 결합하여 형광을 발하기 때문에 병원세균의 유무를 쉽게 알 수 있다.

형질도입(形質導入, transduction) : Bacteriophage를 중개자로 하여 다른 세균의 유전자를 받아들이는 과정. Phage에 감염된 세균의 일부 염색체 유전자가 phage DNA에 통합되고, 기주 세균 염색체의 일부 유전자를 가진 phage가 다른 세균에 감염될

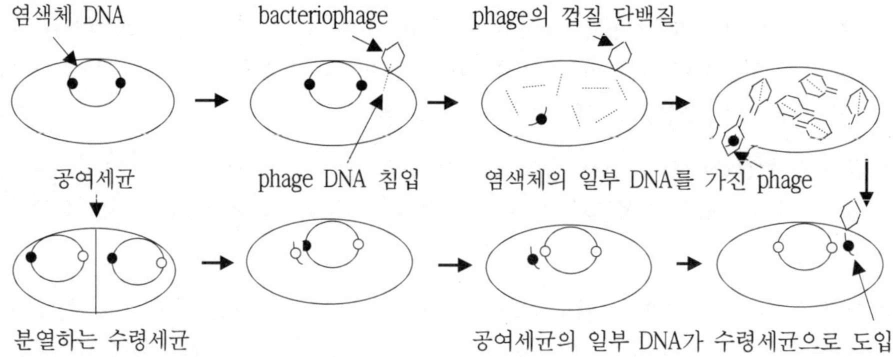

수 있다. 그러나 이렇게 감염된 phage가 새로운 기주 세균을 용균시키지 못하고 용원 phage로 균체 안에 남아 있게 되면, 새 기주 세균은 phage를 매개체로 하여 다른 세균의 유전자를 받아들인 것이 된다.

형질전환(形質轉換, transformation) : 용균된 세균으로부터 나온 DNA절편들이 형질전환 가능한 세균의 균체에 직접 흡수되어 들어가는 과정. 세균의 세포질막의 DNA결합단백질에 의해 세포질막에 부착된 DNA 이중가닥 중, 한 가닥은 세포질막의 핵산절단효소(exonuclease)에 의해 잘려나가고 남은 한 가닥은 형질전환 단백질과 결합하여 세포질막을 통과한다. 세포질 안으로 들어간 DNA 한 가닥은 세균의 염색체에 삽입되어 유전자재조합이 일어난다.

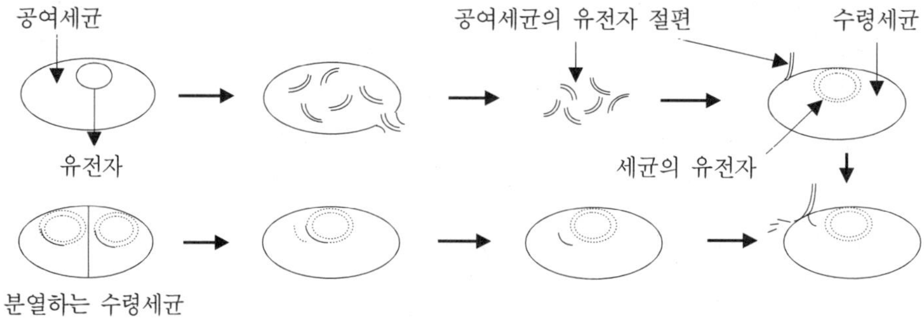

형질전환식물(形質轉換植物體, genetically modified plants) : 유전자재조합 기술을 이용하여 어떤 생물의 유전자 중 유용한 유전자(예 : 추위, 병충해, 살충제, 제초제 등에 강한 성질)만을 취하여 다른 식물체에 삽입하여 새로 만들어진 식물을 의미하며 GMO 식물체라 한다. GMO 식물체가 최초로 상업적 목적으로 판매가 허용된 것은 1994년 미국 칼젠사가 개발한 'FlavrSavr'라는 상표의 토마토이다. 토마토는 숙성과정에서 물러지게 되는데, 칼젠사는 이 과정에 관여하는 유전자 중의 하나를 변형하여 수확 후에도 상당 기간 단단한 상태를 유지하도록 하였다. 그런데, GMO 식물체가 본격적으로 환경단체나 소비자단체의 주목을 받기 시작한 것은 1996년 미국 몬산토사가 개발한 'Round-Up Ready Soybean'이라는 상표명의 대두와 스위스 노바티스사가 개발한 충해에 내성을 가지도록 개발된 'Bt maize'라는 상표의 옥수수가 본격적으로 상품화 되면서부터이다. 하지만 빠른 개발 및 상품화와 시장에서의 높아지는 점유율에도 불구하고 현재로서는 국제적으로 통일된 정의는 없는데, 어느 수준까지를 유전자변형기술로 보느냐에 따라서 다양한 정의가 존재하고 있다. 용어 자체도 "유전자 공학(gene engineered)", "유전자 조작(gene manipulated)", "유전자 이전(transgenic)" 등과 같이 다양한 용어들이 사용되고 있다. 우리나라에서도 용어에 대한 정의뿐만 아니라, 용어 자체도 아직 통일되어 있지 않고, 다양한 용어가 사용되고 있다. 식품의약품안전청은 GMO를 "유전자 재조합식품"으로 명명하고 "식량 증산, 영양성분의 개선, 저장성 향상 및 병충해 내성 향상 등을 위하여 생물공학기법으로 처리한 생물체로부터 유래한 식품"으로 정의하고 있다. 농림부는 "유전자변형농산물"이란 용어를 사용하고 있다.

호기성 세균(好氣性 細菌, **aerobic bacteria**) : 산소가 있는 조건에서 생육하는 세균이며, 세포질막에 있는 전자전달계를 통하여 전자를 산소에 전달하면서 에너지를 얻는다. 산소가 없으면 전혀 자랄 수 없는 세균을 절대호기성 세균(obligatory aerobic bacteria)이라고 하고, 발효에 의해 에너지를 얻기 때문에 산소가 없는 조건에서 자랄 수 있는 세균을 혐기성 세균(anaerobic bacteria)이라고 한다. 대부분의 식물 병원세균은 호기성 세균이며, *Pectobacterium carotovorum* subsp. *carotovorum*(채소 무름병균)을 비롯하여 장내세균과(Enterobacteriaceae)에 속하는 일부 식물 병원세균은 호기성과 혐기성 조건에서 모두 자랄 수 있는 통성혐기성 세균(facultative anaerobic bacteria)이다. 외국에서 느릅나무에 wet-wood 병을 일으키는 것으로 알려진 *Clostridium*속 세균은 혐기성 세균이다.

호기성 생육조사(好氣性生育 調査, **aerobic growth test**) : 세균이 호기성균인지 혐기성균인지 조사하는 실험. 0.3%의 한천과 bromthymolblue를 넣은 영양배지에 세균 현탁액을 넣어 굳힌 후, 일부는 액체 파라핀으로 배지의 위를 덮어서 배양한다. 세균이 증식하면 배지의 색이 노란 색으로 변한다. 액체 파라핀으로 덮지 않은 배지에서 자란 세균은 호기성균이고, 액체 파라핀으로 덮은 배지에서 자란 세균은 혐기성균이다. 호기성 여부는 세균의 분류를 위한 중요한 key가 된다.

호산성 세균(好酸性 細菌, **acidophilic bacteria**) : 산성(酸性)에서 잘 자라는 균. 대부분의 세균은 중성에서 자라 자라며, 산성에서는 잘 자라지 못한다. 감자 더뎅이병균인 *Streptomyces scabies*는 산성토양에서 잘 자라지 못하는 것으로 알려져 왔으나, 근래에 호산성균인 *S. acidiscabies*가 제주도에서 발견된 이후 이제 호남과 경남지방에까지 확산되어 감자에 더뎅이병을 일으키고 있다.

혹(**gall**) : 병원세균에 감염된 식물의 일부 조직이나 세포에서 비정상적으로 세포분열이 빨라지거나(이상증식, hyperplasia) 세포의 크기가 커지기(이상비대, hypertrophy) 때문에 외부로 돌출된 덩어리. *Agrobacterium tumefaciens*의 감염에 의해 뿌리혹병이나 줄기혹병에 걸린 식물에서 볼 수 있는 병징이다. 처음 병원세균에 의해 감염된 부위에 생긴 혹을 1차 혹(primary gall)이라고 하는데, 1차 혹에서 떨어진 부위에 2차 혹(secondary gall)이 생기기도 한다.

화학적 방제(化學的 防除, chemical control) : 화학물질을 사용하여 작물의 병해충 및 잡초를 방제하는 방법으로, 농약을 사용하는 방제를 화학적 방제라 한다.

화학합성 독립영양생물(化學合成 獨立營養生物, chemoautotrophic, chemolithotrophic organism) : 황화수소 · 황 · 암모니아 · 아질산 · 수소 · 2가철 등 무기물을 산화하여 에너지를 얻으며, 이 에너지를 사용하여 CO_2를 탄소원(炭素源)으로 이용하는 생물이다. 무기영양생물 또는 무기산화생물이라고도 한다. 이제까지 화학합성 독립영양 세균으로 알려진 식물 병원세균은 없다.

화학합성 종속영양생물균(化學合成 從屬營養生物, chemoheterotrophic organism) : 유기물을 탄소원으로 이용하며, 화학반응에서 에너지를 얻어 생육하는 생물이다. 이제까지 알려진 모든 식물 병원세균이 화학합성종속영양세균에 속한다.

활물영양균(活物營養菌, biotroph) : 인공배양의 용이성에 관계없이 자연의 살아 있는 기주식물의 조직에서 양분을 섭취하며 생활환을 완료시키는 미생물.

회피(回避, escape) : 병 발생은 감수성인 기주식물과 병원성이 있는 병원체가 적당한 시기와 환경조건에서 감염이 이루어져 발생하나, 병 발생이 될 수 있는 시기에 기주와 병원체간에 접촉이 이루어지지 않는 상황.

획선배양법(劃線培養法, streak culture method) : 세균을 묻힌 백금선을 평면 배지 상에 대고, 아래 그림과 같이 빠른 속도로 Z자 모양으로 그어 접종한 후 배양하는 방법. ①보통 평면배지의 1/2 면적에 획선 접종한 후, 백금선에 묻은 세균을 살균한다. ②살균된 백금선을 먼저 획선 접종한 세균의 끝 부분에 대고, 남은 배지의 면적 중 1/2에 획선으로 그어 접종한다. ③다시 백금선을 살균한 후 같은 방법으로 마지막 남은 배지 면적의 2/1에 획선 접종하여 배양한다. 이것은 궁극적으로 세균을 반복하여 희석하여, 순화된 세균을 얻는 기법 중의 한 가지이다. ④마지막 획선 접종하여 자란 세균의 콜로니 중에서 single colony를 채취하여, 순화된 세균을 얻는다.

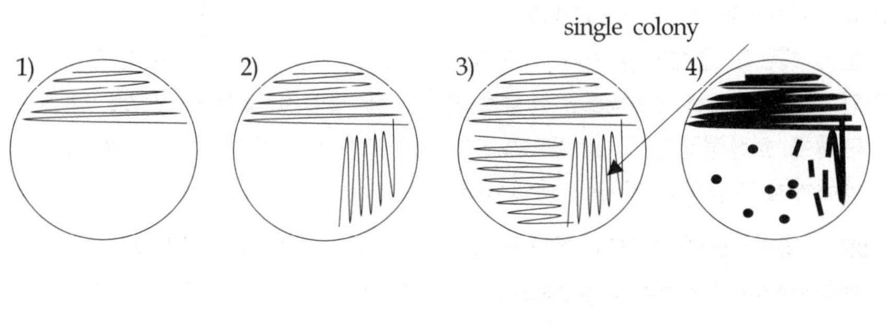

효소(酵素, enzyme) : 살아있는 세포가 만들어내는 단백질이며, 특정 생화학적 반응을 촉매 한다.

효소결합 항체법(酵素結合抗體法, enzyme-linked immunosorbent assay : ELISA) : 효소가 결합된 항체를 이용하는 항원항체반응 조사방법이다. 특정 항체가 결합된 ELISA plate의 well 바닥에 항원을 결합시키고 다시 그 항원에 효소가 결합된 항체를 결합시킨다. 보통 phosphatase가 결합된 항체를 사용한다. 이 효소결합항체가 결합된 곳에 기질(p-nitriphenyl phosphate, 무색)을 넣어주면, p-nitriphenyl phosphate가 p-nitriphenol(노란색)과 phosphate로 분해되어 무색의 기질이 노랗게 변한다. ELISA reader(spectrophotometer)를 이용하여 이 기질의 변색 정도를 측정하기 때문에, 매우 적은 양의 항원이 존재할 경우에도 쉽게 검출할 수 있다.

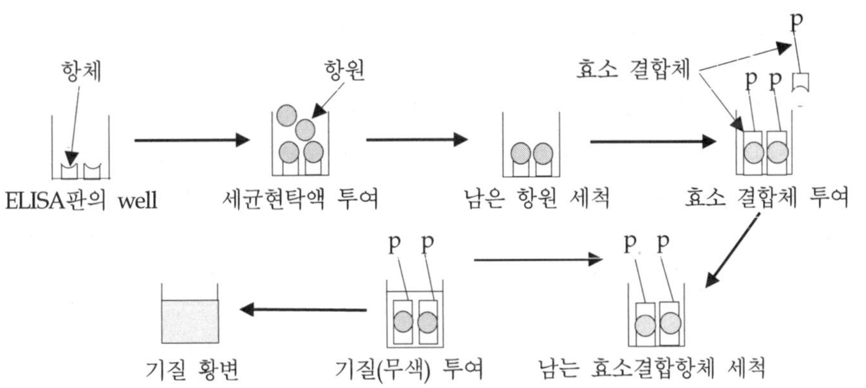

후막포자(厚膜胞子, chlamydospore) : 곰팡이 균사의 일부 세포가 둥글게 되어 막이 두터워지면서 생성된 무성적인 휴면포자. 불량한 환경조건에서 견딜 수 있는 구조이다.

훈증(燻蒸, fumigation) : 훈증제를 사용하여 소독하는 것, 보통 누에를 사육하는 잠실이나 농산물을 보관하는 창고와 같이 밀폐된 공간의 해충이나 병원미생물을 죽이기 위하여 사용한다. 한 때 *Ralstonia solanacearum*에 의한 풋마름병을 방제하기 위하여, 작물을 밭에 이식하기 전에 훈증제를 토양관주하고 비닐로 덮어서 병원세균의 밀도를 낮추는 방법이 이용되었다.

훈증제(燻蒸劑, fumigant) : 병원체를 죽이기 위하여 사용하는 독성가스. 토양전염성 병원세균을 죽이기 위하여 methylbromide나 chloropicrin이 사용된 바 있다. 한국에서도 위 두 약제의 혼합제가 싸이론이라는 상품명으로, chloropicrin이 Telon C-17이라는 상품명으로 보급된바 있다.

휴면포자(休眠胞子, resting spore) : 세포벽이 두꺼운 유성포자 또는 무성포자로서 극단적인 물리・화학적인 조건에 대해 저항성이 있으며, 형성된 후 일정기간이 지난 후에만 발아함.

흡기(吸器, haustorium) : 기주세포 내로 삽입되어 영양물질을 흡수하는 기관으로 작용하는 곰팡이 균사의 돌출 부분.

희석평판법(稀釋平板法, dilution agar plate method) : 살아있는 세균의 밀도를 조사하거나, 여러 종의 미생물이 혼합된 집단에서 특정 미생물을 순화하기 위해 사용하는 한 방법이다. 미생물이 들어 있는 시료를 10^n배로 여러 단계에 걸쳐 희석하고, 각 단계별 희석액의 소량을 한천배지에 섞은 후 평면배지로 만들어 배양한다. 또는 각 단계별 희석액의 소량을 한천평면배지 위에 골고루 발라서 배양하기도 한다. 한천평면배지 위에 형성된 single colony의 수를 세어 희석배수를 역산하면 원래 시료 중의 세균 밀도를 산출할 수 있다. 또 이 single colony를 취하여 배양하면, 혼합된 미생물 집단에서 목적하는 세균을 순화할 수 있다.

흰가루병(白粉病, powdery mildew) : 박과작물을 비롯한, 맥류, 두류, 과수 등 거의 모든 작물에 발생한다. 병징은 아래 잎부터 잎 표면에 흰색 혹은 회백색 곰팡이가 생겨 덮인다. 병반은 점점 위로 올라가 엽초, 줄기, 이삭줄기까지 퍼지는데 광합성을 방해하므로 수량에 상당한 영향을 끼친다. 후기에는 회백색으로 덮인 병반에 까뭇까뭇한 작은 흑색 점들이 생기는데 이것이 병원균의 월동형(폐쇄자낭각)으로 다음 해의 전염원이 된다. 병반의 초기에는 윤곽이 뚜렷한 원형~타원형 병반이 형성되나 나중에는 병반끼리 합쳐져 엽신 표면이 모두 회백색 가루로 뒤덮이게 된다.

Ⅱ. 진균의 학명

Achlya conspicua : 벼 모썩음병(苗腐病)균. 색조류계(Chromista), 난균문(Oomycota), 난균강(Oomycetes), 물곰팡이목(水生菌목, Saprolegniales), 물곰팡이과(水生菌科, Saprolegniaceae)에 속한다. 물속에서 서식하는 물곰팡이균으로 균사에는 격막이 없고, 잘 발달된 균사체를 가지고 있다. 균사에 부착된 긴 원통형의 유주포자낭에 유주포자를 형성하며 일반적으로 하나의 장난기에 여러 개의 난포자를 형성한다.

A. oryzae : 벼 모썩음병(苗腐病)균.

Acrocylindrium oryzae (Current name : *Sarocladium oryzae*) : 벼 잎집썩음병(紋腐病)균. 분류학적 위치는 균계(Fungi)의 불완전균류, 총생균강(Hypomycetes), 총생균목(Hyphomycetales), 담색선균과(Moniliaceae)에 속하였으나, Dictionary of the Fungi(9th edition)의 분류체계에 따르면 균계, 자낭균문(Ascomycota), 자낭균강(Ascomycetes)에 속한다. 분생자경과 포자 모두가 무색이다. 분생자경은 영양균사보다는 약간 굵고 1~3회 정도 분지를 한다. 분지한 부분에서는 윤생으로 다시 3~4개의 분지가 된다. 분지된 것 중에 축이 되는 세포의 크기는 15~22×2.0~2.5㎛이다. 맨 끝 쪽 세포의 크기는 23~45㎛이며, 가장 기부 쪽의 세포는 1.5㎛이다. 분생포자는 단세포로 아주 긴 장타원형이며, 크기는 4~9×1.0~2.5㎛이며 한 분생자경에서 계속해서 무색의 포자가 형성된다. Tasugi와 Ikeda(1956)보고에 의하면 기주에서 형성된 분생포자의 크기는 2.1~8.5×0.5~1.0㎛이고, 배양하여 형성된 포자는 1.8~13×1.0~1.6㎛으로 보고한바 있다.

Agaricus alneus (Current name : *Schizophyllum commune*) : 표고버섯 치마버섯. 분류학적 위치는 균계(Fungi), 담자균문(Basidiomycota), 담자균강(Basidiomycetes), 주름균목(Agaricales, 주름버섯목)에 속한다.

A. melleus (Current name : *Armillaria mellea*) : 과수 뿌리썩음병(根腐病)균, 뽕나무버섯.

Albugo candida var. *macrospora* (*A. macrospora*) : 무·배추 흰녹가루병(白銹病)균. 병원균은 유사균류(pseudofungi, fungallike organism)의 색조류계(Chromista), 난균문(Oomycota), 난균강(Oomycetes), 노균병균목(Peronosporales)에 속하며, 포자낭, 난포자, 유주자를 형성한다. 포자낭은 무색, 단세포, 아구형(亞球形)으로 크기는 12~29×10~27㎛이다. 난포자는 구형으로 직경은 30~48㎛이다. 포자낭이나 난포자는 발아하여 2개의 편모를 가진 유주자를 형성한다.

A. leucotricha(*Podosphaera leucotricha*) : 사과나무 흰가루병(白粉病)균.

A. macrospora(*A. candida* var. *macrospora*) : 무 흰녹가루병(白銹病)균.

Alternaria : 본 속은 불완전균류(Deuteromycotina)의 총생균강(Hypomycetes), 총생균목(Hyphomycetales), 암색선균과(Dematiaceae)에 속하였으나, Dictionary of the Fungi(9th edition)의 분류체계에 따르면 균계(Fungi)의, 자낭균문(Ascomycota), 자낭균강(Ascomycetes), 위자낭각균목(僞子囊殼菌目, Pleosporales)에 속한다. 분생자경과 분생포자를 형성한다.

A. alternata : 고추 검은곰팡이병(黑黴病)균. 딸기 검은무늬병(黑斑病)균. 분생자경은 담갈색이고, 대부분 직립하는데 가지를 치기도 하며, 크기는 20~60×3~6㎛이다. 분생포자는 갈색 내지 암갈색, 난형, 타원형, 곤봉형 내지 준원통형 등 다양한 형태이고, 보통 부리(beak)가 짧거나 없고, 크기는 15~85×7.5~15.0㎛이다. 분생포자는 1~8개의 횡격막이 있고, 간혹 종격막이 있는 것도 있다.

A. brassicae (구명 : *Macrosporium brassicae*) : 무·배추·양배추 검은무늬병(黑斑病)균. 분생자경은 곧거나 약간 굽은 모양이며, 담갈색 내지 황갈색을 띠고 격막이 있다. 분생포자는 분생자경의 끝부분에서 단독 혹은 드물게 2~3개의 연쇄로 형성된다.

A. brassicicola (구명 : *Helminthosporium brassicicola*) : 무·배추·양배추 검은무늬병(黑斑病)균. 분생자경은 상기의 종과 같이 곧거나 약간 굽은 모양이며 담갈색 내지 황갈색을 띠고, 격막이 있다. 분생포자는 최고 20개까지의 긴 연쇄로 형성되며 간혹 가지를 치기도 한다. 분생포자는 황갈색 내지 암갈색, 관상형으로 그 상부의 끝부분이 둥근 모양이고 부리(beak)는 거의 없으며, 1~10개의 횡격막과 간혹 1~2개의 종격막을 가지고 있다.

A. carotae(*A. dauci*) : 당근 검은잎마름병(黑葉枯病)균.

A. citri (*A. brassicae* var. *citri*) : 감귤나무 검은썩음병(黑腐病)균. 감귤나무 꼭지썩음병(梗腐病)균. 분생포자는 황갈색에서 암갈색으로 타원형 또는 곤봉형이며 종횡으로 격막이 있고, 크기는 8~60×6~24㎛로 다양하다. 감자한천배지에서 균총의 모양은 크게 2가지 형이 있는데, 하나는 초기에 하얀 균사로 덮이고 시간이 지날수록 흑녹색으로 변하며 포자가 거의 형성되지 않는 것과, 또 한 가지는 흑녹색으로 변한 후 많은 포자들을 형성하여 균총 표면이 검은색으로 변하는 것이다. 이들 특징은 병징에서도 그대로 나타난다. 하지만 이들이 서로 다른 종인지의 여부는 확실치 않다.

A. cucumerina (구명 : *Macrosporium cucumerinum*) : 수박·오이 잎마름병(葉枯病)균. 분생자경은 담갈색이고, 곧거나 약간 굽은 형태로서 격막이 있다. 분생포자는 단독 혹은 간혹 2개의 연쇄상으로 형성되며, 담갈색, 반곤봉형으로 부리(beak)가 길다. 분생포자는 5~9개의 횡경막과 1~4개의 종격막을 가지고 있다. 이 균의 생육적온은 26~28℃이다.

A. dauci(*A. carotae*) : 당근 검은잎마름병(黑葉枯病)균. 분생자경은 담갈색 내지 황갈색으로 곧거나 약간 굳은 모양이다. 분생포자는 단독 혹은 간혹 2개의 연쇄상으로 형성되고, 갈색 내지 암갈색, 반곤봉형이며, 7~11개의 횡격막과 1개 내지 여러 개의 종격막을 가지고 있으며, 부리(beak)가 몸체의 3배까지 길다. 이 균의 생육적온은 26~30℃이다.

A. gaisen(*A. kikuchiana*) : 배나무 검은무늬병(黑斑病)균.

A. kikuchiana : 배나무 검은무늬병(黑斑病)균. 분생자경은 단생 혹은 속생하며 원통형이고, 1~7개의 격막을 가지고 있으며, 그 선단에서 분생포자가 연쇄상으로 형성된다. 분생포자는 곤봉형, 암갈색으로 횡격막과 종격막을 가지고 있으며, 분생포자의 정단에 짧은 부리(beak)가 있다.

A. longipes(구명 : *Macrosporium longipes*) : 담배 붉은별무늬병균. 분생자경과 분생포자를 형성한다.

A. longissima(*A. sesami*, *A. sesamicola*) : 참깨 검은무늬병(黑斑病)균. 분생자경과 분생포자를 형성한다.

A. macrospora(*Macrosporium nigricans*) : 목화 검은무늬병(黑斑病)균.

A. mali : 사과나무 점무늬낙엽병(斑點落葉病)균. 분생자경에 5~13개의 분생포자가 연쇄상으로 형성된다. 분생포자는 흑갈색이고 곤봉형으로 1~수개의 격막이 있고 크기는 13~50×6~20㎛이다. 생육온도는 10~35℃이고 최적온도는 28℃이며 분생포자는 25℃에서 물이 있으면 4~6시간 내에 완전히 발아된다. 이 병원균은 *A. alternata*와는 형태적으로 흡사하여 구분이 어려우나 AM독소를 생성하는 것이 다르다.

A. panax : 인삼 점무늬병(斑點病)균. 분생자경과 분생포자를 형성한다.

A. porri(구명 : *Macrosporium porri*) : 마늘·양파·파 검은무늬병(黑斑病)균. 분생포자는 갈색, 곤봉형으로 5~13개의 횡경막과 1~4개의 종경막을 가지며 길쭉한 곤봉형의 부리(beak)가 있다. 이 병원균의 생육온도는 5~35℃이며 생육적온은 25℃ 내외이다. 병원균은 균사나 분생포자의 형태로 종자의 표면이나 병든 식물체의 잔재물에서 월동하여 1차 전염원이 된다. 파 검은 무늬병균은 여러 가지 계통(k-Ⅰ, k-Ⅱ, k-Ⅲ, k-Ⅳ, k-Ⅱ)이 분화되어 있어 기주마다 병원성 정도가 다를 수 있다.

A. radicina : 당근 검은무늬병(黑紋病)균. 분생자경은 담갈색 내지 황갈색, 단독 혹은 간혹 가지를 치며, 곧거나 약간 굽은 모양이며, 길이는 최고 200㎛까지 된다. 분생포자는 단독 혹은 2~3개의 연쇄로 형성되며, 부리(beak)는 없고, 황갈색 내지 암갈색, 타원형 내지 반곤봉형이고, 3~7개의 횡경막과 1개 내지 여러 개의 종경막을 가지고 있으며, 크기는 27~57×9~27㎛이다. 이 균의 생육적온 26~30℃이다.

A. sesami (구명 : *A. longissima, A. sesamicola, Macrosporium sesami*) : 참깨 검은무늬병(黑斑病)균. 분생자경과 분생포자를 형성한다.

A. solani (구명 : *Macrosporium solani*) : 겹무늬병(輪紋病)균. 토마토 이외에 가지, 고추, 감자 등 여러 종류의 작물을 침입한다. 분생자경은 담갈색 내지 황갈색을 띠고 격막이 있으며, 곧거나 약간 굽은 모양으로 길이가 110㎛까지 되고, 혹은 6~10㎛이다. 분생포자는 담갈색 내지 황갈색을 띠고 단독으로 형성되며, 반곤봉형으로 부리(beak)는 몸체의 길이와 비슷하거나 약간 길다. 분생포자는 9~11개의 횡경막과 간혹 몇 개의 종격막을 가지고 있고, 부리는 간혹 가지를 치며, 그 크기는 140~290×14~32㎛이다. 병반 표면에 있는 분생포자는 바람과 진동에 의해서 공기전염을 하며 토마토 잎. 줄기 등에 부착하면 적당한 수분에 의해서 발아하여 침입한다. 발육적온은 26~28℃로 비교적 높은 온도에서 잘 자라며 침입 후 고온 조건에서 2~3일 정도 되면 발병된다. 분생포자의 발아 적온은 28~30℃이다. 이 병원균은 토마토, 가지, 고추, 감자 등의 피해 잔존물과 함께 토양 내에서 월동하면서 전염원이 된다. 또한 종자의 표면에 부착해서 종자전염하기도 한다.

A. tenuissima : 딸기 열매썩음병(果實腐敗病)균.

A. tomatophila : 토마토 겹무늬병(輪紋病)균.

Annulohypoxylon truncatum (구명 : *Sphaeria truncata, Hypoxylon truncatum*) : 표고버섯 검은혹버섯. 분류학적 위치는 균계(Fungi), 자낭균문(Ascomycota), 자낭균강(Ascomycetes), 꼬투리버섯목(Xylariales)에 속한다.

Aphanomyces euteiches : 완두 뿌리썩음병(根腐病)균. 색조류계(Chromista), 난균문(Oomycota), 난균강(Oomycetes), 수생균목(물곰팡이目, Saprolegniales)에 속하는 균류로서 균사, 유주자, 난포자를 형성한다.

A. raphani : 무·배추 검은뿌리썩음병(黑根腐病)균. 균사는 격막이 없고, 직경이 4~10㎛이다. 유주자는 구형으로 관상형의 유주자낭 내에서 형성되며, 직경이 8~12㎛이다. 장란기와 장정기가 교배하여 난포자를 형성하며, 난포자는 구형으로 직경이 20~30㎛이다.

Apiosporina morbosa (*Dibotryon morbosum, Sphaeria morbosa*) : 체리나무·서양자두 검은썩음병(黑腐病)균. 본 균의 분류학적인 위치는 균계(kingdom Fungi), 자낭균문(Ascomycota), 자낭균강(Ascomycetes), 위자낭균목(僞子囊殼菌目, Pleosporales)에 속한다.

Armillaria mellea (구명 : *Agaricus melleus*) : 뽕나무버섯균. 과수 뿌리썩음병(根腐病)균. 본 균은 균계(Fungi), 擔子菌門(Basidiomycta), 모균강(Hymenomycetes), 주름버섯목(Agaricales), Marasmiaceae에 속하였으나, Dictionary of the Fungi(9th edition)의 분류체계에 따르면 담자균문, 담자균강(Basidiomycetes), 주름버섯목에

속한다.

Ascobolus trifolii (Current name : ***Pseudopeziza trifolii***) : 알팔파 점무늬병(斑點病)균. 본 균의 분류학적인 위치는 균계(Fungi), 자낭균문(Ascomycota), 자낭균강(Ascomycetes), Pezizales(目)에 속한다.

Ascochyta : 균계의 불완전균류(Deuteromycotina), 有殼菌綱(Coelomycetes), 분생자각균목(Sphaeropsidales)에 속하였으나, Dictionary of the Fungi(9th edition)의 분류체계에 따르면 균계, 자낭균문(Ascomycota), 자낭균강(Ascomycetes)의 미확정목(Order Incertae sedis)에 속하며 병자각과 병포자를 형성한다.

A. capsici : 고추 점무늬병(斑點病)균. 병자각과 병포자를 형성한다. 병자각은 구형, 갈색 내지 흑갈색으로 그 내부에 많은 병포자를 함유하고 있다. 병포자는 무색, 단세포 혹은 2세포로서 타원형 내지 계란모양이다. 국내에서는 고추점무늬병균으로서 *Alternaria capsici*가 기록되어 있으나, 이 학명은 현제 세계적으로 쓰이지 않고 있어 병원균에 대한 분류학적인 연구 검토가 요망된다.

A. cucumis (***Mycosphaerella melonis,*** Current name : ***Didymella bryoniae,*** 유성세대) : 오이 · 참외(메론) · 호박 덩굴마름병(蔓枯病)균. 병자각과 병포자를 형성하며, 병자각은 구형, 갈색 내지 흑갈색으로 그 내부에 많은 병포자를 함유하고 있다.

A. gossypii : 목화 겹둥근무늬병(輪紋病)균. 병자각과 병포자를 형성한다.

A. hordei : 보리 둥근겹무늬병(輪紋病)균. 병자각과 병포자를 형성한다.

A. phaseolorum (Current name : ***Phoma exigua***) : 콩 · 팥 겹무늬병(輪紋病)균. 병자각과 병포자를 형성한다.

A. pisi (***A. pisicola***) : 완두 갈색무늬병(褐斑病)균. 병자각과 병포자를 형성한다.

Aspergillus flavus : 곡류 저장병균. 분류학적인 위치는 균계(Fungi)의, 불완전균류(Deuteromycotina), 총생균강(Hypomycetes), 총생균목(Hyphomycetales), 담색선균과(Moniliaceae)에 속하였으나, Dictionary of the Fungi(9th edition)의 분류체계에 따르면 균계, 자낭균문(Ascomycota), 자낭균강(Ascomycetes), Eurotiales(目)에 속한다.

A. niger : 땅콩 · 양파 검은곰팡이병(黑黴病균.

Athelia rolfsii (구명 : ***Corticium rolfsii,*** 무성세대 : ***Sclerotium rolfsii***) : 각종식물 흰비단병(白絹病)균. 분류학적인 위치는 균계(Fungi), 담자균문(Basidiomycta), 담자균강(Basidiomycetes), Polyporales(目)에 속한다. 땅콩 흰비단병(白絹病, Stem rot)균.

Bipolaris : 균계의 불완전균류(Deuteromycotina), 총생균강(Hypomycetes), 총생균목(Hyphomycetales)에 속하였으나, 유성세대(*Cochliobolus*)가 밝혀지면서 자낭균문

(Ascomycota), 소방자낭균강(Loculoascomycetes), 소방자낭균목(Pleosporales)에 속하는 것으로 재분류되었으며, Dictionary of the Fungi(9th edition)의 분류체계에 따르면 균계(kigdom Fungi)의 자낭균문, 자낭균강(Ascomycetes), 위자낭균목(僞子囊殼菌目, Pleosporales)에 속한다.

B. maydis (*Helminthosporium maydis*, Current name : *Cochliobolus heterostrophus*, 유성세대) : 옥수수 깨씨무늬병(胡麻葉枯病)균.

B. oryzae (Current name : *Cochliobolus miyabeanus*, 유성세대) : 벼 깨씨무늬병(胡麻葉枯病)균. 벼를 비롯하여 보리, 옥수수, 수수 등 여러 종류의 화본과 식물에 깨씨무늬병을 일으킨다. 병원균의 분생포자는 암갈색 방추형이며, 6~11개의 격막을 갖고 있다. 발육한계 온도는 2~41℃이며, 최적온도는 25~30℃이다

B. sorokiniana (구명 : *Helminthosporium sorokinianum*, Current name : *Cochliobolus sativus*, 유성세대) : 보리 점무늬병(斑點病)균. 화본과 식물에 감염한다.

B. versicolor (*Polyporus versicolor*, Current name : *Coriolus versicolor*) : 활엽수 목재썩음병균.

B. victoriae (*Drechslera victoriae*, *Helminthosporium sativum*, Current name : *Cochliobolus victoriae*, 유성세대) : 귀리 잎마름병(葉枯病)균.

B. zeicola : 옥수수 둥근무늬병(圓斑病)균.

Blumeria graminis (구명 : *Erysiphe graminis*) : 맥류 흰가루병(白粉病)균. 분류학적인 위치는 균계, 자낭균門(Ascomycota), 균사자낭균綱(Filamentous Ascomycetes), 흰가루병균目(Erysiphales)에 속하였으나, Dictionary of the Fungi(9th edition)의 분류체계에 따르면 균계(kingdom Fungi)의 자낭균문, 자낭균강(Ascomycetes), 흰가루병균목(Erysiphales)에 속한다. 병든 식물체 잔재물에 존재하는 자낭각은 월동형으로 발아하면 그 속에 들어있는 자낭에서 자낭포자를 분출하며 바람에 날려 1차 전염이 된다. 2차 전염은 병반 표면의 분생자경에 쇄상으로 붙어있는 10~20개의 타원형의 분생포자가 공기 전염하여 식물체 표면에 붙어 침입한다. 분생포자는 무색이며, 크기는 23~47×11~21㎛이다. 발아 및 침입의 최적 온도는 20℃ 전후로 건조한 조건에서도 발아가 가능하며 잠복기는 3~5일이다. 병원균은 절대 활물기생균으로 인공배지에서 배양이 불가능하며, 여러 개의 레이스가 존재한다.

Boletus pinicola (*Fomes pinicola*, Current name : *Fomitopsis pinicola*) : 침엽수 목재썩음병균. 균계의 자낭균문(Ascomycota), 자낭균강(Ascomycetes), Pezizales(目)에 속한다.

Botryosphaeria : 분류학적인 위치는 균계(Fungi)의 자낭균門(Ascomycota), 소방자낭균綱(Loculoascomycetes), 위자낭각균目(Pleosporales)에 속하였으나, Dictionary of the Fungi(9th edition)의 분류체계에 따르면 균계, 자낭균문, 자낭균강, 갈반병균목(Dothideales)에 속한다. 자낭각과 자낭포자를 형성하고 불완전세대에서는 병자각과 병포자를 형성한다.

B. berengeriana **(*B. ribis, B. dothidea*)** : 사과나무 겹무늬썩음병(輪紋病)균. 자낭각과 자낭포자를 형성하고 불완전세대에서는 병자각과 병포자를 형성한다.

B. dothidea (구명 : ***Sphaeria dothidea,*** 무성세대 : ***Fusicoccum aesculi***) : 겹무늬썩음병균, 줄기썩음병(胴腐病)균. 자낭각과 자낭포자를 형성하고 불완전세대에서는 병자각과 병포자를 형성한다. 이 병원균은 처음 *Physalospora piricola*로 동정되었으나, 그 후 *B. ribis*로 바뀌었다가 von Arx의 분류체계에 의하여 *B. dothidea*로 명명되어 사용되고 있다. 우리나라에서는 사과, 배, 포도, 감, 대추, 복숭아 등 대부분의 과수류에 겹무늬썩음 증상을 일으키고 있다. 특히 사과에서는 모든 방제체계가 이 병원균을 막는데 초점이 맞추어져 있다. 병자각 모양은 타원형 내지는 원형에 가깝고 7.5㎛×26㎛ 정도 크기의 병포자가 무수히 내생하고 있다. 병포자가 기주체의 상처나 피목 등을 침입하면 부란병과 같이 타원형으로 썩어들어 가거나 사마귀를 형성시키며 그 위에 까만 돌기 모양의 병자각이 밀생되며 7~8월의 기온이 높아지고 습도가 알맞으면 병자각내의 병포자가 실 모양으로 대량으로 분출하여 비나 바람 등에 의해 전염이 이루어진다. 또한 이 병원균은 사과나무 가지에 사마귀 모양의 돌기를 형성시켜 그 속에 병자각을 만들어 월동 하다가 이듬해 봄부터 수확기까지 끊임없이 전염되므로 방제에 있어서도 매우 어려운 병이다. 과일에 감염이 되면 초기에 병반을 중심으로 동심원을 이루는 윤문을 형성하며, 병 진전 속도가 빠를 경우 동심원이 나타나지 않을 수도 있다. 시간이 경과함에 따라 과피 아래 부위에 까만 병자각이 수없이 밀생하여 이 상태로 월동하기도 한다. 자낭포자는 무색이고 단세포이며 타원형 내지 장타원형으로 크기는 16～30×6.0～9.6㎛이다. 병포자는 무색, 단포이고, 타원형 내지 방추형이며, 크기는 20.0~31.3×4.3~7.3㎛정도이다. 병원균의 생육적온은 28℃ 정도이다. 밤나무 줄기썩음병(黑色胴腐病), 열매썩음병(果實腐敗病)균. 감귤나무 열매썩음병(果實腐敗病)균.

B. obtusa : 사과나무 검은썩음병균. 자낭각과 자낭포자를 형성하고 불완세대에서는 병자각과 병포자를 형성한다.

***B. ribis*(*B. berengeriana, B. dothidea*)** : 사과나무 겹무늬썩음병(輪紋病)균.

Botryotinia fuckeliana (무성세대 : ***Botrytis cinerea***) : 잿빛곰팡이병(灰色黴病)균. 분류학적인 위치는 균계(Fungi), 자낭균문(Ascomycota), 자낭균강(Ascomycetes), 균핵병균목(Helotiales)에 속한다.

Botrytis : 분생포자와 균핵을 형성한다. 자연계에 널리 분포하여 경제적으로 막대한 피해를 초래하는 중요한 식물 병원균들 중 하나이다. *Botrytis*는 *Botryotinia*의 불완

전세대명으로 Kirk(2001)의 분류체계에 따르면 균계의 자낭균문(Ascomycota), 자낭균강(Ascomycetes), 아강(Leotiomycetidae), 균핵병균목(Helotiales), 균핵병균과(Sclerotiniaceae), *Botryotinia* 屬에 속하였으나, Dictionary of the Fungi(9th edition)의 분류체계에 의하면 균계(Fungi)의 자낭균문, 자낭균강, 균핵병균목에 속한다.

B. aclada(*B. allii*) : 마늘 · 양파 잿빛곰팡이병(灰色黴病)균.

B. cinerea (유성세대 : *Botryotinia fuckeliana*) : 수박 · 고추 잿빛곰팡이병(灰色黴病)균. 분생포자와 균핵을 형성한다. 균사는 분지하고 격막이 있으며 투명하다. 분생자경은 이병조직이나 균사에서 형성되고 대개 기부세포가 부풀며 직경이 16~30㎛, 길이는 대개 1㎜ 이상이다. 암갈색이고 정단 부위 근처에서 불규칙적으로 많이 분지한다. 분지의 말단세포는 부풀어서 곤봉상의 분생포자 발생세포를 형성하고, 그 위에 포자가 출아하면서 포도송이처럼 형성되는 것을 볼 수 있다. 분생포자는 단세포, 다핵으로 원형 내지 도란형이고, 표면은 광학현미경하에서는 매끄럽게 보이나 전자현미경으로 보면 혹 모양의 돌기가 존재한다. 포자가 덩어리지면 회색 내지 회갈색이나 각각은 무색이나 연갈색이다. 월동 구조인 균핵은 검고 타원형 내지 불규칙하며 크기는 다양하다. 병원균의 발육온도는 20~25℃ 정도이며, 분생포자의 형성적온은 25℃ 전후이다. 균핵은 다소 낮은 15~20℃ 정도의 명암 교차 상태에서 잘 형성되고, 투광이 많은 조건하에서는 분생포자가 다량 형성된다. 감나무 · 고구마 · 사과나무 · 양배추 · 완두 · 참외 잿빛곰팡이병(灰色黴病)균.

B. destructor(*Peronospora destructor*) : 파 노균병(露菌病)균.

B. tulipae(구명 : *Sclerotium tulipae*) : 튤립 구근썩음병균.

B. viticola(*Plasmopara viticola, Peronospora viticola*) : 포도나무 노균병(露菌病)균.

Bremia lactucae : 상추 노균병(露菌病)균. 색조류界(Chromista), 난균門(Oomycota), 난균綱(Oomycetes), 노균目(Peronosporales), 노균병균科(Peronosporaceae)에 속하는 절대기생균으로 살아 있는 식물체에만 기생하고 인공배양은 되지 않는다. *Peronospora*屬의 노균병균과는 여러 가지 다른 특성을 가지고 있다. *Bremia*屬 균은 현재까지 36속 230종 이상의 국화과 작물을 침해하는 것으로 알려져 있는데 종별로 기주특이성이 높으며, 상추 노균병균은 주로 상추에만 강한 병원성을 가지고 있다. 포자낭의 직경은 15~25㎛, 난포자의 직경은 26~35㎛이다. 포자낭은 유주자를 형성하지 않고 직접 발아하며, 밤 온도가 8~12℃, 낮 온도가 10~15℃ 정도인 저온과 100% 상대습도일 때 병 발생에 가장 적합한 환경이 된다.

Bulgaria inquinans : 표고버섯 고무버섯. 균계(Fungi)의 자낭균문(Ascomycota), 자낭균강(Ascomycetes), 균핵병균목(Helotiales)에 속하며, 자낭과 자낭포자를 형성한다.

Calonectria ilicicola (무성세대 : *Cylindrocladium ilicicola*) : 두류 검은뿌리썩음병(黑色

根腐病)균. 본 균의 분류학적인 위치는 균계(Fungi), 자낭균門(Ascomycota), 각균綱(Pyrenomycetes), 육좌균目(Hypocreales)에 속하였으나, Dictionary of the Fungi (9th edition)의 분류체계에 따르면 균계, 자낭균문, 자낭균강(Ascomycetes), 육좌균목에 속하며, 자낭포자와 분생포자를 형성한다. 자낭은 무색 곤봉형으로 크기는 85~142×13~22㎛이며, 속에는 8개의 자낭포자가 들어있다. 자낭포자는 무색으로 보통 2세포로 되어 있으며, 크기는 36~59×5.7~7.6㎛이다. 분생포자는 무색 원통형으로 3개의 격막이 있으며, 크기는 53~94×5.5~7.2㎛이다. 균사체, 분생포자 및 자낭포자는 토양에서 생존력이 약한 반면 후막포자는 월동 후 중요한 1차 전염원이 된다. 콩 검은뿌리썩음병(黑色根腐病)균.

Capnodium : 균계의 자낭균문(Ascomycota)의 소방자낭균강(Loculoascomycetes), 그을음병균목(Capnodiales)에 속하였으나, Dictionary of the Fungi(9th edition)의 분류체계에 따르면, 본 균은 균계(Fungi)의 자낭균문, 자낭균강(Ascomycetes), 그을음병균목에 속한다.

***C. citri*(*C. salicinum*)** : 버드나무 그을음병(煤病)균.

C. fuliginodes : 감나무・배나무・복숭아나무 그을음병(煤病)균. 균계(Fungi)의 자낭균문에 속하며, 자낭각과 병자각을 형성한다. 자낭각은 구형 내지 계란모양이고, 위부분이 약간 돌출되어 있으며, 자갈색 내지 흑갈색의 강모가 붙어 있다. 자낭은 넓은 곤봉모양으로 크기는 42~50×11~17㎛이다. 자낭포자는 자낭 내에 8개씩 들어 있고, 갈색 내지 황갈색이며, 긴 타원형으로 주로 3개의 격막을 가지고 있으며, 크기는 9~12×3.5~5㎛이다. 병자각은 갈색이며, 구형 또는 계란모양으로 공구 부근에 2개 내지 그 이상의 강모를 가지고 있다. 병포자는 무색, 구형이며, 단세포로 직경이 1.2~2.5㎛이다.

***C. salicinum*(*C. citri*)** : 버드나무 그을음병(煤病)균.

C. tanakae : 감귤나무 그을음병(煤病)균.

Cephalosporium gramineum (유성세대 : ***Hymenula cerealis***) : 밀 줄무늬마름병(條斑病, Cephalosporium stripe)균.

Ceratobasidium cereale (무성세대 : ***Rhizoctonia cerealis***) : 맥류 잎집눈무늬병(葉鞘眼斑病)균. 본 균의 분류학적인 위치는 균계(Fungi)의 담자균문(Basidiomycta), 담자균강(Basidiomycetes), 뿔담자균목(Ceratobasidiales)에 속하며, 담자기와 담자포자를 형성한다. 담자기는 항아리 모양 혹은 구형이며, 크기는 7.3~19.7×7.6~ 13.1㎛이다. 담자기의 상부에는 보통 1~4개의 소병이 형성되고, 이 소병 끝에서 담자포자가 형성된다. 담자포자는 단세포이며 색이 없고, 난형 내지 장타원형으로 크기는 6.2~12.7×3.2~6.3㎛이다. 무성세대는 분생포자를 형성하지 않으며, 병반에서는 암갈색 내지 흑색의 원통형 혹은 부정형 균핵을 형성하고, 배양기에서는 갈색 내지

암갈색의 부정형 균핵을 형성한다. 병반에서 형성된 균핵 크기는 0.3~2.0㎜이고, 배양기에서 형성된 균핵의 크기는 0.4~2.5㎜이다. 주축균사의 폭은 4~7㎛이고, 1개의 균사세포 내에는 1~3개(보통 2개)의 핵이 들어 있다. 이 균의 균사 생육온도범위는 2~31℃이고, 균사 생육적온은 23℃이다.

C. setariae (*C. oryzae-sativae*, 무성세대 : *Rhizoctonia oryzae-sativae*, *R. fumigata*) : 벼 회색균핵병(灰色菌核病)균. 생강 잎집썩음병(葉鞘腐敗病)균. 균계(Fungi)의 담자균문에 속하며, 담자기와 담자포자를 형성한다. 담자기는 구형이며, 크기는 13.4~18.8×12.3~15.9㎛이다. 담자기의 상부에는 보통 1~2개의 소병이 형성되고, 이 소병 끝에서 담자포자가 형성된다. 담자포자는 단세포로 색이 없고, 구형 내지 아구형이며, 크기는 11~15×10~12㎛이다. 이 균의 무성세대에서는 분생포자를 형성하지 않으며, 병반에서는 회색 내지 회갈색의 구형 또는 편구형 균핵을 형성하고, 배양기에서는 담갈색 내지 회갈색의 부정형 균핵을 형성한다. 병반이나 배양기에서 형성된 균핵의 크기는 0.3~2.0nm이다. 주축균사의 폭은 4~8㎛이고, 1개의 균사세포 내에는 1~3개(보통 2개)의 핵이 들어 있다. 이 균의 균사 생육온도범위는 6~35℃이고, 균사생육적온은 29~31℃이다.

Ceratocystis : 균의 분류학적인 위치는 균계(Fungi), 자낭균門(Ascomycota), 각균綱(Pyrenomycetes), 육좌균目(Hypocreales)에 속하였으나, Dictionary of the Fungi(9th edition)의 분류체계에 따르면 균계(kingdom Fungi)의 자낭균문, 자낭균강(Ascomycetes), 소자낭균목(Microascales)에 속하며, 자낭포자와 분생포자 및 후막포자를 형성한다.

C. coerulescens : 木材表面에 變色菌 또는 青變菌.

C. fagacearum : 참나무 시들음병균. 核果類 果樹 및 각종 樹木에 궤양병균을 일으킨다.

C. fimbriata : 고구마 검은무늬병(黑斑病)균. 자낭각은 흑색, 플라스크 모양이고, 최고 900㎛에 이르는 가늘고 긴 목을 가지고 있다. 목 끝의 공구(孔口) 주위에는 무색의 균사가 털 모양으로 존재한다. 자낭각내에서는 타원형의 자낭이 형성되고, 자낭내에서는 8개의 자낭포자가 형성되며, 자낭은 쉽게 소실된다. 자낭포자는 무색, 단세포이며, 타원형 내지 모자모양이고, 가장자리에 젤라틴상의 껍질을 가지고 있으며, 크기는 5~8×3~6㎛이다. 분생포자는 무색, 원통형이고, 양끝이 무디며, 크기는 11~25×4~5㎛이다. 후막포자는 후막화 되어 연쇄상으로 형성되고, 갈색, 난형 내지 도란형이며, 크기는 9~18×6~13㎛이다.

C. paradoxa : 파인애플 butt rot병균.

C. ulmi (구명 : *Ceratostomella ulmi*, Current name : *Ophiostoma ulmi*) : 느릅나무 마름병균.

Cercospora : 분류학적인 위치는 균계(Fungi)의 불완전균류(Deuteromycotina), 총생균

강(Hypomycetes), 총생균목(Hyphomycetales), 암색선균과(Dematiaceae)에 속하였으나, Dictionary of the Fungi(9th edition)의 분류체계에 따르면 균계, 자낭균문(Ascomycota), 자낭균강(Ascomycetes), Mycosphaerellales(目)에 속하며, 분생자경과 분생포자를 형성한다. 유성세대는 *Mycosphaerella*이며, 각종 식물에 점무늬병을 일으킨다.

C. apii : 샐러리 검은무늬병(黑斑病)균.

C. asparagi(구명 : *C. asparagicola, Cercosporina asparagicola*) : 아스파라가스 검은무늬병(黑斑病)균.

C. beticola : 사탕무 갈색무늬병(褐斑病)균.

C. brassicicola : 무 흰무늬병(白斑病)균. 분생자경은 다발모양으로 형성되며, 가지를 치지 않고, 곧거나 약간 굽은 형태이며, 담갈색 내지 갈색을 띠고 있다. 크기는 30~170×4~5㎛이다. 분생포자는 분생자경의 상부에서 단독으로 형성되며, 무색, 반곤봉형 내지 방추형으로 곧거나 약간 굽은 모양이고, 5~11개의 격막을 가지고 있으며, 크기는 50~120×3.0~4.5㎛이다.

C. canescens : 녹두 · 팥 점무늬병(斑點病)균, 녹두 갈색무늬병(褐斑病)균.

C. cannabis : 삼 갈색무늬병(褐斑病)균.

C. capsici : 고추 갈색점무늬병(褐色斑點病)균. 분생자경은 다발로 형성되며, 격막이 있고, 그 위쪽에 분생포자를 형성한다. 분생포자는 단독으로 형성되며, 무색, 반곤봉형으로 곧거나 약간 굽은 모양이고, 3~15개의 격막을 가지고 있다.

C. carotae(구명 : *C. apii*) : 당근 점무늬병(斑點病)균. 분생자경은 다발로 형성되며, 담갈색을 띤다. 분생포자는 무색, 막대모양이며, 곧거나, 약간 굽은 형태이고, 2~8개의 격막을 가지고 있다. 이 균의 생육적온은 26~30℃이다.

C. castaneae : 밤나무 점무늬병(斑點病)균.

C. circumscissa(Current name : *Mycosphaerella cerasella*, 유성세대) : 벚나무 구멍병균. 분생자경과 분생포자를 형성한다. 분생자경은 다발로 형성되며, 격막이 있고, 그 위쪽에 분생포자를 형성한다.

C. citrullina(Current name : *Didymella bryoniae*, 유성세대) : 수박 · 호박 점무늬병(斑點病)균. 분생자경은 병반상에 총생하며, 담갈색이다. 분생포자는 무색이며, 긴 막대모양으로 꼬리부분은 가늘고, 머리 부분은 약간 굵으며, 분생자경에 붙어있던 흔적이 보인다. 분생포자는 5~30개의 격막을 가지고 있으며, 대부분 곧은 모양이나 긴 것은 간혹 포자가 굽어보인다.

C. cruenta(Current name : *Mycosphaerella cruenta*, 유성세대) : 강낭콩 · 팥 · 동부 점무늬병(斑點病)균.

C. cucurbitae (Current name : *Didymella bryoniae*, 유성세대) : 참외 점무늬병(斑點病)균. 분생자경은 다발로 형성되며, 격막이 있고, 그 위쪽에 분생포자를 형성한다.

C. janseana (*C. oryzae*, Current name : *Sphaerulina orzina*, 유성세대) : 벼 갈색점무늬병(褐色斑點病)균(Narrow brown leaf spot).

C. kaki : 감나무 모무늬낙엽병균. 분생자경은 다발로 형성되며, 격막이 있고, 그 위쪽에 분생포자를 형성한다.

C. kakivora : 감나무 모무늬낙엽병(角斑落葉病)균. 분생포자는 분생자경 위에 직립하고, 길고 굽은 막대 모양으로 되어 있다. 균의 발육온도는 10~30℃이고, 최적온도는 30℃ 전후로 고온성균에 속한다.

C. kikuchii (구명 : *Cercosporina kikuchii*) : 두류 자주무늬병(紫斑病)균. 분생자경은 느슨한 다발로 발생하며, 갈색이고, 직립이나 다소 굽으며, 관절모양의 굴곡이 있고, 분지하지 않으며, 2~6개의 격막을 갖고, 크기는 20~200×3.5~5.5㎛이다. 분생포자의 이탈 흔적은 크고 뚜렷하다. 분생포자는 단생하고, 침상이나 사상으로 일직선이거나 다소 굽으며, 투명하고, 5~22개의 격막을 갖고, 정단부는 뭉툭하거나 다소 뾰족하며, 기부는 편평하다. 크기는 55~120×3~4㎛이고 분생자경과의 부착부위는 뚜렷이 두껍고 짙고 돌출하지 않는다. 본 균은 V-8 juice agar나 potato dextrose agar(PDA)에서 잘 자라며 12시간 간격으로 광과 암 상태를 교대로 만들어 주면 실내에서도 포자가 잘 형성된다.

C. longissima : 상추 갈색무늬병(褐斑病)균. 분생자경은 다발로 형성되고, 담황갈색을 띠며, 그 크기는 50~90×46~60㎛이다. 분생포자는 무색, 막대모양으로 10~20개의 격막이 있고, 크기는 50~220×3.5~5.0㎛이다.

C. melongenae(구명 : *Cercosporina melongenae*) : 가지 검은마름병(黑枯病)균.

C. nicotianae : 담배 흰별무늬병(白星病)균.

C. oryzae (*C. janseana*, Current name : *Sphaerulina orzina*) : 벼 갈색점무늬병(褐色斑點病)균.

C. ricinella : 아주까리 점무늬병(斑點病)균.

C. sesami(*Cercosporina sesami*) : 참깨 점무늬병(斑點病)균.

C. sojina : 콩 점무늬병(斑點病, Frogeye leaf blight)균.

C. solani-melongenae : 가지 갈색둥근무늬병(褐色圓星病)균. 분생자경은 다발로 형성되며 황갈색이고, 곧거나 약간 굽은 모양이며, 1~3개의 격막을 가지고 있다. 분생포자는 반투명하며, 크기는 30~100×3.5~5.0㎛이다.

C. vignae(*C. raciborskii*) : 강낭콩 · 동부 · 팥 점무늬병(斑點病)균.

C. viticola (구명 : *Cladosporium viticola,* Current name : *Pseudocercospora vitis,* 유성세대) : 포도나무 갈색무늬병(褐斑病)균.

Cercosporina asparagicola (*Cercospora asparagicola,* Current name : *Cercospora asparagi*) : 아스파라가스 검은무늬병(黑斑病)균. Dictionary of the Fungi(9th edition)의 분류체계에 따르면, 본 균은 균계(Fungi)의 자낭균문(Ascomycota), 자낭균강(Ascomycetes), Mycosphaerellales(目)에 속한다.

C. kikuchii(Current name : *Cercospora kikuchii*) : 두류 자주무늬병(紫紋病)균.

C. melongenae (Current name : *Cercospora melongenae*) : 가지 검은마름병(黑點病)균. 분생포자의 격막은 8~10개이며, 포자의 크기는 80~210×10~14㎛이다.

Choanephora cucurbitarum : 동부 꼬투리썩음병(實腐病)균.

Chondrostereum purpureum : 樹木에 銀葉病을 일으킴. Dictionary of the Fungi(9th edition)의 분류체계에 따르면, 본 균의 분류학적인 위치는 균계의 담자균문(Basidiomycta), 담자균강(Basidiomycetes), Polyporales(目)에 속한다.

Ciboria fructicola (*Sclerotinia fructicola, S. laxa,* Current name : *Monilinia fructicola*) : 복숭아나무 균핵병(菌核病)균. Dictionary of the Fungi(9th edition)의 분류체계에 따르면, 본 균의 분류학적인 위치는 균계(Fungi)의 자낭균문(Ascomycota), 자낭균강(Ascomycetes), 균핵병균목(Helotiales)에 속한다.

Cladochytrium alfalfae (*Urophlyctis alfalfae,* Current name : *Physoderma alfalfae*) : 알팔파 crown wart병균. Dictionary of the Fungi(9th edition)의 분류체계에 따르면, 본 균의 분류학적인 위치는 균계(Fungi)의 병꼴균문(Chytridiomycota), 병꼴균강(Chytridiomycetes), 병꼴균목(Chytridiales)에 속한다.

Cladosporium : 분류학적인 위치는 균계(Fungi)의 불완전균류(Deuteromycotina), 총생균강(Hypomycetes), 총생균목(Hyphomycetales), 암색선균과(Dematiaceae)에 속하였으나, Dictionary of the Fungi(9th edition)의 분류체계에 따르면, 균계의 자낭균문(Ascomycota), 자낭균균강(Ascomycetes), Mycosphaerellales(目)에 속한다.

C. carpophilum (Current name : *Venturia carpophila,* 유성세대) : 복숭아 검은별무늬병(黑星病)균. 복숭아나무 더뎅이병(瘡痂病)균. 분생자경과 분생포자를 형성한다. 분생포자는 분생자경위에서 형성되며, 담갈색, 장타원형으로 대부분이 단세포이고, 간혹 2세포인 것도 있다.

C. cucumerinum : 참외·오이·호박·수박 검은별무늬병(黑星病)균. 가지 그을음병(煤病)균. 분생자경과 분생포자를 형성한다. 분생자경은 황갈색이고 가지를 치며, 격막을 가지고 있다. 분생포자는 방추형 또는 레몬형으로 담갈색의 단세포 내지 2세포로 되어 있다. 포자의 크기는 4~25×2~6㎛이며, 분생포자가 분생자경 위에 연쇄상

으로 형성된다. 병원균의 생육 온도는 2~35℃이며 최적 온도는 20℃ 내외이다. 생육 pH범위는 4~8로 pH의 생육에 대한 영향은 적은 것으로 알려져 있다. 분생포자의 형성은 10~30℃ 범위이며 포자형성 최적 온도는 20℃ 내외이다.

C. dendriticum (*Fusicladium dendriticum*, Current name : *Venturia inaequalis*, 유성세대) : 사과나무 검은별무늬병(黑星病)균.

C. fulvum (*Fulvia fulva*, Current name : *Mycovellosiella fulva*, 유성세대) : 토마토 잎곰팡이병(葉黴病)균. 병원균은 병든 잎이나 종자 등에서 월동하여 1차 전염원이 되나, 시설재배에서는 병원균이 각종 농자재에 붙어 월동하기도 한다. 2차 전염은 병반상에 형성된 분생포자가 바람에 전반되고 잎의 기공을 통하여 침입, 발병된다. 병원균의 생육온도 범위는 5~30℃이고, 발육 적온은 20~25℃이다.

C. herbarum : 벼 그을음병(黑點病)균. 분생자병은 보통 균사 측면에서 발생하지만 균사 끝에서 생기기도 한다. 분생자병의 끝에서 분생자가 연달아 생기고, 분생자는 담황갈색 내지 암갈색으로 모양은 원형 내지 타원형이고, 하나 또는 2개의 세포로 되어 있다. 포자의 크기는 4.5~11×4~5㎛이고, 2세포는 9~15×4~7㎛이다. 보리·딸기 그을음병(煤病)균.

C. viticola (*Cercospora viticola*, Current name : *Pseudocercospora vitis*, 유성세대) : 포도나무 갈색점무늬병(褐色斑點病)균.

Clasterosporium mori : 뽕나무 그을음병(煤病)균. 본 균의 분류학적 위치는 균계의 불완전균류(Deuteromycotina), 총생균강(Hypomycetes), 총생균목(Hyphomycetales), 암색선균과(Dematiaceae)에 속하였으나, Dictionary of the Fungi(9th edition)의 분류체계에 따르면, 균계(Fungi)의 자낭균문(Ascomycota), 자낭균강(Ascomycetes), Sordariomycetidae(아강), 미확정目(Incertae sedis)에 속한다.

Claviceps : Dictionary of the Fungi(9th edition)의 분류체계에 따르면, 본 균의 분류학적 위치는 균계의 자낭균문(Ascomycota), 자낭균강(Ascomycetes), 육좌균목(Hypocreales), Clavicipitaceae(科)에 속하며, 인축에 독성을 나타내는 맥각병(麥角病)을 일으킨다.

C. oryzae-sativae (*C. virens*, *Ustilaginoidea virens*) : 벼 이삭누룩병(稻麴病)균.

C. purpurea : 호밀 맥각병(麥角病)균.

Cochliobolus : 본 균의 분류학적 위치는 균계(Fungi)의 자낭균문(Ascomycota), 소방자낭균강(Loculoascomycetes), 위자낭균목(Pleosporales)에 속하였으나, Dictionary of the Fungi(9th edition)의 분류체계에 따르면, 균계(kingdom Fungi)의 자낭균문, 자낭균강(Ascomycetes), 위자낭균목, Pleosporaceae(科)에 속한다.

C. carbonum (무성세대 : *Drechslera carbonum*) : 옥수수 잎점무늬병균. 균계의 자낭균

문(Ascomycota)에 속하며, 자낭포자와 분생포자를 형성한다. 자낭세대는 자연 상태에서 드물게 형성되는 것으로 보고되어 있으나, 국내에서는 아직까지 발견된 적이 없다.

C. heterostrophus (*Helminthosporium maydis*, 무성세대 : *Bipolaris maydis*) : 옥수수 깨씨무늬병(胡麻葉枯病)균. 균계(kingdom Fungi)의 자낭균門(Ascomycota)에 속하며, 자낭포자와 분생포자를 형성한다. 자낭세대는 자연 상태에서 드물게 형성되는 것으로 보고되어 있으나, 국내에서는 아직까지 발견된 적이 없다. 분생포자는 긴 방추형으로 약간 굽은 모양이고, 담갈색 내지 황갈색을 띠며, 3~13개의 격막을 가지고 있다. 분생포자는 꼭지부위(hilum)가 돌출되어 있지 않고, 발아 시 양쪽 끝에서 발아관이 나온다. 이 균의 생육 온도범위는 10~35℃이고, 생육 최적온도는 28~30℃이다.

C. lunatus(*Curvularia lunata*) : 벼 black kernel 병원균.

C. miyabeanus (무성세대 : *Bipolaris oryzae*, *Dreschlera oryzae*, *Helminthosporium oryzae*) : 벼 깨씨무늬병(胡麻葉枯病)균. 균계의 자낭균門(Ascomycota)에 속하며, 분생포자는 암갈색 방추형의 6~11개의 격막을 갖고 있으며, 자낭포자는 무색원통형이며, 다수의 격막을 가지고 있다. 침입 기주로는 벼, 보리, 옥수수 등 21종의 화본과 식물이다. 병원균은 이병조직에서 균사상태로 3년 정도 생존이 가능하다.

C. sativus (구명 : *Ophiobolus sativus*) : 보리・밀 점무늬병(斑點病)균. 균계의 子嚢菌門(Ascomycota)에 속하며, 분생포자는 암갈색 방추형의 6~11개의 격막을 갖고 있으며, 자낭포자는 무색원통형이며 다수의 격막을 가지고 있다.

C. setariae (구명 : *Ophiobolus setariae*) : 조 깨씨무늬병(胡麻葉枯病)균. 균계의 자낭균門(Ascomycota)에 속하며, 분생포자는 암갈색이며, 방추형이고, 6~11개의 격막을 갖고 있다. 자낭포자는 무색, 원통형이며 다수의 격막을 가지고 있다.

C. victoriae (무성세대 : *Bipolaris victoriae*, *Drechslera victoriae*, *Helminthosporium sativum* var. *victoriae*) : 귀리 잎마름병(葉枯病)균. 본 균은 균계(Fungi)의 子嚢菌門(Ascomycota)에 속하며, 분생포자는 암갈색 방추형이며, 6~11개의 격막을 갖고 있다. 자낭포자는 무색, 원통형이며 다수의 격막을 가지고 있다.

Colletotrichum : 본 屬의 분류학적 위치는 균계, 불완전균류(Deuteromycotina), 有殼菌綱(Coelomycetes), 분생자층목(Melanconiales)에 속하였으나, Dictionary of the Fungi(9th edition)의 분류체계에 따르면, 균계(Fungi), 자낭균문(Ascomycota), 자낭균강(Ascomycetes), 흑종병균목(Phyllachorales), 흑종병균과(Phyllachoraceae)에 속한다. 완전세대는 *Glomerella*이다. 이 속 균에 의한 병은 주로 탄저병으로 알려져 있으며, 병징은 전형적으로 원형 내지 타원형 혹은 부정형의 갈색 내지 흑색 반점이나 겹무늬 증상으로 나타나고, 흔히 병반에는 황색 내지 담적색의 분생포자덩어

리가 형성된다. 탄저병에 걸린 식물은 생육과 개화가 불량하게 되고, 숙과전 낙과가 잘 되며, 광합성과 다른 생리학적 기능장애를 받는다. 또한 병원균의 잠복(潛伏) 및 휴지(休止) 감염에 의해 수확 후 저장중의 부패 등으로 영향을 받기도 한다. 이 균에는 적어도 11개의 동균 이명(同菌 異名)의 속이 기술되어 있으며, 약 900종이 포함되어 기술되어 왔다. 특히 *Colletotrichum gloeosporioides* Penz.에는 600여종의 동균 이명이 존재하는 것으로 보고되어 있다. 이 균의 분류 동정은 주로 형태적 및 배양적 특성에 의해 이루어지는데, 특히 분생포자의 특징, 강모와 균핵의 존재 여부, 부착기의 모양과 크기에 의해 이루어진다. 분생포자의 형태는 크게 두 종류로 구분되는데, 분생포자의 모양이 곧은 형태와 굽은 형태로 나누어진다. 곧은 형태에는 주로 타원형, 방추형, 원통형이 포함되며, 굽은 형태에는 주로 낫 모양의 방추형으로 굽은 정도가 심하거나 미약한 것, 그리고 중간 정도인 것으로 나누어진다. *Colletotrichum*균을 분류 동정할 때 우선 이 두 종류의 분생포자 모양을 구분해야 되며, 다음으로는 분생포자의 길이와 폭을 측정해야 한다. 분생포자의 형태에 대한 자료는 종을 동정하는데 있어서 필수적이나 분생포자의 모양 및 크기만으로는 종 구분이 뚜렷하게 되지 않는 경우가 있다. 이 경우에는 부착기를 형성시켜 그 모양과 크기를 조사해야만 한다. 부착기는 원형, 타원형, 곤봉형, 열편형, 부정형 등으로 나누어지며, 크기도 다양하다. 부착기의 모양과 크기를 조사하여 검색한 다음에는 대상 균이 균핵이나 강모(剛毛)를 형성하는지 혹은 형성하지 않는지를 조사한다. 균핵은 대부분 흑색, 구형 내지 아구형이고, 간혹 부정형이며, 직경이 보통 1㎜ 이하이다. 강모는 암갈색 내지 흑색의 바늘모양이며, 크기가 다양하고, 종 및 종내 계통에 따라 강모를 많이 형성하거나 드물게 형성하기도 하며, 전혀 형성하지 않기도 한다.

C. atramentarium (***C. coccodes***) : 감자 탄저병(炭疽病)균, 토마토 · 가지 검은점뿌리썩음병(黑點根腐病)균.

C. caulivorum (***C. destructivum, C. glycines, C. truncatum,*** Current name : ***Glomerella glycines,*** 유성세대). 콩 탄저병(炭疽病)균.

C. circinans : 양파 · 파 탄저병(炭疽病)균.

C. coccodes (***C. atramentarium***) : 토마토 · 가지 · 고추 검은점뿌리썩음병(黑點根腐病)균. 고추 탄저병(炭疽病)균. 포자층에서 분생포자와 강모를 형성하고, 감염부위에서 균핵을 형성한다. 분생포자는 긴 방추형이며, 크기는 12~28×3~5㎛이다. 강모는 흑색, 바늘모양이고, 1~8개의 격막을 가지고 있으며, 크기는 32~248×4~5㎛이다. 생육온도 범위는 3~33℃이고, 생육적온은 26~28℃이다.

C. dematium f.sp. ***spinaciae***(구명 : ***C. spinaciae***) : 시금치 탄저병(炭疽病)균.

C. destructivum (***C. sativum, C. truncatum, C. caulivorum, C. glycines,*** Current name

: *Glomerella glycines*, 유성세대) : 두류 탄저병(炭疽病)균. 본 균의 유성(완전)세대는 *Glomerella* Spauld & Schrenk에 해당된다.

C. ***falcatum*** (Current name : ***Glomerella tucumanensis***, 유성세대) : 사탕수수 탄저병(炭疽病)균.

C. ***gloeosporioides*** (Current name : ***Glomerella cingulata***, 유성세대) : 고추・두류・딸기 탄저병(炭疽病)균. 모두 4종의 *Colletotrichum* 屬 곰팡이에 의하여 발생하지만 주종은 위에 언급한 종이며 주로 청과 및 적과를 침해하여 큰 피해를 초래한다. 이 종의 완전세대는 *G. cingulata*로 병발생의 관여도는 매우 낮으며 주로 분생자 시대에 의해 발병이 확산, 전염된다. 병원균의 생육온도는 4~35℃이며 최적온도는 28~32℃로 고온에서 활동이 많다. 병원균의 포자는 끈끈한 점질물에 쌓여 있으므로 바람에 의해 잘 날리지 않으며, 비를 동반한 폭풍우, 태풍 등 외부의 물리적인 힘에 의하여 공중으로 날라 올라 주위로 확산한다. 병원균의 기주범위는 매우 넓어 채소뿐만 아니라 과수, 화훼작물을 침해하여 탄저병을 일으킨다.

C. ***glycines*** (*C.* ***caulivorum***, *C.* ***destructivum***, *C.* ***truncatum***, 유성세대 : ***Glomerella glycines***) : 콩 탄저병(炭疽病)균.

C. ***gossypii*** (Current name : ***Glomerella gossypii***, 유성세대) : 목화 탄저병(炭疽病)균. 포자층에서 분생포자와 강모(剛毛)를 형성한다. 분생포자는 타원형이며, 양끝이 무디다.

C. ***graminicola*** (Current name : ***Glomerella graminicola***, 유성세대) : 맥류 및 벼과 목초류의 탄저병(炭疽病)균. 포자층과 분생포자를 형성한다. 분생포자는 포자층에서 형성되며, 무색, 단세포이며 원통형이다.

C. ***higginsianum*** : 무・배추 탄저병(炭疽病)균. 포자층과 분생포자를 형성한다. 분생포자는 포자층에서 형성되며, 무색, 단세포, 원통형이다. 포자층에서는 암갈색 내지 흑색의 강모도 형성되는데, 강모는 바늘모양이고, 4~10개의 격막을 가지고 있다.

C. ***lagenaria*** (Current name : *C.* ***orbiculare***) : 참외(메론)・오이・수박 탄저병(炭疽病)균. 포자층에서 분생포자와 강모(剛毛)를 형성한다. 분생포자는 타원형이며, 양끝이 무디다. 이 균의 생육온도 범위는 6~32℃이고, 생육적온은 22~24℃이다.

C. ***lindemuthianum*** (이명 : ***Gloeosporium lindemuthianum***, Current name : ***Glomerella lindemuthiana***, 유성세대) : 두류・강낭콩 탄저병(炭疽病)균. 포자층에서 분생포자와 강모(剛毛)를 형성한다. 분생포자는 타원형이며, 양끝이 무디다.

C. ***lineola*** : 수수 탄저병(炭疽病)균. 포자층과 분생포자를 형성한다. 분생포자는 포자층에서 형성되며, 무색, 단세포, 원통형이다.

C. ***nicotianae***(Current name : *C.* ***tabacum***) : 담배 탄저병(炭疽病)균.

C. orbiculare (구명 : *C. lagenaria*) : 수박 · 오이 · 참외(메론) · 호박 탄저병(炭疽病)균. 포자층에서 분생포자와 강모(剛毛)를 형성한다. 분생포자는 타원형으로 양끝이 무디고, 크기는 10~16×4~6㎛이다. 강모는 암갈색 내지 흑색이고, 바늘 모양이다. 이 균의 생육온도 범위는 6~32℃이고, 생육적온은 22~24℃이다.

C. panacicola : 인삼 탄저병(炭疽病)균. 포자층에서 분생포자와 강모(剛毛)를 형성한다. 분생포자는 타원형이며, 양끝이 무디다.

C. phaseolorum : 팥 탄저병(炭疽病)균.

C. phomoides (구명 : *Gloeosporium phomoides*, Current name : *C. coccodes*) : 가지 · 토마토 탄저병(炭疽病)균.

C. pisi : 완두 탄저병(炭疽病)균.

C. spinaciae(Current name : *C. dematium* f.sp. *spinaciae*) : 시금치 탄저병(炭疽病)균.

C. tabacum(*C. nicotianae*) : 담배 탄저병(炭疽病)균.

C. trifolii : 두류 탄저병(炭疽病)균. 포자층에서 분생포자와 강모(剛毛)를 형성한다. 분생포자는 타원형이며, 양끝이 무디다.

C. truncatum (*C. caulivorum*, *C. dematium* f.sp. *truncatum*, *C. estructivum*, *C. glycines*, Current name : *Glomerella glycines*, 유성세대) : 두류 · 콩 탄저병(炭疽病)균. 포자층에서 분생포자와 강모(剛毛)를 형성한다. 분생포자는 타원형이며, 양끝이 무디다.

Coniella diplodiella (무성세대 : *Phoma diplodiella*, *Coniothyrium diplodiella*) : 포도나무 흰빛마름병, 흰빛썩음병(白腐病)균. 본 균은 Dictionary of the Fungi(9th edition)의 분류체계에 따르면, 균계(kingdom Fungi)의 자낭균문(Ascomycota), 자낭균강(Ascomycetes), 동고병균목(Diaporthales), 동고병균과(Diaporthaceae)에 속하나, 우리나라에서는 자낭세대가 밝혀져 있지 않다. 표피 속에 병자각이 형성되고, 그 속에는 무수한 병포자가 들어 있다. 병포자는 타원형으로 무색, 단세포로 되어 있다. 병원균의 발육 최적온도는 25~30℃이다.

Coniothyrium diplodiella (*Phoma diplodiella*, Current name : *Coniella diplodiella*, 유성세대) : 포도나무 흰날개무늬병(白紋羽病)균. 본 균은 균계(Fungi)의 불완전균류(Deuteromycotina), 유각균강(Coelomycetes), 분생자각균목(Sphaeropsidales)에 속하였으나, Dictionary of the Fungi(9th edition)의 분류체계에 따르면, 균계의 자낭균문(Ascomycota), 자낭균강(Ascomycetes), 위자낭균목(Pleosporales), Leptosphaeriaceae(科)에 속한다.

C. fuckelii(유성세대 : *Diapleella coniothyrium*) : 대추나무 갈색무늬병(褐斑病)균.

Coriolus versicolor (구명 : *Boletus versicolor*, *Polyporus versicolor*) : 활엽수 목재썩

음병균. 본 균의 분류학적인 위치는 균계(Fungi)의 담자균문(Basidiomycta), 담자균강(Basidiomycetes), Polyporales(目)에 속한다.

Corticium rolfsii (Current name : ***Athelia rolfsii***, 무성세대 : ***Sclerotium rolfsii***) : 각종 식물 흰비단병(白絹病)균. 본 균의 분류학적인 위치는 균계(Fungi)의 담자균문(Basidiomycta), 담자균강(Basidiomycetes), Polyporales(目)에 속한다. 대형포자의 크기는 5~17.5×3~8㎛이다.

Corynespora cassiicola (***Helminthosporium cassiicola***) : 토마토·참깨 잎마름병(葉枯病)균. 본 균의 분류학적 위치는 균계(Fungi)의 불완전균류(Deuteromycotina)에 속하였으나, Dictionary of the Fungi(9th edition)의 분류체계에 따르면, 균계의 자낭균문(Ascomycota), 자낭균강(Ascomycetes), 위자낭균목(Pleosporales)에 속하며, 분생자경과 분생포자를 형성한다. 분생자경은 갈색이며 격막이 있고, 간혹 가지를 치며, 곧거나 약간 굽은 모양이다. 그 크기는 110~850×4~11㎛이다. 분생포자는 단독 혹은 연쇄로 형성되며, 반무색 혹은 담갈색 내지 황갈색이고, 곧거나 약간 굽은 반곤봉형 내지 관상형으로 3~19개의 위격막을 가지고 있으며, 아래쪽에는 배꼽(hilum)이 약간 돌출되어 있다. 분생포자의 크기는 60~264×8~15㎛이다. 병원균은 병든 부위에서 균사 및 균핵의 형태로 월동 후, 분생포자를 형성하여 공기전염한다. 과실에 대한 감염은 유과에서부터 이루어지나 병징은 성숙기 혹은 수확 후에 나타난다. 따라서 시설재배 시 일찍 수확하는 포장에서는 이 병이 관찰되지 않고, 노지포장의 늦은 수확기에 발생한다. 병원균은 토마토를 포함한 가지과 작물의 뿌리에 검은점뿌리썩음병을 일으키기도 한다. 고추 점무늬병(斑點病)균.

C. cassiicola(***C. melonis***) : 오이 갈색무늬병(褐斑病, Corynespora leaf spot)균.

Cronartium flaccidum (구명 : ***Sphaeria flaccida***) : 작약 녹병(銹病)균. 균계(Fungi)의 擔子菌門(Basidiomycta), 녹병균강(Urediomycetes), 녹병균목(Uredinales), 총생병균과(Melampsoraceae)에 속하였으나, Dictionary of the Fungi(9th edition)의 분류체계에 따르면, Melampsoraceae에서 Cronartiaceae로 과(科)가 분리되었다.

C. quwrcuum : 소나무 혹병균. 본 균의 분류학적 위치는 균계, 擔子菌門(Basidiomycta), 녹병균강(Urediomycetes), 녹병균목(Uredinales)에 속한다.

C. ribicola : 잣나무 털녹병(銹病)균. 균계의 담자균문에 속한다.

Cryphonectria parasitica (***Diaporthe parasitica***) : 밤나무 줄기마름병(胴枯病)균. 본 균의 분류학적인 위치는 균계의 자낭균문(Ascomycota), 반균강(Discomycetes), 동고병균목(Diaporthales)에 속하였으나, Dictionary of the Fungi(9th edition)의 분류체계에 따르면, 균계(kingdom Fungi)의 자낭균문, 자낭균강(Ascomycetes), 동고병균목, Valsaceae(科)에 속하며, 자낭각을 형성한다. 자좌 내에 자낭각 및 병자각을 형성한다. 자낭각은 긴 플라스크 모양으로 크기는 390~1,000×280~390㎛이다.

자낭은 곤봉모양이며, 크기는 40~50×8~10㎛이다. 자낭 내에서는 8개의 자낭포자가 들어있으며, 자낭포자는 무색, 타원형, 2세포이며, 크기는 8~11×3~4㎛이다. 이 균의 생육 적온은 25~30℃이다.

Cryptodiaporthe castaneae*, *Pseudovalsa modonia (무성세대 : ***Coryneum castaneae***) : 밤나무 가지마름병(枝枯病, Twig blight)균.

Cryptodiaporthe japonica (무성세대 : ***Catinula japonica***) : 밤나무 검은가지마름병(黑斑胴枯病)균. Dictionary of the Fungi(9th edition)의 분류체계에 따르면, 본 균은 균계(kingdom Fungi)의 자낭균문(Ascomycota), 자낭균강(Ascomycetes), 동고병균목(Diaporthales), Valsaceae(科)에 속하며, 자좌 내에 자낭각 및 병자각을 형성한다. 자낭각은 플라스크 모양으로 크기는 230~700×280~400㎛이다. 자낭은 곤봉모양으로 크기는 40~55×6.5~10㎛이다. 자낭 내에서는 8개의 자낭포자가 들어 있으며, 자낭포자는 무색, 2세포, 원통형 또는 방추형으로 크기는 10~16.5×4~4.5㎛이다. 자낭포자에는 1~1.5㎛ 길이의 부속사가 붙어 있다. 병자각은 갈색이며, 구형 내지 반원반형으로 크기는 1,000~3,000×600~700㎛이다. 병포자는 무색이며, 간상이고, 단세포이며, 크기는 7.5~12.5×2~3㎛이다.

Cryptosporella viticola (무성세대 : ***Phomopsis viticola***) : 포도나무 덩굴쪼김병(蔓割病)균. 본 균은 Dictionary of the Fungi(9th edition)의 분류체계에 따르면, 균계(kingdom Fungi)의 자낭균문(Ascomycota), 자낭균강(Ascomycetes), 동고병균목(Diaporthales), Valsaceae(科)에 속하며, 조직 내에 병자각을 형성한다. 병자각은 흑갈색의 자좌에 묻혀있고, 병포자는 α와 β포자를 갖는다. α포자는 장타원형, 무색, 단세포이며 크기는 6.0~ 14.4×2.0~5.4㎛이다. β포자는 가늘고 낫 모양이며, 무색, 단세포로 크기는 18~35×1㎛이다.

Curvularia intermedia : 옥수수 점무늬병(斑點病)균.

Cylindrocarpon destructans (구명 : ***Ramularia destructans***, Current name : ***Nectria radicicola***, 유성세대) : 딸기·인삼 뿌리썩음병(根腐病)균. 본 균의 분류학적 위치는 균계(kingdom Fungi)의 불완전균류(Deuteromycotina), 총생균강(Hypomycetes), 류상선균목(Tuberculariales)에 속하였으나, Dictionary of the Fungi(9th edition)의 분류체계에 따르면, 균계의 자낭균문(Ascomycota), 자낭균강(Ascomycetes), 육좌균목(Hypocreales), Nectriaceae(科)에 속한다.

Cylindrocladium crotalariae : 땅콩 검은뿌리썩음병(黑色根腐病)균.

Cylindrosporium dioscoreae (Current name : ***Pseudophloeosporella dioscoreae***, 유성세대) : 마 흰빛모무늬병균. 본 균은 균계(Fungi)의 불완전균류(Deuteromycotina), 유각균강(Coelomycetes), 분생자층목(Melanconiales)에 속하였으나, Dictionary of the Fungi(9th edition)의 분류체계에 따르면, 균계의 자낭균문(Ascomycota), 자낭

균강(Ascomycetes), 균핵병균목(Helotiales), Dermateaceae(과)에 속한다.

Cytospora leucostoma (***Valsa persoonii***, Current name : ***Leucostoma persoonii***) : 복숭아나무 줄기마름병(胴枯病)균. Dictionary of the Fungi(9th edition)의 분류체계에 따르면, 본 균은 균계의 자낭균문(Ascomycota), 자낭균강(Ascomycetes), 동고병균목(Diaporthales), Valsaceae(科)에 속한다.

Davidiella rosigena (구명 : ***Sphaerella rosigena, Mycosphaerella rosigena***) : 장미 둥근무늬병균. Dictionary of the Fungi(9th edition)의 분류체계에 따르면, 본 균은 균계의 자낭균문(Ascomycota), 자낭균강(Ascomycetes), Mycosphaerellales(目), Mycosphaerellaceae(科)에 속한다.

Dematophora necatrix (Current name : ***Rosellinia necatrix***) : 대추나무・배나무・사과나무・포도나무 흰날개무늬병(白紋羽病)균. 본 균은 Dictionary of the Fungi(9th edition)의 분류체계에 따르면, 균계(Fungi)의 자낭균문(Ascomycota), 자낭균강(Ascomycetes), 꼬투리버섯목(Xylariales), Xylariaceae(科)에 속한다.

Dendrophoma obscurans (구명 : ***Phoma obscurans***, Current name : ***Phomopsis obscurans***) : 딸기 겹무늬병(輪斑病)균. 본 균은 균계(Fungi)의 불완전균류에 속하였으나, Dictionary of the Fungi(9th edition)의 분류체계에 따르면, 균계의 자낭균문(Ascomycota), 자낭균강(Ascomycetes), 미확정아강(Subclass Incertae sedis), 미확정목(Order Incertae sedis)의 미확정과(Family Incertae sedis)에 속하며, 병포자를 형성한다. 병자각은 흑갈색으로 구형 내지 편구형이며, 병포자는 무색, 단세포로 타원형으로 되어있다. 병원균의 생육적온은 28~30℃로 고온성균에 속한다.

Depazea batatas (Current name : ***Phyllosticta batatas***) : 고구마 점무늬병(斑點病)균. Dictionary of the Fungi(9th edition)의 분류체계에 따르면, 본 균의 분류학적인 위치는 균계(Fungi)의 자낭균문(Ascomycota), 자낭균강(Ascomycetes), 동고병균목(Diaporthales), Valsaceae(科)에 속한다.

Diaporthe : 본 屬은 균계의 자낭균門(Ascomycota), 각균綱(Pyrenomycetes), 동고병균目(Diaporthales)에 속하였으나, Dictionary of the Fungi(9th edition)의 분류체계에 따르면, 균계의 자낭균문, 자낭균강(Ascomycetes), 동고병균목, 동고병균과(Diaporthaceae)에 속한다.

D. actinidiae : 양다래 꼭지썩음병(果柄腐敗病)균.

D. ambigua(***D. eres***) : 양배나무 줄기마름병(胴枯病)균

D. citri (무성세대 : ***Phomopsis citri***) : 감귤나무 검은점무늬병(黑點病)균. 감귤나무 꼭지썩음병(梗腐病)・수지병(樹脂病)균. 균계(Fungi)의 자낭균門(Ascomycota)에 속하며, 병원균은 마른 가지에 병자각, 병포자, 자낭각, 자낭포자를 만든다. 아직까지 자낭포자는 발

견되지 않았고, 병포자에 의한 감염이 주를 이룬다. 병자각은 고사지의 수피 내에 단독 또는 수개가 집합하여 형성되며 모양은 타원형 또는 원형이다. 크기는 100~430㎛정도이며, 그 속에 병포자를 형성한다. 병포자는 타원형인 α포자와 사상형인 β포자로 나누어지며, α포자는 무색, 단세포로 크기는 5~9×2~4㎛이다. β포자는 무색, 단포로 크기는 15~25×1㎛이고, 발아되지 않아 감염에 관여하지는 않는다. 자낭각은 굵은 가지나 오래된 가지의 수피 또는 목질부에 형성되며 크기는 300~800㎛정도이다. 자낭은 긴 곤봉모양으로 크기는 47~60×8~11㎛이며, 그 안에 8개의 자낭포자가 들어있으며 무색, 2세포이며 장타원형이다. 크기는 11~15.5×3~5㎛이다. 균사의 발육은 16~28℃에서 양호하나 최적온도는 24℃이며, 최적 pH는 6정도이다. 병포자 중에 α포자는 20~28℃에서 4시간 후에 발아가 되기 시작하나, 15℃에서는 10시간 후에 발아한다.

D. medusaea : 배나무 줄기마름병(胴枯病)균.

D. nomurai : 뽕나무 줄기마름병(胴枯病)균.

D. parasitica (*Endothia parasitica,* Current name : *Cryphonectria parasitica*) : 밤나무 줄기마름병(胴枯病)균.

D. phaseolorum (무성세대 : *Phomopsis phaseoli*) : 두류 미이라병(木乃伊病)균. 고추 검은점열매썩음병균. 균계(Fungi)의 자낭균문에 속하며, 자낭각과 병자각을 형성한다. 자낭각은 흑색이며, 포도상으로 군생하고, 최대 500㎛까지의 긴 목을 가지고 있다. 자낭은 곤봉형이고, 얇은 2중막으로 되어 있으며, 크기는 25~40×5~10㎛이다. 1개의 자낭 안에서는 8개의 자낭포자가 형성된다. 자낭포자는 무색, 타원형으로 1개의 격막을 가지고 있고, 격막 부위가 약간 잘록하며, 각 세포 내에 유구가 있으며, 크기는 9~11×2.5~3.5㎛이다. 병자각은 흑색, 구형 내지 부정형이며, 그 안에서 α분생포자와 β분생포자를 형성한다. α분생포자는 무색, 단세포, 방추형 내지 타원형이고, 2개의 유구를 가지고 있으며, 크기는 6~10×2~3㎛이다. β분생포자는 무색, 단세포이며, 곧거나 굽은 쌍형이며, 크기는 20~30×0.5~1.0㎛이다. 이 병원균의 생육 적온은 25℃ 내외이다.

D. phaseolorum var. *sojae*(무성세대 : *Phomopsis sojae*) : 콩 미이라병(木乃伊病)균.

D. rosae : 장미 검은무늬병(黑斑病)균.

D. stigma : 표고버섯 주홍꼬리버섯. 균계(kingdom Fungi)의 자낭균문에 속하며, 자낭과 자낭포자를 형성한다. 자낭포자는 현미경상에서 바늘이 약간 휘어진 형태로 투명하다.

Dibotryon morbosum (구명 : *Sphaeria morbosa,* Current name : *Apiosporina morbosa*) : 체리나무·서양자두 검은썩음병(黑腐病)균. 균계의 자낭균문(Ascomycota), 소방자낭균강(Loculoascomycetes), 위자낭균목(Pleosporales)에 속하였으나, Dictionary of the Fungi(9th edition)의 분류체계에 따르면, 균계의 자낭균문, 자낭균강(Ascomycetes), 위자낭균목, Venturiaceae(科)에 속한다.

Didymella bryoniae (***Mycosphaerella melonis,*** 무성세대 : ***Cercospora citrullina***) : 오이·참외(메론)·호박 덩굴마름병(蔓枯病)균, 수박 점무늬병(斑點病)균. Dictionary of the Fungi(9th edition)의 분류체계에 따르면, 본 균은 균계(Fungi)의 자낭균문(Ascomycota), 자낭균강(Ascomycetes), 위자낭균목(Pleosporales)에 속하며, 자낭포자와 병포자를 형성한다. 자낭각은 표피 밑에 생기며 흑색이며, 준구형 또는 편구형으로 직경이 140~200㎛정도 된다. 자낭은 원통상 내지 준곤봉상으로 8개의 포자를 내포하고 있으며, 크기는 60~90×10~15㎛이다. 병자각은 자낭각처럼 줄기, 잎 및 과실 등에 형성되는데 표피 밑에 형성되었다가 나중에 표피로 출현한다. 흑갈색이며, 직경은 120~180㎛이다. 병포자는 무색이며, 투명하고, 양끝이 둥글고 짧은 원통형이며, 크기는 6~10×3~4㎛이다. 병원균의 생육온도 범위는 5~36℃이며, 생육적온은 20~24℃이다.

Didymosphaeria arachidicola (***Mycosphaerella arachidicola***) : 땅콩 갈색무늬병(褐斑病)균. Dictionary of the Fungi(9th edition)의 분류체계에 따르면, 본 균은 균계의 자낭균문(Ascomycota), 자낭균강(Ascomycetes), 위자낭균목(Pleosporales)에 속하며, 자낭포자와 병포자를 형성한다.

Diehliomyces microsporus : 양송이버섯 괴균병(塊菌病)균. Dictionary of the Fungi(9th edition)의 분류체계에 따르면, 본 균은 균계의 자낭균문(Ascomycota), 자낭균강(Ascomycetes), 미확정목(Order Incertae sedis)에 속하며, 자낭과 자낭포자를 형성한다. 자실체는 뇌모양 또는 호두알속 모양을 하고 있다.

Diplocarpon earlianum (무성세대 : ***Marssonina fragariae***) : 딸기 잎마름병(葉枯病)균. 균계의 자낭균문(Ascomycota), 반균강(Discomycetes), 균핵병균목(Helotiales)에 속하였으나, Dictionary of the Fungi(9th edition)의 분류체계에 따르면, 본 균은 균계의 자낭균문, 자낭균강(Ascomycetes), 균핵병균목, Dermateaceae(科)에 속한다.

D. maculatum (구명 : ***Entomosporium maculatum,*** Current name : ***D. mespili***) : 마르멜로·서양배나무 점무늬병(斑點病)균.

D. mespili (***D. maculatum,*** 구명 : ***Entomosporium maculatum***) : 마르멜로·서양배나무 점무늬병(斑點病)균.

Dothidea pomigena (***Gloeodes pomigena,*** Current name : ***Phyllachora pomigena***) : 사과나무 그을음병(煤病)균. Dictionary of the Fungi(9th edition)의 분류체계에 따르면, 본 균은 균계의 자낭균문(Ascomycota), 자낭균강(Ascomycetes), 갈반병균목(Dothideales), Dothideaceae(科)에 속한다.

Drechslera graminea (구명 : ***Helminthosporium gramineum,*** Current name : ***Pyrenophora graminea,*** 유성세대) : 맥류 줄무늬병(斑葉病)균. Dictionary of the Fungi(9th edition)의 분류체계에 따르면, 본 균은 균계의 자낭균문(Ascomycota),

자낭균강(Ascomycetes), 위자낭균목(Pleosporales), Pleosporaceae(科)에 속한다.

D. teres (*Helminthosporium hordei*, Current name : *Pyrenophora teres*) : 보리 그물무늬병균.

D. victoriae (*Bipolaris victoriae*, *Helminthosporium sativum* var. *victoriae*, *Pyrenophora avenae*, Current name : *Cochliobolus victoriae*, 유성세대) : 귀리 잎마름병(葉枯病)균.

Elsinoë ampelina (*Sphaceloma ampelinum*) : 포도나무 새눈무늬병(黑痘病)균. 본 균은 균계의 자낭균門(Ascomycota), 소방자낭균균綱(Loculoascomycetes), 갈반병균目(Dothideales)에 속하였으나, Dictionary of the Fungi(9th edition)의 분류체계에 따르면, 균계(Fungi)의 자낭균문, 자낭균강(Ascomycetes), Myriangiales(目), Elsinoaceae(科)에 속하며, 자낭포자와 분생포자를 형성한다. 국내에서는 아직 자낭세대가 발견되지 않았다. 분생포자는 장타원형, 무색, 단세포이고 짧은 분생자경 위에 단생하며, 크기는 5~6×2~3㎛이다.

E. fawcettii (*Sphaceloma fawcettii*) : 감귤나무 더뎅이병(瘡痂病)균. 자낭균으로써 유성포자세대가 *E. fawcettii*이고 분생포자세대가 *S. fawcettii*이지만 유성포자세대는 브라질에서만 유일하게 발견이 되었고 아직까지 다른 지역에서는 보고 된 적이 없다. 분생자경은 격막이 없거나 1개 혹은 2개의 격막을 가지고 있으며, 분생포자는 2개의 형태, 즉 hyaline conidia와 spindle-shaped colored conidia가 존재하는데 hyaline conidia는 크기가 5~8×2~4㎛이며, 단세포이고 투명한 타원형 형태를 지니고 있다. Spindle shaped colored conidia는 크기가 10~16×4㎛이며, 직접 기주식물을 침입하지 못하지만 병을 일으키는 hyaline conidia를 출아에 의해서 생성한다.

Embellisia allii : 마늘 구근마름병(球皮乾腐病)균.

Endothia parasitica (구명 : *Diaporthe parasitica*, Current name : *Cryphonectria parasitica*) : 밤나무 줄기마름병(胴枯病)균. Dictionary of the Fungi(9th edition)의 분류체계에 따르면, 본 균은 균계의 자낭균문(Ascomycota), 자낭균강(Ascomycetes), 동고병균목(Diaporthales), Valsaceae(科)에 속한다.

Entoleuca mammata (구명 : *Sphaeria mammata*, *Hypoxylon mammatum*) : 포플러 궤양병균. Dictionary of the Fungi(9th edition)의 분류체계에 따르면, 본 균은 균계(kingdom Fungi)의 자낭균문(Ascomycota), 자낭균강(Ascomycetes), 꼬투리버섯목(Xylariales), Xylariaceae(科)에 속한다.

Entomosporium maculatum (*Diplocarpon mespili*, Current name : *D. maculatum*) : 마르멜로·서양배나무 점무늬병(斑點病)균. Dictionary of the Fungi(9th edition)의 분류체계에 따르면, 본 균은 균계(kingdom Fungi)의 자낭균문(Ascomycota), 자낭균강(Ascomycetes), 균핵병균목(Helotiales), Dermateaceae(科)에 속한다.

Entyloma oryzae (Current name : ***Eballistra oryzae***) : 벼 잎깜부기병균. 본 균은 균계(Fungi)의 담자균문(Basidiomycta), 깜부기병균강(Ustilaginomycetes), 깜부기병균목(Tilletiales)의 비린깜부기병균과(Tilletiaceae)에 속하였으나, Dictionary of the Fungi(9th edition)의 분류체계에 따르면, 균계의 담자균문, 깜부기병균강, Entylomatales(目), Entylomataceae(科)에 속한다.

Epicoccum tritici : 밀 검은점병(黑點病)균.

Erysibe foetida (***Tilletia foetida***, Current name : ***T. laevis***) : 비린 깜부기병균. 본 균은 Dictionary of the Fungi(9th edition)의 분류체계에 따르면, 균계(Fungi)의 담자균문(Basidiomycta), 녹병균강(Urediniomycetes), 녹병균목(Uredinales)에 속한다.

Erysiphe : 본 속(屬)은 균계(Fungi)의 자낭균문(Ascomycota), 균사자낭균강(Filamentous Ascomycetes), 흰가루병균목(Erysiphales), 흰가루병균과(Erysiphaceae)에 속하였으나, Dictionary of the Fungi(9th edition)의 분류체계에 따르면, 균계(Fungi)의 자낭균문, 자낭균강(Ascomycetes), 흰가루병균목, 흰가루병균과에 속하며, 순활물기생균이다.

E. alni (***Microsphaera alni***, Current name : ***M. penicillata***) : 밤나무 흰가루병(白粉病)균. 자낭균에 속하며, 흑색, 편구형의 자낭각을 형성한다. 자낭각의 크기는 직경 70~120㎛이고, 주위에 수 개의 부속사가 나뭇가지 모양으로 붙어 있다. 자낭은 원형 내지 계란 모양으로 크기는 40~60×30~40㎛이다. 자낭 포자는 1개의 자낭 내에서 5~8개 형성되고, 담황색, 타원형으로 크기는 20~25×12~15㎛이다. 분생포자는 무색, 타원형으로 크기는 26~40×14~30㎛이다. 이 균은 밤나무 이외에 많은 종류의 활엽수를 침해한다.

E. aquilegiae (Current name : ***Erysiphe aquilegiae*** var. ***aquilegiae***) : 오리나무 흰가루병(白粉病)균. 진균계, 자낭균門(Ascomycota)에 속하는 순활물기생균으로 분생포자와 자낭포자를 형성한다.

E. betae : 사탕무 흰가루병(白粉病)균. 균계의 자낭균門(Ascomycota)에 속하는 순활물기생균으로 분생포자와 자낭포자를 형성한다. 분생포자는 무색, 타원형 내지 장타원형으로 크기는 35~57×14~22㎛이며, 자낭포자는 난형 또는 타원형으로 크기는 20~38×10~15㎛이다.

E. cichoracearum (Current name : ***Golovinomyces cichoracearum***) : 가지·토마토 흰가루병(白粉病)균. 균계의 자낭균門(Ascomycota)에 속하는 순활물기생균으로 분생포자와 자낭포자를 형성한다. 분생포자는 흡기를 잎의 조직 내에 삽입하여 양분을 흡수한다. 균사에서 분생자경이 형성되고 분생자경위에 4~8개의 분생포자는 무색, 타원형 내지 원통형이며 성숙된 포자는 쉽게 이탈된다. 분생포자의 크기는 20~50×12~24㎛이고 자낭각은 구형으로 그 직경은 50~140㎛이며 자낭각 주변에 수

개의 부속사를 가지고 있다.

E. diffusa(*Microsphaera diffusa*) : 콩 · 목련 흰가루병(白粉病)균.

E. fusca (*Sphaerotheca fusca*, Current name : *Podosphaera fusca*) : 참외(메론) · 호박 흰가루병(白粉病)균.

E. graminis (Current name : *Blumeria graminis*) : 보리 흰가루병(白粉病)균. 균계의 자낭균門(Ascomycota)에 속한다. 순수 활물기생균으로 인공배지에서는 자라지 않는다. 분생포자는 타원형으로 분생자경에 쇄상으로 달리며 바람에 의하여 공중으로 비산된다. 분생포자의 발아와 침입에는 20℃ 전후의 온도가 가장 적당하며, 습도가 아주 낮은 상태에서도 잘 발아하는 것이 특징이다. 분생포자가 직접 보리 조직 안으로 침입하지 않고 식물체 표면에서 흡기를 박아 영양을 취하며 생존한다. 잠복기간은 3~5일이다. 수확기에 가까우면 병원균은 자낭각을 만들어 이병조직체에서 월동하여 다음해의 전염원이 된다.

E. heraclei : 당근 흰가루병(白粉病)균. 균계의 자낭균門(Ascomycota)에 속하며, 자낭포자와 분생포자를 형성한다. 살아있는 식물체에만 기생하는 순활물기생균으로 인공배양이 불가능하다. 분생포자는 무색, 타원형이며 단세포로 되어 있다.

E. humuli (*Sphaerotheca humuli*, Current name : *Podosphaera macularis*) : 딸기 흰가루병(白粉病)균.

E. necator(구명 : *Uncinula necator*) : 포도나무 흰가루병(白粉病)균.

E. oxyacanthae (*Podosphaera oxyacanthae*, Current name : *P. clandestina*) : 복숭아나무 · 살구나무 · 자두나무 · 체리나무 흰가루병(白粉病)균.

E. pisi : 완두 · 녹두 흰가루병(白粉病)균. 균계의 자낭균門(Ascomycota)에 속하며, 자낭포자와 분생포자를 형성한다.

E. polygoni (Current name : *E. betae*) : 배추 흰가루병(白粉病)균. 메밀 흰가루병(白粉病)균. 균계(kingdom Fungi)의 자낭균門(Ascomycota)에 속하는 순활물기생균으로 분생포자와 자낭포자를 형성한다. 분생포자는 무색, 타원형 내지 장타원형이며, 크기는 35~57×14~22㎛이다. 자낭포자는 난형 또는 타원형으로 크기는 20~38× 10~15㎛이다.

E. pyri(*Phyllactinia pyri*, Current name : *P. mali*) : 배나무 흰가루병(白粉病)균.

E. taurica(Current name : *Leveillula taurica*) : 토마토 흰가루병(白粉病)균.

Eupythium debaryanum (*Pythium aphanidermatum*, *P. arrhenomanes*, *P. debaryanum*) : 모잘록병(立枯病)균. Dictionary of the Fungi(9th edition)의 분류체계에 따르면, 본 균은 색조류계(Chromista)의 난균문(Oomycota), 난균강(Oomycetes), 부패균목(Pythiales), 부패균과(Pythiaceae)에 속한다.

Eutypa armeniacae(Current name : ***E. lata***) : 각종 果樹에 심한 궤양병을 일으키는 진균으로 분류학적인 위치는 균계(Fungi)의 담자균문(Basidiomycta), 꼬투리버섯목(Xylariales)에 속하였으나, Dictionary of the Fungi(9th edition)의 분류체계에 따르면, 균계의 자낭균문(Ascomycota), 자낭균강(Ascomycetes), 꼬투리버섯목, Diatrypaceae(科)에 속한다.

Exserohilum turcicum (이명 : ***Helminthosporium turcicum,*** Current name : ***Setosphaeria turcica,*** 유성세대) : 수수·옥수수 그을음병균. 옥수수 잎마름병(葉枯病)균. 본 균의 분류학적인 위치는 균계의 불완전균류(Deuteromycotina), 총생균강(Hypomycetes), 총생균목(Hyphomycetales), 암색선균과(Dematiaceae)에 속하였으나, Dictionary of the Fungi(9th edition)의 분류체계에 따르면, 균계의 자낭균문(Ascomycota), 자낭균강(Ascomycetes), 위자낭균목(Pleosporales)에 속한다.

Fomes igniarius : 버드나무 목재썩음병균. 본 균은 균계의 담자균문(Basidiomycta), 모균강(Hymenomycetes), 다공균목(Aphyllophorales)에 속하였으나, Dictionary of the Fungi(9th edition)의 분류체계에 따르면, 균계(Fungi)의 담자균문, 담자균강(Basidiomycetes), Polyporales(目), Polyporaceae(科)에 속한다.

F. pinicola (구명 : ***Boletus pinicola,*** Current name : ***Fomitopsis pinicola***) : 침엽수 목재썩음병균.

Fomitopsis pinicola (구명 : ***Boletus pinicola, Fomes pinicola***) : 침엽수 목재썩음병균. Dictionary of the Fungi(9th edition)의 분류체계에 따르면, 본 균은 균계(kingdom Fungi)의 담자균문(Basidiomycta), 담자균강(Basidiomycetes), Polyporales(目), Fomitopsidaceae(科)에 속한다.

Fuligo violacea : 고구마 점균병(粘菌病)균. 본 균은 유사균류(pseudofungi, fungallike organism)의 점균문(Phylum Myxomycota), 점균강(Myxomycetes, slime mold), 자색점균목(Physarales), 자색점균과(Physaraceae)에 속한다.

Fulvia fulva(구명 : ***Cladosporium fulvum,*** Current name : ***Mycovellosiella fulva,*** 유성세대) : 토마토 잎곰팡이병(葉黴病)균. 본 균의 분류학적인 위치는 균계(Fungi)의 불완전균류(Deuteromycotina)에 속하였으나, Dictionary of the Fungi(9th edition)의 분류체계에 따르면, 균계의 자낭균문(Ascomycota), 자낭균강(Ascomycetes), Mycosphaerellales(目), Mycosphaerellaceae(科)에 속한다. 병원균은 병든 잎이나 종자 등에서 월동하여 1차 전염원이 되나, 시설재배에서는 병원균이 각종 농자재에 붙어 월동하기도 한다. 2차 전염은 병반상에 형성된 포자가 바람에 전반되고 잎의 기공을 통하여 침입, 발병된다. 병원균의 생육온도 범위는 5~30℃이고, 발육 적온은 20~25℃이다.

Fusarium : 시들음병, 뿌리썩음병, 줄기썩음병, 종자썩음병 등을 일으키는 진균이다. 분

류학적인 위치는 균계의 불완전균류(Deuteromycotina), 총생균강(Hypomycetes), 류상선균목(Tuberculariales)에 속하였으나, Dictionary of the Fungi(9th edition)의 분류체계에 따르면, 균계의 자낭균문(Ascomycota), 자낭균강(Ascomycetes), 육좌균목(Hypocreales)에 속한다. 소형 분생포자(microconidia)의 존재여부, 대형 분생포자(macroconidia)와 후막포자(chlamydospore)의 크기, 형태 등에 따라 분류 된다(*F. oxysporum*과 *F. solani*에서 많은 formae speciales가 다시 세분되어 진다).

F. culmorum : 곡류 붉은곰팡이병(赤黴病)균.

F. graminearum (Current name : ***Gibberella zeae,*** 유성세대) : 옥수수 붉은곰팡이병(赤黴病)균. 진균의 일종으로 자낭균에 속하며, 이 균의 불완전세대는 *F. roseum* f.sp. *cerealis* 'Graminearum'에 속한다. 자낭각은 청색을 띤 흑색, 구형으로 그 내부에 많은 자낭이 형성되고, 자낭에는 8개씩의 자낭포자가 들어 있다. 자낭포자는 무색이며, 3개의 격막이 있으며, 양쪽 끝이 가늘고, 약간 굽은 형태이며, 크기는 20~30×3~5㎛이다. 불완전세대에서는 무색, 초승달 모양의 대형분생포자를 형성하는데, 대형분생포자에는 3~5개의 격막이 있고, 크기는 30~60×4~6㎛이다.

F. lateritium f.sp. ***mori*** (***Gibberella baccata,*** Current name : ***G. lateritium,*** 유성세대) : 뽕나무 눈마름병(芽枯病)균.

F. moniliforme (Current name : ***Gibberella fujikuroi,*** 유성세대) : 벼 키다리병(馬鹿苗病)균. 옥수수 밑둥썩음병(根株腐敗病)균.

F. nivale (Current name : ***Monographella nivalis,*** 유성세대) : 맥류 뿌리썩음병(根腐病)균.

F. oxysporum : 대표적인 토양전염성 병원균으로 분생포자와 후막포자를 형성한다. 배양기상에서 병원균의 균총은 처음에는 색소를 띠지 않으나 후기에는 진한 분홍색이나 적갈색의 색소를 띠며, 균핵이 형성된 부분은 진한 잉크 색으로 보인다. 소형 분생포자는 대부분 단세포이며, 계란형 혹은 콩팥모양이고, 대형 분생포자는 초승달모양이다. 후막포자는 구형으로 오래된 균사에서 형성되는데, 직경이 7~11㎛이다.

F. oxysporum f.sp. ***batatas*** : 고구마 덩굴쪼김병(蔓割病, 시들음病, 萎黃病)균. 토양전염성 병원균으로 분생포자와 후막포자를 형성한다. 대형분생포자는 무색 초승달 모양으로 크기는 25~50×2.7~4㎛이며 3~5개의 격막이 있다. 후막포자는 갈색에 구형으로 막이 두껍고 크기는 7~10㎛ 정도이다. 후막포자는 불량한 토양환경 조건하에서도 오래도록 잘 견디며, 포자발아에 알맞은 환경조건이 주어지면 발아해서 기주체에 침입한다.

F. oxysporum f.sp. ***cepae*** : 마늘・양파・파 시들음병(萎黃病)균. 토양전염성 곰팡이로 토양 중에 널리 분포하고 밀도가 높다. 이 병원균은 백합과 채소인 파와 양파에만 병원성이 있으며, 병든 식물체 조직이나 토양에서 후막포자로 월동하는데 기주 식

물이 없어도 수년간 생존한다.

F. oxysporum f.sp. *conglutinans* : 배추·양배추 시들음병(萎黃病)균. 토양전염성 곰팡이로 토양 중에 널리 분포하고 밀도가 높다. 배추 시들음병균은 배추 등 주로 십자화과 채소를 침해하며, 병든 식물체 조직이나 토양에서 후막포자로 월동하는데 기주 식물이 없어도 수년간 생존한다.

F. oxysporum f.sp. *cubense* : 바나나 시들음병(萎黃病)균.

F. oxysporum f.sp. *cucumerinum* : 오이류 덩굴쪼김병(蔓割病)균. 토양전염성 병원균으로 초생달 모양의 대형 분생포자와 타원형의 소형 분생포자, 그리고 후막포자를 만든다. 후막포자는 환경이 불량한 조건에서 잘 형성되며 토양 속에서 5~15년간 기주체 없이도 생존이 가능하다. 병원균은 고온을 좋아하는 균의 일종으로 온도가 24~30℃에서 잘 자라며 토양산도가 4.5~5.8 정도인 산성토양에서 잘 생육한다.

F. oxysporum f.sp. *dianthi* : 카네이션 시들음병(萎黃病)균.

F. oxysporum f.sp. *fragariae* : 딸기 시들음병(萎黃病)균. 토양전염성 병원균으로 토양 중에 널리 분포하고 밀도가 높다. 딸기 시들음병균은 딸기에만 병원성이 있는데 병든 식물체 조직이나 토양에서 후막포자로 월동하며, 기주 식물이 없어도 수년간 생존한다.

F. oxysporum f.sp. *lactucae* : 상추 시들음병(萎凋病)균. 토양전염성 병원균이다. 소형, 대형분생포자 및 후막포자를 형성한다. 소형분생포자는 무색으로 계란형, 타원형 등의 모양을 나타내고, 대형분생포자는 무색으로 격막이 1~5개가 있으며 초생달 모양이다. 후막포자는 구형으로 무색 또는 담갈색을 띤다. 병원균의 생육적온은 28℃ 내외다.

F. oxysporum f.sp. *lini* : 아마 시들음병(萎黃病)균.

F. oxysporum f.sp. *lycopersici* : 토마토 시들음병(萎黃病)균. 토양전염성 병원균으로 토양 중에 널리 분포하고 밀도가 높다. 토마토 시들음병(萎黃病)균은 토마토 품종에 대한 병원성에 따라 3가지의 생리형으로 구분된다. 병원균은 병든 식물체 조직이나 토양에서 후막포자로 월동하는데 기주 식물이 없어도 수년간 생존한다.

F. oxysporum f.sp. *melonis* : 참외·오이 덩굴쪼김병(蔓割病)균. 토양전염성 병원균이다. 포자는 대형 및, 소형분생포자와 후막포자를 형성한다. 대형분생포자는 초생달 모양으로 격막이 3~5개가 있다. 크기는 약간씩 다르지만 보통 27~66×3~5㎛정도다. 후막포자는 보통 균사 중간이나 포자에서 생기며 토양에서 수년간 생존할 수 있다. 작물을 재배하게 되면 병원균이 발아하여 식물체에 침입하게 된다. 병원균의 발육적온은 24~28℃이므로 우리나라에서는 늦은 봄부터 여름에 발생이 많다.

F. oxysporum f.sp. *nicotianae* : 담배 시들음병(萎黃病)균.

F. oxysporum f.sp. *niveum* : 수박·호박 덩굴쪼김병(蔓割病)균. 토양에 서식하는 균이다. 분생포자와 후막포자를 형성한다. 분생포자는 대형포자와 소형포자가 형성되며, 대형포자는 가는 초승달 모양을 하고 있는 것이 특징이다. 병원균은 기주식물에 따라 잘 분화 되어있어 같은 과의 작물이라 하여도 서로 침해하는 분화형이 다를 때가 많다. 그러나 분화형이 다르더라도 특히 박과 작물에서는 서로 다른 기주작물에 병원성을 나타내는 경우가 있어 주의를 요한다. 본 병원균은 27℃ 이상의 고온에서 생육이 좋고 특히 토양의 온도가 20~23℃, pH가 4.5~5.8의 산성토양에서 잘 자란다.

F. oxysporum f.sp. *orthoceras* : 가지·고추 시들음병(萎凋病)균. 토양에 서식하는 균이다. 소형분생포자는 주로 단세포이며 크기는: 2.5~4×6~15㎛이다. 대형분생포자는 3~5개 세포로 되어 있으며, 크긴는 3.5~5.5×21~35㎛이다. 그리고 내구체인 후막포자를 형성한다. 배양기상에서 병원균의 균총은 처음에는 색소를 띠지 않으나 후기에는 진한 분홍색이나 적갈색의 색소를 띠며, 균핵이 형성된 부분은 진한 잉크색으로 보인다. 소형분생포자는 대부분 단세포이며, 계란형 혹은 콩팥모양이고, 대형분생포자는 초승달모양이다. 후막포자는 구형으로 오래된 균사에서 형성되는데 직경이 7~11㎛이다.

F. oxysporum f.sp. *pisi* : 완두 시들음병(萎黃病)균.

F. oxysporum f.sp. *radicis-lycopersici* : 토마토 뿌리썩음병(根腐病)균.

F. oxysporum f.sp. *raphani* : 무 시들음병(萎黃病)균. 토양전염성 병원균으로 토양 중에 널리 분포하고 밀도가 높다. 병원균은 균핵을 형성 하기도하며, 주로 병든 식물체의 조직 속이나 토양에서 후막포자로 월동한다. 병원균은 기주 식물 없이도 토양 중에서 수년간 생존한다.

F. oxysporum f.sp. *spinaciae* : 시금치 시들음병(萎黃病)균. 시금치 잘록병(立枯病)균.

F. oxysporum f.sp. *tracheiphilum* : 두류 시들음병(萎黃病)균. 토양병전염성 병원균으로 토양 중에 널리 분포하며 기주식물 없이도 다년간 생존한다. 외국에는 2개의 레이스가 알려져 있다. 콩 시들음병(萎凋病)균.

F. oxysporum f.sp. *tulipae* : 튜울립 뿌리썩음병(根腐病)균

F. oxysporum f.sp. *vasinfectum* : 목화·콩·참깨 시들음병(萎黃病)균.

F. oxysporum var. *orthoceras* : 가지 시들음병(萎黃病)균.

F. solani (Current Name : *Nectria haematococca,* 유성세대) : 대표적인 토양병전염성 병원균으로 토양 중에 널리 분포하며 기주식물 없이도 다년간 생존한다.

F. solani f.sp. *glycines* : 콩 시들음병(萎凋病)균.

F. verticillioides (*Gibberella fujikuroi,* Current Name : *G. moniliformis,* 유성세대) :

옥수수 이삭썩음병(穗腐病)균.

Fusicladium dendriticum (구명 : ***Cladosporium dendriticum***, Current Name : ***Venturia inaequalis***, 유성세대) : 사과나무 검은별무늬병(黑星病)균. Dictionary of the Fungi(9th edition)의 분류체계에 따르면, 본 균은 균계의 자낭균문(Ascomycota), 자낭균강(Ascomycetes), 위자낭균목(Pleosporales), Venturiaceae(科)에 속한다. 살아있는 조직에 있는 균사는 각피와 표피세포 사이에만 존재한다. 그곳에서 균사는 짧고 곧으며 갈색인 분생포자경(conidiophore)을 형성하며, 분생포자경위에 1~2개의 세포로 된 spilocaea型 분생포자(12~22×6~9㎛) 하나를 형성한다. 분생포자는 올리브 같은 노란색이고 뾰족한(길쭉한) 달걀모양이나 불규칙한 모양의 분생포자도 있다. 분생포자는 봄부터 여름에 걸쳐 과실과 잎의 병반 표면에서 계속 발생된다. 자좌는 잎에서 보다 열매에서 더 두껍게 발생한다. 죽은 잎에서 균사는 잎 조직을 통해 생장하고, 조낭기와 조정기를 생성한 후 수정하여 위자낭각(55~75×6~12㎛)을 만든다. 위자낭각은 암갈색 내지 흑색으로 짧은 부리(beak)와 머릿구멍(opening)을 갖는다. 각 위자낭각에는 50~100개의 자낭이 형성되고, 각 자낭에는 크기가 11~15×5~7㎛인 자낭포자가 8개씩 들어있으며, 각 자낭포자는 크기가 서로 다른 2개의 세포로 되어있다.

F. pirinum (구명 : ***Helminthosporium pyrorum***, Current name : ***Venturia pyrina***, 유성세대) : 배나무 검은별무늬병(黑星病)균.

Fusicoccum aesculi (유성세대 : ***Botryosphaeria dothidea***) : 대추나무, 복숭아나무 줄기썩음병(莖腐病)균, 겹무늬썩음병(胴腐病)균. Dictionary of the Fungi(9th edition)의 분류체계에 따르면, 본 균은 균계(kingdom Fungi)의 자낭균문(Ascomycota), 자낭균강(Ascomycetes), 갈반병균목(Dothideales), Botryosphaeriaceae(科)에 속한다.

Gaeumannomyces graminis : 맥류 마름병균. 본 균의 분류학적인 위치는 균계의 자낭균문(Ascomycota), 각균강(Pyrenomycetes), 동고병균목(Diaporthales)에 속하였으나, Dictionary of the Fungi(9th edition)의 분류체계에 따르면, 균계의 자낭균문, 자낭균강(Ascomycetes), 미확정목(Order Incertae sedis), Magnaporthaceae(科)에 속한다. 보리 마름병(立枯病, Take-all white head)균.

G. graminis var. ***avenae***(***Ophiobolus graminis*** var. ***avenae***) : 귀리 마름병균.

G. graminis var. ***tritici*** : 밀 마름병균.

Geotrichum candidum var. ***citri-aurantii*** (***Oospora citri-aurantii***, Sour rot) : 감귤나무 흰비단병(白黴病)균.

Gibberella baccata (***G. lateritium***, 무성세대 : ***Fusarium lateritium*** f.sp. ***mori***) : 뽕나무 눈마름병(芽枯病)균. 본 균의 분류학적인 위치는 균계(kingdom Fungi)의 자낭균문(Ascomycota), 각균강(Pyrenomycetes), 육좌균목(Hypocreales)에 속하였으나, Dictionary of the Fungi(9th edition)의 분류체계에 따르면, 균계의 자낭균문, 자낭

균강(Ascomycetes)의 육좌균목에 속한다.

G. fujikuroi (구명 : *Gibberella moniliformis*, 무성세대 : *Fusarium verticillioides*) : 옥수수 이삭썩음병(穗腐病)균.

G. fujikuroi (무성세대 : *Fusarium moniliforme, F. fujikuroi*) : 벼 키다리병(馬鹿苗病)균. 대표적인 종자전염성 진균이다. 피해를 주는 것은 무성세대의 균에 의해 나타난다. 무성세대인 *Fusarium moniliforme*은 대형과 소형 분생포자 및 후막포자를 형성한다. 대형분생포자는 Sporodochia에 형성하며 격막은 3~5개, 포자의 크기는 36~66×3.0~3.5㎛이며, 소형분생포자의 크기는 5.0~12.0×2~3㎛이며 연쇄상으로 되어 있다. 완전세대의 유공자낭각은 구형으로 크기는 250~330×220~280㎛이며 자낭은 원통형 모양으로 90~102×7~9㎛. 1개의 자낭 내에 대부분이 8개로 되어 있으며, 격막은 중앙에 하나가 있다.

G. lateritium (Current name : *G. baccata,* 무성세대 : *Fusarium lateritium* f.sp. *mori*) : 뽕나무 눈마름병(芽枯病)균.

G. moniliformis (Current name : *G. fujikuroi* 무성세대 : *Fusarium verticillioides*) : 옥수수 이삭썩음병(穗腐病)균. 발병은 주로 불완전 세대의 소형 분생포자에 의해 이루어진다. 대형 분생포자와 소형 분생포자를 형성하는데 대형 분생포자는 초승달 모양으로 보통 3~5개의 격막을 가지고 있다. 완전세대인 자낭각은 잘 형성되지 않고 소형포자는 주로 단생한다. 발병 최적온도는 35℃이며, 균사 발육 최적온도는 27~30℃이다.

G. zeae (무성세대 : *Fusarium graminearum*) : 맥류(벼, 보리, 밀)·옥수수 붉은곰팡이병(赤黴病)균. 균계의 자낭균문에 속하며, 자낭포자와 분생포자 및 후막포자를 형성한다. 식물체에 직접적인 피해보다는 진균독소(mycotoxin)를 생성하여 식용이나 사료로 이용시 인축에 피해를 주는 것으로 더 알려져 있다. 병원균이 주로 생성하는 독소는 Deoxynivalenol(DON), Nivalenol(NIV), Zearalnone(ZEA)등이 있다. 병원균은 분생포자와 자낭포자를 형성하며 분생포자는 무색, 초승달 형으로 3~5개의 격막이 있고, 크기는 35~72×4~6㎛이다. 자낭포자는 방추형으로 3개의 격막이 있고, 크기는 20~30×3.7~4.2㎛이며, 봄에 자낭 안에서 성숙한다. 분생포자, 균사, 자낭의 어느 것이라도 병을 일으킬 수 있으나, 주로 전년도의 병반 부위에 만들어진 자낭포자가 비산해서 1차 전염원이 되는 것으로 알려져 있다. 맥류 및 화본과 목초 등 광범위하게 기생하며 우리나라에서는 맥류에 피해가 매우 크다. 붉은곰팡이병에 관여하는 병원균으로는 *G. zeae*가 주원인이나, *F. roseum, F.nivale* 등도 일부 관여하는 것으로 알려져 있다.

Gloeocercospora sorghi (구명 : *Ramulispora andropogonis*) : 수수 점무늬병(斑點病)균. Dictionary of the Fungi(9th edition)의 분류체계에 따르면, 본 균은 균계의 자낭균

문(Ascomycota), 자낭균강(Ascomycetes), 미확정목(Order Incertae sedis)에 속한다.

Gloeodes pomigena (이명 : ***Dothidea pomigena***, Current name : ***Phyllachora pomigena***) : 사과 그을음병(煤病)균. 진균계의 불완전균류에 속하였으나, Dictionary of the Fungi(9th edition)의 분류체계에 따르면, 본 균은 균계의 자낭균문(Ascomycota), 자낭균강(Ascomycetes), 미확정목(Order Incertae sedis)에 속하며, 갈색 균사가 과일표면에 그물모양으로 생장한다. 병자각의 크기는 20~40×70~100㎛이며, 균사 상에 후막포자 모양의 세포가 형성된다.

Gloeosporium kawakamii : 오동나무 탄저병(炭疽病)균. 본 균은 균계의 불완전균류(Deuteromycotina), 유각균강(Coelomycetes), 분생자층목(Melanconiales)에 속하였으나, Dictionary of the Fungi(9th edition)의 분류체계에 따르면, 균계(kingdom Fungi)의 자낭균문(Ascomycota), 자낭균강(Ascomycetes), 균핵병균목(Helotiales), Dermateaceae(科)에 속한다.

G. lacticola : 복숭아 탄저병(炭疽病)균.

G. phomoides (***Colletotrichum phomoides***, Current name : ***C. coccodes***) : 가지·토마토 탄저병(炭疽病)균.

Glomerella : 본 균은 균계의 자낭균문(Ascomycota), 각균강(Pyrenomycetes), 흑종병균목(Phyllachorales)에 속하였으나, Dictionary of the Fungi(9th edition)의 분류체계에 따르면, 균계의 자낭균문, 자낭균강(Ascomycetes), Sordariomycetidae(亞綱), 미확정目(Order Incertae sedis), Glomerellaceae(科)에 속한다. 자낭포자와 분생포자를 형성한다. 무성세대는 *Colletotrichum*에 해당된다. 이 속 균에는 약 80여종이 기술되어 있으나, 이 중에서 약 20여종만이 무성세대인 *Colletotrichum*균과 관련되어 있다. 이 속의 균은 주로 흑색, 구형 내지 서양배 모양의 자낭각과 곤봉형 내지 관상형의 이중 막으로 된 자낭을 형성한다. 자낭 안에서는 보통 8개의 자낭포자가 형성되는데, 자낭포자는 주로 타원형 내지 약간 굽은 방추형이나 종에 따라서 모양과 크기가 다양하며 확실하게 구분된다. *Colletotrichum*균에는 종 혹은 종내 계통에 따라 자웅동주(雌雄同株)로서 완전세대를 잘 형성하는 균이 있는 반면에 자웅이주(雌雄異株)로서 서로 다른 계통간의 융합에 의해서만 완전세대를 형성하는 균이 있으며, 완전세대를 전혀 형성하지 않는 균도 있다.

G. cingulata (무성세대 : ***Colletotrichum gloeosporioides***) : 탄저병(炭疽病)균. 고추·딸기·사과나무, 포도나무, 감나무, 감귤나무, 복숭아나무, 대추나무·밤나무 등에 탄저병을 일으킨다. 균계의 자낭균문에 속하며, 자낭포자와 분생포자를 형성한다. 자낭각은 흑색, 구형 내지 서양배 모양이고, 직경은 80~300㎛이다. 자낭은 곤봉형 내지 관상형이고, 이중 막으로 되어 있으며, 크기는 60~90×8~10㎛이다. 자낭포자는

자낭 안에서 8개씩 형성되고, 무색, 단세포이며, 약간 굽은 타원형 혹은 방추형이다. 분생포자는 무색, 단세포, 타원형 내지 장타원형이며, 양끝이 둥글거나 한쪽 끝이 약간 좁고, 모난 형태이며, 그 크기는 12~28×3~6㎛이다. 이 균의 생육온도 범위는 5~35℃, 생육적온은 26~28℃이다.

G. glycines (무성세대 : *Colletotrichum destructivum, C. truncatum, C. caulivorum, C. glycines*) : 두류 · 콩 탄저병(炭疽病)균.

G. gossypii(무성세대 : *Colletotrichum gossypii*) : 목화 탄저병(炭疽病)균.

G. lagenaria (구명 : *Fusarium lagenaria*, 무성세대 : *Colletotrichum orbiculare*) : 수박 탄저병(炭疽病)균.

G. lindemuthiana (무성세대 : *Colletotrichum lindemuthianum, C. lindemurgianum*) : 두류 · 강낭콩 탄저병(炭疽病)균.

G. tucumanensis(무성세대 : *Colletotrichum falcatum*) : 사탕수수 탄저병(炭疽病)균.

Golovinomyces cichoracearum (구명 : *Erysiphe cichoracearum*) : 토마토 흰가루병(白粉病)균. 담배 흰가루병(白粉病)균. Dictionary of the Fungi(9th edition)의 분류체계에 따르면, 균계의 자낭균문(Ascomycota), 자낭균강(Ascomycetes), 흰가루병균목(Erysiphales)에 속하며, 자낭포자와 분생포자를 형성한다. 순활물기생균으로 살아있는 식물체에서만 기생생활을 한다. 분생포자는 흡기를 조직 내에 삽입하여 양분을 흡수하는데 *L. tauria*는 내부 기생성으로 균체가 조직 속에서 번식 생활한다. *G. cichoracearum*는 외부 기생균으로 균체가 표면에 노출되어 있다. *G. cichoracearum*의 분생자경 크기는(90~)110~ 165(~255)×10~12㎛이며, 그 끝에 분생포자를 형성된다. 분생포자는 연쇄상이며 무색, 단세포의 타원형 또는 장타원형으로 휘브로신(fibrosin)체를 함유하고 있지 않고, 크기는(26~)30~38(~42)×16~21(~23)㎛ 이다. 자낭각의 크기는 100~135㎛이며, 20~40개의 균사모양의 부속사를 가지고 있다. 그 안에 자낭이 8~14(~17)개 있으며, 자낭은 난형 또는 타원형으로 60~86×34~47㎛이고, 자낭 안에는 자낭포자가 거의 2개 들어 있으며 무색, 단세포, 타원형으로 크기가 22~31×16~22㎛이다. *Leveillula taurica*는 분생자경이 단생 또는 총생하며, 때로는 분지한다. 성숙한 분생자경은 1~2개의 격막을 가지고 길이가 85~200㎛이나 300㎛이상으로도 신장 한다. 분생포자는 분생자경에 단생하고, 처음에 형성된 포자는 그 선단부가 뾰쪽하고 곤봉모양이 되면, 그 후에 형성된 제2 포자 밑으로는 양끝이 둥근 장타원형이다. 비닐하우스에서 조건에서 2~3개의 포자가 연쇄상으로 형성된다. 분생포자의 내부는 과립이 충만하며, 보통 2개의 액포가 함유되어 있다. 분생포자의 크기는 보통 50~79×14~20㎛이다.

Graphium ulmi (Current name : *Ophiostoma ulmi*) : *Ceratocystis ulmi*의 불완전세대명. Dictionary of the Fungi(9th edition)의 분류체계에 따르면, 본 균은 균계의 자

낭균문(Ascomycota), 자낭균강(Ascomycetes), 미확정목(Order Incertae sedis)에 속한다.

Guignardia aesculi (구명 : ***Laestadia aesculi***) : 침엽수 잎마름병(葉枯病)균. 분류학적인 위치는 균계의 자낭균문(Ascomycota), 자낭균강(Ascomycetes), 위자낭균목(Pleosporales)에 속하였으나, Dictionary of the Fungi(9th edition)의 분류체계에 따르면, 균계의 자낭균문, 자낭균강, 갈반병균목(Dothideales)에 속한다.

G. bidwellii(구명 : ***Sphaeria bidwellii***) : 포도나무 검은빛썩음병(黑腐病)균.

G. camelliae(구명 : ***Sphaerella camilleae***) : 차나무 잎마름병(葉枯病)균.

G. citricarpa (***Phyllosticta citricarpa***, 무성세대 : ***Phoma citricarpa***) : 감귤나무 검은무늬병(黑斑病)균.

G. laricina(구명 : ***Physalospora laricina***) : 잎갈나무 가지끝마름병균.

Gymnosporangium : Dictionary of the Fungi(9th edition)의 분류체계에 따르면, 본 균의 분류학적인 위치는 균계(kingdom Fungi)의 擔子菌門(Basidiomycta), 녹병균강(Urediomycetes), 녹병균目(Uredinales), 자루녹병균과(Pucciniaceae)에 속한다. 겨울포자, 소생자, 녹병포자, 녹포자 및 여름포자를 만든다. 순활물기생균에 속하나 계통에 따라 녹병포자로부터 배양이 가능하다는 보고도 있다.

G. asiaticum : 배나무 붉은별무늬병(赤星病)균.

G. cornutum(구명 : ***G. juniperi***) : 배나무 세모붉은별무늬병균.

G. haraeanum(Current name : ***G. asiaticum***) : 배나무 녹병(銹病)균.

G. juniperi(Current name : ***G. cornutum***) : 배나무 세모붉은별무늬병균.

G. miyabei : 팥배나무 녹병(銹病)균

G. yamadae : 사과나무 붉은별무늬병(赤星病)균. 균계의 담자균문에 속하며, 향나무와 이종기생(기주교대)을 하는 균이다. 사과나무에서는 정자와 수포자를 형성하고, 향나무에서는 동포자(겨울포자)와 소생자를 형성한다. 향나무에 생긴 동포자퇴의 혹은 2~3년간 전염력을 가지며, 발아적온은 16~27℃, 24℃에서는 소생자가 잘 형성되지 않는다.

Helicobasidium longisporum (***H. mompa***) : 고구마·사과나무·뽕나무 자주날개무늬병(紫紋羽病)균. 균계의 擔子菌門(Basidiomycta), 모균강(Hymenomycetes), 목이균목(Auriculariales)에 속하였으나, Dictionary of the Fungi(9th edition)의 분류체계에 따르면, 본 균은 균계(Fungi)의 담자균문, 녹병균강(Urediomycetes), 미확정목(Order Incertae sedis), Helicobasidiaceae(과)에 속한다.

H. mompa (Current name : ***H. longisporum***) : 고구마·뽕나무 자주날개무늬병(紫紋羽病)

균. 병원균의 기주범위는 매우 넓어서 고구마 외에도 사탕무, 콩, 감자, 목화, 땅콩 및 사과, 포도, 뽕나무와 같은 관목에서도 발생한다. 균핵의 모양은 편평하거나 구형이나 대개는 불규칙하며, 표면은 자색이고 내면은 흰색으로 크기는 0.5~3.0× 1~5㎜이다. 담자기는 투명하고 원통형 내지 곤봉형이며, 대개 굽어 있고, 격막은 3개, 크기는 6~7×25~40㎜로 4개의 소병 위에 담자포자를 형성한다. 담자포자는 난형 내지 콩팥모양으로 소병 쪽으로 갈수록 가늘어지고 크기는 6.0~6.4×16~19㎛이다.

Helminthosporium : 본 균의 분류학적인 위치는 균계의 불완전균류(Deuteromycotina), 총생균강(Hypomycetes), 총생균목(Hyphomycetales), 암색선균과(Dematiaceae)에 속하였으나, Dictionary of the Fungi(9th edition)의 분류체계에 따르면, 균계(kingdom Fungi)의 자낭균문(Ascomycota), 자낭균강(Ascomycetes), 위자낭균목(Pleosporales), Pleomassariaceae(과)에 속한다.

H. gramineum (Current name : *Pyrenophora graminea*, 유성세대) : 맥류 줄무늬병(斑葉病)균.

H. hordei(*Drechslera teres*, Current name : *Pyrenophora teres*) : 보리 그물무늬병균.

H. maydis (*Bipolaris maydis*, Current name : *Cochliobolus heterostrophus*, 유성세대) : 옥수수 깨씨무늬병(胡麻葉枯病)균.

H. oryzae (이명 : *Bipolaris oryzae*, *Dreschlera oryzae*, Current name : *Cochliobolus miyabeanus*, 유성세대) : 벼 깨씨무늬병(胡麻葉枯病)균.

H. pyrorum (*Fusicladium pirinum*, Current name : *Venturia pyrina*, 유성세대) : 배나무 검은별무늬병(黑星病)균.

H. sativum (Current name : *Cochliobolus sativus*, 유성세대) : 맥류 깨씨무늬병(胡麻葉枯病)균.

H. solani : 감자 은무늬병(銀紋病, Silver scurf)균.

H. sorokinianum (*Bipolaris sorokiniana*, Current name : *Cochliobolus sativus*, 유성세대) : 보리 점무늬병(斑點病)균.

H. turcicum (*Exserohilum turcicum*, Current name : *Setosphaeria turcica*, 유성세대) : 옥수수・수수 그을음병(煤病)균.

H. victoriae(Current name : *Cochliobolus victoriae*, 유성세대) : 귀리 마름병균

Heterobasidion annosum (구명 : *Polyporus annosus*) : 각종林木에 心材腐朽病을 일으키며, 분류학적 위치는 균계의 담자균문(Basidiomycta), 모균강(Hymenomycetes), 다공균목(Aphyllophorales)에 속하였으나, Dictionary of the Fungi(9th edition)의 분류체계에 따르면, 균계의 담자균문, 담자균강(Basidiomycetes), Russulales(目), Bondarzewiaceae(科)에 속한다.

Heterosporium allii (Current name : *Mycosphaerella allii-cepae*, 유성세대) : 마늘·파 황색점무늬병(斑點病)균. Dictionary of the Fungi(9th edition)의 분류체계에 따르면, 균계의 자낭균문(Ascomycota), 자낭균강(Ascomycetes), Mycosphaerellales (目), Mycosphaerellaceae(科)에 속한다. 분생자경과 분생포자를 형성하며, 분생포자는 암갈색, 원통형으로 크기는 45~90×8~10㎛이다. 포자는 보통 3~4개의 세포로 되어있으며, 분생포자 표면에는 작은 돌기가 돋아나 있다.

Hyaloperonospora parasitica (*Peronospora parasitica*) : 무·배추 노균병(露菌病)균. Dictionary of the Fungi(9th edition)의 분류체계에 따르면, 본 균은 유사균류(pseudofungi, fungallike organism)의 색조류계(Chromista), 난균문(Oomycota), 난균강(Oomycetes), 노균병균목(Peronosporales), 노균병균과(Peronosporaceae)에 속한다.

Hypoxylon mammatum (구명 : *Sphaeria mammata*, Current name : *Entoleuca mammata*) : 포플러 궤양병균. 본 균의 분류학적 위치는 균계의 자낭균門(Ascomycota), 각균綱(Pyrenomycetes), 꼬투리버섯目(Xylariales)에 속하였으나, Dictionary of the Fungi(9th edition)의 분류체계에 따르면, 균계(Fungi)의 자낭균문, 자낭균강(Ascomycetes), 꼬투리버섯목, Xylariaceae(科)에 속하며, 자낭과 자낭포자를 형성한다.

H. truncatum (구명 : *Sphaeria truncata*, Current name : *Annulohypoxylon truncatum*) : 표고버섯 검은혹버섯균.

Laestadia aesculi (Current name : *Guignardia aesculi*) : 침엽수 잎마름병(葉枯病)균. Dictionary of the Fungi(9th edition)의 분류체계에 따르면, 본 균은 균계(kingdom Fungi)의 자낭균문(Ascomycota), 자낭균강(Ascomycetes), 동고병균목(Diaporthales), Valsaceae(科)에 속한다.

Leptosphaeria : 본 속의 분류학적 위치는 균계의 자낭균門(Ascomycota), 소방자낭균綱(Loculoascomycetes), 위자낭각균目(Pleosporales)에 속하였으나, Dictionary of the Fungi(9th edition)의 분류체계에 따르면, 균계(kingdom Fungi)의 자낭균문, 자낭균강(Ascomycetes), 위자낭균목에 속한다. 무성세대는 *Phoma*이다.

L. iwamotoi : 벼 점무늬병(斑點病)균.

L. maculans (구명 : *Sphaeria maculans*, 무성세대 : *Phoma lingam*) : 양배추 검은뿌리썩음병(黑根腐病)균. 균계의 子囊菌門(Ascomycota), 僞子囊殼菌目(Pleosporales)에 속하며, 자낭각과 병자각을 형성한다. 자낭각은 흑색, 구형으로 공구(孔口)를 가지고 있으며, 그 안에서는 많은 자낭 및 자낭포자가 형성된다. 자낭은 이중 막으로 되어있고, 관상형 내지 곤봉형으로 양끝이 둥근 모양이다. 자낭 내에는 8개의 자낭포자가 들어 있으며, 자낭포자는 황갈색이며, 관상형 내지 타원형으로 3~5개의 적막이 있다. 병자각은 흑색 구형으로 공구(孔口)를 가지고 있으며, 그 안에서는 많은

병포자가 형성된다. 병포자는 무색, 단세포, 타원형이다.

L. nashi : 배나무 흰별무늬병(白星病)균. 균계의 자낭균문에 속하며, 자낭포자와 병포자를 형성한다. 병포자는 무색, 단세포이며, 타원형 내지 난형으로 크기는 3~4×1.5~2.0㎛이다. 자낭포자는 방추형, 4세포로 크기는 10~12×3~4㎛이다.

L. pomona (*Phyllosticta maculiformis*, Current name : *Mycosphaerella punctiformis*, 유성세대) : 복숭아나무 구멍병균.

L. sacchari(무성세대 : *Phyllosticta sorghina*) : 수수·조 점무늬병(斑點病)균.

L. salvinii (Current name : *Magnaporthe salvinii*) : 벼 공균핵병(菌核病, 小球菌核病)균. 균핵은 흑색 정구형이다. 병원균의 발육최적 온도는 30℃ 정도이고 최적산도는 pH 7.0 정도이다. 균핵은 바닷물에 280일간 침지하더라도 죽지 않으며, 100℃에서는 1~2분간 처리하더라도 죽지 않는다.

Leptosphaerulina arachidicola : 땅콩 그을음병((煤病, Sooty mold)균.

Leptothyrium pomi (*Zygophiala jamaicensis*, Current name : *Schizothyrium pomi*) : 사과나무 그을음점무늬병(煤點病)균. 본 균은 Dictionary of the Fungi(9th edition)의 분류체계에 따르면, 균계의 자낭균문(Ascomycota), 자낭균강(Ascomycetes), 미확정아강(Subclass Incertae sedis), 미확정목(Order Incertae sedis)에 속한다.

Leucostoma persoonii (구명 : *Valsa persoonii*) : 복숭아나무 줄기마름병(胴枯病)균. 본 균의 분류학적 위치는 균계, 자낭균門(Ascomycota), 각균綱(Pyrenomycetes), 동고병균目(Diaporthales)에 속하였으나, Dictionary of the Fungi(9th edition)의 분류체계에 따르면, 균계의 자낭균문, 자낭균강(Ascomycetes), 동고병균목, Valsaceae(과)에 속하며, 분생포자는 무색, 단세포이며, 심장형으로 되어 있다.

Leveillula taurica (구명 : *Erysiphe taurica*, *Oidiopsis taurica*) : 고추·토마토 흰가루병(白粉病)균. 본 균의 분류학적 위치는 균계의 자낭균門(Ascomycota), 균사자낭균綱(Filamentous Ascomycetes), 흰가루병균目(Erysiphales)에 속하였으나, Dictionary of the Fungi(9th edition)의 분류체계에 따르면, 균계의 자낭균문, 자낭균강(Ascomycetes), 흰가루병균목에 속한다. 순 활물의 내부 기생균으로 135~250㎛의 구형의 폐쇄자낭각의 안에 보통 20~35개 정도의 자낭이 있으며, 크기는 70~110×25~40㎛이며, 2개의 담갈색인 구형 내지 원통형의 방추모양의 자낭포자(25~40×12~22㎛)가 들어 있다. 국내에서는 자낭세대는 발견되지 않았다. 이병 잎에서 볼 수 있는 분생자경은 단생 또는 총생하며, 때로는 분지한다. 성숙한 분생자경은 1~2개의 격막을 가지고 있으며, 길이가 85~200㎛이나 300㎛이상으로도 신장 한다. 또한 괴사조직의 부분에서는 분생자경이 시들어 말라 죽는 상태도 있다. 분생포자는 분생자경에 단생하고, 처음에 형성된 포자는 그 선단부가 뾰쪽하고 곤봉모양이 되고, 그 후에 형성된 제2포자 밑으로는 양끝이 둥근 장타원형이다. 비닐하우스에 조

건에서는 2~3개의 포자가 연쇄상으로 형성된다. 분생포자의 내부는 과립이 충만하며, 보통 2개의 액포가 함유되어 있다. 늙은 포자 중에는 내용물이 소실되고, 표면이 쭈글거린다. 분생포자의 크기는 보통 50~79×14~20㎛이다. 이 균은 내부기생균으로 균사가 잎의 표면에 나타나지 않기 때문에 다른 흰가루병균처럼 균총이 왕성하지 않아서 흰가루병 병징이 약간 불명료하다. 분생자경은 기공으로부터 외부로 나오는 특성이 있고, 기공의 분포가 높아서 잎의 뒷면보다 많이 나온다고 사료되고 있다.

Lophodermium pinastri : 소나무 잎떨림병균. 본 균의 분류학적 위치는 균계의 자낭균문(Ascomycota), 반균강(盤菌綱, Discomycetes), 타르병균목(Rhytismtales)에 속하였으나, Dictionary of the Fungi(9th edition)의 분류체계에 따르면, 균계의 자낭균문, 자낭균강(Ascomycetes), 타르병균목, 타르병균과(Rhytismataceae)에 속한다.

Lycoperdon tritici (***Tilletia tritici***, Current name : ***T. caries***) : 밀 깜부기병균. 본 균은 Dictionary of the Fungi(9th edition)의 분류체계에 따르면, 균계의 담자균문(Basidiomycta), 담자균강(Basidiomycetes), 주름버섯목(Agaricales)에 속한다.

Macrophoma phaseolina (***M. phaseolina***) : 가지 검은썩음병(黑腐病)균. 본 균은 균계(kingdom Fungi)의 불완전균류(Deuteromycotina), 유각균강(Coelomycetes), 분생자각균목(Sphaeropsidales)에 속하였으나, Dictionary of the Fungi(9th edition)의 분류체계에 따르면, 균계의 자낭균문(Ascomycota), 자낭균강(Ascomycetes), 갈반병균목(Dothideales)에 속한다.

Macrophomina phaseoli : 참깨 잘록병(立枯病)균.

Macrophomina phaseolina (구명 : ***Macrophoma phaseolina***) : 가지 검은썩음병(炭腐病)균. 참깨 잘록병(立枯病)균. 본 균은 균계의 불완전균류(Deuteromycotina)에 속하였으나, Dictionary of the Fungi(9th edition)의 분류체계에 따르면, 균계의 자낭균문(Ascomycota), 미확정아강(Subclass Incertae sedis), 추정목(Order Incertae sedis)에 속하며, 병자각과 균핵을 형성한다. 병자각은 구형이며, 흑색이고, 공구(孔口)를 가지고 있으며, 직경은 180～320㎛이다. 병자각 안에서는 많은 병포자가 형성된다. 병포자는 무색, 단세포이며, 타원형 내지 방추형으로 크기는 18～26×5～7㎛이다. 균핵은 흑색, 구형이며, 직경은 50～300㎛이다.

Macrosporium cucumerinum (Current name : ***Alternaria cucumerina***) : 수박 잎마름병(葉枯病)균.

M. longipes(Current name : ***Alternaria longipes***) : 담배 붉은별무늬병균.

M. porri(Current name : ***Alternaria porri***) : 양파・파 검은무늬병(黑斑病)균.

M. solani(Current name : ***Alternaria solani***) : 가지 겹무늬병(輪紋病)균

Magnaporthe grisea (무성세대 : ***Pyricularia oryzae***) : 벼 도열병균. 도열병(稻熱病)균

은 학명이 여러 차례 바뀌었지만 현재는 불완전세대 명으로는 *Pyricularia grisea*로 알려져 있으며, 완전세대는 Herbert, Barr에 의해 *Magnaporthe grisea*로 정정 명명되어 자낭균임이 밝혀졌다. 분류학적인 위치는 균계의 자낭균門(Ascomycota), 각균綱(Pyrenomycetes), 동고병균目(Diaporthales)에 속하였으나, Dictionary of the Fungi(9th edition)의 분류체계에 따르면, 균계(kingdom Fungi)의 자낭균문, 자낭균강(Ascomycetes), Sordariomycetidae(아강), 미확정목(Order Incertae sedis), Magnaporthaceae(과)에 속한다. 도열병균의 분생포자는 하나의 분생자경에 단계적으로 또는 총생적으로 형성되며 포자는 방추형으로 2~4개의 격막이 있고 현미경으로 보면 무색이나 담올리브색이지만 실제로는 표면에 멜라닌이 형성되어 있어 총생적으로 형성될 때는 갈색이나 검은 회색으로 나타난다. 분생포자의 크기는 14~40×6~13㎛이며, 25~28℃, 포화습도가 최적 발아조건이며, 발아된 균사는 16~40℃에서 발육하며 최적 pH는 6.3이다. 완전세대인 자낭균은 자연상태에서 형성된 것은 아직 보고 된 바 없으나, 자, 웅의 교배형 균주를 인공적인 조건 하에서 대치배양하면 자낭각을 형성하며, 수십 개의 자낭이 터져 나온다. 1개의 자낭에 8개의 자낭포자를 형성하는데, 자낭포자의 병원성이나 균사색, 유전적 특성이 1:1:1:1이나 1:1로 분리됨이 보고 된바 있다(Yaegashi). 대부분 지역의 도열병균에는 Mat1-1과 Mat1-2의 두 가지 유전형이 분포되어 있다. 미국, 필리핀, 서아프리카에서는 2개의 교배형이 비슷한 분포로 존재하고 있으나 유럽과 중앙아프리카, 아시아에서는 Mat1-1이 우점으로 존재한다는 보고가 있다. 국내의 벼 및 화본과 잡초로부터 분리한 균주를 대상으로 실험한 결과에 의하면, 2개의 교배형 모두가 존재하며 Mat1-1이 우점하는 것으로 밝혀졌다. 특히 도열병균의 완전세대는 벼 균주끼리 보다는 벼 도열병균과 화본과 잡초 균주와의 교배에 의하여 형성되는 것이 대부분이므로 잡초가 벼 도열병균의 진화나 변이의 중간매체가 됨을 시사하고 있다.

M. salvinii (무성세대: ***Sclerotium oryzae, Nakataea sigmoidea***) : 벼 좀공균핵병(小黑菌核病)균. 균계의 자낭균문에 속한다. 자낭각은 흑색, 구형으로 약간 돌출한 공구를 가지고 있으며 크기는 직경이 250~650㎛이다. 자낭각내에는 관상형의 자낭이 들어 있으며 자낭은 단일 막으로 구성되어 있고, 크기는 104~165×8.7~17.7㎛이다. 1개의 자낭 내에 보통 8개의 자낭포자가 들어 있으며 자낭포자는 다소 굽은 방추형으로 3개의 격막을 가지고 있으며 크기는 35~65×7~8㎛이다. 이 균의 무성세대는 두 종류가 있는데 한 종류는 *Sclerotium oryzae*로 균핵 세대이며, 다른 한 종류는 *Nakataea sigmoidea*로서 분생포자 세대이다. 전자는 벼의 병든 잎집 이나 배양기에서 흑색의 구형 균핵을 형성한다. 병반에서 형성된 균핵의 크기는 150~320㎛이고 배양기에서 형성된 것은 150~400㎛이다. 주축균사의 폭은 2.4~4.0㎛ 이고 1개의 균사 세포 내에는 1개의 핵이 들어 있다. 분생포자는 균핵에서 형성되며 분생포자경은 흑색을 띈 곧은 모양이고, 격막을 가지고 있으며, 크기는 100~175×4~5㎛이다. 분생

포자는 굽은 모양의 방추형으로 3개의 격막을 가지고 있으며 크기는 29~49×10~14㎛이다. 균사생육온도 범위는 6~34℃이고, 최적온도는 27~29℃이다.

Marssonina mali (Current name : ***Phyllachora pomigena***, 유성세대) : 사과나무 갈색무늬병(褐斑病)균. 본 균의 분류학적 위치는 균계의 불완전균류(Deuteromycotina), 유각균綱(Coelomycetes), 분생자층목(Melanconiales)에 속하였으나, Dictionary of the Fungi(9th edition)의 분류체계에 따르면, 균계의 자낭균문(Ascomycota), 자낭균강(Ascomycetes), 균핵병균목(Helotiales), Dermateaceae(科)에 속한다. 자낭포자와 분생포자를 형성하는데, 자낭반은 월동한 병든 잎에서 형성되며 직경은 0.1~0.2㎜이고, 높이는 0.1~0.2㎜이다. 자낭은 긴 원통 또는 곤봉상이고 크기는 55~78×14~18㎛이며, 8개의 자낭포자가 있다. 자낭포자는 무색이고 1개의 격막이 있어 2세포이며 크기는 23~33×5~6㎛이다. 분생포자는 잎의 표피세포의 큐티클층 아래에 형성되는 분생자퇴위에 생성되는데 무색이며 2세포로 하나는 원형에 가깝고 다른 하나는 끝이 가느다란 장타원형이며 크기는 20~24×7~9㎛이다.

Melampsora lini (구명 : ***Xyloma lini***, Current name : ***M. lini*** var. ***lini***) : 아마 녹병(銹病)균. Dictionary of the Fungi(9th edition)의 분류체계에 따르면, 본 균은 균계의 담자균문(Basidiomycta), 녹병균강(Urediomycetes), 녹병균목(Uredinales, rust fungi), 녹병균과(Melampsoraceae)에 속한다.

M. lini var. ***lini*** (구명 : ***Xylomal ini, M. lini***) : 아마 녹병(銹病)균.

M. magnusiana : 사시나무 녹병(銹病)균.

Microdochium oryzae (Current name : ***Monographella albescens***, 유성세대) : 벼 갈색잎마름병(褐色葉枯病)균. Dictionary of the Fungi(9th edition)의 분류체계에 따르면, 본 균은 균계(kingdom Fungi)의 자낭균문(Ascomycota), 자낭균강(Ascomycetes), 꼬투리버섯목(Xylariales), Hyponectriaceae(科)에 속한다.

Micronectriella nivalis (***Fusarium nivale*** f.sp. ***graminicola***) : 밀 눈속썩음병(雪腐病, Snow mold)균.

Microsphaera : 본 屬의 분류학적인 위치는 균계(Fungi)의 자낭균문(Ascomycota), 균사자낭균강(Filamentous Ascomycetes), 흰가루병균목(Erysiphales)에 속하였으나, Dictionary of the Fungi(9th edition)의 분류체계에 따르면, 균계의 자낭균문, 자낭균강(Ascomycetes), 흰가루병균목, 흰가루병균과(Erysiphaceae)에 속하며, 각종 수목에 흰가루병을 일으킨다.

M. alni (구명 : ***Erysiphe alni***, Current name : ***Microsphaera penicillata***) : 밤나무·개암나무 흰가루병(白粉病)균

M. alphitoides : 잣·밤나무 흰가루병(白粉病)균

M. baumleri : 아카시아 흰가루병(白粉病)균

M. diffusa(*Erysiphe diffusa*) : 목련 흰가루병(白粉病)균

M. penicillata(*Erysiphe alni, M. alni*) : 밤나무 흰가루병(白粉病)균.

Monilia digitata (*Penicillium digitatum, Mucor digitata*) : 감귤나무 녹색곰팡이병균. Dictionary of the Fungi(9th edition)의 분류체계에 따르면, 본 균은 균계(Fungi)의 자낭균문(Ascomycota), 자낭균강(Ascomycetes), 균핵병균목(Helotiales), Sclerotiniaceae(科)에 속한다.

M. fructigena (Current name : *Monilinia fructigena, Sclerotinia fructigena*) : 과수 균핵병(菌核病)균.

Monilinia fructicola (*Sclerotinia fructicola*) : 복숭아나무 · 배나무 잿빛무늬병(灰星病)균. 본 균의 분류학적 위치는 균계의 자낭균門(Ascomycota), 반균綱(Discomycetes), 균핵병균目(Helotiales)에 속하였으나, Dictionary of the Fungi(9th edition)의 분류체계에 따르면, 균계의 자낭균문(Ascomycota), 자낭균강(Ascomycetes), 균핵병균목(Helotiales), Sclerotiniaceae(科)에 속한다. 분생포자는 분리기(disjunctor)없이 분생자좌(sporodochia)상에서 분지하며, 연쇄상으로 많이 형성된다. 레몬모양의 포자는 종간에 유사하여 분생포자의 형태로는 종 동정이 어렵고 PDA상에서 균총의 특성이나 배양속도 등이 종을 구분하는데 유용하다. 포자는 대개 8~28×6~19㎛이다. 균사의 생육 최적온도는 25℃이다. 자낭반은 이병된 과실에서 발달할 수 있고, 연갈색이며, 성숙하면 직경이 5~20㎜의 컵 모양으로 대가 있다. 자낭의 크기는 102~215×3~13㎛, 자낭포자의 크기는 6~15×4~8㎛이다.

M. fructigena (*Monilia fructigena, Sclerotinia fructigena*) : 과수 균핵병(菌核病)균. 배나무 잿빛무늬병(灰星病)균.

M. laxa(구명 : *Sclerotinia laxa*) : 복숭아나무 균핵병(菌核病)균.

Monographella : 벼 구름무늬병균. Dictionary of the Fungi(9th edition)의 분류체계에 따르면, 본 균은 균계의 자낭균문(Ascomycota), 자낭균강(Ascomycetes), 꼬투리버섯목(Xylariales)에 속한다.

M. albescens(구명 : *Rhynchosporium oryzae*) : 벼 구름무늬병균.

M. albescens (무성세대 : *Microdochium oryzae*) : 벼 갈색잎마름병(褐色葉枯病)균. 진균의 일종이며, 자낭균문에 속한다. 자낭각은 구형으로 약간 돌출한 공구를 가지고 있으며, 크기는 150~180×90~120㎛이다. 자낭각 내에는 곤봉형의 자낭이 들어 있으며, 자낭은 단일막으로 되어 있고, 크기는 40~85×8~12㎛이다. 1개의 자낭에는 8개의 자낭포자가 들어 있고, 자낭포자는 무색 방추형이며, 3~5개의 격막이 있다. 자낭포자의 크기는 14~23×3.5~4.5㎛이다. 무성세대는 *Microdochium oryzae* 로서

분생자좌 위에 분홍색 내지 붉은색의 분생포자 덩어리를 형성한다. 분생포자는 무색이며, 갈고리 모양으로 1개의 격막을 가지고 있는데 간혹 2개 또는 3개의 격막을 가지고 있는 것도 있다. 분생 포자의 크기는 6.0~15.0×3.0~4.5㎛이고, 균사의 생육적온은 24~28℃이다.

M. nivalis(무성세대 : ***Fusarium nivale***) : 맥류 뿌리썩음병(根腐病)균.

Monosporascus cannonballus : 수박 검은점썩음병균. 오이·참외·수박·호박 검은점뿌리썩음병(黑點根腐病)균. Dictionary of the Fungi(9th edition)의 분류체계에 따르면, 본 균은 균계의 자낭균문(Ascomycota), 자낭균강(Ascomycetes), 흑종병균목(Phyllachorales)에 속하며, 자낭포자를 형성한다. 자낭각은 수십 개의 자낭을 형성하며 자낭 안에는 1개의 대형 포자를 형성한다. 대형 자낭각 및 대형 자낭포자는 이 균의 특이한 형태로 동정에 중요한 특징이 된다. 자낭포자는 실험실 조건에서 발아하지 않으며 불완전세대가 아직 밝혀져 있지 않다. 같은 속의 이종으로 분류되는 *M. eutypoides*는 이스라엘, 스페인 등의 고온 건조 지대에서 보고되는 종으로 1개의 자낭 내에 2개의 자낭포자를 갖는 특징으로 *M. cannonballus*와 구별된다. 성숙된 자낭포자는 원형으로 검은색을 나타내며 미성숙 포자는 갈색 혹은 무색인 경우도 있다. 이 병에 걸린 박과류의 뿌리에는 *Fusarium*과 *Rhizoctonia* 등 다른 종의 토양전염성 병원균이 동시에 분리되는 경우가 많고, 병원성 검정에도 50일 이상의 시일이 소요되므로 종종 병원성이 없는 것으로 조사되거나 다른 병원균에 의하여 감염되는 것으로 오인되기도 한다. 이 병원균의 분리는 병원균에 감염된 신선한 뿌리를 물한천 배지에 옮겨 20일 이상 배양하면 자낭각이 형성되기 시작하는데 자낭각 내의 자낭과 자낭포자는 배양 후 40일이 지나야 성숙된다. 그러나 인공 배양기에서 형성된 자낭포자의 수는 기주 뿌리에서 형성된 것보다 현저히 작다. 이 균의 생육범위는 6~37℃이며, 발육최적온도는 30℃로 고온균이다. 자낭포자는 일반적인 실험실 배양조건에서는 전혀 발아하지 않는 특징이 있으나 메론에 발생하는 *M. eutypoides*의 경우에는 30℃ 이상의 고온조건에서만 발아하는 것으로 알려져 있다.

Mucor digitata (***Penicillium digitatum, Monilia digitata***) : 감귤나무 녹색곰팡이병균. Dictionary of the Fungi(9th edition)의 분류체계에 따르면, 본 균은 균계(kingdom Fungi)의 접합균문(Zygomycota), 접합균강(Zygomycetes), 털곰팡이목(Mucorales), 털곰팡이과(Mucoraceae)에 속한다.

M. mucedo : 고구마 털곰팡이병균.

M. stolonifer (***Rhizopus stolonifer,*** Current name : ***Rhizopus stolonifer*** var. ***stolonifer***) : 고구마 무름병(軟腐病)균.

Mycosphaerella : 본 균의 분류학적 위치는 균계의 자낭균문(Ascomycota), 소방자낭균강(Loculoascomycetes), 갈반병균목(Dothideales)에 속하였으나, Dictionary of the

Fungi(9th edition)의 분류체계에 따르면, 균계(kingdom Fungi)의 자낭균문, 자낭균강(Ascomycetes), Mycosphaerellales(目), Mycosphaerellaceae(科)에 속한다.

M. allii-cepae (무성세대 : *Heterosporium allii*) : 마늘·파 갈색잎마름병(褐色葉枯病), 황색점무늬병(黃斑病)균.

M. arachidicola (Current name : *Didymosphaeria arachidicola*) : 땅콩 갈색무늬병(褐斑病)균.

M. citri : 감귤나무 누른무늬병(黃斑病, Greasy spot)균.

M. cruenta (*Pseudocercospora cruenta*, 무성세대 : *Cercospora cruenta*) : 강낭콩·동부·팥 점무늬병(斑點病)균. 동부 그을음무늬병(煤黴病)균.

M. graminicola(무성세대 : *Septoria tritici*) : 밀 잎마름병(葉枯病)균.

M. melonis (*Ascochyta cucumis*, 유성세대 : *Didymella bryoniae*) : 오이·참외·호박 덩굴마름병(蔓枯病)균.

M. mori(무성세대 : *Septoria mori, Septogloeum mori*) : 뽕나무 갈색무늬병(褐斑病)균.

M. punctiformis (*Leptosphaeria pomona, Phyllosticta maculiformis*) : 복숭아나무 구멍병균.

Mycovellosiella : 본 균의 분류학적 위치는 균계의 자낭균문(Ascomycota), 소방자낭균균강(Loculoascomycetes), 갈반병균목(Dothideales)에 속하였으나, Dictionary of the Fungi(9th edition)의 분류체계에 따르면, 균계(Fungi)의 자낭균문, 자낭균강(Ascomycetes), Mycosphaerellales(目), Mycosphaerellaceae(科)에 속하며, 자낭포자와 분생포자를 형성한다. 자낭각은 흑색, 구형이며 자낭포자는 무색 2세포로 되어있다. 분생포자는 원통형으로 양끝이 뾰족하며, 1~4개의 격막을 갖고 있다.

M. areola : 목화 흰곰팡이병(白黴病)균.

M. cerasella : 벚나무 갈색무늬구멍병균.

M. fijiensis : 바나나 Sigatoka병균.

M. fragariae (*Ramularia brunnea*) : 딸기 뱀눈무늬병(蛇眼病)균. 균계(Fungi)의 子囊菌門(Ascomycota)에 속하며, 자낭포자와 분생포자를 형성한다. 자낭각은 흑색, 구형이며 자낭포자는 무색 2세포로 되어있다. 분생포자는 원통형으로 양끝이 뾰족하며, 1~4개의 격막을 갖고 있다.

M. fulva(무성세대 : *Cladosporium fulvum, Fulvia fulva*) : 토마토 잎곰팡이병(葉黴病)균.

M. gossypina : 목화 불마름병균.

M. hondai : 벼 점무늬병(斑點病)균.

M. melonis (Current name : *Didymella bryoniae*) : 수박·오이·참외(메론)·호박 덩굴마름병(蔓枯病)균. 균계의 자낭균문에 속하며, 분생포자와 자낭포자를 만든다. 자낭포자는 방추형으로 무색이고 격막이 없다. 병든 식물체에 월동태로 존재하며 다음해 환경이 알맞으면 발아하여 1차 전염원이 된다. 자낭포자에 의하여 생긴 병반상에는 병자각(흑색소립)이 생기는데 병자각 안에는 2차 전염원이 되는 분생포자가 무수히 들어 있으며 병자각이 성숙하면 자연히 터져 분생포자가 공기 중으로 누출되어 확산된다. 분생포자는 무색이며, 격막이 없거나 혹은 1개의 격막이 있고 모양은 장타원형이다.

M. musicola : 바나나 Sigatoka병균.

M. nattrassii : 가지 잎곰팡이병(검은마름병, 黑枯病)균. 분생포자는 담갈색이며, 단독으로 형성되거나 연쇄상으로 형성되며, 격막이 없거나 혹은 1~7개의 격막을 가지고 있다. 분생포자의 모양은 곤봉형 혹은 관상형이며, 격막부위가 약간 잘록해져 있다. 분생포자의 크기는 단세포인 것이 10~12×5·9㎛이고, 다세포인 것이 20~88×5~9㎛이다. 이 균의 생육적온은 25℃ 내외이다.

M. nawai (*M. nawae*) : 감나무 둥근무늬낙엽병(圓星落葉病)균. 균계의 자낭균문에 속하며, 자낭포자와 분생포자를 형성한다. 자낭각은 흑갈색의 구형 내지 계란모양이며, 그 안에 여러 개의 자낭이 들어있다. 병원균의 생육적온은 20～25℃이고, 인공배양은 가능하나 분리하기가 매우 어렵다.

M. pinodes : 완두 검은무늬병(黑斑病)균.

M. pomi : 사과나무 열매점무늬병(斑點病)균.

M. reagariae : 양딸기 뱀눈무늬병(蛇眼病)균.

M. rosigena (구명 : *Sphaerella rosigena*, Current name : *Davidiella rosigena*) : 장미 둥근무늬병균.

M. rubi (*Septoria rubi*, Current name : *Mycosphaerella rubi*) : 곰딸기 점무늬병(斑點病)균.

M. schoenoprasi(Current name : *Mycosphaerella tassiana*) : 파 검은무늬병(黑斑病)균.

M. sentinal(*Septoria piricula*) : 배나무 갈색무늬병(褐斑病)균.

Myrothecium roridum : 수박 겹둥근무늬병(輪紋病, Myrothecium leaf spot)균.

M. verrucaria : 땅콩 잘록병(立枯病, Damping-off)균.

Nakataea sigmoidea (구명 : *Helminthosporium sigmoideum*, Current name : *Magnaporthe salvinii*) : 벼 좀공균핵병(小黑菌核病)균. Dictionary of the Fungi(9th edition)의 분류체계에 따르면, 본 균의 분류학적 위치는 균계의 자낭균문(Ascomycota), 자낭균강

(Ascomycetes), Sordariomycetidae(亞綱), 미확정목(Order Incertae sedis)에 속한다.

Nectria : 분류학적 위치는 균계의 자낭균문(Ascomycota), 각균강(Pyrenomycetes), 육좌균목(Hypocreales)에 속하였으나, Dictionary of the Fungi(9th edition)의 분류체계에 따르면, 균계의 자낭균문, 자낭균강(Ascomycetes), 육좌균목, Nectriaceae(科)에 속하며, 자낭포자와 분생포자를 형성한다.

N. cinnabarina : 배나무 붉은가지마름병(紅色枝枯病)균. 균계의 자낭균문(Ascomycota)에 속하며, 자낭포자와 분생포자를 형성한다. 다른 병원균과는 달리 산호 같은 원형의 붉은색 자좌를 형성하는 것이 특징이다. 균사의 생육적온은 20～25℃이며, 15℃에서 광을 조사하여 배양하면 분생자좌를 형성한다.

N. galligena : 사과나무·배나무 및 수목의 궤양병균.

N. radicicola (무성세대 : ***Cylindrocarpon destructans, Ramularia destructans***) : 인삼 뿌리썩음병(根腐病)균.

Nigrospora oryzae : 벼 갈색무늬병(褐斑病, Brown spot)균.

Oidiopsis taurica (구명 : ***Erysiphe taurica***, Current name : ***Leveillula taurica***) : 고추 흰가루병(白粉病)균. Dictionary of the Fungi(9th edition)의 분류체계에 따르면, 본 균은 균계(kingdom Fungi)의 자낭균문(Ascomycota), 자낭균강(Ascomycetes), 흰가루병균목(Erysiphales), 흰가루병균과(Erysiphaceae)에 속한다.

Oidium leucoconium (***Sphaerotheca pannosa***, Current name : ***Podosphaera pannosa***, 유성세대) : 장미 흰가루병(白粉病)균. Dictionary of the Fungi(9th edition)의 분류체계에 따르면, 본 균은 균계의 자낭균문(Ascomycota), 자낭균강(Ascomycetes), 흰가루병균목(Erysiphales), 흰가루병균과(Erysiphaceae)에 속하며, 자낭포자와 분생포자를 형성한다. 자낭각은 흑색이며, 준구형으로 직경이 85~120㎛이고, 끝이 꼬부라진 사상의 부속사를 가진다. 자낭포자는 무색, 단세포이며, 크기는 20~27× 12~15㎛이다. 분생포자는 단세포, 무색이며, 장타원형으로 크기는 21~24×13~16㎛이다.

O. passerinii (Current name : ***Podosphaera tridactyla***, 유성세대) : 복숭아 잎흰가루병(葉白粉病)균, 복숭아나무 과일흰가루병(果白粉病)균.

O. tuckeri (***Uncinula necator***, Current name : ***Erysiphe necator***) : 포도나무 흰가루병(白粉病)균.

Olpidium brassicae : 양배추 모잘록병 및 萎黃病을 일으키며 植物바이러스를 媒介한다. 분류학적 위치는 균계의 병꼴균문(Chytridiomycota), 병꼴균강(Chytridiomycetes), 병꼴균목(Chytridiales)에 속하였으나, Dictionary of the Fungi(9th edition)의 분류체계에 따르면, 균계(Fungi)의 병꼴균문, 병꼴균강, 미확정목(Order Incertae sedis), Olpidiaceae(科)에 속한다.

Ophiobolus : 맥류 마름병균. Dictionary of the Fungi(9th edition)의 분류체계에 따르

면, 본 균은 균계의 자낭균문(Ascomycota), 자낭균강(Ascomycetes), 위자낭균목(Pleosporales), Leptosphaeriaceae(科)에 속한다.

O. graminis(Current name : *Gaeumannomyces graminis*) : 맥류 마름병균.

O. graminis var. *avenae* (Current name : *Gaeumannomyces graminis* var. *avenae*) : 귀리 마름병균.

O. sativus(Current name : *Cochliobolus sativus*) : 밀 점무늬병(斑點病)균.

O. setariae(Current name : *Cochliobolus setariae*) : 조 깨씨무늬병(胡麻葉枯病)균.

Ophiostoma novo-ulmi : 병원성이 더 강한 느릅나무 마름병균으로 자연계에서 *O. ulmi*를 대체한다. 무성세대는 *Sporothrix*와 *Graphium*屬이 있다. 분류학적 위치는 균계의 자낭균문(Ascomycota), 각균강(Pyrenomycetes), 장경자낭각균목(Ophiostomatales)에 속하였으나, Dictionary of the Fungi(9th edition)의 분류체계에 따르면, 균계의 자낭균문, 자낭균강, 장경자낭각균목, 장경자낭각균과(Ophiostomataceae)에 속한다.

O. ulmi(구명 : *Ceratocystis ulmi*) : 느릅나무 마름병균.

Passalora sojina (Current name : *Cercospora sojina*) : 콩 점무늬병(斑點病)균. Dictionary of the Fungi(9th edition)의 분류체계에 따르면, 본 균은 균계(Fungi)의 자낭균문(Ascomycota), 자낭균강(Ascomycota), Mycosphaerellales(目), Mycosphaerellaceae(科)에 속한다.

P. personata (*Cercospora personata*, 유성세대 : *Mycosphaerella berkeleyi*) : 땅콩 검은무늬병(黑斑病, Black leaf spot)균.

Penicillium : 본 균은 균계의 불완전균류(Deuteromycotina), 총생균강(Hypomycetes), 총생균목(Hyphomycetales), 담색선균과(Moniliaceae)에 속하였으나, Dictionary of the Fungi(9th edition)의 분류체계에 따르면, 균계의 자낭균문(Ascomycota), 자낭균강(Ascomycetes), Eurotiales(目), Trichocomaceae(科)에 속하며, 분생포자를 형성한다.

P. corymbiferum (*P. hirsutum*, Current name : *P. hirsutum* var. *hirsutum*) : 마늘 푸른곰팡이병(青黴病)균.

P. crustosum (Current name : *Penicillium solitum* var. *crustosum*) : 감나무·배나무 푸른곰팡이병(青黴病)균. 분생자경의 형태가 Terverticillate group에 속하며, CYA 배양기에서 일주일 배양시 균총 색깔이 회록색을 띠고, 마이코톡신 물질인 penitrem A, terrestric acid, cyclopenin, viridicatin 및 roquefortine을 분비하는 것이 특징이다.

P. digitatum (*Monilia digitata*, *Mucor digitata*) : 감귤나무 녹색곰팡이병균. 균사는 무색이며, 다수의 격막이 있다. 분생자경은 무색, 무격막이며, 상부는 1~2로 분지하

고, 2~6개의 소병을 만들어 분생포자를 연쇄상으로 형성한다. 분생포자는 무색, 단세포이며, 원형 내지 타원형으로 크기는 5~9×6㎛이다.

P. expansum : 사과 푸른곰팡이병(青黴病)균. 분생자경은 빗자루모양으로 분지하고, 그 위에 원형 내지 타원형의 분생포자가 연쇄상으로 형성된다. 분생포자는 빗자루 모양으로 분지된 소병위에 형성되며 타원형의 무색 단세포이며, 크기는 3.5~4.2×3.0~3.5㎛이며, 생육적온은 25~27℃이다.

P. hirsutum (Current name : *P. hirsutum* var. *hirsutum*, *P. corymbiferum*) : 마늘 푸른곰팡이병(青黴病)균. 분생자경과 분생포자를 형성한다. 분생포자는 아구형(亞球型)으로 분생자경 위에서 연쇄상으로 형성된다. 이 균은 2~4℃의 낮은 온도에서도 생장한다.

P. italicum : 감귤나무·고구마 푸른곰팡이병(青黴病)균. 다량의 분생포자를 형성하는 대표적인 공기전염성 병원균이다. 분생포자는 빗자루 모양으로 분지된 소병위에 형성되며 타원형의 무색 단세포이다. 생육온도 범위는 2~33℃ 정도이나 저온에 발병한다.

P. oxalicum : 수박·참외 푸른곰팡이병(青黴病, Blue mold)균.

P. solitum var. *crustosum*(구명 : *P. crustosum*) : 배나무 푸른곰팡이병(青黴病)균.

Peniophora gigantea (구명 : *Thelephora gigantea*, Current name : *Phlebiopsis gigantea*) : 껍질고약버섯類는 松栢類 木材 및 펄프木을 썩힌다. 본 균은 균계의 담자균문(Basidiomycta), 모균강(Hymenomycetes), 다공균목(Aphyllophorales)에 속하였으나, Dictionary of the Fungi(9th edition)의 분류체계에 따르면, 균계의 담자균문, 담자균강(Basidiomycetes), Russulales(目)에 속한다.

Peronosclerospora : 본 균의 분류학적 위치는 균계(Fungi)의 난균문(Oomycota), 난균강(Oomycetes), 노균병균목(Peronosporales), 노균병균과(Peronosporaceae)에 속하였으나, Dictionary of the Fungi(9th edition)의 분류체계에 따르면, 균계의 난균문, 난균강, Sclerosporales(목), Sclerosporaceae(과)에 속한다.

P. maydis(구명 : *Peronospora maydis*) : 옥수수 노균병(露菌病)균.

P. philippinensis (구명 : *Sclerospora philippinensis*, Current name : *P. sacchari*) : 옥수수 노균병(露菌病)균.

P. philippinensis(*P. sacchari*) : 사탕수수 노균병(露菌病)균.

P. sacchari (구명 : *P. philippinensis*, *Sclerospora philippinensis*) : 사탕수수·옥수수 노균병(露菌病)균.

P. sorghi(구명 : *Sclerospora sorghi*) : 수수·옥수수 노균병(露菌病)균.

Peronospora : Dictionary of the Fungi(9th edition)의 분류체계에 따르면, 본 균은 유사 균류(pseudofungi, fungallike organism)의 색조류계(Chromista), 난균문(Oomycota), 난균강(Oomycetes), 노균병균목(Peronosporales), 노균병균과(Peronosporaceae)에 속하며, 절대 기생균으로 인공배양이 되지 않고 살아 있는 기주식물체에만 기생 한다.

P. arborescens : 양귀비 노균병(露菌病)균.

P. cactorum(Current name : ***Phytophthora cactorum***) : 배나무 역병(疫病)균.

P. cubensis (Current name : ***Pseudoperonospora cubensis***) : 오이 · 참외(메론) · 호박 노균병(露菌病)균.

P. destructor (***Botrytis destructor***) : 파 · 양파 노균병(露菌病)균. 양파뿐만 아니라 파, 마늘, 부추 등의 백합과 채소 작물을 침해한다. 色藻類界의 卵菌門에 속하는 절대 기생균으로 인공배양이 되지 않고 살아있는 기주 식물체에만 기생한다. 다른 노균병균에 비하여 상당히 큰 유주자낭을 형성하는 것이 특징이다. 유주자낭의 크기는 17~34×29~82㎛ 정도이며 작은 돌기를 가지고 있다. 병원균은 기주 세포의 간극에서 생존하며 흡기를 내어 주변세포에서 영양분을 흡수한다. 난포자는 구형에 가깝고 표면은 매끈하며 크기는 28~35㎛ 정도이다. 병원균의 최적 생장 및 포자형성 온도는 10~13℃ 이며 25℃ 이상에서는 포자형성이 현저히 억제된다. 양파 잎에 이슬이 남아 있을 때 희미한 회색 혹은 보라색 줄무늬 병반위에 보드라운 털 같은 병원균의 균사체가 관찰되고 이때 형성된 병원균의 번식체인 포자낭은 공기 중으로 쉽게 퍼진다.

P. ducometi : 메밀 노균병(露菌病)균.

P. effusa (구명 : ***Botrytis effusa***, Current name : ***Peronospora farinosa***) : 시금치 노균병(露菌病)균

P. graminicola(***Sclerospora graminicola***) : 조 군데병균.

P. humuli(***Pseudoperonospora humuli***) : 호프 노균병(露菌病)균.

P. hyoscyami f.sp. ***tabacina***(***Peronospora tabacina***) : 담배 노균병(露菌病)균.

P. manshurica (***Peronospora sojae***) : 두류 노균병(露菌病)균. 色藻類界(Chromista)의 卵菌門에 속하며, 포자낭병과 포자낭 및 난포자를 형성한다. 포자낭병은 나뭇가지 모양이며, 쌍두형으로 분지하고, 기공에서 총생한다. 포자낭은 단세포이며, 무색 내지 담황색이고, 난형 혹은 준구형이며, 크기는 20~24×14~20㎛이다. 난포자는 갈색, 구형이고, 표면은 매끈하며, 직경은 24~40㎛이다. 이 병원균은 절대기생균으로 살아있는 식물체에만 기생하고, 인공배양은 되지 않는다. 이 병원균에는 3종의 병원형이 있는 것으로 알려져 있다.

P. parasitica (Current name : ***Hyaloperonospora parasitica***) : 무 · 배추 노균병(露菌病)

균. 色藻類界의 卵菌門에 속하는 절대 기생균으로 인공배양이 되지 않고 살아 있는 기주식물체에만 기생 한다. 포자낭은 단세포로 단생 하는데 계란형 혹은 레몬형으로 쉽게 이탈되어 공기 중으로 퍼진다. 포자낭의 크기는 24~27×12~22㎛이고, 난포자의 직경은 26~45㎛이다. 포자낭은 직접 발아하여 기주를 침해하는데. 유주자는 형성하지 않는 것으로 알려져 있다. 유성세대인 난포자는 병든 식물체내에서 환경이 불량해지면 형성되어 월동한다. 포자낭 형성과 발아 최적온도는 8~16℃이고 습도는 96%이상 되어야 기주를 침입할 수 있으며 발병 최적온도는 10~15℃ 정도이다.

P. parasitica : 양배추 노균병(露菌病)균.

P. sojae(*P. manshurica*) : 두류 노균병(露菌病)균.

P. spinaciae : 시금치 노균병(露菌病)균.

P. tabacina(Current name : *P. hyoscyami* f.sp. *tabacina*) : 담배 노균병(露菌病)균.

P. trifoliorum : 알팔파・크로바 노균병(露菌病)균.

P. viticola(*Botrytis viticola, Plasmopara viticola*) : 포도나무 노균병(露菌病)균.

Pestalotia : 본 균은 균계의 불완전균류(Deuteromycotina), 유각균강(Coelomycetes), 분생자층목(Melanconiales)에 속하였으나, Dictionary of the Fungi(9th edition)의 분류체계에 따르면, 균계의 자낭균문(Ascomycota), 자낭균강(Ascomycetes), 꼬투리버섯목(Xylariales), Amphisphaeriaceae(科)에 속하며, 분생자층위에 분생포자를 형성한다.

P. diospyri : 감나무 잎마름병(葉枯病)균.

P. gossypii : 목화 큰점무늬병균.

P. kaki : 감나무 잎마름병(葉枯病)균.

P. uvicola (Current name : *Pestalotiopsis uvicola*) : 포도나무 큰송이썩음병균. 분생자층위에 분생포자를 형성한다. 분생포자는 방추형 내지 장타원형이며, 양단의 세포는 무색이며, 중앙부의 3세포는 암갈색 내지 흑갈색이다. 분생포자의 크기는 20~28×6~8㎛이며, 정부에는 2~5개(주로 3~4개)의 부속사를 가지고 있다.

Pestalotiopsis : 본 속은 균계의 불완전균류에 속하였으나, Dictionary of the Fungi(9th edition)의 분류체계에 따르면, 균계(Fungi)의 자낭균문(Ascomycota), 자낭균강(Ascomycetes), 꼬투리버섯목(Xylariales), Amphisphaeriaceae(科)에 속하며, 분생포자를 형성한다. 포자층은 표피속에 형성되고, 성숙되면 포자가 밖으로 누출된다. 분생포자는 방추형이며, 5세포로 되어 있으며, 중앙의 3세포는 갈색 내지 흑갈색이고, 양끝의 2세포는 무색이다. 분생포자의 크기는 18~30×5~7㎛이며, 포자의 양끝에는 무색, 실모양의 부속사가 주로 3개 존재한다. 양다래 갈색점무늬병(褐色斑點

病)등을 일으킨다.

P. guepinii : 감나무 잎마름병(葉枯病)균. 밤나무·양다래 점무늬병(斑點病)균. 분생포자는 방추형인 5세포로 되어 있으며, 세포의 상단부에는 2~4개의 부속사(대부분 3개)가, 하단에는 1개의 부속사가 있다. 균사 생육온도 범위는 10~40℃이며, 최적온도는 28℃ 전후이다.

P. theae : 감나무 둥근갈색무늬병균.

P. uvicola(*Pestalotia uvicola*) : 포도나무 큰송이썩음병균.

Peziza sclerotiorum (Current name : *Sclerotinia sclerotiorum*) : 유채 균핵병(菌核病)균. Dictionary of the Fungi(9th edition)의 분류체계에 따르면, 본 균은 균계의 자낭균문(Ascomycota), 자낭균강(Ascomycetes), Pezizales(目), Pezizaceae(科)에 속한다.

Phaeoisariopsis griseola : 강낭콩 갈색모무늬병(角班病)균.

Phaeolus schweinitzii (*Polyporus schweinitzii*) : 낙엽송 목재썩음병균. Dictionary of the Fungi(9th edition)의 분류체계에 따르면, 본 균은 균계(Fungi)의 담자균문(Basidiomycta), 담자균강(Basidiomycetes), Polyporales(目), Polyporaceae(科)에 속한다.

Phaeosphaeria nodorum (구명 : *Septoria nodorum*) : 콩 갈색무늬병(褐斑病)균. Dictionary of the Fungi(9th edition)의 분류체계에 따르면, 본 균은 균계(kingdom Fungi)의 자낭균문(Ascomycota), 자낭균강(Ascomycetes), 위자낭균목(Pleosporales), Phaeosphaeriaceae(科)에 속한다.

Phakopsora ampelopsidis : 포도나무 녹병(銹病)균. 본 균의 분류학적 위치는 균계의 擔子菌門(Basidiomycta), 녹병균강(Urediomycetes), 녹병균目(Uredinales), 총생녹병균과(Melampsoraceae)에 속하였으나, Dictionary of the Fungi(9th edition)의 분류체계에 따르면, 균계(kingdom Fungi)의 담자균문, 녹병균강, 녹병균목, Phakopsoraceae(科)에 속하며, 하포자를 형성하고, 살아 있는 식물체에만 기생하는 순활물기생균 중의 하나이다.

P. pachyrhizi(*Uromyces sojae*) : 콩 녹병(銹病)균.

P. zizyphi-vulgadis : 대추나무 녹병(銹病)균. 하포자를 형성하며, 살아 있는 식물체에만 기생하는 순활물기생균 중의 하나이다. 하포자층은 잎 뒷면에 직경 0.1~0.5㎜ 크기로 형성되며, 하포자는 담황색 내지 담황갈색, 원형 또는 난형으로, 크기는 18~25×15~18㎛이다. 동포자는 발견되지 않았다.

Phellinus pomaceus : 구멍버섯類는 樹木에 뿌리썩음을, 建物의 木材에 褐色腐朽를 일으킨다. 본 균은 균계의 담자균문(Basidiomycta), 모균강(Hymenomycetes), 다공균

목(Aphyllophorales)에 속하였으나, Dictionary of the Fungi(9th edition)의 분류체계에 따르면, 균계(Fungi)의 담자균문, 담자균강, 모균목(Hymenochaetales), 모균과(Hymenochaetaceae)에 속한다.

Phoma : 본 속의 분류학적인 위치는 균계의 불완전균류(Deuteromycotina), 유각균綱(Coelomycetes), 분생자각균목(Sphaeropsidales)에 속하였으나, Dictionary of the Fungi(9th edition)의 분류체계에 따르면, 균계의 자낭균문(Ascomycota), 자낭균강(Ascomycetes), 위자낭균목(Pleosporales)에 속하며, 병포자를 형성한다. 병자각은 갈색 내지 흑갈색으로 그 속에 병 포자가 많이 들어있다. 병포자는 무색, 단세포로 크기는 4.0~5.5×2.53.5㎛이다. 대추나무 잎줄기마름병(葉莖枯病, 胴枯病)등을 일으킨다.

P. arachidicola : 땅콩 그물무늬병(褐紋病)균.

P. asparagi(Current name : ***Phomopsis asparagi***) : 아스파라거스 줄기마름병(胴枯病)균.

P. betae(Current name : ***Pleospora betae***) : 사탕무 뱀눈무늬병(蛇眼病)균.

P. citricarpa (***Phyllosticta citricarpa,*** Current name : ***Guignardia citricarpa,*** 유성세대) : 감귤나무 검은무늬병(黑斑病)균.

P. diospyrii(***Phomopsis diospyrii***) : 감나무 줄기마름병(胴枯病)균.

P. diplodiella (***Coniothyrium diplodiella,*** 유성세대 : ***Coniella diplodiella***) : 포도나무 흰날개무늬병(白紋羽病)균.

P. exigua(구명 : ***Ascochyta phaseolorum***) : 콩・팥 겹무늬병(輪紋病)균.

P. glumarum : 벼 볍씨마름병균.

P. lingam (Current name : ***Leptosphaeria maculans,*** 유성세대 : ***Sphaeria maculans***) : 배추 뿌리썩음병(根腐病)균. 양배추 검은뿌리썩음병(黑根腐病)균.

P. medicaginis : 알팔파 줄기마름병(胴枯病)균.

P. obscurans(***Phomopsis obscurans, Phyllosticta obscurans***) : 딸기 겹무늬병(輪斑病)균.

P. panacicola : 인삼 마름바탕썩음병균.

Phoma panacis : 인삼 줄기마름병(胴枯病)균.

P. phaseoli (***Phomopsis phaseoli,*** Current name : ***Diaporthe phaseolorum*** var. ***phaseolorum,*** 유성세대) : 고추 검은점열매썩음병(黑點果實腐敗病)균.

P. pomorum var. ***pomorum***(구명 : ***Coniothyrium pyrinum***) : 배나무 흰무늬병(白斑病)균.

P. sesami : 참깨 마름병균.

Phomopsis : 본 균의 분류학적 위치는 균계의 불완전균류(Deuteromycotina), 유각균綱

(Coelomycetes), 분생자각균목(Sphaeropsidales)에 속하였으나, Dictionary of the Fungi(9th edition)의 분류체계에 따르면, 균계의 자낭균문(Ascomycota), 자낭균강(Ascomycetes), 동고병균목(Diaporthales), Valsaceae(科)에 속하며, 분생포자를 형성한다. 병자각은 흑갈색이며, 플라스크모양이며, 직경이 250~400㎛이다. 병자각 내에 두 종류의 병 포자를 형성하는데, α포자는 난형 내지 방추형이며, 무색, 단세포로 크기는 5~7×2.5~3㎛이다. β포자는 낚시바늘 모양의 무색, 단세포로 크기는 22~30×0.81.5㎛이다. 대추나무 줄기마름병, 감나무 검은점무늬병(黑點病), 양다래 과실무름병 등을 일으킨다.

P. asparagi(구명 : *Phoma asparagi*) : 아스파라거스 줄기마름병(胴枯病)균.

P. citri (Current name : *Diaporthe citri*, 유성세대) : 감귤나무 검은점무늬병(黑點病)균. 병자각과 병포자를 형성한다. 병자각은 흑색이고, 준구형 내지 계란모양으로 두 가지 형태의 병포자를 형성한다. α포자는 방추형이고, β포자는 갈고리 모양이다.

P. diospyri (*Phoma diospyrii*) : 감나무 줄기마름병(胴枯病)균. 병포자를 형성한다. 병포자는 방추형으로 생긴 α포자와 낚시 바늘 모양으로 생긴 β포자가 형성된다. 기타 균학적 특성은 연구된 바 없다.

P. fukushii : 배나무 줄기마름병(胴枯病)균. 병자각을 형성하고 그 안에 α포자와 β포자를 형성한다. α포자는 무색, 단세포, 방추형 내지 타원형이며, 크기는 90~10×2~3㎛이고, 포자의 양긍에 유포가 있다. β포자는 낚시바는 모양으로 크기는 18~35× 2~3㎛이고 병원성이 없다.

P. mali (Current name : *P. prunorum*) : 사과나무 줄기마름병(胴枯病)균. 병자각을 형성하고, 병자각 속에 많은 병포자를 형성한다. 병자각은 황갈색으로 직경이 180~250㎛ 정도이다. 병포자는 두 가지 형이 있는데 α포자는 무색이며, 타원형 내지 방추형이고, 크기는 7~12×3.5~4.5㎛이다. β포자는 끝이 구부러진 낚시바늘 모양으로 무색이며, 단세포로 크기는 12~18×1.5~3.0㎛이다. α, β포자 중 β포자는 병원성이 없는 것으로 알려져 있다.

P. obscurans (구명 : *Phom aobscurans*, *Phyllosticta obscurans*) : 딸기 겹무늬병(輪紋病)균. 딸기 겹둥근무늬병(輪紋病)균.

P. phaseoli (구명 : *Phoma phaseoli*, Current name : *Diaporthe phaseolorum* var. *phaseolorum*, 유성세대) : 두류 미이라병(木乃伊病)균, 고추 검은점열매썩음병(黑點果實腐敗病)균.

P. prunorum(*P. truncicola*, *P. mali*) : 사과나무 줄기마름병(胴枯病)균.

P. sojae (Current name : *Diaporthe phaseolorum* var. *sojae*, 유성세대) : 콩 미이라병(木乃伊病)균. 병자각은 식물체 표피세포 바로 아래에서 형성된다. 줄기 등 조직에

따라 크기와 형태가 다양하나 대부분 검은색이며 원형 내지 타원형이다. 병원균은 28℃에서 가장 잘 자라며 흰색의 균사를 형성한다. 콩 줄기와 잎자루 조직에서 광이 있을 때 병자각 형성이 잘된다.

P. truncicola(*P. mali*, Current name : *P. prunorum*) : 사과나무 줄기마름병(胴枯病)균.

P. vexans(구명 : *Phoma vexans*, Current name : *Diaporthe vexans*, 유성세대) : 가지 갈색무늬병(褐斑病)균. 병자각과 병포자를 형성한다. 병자각은 흑색, 구형 내지 편구형으로 크기는 60~300×50~250㎛이며, 내부에 다량의 병포자가 들어있다. 병포자는 2가지 형태의 포자가 있는데 α포자는 무색, 단세포, 타원형으로 크기는 4.0~6.0×2.5㎛이며 β포자는 무색, 단세포, 사상형으로 크기는 12~22×1.8~2.0㎛이다. 병원균의 생육적온은 30℃ 전후이다.

P. viticola(유성세대 : *Cryptosporella viticola*) : 포도나무 덩굴쪼김병(蔓割病)균.

Phyllactinia kakicola : 감나무 흰가루병(白粉病)균. 균계의 자낭균문에 속하며, 살아있는 식물체에서만 기생하는 순활물기생균이다. 외류에 발생하는 흰가루병과는 달리 내부기생균으로 알려져 있으며, 15~25℃에서 발육하고 15℃ 이하에서는 자낭각의 형성이 많아진다.

P. mali(*P. pyri*) : 배나무 뒷면흰가루병(裏白粉病)균.

Phyllachora graminis(구명 : *Sphaeria graminis*) : 화곡류 黑腫病균. 본 균은 균계의 자낭균문(Ascomycota), 각균강(Pyrenomycetes), 흑종병균목(Phyllachorales)에 속하였으나, Dictionary of the Fungi(9th edition)의 분류체계에 따르면, 균계의 자낭균문, 자낭균강(Ascomycetes), 갈반병균목(Dothideales), Dothideaceae(科)에 속한다.

P. pomigena(*Dothidea pomigena, Gloeodes pomigena*) : 사과나무 그을음병(煤病)균.

P. pomigena(무성세대 : *Marssonina mali*) : 사과나무 갈색무늬병(褐斑病)균.

Phyllactinia mali(구명 : *Erysiphe pyri, Phyllactinia pyri*) : 배나무 흰가루병(白粉病)균. Dictionary of the Fungi(9th edition)의 분류체계에 따르면, 본 균은 균계의 자낭균문(Ascomycota), 자낭균강(Ascomycetes), 흰가루병균목(Erysiphales), 흰가루병균과(Erysiphaceae)에 속한다.

P. moricola : 뽕나무 뒷면흰가루병(白粉病)균. 균계의 자낭균문에 속하며, 살아있는 식물체에서만 기생하는 순활물기생균이다.

P. pyri(구명 : *Erysiphe pyri*, Current name : *P. mali*) : 배나무 흰가루병(白粉病)균. 균계의 자낭균문에 속하며, 인공배양이 되지 않는 순찰물기생균으로서 자낭포자와 분생포자를 형성하는데, 본 균은 다른 흰가루병균과는 달리 식물체 내부 기생을 하는 균으로 알려져 있다.

Phyllosticta : 본 균의 분류학적 위치는 균계의 불완전균류(Deuteromycotina), 유각균

綱(Coelomycetes), 분생자각균목(Sphaeropsidales)에 속하였으나, Dictionary of the Fungi(9th edition)의 분류체계에 따르면, 균계의 자낭균문(Ascomycota), 자낭균강(Ascomycetes), 갈반병균목(Dothideales), Botryosphaeriaceae(科)에 속하며, 흑색, 구형 내지 난형의 병자각을 형성한다.

P. batatas(구명 : *Depazea batatas*) : 고구마 점무늬병(斑點病)균.

P. chenopodii : 시금치 점무늬병(斑點病)균.

P. citricarpa (구명 : *Phoma citricarpa*, Current name : *Guignardia citricarpa*, 유성세대) : 감귤나무 검은무늬병(黑斑病)균. 흑색, 구형 내지 난형의 병자각을 형성한다. 병자각의 크기는 80~130×100~150㎛ 이다. 병포자는 무색, 단세포로 크기는 8~14×6~9㎛이며, 한쪽 끝에 점질의 부속사가 붙어 있다.

P. cucurbitacearum : 오이 등의 점무늬병(斑點病)균.

P. fagopyri : 메밀 점무늬병(斑點病)균.

P. fragariicola : 딸기 겹무늬병(輪斑病)균.

P. gossypina : 목화 잎갈색무늬병(褐斑病)균.

P. hortorum : 가지 둥근무늬병균.

P. maculiformis (Current name : *Mycosphaerella punctiformis*, 유성세대) : 복숭아나무 구멍병균.

P. nicotianae : 담배 점무늬병(斑點病)균.

P. obscurans(*Phoma obscurans, Phomopsis obscurans*) : 딸기 겹무늬병(輪斑病)균.

P. phaseolina(*Phyllosticta phaseolorum*) : 팥 갈색겹무늬병(褐色輪斑病)균.

P. phaseolorum(*P. phaseolina*) : 팥 갈색겹무늬병(褐色輪紋病)균.

P. sorghina (Current name : *Leptosphaeria sacchari*, 유성세대) : 조·수수 점무늬병(斑點病)균.

P. viticola : 포도나무 모무늬병균

P. zingiberi (Current name : *Phyllosticta zingiberis*) : 생강 흰별무늬병(白星病)균. 병자각과 병포자를 형성한다. 병자각은 흑갈색, 구형으로 그 직경은 80~180㎛이다. 병포자는 무색, 단세포, 타원형이며, 크기는 4~6×2~3㎛이다. 일본에서 보고 된 *P. zingiberi*의 병포자 크기보다 본 병원균의 병포자 크기가 약간 작으며, 다른 형태적 특징들도 차이가 있어 국내에서 분리된 흰별무늬병균은 *Coniothyrium zingiberi*로 추정되며, 이후 병원균의 분류학적 연구 검토가 요망된다.

Phymatotrichopsis omnivora (*Phymatotrichum omnivorum*) : 목화 뿌리썩음병(根腐病)

균. Dictionary of the Fungi(9th edition)의 분류체계에 따르면, 본 균은 균계의 담자균문(Basidiomycta), 담자균강(Basidiomycetes), 미확정목(Order Incertae sedis)에 속한다.

Phymatotrichum omnivorum (Current name : ***Phymatotrichopsis omnivora***) : 목화 뿌리썩음병(根腐病)균. 본 균의 분류학적 위치는 균계의 불완전균류(Deuteromycotina), 총생균강(Hypomycetes), 총생균목(Hyphomycetales)에 속하였으나, Dictionary of the Fungi(9th edition)의 분류체계에 따르면, 균계의 자낭균문(Ascomycota), 자낭균강(Ascomycetes), 균핵병균목(Helotiales), Sclerotiniaceae(科)에 속한다.

Physalospora laricina (Current name : ***Guignardia laricina***) : 잎갈나무 가지끝마름병균. Dictionary of the Fungi(9th edition)의 분류체계에 따르면, 본 균은 균계(kingdom Fungi)의 자낭균문(Ascomycota), 자낭균강(Ascomycetes), 꼬투리버섯목(Xylariales), Hyponectriaceae(科)에 속한다.

***Physarum* sp.** : 고구마 · 딸기 · 무 · 배추 점균병(粘菌病)균. 원생동물계(Protozoa)의 점균문(Myxomycota), 점균강(Myxomycetes), 자색점균목(Physarales), 자색점균과(Physaraceae)에 속하며, 자실체와 변형체를 형성한다. 포자낭은 회색 내지 회흑색으로 직경은 2~4㎜이며, 포자는 구형내지 편구형, 단세포로 되어 있으며, 직경이 10~12㎛이다. 병원균에 대한 동정은 좀더 분류학적인 연구 검토를 요한다.

Physoderma alfalfae (***Cladochytrium alfalfae, Urophlyctis alfalfae***) : 알팔파 crown wart병균. 본 균의 분류학적 위치는 균계(Fungi)의 병꼴균문(Chytridiomycota), 병꼴균강(Chytridiomycetes), 병꼴균목(Chytridiales), 암종병균과(Synchytriaceae)에 속하였으나, Dictionary of the Fungi(9th edition)의 분류체계에 따르면, 균계의 병꼴균문, 병꼴균강, 후벽낭균목(Blastocladiales), Physodermataceae(과)에 속한다.

Phytophthora : 본 균의 분류학적인 위치는 색조류界(Chromista), 난균門(Oomycota), 난균綱(Oomycetes), 노균目(Peronosporales), 부패균科(Pythiaceae)에 속하였으나, Dictionary of the Fungi(9th edition)의 분류체계에 따르면, 색조류계, 난균문, 난균강, 부패균목(Pythiales), 부패균과(Pythiaceae)에 속하며, 운동성이 있는 유주자를 형성하는 반 수생균으로 물속에서 증식하고 물을 따라 전파된다.

***P. allii*(*P. porri, P. nicotianae*)** : 파 역병(疫病)균.

P. cactorum (구명 : ***Peronospora cactorum***) : 배나무 · 딸기 역병(疫病)균. 색조류界의 난균門에 속하는 운동성이 있는 유주자를 형성하는 반 수생균으로 물속에서 증식하고 물을 따라 전파된다. 딸기를 침해하는 두 병원균은 매우 다양한 기주식물들을 침해한다. 병원균의 생육적온은 약 25~28℃ 정도이며, 병든 식물체의 조직 속이나 토양에서 월동하며 전국적으로 분포한다.

P. cactorum (***Peronospora cactorum***) : 복숭아나무 역병(疫病)균. 색조류界의 난균門에

속하는 운동성이 있는 유주자를 형성하는 반 수생균으로 물속에서 증식하고 물을 따라 전파된다. 거의 모든 과수를 침해하며 딸기, 인삼, 두릅, 백합 등 많은 기주를 침해하며 전국적으로 분포한다. 이 병원균은 다량의 난포자를 형성하여 병든 기주 식물 조직이나 토양에서 다년간 생존한다.

P. cambivora : 밤나무 잉크병균.

P. capsici (*P. parasitica* var. *capsici*) : 고추 역병(疫病)균. 토마토 뿌리역병(疫病)균. 참외 역병(疫病)균. 가지 갈색부패병(褐色腐敗病)균. 색조류界의 난균門에 속하며, 토양 내 수분과 매우 관련이 깊은 수생균의 일종으로 주로 토양 속에서 생활하며 고추를 심지 않아도 토양 내에서 2~8년간 생존이 가능하다. 병원균은 난포자, 유주자낭, 유주자를 형성한다. 병원균의 생육온도는 8~35℃이며 최적온도는 28℃ 내외다. 고추 외에 토마토, 피망 및 박과채소를 침해하며 기주범위가 비교적 넓다.

P. cinnamomi : 수목 뿌리썩음병(根腐病)균.

P. citricola : 대추나무 역병(疫病)균. 색조류界의 난균門에 속하는 운동성이 있는 유주자를 형성하는 반 수생균으로 물속에서 증식하고 물을 따라 전파된다. 병원균은 여러 과수를 침해하지만 국내에서는 대추에서만 발견되었다. 병원균의 생육적온은 25℃ 내외이다.

P. citriphthora : 감귤 갈색썩음병(褐色腐敗病)균. 색조류界의 난균門에 속하며 유주자낭은 무색의 난형 내지 레몬형이며, 크기는 18~55×16~40㎛(평균 50×35㎛)이다. 유주자는 수중에서 운동성이 있으며, 직경은 10~16㎛이다. 균의 최적온도는 24~28℃이며(최저 5℃, 최고 35℃) 수분이 많을때에는 유주자낭이 만들어지고 유주자낭 속에서 유주자가 나와 물속에서 헤엄치며 전염한다. 조건이 맞으면 병원균이 열매에 부착되어 20℃에서 1일이 지나면 4.5㎜ 정도의 병반이 생길 정도로 침입속도가 빠르다. 본 병은 물과 깊은 관련이 있으며 습도가 낮으면 발생하지 않은 수생균이다.

P. colocasiae : 토란 역병(疫病)균.

P. cryptogea : 배추 역병(疫病)균. 색조류界의 난균門에 속한다. 병원균은 물을 좋아하는 반수생균으로 물속에서 유주자낭을 형성하고, 여기서 유출된 유주자는 2개의 편모를 가지고 있어 물속에서 자유롭게 유영하며 전반된다. 병원균의 생육적온은 25℃ 내외이며, 물속에서 팽윤균사를 다량 형성하고, 유두돌기가 없는 계란형 혹은 서양배 모양의 유주자낭을 형성한다. 자웅이주(heterothallic)균이며, 유주자낭의 크기는 38~52×25~35㎛이며, 난포자의 직경은 25~32㎛이다. *P. drechsleri* 와 형태적으로 매우 유사하지만 유주자낭, 유주자낭병의 분지, 균사 형태 등에서 다소의 차이가 있으며, 35℃에서의 생육 여부가 두 균의 분류에 중요한 요인이다.

P. dreshcleri : 배추・상추・시금치・참외・토마토・포도나무・양다래 역병(疫病)균. 색

조류界의 난균門에 속하며, 국내에 발생하는 역병균 중 참깨 역병균인 *P. nicotianae*와 함께 기주범위가 가장 넓은 병원균이다. 이 병원균은 상추, 배추, 시금치 등의 엽채류 뿐만 아니라 각 종 약초류와 화훼 및 수목에도 발생하며 국내에 널리 분포하는 5대 역병균 중 하나이다. 고온균으로 7~35℃ 사이에서 생장하며, 생육 및 발병 최적온도는 25~28℃ 정도이다. 수생곰팡이로 물속에서만 유주자낭을 형성하며, 이 유주자낭 안에는 2개의 편모를 가지고 있어 물속을 능동적으로 헤엄쳐 다니는 유주자를 다량으로 형성하여 밖으로 유출시킨다. 상추 역병균도 다른 역병균과 같이 토양전염성 병원균으로 토양 내에서 병든 식물체와 함께 난포자나 균사조각 상태로 장기간 생존하고 이듬해 다시 1차 전염원이 된다.

P. erythroseptica : 감자 홍색부패병(紅色腐敗病)균.

P. fagopyri : 메밀 역병(疫病)균.

P. infestans : 감자·토마토 역병(疫病)균. 색조류界의 난균門에 속하며, 감자, 토마토, 및 다른 가지과 작물에 침입하는데, 균사의 가장 큰 특징은 격막이 없다는 것이다. 균사는 세포 사이에서 발달하여 균사가 팽대한 흡착기를 이용하여 세포내부로 침투하게 된다. ①무성생식 ; 감염 후 환경상태에 따라 3~10일 사이에 분생자경이 잎 표면의 기공을 통해 나온다. 기공은 잎의 표면보다는 뒷면에 더 많이 분포되어 있어서 잎 뒷면에 포자 형성이 더 풍부한 이유가 된다. 유주자낭은 분생자경의 끝에 달린다. 분생포자가 성숙되어 있을 때는 쉽게 분리되어 바람에 의해 퍼진다. 유주자낭은 직접 또는 간접적으로 발아하는데, 20℃ 이상의 고온에서 직접 발아하며 단포자로서 행동한다. 이들은 식물조직을 뚫는 발아관을 형성한다. 또한 12~16℃ 사이에서는 직접 발아하지 않고 각각의 유주자낭 내에 10~20개의 유주자를 만들어 방출시킨다. 유주자는 두개의 편모를 이용하여 움직이는데, 몇 분에서 몇 시간 동안 움직일 수 있다. 편모를 잃어버리는 상태에 놓이면 세포벽을 형성하고 이어서 발아관을 형성한다. ②유성생식 : 1984년 이전까지 감자역병의 유성생식의 단계는 멕시코와 중앙아메리카의 일부 지역에서만 보고되었다. 최근에는 다른 지역에서도 발생하는 것으로 보고되고 있다. A1과 A2교배형이라고 부르는 곰팡이의 서로 다른 두 가지 형태의 균사가 함께 자랄 때, 하나는 장란기(oogonia)를 형성하고, 다른 하나는 장정기(antheridia)를 형성하여 서로 만나면 난포자를 형성하여 환경조건에 따라 생활환을 계속하거나 휴지기로 들어간다.

***P. macrospora* (*Sclerospora macrospora, Sclerophthora macrospora*)** : 벼 누른오갈병균(黃化萎縮病)균. 분생포자를 형성한다. 병원균의 분생포자 발아최적 온도는 18~21℃이며, 최적산도는 pH 5.5 정도이다.

***P. megasperma* (*Pythiomorpha miyabeana*)** : 토마토 뿌리역병(疫病)균, 콩 뿌리썩음병(根腐病)균.

P. megasperma f.sp. *glycinea*(*P. sojae*) : 콩 뿌리썩음병(根腐病)균.

P. megasperma var. *sojae*(*P. sojae*) : 콩 뿌리썩음병(根腐病)균.

P. melonis : 수박 · 참외 역병(疫病)균. 색조류界의 난균門에 속하며, 수박, 오이, 참외 등 박과작물에만 발생하는 것으로 알려져 있는데, 병원균의 형태적 특성은 엽채류, 약초류, 화훼류, 목본류 등 매우 다양한 기주식물을 침해하는 *P. drechsleri*와 유사하지만, 병원균의 유전적 · 생물학적 특성은 매우 다르다. 역병균은 운동성이 있는 유주자를 형성하여 능동적으로 물속을 헤엄쳐 다닐 수 있으며 내구체인 난포자는 기주작물 없이도 2~8년간 토양에서 생존이 가능하다.

P. nicotiana var. *parasitica* : 참깨 역병(疫病)균.

P. nicotianae (*P. allii, P. porri*) : 가지 · 딸기 · 참깨 · 파 역병(疫病)균. 색조류界의 난균門에 속한다. 물을 좋아하는 반수생균으로 물속이나 배양기상에서 유주자낭을 쉽게 형성하고 여기서 유출된 유주자는 2개의 편모를 가지고 있어 물속을 유영하며 전반된다. 병원균의 생육최저, 최적, 최고 온도는 각각 7℃, 28℃, 37℃ 정도이며, 35℃에서도 잘자라는 고온성균이다. 유두돌기가 뚜렷하고 계란형 혹은 구형의 유주자낭을 다량 형성한다. 유주자낭은 유주자낭병으로부터 잘 떨어지지 않으며 거의 구형 혹은 계란형이며, 크기는 11~60×20~45㎚이다. 자웅이주체이며 난포자의 직경은 24㎛이하로 역병균 중 가장 작다.

P. nicotianae var. *parasitica* (Current name : *Phytophthora nicotianae*) : 담배 역병(疫病)균.

P. parasitica(Current name : *P. nicotianae*) : 가지 솜털역병(棉疫病)균.

P. parasitica var. *capsici*(*P. capsici*) : 고추 역병(疫病)균.

P. parasitica var. *nicotianae*(*P. nicotianae*) : 담배 역병(疫病)균.

P. porri : 파 역병(疫病)균. 파 잎의 끝이 하얗게 마르는 병 증상을 나타내므로 백엽고병(white tip)이라 부르기도 한다. 하지만, 국내에서는 *P. porri*가 아직 보고 된 바 없으며, 국내에 발생하는 역병균은 모두 *P. nicotianae*로 동정되었다. *P. nicotianae*는 세계적으로 1,000여종의 식물을 침해하는 다범성 병원균으로 국내에서도 22종의 화훼류와 약초류 및 참깨, 담배, 파, 가지, 딸기 등 다양한 기주 작물에 발생되고 있다. 이 병원균은 국내발생 5대 중요 역병균 중 하나로 전국적으로 분포하고 있으며, 생육 최적온도는 28~30℃, 최고온도는 37℃ 정도인 고온균이다. 기주 식물에 대해 강한 병원성을 가지고 있으며 상처 없이도 기주의 세포벽을 분해하여 침입하는 1차 침입자이다. 유두돌기가 뚜렷한 구형 혹은 계란형의 유주자낭을 다량으로 형성하는데 탈락성 비교적 낮다. 자웅이주 균으로 A1과 A2가 전국적으로 고르게 분포하며 *Phytophthora*屬균 중 가장 작은 난포자를(24㎛)형성하며 오래된 균사

에는 후막포자를 형성하기도 한다.

P. sojae (*P. megasperma* f.sp. *glycines*) : 두류 역병(疫病)균. 색조류界의 난균門에 속한다. 균사에는 격막이 없으며 물 속에서 유주자낭을 형성한다. 유주자낭 속에서는 운동성이 있는 유주자가 다량으로 형성되어 물속으로 유출되는데 이 유주자가 물을 따라 이동하여 전파하며 식물체를 감염한다. 생육온도 범위는 8~35℃ 정도이며, 최적온도는 26~28℃ 정도이다.

Plasmodiophora brassicae : 무・배추・양배추 무사마귀병, 뿌리혹병(根瘤病)균. 유사균類(Pseudofungi)이며, 원생동물界(Protozoa), 근류병균門(기생점균門, 무사마귀병균門, Plasmodiophoromycota), 근류병균綱(Plamodiophoromycetes), 근류병균目(Plasmodiophorales), 근류병균科(Plasmodiophoraceae)에 속하는 끈적균의 일종으로 휴면포자와 변형체 유주자를 형성하며, 토양에서 십 수년 동안 살 수 있는 토양서식균이다. 토양에서는 주로 기주작물인, 배추, 무의 이병조직에서 휴면포자의 형태로 월동하여 토양에 잔존하며 토양 내 온도와 수분이 적합하면 발아하여 운동성이 있는 1차 유주자를 토양에 방출하게 된다. 1차 유주자는 토양 내 수분을 따라 이동하여 배추, 무 뿌리의 뿌리털을 침입하게 되며 침입한 조직에서 증식하여 크고 작은 여러 개의 뿌리혹을 만들게 된다. 이때 유주자의 접합에 의하여 병원균의 분화가 일어나므로 새로운 레이스들이 생겨날 수 있다. 형성된 변형체는 증식하여 식물체 내에 혹을 유발시키고 성숙 후 분열하여 많은 휴면포자를 형성하고 또다시 토양에 유출하게 되어 생활환을 반복한다. 병원균의 발병 최적온도는 20~25℃이며 최적 토양수분 함량은 최대 용수량의 80% 수준이다. 토양 pH는 병원균의 발아에 직접적인 영향을 미치는 중요 요인으로 pH 4.6~6.5의 산성토양에서 발생이 많고 pH가 7.1이상인 토양에서는 휴면포자의 발아가 억제되어 발병하지 않는다.

Plasmopara halstedii : 해바라기 노균병(露菌病)균. Dictionary of the Fungi(9th edition)의 분류체계에 따르면, 본 균의 분류학적인 위치는 색조류계(Chromista), 난균문(Oomycota), 난균강(Oomycetes), 노균병균목(Peronosporales), 노균병균과(Peronosporaceae)에 속한다.

P. viticola (*Botrytis viticola, Peronospora viticola*) : 포도나무 노균병(露菌病)균. Dictionary of the Fungi(9th edition)의 분류체계에 따르면, 본 균의 분류학적 위치는 색조류계(Chromista), 난균문(Oomycota), 난균강(Oomycetes), 노균병균목(Peronosporales), 노균병균과(Peronosporaceae)에 속한다. 균사는 격막을 가지고 있으며, 세포막은 얇고 분생포자(유주자낭)와 난포자를 형성한다. 균사는 기주의 세포간극을 통해 세포내에 구형의 흡기를 삽입한다. 분생자병은 보통 3~6개로 많을 때는 20개 정도 생성한다. 분생자병의 길이는 습도가 높은 경우 특히 길게 되어 보통 300~500㎛, 폭은 7~9㎛이다. 분생포자는 단타원형 내지 난형이지만 정단에 유두상 돌기를 가지기 때문에 레몬형을 만든다. 분생포자의 발아는 유주자의 형성, 유

출에 의한 간접발아이다. 유주자는 서양배모양이며, 2개의 편모를 가지고 있으며 길이는 30㎛이고 수중을 유영한다. 이것은 수분 내지 30분 후에는 운동을 멈추고 곧이어 발아관을 만든다. 모양은 구형이며, 직경은 28~38㎛의 후막으로 갈색을 나타내며 표면에는 다소의 요철이 있다. 난포자는 휴면 후에 발아해서 그 정단에 분생포자를 생성한다. 이것은 적당한 조건하에서 발아하여 60개 이상의 유주자를 생성한다.

Pleospora betae (구명 : ***Phoma betae***) : 사탕무 뱀눈무늬병(蛇眼病)균. 본 균은 균계(Fungi)의 자낭균문(Ascomycota), 소방자낭균강(Loculoascomycetes), 위자낭균목(Pleosporales)에 속하였으나, Dictionary of the Fungi(9th edition)의 분류체계에 따르면, 균계의 자낭균문, 자낭균강(Ascomycetes), 위자낭균목에 속한다.

P. herbarum (구명 : ***Sphaeria herbarum***) : 파·양파·마늘 잎마름병(葉枯病)균. 자낭균門(Ascomycota)의 위자낭각균目(Pleosporales)에 속하며, 자낭포자와 분생포자를 형성한다. 자낭각은 흑색, 편구형이고 자낭은 자루모양이다. 자낭 안에는 8개의 자낭포자가 들어 있다. 자낭포자는 담갈색, 타원형으로 종격막과 횡격막이 있다. 분생포자는 타원형, 담갈색 내지 흑갈색으로 횡격막과 종격막이 있다. 피해 잔사물에 붙어있는 분생포자나 균사가 토양에서 월동하여 1차 전염원이 되는 것으로 생각되며, 종구에 붙어 있는 병원균이 1차 전염원이 될 수도 있다. 2차 전염원은 1차 전염원에 의하여 형성된 병반에서 분생포자가 주위 포장에 만연된다. 병원균의 생육적온은 23~25℃이다.

P. tritici-repentis(Current name : ***Pyrenophora tritici-repentis***) : 밀 tan spot 병원균.

Podosphaera : 본 균의 분류학적 위치는 균계(Fungi)의 자낭균문(Ascomycota), 균사자낭균강(Filamentous Ascomycetes), 흰가루병균목(Erysiphales)에 속하였으나, Dictionary of the Fungi(9th edition)의 분류체계에 따르면, 균계의 자낭균문, 자낭균강(Ascomycetes), 흰가루병균목, 흰가루병균과(Erysiphaceae)에 속하며, 자낭포자와 분생포자를 형성 한다.

P. clandestina (구명 : ***Erysiphe oxyacanthae, P. oxyacanthae***) : 복숭아나무·자두나무·살구나무·체리나무 흰가루병(白粉病)균.

P. fusca (구명 : ***Erysiphe fusca, Sphaerotheca fusca***) : 참외(메론), 호박 흰가루병(白粉病)균.

P. leucotricha (***Albugo leucotricha***) : 사과나무 흰가루병(白粉病)균. 균계의 자낭균門(Ascomycota)에 속하며 자낭포자와 분생포자를 형성 한다. 자낭각은 흑갈색으로 구형이며, 크기는 22.5~28.8×15.6~19.2㎛이다. 자낭포자는 무색으로 단포이며 타원형 내지 난형이고, 크기는 22~26×12~14㎛이다. 분생포자는 분생자경 위에 연쇄상으로 형성되고 무색으로 단포이고 원통형이며, 크기는 28~30×12~19㎛이다. 이

병원균은 표피세포에 흡기를 삽입하여 영양분을 흡수하며 기주조직이 죽으면 병원균도 죽는 활물기생균이다.

P. macularis(*Erysiphe humuli, Sphaerotheca humuli*) : 딸기 흰가루병(白粉病)균.

P. oxyacanthae(구명 : *Erysiphe oxyacanthae*, Current name : *P. clandestina*) : 살구나무·체리나무·복숭아나무·자두나무 흰가루병(白粉病)균.

P. pannosa(*Sphaerotheca pannosa*, 무성세대 : *Oidium leucoconium*) : 장미 흰가루병(白粉病)균.

P. tridactyla(구명 : *Erysiphe tridactyla*, 불완전세대 : *Oidium passerinii*) : 복숭아 잎 흰가루병(葉白粉病)균. 균계의 자낭균문에 속하며 자낭포자와 분생포자를 형성한다. 갈색 내지 흑갈색의 자낭각을 형성하며 자낭각 주위에 부속사가 형성되며 부속사 선단은 꽃송이 모양으로 4~6개로 분지하는 것이 특징이다. 전염경로 및 발병은 조사된바 없으나, 자낭각이 지표면에 떨어진 잎에서 활동하여 전염하는 것으로 생각된다. 우리나라에서는 경북지방 일부 포장에서 관찰되나 큰 피해는 없다.

Polymyxa betae : Dictionary of the Fungi(9th edition)의 분류체계에 따르면, 본 균은 유사균류(pseudofungi, fungallike organism)으로 원생동물계(Protozoa), 근류병균문(Plasmodiophoromycota), 근류병균강(Plasmodiophoromycetes), 근류병균목(무사마귀병균목, Plasmodiophorales), 근류병균과(Plasmodiophoraceae)에 속하며, beet necrotic yellow vein virus를 매개한다.

P. graminis : 맥류에 각종 뿌리병을 일으키며, 식물 바이러스를 매개하기도 한다.

Polyporus schweinitzii (Current name : *Phaeolus schweinitzii*) : 낙엽송 목재썩음병균. Dictionary of the Fungi(9th edition)의 분류체계에 따르면, 본 균은 균계의 담자균문(Basidiomycta), 담자균강(Basidiomycetes), Polyporales(目)에 속한다.

P. versicolor (*Boletus versicolor*, Current name : *Coriolus versicolor*) : 활엽수 목재썩음병균.

Polystigma rubrum(구명 : *Xyloma rubrum*) : 오얏나무 붉은무늬병균. 본 균은 자낭균문(Ascomycota), 각균강(Pyrenomycetes), 육좌균목(Hypocreales)에 속하였으나, Dictionary of the Fungi(9th edition)의 분류체계에 따르면, 균계의 자낭균문, 자낭균강(Ascomycetes), 흑종병균목(Phyllachorales)에 속한다.

Pseudocercospora : Dictionary of the Fungi(9th edition)의 분류체계에 따르면, 본 균은 균계의 자낭균문(Ascomycota), 자낭균강(Ascomycetes), Mycosphaerellales(目), Mycosphaerellaceae(科)에 속하며, 분생자경과 분생포자를 형성한다.

P. cruenta(구명 : *Cercospora cruenta*, Current name : *Mycosphaerella cruenta*) : 강낭콩·팥·동부 점무늬병(斑點病)균.

P. diospyri-morrisianae : 감나무 점무늬병(斑點病)균.

P. vitis (무성세대 : *Cercospora viticola, Cladosporium viticola*) : 포도나무 갈색무늬병(褐斑病)균. 10~30개의 분생자경에서 속생하여 분생포자를 만든다. 분생포자는 분생자병의 상단에 착생하고 원통형 내지 곤봉형으로 3~8개의 격막을 가지고 있으며, 크기는 25~56×5~6㎛이다. 분생포자는 기공을 통하여 침입하며 15~20일의 잠복기간 후에 6월 상순경부터 발병한다.

Pseudocercosporella capsellae : 배추 흰무늬병(白斑病)균. 균계의 불완전균류에 속하였으나, Dictionary of the Fungi(9th edition)의 분류체계에 따르면, 본 균은 균계(Fungi)의 자낭균문(Ascomycota), 자낭균강(Ascomycetes), Mycosphaerellales(目), Mycosphaerellaceae(科)에 속하며, 분생자경과 분생포자를 형성하는데, 오래된 병반 상에 많이 형성된다. 분생포자는 막대모양의 관상형으로 무색이며, 곧거나 약간 굽은 모양을 하고 있다.

Pseudoperonospora cubensis (구명 : *Peronospora cubensis*) : 오이・참외・호박 노균병(露菌病)균. Dictionary of the Fungi(9th edition)의 분류체계에 따르면, 본 균은 유사균류(pseudofungi, fungallike organism)에 속하는 색조류계(Chromista)의 난균문(Oomycota), 난균강(Oomycetes), 노균병균목(Peronosporales), 노균병균과(Peronosporaceae)에 속한다. 물과 관련이 깊은 수생균이며, 역병균과는 근연종이다. 병원 곰팡이는 분생포자(유주자낭)와 편모가 2개 달린 유주자 및 월동태로 난포자를 형성한다. 병에 걸린 잎 뒷면에 생성된 분생포자는 터져서 유주자를 방출하는데 유주자는 바람에 날려 잎에 도달하고 잎 표면에 물기가 있을 때 발아하여 잎 뒷면의 기공을 통해 침입한다. 분생포자는 레몬형으로 기공 당 1~3개의 분생자경 끝에 하나씩 달리며 강우시 또는 하우스 천장에 형성된 이슬방울이 떨어질 때 튕겨서 퍼지거나 바람에 날려 전파된다. 포자는 다습할 때 15~22℃의 비교적 저온에서 잘 형성되며 저녁 무렵부터 밤사이의 야간에 주로 형성된다. 포자형성에 걸리는 시간은 8~11시간으로 병반의 나이나 온도에 따라 다르지만 포자형성은 비교적 병반이 형성 된지 오래되지 않은 황녹색의 병반상에서 가장 많고, 오래된 갈색병반에서는 거의 없다. 유주자의 발아적온은 20~24℃이다. 이 온도가 노균병의 발생적온이다. 노균병균의 월동태는 난포자로 추운 지방에서는 그 형성이 확인되고 있으나 남부지방의 시설재배지처럼 연중 외류가 재배되고 있는 지역에서는 난포자 보다는 분생포자가 계속 반복적으로 형성되어 1차 전염원으로 작용하고 있는 것으로 생각된다.

P. humuli(*Peronospora humuli*) : 호프 노균병(露菌病)균.

Pseudopeziza trifolii (구명 : *Ascobolus trifolii*) : 알팔파 점무늬병(斑點病)균. 본 균은 균계의 자낭균문(Ascomycota), 반균강(Discomycetes), 균핵병균목(Helotiales)에 속하였으나, Dictionary of the Fungi(9th edition)의 분류체계에 따르면, 균계의 자

낭균문, 자낭균강(Ascomycetes), 균핵병균목, Dermateaceae(科)에 속한다.

Pseudophloeosporella dioscoreae (무성세대 : ***Cylindrosporium dioscoreae***) : 마 흰빛모무늬병균. Dictionary of the Fungi(9th edition)의 분류체계에 따르면, 균계의 자낭균문(Ascomycota), 자낭균강(Ascomycetes), 미확정목(Order Incertae sedis)에 속한다.

Puccinia : Dictionary of the Fungi(9th edition)의 분류체계에 따르면, 본 균은 균계의 담자균문(Basidiomycta), 녹병균강(Urediomycetes), 녹병균목(Uredinales), 자루녹병균과(Pucciniaceae)에 속하며, 동포자와 하포자를 형성한다.

P. allii : 마늘·파 녹병(銹病)균. 균계의 담자균門에 속하며, 동포자와 하포자를 형성한다. 동포자는 곤봉상의 장타원형으로 담갈색 2세포로 되어 있으며, 하포자는 구형 또는 난형으로 단세포로 되어 있다. 이 병원균은 순활물기생균으로 인공배양이 불가능하며, 피해식물에서 동포자의 형태로 월동하여 1차 전염원이 되며, 공기 중에 비산 전파되고 기공을 통하여 침입한다. 하포자는 2차 전염원으로서 중요한 역할을 하며 하포자의 발아적온은 9~18℃이다.

***P. arachidis*(*Uromyces arachidis*)** : 땅콩 녹병(銹病)균.

P. bistortae : 미나리과 식물 녹병(銹病)균.

P. chrysanthemi : 국화 녹병(銹病)균.

P. coronata : 귀리 관녹병(銹病)균.

P. fagopyri : 메밀 녹병(銹病)균.

P. graminis : 맥류 줄기녹병(銹病)균. 맥류와 그 밖의 벼과작물에서 하포자와 동포자를, 매발톱나무에서 정자와 수포자를 형성한다. 동포자는 발아하여 전균사를 형성하고 전균사에는 4개의 소생자가 형성되고, 바람에 날려 매발톱나무의 잎이나 열매에 도달하여 각피를 뚫고 침입한다. 매발톱나무에 형성된 병반에서 수포자를 형성하고 수포자는 다시 맥류와 그 밖의 벼과작물을 침해하여 하포자와 동포자를 형성한다.

P. helianthi : 해바라기 녹병(銹病)균.

P. hordei : 보리 좀녹병(銹病)균. 하포자의 형태로 가을보리에 기생해서 월동한 후 다음해 1차전염원이 되는 것으로 생각된다.

P. recondita : 밀 붉은녹병(赤銹病)균. 균계의 擔子菌門(Basidiomycta)에 속하며, 동포자와 하포자를 형성한다.

P. sorghi : 옥수수 녹병(銹病, Rust)균.

P. striiformis (Current name : ***P. striiformis*** var. ***striiformis***) : 맥류 줄녹병(銹病)균. 아직 중간기주는 보고되어 있지 않으며, 하포자의 형태로 월하 및 월동하여 다음해

1차 전염원이 되는 것으로 알려져 있으나 우리나라에서는 하포자가 월하할 수 없으므로 아마도 티벳이나 중국대륙에서 월하 및 월동한 하포자가 봄에 기류를 따라 우리나라나 일본에 비래하는 것으로 추정하고 있다.

***P. striiformis var. striiformis*(*P. striiformis*)** : 맥류 줄녹병(黃銹病)균.

***P. triticina*(Current name : *P. recondita*)** : 밀 붉은녹병(赤銹病)균.

P. zoysiae : 잔디 녹병(銹病)균.

Pyrenochaeta lycopersici : 토마토 갈색뿌리썩음병(褐色根腐病)균.

P. terrestris : 양파 분홍빛뿌리썩음병(紅色根腐病)균.

Pyrenophora : 본 균의 분류학적 위치는 진균계의 자낭균문(Ascomycota), 소방자낭균강(Loculoascomycetes), 위자낭균목(Pleosporales)에 속하였으나, Dictionary of the Fungi(9th edition)의 분류체계에 따르면, 균계의 자낭균문, 자낭균강, 위자낭균목에 속하고, 무성세대는 *Drechslera*이며, 각종 맥류 및 벼과 목초류에 줄무늬병이나 그물무늬병 등을 일으킨다.

P. avenae : 귀리 잎마름병(葉枯病)균.

***P. graminea* (*Helminthosporium gramineum*, 무성세대 : *Drechslera graminea*)** : 맥류 줄무늬병(斑葉病)균. 균계의 자낭균門(Ascomycota), 위자낭각균目(Pleosporales)에 속하며, 분생포자와 자낭포자를 형성한다. 분생자경은 단생 떠는 2~6개가 밀생하여 형성되며, 그 끝은 두드러지게 굴곡 되고 흑갈색으로 그 위에 수개의 분생포자를 형성한다. 분생포자는 원통형 내지 회갈색으로 크기는 15~125×7~26㎛이며, 보통 4개의 격막이 있다. 자낭각은 병에 걸린 보리짚이나 그루터기의 표피 밑에 형성되며 그물무늬병과 아주 흡사한 형태를 이룬다.

***P. teres*(*Drechslera teres*, *Helminthosporium hordei*)** : 보리 그물무늬병균.

***P. tritici-repentis*(구명 : *Pleospora tritici-repentis*)** : 밀 tan spot 병원균.

***Pyricularia grisea* (Current name : *Magnaporthe grisea*, 유성세대)** : 벼 도열병(稻熱病)균. 본 균의 분류학적 위치는 균계의 불완전균류(Deuteromycotina), 총생균강(Hypomycetes), 총생균목(Hyphomycetales), 담색선균과(Moniliaceae)에 속하였으나, Dictionary of the Fungi(9th edition)의 분류체계에 따르면, 균계(Fungi)의 자낭균문(Ascomycota), 자낭균강(Ascomycetes), Sordariomycetidae(亞綱), 미확정목(Incertae sedis), Magnaporthaceae(科)에 속한다.

P. setariae : 조·강아지풀 도열병(稻熱病)균

P. zingiberi : 생강 도열병(稻熱病)균

Pythiogeton zeae : 옥수수 뿌리썩음병(根腐病)균. 유사균류(pseudofungi, fungallike organism)인 색조류계(Chromista)의 난균문(Oomycota), 난균강(Oomycetes), 부패균목(Pythiales)에 속한다. 일반적으로 *Pythiogeton*은 물 속에서 부생적 생활을 하는 곰팡이이다. 인공 배양이 잘 되지 않으며 매우 크고 다양한 형태의 유주자낭을 형성한다(44~328×36~88㎛). 자웅동주균으로 병든 조직에서나 배양기에서 큰 난포자를 형성한다(22~72×31~52㎛). 생육최적 온도는 28℃이며 범위는 14~37℃이다.

***Pythiomorpha miyabeana* (*Phytophthora megasperma*)** : 콩 뿌리썩음병(根腐病)균. Dictionary of the Fungi(9th edition)의 분류체계에 따르면, 본 균은 색조류계(Chromista)의 난균문(Oomycota), 난균강(Oomycetes), 부패균목(腐敗菌目)에 속하며, *Phytophthora*와 *Pythium*과 같은 부패균과(Pythiaceae)에 속한다.

Pythium : 본 균의 분류학적 위치는 유사균류(pseudofungi, fungallike organism)의, 색조류界(Chromista), 난균門(Oomycota), 난균綱(Oomycetes), 노균目(Peronosporales), 부패균科(Pythiaceae)에 속하였으나, Dictionary of the Fungi(9th edition)의 분류체계에 따르면, 색조류계, 난균문, 난균강, 부패균목(Pythiales), 부패균과(Pythiaceae)에 속한다. 균사에는 격막이 없으며 물속에는 유주자낭을 형성한다.

P. aphanidermatum : 두류·옥수수·토마토·담배 모잘록병(立枯病)균. 모썩음병균. *P. aphanidermatum*과 *P. irregulare* 등 여러 종이 잘록병에 관여하는 것으로 알려져 있다. *Pythium*의 균사에는 격막이 없으며 물속에는 유주자낭을 형성한다. 유주자낭에는 운동성이 있는 유주자를 형성하여 물 속으로 유출시키는대 이 유주자가 물을 따라 이동전파하며 식물체를 감염한다. 생육온도는 종에 따라 다양하여 발병적온이 30℃ 정도인 고온균과 20℃ 정도인 비교적 저온균이 있다.

P. arrhenomanes : 모잘록병(立枯病)균.

***P. debaryanum*(*Eupythium debaryanum*)** : 모잘록병(立枯病)균.

***P. irregulare*(*Pythium aphanidermatum*)** : 옥수수 모잘록병(立枯病)균.

P. irregulare : 옥수수 모잘록병(立枯病)균.

P. myriotylum : 생강 뿌리썩음병(根腐病)균, 두류 모잘록병(立枯病)균, 딸기 뿌리썩음병(根腐病)균. 감자 줄기기부썩음병(莖腐病)균. 운동성이 있는 유주자를 형성하는 반 수생균으로 물속에서 증식하고 물을 따라 전파된다. 병원균은 포자낭(유주자낭)과 난포자를 형성한다. 끝이 약간 부풀어 오른 시험관 모양의 유주자낭을 형성하며, 크기는 70~90×80~100㎛이다. 난포자는 둥글고, 직경이 22~28㎜씩 자란다. 균사 생육 최고온도는 40~43℃, 최저온도는 5~7℃이고 최적온도는 33~37℃이다. 포자낭형성의 적온은 25~35℃이고, 난포자형성 적온은 15~20℃이다. pH 6~7에서 가장 잘 자란다. 병원균은 극고온성에 속하며 토양수분에 대단히 민감해서 고온다습한 환경에서 급격히 진전한다.

P. oryzae : 벼 모썩음병균.

P. spinosum : 호박 뿌리썩음병(根腐病)균. 유주자낭과 유주자는 형성하지 않고, 균사가 유주자낭과 비슷한 형태로 부풀어 오른다. 장란기의 크기는 17~21㎛, 난포자의 크기는 15~19㎛이다. 장란기의 외벽에는 굵은 가시 같은 돌기가 여러 개 돋아 있다. 이 돌기의 크기는 3.5~8.5×1.5~2.0㎛이다. 토양전염성으로 수분을 매우 좋아하는 반 수생균으로 매우 넓은 기주범위를 가지고 있다.

P. ultimum : 배추 그루썩음병균. 참외 뿌리썩음병(根腐病)균. 균사는 잘 발달되어 있으나 균사에 격막이 없다. 이 균은 유주자를 형성하지 않는 것으로 알려져 있고, 유주자낭이 직접 발아하여 식물체를 침해한다. 생육적온은 25~30℃이며, 생육 최저 및 최고온도는 각각 5℃와 35℃이다. 이 균은 거의 모든 채소 작물을 침해 하는데, 외국에서는 150종 이상의 기주작물이 보고되어 있다.

P. zingiberis : 생강 뿌리썩음병(根腐病)균.

P. zingiberum (*Pythium myriotylum*) : 생강 근경썩음병(根莖腐敗病, 뿌리썩음병, 根腐病)균.

Ramularia brunnea (*Mycosphaerella fragariae*) : 딸기 뱀눈무늬병(蛇眼病)균. Dictionary of the Fungi(9th edition)의 분류체계에 따르면, 본 균은 균계(kingdom Fungi)의 자낭균문(Ascomycota), 자낭균강(Ascomycetes), Mycosphaerellales(目), Mycosphaerellaceae(科)에 속한다.

R. destructans (*Cylindrocarpon destructans*, Current name : *Nectria radicicola*, 유성세대) : 인삼 뿌리썩음병(根腐病)균.

Ramulispora andropogonis (Current name : *Gloeocercospora sorghi*) : 수수 점무늬병(斑點病)균. 본 균의 분류학적인 위치는 균계의 불완전균류(Deuteromycotina), 유각균강(Coelomycetes), 분생자층목(Melanconiales)에 속하였으나, Dictionary of the Fungi(9th edition)의 분류체계에 따르면, 균계의 자낭균문(Ascomycota), 자낭균강(Ascomycetes), 균핵병균목(Helotiales)에 속한다.

Rhizoctonia : 본 속의 분류학적인 위치는 균계의 불완전균류(Deuteromycotina), 총생균강(Hypomycetes), 무포자균목(Agonomycetales)에 속하였으나, Dictionary of the Fungi(9th edition)의 분류체계에 따르면, 균계의 담자균문(Basidiomycta), 담자균강(Basidiomycetes), Polyporales(目), Corticiaceae(科)에 속한다.

R. cerealis (Current name : *Ceratobasidium cereale*, 유성세대) : 맥류(보리, 밀) 잎집눈무늬병(葉鞘眼斑病)균. 보리 그루썩음병(株腐病)균.

R. fragariae : 딸기 검은뿌리썩음병(黑根腐病, Black root rot)균.

R. fumigata(유성세대 : *Ceratobasidium setariae*) : 생강 잎집썩음병(葉鞘腐敗病)균.

R. fumigata (Current name : *Ceratobasidium setariae*, 유성세대, *Sclerotium fumigatum*) : 벼 회색균핵병(灰色菌核病)균, 생강 잎집썩음병(葉鞘腐敗病)균.

R. oryzae(*Waitea circinata*) : 벼 적색균핵병(赤色菌核病)균.

R. oryzae-sativae (*Sclerotium oryzae-sativae*) : 벼 갈색균핵병(褐色菌核病)균. 벼의 병든 잎집에서는 담갈색 내지 암갈색의 구형, 관상형 혹은 부정형 균핵을 형성하고, 크기는 0.3~2.2㎜이다. 배양기에서는 담갈색 내지 갈색의 구형 혹은 부정형 균핵을 형성하며 크기는 0.3~2.5㎜이다. 주축균사의 폭은 6~9㎛이고 1개의 균사세포 내에는 1~3개의 핵이 들어있다. 또한 담자기는 구형 혹은 아구형 모양이며, 크기는 13~21×12~18㎛이다. 담자기에는 2개의 소병이 있고, 이 소병 끝에서 담자포자가 형성된다. 담자포자는 단세포로 되어 있으며, 색이 없고 구형 혹은 타원형이며, 크기는 9~17×9~16㎛이다. 이 균의 균사생육 온도는 8~41℃이며, 최적온도는 31~33℃이다.

R. solani (유성세대 : *Thanatephorus cucumeris*) : 각종식물 라이족토니아병원균. 양배추 뿌리썩음병(根腐病)·잎썩음병(葉腐病)·잘록병(立枯病)균. 고구마 싹썩음병(苗腐敗病)균. 땅콩 잎마름병(葉枯病)균.

R. zeae : 옥수수 잎집점무늬병(葉鞘斑點病, Sheath spot)균.

Rhizopus nigricans : 고구마·딸기·복숭아나무 무름병(軟腐病)균. Dictionary of the Fungi(9th edition)의 분류체계에 따르면, 본 균은 균계(kingdom Fungi)의 접합균문(Zygomycota), 接合菌綱(Zygomycates), 털곰팡이目(Mucorales)의 털곰팡이科(Mucoraceae)에 속하며, 포자낭과 포자를 형성한다.

R. secalis : 보리 구름무늬병균.

R. stolonifer (구명 : *Mucor stolonifer*, Current name : *R. stolonifer* var. *stolonifer*) : 고추 꼭지썩음병(果莖腐敗病)균. 고구마·호박 무름병(軟腐病)균. 감귤나무 무름병(軟腐病)균. Dictionary of the Fungi(9th edition)의 분류체계에 따르면, 본 균은 균계(kingdom Fungi)의 접합균문(Zygomycota), 접합균綱(Zygomycates), 털곰팡이目(Mucorales)의 *Mucor* 屬과 같은 털곰팡이科(Mucoraceae)에 속하며, 포자낭과 포자를 형성한다. 포자낭은 암갈색이며, 구형으로 직경이 100~300㎛이며, 안에 많은 포자를 형성한다. 포자는 담갈색이며, 구형 내지 타원형으로 직경이 8~12㎛이다. 포자낭병은 몇 개씩 총생하며, 아래쪽에 가근을 가지고 있다.

R. stolonifer var. *stolonifer* (*Rhizopus stolonifer*, 구명 : *Mucor stolonifer*) : 고구마 무름병(軟腐病)균.

Rhynchosporium oryzae (Current name : *Monographella albescens*) : 벼 구름무늬병균. 균계(kingdom Fungi)의 불완전균류(Deuteromycotina), 총생균강(Hypomycetes),

총생균목(Hyphomycetales), 담색선균과(Moniliaceae)에 속하였으나, Dictionary of the Fungi(9th edition)의 분류체계에 따르면, 균계의 자낭균문(Ascomycota), 자낭균강(Ascomycetes), 미확정목(Order Incertae sedis)에 속한다.

Rhytisma : Dictionary of the Fungi(9th edition)의 분류체계에 따르면, 균계의 자낭균문(Ascomycota), 자낭균강(Ascomycetes), 타르병균목(Rhytismatales), 타르병균과(Rhytismataceae)에 속한다.

R. acerinum(구명 : ***Xyloma acerinum***) : 단풍나무 타르점무늬병균.

R. necatrix : 배나무 · 포도나무 흰날개무늬병(白紋羽病)균.

R. punctatum(구명 : ***Xyloma punctatum***) : 단풍나무 타르점무늬병균.

R. salicinum(구명 : ***Xyloma salicinum***) : 포플러 타르점무늬병균.

Rosellinia necatrix (***Dematophora necatrix***) : 배나무 · 사과나무 · 포도나무 · 대추나무 흰날개무늬병(白紋羽病)균. 본 균의 분류학적인 위치는 균계(kingdom Fungi)의 자낭균門(Ascomycota), 각균綱(Pyrenomycetes), 꼬투리버섯目(Xylariales)에 속하였으나, Dictionary of the Fungi(9th edition)의 분류체계에 따르면, 균계의 자낭균문, 자낭균강(Ascomycetes), 꼬투리버섯목, Xylariaceae(科)에 속하며, 자낭포자와 분생포자를 형성한다. 균사는 가늘고 서양배 모양의 세포가 연결된 모양을 하고 있으며, 이것은 후에 후막포자를 형성한다. 균핵은 흑색을 띠며, 분생자경속을 형성하고, 분생포자를 형성한다. 자연상태에서 자낭포자는 잘 형성되지 않아 발견이 어려우며, 분생포자는 타원형 내지 난형으로 무색, 단세포이다. 생육온도 범위는 10~35℃이며, 최적온도는 20~25℃이다. 이 병원균은 사과, 배, 복숭아, 당근, 감자, 옥수수, 고구마 등 43과 63속 170여종의 작물에 기생한다.

Sarocladium oryzae (구명 : ***Acrocylindrium oryzae***) : 벼 잎집썩음병(葉鞘腐敗病)균. Dictionary of the Fungi(9th edition)의 분류체계에 따르면, 본 균은 균계의 자낭균문(Ascomycota), 자낭균강(Ascomycetes), 미확정목(Order Incertae sedis)에 속한다.

Schizophyllum commune (***Agaricus alneus***) : 표고버섯 치마버섯. Dictionary of the Fungi(9th edition)의 분류체계에 따르면, 본 균은 균계의 담자균문(Basidiomycta), 담자균강(Basidiomycetes), 주름버섯목(Agaricales), Schizophyllaceae(科)에 속한다.

S. pomi (***Zygophiala jamaicensis***, 이명 : ***Leptothyrium pomi***) : 사과나무 그을음점무늬병(煤點病)균.

Sclerophthora macrospora (***Phytophthora oryzae***) : 벼 누른오갈병(露菌病, 黃化萎縮病)균. 순활물기생균으로 난포자 상태로 병든 조직에서 월동하는데 화본과 잡초가 중요한 1차 전염원 역할을 하는 것으로 알려져 있다. 병원균은 *Sclerospora macrospora*, *Phytophthora macrospora*, *P. oryzae* 등의 이명으로 쓰이기도 한다.

병원균은 각종 노균병균과 역병균과 같이 균계의, 난균문(Oomycota), 난균강(Oomycetes), 물곰팡이목(Saprolegniales)에 속하였으나, Dictionary of the Fungi (9th edition)의 분류체계에 따르면, 균계의 난균문, 난균강의 Sclerosporales(目), Verrucalvaceae(科)로 분리되었다. 노균병균과 역병균의 중간적 특성을 가지고 있으며, 유주자낭과 난포자의 형태는 역병균과 비슷하지만 배우 크다. 유주자낭은 유주자낭병으로부터 떨어지는 탈락성이 높고, 크기는 60~100×43~64㎛ 정도이며, 자웅동주균으로 벼 잎 조직 안에서 무수히 많은 난포자를 형성하는데 장난기의 크기는 46~80×42~69㎛ 정도이다. 비교적 저온균으로 포자형성 온도범위는 11~24℃ 정도이며 최적온도는 18~23℃ 이다.

S. macrospora (***Sclerospora macrospora, Phytophthora macrospora***) : 벼 누른오갈병(露菌病, 黃化萎縮病)균.

S. macrospora : 알곡류(옥수수, 벼, 밀)와 목초 노균병(露菌病)균.

Sclerospora : 본 균은 균계(Fungi)의 난균문(Oomycota), 난균강(Oomycetes), 노균병균목(Peronosporales), 노균병균과(Peronosporaceae)에 속하였으나, Dictionary of the Fungi(9th edition)의 분류체계에 따르면, 균계의 난균문, 난균강, Sclerosporales(目), Sclerosporaceae(科)에 속한다.

S. graminicola(***Peronospora graminicola***) : 조 군데병균.

S. macrospora (***Phytophthora macrospora, Sclerophthora macrospora***) : 벼 누른오갈병(露菌病, 黃化萎縮病)균.

S. philippinensis (***Peronosclerospora philippinensis***, Current name : ***P. sacchari***) : 옥수수 노균병(露菌病)균.

S. sorghi(Current name : ***Peronosclerospora sorghi***) : 수수 노균병(露菌病)균.

Sclerotinia : 본 균은 균계의 자낭균문(Ascomycota), 반균강(盤菌綱, Discomycetes), 균핵병균목(Helotiales)에 속하였으나, Dictionary of the Fungi(9th edition)의 분류체계에 따르면, 균계(kingdom Fungi)의 자낭균문, 자낭균강(Ascomycetes), 균핵병균목, Sclerotiniaceae(科)에 속한다.

S. arachidis : 땅콩 좀균핵병(菌核病)균.

S. fructicola (구명 : ***Ciboria fructicola,*** Current name : ***Monilinia fructicola***) : 복숭아 균핵병(菌核病)균.

S. fructigena (구명 : ***Monilia fructigena,*** Current name : ***Monilinia fructigena***) : 과수 균핵병(菌核病)균.

S. gladioli(Current name : ***Stromatinia gladioli***) : 글라디올러스 구근썩음병균.

S. intermedia(*S. sclerotiorum, S. minor*) : 상추 균핵병(菌核病)균.

S. kusanoi : 벚나무 균핵병(菌核病)균.

S. laxa : 복숭아나무 균핵병(菌核病)균.

S. libertiana (Current name : *Sclerotinia sclerotiorum*) : 가지 균핵병(菌核病)균.

S. mali : 사과나무 꽃썩음병균.

S. minor(*S. sclerotiorum, S. intermedia*) : 상추 균핵병(菌核病)균.

S. minor (*S. intermedia*) : 배추 · 상추 · 토마토 균핵병(菌核病)균. 2종의 *Sclerotinia* 균은 균핵, 자낭반, 자낭 및 자낭포자를 형성한다. *S. sclerotiorum*의 균핵은 *S. minor* 균핵 보다 크고, 이 두 종의 배양적 특성은 매우 비슷하다. 균핵은 흑색, 구형 내지 부정형이며, 크기는 0.5~3.8×0.5~2.2㎛이고, 휴면 후 발아하여 1~2개의 자낭반을 형성한다. 자낭반의 상부는 원반모양으로 직경이 0.6~2.7㎜이다. 자낭은 자낭반 위에서 형성되며, 곤봉형 내지 원통형이고, 단일막으로 구성되어 있으며, 크기는 124~190×8~11㎛이다. 자낭 내에서는 8개의 자낭포자가 형성된다. 자낭포자는 무색, 단세포이고, 4개의 핵을 가지고 있으며, 크기는 10~20×5~10㎛이다. 이 균의 생육온도 범위는 0~28℃이고, 생육적온은 20~22℃이다.

S. miyabeana : 땅콩 큰균핵병(大菌核病)균

S. sclerotiorum(구명 : *Peziza sclerotiorum*) : 유채 균핵병(菌核病)균.

S. sclerotiorum : 고구마 · 고추 · 딸기 · 호박 · 가지 · 감자 · 무 · 배추 · 상추 · 두류 · 수박 · 양배추 · 참외 · 무 · 오이 · 토마토 균핵병(菌核病)균. 균핵, 자낭반, 자낭, 자낭포자를 형성한다. 균핵은 흑색이며, 부정형이고, 크기는 0.6~10.0×0.6~6.5㎜이고, 휴면 후 발아하여 1~8개의 자낭반을 형성한다. 자낭반의 상부는 원반모양으로 직경이 0.6~8.2㎜이다. 자낭은 자낭반위에서 형성되며, 곤봉형 내지 원통형이고, 단일막으로 구성되어 있으며, 그 크기는 120~200×8~11㎛이다. 자낭 내에서는 8개의 자낭포자가 형성된다. 자낭포자는 무색, 단세포이며, 타원형이고, 2개의 핵을 가지고 있으며, 크기는 10~18×5~8㎛이다. 이 균의 균사생육 온도범위는 1~30℃이고, 생육적온은 22~24℃이다. 감귤나무 과실면부병(果實綿腐病)균. 감귤나무 균핵병(菌核病)균.

S. shiraiana : 뽕나무 오디균핵병(菌核病)균.

S. trifoliorum : 자운영 균핵병(菌核病)균.

Sclerotium : 본 균의 분류학적 위치는 균계의 불완전균류(Deuteromycotina), 총생균강(Hypomycetes), 무포자균목(Agonomycetales)에 속하였으나, Dictionary of the Fungi(9th edition)의 분류체계에 따르면, 균계의 담자균문(Basidiomycta), 담자균강(Basidiomycetes), 주름버섯목(Agaricales)에 속하며, 소형의 균핵을 형성한다.

S. bataticola(Current name : ***Macrophomina phaseolina***) : 균핵병(菌核病)균.

S. cepivorum (***Stromatinia cepivora***) : 파 · 양파 · 마늘 흑색썩음균핵병(菌核病)균. 소형의 균핵을 형성하며, 균핵의 크기는 보통 0.3~1.0×0.4~1.5㎜ 정도로 다른 균핵병의 균핵보다 작은 편이다. 배지상에서 무색의 소형분생포자를 형성하는데 크기는 약 2.5㎛ 정도이다. 토양전염성 병원균으로 토양 내에서 균핵으로 월동하고 이듬해 발아하여 기주를 침해한다. 배양기상에서 생육적온은 20℃ 부근에서 가장 양호하며 2℃ 이하 30℃ 이상에서는 거의 생육하지 않는다. 균핵은 15~20℃ 부근에서 가장 양호하게 형성된다. 토양내에서 휴면한 균핵은 9~10월 파속 작물의 파종과 동시에 발아하여 기주를 침입하게 되며, 약 1~2개월 후 뿌리에 초기 병징을 나타낸다.

S. fulvum(***Typhula incarnata***) : 맥류 설부균핵병(雪腐菌核病)균.

S. oryzae(Current name : ***Magnaporthe salvinii***, 유성세대) : 벼 균핵병균.

S. oryzae-sativae(***Rhizoctonia oryzae-sativae***) : 벼 갈색균핵병(褐色菌核病)균.

S. rolfsii (Current name : ***Athelia rolfsii***) : 각종식물 흰비단병(白絹病)균. 가지 · 고추 · 토마토 흰비단병(白絹病)균.

S. tulipae(***Botrytis tulipae***) : 튜울립 구근썩음병균.

Selenophoma donacis : 밀 모무늬병(角斑病)균.

Septobasidium tanakae (구명 : ***Helicobasidium tanakae***) : 양다래 · 밤나무 갈색고약병(褐色膏藥病)균. Dictionary of the Fungi(9th edition)의 분류체계에 따르면, 본 균은 균계(Fungi)의 담자균문(Basidiomycta), 녹병균강(Urediomycetes), Septobasidiales(目), Septobasidiaceae(科)에 속하며, 담자기 및 담자포자를 형성한다. 담자기는 무색, 방추형으로 2~4개의 격막이 있으며, 크기는 49~65×8~9㎛이다. 각 세포에서 크기가 35~63×3~4㎛인 소병을 형성한다. 담자포자는 무색, 단세포이며 크기는 27~ 40×4~6㎛이다.

Septogloeum mori (구명 : ***Septoria mori***, Current name : ***Mycosphaerella mori***, 유성세대) : 뽕나무 갈색무늬병(褐斑病)균. 본 균의 분류학적 위치는 균계의 불완전균류(Deuteromycotina), 유각균강(Coelomycetes), 분생자층목(Melanconiales)에 속하였으나, Dictionary of the Fungi(9th edition)의 분류체계에 따르면, 균계의 자낭균문(Ascomycota), 자낭균강(Ascomycetes), 미확정목(Order Incertae sedis)에 속한다.

Septoria : 본 균의 분류학적 위치는 균계의 불완전균류(Deuteromycotina), 有殼菌綱(Coelomycetes), 분생자각균목(Sphaeropsidales)에 속하였으나, Dictionary of the Fungi(9th edition)의 분류체계에 따르면, 균계의 자낭균문(Ascomycota), 자낭균강(Ascomycetes), Mycosphaerellales(目), Mycosphaerellaceae(科)에 속하며, 병자각과 병포자를 형성한다. 병자각은 암갈색 구형으로 크기는 100~150㎛이며, 표피

조직상에 검은 점으로 나타난다. 병포자는 긴 막대 모양을 하고 있으며, 무색이고 대부분 4세포로 되어있다. 병포자의 크기는 15~35×3~4㎛이다. 일본에서 보고 된 *Septoria aliacea* Cooke와 형태적으로 비슷하나 이후 본 균의 종에 대한 연구검토가 요망된다. 사과나무 자색점무늬병(紫色斑點病), 양파 검은점무늬마름병균.

S. alliacea : 양파 검은점무늬마름병(黑點燁枯病)균.

S. alni : 오리나무 갈색무늬병(褐斑病)균.

S. apiicola(구명 : *S. apii*) : 샐러리 잎마름병(葉枯病)균.

S. cucurbitacearum : 오이 모무늬병균.

S. fragariae : 딸기 · 양딸기 흰무늬병(白紋病)균.

S. glycines : 콩 갈색무늬병(褐紋病)균.

S. lactucae : 상추 잎마름병(葉枯病)균.

S. lycopersici : 토마토 점무늬병(斑點病)균, 토마토 흰무늬병(白斑病)균. 병자각과 병포자를 형성하며, 병자각은 흑갈색, 편구형이며, 크기는 190~320×90~210㎛이다. 병포자는 병자각 내에서 많이 형성되는데, 무색이며, 다소 굽은 막대모양으로 양끝이 좁고, 2~9개의 격막을 가지고 있으며, 크기는 32~103×2~3㎛이다.

S. mori (*Septogloeum mori*, Current name : *Mycosphaerella mori*, 유성세대) : 뽕나무 갈색무늬병(褐斑病)균.

S. nodorum(Current name : *Phaeosphaeria nodorum*) : 콩 갈색무늬병(褐斑病)균.

S. piricula (Current name : *Mycosphaerella sentinal*, 유성세대) : 배나무 갈색무늬병(褐斑病)균.

S. rubi(*Mycosphaerella rubi*) : 곰딸기 점무늬병(斑點病)균.

S. tritici (Current name : *Mycosphaerella graminicola*, 유성세대) : 밀 잎마름병(葉枯病)균.

Setosphaeria turcica (무성세대 : *Helminthosporium turcicum, Exserohilum turcicum*) : 옥수수, 수수 그을음병(煤病)무늬병균. 균계의 자낭균문(Ascomycota), 소방자낭균강(Loculoascomycetes), 위자낭균목(Pleosporales)에 속하였으나, Dictionary of the Fungi(9th edition)의 분류체계에 따르면, 균계(kingdom Fungi)의 자낭균문, 자낭균강(Ascomycetes), 위자낭균목에 속한다.

Sphaceloma ampelinum (Current name : *Elsinoë ampelina*) : 포도나무 새눈무늬병(黑痘病)균. *Elsinoë ampelina*의 분생포자 시대.

S. fawcettii(Current name : *Elsinoë fawcetii*) : 감귤나무 더뎅이병(瘡痂病)균.

Sphacelotheca fuliginea : 오이 · 수박 · 호박 흰가루병(白粉病)균. 인공배양이 되지 않는 순활물기생균으로 살아있는 식물체에서만 기생생활을 한다. 유성세대(자낭포자세대)와 불완전세대(분생포자 세대)가 있으며, 최근 시설재배가 발달하여 연중 재배되고 있는 시설재배지역에서는 흔히 분생포자세대의 생활사만을 볼 수 있다. 바람에 의해 공기 중으로 비산된 분생포자는 기주의 잎에 부착하면 적당한 환경조건에서 발아하여 발아관을 낸다. 15~30℃ 사이에서 발아하고, 35℃ 이상에서는 발아하지 않으며, 발아적온은 25℃이다. 기온이 25℃일 때, 습도 99%에서 최고로 발아하지만 습도가 35~95%에서는 발아율이 떨어진다. 발아한 분생포자의 균사는 흰색이며 격막이 있으며, 잎 표면위에서 균사를 신장된다. 최적환경 조건에서 분생포자가 잎 표면에 부착 후 육안으로 흰가루병을 관찰할 수 있는 잠복기간은 5~7일이다. 분생자경의 크기는 109~263(~328)×9.4~12.5㎛이며 그 끝에 분생포자를 형성된다. 분생포자는 연쇄상이며 무색, 단세포의 타원형 또는 장타원형으로 피브로신(fibrosin)체를 함유하고 있으며, 크기는(24~)28~37×16~22㎛ 이다. 자낭각의 크기는 68~112㎛로 3~12개의 균사모양의 부속사를 가지고 있다. 그 안에 자낭이 있으며 자낭은 난형 또는 타원형으로 62~117×47~73㎛이고, 자낭 안에는 자낭포자가 8개들어 있으며 무색, 단세포, 타원형으로 크기가 20~29×14~22㎛이다. 일반적으로 9월 중하순경의 서늘한 기후가 되면 분생포자의 생성이 끝나고 자낭각을 형성한다. 자낭각 형성을 위해서는 주간 23℃, 야간 18℃의 온도와 하루 6시간 정도 10,000Lux의 광이 필요하다. 어린 자낭각은 구형이며, 처음에는 흰색에서 황갈색으로 되며 10월 하순에는 자낭각의 70%정도가 성숙되며 완전히 성숙되면 흑색으로 된다.

S. reilianum : 수수 실깜부기병균. 본 균은 균계의 자낭균門(Ascomycota), 균사자낭균綱(Filamentous Ascomycetes), 흰가루병균目(Erysiphales)에 속하였으나, Dictionary of the Fungi(9th edition)의 분류체계에 따르면, 균계(kingdom Fungi)의 담자균문(Basidiomycta), 녹병균강(Urediomycetes), Microbotryales(目), Microbotryaceae(科)에 속한다.

Sphaerella camilleae (Current name : ***Guignardia camelliae***) : 차나무 잎마름병(葉枯病)균. Dictionary of the Fungi(9th edition)의 분류체계에 따르면, 본 균은 균계(Fungi)의 자낭균문(Ascomycota), 자낭균강(Ascomycetes), Mycosphaerellales(目), Mycosphaerellaceae(科)에 속한다.

S. rosigena (***Mycosphaerella rosigena***, Current name : ***Davidiella rosigena***) : 장미 등 근무늬병균.

Sphaeria : Dictionary of the Fungi(9th edition)의 분류체계에 따르면, 균계(Fungi)의 자낭균문(Ascomycota), 자낭균강(Ascomycetes), 꼬투리버섯목(Xylariales), 꼬투리버섯과(Xylariaceae)에 속한다.

S. bidwellii(*Guignardia bidwellii*) : 포도나무 검은빛썩음병균.

S. flaccida(Current name : *Cronartium flaccidum*) : 작약 녹병(銹病)균.

S. graminis(*Phyllachora graminis*) : 화곡류 黑腫病균.

S. herbarum(Current name : *Pleospora herbarum*) : 마늘, 양파, 파 잎마름병(葉枯病)균.

S. maculans (*Leptosphaeria maculans*, 무성세대 : *Phoma lingam*) : 양배추 검은뿌리썩음병(黑根腐病)균.

S. mammata (*Hypoxylon mammatum*, Current name : *Entoleuca mammata*) : 포플러 궤양병균.

S. morbosa (*Dibotryon morbosum*, Current name : *Apiosporina morbosa*) : 체리나무, 서양자두 검은썩음병(黑腐病)균.

S. truncata (*Hypoxylon truncatum*, Current name : *Annulohypoxylon truncatum*) : 표고버섯 검은혹버섯.

S. dothidea (무성세대 : *Fusicoccum aesculi*, 유성세대 : *Botryosphaeria dothidea*) : 겹무늬썩음병(胴腐病)균, 줄기썩음병(胴腐病)균.

Sphaerotheca fusca (구명 : *Erysiphe fusca*, Current name : *Podosphaera fusca*) : 참외·호박 흰가루병(白粉病)균. 본 균은 균계(Fungi)의 자낭균문(Ascomycota), 균사자낭균강(Filamentous Ascomycetes), 흰가루병균목(Erysiphales)에 속하였으나, Dictionary of the Fungi(9th edition)의 분류체계에 따르면, 균계의 자낭균문, 자낭균강, 흰가루병균목(Ascomycetes)에 속하며, 순활물기생균이다. 인공배양이 불가능하며, 분생포자와 자낭포자를 형성한다. 병원균의 생육적온은 25℃ 내외이며, 참외뿐만 아니라 외류 전반에 걸쳐 병원성을 나타낸다. 최근 시설재배가 발달하여 연중 재배되고 있는 시설재배지역에서는 흔히 분생포자세대의 생활사만을 볼 수 있다. 바람에 의해 공기 중으로 비산된 분생포자는 기주의 잎에 부착하면 적당한 환경조건에서 발아하여 발아관을 낸다. 15~30℃ 사이에서 발아하고, 35℃ 이상에서는 발아하지 않으며, 발아적온은 25℃이다. 기온이 25℃ 일 때, 습도 99%에서 최고로 발아하지만 습도가 35~95%에서는 발아율이 떨어진다. 발아한 분생포자의 균사는 흰색이며 격막이 있으며 잎 표면 위에서 균사를 신장된다. 최적 환경조건에서 분생포자가 잎 표면에 부착후 육안으로 흰가루병을 관찰할 수 있는 잠복기간은 5~7일이다. 병원균의 분생자경의 크기는 109~263(~328)×9.4~12.5㎛이며, 그 끝에 분생포자를 형성된다. 분생포자는 연쇄상이며 무색, 단세포의 타원형 또는 장타원형으로 피브로신(fibrosin)체를 함유하고 있으며 크기는(24~)28~37×16~22㎛ 이다. 자낭각의 크기는 68~112㎛로 3~12개의 균사모양의 부속사를 가지고 있다. 그 안에 자낭이 있으며 자낭은 난형 또는 타원형으로 62~117×47~73㎛이고, 자낭안에

는 자낭포자가 8개들어 있으며 무색, 단세포, 타원형으로 크기가 20~29×14~22㎛이다. 멜론, 오이, 수박, 박, 해바라기, 코스모스, 백일초, 가지, 팥, 봉선화에 흰가루병을 일으키며, 또한, 코스모스, 백일초, 봉선화의 흰가루병균은 오이, 멜론, 호박 등에도 흰가루병을 일으킨다.

S. humuli (구명 : ***Erysiphe humuli***, Current name : ***Podosphaera macularis***) : 딸기 흰가루병(白粉病)균. 자낭균류에 속하는 곰팡이다. 균체는 거미줄상의 균사가 있으며, 흰가루상 물질은 포자 덩어리이다. 통상 딸기 식물체상에는 자낭(소립흑점)이 형성되지 않는다. 이 병균은 활물기생균이기 때문에 항상 살아있는 식물체 조직에만 기생하며, 죽은 조직 내에서는 생활할 수 없다. 이 때문에 토양중의 이병잔사 등으로부터는 전염되지 않는다. 흰가루병균은 외부기생균이므로 균사가 식물체내에 침입하지 않고 표면에 어지럽게 퍼져있기 때문에 양분의 흡수는 표피세포에 만들어진 흡기에서 행해진다. 식물체 표면에 떨어진 포자가 발아하면 균사를 형성하며, 균사의 일부를 식물체내에 삽입하여 양분을 흡수한다. 균사가 발달하면 균총이 되며, 균총에 포자가 수직으로 형성되어 식물체나 바람에 접촉될 경우 흰가루상의 포자를 뿌리게 된다. 이 포자가 전염되어 다시 딸기에 침입하면 약 4~6일 후에 흰가루가 보이게 된다. 흰가루병균의 포자는 흡수력이 강하여 물에 젖게 되면 부풀어 파열되어 버리므로 식물체가 젖어있을 경우 발아하지 못한다. 분생포자의 발아적온은 17~18℃, 형성적온은 15~18℃이다.

S. macularis (Current name : ***Podosphaera macularis***) : 딸기 흰가루병(白粉病)균.

S. mors-uvae (구명 : ***Erysiphe mors-uvae***, Current name : ***Podosphaera mors-uvae***) : 구즈베리, 커런트 등 Ribes속 식물 흰가루병(白粉病)균.

S. pannosa (구명 : ***Podosphaera pannosa, Oidium leucoconium***) : 장미 흰가루병(白粉病)균.

S. pannosa (무성세대 : ***Oidium leucoconium***, Current name : ***Podosphaera pannosa***, 유성세대) : 장미 흰가루병(白粉病)균.

S. pannosa f.sp. ***rosae*** (Current name : ***Podosphaera pannosa***) : 장미 흰가루병(白粉病)균.

S. phaseoli (***S. fuliginea***) : 강낭콩 흰가루병(白粉病)균.

Sphaerulina orzina (무성세대 : ***Cercospora janseana, C. oryzae***) : 벼 갈색점무늬병(褐色斑點病)균. Dictionary of the Fungi(9th edition)의 분류체계에 따르면, 본 균의 분류학적 위치는 균계(Fungi)의 자낭균문(Ascomycota), 자낭균강(Ascomycetes), Mycosphaerellales(目), Mycosphaerellaceae(科)에 속한다.

Spongospora subterranea (Current name : ***S. subterranea*** f.sp. ***subterranea***) : 감자 가

루더뎅이병(瘡痂病)균. 무사마귀병균의 근연종인 사상균으로 Dictionary of the Fungi(9th edition)의 분류체계에 따르면, 유사균류(pseudofungi)의 원생동물계(Protozoa)의 근류병균문(Plasmodiophoromycota), 근류병균강(Plasmodiophoromycetes), 근류병균목(Plasmodiophorales), 근류병균과(Plasmodiophoraceae)에 속한다. 감자, 토마토, 가지 등에 기생하지만 경제적 손실을 가져올 정도의 병해가 발생하는 작물은 감자뿐이며, 다른 식물에서는 지하부에 비대부를 형성하는 정도에 그치고 있다. 이 균은 사상균이지만 균사를 전혀 형성하지 않는다. 또한 모두 부생성이 없어 살아있는 기주식물에 기생하는 것 외는 달리 번식할 수 없는 절대적 기생균이다. 또한 이들 균은 기주식물체에 형성하는 휴면포자의 형태로 내구생존하고 휴면포자에서 형성된 유주자에 의해 감염, 전염한다. 물속을 헤엄쳐 다니는 유주자를 형성하기 때문에 감염과 전염에 물이 중요한 역할을 하는 것은 *Phytophthora*, *Pythium*, *Aphanomyces* 등과 공통된 점이다.

S. subterranea f.sp. ***subterranea*(*S. subterranea*)** : 감자 가루더뎅이병(瘡痂病)균.

Stemphylium : 균계의 불완전균류(Deuteromycotina)에 속하였으나, Dictionary of the Fungi(9th edition)의 분류체계에 따르면, 균계의 자낭균문(Ascomycota), 자낭균강(Ascomycetes), 위자낭균목(Pleosporales)에 속하며, 분자생경과 분생포자를 형성한다. 분생자경은 갈색으로 정단부위가 부풀어 있다. 분생포자는 갈색내지 황갈색, 타원형이며, 여러 개의 횡경막과 종격막을 가지고 있다. 고추 흰무늬병(白斑病)등을 일으킨다.

***S. botryosum*(Current name : *Pleospora tarda*)** : 마늘 잎마름병(葉枯病)균.

S. herbarum : 감귤나무 스템필리움썩음병(Pleospora rot)균.

S. lycopersici : 토마토 점무늬병균. 고추 점무늬병(흰별무늬병, 斑點病)균.

S. solani : 토마토 점무늬병균.

***Stromatinia cepivora* (*Sclerotium cepivorum*)** : 마늘・양파・파 흑색썩음균핵병(黑腐菌核病)균. Dictionary of the Fungi(9th edition)의 분류체계에 따르면, 본 균은 균계의 자낭균문(Ascomycota), 자낭균강(Ascomycetes), 균핵병균목(Helotiales)에 속한다.

***S. gladioli*(*Sclerotinia gladioli*)** : 글라디올러스 구근썩음병균.

Synchytrium endobioticum : 감자 암종병(癌腫病)균. Dictionary of the Fungi(9th edition)의 분류체계에 따르면, 본 균은 균계의 병꼴균문(Chytridiomycota), 병꼴균강(Chytridiomycetes), 병꼴균목(Chytridiales)에 속한다.

Taphrina deformans : 복숭아나무 잎오갈병균. 본 균의 분류학적 위치는 균계의 자낭균門(Ascomycota), 원생자낭균綱(Archiascomycetes), 외자낭균目(Taphrinales), 외자낭균과(Taphrinaceae)에 속하였으나, Dictionary of the Fungi(9th edition)의 분

류체계에 따르면, 균계의 자낭균문, 외자낭균강(Taphrinomycetes), 외자낭균목, 외자낭균과에 속하며, 자낭포자와 분생포자를 형성한다. 자낭은 자낭각이 없이 노출되어 있으며, 무색, 원통형으로 크기는 25~50×8~12㎛이다. 자낭포자는 무색, 구형으로 3~5㎛이다. 분생포자는 구형으로 2.5~6×4~8㎛이다. 병원균의 발육 최적온도는 20℃이고, 12~21℃에서 기주체 침입이 용이하다.

T. pruni : 오얏나무 보자기열매병균.

Thanatephorus cucumeris (무성세대 : *Rhizoctonia solani*) : 무·배추·오이·가지·파·토마토 잘록병(立枯病)균. 생강 잎집무늬마름병균. 배추 밑둥썩음병균. 양배추 잎썩음병균. 본 균의 분류학적 위치는 균계의 담자균門(Basidiomycta), 모균강(Hymenomycetes), 뿔담자균목(Ceratobasidiales)에 속하였으나, Dictionary of the Fungi(9th edition)의 분류체계에 따르면, 균계의 담자균문(Basidiomycta), 담자균강(Basidiomycetes), 뿔담자균목(Ceratobasidiales)에 속하며, 담자기와 담자포자를 형성한다. 담자기는 원통형 내지 반원통형이며, 그 크기는 10~23×8~13㎛이다. 담자기의 상부에는 보통 3~5개의 소병이 형성되고, 이 소병끝에서 담자포자가 형성된다. 담자포자는 타원형 내지 계란모양이며, 크기는 7~13×4~7㎛ 이다. 무성세대에서는 분생포자를 형성하지 않으며, 균사의 분기점이 약간 잘록하고, 이로부터 가까운 곳에서 격막이 형성되는 특징을 가지고 있다. 이 균은 염주상세포와 균핵을 형성하기도 하는데, 균핵은 계통에 따라서 모양과 크기가 다양하며, 보통 구형 내지 부정형이고, 색깔은 담갈색 내지 암갈색이며, 균핵의 내부는 껍질과 속으로 분화되어 있지 않다. 이 균에는 균학적 특성 및 병원성이 매우 다른 계통으로서 여러 그룹의 균사융합군과 배양형이 존재한다. 이 균에는 균학적 특성 및 병원성이 매우 다른 여러 그룹의 균사 융합군과 배양형이 존재한다.

Thielaviopsis basicola : 담배 검은뿌리썩음병(黑根腐病)균. 본 균은 균계의 불완전균류(Deuteromycotina), 총생균강(Hypomycetes), 총생균목(Hyphomycetales), 암색선균과(Dematiaceae)에 속하였으나, Dictionary of the Fungi(9th edition)의 분류체계에 따르면, 균계의 자낭균문(Ascomycota), 자낭균강(Ascomycetes), 소자낭균목(Microascales)에 속한다.

Tilletia : Dictionary of the Fungi(9th edition)의 분류체계에 따르면, 본 균은 균계(Fungi)의 담자균문(Basidiomycta), 깜부기병균강(Ustilaginomycetes), 비린깜부기병균목(Tilletiales), 비린깜부기병균과(Tilletiaceae)에 속한다.

T. caries(*Tilletia tritici*, 구명 : *Uredo caries*) : 밀 비린깜부기병(黑穗病)균.

T. foetida(구명 : *Erysibe foetida*, Current name : *T. laevis*) : 비린깜부기병균.

T. indica : 비린깜부기병균.

T. laevis(*Erysibe foetida, Tilletia foetida*) : 비린깜부기병균.

T. tritici(구명 : ***Lycoperdon tritici***, Current name : ***Tilletia caries***) : 밀 깜부기병(黑穗病)균

Trichurus spiralis : 느타리버섯 흑회색융단곰팡이. 균계의 불완전균류(Deuteromycotina)에 속하였으나, Dictionary of the Fungi(9th edition)의 분류체계에 따르면, 본 균은 균계(Fungi)의 자낭균문(Ascomycota), 자낭균강(Ascomycetes), 흑종병균목(Phyllachorales)에 속하며, 분생포자경과 분생포자를 형성한다.

Tubercularia vulgaris(Current name : ***Nectria cinnabarina***, 유성세대) : 배나무 붉은가지마름병(紅色枝枯病)균. Dictionary of the Fungi(9th edition)의 분류체계에 따르면, 본 균은 균계(kingdom Fungi)의 자낭균문(Ascomycota), 자낭균강(Ascomycetes), 미확정목(Order Incertae sedis)에 속한다.

Typhula incarnata(***Sclerotium fulvum***) : 맥류 설부균핵병균. 본 균의 분류학적 위치는 균계(kingdom Fungi)의 담자균문(Basidiomycta), 모균강(Hymenomycetes), 뿔담자균목(Ceratobasidiales)에 속하였으나, Dictionary of the Fungi(9th edition)의 분류체계에 따르면, 균계의 담자균문, 담자균강(Basidiomycetes), 주름버섯목(Agaricales)에 속한다.

Uncinula necator(Current name : ***Erysiphe necator***) : 포도나무 흰가루병(白粉病)균. 균계의 자낭균門(Ascomycota), 균사자낭균綱(Filamentous Ascomycetes), 각균綱(Pyrenomycetes), 흰가루병균目(Erysiphales)에 속하였으나, Dictionary of the Fungi(9th edition)의 분류체계에 따르면, 균계의 자낭균문, 자낭균강, 흰가루병균목에 속하며, 자낭포자와 분생포자를 형성한다. 살아있는 식물체에서만 기생하는 순활물기생균으로 인공배양이 불가능하다. 균사 생육온도는 10~41℃이고, 적온은 24~32℃이다.

Uredo appendiculata(***Uromyces pisi***, Current name : ***Uromyces pisi-sativi***) : 완두 녹병(銹病)균. Dictionary of the Fungi(9th edition)의 분류체계에 따르면, 본 균은 균계(kingdom Fungi)의 담자균문(Basidiomycta), 녹병균강(Urediomycetes), 녹병균목(Uredinales)에 속한다.

U. caries(***Tilletia tritici***, Current name : ***T. caries***) : 밀 비린깜부기병균.

U. fabae(***Uromyces fabae***, Current name : ***U. viciae-fabae*** var. ***viciae-fabae***) : 잠두 녹병(銹病)균.

Urocystis agropyri(구명 : ***Urocystis tritici***) : 밀 줄기깜부기병균. Dictionary of the Fungi(9th edition)의 분류체계에 따르면, 본 균은 균계(kingdom Fungi)의 담자균문(Basidiomycta), 깜부기병균강(Ustilaginomycetes), Urocystales(目에 속한다.

U. cepulae : 양파 깜부기병균.

U. tritici(Current name : *Urocystis agropyri*) : 밀 줄기깜부기병균

Uromyces : Dictionary of the Fungi(9th edition)의 분류체계에 따르면, 본 균은 균계의 담자균문(Basidiomycta), 녹병균강(Urediomycetes), 녹병균목(Uredinales)에 속하며, 동포자가 단세포이며, 하포자는 황갈색, 단세포, 타원형 혹은 난형이다.

U. appendiculatus (*Uromyces phaseoli*) : 강낭콩·팥·녹두 녹병(銹病)균. 동포자가 단세포이며, 하포자는 황갈색, 단세포, 타원형 혹은 난형이며, 표면에 돌기가 있고, 크기는 20~30×10~27㎛이다. 이 균의 동포자는 갈색, 단세포, 원형 내지 타원형이고, 정단에 유두돌기가 있으며, 크기는 24~41×19~30㎛이다. 이 균에는 세계적으로 여러 개의 병원형이 존재하는 것으로 알려져 있다.

U. arachidis(*Puccinia arachidis*) : 땅콩 녹병(銹病)균.

U. azukicola : 팥 녹병(銹病)균.

U. fabae (구명 : *Uredo fabae*, Current name : *Uromyces viciae-fabae* var. *viciae-fabae*) : 잠두 녹병(銹病)균.

U. phaseoli(Current name : *U. appendiculatus*) : 강낭콩·팥 녹병(銹病)균.

U. phaseoli var. *vignae*(*U. vignae*) : 동부 녹병(銹病)균.

U. pisi (구명 : *Uredo appendiculata*, Current name : *Uromyces pisi-sativi*) : 완두 녹병(銹病)균.

U. pisi-sativi(구명 : *Uredo appendiculata, Uromyces pisi*) : 완두 녹병(銹病)균.

U. sojae(*Phakopsora pachyrhizi*) : 콩 녹병(銹病)균.

U. viciae-fabae var. *viciae-fabae* (구명 : *Uredo fabae, Uromyces fabae*) : 잠두 녹병(銹病)균. 하포자는 담황색, 단세포, 구형 혹은 타원형이며, 표면에 돌기가 있고, 크기는 20~35×17~25㎛이다. 이 균의 동포자는 흑갈색, 단세포로서 표면은 매끈하고, 난형 혹은 타원형이며, 긴 병을 가지고 있고, 크기는 24~47×17~30㎛이다.

U. vignae (*Uromyces phaseoli* var. *vignae*) : 동부 녹병(銹病)균. 하포자는 황갈색, 단세포, 구형 내지 아구형 혹은 난형이며, 표면에 돌기가 있고, 크기는 24~30×16~22㎛이다. 이 균의 동포자는 암갈색, 단세포로서 표면은 매끈하고, 아구형 내지 난형 혹은 타원형이며, 크기는 28~34×26~28㎛이다.

Urophlyctis alfalfae (구명 : *Cladochytrium alfalfae*, Current name : *Physoderma alfalfae*) : 알팔파 crown wart병균. 균계(kingdom Fungi)의 병꼴균문(Chytridiomycota), 병꼴균강(Chytridiomycetes), 병꼴균목(Chytridiales), 암종병균과(Synchytriaceae)에 속하였으나, Dictionary of the Fungi(9th edition)의 분류체계에 따르면, 균계의 병꼴균문, 병꼴균강, 후벽낭균목(Blastocladiales),

Physodermataceae(科)에 속한다.

Ustilaginoidea virens (*Claviceps oryzae-sativae, C. virens*) : 벼 이삭누룩병균. 균계의 자낭균門(Ascomycota), 각균綱(Pyrenomycetes), 육좌균目(Hypocreales)에 속하였으나, Dictionary of the Fungi(9th edition)의 분류체계에 따르면, 균계의 자낭균문, 자낭균강(Ascomycetes), 미확정목(Order Incertae sedis)에 속한다. 균사, 후막포자, 분생자, 분생자병, 자실체로 구분된다. 발병된 벼 알의 외부는 검은색 덩어리가 형성되는데, 덩어리의 표면에는 많은 포자가 형성되며, 표면에 생긴 암갈색의 분말이 후막포자이다. 후막포자는 원형의 단세포로 크기는 4~6㎛이며, 표면에 작은 돌기를 만든다. 일부 이병립에서는 균핵이 형성되기도 하며, 크기는 5~13×2~5㎜이고, 균핵이 발아되어 자실체를 형성하며 여기에 자낭이 형성되고, 1개의 자낭에 8개의 실모양을 한 자낭포자를 갖는다.

Ustilago : Dictionary of the Fungi(9th edition)의 분류체계에 따르면, 본 균은 균계(Fungi)의 담자균문(Basidiomycta), 깜부기병균강(Ustilaginomycetes), 깜부기병균목(Tilletiales), 깜부기병균과(Ustilaginaceae)에 속한다.

U. avenae : 귀리 겉깜부기병균.

U. crameri : 조 깜부기병균.

U. hordei : 맥류 속깜부기병균. 후막포자는 거의 구형이고 갈색이다. 한쪽이 다른 쪽보다 색이 진하고 표면은 매끄럽다. 발아하면 담자기(전균사)를 형성하고 그 위에 다시 소생자가 생긴다.

U. kolleri(Current name : ***Ustilago avenae***) : 귀리 속깜부기병균.

U. maydis : 옥수수 깜부기병균. 후막포자는 구형 내지 장타원형으로 황갈색을 띠고, 표면에 짧은 돌기가 있으며, 직경은 8~13㎛이다. 후막포자는 발아하여 전균사와 소생자를 형성한다. 소생자는 분아에 의해 증식하며, +성과 -성이 있어 접합을 하기도 한다. 후막포자는 일정한 휴면기간 없이 발아할 수 있으며, 생존기간은 5~7년이다. 후막포자의 발아 최저온도는 8℃, 최적온도는 26~34℃, 최고온도는 36~38℃이다. 이 병원균에는 다수의 생태형이 존재한다.

U. nuda : 맥류 겉깜부기병균. 후막포자는 속깜부기병균과 유사하나 표면에는 가시갖은 돌기가 있고 속깜부기병균처럼 전균사를 형성하나 소생자를 형성하지 않는다.

U. nuda f.sp. ***tritici***(***U. tritici***) : 밀 겉깜부기병균.

U. tritici(Current name : ***U. nuda*** f.sp. ***tritici***) : 밀 겉깜부기병균.

U. zeae(Current name : ***Ustilago maydis***) : 옥수수 깜부기병균.

Valsa ceratosperma : 사과나무 부란병(腐爛病)균. Dictionary of the Fungi(9th edition)의 분류체계에 따르면, 본 균은 균계(kingdom Fungi)의 자낭균문(Ascomycota), 자

낭균강(Ascomycetes), 동고병균목(Diaporthales)에 속한다.

V. persoonii (Current name : ***Leucostoma persoonii***) : 복숭아나무 줄기마름병(胴枯病)균.

Venturia : 본 균의 분류학적 위치는 균계의 자낭균문(Ascomycota), 소방자낭균강(Loculoascomycetes), 위자낭균목(Pleosporales)에 속하였으나, Dictionary of the Fungi(9th edition)의 분류체계에 따르면, 균계의 자낭균문, 자낭균강, 위자낭균목에 속하며, 자낭포자와 분생포자를 형성한다.

V. carpophila(***Cladosporium carpophilum***) : 복숭아나무 검은별무늬병(黑星病)균.

V. inaequalis (***Cladosporium dendriticum, Fusicladium dendriticum***) : 사과나무 검은별무늬병(黑星病)균.

V. nashicola : 배나무 검은별무늬병(黑星病)균. 분생포자는 단세포 암갈색이며, 자낭포자는 황갈색 2세포로 되어 있다. 병원균의 생육온도는 7~30℃이며, 최적온도는 20℃ 내외로 비교적 저온균에 속한다. 반활물기생균으로 배지 상에서는 잘 자라지 않는다.

V. pyrina : 배나무 검은별무늬병(黑星病)균.

Verticillium albo-atrum : 가지 반신위조병균(半身萎凋病)균. 감자 반쪽시들음병(半身萎凋病)균. 본 균은 균계의 불완전균류(Deuteromycotina), 총생균강(Hypomycetes), 총생균목(Hyphomycetales), 담색선균과(Moniliaceae)에 속하였으나, Dictionary of the Fungi(9th edition)의 분류체계에 따르면, 균계의 자낭균문(Ascomycota), 자낭균강(Ascomycetes), 육좌균목(Hypocreales)에 속한다.

V. dahliae : 채소 시들음병(萎黃病)균.

Waitea circinata (무성세대 : ***Rhizoctonia oryzae***) : 벼 적색균핵병(赤色菌核病)균. Dictionary of the Fungi(9th edition)의 분류체계에 따르면, 본 균은 균계의 담자균문(Basidiomycta), 담자균강(Basidiomycetes), 뿔담자균목(Ceratobasidiales)에 속한다. 벼의 병든 잎집에서는 황색 내지 담적색의 관상형 혹은 부정형 균핵을 형성하고 그 크기는 0.5~0.45㎜이다. 배양기에서는 담적색 내지 적색의 부정형 균핵을 형성하며 크기는 0.5~8.0㎜이다. 주축 균사의 폭은 6~12㎛이고, 1개의 균사세포 내에는 1~9개의 핵이 들어있다. 또한 담자기는 항아리 혹은 원통형 모양으로 크기는 9.5~18.0×4.0~8.0㎛이다. 담자기에는 4개의 소병이 있고, 이 소병 끝에서 담자포자가 형성된다. 담자포자는 단세포로 색이 없으며, 계란모양 혹은 타원형이며, 크기는 7.5~10.3×4.3~6.9㎛이다. 이 균의 균사 생육온도는 10~41℃, 적온은 31~33℃이다.

Whetzelinia sclerotiorum (Current name : ***Sclerotinia sclerotiorum***) : 가지 균핵병(菌核病)균. Dictionary of the Fungi(9th edition)의 분류체계에 따르면, 본 균은 균계의 자낭균문(Ascomycota), 자낭균강(Ascomycetes), 균핵병균목(Helotiales)에 속한다.

Xyloma acerinum (Current name : ***Rhytisma acerinum***) : 단풍나무 타르점무늬병균. Dictionary of the Fungi(9th edition)의 분류체계에 따르면, 본 균은 균계의 자낭균문(Ascomycota), 자낭균강(Ascomycetes), 타르병균목(Rhytismtales)에 속한다.

X. lini*(*Melampsora lini*,** Current name : ***M. lini var. ***lini***) : 아마 녹병(銹病)균.

X. rubrum(Current name : ***Polystigma rubrum***) : 오얏나무 붉은무늬병균.

X. salicinum(Current name : ***Rhytisma salicinum***) : 포풀러 타르점무늬병균.

Zygophiala jamaicensis (Current name : ***Schizothyrium pomi,*** 이명 : ***Leptothyrium pomi***) : 사과·포도나무 그을음점무늬병균. 불완전균에 속하였으나, Dictionary of the Fungi(9th edition)의 분류체계에 따르면, 균계의 자낭균문(Ascomycota), 자낭균강(Ascomycetes), 미확정목(Order Incertae sedis)에 속한다. 흑점을 광학현미경이나 전자현미경으로 관찰하면 흑색의 균사조직이 뭉쳐져 있는 것을 볼 수 있다. 흑점의 크기는 150~600×100~500㎛(평균 300~250㎛)이며, 분생자경상단에 분생자가 형성된다. 분생포자는 무색, 2세포의 긴 타원형이며, 크기는 12~26×5~12㎛이다.

Ⅲ. 진균의 병명

가지 갈색둥근무늬병(褐色圓星病, Cercospora leaf spot) : *Cercospora melongenae* (*C. solani-melongenae*). 주로 잎에 발생한다. 병반은 처음 황갈색의 작은 반점으로 나타나고, 진전되면 5~6㎜의 큰 병반으로 확대되기도 한다. 병반 주위는 연한 갈색의 병무늬로 나타나고, 점차 진한 병무늬가 형성되며 병반의 중앙은 암회색의 분생포자가 형성되고, 심하면 그 중앙부의 조직이 파열되어 구멍이 뚫리기도 한다. 심하게 진전되면 잎 전체가 떨어진다. 1차 전염원에 대하여 아직 정확한 연구결과는 없으나, 병원균은 병든 잎의 잔재에서 분생포자나 균사의 형태로 월동하는 것으로 추정된다. 1차 전염원에서 형성된 분생포자는 비산되어 전반되며, 8~9월 또는 초가을 비료가 부족하고, 비가 많은 해에 발생이 심하다.

가지 갈색무늬병(褐斑病, Brown spot, Phomopsis blight) : *Phomopsis vexans* (구명 : *Phoma vexans*, Current name : *Diaporthe vexans*, 유성세대). 잎, 줄기, 과실을 침해한다. 잎에는 처음에 회녹색 원형의 작은 병반을 만든다. 진전되면 확대된 부정원형의 갈색으로 되며 표면에 검은색 작은 반점을 형성한다. 병반이 오래되면 중앙이 회색으로 변하고 동심윤문을 형성한다. 비가 많이 내릴 경우에는 줄기에 회백색, 장타원형의 병반이 형성된다. 어린 과일에는 발병이 적으나 큰 과일에는 발병이 많다. 처음에 담갈색 부정원형의 병반을 형성하고 확대된 회갈색의 커다란 병반도 생기며 나중에는 표면에 윤문모양의 작고 검은 반점을 형성한다. 병원균은 병든 식물체의 잔재에서 균사 또는 병자각의 형태로 월동하여 1차 전염원이 된다. 채종포장에서 발생되면 종자전염이 될 수 있다. 배수가 불량하고 밀식하거나 질소질 비료를 많이 주면 병 발생이 조장되며, 가을철의 비가 자주 오고 습한 날이 많을 때 발생이 심하다.

가지 갈색부패병(褐色腐敗病, Phytophthora rot, Brown rot) : *Phytophthora capsici*.

가지 검은마름병(黑枯病, Black rot, Leaf spot) : *Cercospora melongenae* (구명 : *Cercosporina melongenae*). 잎에 직경 1㎜ 정도의 작은 흑갈색 반점이 다수 발생하며, 다습조건하에서는 직경 1㎝ 이상의 대형병반을 형성하고 병반면(病斑面)에 윤문이 생기고, 암갈색의 곰팡이가 밀생하는 일이 있다. 줄기에도 발병하고 옆가지의 분지 부분과 과일의 꼭지, 절구(切口) 등에도 병원균이 침입해서 발병한다. 줄기의 병든 부분에는 껍질 층이 함몰하고 담갈색을 나타내며, 나중에는 표면에 흑갈색의 곰팡이가 밀생하고 선단부는 결국 말라죽는다. 열매의 경우에는 적갈색 내지 갈색의 병반이 생기기도 하며 심하면 과실의 표면에 무수한 수침상의 반점이 생긴다. 이 병은 20~25℃ 정도의 온도 하에 습도가 높은 곳에서 많이 발생한다. 노지재배에 비해 하우스재배의 경우는 환기가 충분하지 않고 습도가 높은 것이 발생 요인으로 알려져 있다. 무 가온 재배의 하우스에서는 보온 때문에 밀폐상태로 유지하는 시간이 길고 습도가 높아 발병하기 쉬우나, 난방시설이 완비되고 환기가 충분히 이루어지는 하우스에서는 비교적 발생이 적다.

가지 검은썩음병(炭腐病, Charcoal rot) : *Macrophomina phaseolina* (구명 : *Macrophoma phaseolina*). 과실에 처음에는 부정형의 검은 반점이 나타나고, 진전되면 과실 대부분이 검게 변하면서 썩는다. 감염부위에는 많은 병자각이 형성되어 검은 소립점으로 보인다. 병원균은 병든 부위에서 균핵이나 병자각의 형태로 월동 후, 균핵이 발아하거나 병포자를 비산하여 1차 전염원이 된다. 주로 노지재배시 발생하며, 여름부터 가을까지 고온다습할 때 병 발생이 심하다.

가지 검은점뿌리썩음병(黑點根腐病, Black dot root rot) : *Colletotrichum coccodes* (*C. atramentarium*). 뿌리와 줄기 지제부에는 균핵이 붙어 있어 흑색의 소립점으로 보이고, 뿌리는 콜트처럼 변하며 썩는다. 감염초기에는 건전한 그루와 구별되지 않고. 병이 진전됨에 따라서 지상부는 푸른 상태로 시들고, 심하게 진전되면 식물체가 변색되어 말라죽는다. 병원균은 병든 부위 혹은 토양에서 균사 및 균핵의 형태로 월동 후, 1차 전염원이 된다. 주로 시설재배 포장에서 수확기에 이르러 피해가 나타난다.

가지 겹무늬병(輪紋病, Early blight) : *Alternaria solani* (구명 : *Macrosporium solani*). 잎, 줄기, 과경에 발생한다. 잎에서는 처음 갈색의 작은 점무늬로 나타나고, 진전되면 암갈색의 부정형 겹무늬 병반으로 확대된다. 후에 병반들이 서로 합쳐져 커지고, 잎이 마른다. 병원균은 종자 혹은 병든 부위에서 균사나 분생포자의 형태로 월동 후 분생포자를 형성하여 공기 전염한다. 고온다습한 시기의 노지재배에서 간혹 발생한다.

가지 균핵병(菌核病, Sclerotinia rot) : *Sclerotinia sclerotiorum* (*S. libertiana, Whetzelinia sclerotiorum*). 줄기, 가지, 과실에 발생한다. 줄기와 가지의 감염부위는 누렇게 변색되어 마르고, 흰 균사가 자라면서 후에 부정형의 검은 균핵이 형성된다. 식물체의 감염부위 위쪽으로는 시들고, 후에 말라죽는다. 과실은 주로 꽃잎이 붙어 있는 부위에서 감염이 시작되어 진전되면 과실이 황갈색으로 변하면서 물러 썩는다. 감염부위에는 균사가 자라고 후에 부정형의 검은 균핵이 형성된다. 병원균은 병든 식물체의 조직 및 토양 내에서 균핵의 형태로 월동하거나 감염된 식물체내에서 균사상태로 월동한 다음, 발아하여 자낭반과 자낭포자를 형성한다. 자낭포자는 식물체의 약한 부위에 부착하여 침입하며, 균핵 및 균사체로부터 발아하여 뻗어 나온 균사가 식물체를 직접 침해하기도 한다. 습도가 높고 기온이 15~25℃의 서늘한 상태에서 병 발생이 심하다.

가지 그을음병(煤病, Scab) : *Cladosporium cucumerinum*.

가지 반쪽시들음병(半身萎凋病, Verticillium wilt) : *Verticillium dahliae* (*V. albo-atrum*). 처음에는 아래 잎의 잎줄기 사이에 불선명한 퇴색반(褪色班)이 생기고 점차 잎가장자리가 시들면서 아래로 처진다, 병든 잎은 주맥(主脈)을 경계로 하여 한쪽만 담황색이 되고 나중에 전체가 황화하여 죽는다. 포기 전체로는 한쪽 지엽(枝葉)에서 발병을 시작하여 차차 포기 전체가 황화 위축하여 죽는다. 병든 포기의 줄기를 절단해 보면 유관속 부분이 갈변해 있다. 반시듦병균은 병든 포기의 남은 뿌리가 토양 중에 남아서 다음 재배시의 전염원이 된다. 노지재배에서도 발생하나 고정화된 하우스에는 이어짓기를 하는 경우가 많으므로 반고병과 같은 토양전염성 병해의 피해가 나타나기 쉽다. 이 병균은 작은 균핵과 후막포자(厚膜胞子)를 만들어 토양 중에 생존하고 수년 동안 전염성을 지속하며, 가지를 심으면 뿌리로 침입하여 발병시킨다. 이 반시듦병과 같은 증상을 나타내는 반고병의 경우에는 잎의 지맥을 따라서 그물눈 모양으로 황화가 진행되어 처음에는 그리 시들지 않으므로 쉽게 구별할 수 있다. 반시듦병균은 발육적온이 20~25℃로서, 27℃ 이상의 고온건조하에서는 발육불량이 된다. 따라서 반고병에 비해 약간 저온의 계절에 많이 발생한다.

가지 솜털역병(棉疫病, Buck eyerot, Cottony rot, Phytophthora Rot) : *Phytophthora nicotianae* var. *nicotianae* (*P. parasitica*). 가지를 비롯하여 호박, 오이, 토마토에도 발생한다. 주로 과일에 발생하는데 어린과일에서 성숙기에 이르기까지 피해를 준다. 처음에 12㎜×20㎜ 정도의 약간 들어간 타원형의 광택이 없는 갈색병반을 형성하고 차차 넓어져서 35㎜×40㎜ 정도의 원형 내지 타원형으로 표면이 조금 내려앉은 갈색의 병반을 형성하는데, 오래된 병반부에는 흰 솜털 모양의 균사가 표면에 나타난다. 표면의 균사는 습윤 조건에서 증가하고 병 발생 후 7일 정도 되면 과일 전체에 피해를 준다. 건조하면 희미한 회백색의 곰팡이가 생기고, 어린 과일에는 발병 후 건조할 때 표면에 균사가 생기는 일이 없이 갈색으로 되고, 가지나 줄기에 부착하면 위축, 건조하는 것도 있다. 병든 과일은 대다수가 부패하여 떨어지고, 어린 묘에 발병하면 지표면이 부패하여 잘록병 증상을 나타내며 쓰러진다. 병원균은 난포자의 형태로 병든 과일이 토양 중에 잔류함으로써 전염된다. 분생포자 형성 이후에는 주로 그 비산에 의해 주변의 포기에 전염된다. 발병은 고온 하(28℃)에서, 특히 습도가 높을 때 심하다. 따라서 주로 기온이 따뜻한 6~9월경에 발생하나 하우스재배에서는 관수가 지나칠 때, 노지재배에서는 7~8월경의 강우가 심할 때 많이 발생하고 피해도 크다. 특히 이어짓기를 할 때와 배수가 불량한 땅에서, 그리고 밀식재배를 할 때 많이 발생한다. 질소질을 과다하게 사용하면 더욱 발병이 심한데, 품종에 따라 긴가지는 이 병에 약하며, 둥글고 짧은 가지는 비교적 강한 경향을 나타낸다.

가지 시들음병(萎黃病, Fusarium wilt) : *Fusarium oxysporum* f.sp. *orthoceras*. 주로 생육중기 이후부터 발생하며, 병든 그루는 초기에 아래쪽의 잎들이 밑으로 처지면서 약간 시드는 증상으로 나타난다. 진전되면 잎이 말리면서 푸른 상태로 시들고, 후에 잎이 황록색 내지 황색으로 변하면서 전체적으로 시들고 말라죽는다. 감염된 줄기의 지제부와 뿌리는 갈색 내지 암갈색으로 변하고, 마른 상태로 썩는다. 병든 그루의 줄기를 종단하여 잘라보면 도관부가 암갈색으로 변해 있다. 병원균은 병든 식물체의 조식이나 토양 속에서 균사와 후막포자의 형태로 월동한다. 보통 토양 중에 널리 분포하며, 물로 이동되는 거리는 매우 짧은데, 주로 흙 입자에 묻혀 농기구나 사람 등을 통해 먼 거리로 이동된다. 병원균은 식물체의 가는 뿌리나 상처를 통해 침입하며, 서늘한 지방에서는 병 발생이 적고, 감염되어도 병증상이 나타나지 않다가 수확기에 기온이 올라가면 증상이 나타나기도 한다. 병 발생에 적합한 온도는 24℃ 이상이며, 16℃ 이하와 33℃ 이상에서는 발병되지 않는다. 토양이 산성(pH 5.0~5.5)이고, 배수가 양호한 사질양토에서 발생이 많은데, 월동체인 후막포자는 기주식물 없이도 토양 중에서 수년간 생존하기 때문에 방제가 매우 어려운 병해이다.

가지 역병(疫病, Phytpohthora rot) : *Phytophthora nicotianae* (*P. parasitica*). 뿌리, 줄기, 잎, 가지, 과실 등 모든 부위에서 발생되며 특히, 과실에 발생이 심하다. 병 증상별로 볼 때 모잘록, 잎반점, 줄기와 뿌리썩음, 과실썩음 등 다양한 병징을 나타낸다. 뿌리나 땅가 줄기에서 발생되어 포기 전체가 시들고 곧 말라 죽는데, 굵은 뿌리는 수침상으로 썩고, 지제부의 줄기 내부는 종류에 따라, 과실표면에 하얀 균사덩어리가 생기기도 하고, 균사 없이 그냥 황갈색을 띠며 수침상으로 썩기도 하며, 진전부와 뚜렷한 경계가 나타나기도 한다. 과실부의 병든 조직은 진한 갈색을 띤다. 육묘상에서 부터 전생육기에 발생되며 시설재배에서는 연중 발생된다. 노지에서는 장마기에 주로 전반되어 8~9월에 발생이 가장 심하다. 토양이 장기간 과습하거나 배수가 불량하고 포장이 침수되면 병 발생이 조장되는데 연작지에서 병 발생이 많다. 토양전염성 병해로 대부분의 전염원은 토양에 존재하며 관수로 유입될 수도 있다. 토양중의 병원균이 빗물에 튀어 올라 과실을 침해하며, 상처 없이도 기주체를 침입할 수 있다. 병든 식물체 조직에서 균사나 난포자 상태로 월동하고 이듬해에 다시 발아하여 1차 전염원이 된다. 병원균은 전국적으로 널리 퍼져 있으며 두 종류의 유성생식형이 거의 전 재배지역에 존재한다. 30℃ 내외로 고온다습한 날이 계속되면 심하게 발생할 수 있다.

가지 잎곰팡이병(葉黴病, Leaf mold) : *Mycovellosiella nattrassii*. 잎에 발생한다. 처음에는 잎 뒷면에 흰색의 곰팡이가 붙어 자라면서 작은 반점으로 나타난다. 진전되면 곰팡이가 회갈색으로 변하면서 원형의 그을음병반으로 확대된다. 후에 병든 잎의 표면은 연한 황갈색의 반점과 원형의 검은 균총이 나타나고, 잎 전체가 누렇게 변하며 마른다. 병원균은 병든 잎에서 병자각의 형태로 월동 후 분생포자를 형성하여 공기전염 한다. 여름부터 가을에 걸쳐서 비가 많이 오는 시기에 발생이 심하다.

가지 잘록병(立枯病, Damping-off) : *Thanatephorus cucumeris* (무성세대 : *Rhizoctonia solani, Corticium vagum*). 유묘기부터 생육 후기까지 발생한다. 감염된 식물체는 지제부가 잘록해지고, 지상부가 시들어 죽는다. 일찍 감염된 묘는 잘 쓰러지며, 어느 정도 자란 후에 감염된 그루는 줄기의 지제부가 마른 상태로 서서히 썩으면서 병이 진전되어, 초기에는 푸른 상태로 시들다가 후에 그루 전체가 말라 죽게 된다.

가지 잿빛곰팡이병(灰色黴病, Gray mold) : *Botrytis cinerea* (유성세대 : *Botryotinia fuckeliana*). 꽃, 과실, 잎과 줄기에 발병한다. 오래된 꽃받침이 갈색의 수침상으로 썩고 꽃받침 위에 번식한 균사는 유과, 신초, 과실 등에 침입한다. 유과에는 갈색의 움푹 패인 병반을 형성하고 그 위에 회색의 곰팡이를 형성한다. 이병과는 떨어진다. 신초와 과실도 갈변하며 곰팡이를 형성한다. 발병한 꽃받침이 잎에 닿으면 잎에도 옅은 갈색의 윤문이 있는 대형병반을 형성한다. 병원균은 분생포자에 의해 균핵을 형성한다. 피해 경엽 또는 짚 등 다른 유기물에 부생적으로 번식하고 전염원으로 된다. 온도가 높은 하우스재배에서 특이적으로 발생하고 노지재배에서는 거의 발생되지 않는다.

가지 점무늬병(斑點病, Leaf spot) : *Stemphylium lycopersici*. 잎에 처음에는 갈색의 작은 점무늬로 나타나고, 진전되면 원형 내지 부정형의 암갈색 반점으로 확대된다. 후에 병반의 내부에는 검은 소립점이 보이고, 병반은 잘 찢어지며, 구멍이 생기기도 한다. 잎의 가장자지로부터 병반이 형성된 경우에는 대부분 병반의 내부가 탈락되어 없어진다.

가지 탄저병(炭疽病, Anthracnose) : *Colletotrichum circinans, C. melongenae, C. phomoides* (구명 : *Gloeosporium phomoides*, Current name : *Colletotrichum coccodes*). 잎, 줄기, 과실에 발생한다. 잎에는 청록색의 윤문이 생겨 확대하며, 줄기와 과실에는 엿빛의 수침상 작은 반점이 생겨 확대되어 점차 윤문이 생기고, 그 주위에 흑색의 소립이 생기거나 홍색의 점질물이 나온다. 병든 부위는 다소 움푹해진다.

가지 흰가루병(白粉病, Powdery mildew) : *Erysiphe cichoracearum* (Current name : *Golovinomyces cichoracearum*). 잎, 엽병, 줄기, 과실, 꽃 등 지상부에 발병하며, 잎에는 처음에 원형의 흰 색을 띠는 병반을 만들지만 후에는 잎 전면에 병반이 퍼지게 되어 조기 황화 낙엽된다. 과실에도 하얀 이슬 같은 균총을 형성한다. 병원균은 두 종이 있다. 한 종은 토마토의 흰가루병균과 같으나, 다른 한 종은 박과류의 흰가루병균과 동일하다. 가을에 들어서면서 부터 급격하게 발병이 증가한다. 시설재배 포장에서 심하게 발생하며 노지포장에서는 그다지 심하게 발생하지 않는다. 병원균은 분생포자 또는 균사의 형태로 월동하여 1차 전염원이 되며 포자의 비산에 의해 계속해서 병이 만연된다. 발병적온은 28℃ 내외이며 50~80%의 낮은 습도에서 피해가 크다.

가지 흰비단병(白絹病, Stem rot) : *Sclerotium rolfsii.*

감귤나무 검은무늬병(黑斑病, Black spot) : *Phyllosticta citricarpa* (구명 : *Phoma citricarpa*, Current name : *Guignardia citricarpa*, 유성세대). 일본 도감에는 병원균이 *P. erratica* 또는 *P. citricarpa*로 명시되어 있지만 아직도 확실치가 않으며, 일부에서는 *P. citricarpa*라고 주장되기도 한다. 잎과 과실에 발생하는데, 포장에서는 관찰하기 어렵고, 저장 중에 과실에 주로 발생한다. 초기 병징은 담갈색의 병반이 과피에 형성되고 점차 진전되면서 광택이 있는 검은색의 과립으로 변하게 되고 약간 딱딱해지지만 균사는 보이지 않는다. 병든 과실은 건부증상을 나타내며, 과실 속은 흑변 되고, 후에 다수의 병자각을 형성한다. 이 병징은 미국에서 보고된 과면의 함몰 병징과는 다르다. 잎에서는 작고 검은 점무늬로 나타난다. 병원균의 월동 및 전염방법 등 발생 생태에 관해서는 아직 알려진 바 없다.

감귤나무 검은썩음병(黑腐病, Black rot) : *Alternaria citri* (*A. brassicae* var. *citri*). 처음에 과정부를 중심으로 암갈색의 수침상 병반으로 되며 약간 들어간다. 이때 과실 내부는 이미 중심부에 암회색~녹갈색의 균사가 만연되어 있는 것이 많다. 그 후 병반이 확대되면 곧 과실표면에 흑녹색 비로도상의 곰팡이가 생긴다. 저장 중에 상처를 중심으로 흑변 부패하는 경우도 가끔 보인다. 본 병은 녹색 및 푸른색곰팡이병, 축부병과 더불어 중요한 저장병의 하나로 병원균은 항시 감귤원에 부유하고 있으며, 과실 생육기간 중 과정부, 꽃받침, 과실표면 등의 상처를 통해 침입한다.

감귤나무 검은점무늬병(黑點病, Melanose, Stem end rot) : *Diaporthe citri* (무성세대 : *Phomopsis citri*). 과실, 잎, 가지에 발생하며 과실에 발생할 경우에는 상품가치를 떨어뜨려 경제적인 피해를 초래하게 된다. 과실에서의 병반 모양은 흑점형, 니괴형, 누반형 3가지가 있다. 병원균이 침입한 식물의 표피세포는 그 침입 부위로부터 6개의 세포층까지 괴사하며 그 속에 딱딱하고 검붉은 고무질과 같은 물질이 박혀있다. 이것이 흑점형 반점이 된다. 낙화기 이전에 감염된 부위는 약간 함몰되며 경우에 따라서는 이 함몰이 수확기까지 유지되고 그 부위는 착색이 되어도 푸른색으로 남아 있다가 서서히 착색이 진행된다. 흑점의 크기는 매우 다양하여 낙화기 때 감염된 병반은 상대적으로 그 크기가 크며, 과실이 좀 더 자란 상태에서는 상대적으로 작은 병반을 형성하여 흑점의 모양도 뚜렷한 작은 돌기모양이 되고 과실의 비대기가 거의 끝날 단계에 감염된 조직은 병반이 붉은 색을 띠며 상대적으로 흑점모양이 뚜렷하지 않다. 또한 병원균 농도가 높을 경우 검붉은 딱지, 또는 부스럼 같은 모양이 되는데 이것이 니괴형 병반이며 물이 흐르는 방향으로 형성된 병반을 누반형이라고 한다. 잎의 경우 5월 초, 중순경 잎이 굳어지기 전에 감염되기 시작하여 전형적인 검은 점이 박혀있지만 심할 경우 잎이 황화 되고 심하게 뒤틀린다. 또한 청견, 부지화와 같은 만감류에서는 잎 표면에 흑점형 병반의 돌기 정도가 심하여 거친 모래가 붙어 있는 것과 같은 모양이 된다. 하지만 잎의 병반에서는 전염원이 형성되지 못하기 때문에 병을 전파시키지 못하므로 잎의 경우는 균이 방제할 필요가 없다. 줄기의 경우 신초나 녹지(綠枝)에 5월 초 중순경 이후로 감염되기 시작하며 다른 부위와는 다르게 침입부위에서 균이 살아 있는 경우가 많다. 검은점무늬병의 병징은 감염 시기나 과실의 상태, 감염 시 기후조건 등에 따라서 매우 다양하게 나타나고 녹응애 피해, 또는 구리제 등에 의한 약해와도 그 증상이 매우 유사하다.

감귤나무 과실면부병(果實綿腐病, Sclerotinia cottony rot) : *Sclerotinia sclerotiorum.*

감귤나무 균핵병(菌核病, Sclerotinia twig blight) : *Sclerotinia sclerotiorum.*

감귤나무 그을음병(煤病, Sooty mold) : *Capnodium citri.* 잎. 나뭇가지, 열매에 발생한다. 당분을 많이 함유한 액체를 분비하는 해충, 즉 각종 진딧물, 이세리아깍지벌레, 귤애가루깍지벌레, 귤가루이 등이 기생하는 나무의 잎, 줄기, 열매에 발생한다. 증상은 당분이 들어 있는 액체 주위로 흑색소립(자낭각)이 형성된다. 그을음 증상은 잎의 뒷면보다는 앞면에 주로 형성되며 흑색소립 같은 균사들은 물로 쉽게 씻겨 지지만 때에 따라서 심할 경우 제거하기가 어렵다. 그을음병은 비록 병원균이 직접 기주 조직을 침입하지는 않지만 광합성을 방해하여 과실의 발달을 저해시키고 착색을 지연시킴과 더불어 상품가치를 저하시킬 수 있다. 병원균은 병포자로 전염하며 균사 또는 자낭각으로 병반위에서 월동한다.

감귤나무 꼭지썩음병(梗腐病, Stem-end rot) : *Alternaria citri.*

감귤나무 꼭지썩음병(梗腐病, Stem-end rot) : *Diaporthe citri* (무성세대 : *Phomopsis citri*).

감귤나무 녹색곰팡이병(綠黴病, Green mold) : *Penicillium digitatum* (*Monilia digitata, Mucor digitata*). 수확 후 가장 문제시되는 병해로써 감염 부위에서 수백만 개의 포자를 형성하여 비산됨으로써 이들이 접종원으로 작용하게 되며 이런 포자들은 과원이나 저장고, 컨테이너, 각종 유통 장소에 존재한다. 병은 성숙한 과일에 발생하며, 발병초기에 수침상의 병반이 생기고 확대되면서 중심 부위에 하얀색 균사가 생기고 점차 확대되면서 포자들이 형성되기 시작하여 연두색 또는 녹색이 첨가된 올리브색의 포자로 뒤덮이며 가장자리는 하얀 띠를 형성한다. 습도가 높을 경우에는 포자형성 시기가 늦어지고 병환부 전체가 하얀색 균사로 뒤덮인 후 포자를 생성시키기도 한다. 또한 습도가 낮을 경우에는 병이 완전히 진전된 후 과실 전체가 쭈그러든다. 수확 후 뿐만 아니라, 곤충이나 기계적 상처, 또는 수확기의 잦은 강우로 인하여 과피가 연약해졌을 경우에도 감염되어 수상에서 부패되는 경우도 종종 있다. 병원균은 토양 중에서 여름을 지낸 후 9월 이후 분생포자를 형성하여 공기전염 된다. 부패과에서 형성된 분생포자는 2차 전염으로 저장중인 감귤에 병을 일으킨다.

감귤나무 누른무늬병(黃斑病, Greasy spot) : ***Mycosphaerella citri.***

감귤나무 더뎅이병(瘡痂病, Scab) : *Elsinoë fawcettii* (무성세대 : *Sphaceloma fawcettii*). 잎, 가지 그리고 과실에 발생하며, 잎의 경우 병원균이 침입 후 3일부터 병징이 나타나기 시작하여 초기의 증상은 황갈색의 파리똥 같은 작은 반점이 생기고 그 주위는 황화 되며, 병이 진전됨에 따라 차츰 돌출하여 회갈색이 되고 다습할 경우 연한 황색 또는 오렌지색으로 변한다. 심할 경우 잎이나 열매가 기형이 되며 신초에서는 낙엽이 되는 경우도 있다. 증상은 잎이나 과실의 발육상태에 따라 달라지는데 초기 감염 시(잎의 경우는 1/4정도 자랐을 때 까지, 열매의 경우는 약 0.5~1cm 정도의 크기 까지)에는 돌기형이 되고 후기 감염 시에는 부스럼 또는 딱지형이 된다. 하지만 돌기형, 또는 딱지형 병반도 과실이 점차 커질수록 부스럼형의 병반으로 변하게 된다. 또한 저항성 품종이나 다 자란 잎, 주위 환경이 발병조건에 알맞지 않을 경우 흑점 증상으로 나타나기도 한다. 분생포자로 전염되며, 균사로 병환부에서 월동한다.

감귤나무 무름병 (軟腐病, Rhizopus soft rot) : *Rhizopus stlonifer*.

감귤나무 소립검은점무늬병(小粒黑點病, Melanose like blemish) : *Diaporthe medusaea*, *Alternaria citri*. 검은점무늬병 보다 매우 작은 보통 0.02~0.08㎜ 정도의 작은 검은 점들이 과피의 유포 사이에 발생하며, 다량 발생 할 경우 그물망과 같은 모양이 된다. 과실이 착색되지 않을 때에는 거의 눈에 들어오지 않다가 착색이 시작되면서 병징이 뚜렷해지는데, 그 부위는 착색이 지연되어 푸른색이 남아 있다가 착색이 진전됨에 따라 점차 푸른색이 없어져서 상품에는 크게 영향을 주지 않지만 심할 경우는 수확 시까지 착색이 안 되고 그물망을 형성한 흑점 증상들이 뚜렷하여 상품과일이 안 되는 경우도 있다. 온주밀감 중에서도 조숙계통인 극조생과 조생온주에서 발생이 많다. 기공의 공변세포와 그 융합부로 침입하며 유포상에는 기공이 없으므로 감염되지 않는 것이 특징이다. 검은점무늬병과 같이 마른 가지에서 전염된다. 6~8월은 *D. medusaea*, 8~10월은 *A. citri*균에 의해 발생된다.

감귤나무 수지병(樹脂病, Gummosis) : *Diaporthe citri*.

감귤나무 스템필리움썩음병(Pleospora rot) : *Stemphylium herbarum*.

감귤나무 역병(疫病, Brown rot) : *Phytophthora citriphthora*, *P. nicotianae*. 주로 과실에만 발생한다. 발병초기에는 담갈색 내지 암색의 원형 또는 불규칙한 수침상의 작은 반점을 형성한다. 발병 후 2~3일이 지나면 병반이 확대되어 담갈색의 대형병반을 만든다. 부패과에서 특유의 냄새가 나며, 습한 상태에서는 병반에 백색균사가 생기고, 과실 전체가 부패하며 조기 낙과된다. 후막포자와 난포자로 월동하여 주로 기공을 통하여 침입하며, 1~2일 이면 발병한다. 포장에서의 발병은 5~7일 걸린다. 병은 8월 하순에 시작되어 수확기까지 발생하는데 성숙기의 잦은 강우는 발병을 조장한다.

감귤나무 열매썩음병(果實腐敗病, Fruit rot) : *Botryosphaeria dothidea*.

감귤나무 잿빛곰팡이병(灰色黴病, Gray mold) : *Botrytis cinerea*. 꽃, 과실, 줄기에 발생한다. 잿빛곰팡이병은 가지에서도 발생하지만 주로 꽃이나 작은 열매에 발생한다. 서늘하고 습윤한 기상조건이 되면 꽃잎을 통해 침입하여 거기에서 증식하고 생성된 균사나 포자가 어린 과실을 침입하여 꽃잎과 열매에 진한 갈색으로 부패(blossom end rot of the fruits)을 일으키며 약간 건조하면 그 부위에 회녹색의 균사와 포자가 형성된다. 이병부위는 꽃과 열매에서 가지 쪽으로 확산 되어 열매자루(pedicel)까지 진전되면 열매는 낙과하게 되며 또한 병 발생 조건이 지속되면 가지부분까지 확산되어 가지의 마름증상을 일으키는 경우도 있다. 낙화기 때에 이병되어 고사된 꽃잎을 통해 어린 과실에 감염되면 바람에 의해 잎이나 가지 등에 긁힌 것과 유사한 상처를 남김으로써 상품의 가치를 떨어뜨린다. 저장중의 과일에도 많이 발생하는데, 처음에는 암갈색 수침상으로 부패하고, 점차 진전되면 과실전체가 부패하며, 병반상에는 잿빛의 곰팡이가 밀생한다. 주위의 접촉된 과일로 점차 번져 급속히 확산된다. 분생포자나 균핵의 형태별 이병잔사물이나 토양에서 월동하여 1차 전염원이 되며, 이른 봄 분생포자가 생성되어 바람에 의해 전파된다. 다른 기주에서 형성된 분생포자가 날아와 발병될 수도 있다. 이 병은 95%이상의 상대습도가 유지될 때 많이 발생하는데, 특히 하우스 감귤재배나 비가 많이 오는 해에 심하게 발생한다.

감귤나무 탄저병(炭疽病, Anthracnose) : *Glomerella cingulata* (무성세대 : *Colletotrichum gloeosporioides*). 주로 과실에 발생하며, 잎에서도 간혹 발생한다. 과실에서는 주로 과경부위에서부터 감염이 일어나거나 태양열 등에 의해 상해를 받은 과실표면에서부터 병반이 형성된다. 심하게 병든 과실은 전체적으로 물러 썩고, 잘 떨어진다. 잎에서는 직경 3~10㎜의 담갈색, 원형 병반으로 나타난다. 후에 병반에는 흑색의 소립점으로 보이는 포자층이 많이 형성된다. 병원균은 병든 과실 및 가지의 조직속에서 자낭각 및 균사로 월동후, 분생포자를 형성하여 1차 전염원이 된다. 병원균의 전반은 주로 빗방울에 의해 이루어진다. 이 병은 여름철 장마기 이후에 발생하기 시작하여 과실의 성숙기에 이르러 온도가 높고, 비가 많이 오면 심하게 발생한다. 이 병은 수확 후 저장 중에도 많이 발생한다.

감귤나무 푸른곰팡이병(青黴病, Blue mold) : *Penicillium italicum*. 과실에 발생하며, 발병초기에는 과피가 담홍색 및 수침상으로 연화되고, 서서히 확대되어 원형병반으로 된다. 처음에는 흰색의 균사가 밀생하고, 후에 분생포자를 형성 청색분상을 띤다. 병반 주위는 비교적 폭이 좁은 백색 균사체의 원이 형성되며, 심하면 과일전체가 부패한다. 포장에서는 발생이 미약하고, 저장 중에서는 가장 피해가 큰 병중의 하나이다. 토양 중에서 여름을 보낸 분생포자는 공기전염에 의하여 과실의 상처로 침입한다. 저장 중 과일의 활력이 떨어지고, 온습도 조건이 알맞으면, 급격히 발생하며, 이병된 과일은 옆의 과일과 접촉, 연쇄적으로 발생한다. 저장 2개월 후에 피해가 크다. 일반적으로 생육기중에는 발병이 적지만, 성숙기에 비가 많이 오면 다소 발생한다.

감귤나무 흰비단병(白黴病, Sour rot) : *Geotrichum candidum* var. *citri-aurantii* (*Oospora citri-aurantii*).

감나무 검은점무늬병(黑點病, Black spot) : *Phomopsis* sp. 과실과 잎에 발생한다. 과실에서는 소립의 까만 점이 다수 형성되어 과실의 상품가치를 떨어뜨린다. 잎에서는 처음에 원형의 검은 점무늬로 나타나고, 진전되면 부정형으로 확대되면서 병반의 내부는 갈색을 띠고, 병반의 데두리는 암갈색 내지 흑색을 띤다. 병원균은 병든 부위에서 병자각의 형태로 월동 후, 병포자를 형성하여 1차 전염원이 된다. 주로 여름철 장마기에 병포자가 비산하여 과실의 표면이나 잎 표면에 부착 후 발아하여 조직내부로 침입한 다음 병증상이 나타나며, 생육후기까지 병반이 크게 진전되지는 않고, 검고 작은 점무늬로 남아 있다.

감나무 그을음병(煤病, Sooty mold) : *Capnophaeum fuliginodes. Cladosporium cladosporioides.* 잎, 가지, 과실에 발생한다. 병원균이 표생하는 점이 흰가루병과 유사하며 그을음을 발라 놓은 것처럼 검게 보인다. 주로 잎에 발생하지만 가지, 줄기, 과실 등에도 발생하며 깍지벌레, 진딧물 등 흡즙성 해충의 배설물에 2차적으로 기생하는 부생성 그을음병균에 의한 경우가 대부분이며 해충과는 관계없이 나무로부터 직접 영양을 흡수하는 기생성균에 의한 것도 있다. 흡즙성 해충에 수반하여 발생하는 경우는 잎의 표면에 발생하며 처음에는 그을음 같은 곰팡이가 해충의 배설물이 떨어진 곳에 점점이 생겨서 부정형의 병반을 형성하며 인접한 병반과 겹쳐 잎의 전면에 퍼진다. 가을과 봄철에 병반에는 흑색의 작은 돌기(자낭반)가 형성되나 강우가 많을 때에는 흘러내려 관찰되지 않는 경우도 있다. 보통 7월 중,하순부터 발생하기 시작하여 8~9월에 가장 많이 발생한다.

감나무 둥근갈색무늬병(Leaf blight) : *Pestalotiopsis theae.* 분생포자가 형성되어 상처와 기공을 통하여 침입한다. 분생자의 형태는 곤봉상의 약간 긴 방추형으로 5개의 세포로 구성되어 있고, 중앙의 3개 세포는 유색세포이며, setulae는 2~4개다. 28℃에서 2~3시간 안에 발아하여 침입을 하며, 분생자의 잠복기간은 5~10일이다. 병원균은 잎의 끝부분, 가장자리, 엽육 및 잎자루를 침입하여 병을 일으키고, 병징은 주로 늙은 잎에서는 갈색원형이나 타원형으로 보통 1~3㎜의 윤문을 형성하지만, 큰 병반은 잎의 1/3이상 확대되기도 한다. 새잎의 경우는 가장자리가 고사하여 말리고 심하면 잎이 떨어진다. 병반 주변은 수침상으로 나타나기도 하지만 선명한 적자색을 띈 것이 대부분이다. 병반은 점차 후기로 갈수록 확대되어 커지고, 중심부는 회백색으로 바뀌고 흑색 소립의 반구형 과 삼각형 모양의 분생자퇴를 형성한다. 발병시기는 신초생장이 왕성한 6월 초순부터 신초의 선단 잎을 비롯하여 아래 잎까지 불규칙하게 발생하며, 수세가 약하거나, 질소가 과부족 된 나무에서 많이 발생한다.

감나무 둥근무늬낙엽병(圓星落葉病, Circular leaf spot) : *Mycosphaerella nawai* (*M. nawae*). 잎에만 발생되며, 드물게 감꼭지에도 발생한다. 자람세가 나쁜 나무에서 발병이 심하고 병반도 빨리 나타나며 자람세가 왕성할수록 늦게 나타난다. 병반은 처음 아주 작은 검은 점으로 나타나나 점차 커지면서 3~5㎜ 정도가 되며, 간혹 7㎜ 정도의 큰 병반도 있다. 병반주위는 처음은 검은색 띠가 나타나다 오래되면 녹색의 띠로 변하며 병반주위는 붉게 된다. 병반이 나타나면 급격히 잎이 떨어지고 과실은 홍시로 변한다. 병반 부 안쪽은 적갈색 병반 주위는 녹색이고, 그 외 잎 부분은 붉게 변하면서 낙엽 된다. 병원균은 낙엽의 병반 속에서 균사형태로 월동한다.

감나무 모무늬낙엽병(角斑落葉病, Spotted leaf cast) : *Cercospora kakivora* (*C. kaki*). 잎에 발생한다. 처음에는 작은 갈색의 부정형 반점이 나타나고, 진전되면 엽맥을 따라 다각형 병반이 형성된다. 병반의 주위는 흑색으로 변하고 병반상에는 흑색의 소립점이 많이 형성된다. 한 잎에는 많은 병반들이 형성되고, 병반과 병반이 합쳐져 잎 대부분이 갈색으로 변하고 낙엽 된다. 균사 또는 분생포자의 형태로 낙엽 또는 가지에서 월동하여 1차 전염원이 된다. 낙엽에서 월동한 균사는 봄에 분생자를 형성하고, 분생포자가 바람에 비산 전파된다. 전파된 병원균은 기공을 통하여 침입하고, 30일 가량 잠복기간을 거쳐 발병된다. 병원균의 주요 전파시기는 6~7월경이다. 수세가 약하고, 관리가 부실한 과원에 피해가 크다.

감나무 잎마름병(葉枯病, Leaf blight) : *Pestalotiopsis guepini*, *Pestalotia diospyri* (*Pestalotia kaki*). 주로 잎에 발생하며, 간혹 가지와 과실에도 발생한다. 잎에는 처음 부정형의 작은 흑갈색 반점이 나타나고, 진전되면 암갈색 내지 흑갈색의 부정형 병반으로 확대된다. 심한 경우는 병반이 확대되어 잎이 마른다. 가지와 과실에도 부정형의 병반이 형성되고, 흑색의 소립점이 나타난다. 이병가지나 이병잎에서 분생포자나 균사의 형태로 월동하여 다음해 1차 전염원이 된다. 과습한 상태가 계속되면 다량의 분생포자가 형성되어 비바람에 전파되고 상처를 통해 침입하여 발병된다. 다습하고 비가 많이 오는 해에 발생이 많다.

감나무 잿빛곰팡이병(灰色黴病, Gray mold) : *Botrytis cinerea*.

감나무 점무늬병(斑點病, Leaf spot) : *Pseudocercospora diospyri-morrisianae*.

감나무 줄기마름병(胴枯病, Die-back) : *Phomopsis diospyri* (*Phoma diospyrii*). 주로 어린가지에 발생한다. 초기에는 퇴색한 모양으로 나타나고, 후에 병반 내부에 균열이 생기면서, 흑색의 소립점이 형성된다. 병이 진전되면 지상부 전체 가지가 마른다. *Botryosphaeria*에 의하여 나타나는 동부증상과 구분하기가 매우 어렵다. 병자각 형태로 이병가지에서 월동하여 1차 전염원이 된다. 부생성이 강하여 가지의 상처부위나 전정상처를 통해 침입하며, 동해를 입은 과원 또는 관리가 부실한 과원에서 다소 발생한다.

감나무 줄기썩음병(胴腐病, Canker) : *Botryosphaeria dothidea.* 주로 줄기와 가지에 발생하며, 드물게 과실에도 발생한다. 줄기와 가지의 병든 부위는 검게 변색되고, 진전되면 목질부 까지 변색된다. 병든 부위는 균열이 생기며, 그 윗부분의 가지는 시들고, 말라죽는다. 과실에는 부정형의 검은 반점으로 나타나 병반이 커지면서 부패 증상을 일으킨다.

감나무 탄저병(炭疽病, Anthracnose) : *Glomerella cingulata* (무성세대 : *Colletotrichum gloeosporioides*). 봄철 가장 먼저 발병하는 부위는 신초이다. 월동 병반상의 포자는 빗물에 의해 전파되어 신초에 도달하여 약 10일간의 잠복기간이 지난 뒤인 4월 하순경부터 발병하기 시작한다. 처음에는 흑색 원형의 작은 병반이었다가 뒤에는 타원형의 흑색 병반으로 되어 가운데 선홍색의 점질을 띤 포자퇴를 형성한다. 발병이 심한 경우에는 신초의 병든 부분이 구부러져 부러지거나 신초 끝부터 전체가 흑색으로 시들어 말라 버린다. 가지가 경화하여 갈색이 된 뒤에는 병반 주위가 볼록하고 병반 내부가 움푹 들어가 손가락으로 눌러진 자욱 같은 모양이 된다. 병반부는 목질부까지 숯같이 검게 되고 병반 표면이 갈라진다. 이어 가지의 발병은 봄철의 신초뿐만 아니라 여름철에 자라나는 도장지에도 많이 발생하며 여기서 생긴 병반은 가을철 수확기 까지 과실에 전염 발병시켜 큰 피해를 준다. 병든 가지와 과실은 이듬해 봄 다량의 포자를 형성해 신초에 전염시키는 악순환을 되풀이 한다. 잎에 발병하는 것은 성목에서는 거의 볼 수 없으나 묘목, 유목 등 질소과다인 경우 발생하며 장마철 뒤에 잎자루, 엽맥 등에 병반이 나타난다. 과실의 발병은 월동 병반에 형성된 포자와 신초에 형성된 많은 분생포자가 6월 이후 기온이 15℃ 이상이고 비가 오면 과실에 감염되어 6~10일간 잠복기간이 지난 뒤 발병한다. 처음에 흑색 작은 점에서 점차 자라서 지름이 1~2㎝의 타원형으로 한개 내지 두개 생기나 빗물에 병균이 튀어서 감염될 경우 여러 개의 병반이 한꺼번에 과실에 생기기도 한다. 과실 생육 초기에 병이 생기면 꼭지만 남긴 채 낙과하기도 한다. 9월 이후 병든 과실은 빨리 익어 물러지며 단맛이 많고 갑자기 커진다.

감나무 푸른곰팡이병(靑黴病, Blue mold) : *Penicillium crustosum.*

감나무 흰가루병(白粉病, Powdery mildew) : *Phyllactinia kakicola.* 잎에 발생한다. 밀가루 모양의 흰색 균총이 형성되고, 진전되면 엽맥이 자갈색 내지 흑색으로 변한다. 잎 앞면에는 흑색의 작은 반점이 모여 불규칙하게 보이고, 오래되면 잎이 변색된다. 가을에는 잎 뒷면에 흑갈색의 소립점(자낭각)이 형성되며, 병든 입은 생육이 불량하고 낙엽 된다. 이병잎에 형성된 자낭각의 형태로 월동하여 다음해 1차 전염원이 되며, 바람에 의하여 자낭포자가 비산, 잎의 기공을 통하여 침입한다. 1차 전염원에 의하여 발생한 병반상에 분생포자가 형성, 전파되어 2차 감염이 일어난다. 분생포자는 6~7월에 가장 활발하게 일어나며, 9월 이후에도 분생포자의 비산이 계속된다. 5~6월에 비가 많거나, 여름에 다습하고 냉냉한 날씨가 계속되는 해에 다발하며, 질소비료의 과용으로 나무가 도장할 때 많이 발생한다.

감자 가루더뎅이병(瘡痂病) : *Spongospora subterranea* (Current name : *S. subterranea* f.sp. *subterranea*). 감자, 토마토 등의 가지과 식물 괴경에 발생한다. 뿌리나 포복경에 잿빛을 띠며 약간 부스럼이 생기고 나서 차츰 황갈색으로 변하여 가루 같은 물질이 생긴다. 괴경의 경우 처음에는 소수의 갈색 융기부가 생긴 다음 그 부위가 발달함에 따라 병변부는 젤리 모양이 된다. 나중에 표피가 벌어지면서 이를 통해 가루가 방출된다. 이 균이 기주체내로 침입하는데 가장 적합한 온도는 대략 17~19℃ 정도이며 20℃ 이상에서는 억제된다. 이 병의 발생은 지온과 토양습도에 크게 좌우된다. 괴경 형성기 이후에 비가 많이 올 경우, 특히 일정기간 건조한 날씨가 계속되다가 비가 올 때 많이 발생한다. 부식질이 풍부한 토양이면서 배수가 불량한 지역에서 발생하여 피해가 크다. 병원균은 토양에서 휴면포자로 월동한다. 가루더뎅이병균은 감자 몹탑바이러스(PMTV)를 매개하는 것으로 알려져 있다.

감자 검은무늬썩음병(黑痣病, Black scurf) : *Thanatephorus cucumeris* (무성세대 : *Rhizoctonia solani*). 줄기에서는 부정형의 궤양증상(潰瘍症狀)으로 나타나고, 괴경(塊莖)에서는 금이 생기거나 기형으로 나타나며, 후에 감염부위에는 편구형 혹은 부정형의 갈색 내지 암갈색 균핵이 형성된다. 줄기가 감염되면 식물체가 시들고, 괴경이 잘 비대되지 않아 수량이 감소하며, 감염된 괴경은 상품가치가 없다. 병원균은 병든 식물체의 조직 혹은 토양 내에서 균사나 균핵의 형태로 존재하며 월동 후 발아하여 균사가 식물제의 지제부 혹은 지하부를 침해하여 병을 일으킨다. 보통 습기가 많은 토양에서 발병이 잘된다.

감자 겹둥근무늬병(夏疫病, Early blight) : *Alternaria solani* (구명 : *Macrosporium solani*). 잎에는 사격 표적판과 비슷한 다소 둥근 동심원의 증상을 보이고 어두운 갈색이 되며, 먼저 하위 노령엽에서 나타나기 시작한다. 건조한 환경에서 증상은 작은 구멍을 내는 경우도 있으나 잎은 결국 전체적으로 황화 되고 건조되어 죽게 된다. 경엽의 증상은 일찍 노화되거나 *Verticillium*에 의한 위조병 증상과 혼동하기 쉽다. 괴경 감염의 대표적인 증상은 괴경이 불규칙하고 함몰된다는 점이다. 이들은 괴경 표면에 임의적으로 분포하며, 색은 회색에서 갈색으로 또는 자주색에서 흑색으로 변하는 등 다양하다. 분생포자로 전염되며 각피를 통해 침입한다. 분생포자로 병든 부위에서 월동한다.

감자 균핵병(菌核病, Sclerotinia rot) : *Sclerotinia sclerotiorum.* 주로 줄기의 지제부에 발생한다. 줄기의 감염부위는 수침상으로 변하고, 진전되면 회백색 내지 회갈색의 병반이 형성되어 감염부위를 중심으로 위 아래로 확대된다. 병든 부위는 마른 상태로 썩고, 그 외부 및 내부에 부정형의 검은 균핵을 형성한다. 감염된 줄기의 지상부는 시들고, 말라 죽는다. 병원균은 병든 식물체의 조직 및 토양 내에서 균핵으로 월동한 다음, 발아하여 자낭반과 자낭포자를 형성한다. 자낭포자는 식물체의 약한 부위에 침입하며, 균핵 및 균사체로부터 발아하여 뻗어 나온 균사가 식물체를 직접 침해하기도 한다. 습도가 높고, 기온이 15~25℃의 서늘한 상태에서 병 발생이 심하다.

감자 반쪽시들음병(半身萎凋病, Verticillium wilt) : *Verticillium albo-atrum.*

감자 암종병(癌腫病) : *Synchytrium endobioticum.* 괴경, 포복지, 줄기기부, 눈 근처에 꽃양배추처럼 비대된 혹이 생긴다. 휴면포자나 하포자에서 나온 유주자가 토양에서 전염한다. 병원균은 토양에서 휴면포자로 월동한다. 주요한 병징은 괴경 복지 혹은 지제부에 형성된 암종 형태의 증상이다. 이 암종은 지하부에서는 흰색이지만 괴사 조직에서는 흑갈색으로 변하며 크기는 아주 다양하다. 지상부에 나타나는 특이 증상은 없고 감자를 수확 할 때까지 피해가 나타나지 않는다.

감자 역병(疫病, Late blight) : *Phytophthora infestans, P. nicotianae.* 잎의 끝이나 잎가에 갈색 병반을 형성하며, 잎 뒷면에 하얀 곰팡이가 핀다. 괴경은 갈색으로 변하여 썩고, 껍질이 은회색으로 되고, 다소 움푹하게 된다. 줄기에는 암갈색의 줄무늬가 생긴다. 저장 중 많은 덩이줄기가 썩을 때에는 상당히 자극적인 냄새가 난다. 병원균은 균사의 형태로 씨감자에서 월동하고, 2차 전염은 바람에 비산된 분생포자에 의해 일어난다. 유주자나 분생포자로 전염하며, 병원균은 괴경과 수확 잔재물에서 균사로 월동한다. 난포자 형성은 드물다.

감자 은무늬병(銀紋病, Silver scurf) : *Helminthosporium solani.*

감자 잿빛곰팡이병(灰色黴病, Gray mold) : *Botrytis cinerea.*

감자 줄기기부썩음병(莖腐病, Stem rot) : *Pythium myriotylum.*

감자 탄저병(炭疽病, Anthracnose) : *Colletotrichum atramentarium*(*C. coccodes*).

감자 홍색부패병(紅色腐敗病, Pink rot) : *Phytophthora erythroseptica.*

강낭콩 갈색모무늬병(角斑病, Angular leaf spot) : *Phaeoisariopsis griseola.*

강낭콩 녹병(銹病, Rust) : *Uromyces phaseoli* (Current name : *U. appendiculatus*). 잎, 꼬투리 등에 발생한다. 잎의 아랫면에 청백색의 반점(녹포자기), 하포자퇴(갈색), 동포자퇴(흑색)가 생성된다. 담자포자와 하포자로 전염되며, 동포자로 병든 식물에서 월동하며, 온난한 지방에서는 하포자로도 월동한다. 중간기주는 없다.

강낭콩 점무늬병(斑點病, Leaf spot) : *Pseudocercospora cruenta* (구명 : *Cercospora cruenta*, Current name : *Mycosphaerella cruenta*, 유성세대). 두류 점무늬병 참조.

강낭콩 탄저병(炭疽病, Anthracnose) : *Colletotrichum lindemuthianum* (구명 : *Gloeosporium lindemuthianum*, Current name : *Glomerella lindemuthiana*, 유성세대). 잎, 줄기, 꼬투리, 종자에 발생한다. 잎에는 다각형 반점이 생기고, 꼬투리에는 갈색 병반이 생기고 움푹해진다. 분생포자로 직접 각피를 통해 침입한다. 균사로 병

환부의 조직에서 월동한다.

강낭콩 흰가루병(白粉病, Powdey mildew) : *Sphaerotheca phaseoli* (*Sphaerotheca fuliginea*).

검은무늬병(黑斑病, Black rot) : 식물의 잎이나 과실에 발생하는 식물병. 잎에는 작은 병무늬가 생기고 병무늬의 가장자리는 담황색으로 되며 겹둥근무늬를 만들기도 한다. 과실에는 표면에 검은색 점무늬가 생기는데, 어린 열매는 딱딱해지고 쪼개지며, 성숙한 과실은 물러서 일찍 떨어진다. 가장 많이 발생하는 병원균은 *Alternaria*屬 병원균이다. 이 균은 배추, 순무, 양배추, 무, 배나무, 목화, 파, 당근, 포도나무, 아욱, 샐러리, 아스파라거스 등에 발생한다. *Ceratotomella*屬은 주로 고구마, 토란 등에 발생하며, *Cercospora*屬은 국화류에 발생하여 많은 피해를 준다.

겹무늬병(輪紋病, Early blight) : *Alternaria solani* (구명 : *Macrosporium solani*). 가지·고추 겹무늬병 참조.

겹무늬썩음병(胴腐病, White rot, Canker) : *Botryosphaeria dothidea* (구명 : *Sphaeria dothidea*, 무성세대 : *Fusicoccum aesculi*). 사과 겹무늬썩음병 참조.

고구마 검은무늬병(黑斑病, Black rot) : *Ceratocystis fimbriata*. 흑반병이라고도 하며 묘, 줄기 및 괴근에 발생한다. 묘에서는 어린 줄기의 지상부에서 검은 반점으로 나타나고, 이 반점이 확대되어 줄기를 둘러싸게 되면 잎이 누렇게 변하게 된다. 본포에서는 묘의 이식 직후부터 발생하며, 생육기 중에 줄기의 지하부에 검은 반점으로 나타난다. 줄기에서는 주로 지하부의 끝 부분에서 발병이 되며, 지상부에서는 발생이 드물다. 괴근에서는 수확기와 저장중에 2~3㎝의 흑색 원형 내지 부정형 병반으로 나타나며, 병반 부위를 잘라보면 괴근 내부까지 검게 변해 썩어 있다. 병든 부위는 마른 상태로 썩으며, 씹어 보면 매우 쓴맛이 나는 이포메아마론이라는 독성이 있다. 병든 괴근을 가축의 사료로 쓰게 되면 식욕 감퇴, 호흡장애, 눈의 충혈, 설사 등의 중독 증세를 일으키는 것으로 알려져 있다. 균사나 분생포자로 전염되며, 균사로 병든 괴근 또는 토양 속에서 월동한다.

고구마 균핵병(菌核病, Sclerotinia twig blight) : *Sclerotinia sclerotiorum*.

고구마 덩굴쪼김병(蔓割病, 시들음病, 萎黃病, Stem rot, Fusarium wilt) : *Fusarium oxysporum* f.sp. *batatas*. 묘상에서도 발생하나 주로 본 밭에서 발생한다. 처음에 아래 잎부터 위 잎으로 노랗게 변하고 엽병기부에 이층이 생겨 잎이 떨어지기 쉬워진다. 지제부 부근의 줄기는 갈라진 다음 섬유모양으로 변해 전형적인 덩굴쪼김 증상을 보인다. 발병주의 생육은 늦어지고 맑은 날 낮에는 포기전체가 시들다가 결국 고사한다. 줄기와 엽병의 유관속은 갈변한다. 발병 주에서 형성된 고구마에는 지상부의 증상이 옮아가는 경우가 가끔 있다. 이런 고구마는 덩굴꼭대기 부분에 균열이 생기고 덩굴 꼭대기에서부터 고구마 속까지의 유관속이 갈변되어 있다. 고구마가 비대하는 도중에 지상부가 발병하여 고사한 경우에는 고구마에서 다시 싹이 나오는 수가 있다. 균은 토양전염을 하며 토양에서 수년간 생존이 가능하다. 피해 입은 식물체와 함께 땅속에서 겨울을 나고 다음해에 전염하게 된다. 생장점 부위의 끝 순은 병원균이 거의 없으나 뿌리나 넝쿨은 감염되어 있는 경우가 많다. 균을 가지고 있는 흙이 작업도구나 동물 등에 묻어 다른 지역으로 옮겨질 때 병원균도 옮겨지며 선충에 의해서 이 병의 발생이 조장되기도 한다.

고구마 무름병(軟腐病, Soft rot) : *Rhizopus nigricans, R. stolonifer* (구명 : *Mucor stolonifer*, Current name : *Rhizopus stolonifer* var. *stolonifer*). 고구마의 상처에서 발생하며 처음에는 병환부가 암색으로 변하고 물기가 많아진다. 괴근 내부는 연하게 썩고 표피의 상처에서는 황색의 즙액이 나오고 알콜냄새가 난다. 괴근 상처에는 백색의 털 같은 균사가 밀생하고 그 위에 흑색 곰팡이(포자낭)가 생긴다. 발병 말기에는 점차 수분을 상실하며 말라서 딱딱하게 된다. 포자낭 포자로 상처를 통해 침입한다.

고구마 밑썩음병(Fusarium rot) : *Fusarium oxysporum, F. solani, F. graminearum.* 고구마 표면이 둥글게 갈색으로 썩는다. 병든 조직은 비교적 단단하고 건조하게 보인다. 일반적으로 조직내부를 깊게 썩히지 않으나 병이 심하게 진전되면 속을 썩이기도 한다. 병든 고구마를 오랫동안 저장하면 병든 조직은 말라 움푹 들어가기도 하며 결국에는 딱딱하게 된다. 여러 종의 *Fusarium*屬 균이 병을 일으키는 것으로 알려져 있다. 병원균은 주로 상처를 통해 침입하므로 고구마 해충과 토양미소곤충 및 선충의 밀도와 병 발생이 밀접한 관계가 있다. 수확기에도 발생하지만 주로 저장 중에 발생이 많다. 병원균은 토양 중에 남아 있는 고구마 조직에서 오래 동안 생존한다.

고구마 싹썩음병(苗腐敗病, Sprout rot) : *Rhizoctonia solani.*

고구마 자주날개무늬병(紫紋羽病, Violet root rot) : *Helicobasidium mompa* (Current name : *H. longisporum*). 주로 고구마에 발생하나 뿌리와 줄기에도 생긴다. 섬유질 뿌리가 있는 끝부터 썩기 시작하여 괴경 전체로 퍼진다. 병에 걸리면 줄기의 생육이 나빠지고 낙엽이 지며 말라 죽는다. 고구마 표면에 자주색의 균사가 그물모양으로 덮이며 오래되면 자갈색(紫褐色)으로 된다. 내부 깊이까지 침입하지는 않으나 껍질을 뚫고 있으므로 저장 중에 부패를 유발한다. 병균은 땅속에서 겨울을 나는데 자갈이 많이 섞인 경사지 모래땅에서 많이 발생한다.

고구마 잿빛곰팡이병(灰色黴病, Gray mold) : *Botrytis cinerea.*

고구마 점균병(粘菌病, Slime mold) : *Physarum* sp., *Fuligo violacea.* 식물체의 지상부와 식물체 사이에 있는 토양에도 유백색의 끈적끈적한 물질로 뒤덮이고 나중에는 잿빛 또는 회갈색의 자실체로 변한다. 변형체는 마치 끈적끈적한 밀가루 반죽을 붙여 놓은 것 같은 증상으로 나타난다. 지상부로 나온 변형체는 환경조건이 주어지면 자실체를 형성하고 이들 자실체들은 바람, 물, 농기구 등에 의해 전반되고 부적합한 날씨에도 오래도록 생존할 수 있다. 서늘하고 습한 날씨가 계속되면 포자들은 물을 흡수하고 세포벽이 깨져 유주자가 나타난다. 유주자들은 결합하여 아메바상의 접합체를 형성하고 접합체들은 커져 다핵상으로 되며, 다시 변형체가 된다. 주로 딸기, 상추, 무, 배추 등 시설채소류에 다소 발생한다.

고구마 점무늬병(斑點病, Leaf spot) : *Phyllosticta batatas* (구명 : *Depazea batatas*). 여러 병원균에 의해서 다양한 점무늬 증상이 나타날 수 있다. *Alternaria*屬에 의해서는 잎에 갈색의 동심원이 형성되며, 잎의 가장자리에서 뚜렷한 병징을 나타낸다. *Cercospora*屬에 의해서는 원형의 다소 각진 8㎜ 이하의 병반을 형성하고 때로는 엽맥으로 한정되며, 균일하게 중앙 부위는 엷고 가장자리는 짙은 갈색이거나 연회색 병반이 형성된다. *Phomopsis*屬에 의한 잎의 병반은 연회색, 황갈색 또는 갈색의 다양한 색을 나타내며, 대개 경계부위가 짙은 갈색이나 자색을 갖는다. *Septoria*屬에 의한 병반은 *Phomopsis*屬에 의한 병반과 유사하여 작고 흰색의 병반이 형성되고 경계부위는 짙은 갈색을 띄나 연회색 내지 연황색 반점의 병반이 형성 되면서 병반 중앙에 검은 색의 병자각이 형성된다. 병원체 ; ①*Alternaria* sp., ②*Cercospora ipomoeae* (*C. bataticola*), ③*Phomopsis ipomoeae-batatas*, ④*Septoria bataticola*, ⑤*Phoma* sp. 등 5屬의 병원균이 알려져 있다. *Alternaria* sp.는 병반에서 쉽게 분리되며, *Cercospora*는 동일 균에 대해 *C. bataticola*와 *C. ipomoeae*가 동시에 사용되고 있다. *Phomopsis ipomoeae-batatas* (*Phyllosticta batatas*)의 병자각은 120~180㎛, 분생자경은 최대 18㎛이고, 알파 분생포자의 크기는 4~8×2.5~3.5㎛이다. *Septoria*는 *S. bataticola*로서 병자각은 검고, 직경 70~130㎛이다. 분생자경은 짧고, 분생포자는 실모양으로 3~7개의 격막을 갖고, 최대 길이는 60㎛이다. *Phoma* sp.는 진갈색의 병자각을 갖고 포자는 2개의 뚜렷한 유적이 있으며 크기는 6.4~9.5×3.4~4.6㎛이다. *Alternaria*는 습한 조건에서 병반이 확대된다. *Cercospora*는 고온다습한 환경에서 다발하며, 건기에는 잘 발생되지 않는다. 바람이나 빗방울로 전반되며, 식물의 잔재물이나 잡초에서 생존할 수 있다. *Phomopsis*는 썩은 고구마 잎에서 월동하는 것으로 생각되며 다른 식물을 감염하는지는 알려져 있지 않다. *Septoria*는 빗물이나 곤충에 의해 전반된다.

고구마 털곰팡이병 : *Mucor mucedo*.

고구마 푸른곰팡이병(青黴病, Blue mold rot) : *Penicillium italicum*. 병든 조직은 다소 단단한 편이며 마르거나 약간 축축하기도 하며 갈색을 띤다. 무름병과 함께 발생하는 일이 많은데 병에 걸리면 물러지면서 고구마 표면에 가루모양의 푸름곰팡이가 생기고 내부의 조직에도 균사가 가득하다. 저장고의 온도와 습도가 높을수록 발병이 심해진다. 병원균은 일반적으로 부생균으로 병을 잘 일으키지 않는 2차 침입균으로 다른 병원균에 고구마 조직이 병들었거나 상처가 생겼을 때 침입하여 병을 일으킨다.

고추 갈색점무늬병(褐色斑點病, Cercospora leaf spot) : *Cercospora capsici.* 잎, 잎자루, 괴경, 가지에 발생한다. 잎에서는 처음에 흰 점무늬로 나타나고, 진전되면 원형의 둥근 갈색 병반으로 확대된다. 병반의 안쪽에는 눈동자와 같은 작은 원형병반이 형성되어 있어 2개의 겹 무늬반점으로 보인다. 병반의 모양이 개구리 눈과 닮았다 하여 일명 개구리눈무늬병이라고도 불린다. 심하게 감염된 잎은 마르고 잘 떨어진다. 잎자루와 과경 및 가지에는 암갈색의 원형 내지 부정형 반점을 형성한다. 병원균은 병든 조직에서 월동 후, 분생포자를 형성하여 공기전염을 한다. 여름에서 가을까지 고온다습한 시기에 많이 발생한다.

고추 검은곰팡이병(黑黴病, Black mold) : *Alternaria alternata.* 과실에 발생한다. 감염부위는 약간 움푹 들어가고, 원형 또는 부정형의 병반으로 나타나며, 그 내부에 검은 곰팡이가 많이 형성된다. 병반의 가장자리는 담황색 혹은 회백색으로 변하여 마른다. 심하게 병든 열매는 모양이 쭈그러지고 말라서 상품가치를 잃게 된다. 병원균은 종자 혹은 감염부위에서 균사나 분생포자의 형태로 월동 후 분생포자를 형성하여 공기전염한다.

고추 검은점뿌리썩음병(黑點根腐病, Black dot root rot) : *Colletotrichum coccodes.*

고추 검은점열매썩음병(黑點果實腐敗病, Black dot fruit rot) : *Phomopsis phaseoli* (구명 : *Phoma phaseoli,* Current name : *Diaporthe phaseolorum* var. *phaseolorum,* 유성세대). 과실에 처음에는 작고 검은 점무늬가 불규칙한 모양으로 생기고, 진전되면 원형 내지 타원형의 흰 병반으로 확대된다. 병반의 내부에는 검은 점으로 보이는 병자각이 산재하고, 병반의 테두리는 암갈색 내지 흑색을 띤다. 병원균은 병든 과실에서 자낭각 혹은 병자각의 형태로 월동 후, 자낭포자나 병포자를 형성하여 공기전염 하며, 포장에서의 병 발생은 주로 병포자(α 포자)에 의해서 이루어진다. 노지포장에서의 병 발생은 여름부터 가을 수확기 까지 계속되는데, 태양열 혹은 생리장해 등에 의해 과실에 상처가 있을 경우 병원균의 감염이 쉽게 이루어진다.

고추 겹무늬병(輪紋病, Early blight) : *Alternaria solani.* 잎에서는 처음 갈색의 작은 점무늬로 나타나고, 진전되면 암갈색의 부정형 겹무늬병반으로 확대된다. 후에 병반들이 서로 융합하여 커지고, 잎이 마른다. 병원균은 종자 혹은 병든 부위에서 균사나 분생포자의 형태로 월동 후 분생포자를 형성하여 공기 전염한다. 고온 다습한 시기에 노지재배에서 간혹 발생한다.

고추 균핵병(菌核病, Sclerotinia rot) : *Sclerotinia sclerotiorum.* 지상부의 여러 부위에서 발생하나, 주로 줄기와 가지에 발생한다. 줄기에서는 지제부에서부터 표피층이 약간 무르고, 흰 균사가 자라다가 후에 부정형의 검은 균핵이 형성된다. 감염된 식물체는 지상부가 시들고, 생육이 부진하다. 후에 감염부위는 지상 약 10㎝까지 변색되어 약간 잘록해진 모습으로 나타난다. 가지에서는 주로 상처부위에서 발생하며, 감염부위에는 흰 균사가 자라고, 후에 줄기에서와 같은 균핵이 형성된다.

고추 꼭지썩음병(果莖腐敗病, Soft rot) : *Rhizopus stolonifer* (구명 : *Mucor stolonifer*, Current name : *Rhizopus stolonifer* var. *stolonifer*). 과실에 발생한다. 처음에는 과실의 꼭지부위가 물러 썩는 증상으로 나타나고, 진전되면 흰 균사가 자라면서 과실의 끝 쪽으로 썩어 들어간다. 감염부위에는 둥글고, 검은 입자모양의 포자낭이 형성된다. 일반적으로 포장에서는 발병하지 않고 수확온도와 습도가 높은 조건에서 오래 저장하거나 수송 혹은 판매시 많이 발생한다. 전염은 포자의 비산에 의해 이루어지며, 비온 후 바로 수확하거나 비에 젖은 과실을 수확하여 보관하는 경우에 발생하기 쉽다.

고추 시들음병(萎黃病, Fusarium wilt) : *Fusarium oxysporum* f.sp. *orthoceras*. 초기에는 아래 잎이 시들며 역병의 초기 증상과 비슷하지만 병 진전이 느리고 잎이 약간 누렇게 변하면서 서서히 죽는다. 주로 곁뿌리가 나온 부분으로 병원균이 침입하는데 병든 부위는 암갈색의 괴저가 생기며 진전되면 지제부 둘레가 썩고 껍질이 쉽게 벗겨진다. 병든 그루의 과실은 작고 품질이 나빠진다. 병원균은 물로 이동되는 거리는 매우 짧고 주로 흙 입자에 묻어 농기구나 사람을 통해 먼 거리로 이동된다. 포장정식 직후 뿌리의 상처 등을 통해 감염되는 경우가 많으며 생육 중기 이후 기온이 올라가면 병 증상이 나타난다. 유묘기의 발병 적온은 18~20℃ 내외이며 생육기 발병적온은 24~30℃ 정도로 일반적으로 산성토양과 사질토양에 발생이 많지만 토양산도나 수분에 크게 영향을 받지 않는다.

고추 역병(疫病, Phytophthora blight) : *Phytophthora capsici* (*P. parasitica* var. *capsici*). 뿌리, 줄기, 잎, 열매 등 모든 부위에 발병하며, 본엽이 나오기 시작할 때부터 발병하면 줄기의 접지부가 수침상으로 잘록해지며 쓰러진다. 잎에는 암녹색 수침상의 불규칙한 병반이 생겨 확대되며, 열매에서는 수침상으로 썩어 암녹색 병반 표면에 흰곰팡이가 생긴다. 줄기에서도 이와 비슷한 병반을 형성하나 조금 함입되며 말라죽는다. 유주자나 분생포자로 기주를 침입하며, 병원균은 토양 중에서 난포자로 월동한다.

고추 잘록병(立枯病, Damping-off) : *Thanatephorus cucumeris* (무성세대 : *Rhizoctonia solani*). 유묘기에 잘록증상으로 나타나며, 병든 묘는 잘 쓰러지고, 말라 죽는다. 병원균은 병든 식물체의 조직 혹은 토양 내에서 균사나 균핵으로 존재하며, 월동 후 발아하여 식물체의 지제부를 침해한다. 습기가 많은 토양에서 발병이 많다.

고추 잿빛곰팡이병(灰色黴病, Gray mold) : *Botrytis cinerea* (유성세대 : *Botryotinia fuckeliana*). 꽃, 열매, 줄기, 잎 및 가지에서 발생한다. 꽃에서는 꽃잎이 갈변하면서

썩기 시작하고, 점차 꽃잎이 붙어있는 어린 과실로 확대되면서 흑갈색으로 물러 수침상 병반을 나타내며, 조기 낙과한다. 줄기에서는 수확 후 남아있는 과병의 상처나 꽃잎이 떨어진 부위로부터 연갈색 내지 황갈색 병반을 형성한다. 심해지면 줄기는 마르면서 감염된 줄기 위 부분의 잎이 위조 고사한다. 잎에서도 떨어진 꽃잎이 부착된 부위로부터 발병이 시작되며 수침상 병반을 형성한다. 병반상에서 회색의 곰팡이가 밀생하는 것을 쉽게 볼 수 있다.

고추 점무늬병(斑點病, Ascochyta leaf spot) : *Ascochyta capsici.* 잎에 처음에는 갈색의 작은 점무늬로 나타나고, 진전되면 원형 내지 부정형의 암갈색 반점으로 확대된다. 후에 병반의 내부에는 검은 소립점이 보이고, 오래된 병반은 잘 찢어지며, 구멍이 생기기도 한다. 잎의 가장자리로부터 병반이 형성된 경우에는 대부분 병반의 내부가 탈락하여 없어진다. 병원균은 병든 부위에서 병자각으로 월동 후, 전염원이 되는 것으로 추정되나 아직 확실하게 밝혀지지 않았다. 여름철 노지포장에서 간혹 발생하나 고추의 병해로서 큰 문제는 되지 않는다.

고추 점무늬병(斑點病, Corynespora leaf spot) : *Corynespora cassiicola.*

고추 점무늬병(흰별무늬병, 斑點病, Leaf spot, White leaf spot) : *Stemphylium solani, S. lycopersici.*

고추 탄저병(炭疽病, Anthracnose) : *Colletotrichum gloeosporioides* (*C. coccodes, C. atramentarium,* Current name : *Glomerella cingulata,* 유성세대). 잎, 줄기, 과실에 발생한다. 잎에는 청록색의 윤문이 생겨 확대되며, 줄기와 과실에는 엿빛의 수침상 작은 반점이 생겨 확대되어 점차 윤문이 생기고, 그 주위에 흑색의 소립이 생기거나 홍색의 점질물이 나온다. 병든 부위는 다소 움푹해진다. 병반이 어느 경우든 가라앉는 증상과 병반상에 형성된 홍색 내지 흑색의 분생포자층에 의해 진단이 가능하다. *C. coccodes*는 어린 식물을 가해한다. 분생포자로 과실을 침입하여 전염하며, 자낭각과 균사의 형태로 월동한다.

고추 흰가루병(白粉病, Powdery mildew) : *Leveillula taurica* (구명 : *Erysiphe taurica, Oidiopsis taurica*). 주로 잎의 뒷면에 발생하며, 처음에는 담황색으로 퇴색한 부분이 생기고, 잎 뒷면의 엽맥에 따라 엷은 흰색 서리모양의 포자가 밀생하고, 진전되면 그 부분의 표면에 담황색 병반이 형성된다. 심하게 발생하면 잎 전체가 황화되어 잎이 고사되어 떨어지고, 끝부분에 나온 잎만 남게 되어 과실의 착생이나 비대가 극히 불량해진다.

고추 흰무늬병(白斑病, White leaf spot) : *Stemphylium* sp. 잎에 부정형의 흰 반점으로 병반이 나타난다. 병반의 주위는 암갈색 내지 흑색을 띠고, 융합한 병반들은 부정형으로 약간 확대되나, 그다지 많이 진전되지는 않는다. 병원균은 병든 잎에서 균사와 분생포자로 월동 후, 분생포자를 형성하여 공기전염 한다. 주로 여름과 가을철의 노지포장에서 간혹 발생한다.

고추 흰비단병(白絹病) : *Sclerotium rolfsii.*

곡류 붉은곰팡이병(赤黴病) : *Fusarium culmorum.* 맥류 붉은곰팡이병 참조.

과수 균핵병(菌核病, Sclerotinia rot) : *Sclerotinia fructigena* (구명 : *Monilia fructigena,* Current name : *Monilinia fructigena*). 배나무, 사과나무, 양벚나무, 비파나무, 복숭아나무, 오얏나무 등에 발생한다. 주로 열매, 드물게는 나뭇가지나 꽃에도 발생한다. 열매에 갈색반점이 생기고, 그 위에 크림색의 포자덩이가 생긴다. 병과는 습성을 띠고, 썩고, 악취를 발산하고, 마르면 미이라가 된다. 열매 미이라에 있는 분생포자로 전염되며, 열매 감염은 단지 상처를 통하여 된다. 꽃, 가지에도 침입하며, 균사 또는 포자 형태로 병든 가지와 열매 미이라에서 월동한다. 유성포자형은 2년 후에 미이라에서 형성되므로 월동에 큰 역할을 하지 못한다.

과수 뿌리썩음병(根腐病, Root rot) : *Armillaria mellea* (구명 : *Agaricus melleus*). 각종 과수, 뽕나무 및 기타 목본과 식물에 발생한다. 뿌리의 외피와 형성층이 썩으며 피층과 목질부 사이에 균사가 만연되며, 가을에 버섯이 생긴다. 병든 식물의 잎은 누렇게 되어 말라죽고 낙엽 등에 부생하다가 뿌리의 상처로 균사가 침입한다. 버섯으로 월동한다.

귀리 겉깜부기병(裸黑穗病, Loose smut) : *Ustilago avenae.* 맥류 겉깜부기병 참조.

귀리 관녹병(冠銹病, Crown rust) : *Puccinia coronata.*

귀리 마름병 : *Gaeumannomyces graminis* var.*a venae* (*Ophiobolus graminis* var. *avenae*). 맥류 마름병 참조.

귀리 속깜부기병(堅黑穗病, Covered smut) : *Ustilago kolleri* (Current name : *U. avenae*). 맥류 속깜부기병 참조.

귀리 잎마름병(葉枯病, Leaf blight). *Cochliobolus victoriae* (*Pyrenophora avenae,* 무성세대 : *Bipolaris victoriae, Drechslera victoriae, Helminthosporium sativum* var. *victoriae*). 밀 잎마름병 참조.

귀리 줄기녹병(黑銹病, Stem rust) : *Puccinia graminis* f.sp. *avenae.*

균핵병 : *Sclerotium bataticola* (Current name : *Macrophomina phaseolina*).

낙엽송 목재썩음병 : *Polyporus schweinitzii* (Current name : *Phaeolus schweinitzii*).

녹두 갈색무늬병(褐斑病, Cercospora leaf spot) : *Cercospora canescens.*

녹두 녹병(銹病, Rust) : *Uromyces appendiculatus* (*U. phaseoli*). 두류 녹병 참조.

녹두 점무늬병(斑點病, Leaf spot) : *Cercospora canescens.* 두류 점무늬병 참조.

녹두 탄저병(炭疽病, Anthracnose) : *Colletotrichium gloeosporioides, C truncatum.*

녹두 흰가루병(白粉病, Powdery mildew) : *Erysiphe pisi, Sphaerotheca phaseoli.*

느릅나무 마름병 : *Ceratocystis ulmi* (구명 : *Ceratostomella ulmi*, Current name : *Ophiostoma ulmi*). 밤나무 마름병균 참조.

느타리버섯 붉은빵곰팡이병(赤黴病, Fire mold) : *Monilia* spp. 이 병원균은 자연상태에서 고온기에 먹고 버린 옥수수 또는 빵 등에서 발생하는 붉은색을 띠는 곰팡이균으로 느타리버섯 균상에서 초기에는 백색의 균사가 균상표면에 솜사탕과 같은 형태로 왕성하게 생장하나 4일 후부터는 최초의 발생부위가 분홍의 분말을 뿌려놓은 듯한 상태로 변하면서 급속히 퍼져나가며 균사생장 후기에는 균사가 없어지고 주황색 포자덩이가 형성된다. 배지에 수량을 증가하기 위하여 첨가제(미강, 밀기울 등)를 사용하는 경우, 배지 재료인 볏짚에 벼알갱이가 많은 경우, 배지 살균온도를 70℃ 이상 또는 60℃ 이상에서 너무 오랜 시간동안 유지하여 배지의 살균 과다시, 배지 내에 수분함량이 부족시 등에 주로 발생한다. 공기중의 포자가 종균접종 및 균사생장과정에 가스빼기 작업시에 오염되어 주로 발생한다.

느타리버섯 푸른곰팡이병(青黴病, Green mold) : *Trichodema, Glioocadium, Hyporea, Aspergillus, Penicillium.* 균사생장 후 불완전세대의 포자가 형성되면 푸른색을 띠는 균에 의해 발생하는 병을 총칭하는 것으로 다양한 형태의 병징이 나타난다. 종균접종 후 3~5일 내에 병이 발생하여 푸른색을 띠는 경우와 초기에는 이 병원균의 특징인 푸른 색깔을 나타내지 않고 종균재식 10~15일 후에 연녹색으로 나타나기 때문에 초기 발견이 힘들며 후기에는 푸른색을 띠는 것과, 균사생장 중기에 발생할 경우는 초기에 느타리균사가 생장하다가 정지되면서 생장되었던 균사가 소멸되며 병징이 나타나는 것, 완전세대를 형성하지 않으면서 버섯균사가 완전히 생장하여 하온을 시킨 후 또는 1 주기에 수확 후 볏짚의 중간 부위에 감염되었던 푸른곰팡이균이 상부로 세력을 확장하면서 버섯균사를 용해시켜 버섯을 수확 할 수 없게 하기도 한다. 또한 근래에는 하온 후나 수확시기에 균상표면에 *Trichodema*의 완전세대로 알려져 있는 *Hyporea*균에 의해 발생하는 것은 푸른 증상이 나타나지 않고 7 주기 이후에 균상에 유백색의 자실체를 형성하여 급속도로 전파되고 후기에는 균상은 완전히 파괴되어 버섯의 수확을 할 수 없는 등 다양한 병증상이 있다. 균사생장 과정에서 푸른곰팡이병이 발생되는 가장 큰 원인으로는 재배사 주위의 병원균 밀도가 높고 볏짚 내의 수분과부족으로 배지재료 내에 이상발효 현상이 발생하여 느타리버섯의 균사생장이 억제됨으로서 병해발생을 조장하는 경우가 대부분이다. 그러나 간혹 초보자나 푸른곰팡이병 발생에 의해 한번 또는 여러 차례에 걸쳐 실패를 본 경력자들이 충분한 살균을 하지 못하거나 너무 과다하게 하여 문제점이 발생하는 경우가 있다. 또한 종균으로부터 푸른곰팡이병원균이 오염된 종균이 공급되어 문제가 되는 경우도 있다. 버섯 발생시에 발생되는 버섯균사의 활력이 왕성한 초기에는 전혀 발병하지 못하지만 후기 균상표면의 활력이 떨어지면 발병된다. 이 병원균들은 공기, 토양, 배지 등에 존재하며, 바람,

버섯파리, 작업도구, 종균 등에 의해 전반된다.

느타리버섯 흑회색융단곰팡이 : *Trichurus spiralis.* 이 병이 많이 발생될 때에는 균상 표면에 흑회색의 융단모양으로 발생되고 버섯이 발생되지 않으며, 소 면적에 발생될 때에는 볏짚이나 균상표면에 아주 작은 가시가 돋친 모양을 하며, 육안상으로는 발견하기 어렵다. 특히 이 병은 관수를 할 때 회색먼지와 같은 포자가 많이 비산되는 특성을 갖고 있어 재배사내의 전체 균상에 급속도로 확산된다. 이 병원균은 사물기생균으로 배지에 느타리버섯균이 자라지 못한 부분이나 느타리버섯균이 생장하고 사멸된 부분에서 생장을 한다. 병원균은 토양 또는 공기 중에 있으며, 종균접종 및 버섯 수확시 공기에 의한 포자 전반에 의해 확산된다.

담배 검은뿌리썩음병(黑根腐病, Black root rot) : *Thielaviopsis basicola.* 유묘에서는 뿌리가 검게 썩고 시들거나 도복된다. 큰 식물에서는 잔뿌리의 수효가 감소되고 검게 썩고 시든다. 균사, 분생포자로 뿌리를 침해하며, 후막포자, 균사, 분생포자로 토양내의 병든 식물에서 월동한다.

담배 노균병(露菌病, Downy mildew) : *Peronospora tabacina* (Current name : *P. hyoscyami* f.sp. *tabacina*). 담배 잎에 초기에는 회색, 후에 는 갈색병반이 생성된다. 잎의 아랫면에 서리 같은 흰색 곰팡이가 형성되며, 분생포자로 전염한다. 병원균은 죽은 식물조직에서 균사와 난포자로 월동한다.

담배 붉은별무늬병(赤星病, Rust) : *Alternaria longipes* (구명 : *Macrosporium longipes*). 잎에는 농갈색의 윤문이 나타나고 그 가운데가 퇴색하고 잘 찢어져 구멍이 생긴다. 줄기에는 쌀알 크기의 움푹한 병반이 생기고 나중에 병반부는 탈락된다. 분생포자로 노엽과 상처 입은 잎을 쉽게 침해하며, 기공 또는 각피로 침입한다. 균사로 병든 줄기에서 월동한다.

담배 역병(疫病, Late blight) : *Phytophthora nicotianae* var. *parasitica* (Current name : *Phytophthora nicotianae*). 담배 잎, 줄기에 농담의 큰 무늬가 생기고 흰 솜털 같은 균사가 덮인다. 줄기 속에 주름이져 있고 아래 잎 부터 마른다. 유주자나 분생포자로 기주를 침입하며, 병원균은 토양 중에서 난포자로 월동한다.

담배 잘록병(立枯病, Damping-off), 모썩음병(苗腐敗病, Seedling rot) : *Pythium aphanidermatum. P. debaryanum. Rhizoctonia solani.*

담배 점무늬병(斑點病, Leaf spot) : *Phyllosticta nicotianae.* 고구마 점무늬병 참조.

담배 탄저병(炭疽病, Anthracnose) : *Colletotrichum nicotianae* (Current name : *C. tabacum*). 가지 탄저병 참조.

담배 흰가루병(白粉病, Powdery mildew) : *Golovinomyces cichoracearum* (*Erysiphe cichoracearum*).

담배 흰별무늬병(白星病, Leaf spot) : *Cercospora nicotianae.*

담배시들음병(萎黃病, Fusarium wilt) : *Fusarium oxysporum* f.sp. *nicotianae.* 시들음병 참조.

당근 검은무늬병(黑斑病, Black rot) : *Alternaria radicina.* 주로 잎자루와 뿌리에서 발생한다. 잎자루에서는 뿌리 상부의 지제부에서부터 검게 변하여 썩는 증상으로 나타난다. 뿌리에서는 부정형의 검은 병반이 멍든 것처럼 보이고, 진전되면 확대되어 속까지 검게 변하여 썩으며, 공동이 생기기도 한다. 병원균은 종자 혹은 감염부위에서 균사와 분생포자의 형태로 월동 후, 발아하여 전염원이 된다. 일반적으로 종자전염에 의한 병 발생이 많고, 지상부 보다는 지하부에서의 병 발생이 심하다.

당근 검은잎마름병(黑葉枯病, Leaf blight) : *Alternaria dauci* (*A. carotae*). 잎과 잎자루에 발생한다. 잎에 처음에는 갈색 내지 암갈색, 부정형의 작은 반점으로 나타나고, 진전되면 병반들이 서로 융합하여 커진다. 후에 감염된 잎은 암갈색 내지 흑색으로 변하며 말라 죽는다. 잎자루에서는 부정형의 긴 반점으로 나타나며, 감염된 잎자루는 퇴색되어 말라 죽는다. 병원균은 종자 혹은 병든 부위에서 균사와 분생포자의 형태로 월동 후, 분생포자를 형성하여 공기전염을 한다. 여름과 가을에 걸쳐서 비가 많이 오는 시기에 병 발생이 심하다.

당근 관부썩음병(冠部腐敗病, Crown rot) : *Thanatephorus cucumeris* (무성세대 : *Rhizoctonia solani*). 유묘기에는 잘록 증상으로 나타나고, 생육초기부터 후기까지는 관부가 썩는 증상으로 나타난다. 감염된 관부는 암갈색 내지 흑색으로 변해 썩고, 진전되면 잎자루의 위쪽으로 썩어 올라가며, 뿌리 아래쪽으로도 썩어 내려간다. 병든 식물체는 지상부가 시들고, 말라죽는다. 병원균은 병든 식물체의 조직 혹은 토양내에서 균사나 균핵의 형태로 존재하며, 월동 후 발아하여 균사가 식물체의 지제부 혹은 지하부를 침해하여 병을 일으킨다. 보통 습기가 많은 토양에서 발병이 잘된다.

당근 균핵병(菌核病, Sclerotinia rot) : *Sclerotinia sclerotiorum.* 주로 관부에서부터 감염이 일어나며, 감염부위에는 흰 균사가 자라고, 물러 썩으며, 후에 부정형의 검은 균핵이 형성된다. 진전되면 병반이 잎자루와 뿌리 아래쪽으로 확대되면서 전체적으로 썩게 된다.

당근 마른썩음병(乾腐病, Fusarium dry rot) : *Fusarium* sp. 땅가 부위의 관부에도 발생하지만 주로 뿌리에 발생한다. 뿌리의 한쪽에 궤양증상을 일으키는데 연한 갈색 혹은 검은색으로 썩고, 불에 데인 것처럼 보이기도 한다. 병든 조직은 미이라처럼 마르고, 단단하다. 토양전염성 병해로 병원균은 토양에 존재하며, 생육기와 저장 중에 발생한다. 저온저장 에서는 3개월이 지나야 외부로 병증상이 나타나지만 15~22℃에서는 3주 후에 병징이 나타난다. 종자 전염도 가능하지만 병원균은 버려진 병든 식물체내 혹은 토양에서 월동한다. 포장에서는 7℃ 이상이면 병원균이 식물체를 가해할 수 있고, 25℃ 이하에서는 발병이 잘되지 않는다.

당근 점무늬병(斑點病, Leaf spot) : *Cercospora carotae*(구명 : *C. apii*). 잎과 잎자루에 발생한다. 잎에서는 처음에 적갈색 내지 암갈색의 원형 혹은 타원형 반점으로 나타나고, 병반 주위는 황색을 띤다. 진전되면 병반이 방추형 혹은 부정형으로 약간 확대된다. 병든 잎은 전체적으로 황색을 띠다가 후에 회갈색으로 변해 말라죽는다. 잎자루에서는 긴 타원형 내지 방추형의 암갈색 반점을 형성한다. 병이 심하게 걸린 그루는 아래쪽 잎부터 황색으로 변하면서 잘 떨어지기도 한다. 병원균은 종자 혹은 병든 부위에서 균사체와 분생포자의 형태로 월동 후, 분생포자를 형성하여 공기전염을 한다. 병원균의 침입은 주로 기공을 통해 이루어진다. 주로 생육후기에 발생하기 시작하는데, 비료가 부족하고 기온이 높으며, 건조한 상태가 오래 지속되면 많이 발생한다.

당근 흰가루병(白粉病, Powdery mildew) : *Erysiphe heraclei*. 잎과 잎자루에 발생한다. 처음에는 잎의 표면에 하얀 균사가 분산되어 나타나고, 심하면 잎 전체가 밀가루를 뿌려 놓은 것 같은 증상으로 나타나고 아래 잎이 황화 되고 말라죽는다. 전국 어디에서나 발생하며, 생육후기에 피해가 크다. 병원균은 병든 식물체의 잔재물에서 자낭각 형태로 월동하여 1차 전염원이 되며, 병반상에 형성된 분상포자가 비산, 2차 전염원이 된다.

대추나무 갈색무늬병(褐斑病, Brown leaf spot) : *Coniothyrium fuckelii* (유성세대 : *Diapleella coniothyrium*).

대추나무 그을음병(煤病, Sooty mold) : *Capnophaeum* sp. 잎, 과실, 잎줄기, 가지에 발생한다. 처음에는 작은 암색의 균총이 식물체위에 점점이 생기고, 병이 진전되면서 흑색 그을음 모양의 균총이 전체 표면을 덮는다. 심하면 균사가 기주표면에 피막을 형성하고, 오래되면 표피에서 쉽게 분리되어 지저분해진다. 병원균은 표피 기생균으로 식물체에서 영양분을 흡수하지 않고, 곤충류의 분비물을 이용하여 번식하므로 병 발생은 곤충의 밀도와 매우 밀접한 관계가 있다. 가뭄이 계속되는 여름이나 초가을에 피해가 많으며, 특히 관리가 부실한 과수원에서 피해가 크다.

대추나무 녹병(銹病, Rust) : *Phakopsora zizyphi-vulgaris*. 주로 잎에 발생하며, 심하면 잎자루에도 발생한다. 잎의 표면에 갈색의 소형반점이 형성되며, 점차 커지면서 잎 뒷면에는 융기된 갈색의 포자층(하포자층)이 형성되고, 심하면 잎 전체가 고사하며, 낙엽 된다. 주로 강우가 많은 7~8월에 발생이 많으며, 해에 따라 발병정도가 매우 다르다. 병원균의 전염경로에 대해서는 좀더 연구되어야 할 것으로 여겨진다.

대추나무 역병(疫病, Phytophthora fruit rot) : *Phytophthora citricola, P. nicotianae, P. palmivora*. 주로 지면과 가까운 과실부터 발생하여 지상부의 전 과실에 발생하는데 잎, 신초, 가지, 줄기 등에도 발생할 수 있다. 과일에는 불분명한 갈색의 큰 병반이 희미하게 퍼지는데 비교적 단단하며 병든 과실은 쉽게 낙과되고 약한 알콜 냄새를 풍기기도 한다. 병원균은 주로 토양에 존재하지만 병원균의 포자낭은 비바람에 의해 공기 중으로 전파되어 지상부의 과실을 침해한다. 병원균은 물 속에서 증식 전파되며 장마기 비바람에 의해 먼 거리로 이동되고 대 발생된다. 포장이 과습하고 물빠짐이 나쁘거나 침수되면 병 발생이 조장된다.

대추나무 잎마름병(葉枯病, Leaf blight) : *Ascochyta* sp. 주로 잎에 발생한다. 처음에는 잎의 표면에 갈색의 원형 반점이 나타나고, 진전되면 갈색의 부정형 병반이 형성된다. 심하면 병반과 병반이 융합되어 잎 전체가 마르고 낙엽 된다. 병반 중앙에는 갈색의 소립점(병자각)이 밀생한다. 잎이나 잎줄기에 형성된 병반상에서 병자각 형태로 월동하여 1차 전염원이 되는 것으로 추정된다. 병의 발생은 여름철의 우기에서부터 가을까지 계속해서 발생하며, 심한포장은 조기에 낙엽을 초래하여 수세를 약하게 한다.

대추나무 잎줄기마름병(葉莖枯病, Reproductive shoot blight) : *Phoma* sp. 잎, 잎줄기, 파일에 발생하나 잎줄기에 피해가 크다. 처음에는 적갈색의 소형반점이 형성되고, 점차 진전되면 원형의 적갈색 병반이 형성된다. 오래된 병반은 중앙이 회갈색으로 변하고, 병반주위는 적갈색으로 나타난다. 심하면 잎줄기 전체가 고사한다. 잎에도 줄기와 비슷한 병반이 형성된다. 병든 부위에서 병자각 형태로 월동, 1차 전염원이 되는 것으로 추정된다. 발병은 6월 하순부터 시작되나 7~8월에 발생이 많으며, 장마가 오래 지속되는 해에 피해가 크다.

대추나무 잿빛곰팡이병(灰色黴病, Gray mold) : *Botrytis cinerea*. 잎에 발생한다. 처음에는 적갈색의 작은 반점이 형성되고, 점차 진전되면서 대형의 적갈색 병무늬를 형성한다. 대부분 잎 끝 부분에서부터 병발생이 시작되고, 오래되면 병반상에 잿빛의 분생포자가 많이 형성된다.

대추나무 점무늬병(斑點病, Leaf spot) : *Cercospora* sp. 처음에는 적갈색의 작은 반점이 형성되고, 점차 진전되면서 원형의 대형병반을 형성한다. 오래된 병반의 중앙에는 흑갈색의 점무늬가 나타난다.

대추나무 줄기마름병(胴枯病, Die-back) : *Phomopsis* sp. 가지에 발생한다. 처음에는 작은 가지에 흑 갈색의 작은 반점이 형성되고, 점차 진전되면서 가지 전체가 마른다. 오래된 병반상에는 흑색소립점(병자각)이 밀생한다. 주로 동해를 입은 가지에서 많이 발생되며, 큰 줄기는 병발생이 거의 없고, 주로 잔가지에 발생한다. 수세가 약한 나무에서 병 발생이 심하다. 습도가 높은 우기철에 병자각에서 병포자가 분출, 빗물에 의하여 전반되는 것으로 생각 된다.

대추나무 줄기썩음병(莖腐病, Canker) : *Botryosphaeria dothidea* (무성세대 : *Fusicoccum aesculi*). 줄기와 과일에 발생한다. 줄기에는 처음 흑갈색의 병반이 나

타나고, 점차 진전되면서 이병부위는 건전부위와 뚜렷한 경계를 이룬다. 오래된 병반부위에는 표면에 흑색소립점(병자각)이 발생한다. 과일에는 상처부위나 꼭지부분으로 침입하여 단시일 내에 부패하며, 낙과한다. 병원균은 병자각 및 자낭각의 형태로 월동하여 1차 전염원이 되고, 여름철의 강우에 포자가 분출, 전파되며, 주로 피목이나 상처를 통하여 감염된다.

대추나무 탄저병(炭疽病, Anthracnose) : *Glomerella cingulata* (무성세대 : *Colletotrichum gloeosporioides*). 과실과 잎에 발생한다. 과실에서는 처음 적갈색의 작은 반점으로 나타나고, 점차 진전되면서 병반의 가운데가 약간 함몰되며, 담홍색의 분생포자 덩어리가 형성된다. 심하게 감염된 과실은 전체가 쭈글쭈글해지고, 미이라처럼 된다. 잎에서는 적갈색의 원형반점으로 나타나고, 진전되면 병반의 중앙부위가 점차 회갈색으로 변한다. 심하게 병든 잎은 찢어지고, 기형으로 보인다. 병원균은 병든 과실 및 가지의 조직 속에서 자낭각 및 균사로 월동 후, 분생포자를 형성하여 1차 전염원이 된다. 병원균의 전반은 주로 빗방울에 의해 이루어진다. 여름철 장마기 이후에 발생하기 시작하여 과실의 성숙기에 이르러 온도가 높고, 비가 많이 오면 심하게 발생하며, 수확 후 저장 중에도 많이 발생한다. 병원균의 기주범위가 넓으므로 다른 작물이나 잡초에서 전염될 가능성이 많다.

대추나무 흰날개무늬병(白紋羽病, White root rot) : *Rosellinia necatrix* (*Dematophora necatrix*). 뿌리와 땅가 부분의 줄기에 발생한다. 처음에는 뿌리가 솜털 같은 하얀 균사로 뒤덮이고, 심하면 점차 조밀해지며, 얇은 날개무늬모양이 된다. 이병된 나무는 쇠약해지고, 후에 황변하여 고사한다. 분생포자와 자낭포자가 비산되어 전염될 가능성은 매우 희박하고, 이병물에 감염되어 있는 균사 및 균핵의 형태로 오래도록 토양 속에 남아 전염원이 되며, 과수에서는 주로 이병주의 뿌리와 정상주의 뿌리가 서로 뒤엉켜 감염되는 경우가 많다. 기주범위가 매우 넓어 사과, 배, 복숭아 등 대부분의 과수와 수목에 발생하며, 일부 전작물과 채소작물에도 발생한다.

동부 그을음무늬병(煤黴病, Sooty blotch) : *Mycosphaerella cruenta* (무성세대 : *Cercospora cruenta*).

동부 꼬투리썩음병(實腐病, Pod rot) : *Choanephora cucurbitarum*.

동부 녹병(銹病, Rust) : *Uromyces vignae*(*U. phaseoli* var. *vignae*). 두류 녹병 참조.

동부 점무늬병(斑點病, Leaf spot) : *Pseudocercospora cruenta* (구명 : *Cercospora cruenta*, Current name : *Mycosphaerella cruenta*, 유성세대). 두류 점무늬병 참조.

두류 검은뿌리썩음병(黑根腐病, Black root rot, Red crown rot) : *Calonectria ilicicola* (무성세대 : *Cylindrocladium ilicicola*). 잔뿌리 부분을 침해하여 갈변시키고, 심하면 지상부 전체가 시들고 황화 되면 주전체가 고사한다. 심한 이병주는 지상부 3~4㎝까지 자흑색 내지 흑색으로 변하고 뽑아보면 몽당 빗자루 모양으로 잔뿌리가 하나도 없이 쉽게 뽑히는 것을 볼 수 있다. 부패한 지하부 줄기 주근에는 오렌지색 또는 붉은색의 소립점(자낭각)이 형성되는 것을 볼 수 있다. 또한 백색의 균총이 형성되어 뿌리를 덮어 흰 모양으로 나타나며 여기에는 분생포자가 다수 형성된다. 이 병은 1980년 국내에 처음으로 보고 되었으며 평균 발병률이 5%미만으로 큰 피해는 없으나 심한 포장은 수량을 기대할 수 없을 만큼 피해가 크다. 병원균의 생육적온은 27℃ 전후로서 고온기인 7~8월에 많이 발생하며, 기주 범위가 넓어 두류 계통의 작물은 모두 침해한다.

두류 균핵병(菌核病, Sclerotinia rot) : *Sclerotinia sclerotiorum*. 주로 줄기의 마디부위나 꼬투리에서 발생하나, 꽃잎이 떨어져 붙어 있는 잎과 줄기에서도 발생한다. 식물체의 감염부위는 수침상으로 변하고, 병이 진전되면 회백색 내지 회갈색의 병반이 형성되어 감염부위를 중심으로 위 아래로 확대된다. 병든 부위는 마른상태로 썩고, 그 외부 및 내부에 부정형의 검은 균핵이 형성된다. 감염된 줄기의 지상부는 시들고, 말라죽는다. 이병은 국내의 두류작물 중에서 콩과 강낭콩에서 발생하는 것으로 보고되어 있다. 병원균은 병든 식물체의 조직 및 토양 내에서 균핵의 형태로 월동 후 발아하여 자낭반과 자낭포자를 형성한다. 자낭포자는 식물체의 약한 부위에 부착하여 침입하며, 균핵 및 균사체로부터 발아하여 뻗어 나온 균사가 식물체를 직접 침해하기도 한다. 습도가 높고, 기온이 15~25℃의 서늘한 상태에서 병 발생이 심하다. 병원균은 두류작물 뿐만 아니라 가지과, 십자화과, 국화과 등의 많은 작물을 침해하여 균핵병을 일으킨다.

두류 노균병(露菌病, Downy mildew) : *Peronospora manshurica* (*P. sojae*). 콩과 완두의 잎, 꼬투리 종자에 발생한다. 잎 표면에 처음에는 부정형의 퇴색한 부정형 반점이 생기고, 감염부위가 담황색을 띤다. 병이 진전되면 병반이 융합하여 부정형으로 확대되고, 잎 뒷면에는 희고 가는 털 모양의 곰팡이가 형성된다. 병든 잎은 후에 퇴색되고, 누렇게 말라죽는다. 병든 꼬투리와 종자의 표면에는 회색의 곰팡이가 자라 균총 덩어리가 형성된다. 병원균은 난포자의 형태로 종자 혹은 병든 식물체의 조직 내에서 월동한 다음, 포자낭 및 포자를 형성하여 공기전염을 한다. 기온이 서늘하고 습도가 높을때 새로 감염된 잎에서 포자가 형성되어 다른 잎으로 공기전염이 이루어지며, 노쇠한 잎에서는 포자형성이 잘 되지 않는다. 종자에 감염된 병원균은 종자가 발아시 균사를 신장시켜 자엽을 침해하며, 이후 묘에 전신감염을 일으키고, 식물체의 다른 부위 감염에 주요 전염원이 된다. 이 균의 포자형성은 10~25℃에서 이루어지고, 30℃ 이상, 10℃ 이하에서는 이루어지지 않는다. 포자형성 최적온도는 20~22℃이다.

두류 녹병(銹病, Rust) : 잎, 줄기, 꼬투리에 발생하며, 특히 잎 뒷면에 병반이 많이 발생한다. 식물체의 감염부위에 처음에는 흰색의 소립 돌기가 생기고, 후에 이것이 점차 작은 혹처럼 부풀어 올라 표면이 찢어지면서 황색 내지 갈색의 하포자 덩어리가 형성된다. 이 병반은 가을에 흑갈색으로 변하고, 후에 동포자 덩어리를 형성하게 된다. 병든 잎은 위축되고, 일찍 말라 떨어지며, 병든 줄기와 꼬투리는 변색되어 말라죽는다. 심하게 병든 식물체는 전체적으로 말라죽는다. 병원균은 동포자의 형태로 병든 식물체에서 월동 후 발아하여 1차 전염원이 되나. 온난한 지역에서는 하포자의 형태로 월동할 수 있다. 병원균의 하포자 발아 온도범위는 8~30℃이고, 발아 최적온도는 20℃이다.. 병원균의 최적 감염 온도범위는 18~21℃이다. 병원체 ; ①*Phakopsora pachyrhizi*, ②*Uromyces appendiculatus*, ③*U. sviciae-fabae* var. *viciae-fabae*. ④ *U. vignae*. 국내에서 두류작물에 녹병을 일으키는 균은 진균계의 담자균문에 속하는 4종으로, *P. pachyrhizi*는 콩을 침해하고, *U. appendiculatus*는 강낭콩, 팥, 녹두를 침해하며, *U. fabae*는 잠두를 침해하고, *U. vignae*는 동부를 침해한다. 이들 병원균은 주로 하포자와 동포자를 형성하며, 드물게 정자와 수포자를 형성하는 종도 있다. *P. pachyrhizi*의 하포자는 황색, 단세포, 구형 내지 아구형, 혹은 타원형이며, 표면에 돌기가 있고, 그 크기는 20~28×18~22㎛이다. 이 균의 동포자는 황갈색, 단세포로서 표면은 매끈하고, 곤봉형 내지 장타원형이고, 그 크기는 18~30×6~12㎛이다. 이 균에는 세계적으로 6개의 병원형이 존재하는 것으로 알려져 있다. *U. appendiculatus*의 하포자는 황갈색, 단세포, 타원형 혹은 난형이며, 표면에 돌기가 있고, 그 크기는 20~30×10~27㎛이다. 이 균의 동포자는 갈색, 단세포, 원형 내지 타원형이고, 정단에 유두돌기가 있으며, 그 크기는 24~41×19~30㎛이다. 이 균에는 세계적으로 여러 개의 병언형이 존재하는 것으로 알려져 있다. *U. fabae*의 하포자는 담황색, 단세포, 구형 혹은 타원형이며, 표면에 돌기가 있고, 그 크기는 20~35×17~25㎛이다. 이 균의 동포자는 흑갈색, 단세포이며 표면은 매끈하고, 난형 혹은 타원형이고, 긴 병을 가지고 있으며, 크기는 24~47×17~30㎛이다. *U. vignae* 의 하포자는 황갈색, 단세포, 구형 내지 아구형 혹은 난형이며, 표면에 돌기가 있고, 크기는 24~30×16~22㎛이다. 이 균의 동포자는 암갈색, 단세포로서 표면은 매끈하고, 아구형 내지 난형 혹은 타원형이며, 그 크기는 28~34×26~28㎛이다.

두류 모잘록병(立枯病, Damping off) : *Pythium* spp. 종자를 썩혀 발아가 되지 않거나, 발아 후 어린 묘에 잘록 증상과 시들음 혹은 마름 증상을 일으킨다. 주로 어린 묘에 발생되지만 콩이 어느 정도 자란 후에도 토양이 장기간 과습 하거나 침수되면 뿌리와 아래줄기를 썩히기도 한다. 줄기 내부와 뿌리가 진한 갈색 혹은 검은색으로 썩기도 한다. 병원균은 토양에 존재하는 토양전염성이나 반 수생균으로 관개수로도 오염될 수 있다. 따라서 배수가 불량하거나 수분이 많은 토양에서 발생이 많이 된다. 일반적으로 고온다습한 조건에서 병 발생이 많으나 토양온도가 10℃ 이상 되면 활동을 시작하고 일부 병원균은 비교적 저온에서도 발병된다.

두류 미이라병(木乃伊病, Pod and stem blight) : *Diaporthe phaseolorum* (무성세대 : *Phomopsis phaseoli*). 콩의 잎, 줄기, 꼬투리, 종자에 발생한다. 잎에서는 암갈색의

원형 병반이 형성되고, 병반의 가장자리는 황갈색을 띤다. 후에 병반의 내부에는 검은 소립의 병자각이 형성된다. 줄기와 꼬투리에서는 감염부위가 백색을 띠고, 표면에 검은 소립의 병자각이 많이 형성된다. 병든 종자는 회백색으로 변하며, 발육이 부진하고 위축되어 미이라 상으로 보인다. 병원균은 균사의 형태로 종자 혹은 병든 식물체의 조직 내에서 월동한 다음, 작물의 생육기 중에 자낭각 혹은 병자각에서 자낭포자 혹은 분생포자를 많이 형성한다. 이 포자들은 주요 전염원이 되어 식물체의 미숙한 부위나 노쇠한 부위 혹은 상처 난 부위를 통해 침입을 한다. 식물에 대한 감염은 온도가 20℃ 이상 높고, 습도가 높은 조건에서 많이 이루어지며, 특히 꼬투리에 대한 감염은 꼬투리의 황숙기에 가장 많이 이루어진다. 식물체에 칼리가 부족하거나 바이러스에 의한 감염 혹은 곤충에 의한 피해가 있을 때 병 발생이 심하게 된다. 종자에 감염된 병원균은 1차 전염원으로 중요한 역할을 하며, 병원균은 종자 내에서 2년간 활성을 유지할 수 있는 것으로 알려져 있다.

두류 시들음병(萎黃病, Fusarium wilt, Fusarium blight, Root rot) : *Fusarium oxysporum* f.sp. *tracheiphilum*. 생육중기 이후 28℃ 이상인 고온기에 병 증상이 잘 나타난다. 줄기의 도관부는 흑갈색으로 썩고 쪼개지면서 시든다. 병든 포기는 누렇게 되고 생육이 위축되며 잎은 활력을 잃고 결국 떨어진다. 병든 포기에는 열매가 제대로 열리지 않는다. 어릴 때는 주로 뿌리썩음 증상으로 나타나며 14℃ 정도인 저온기에 발생이 많다. 대표적인 토양전염성 병해로 사질토양에서 병 발생이 많다. 병원균은 토양 중에 주로 후막포자로 생존하며, 기주식물 없이도 다년간 생존한다. 병원균은 주로 상처를 통해 침입하므로 토양해충과 선충의 밀도와 병 발생이 밀접한 관계가 있다.

두류 역병(疫病, Phytophthora root rot) : *Phytophthora sojae* (*P. megasperma* f.sp. *glycines*). 병든 포기의 뿌리와 땅가 줄기는 썩고 시들다가 결국 말라죽는다. 지상부에 나타난 병 증상은 시들음병과 비슷하게 보이기도 하여 황화 위축 증상이 나타날 수도 있다. 전 생육기에 감염되며 어릴 때는 병이 더 빨리 진전되어 쉽게 죽는다. 두류에만 발생하며 북미지역의 콩 재배에서는 피해가 가장 큰 병해이다. 국내에는 최근에 병 발생이 확인되었으며 전국적인 발생상황은 조사된 바 없다. 병원균은 물을 매우 좋아하는 반 수생균으로 배수가 불량하거나 침수된 포자에서 발생이 많다. 병원균은 자웅동주균으로 병든 조직 내에 다량의 난포자를 형성한다. 국내 재배품종별 저항성 차이는 큰 것으로 조사되었다.

두류 자주무늬병(紫紋病, Purple blotch, Purple spot) : *Cercospora kikuchii* (구명 : *Cercosporina kikuchii*). 잎, 줄기, 꼬투리 및 종자에서 나타나지만 대개는 잎과 종자에서 가장 흔하게 볼 수 있다. 잎의 상부에는 적자색 내지 자갈색의 각지거나 다소 원형의 병반이 형성된다. 가장 위쪽의 잎과 엽병은 마르고 갈변한다. 가장 뚜렷한 병징은 가장 어린잎에서 나타나는 황화와 마름증상이다. 대부분의 포장에서 병징은 1~2마디 이상으로 진전되지 않는다. 꼬투리에서는 둥글고 적자색 내지 자갈색의 병반이 발달할 수 있다. 종자에 감염되면 자색을 띈다. 감염종자는 분홍색에서 연자색으로 다음 진자색으로 변색된다. 변색 부위는 작은 반점부터 종자 전체에 이르기까지 다양하며, 종자는 파열되고, 거칠고, 종자의 색이 흐릿하게 될 수 있다. 감염된 종자는 병징을 나타내지 않으나 감염된 자엽은 시들고, 짙은 자색으로 변하면서 일찍 탈락하고, 식물체는 위축되거나 죽는다. 병원균은 감염된 포장의 이병 잎이나 줄기 및 종자에서 월동한다. 감염된 종자를 심으면 균은 종피에서 자라서 유묘를 감염하여 1차 전염원이 되고 포자는 바람에 날려 전반된다. 잎에서는 주로 가장 위쪽 잎에서부터 감염이 이루어진다. 종자 감염은 개화기나 그 이후에 발생한다. 균의 생장과 발달은 23~27℃에서 최적이며, 재배기간 동안 따뜻하고 축축한 날씨는 발병을 조장한다.

두류 잿빛곰팡이병(灰色黴病, Gray mold) : *Botrytis cinerea*. 바람, 빗물에 의해 전반된 포자는 시들고 노쇠한 조직이나 상처로 침입한다. 병반은 처음에 검고 수침상으로 나타나거나 투명하고, 때로는 특징적인 윤문을 형성하기도 한다. 조직은 연약하여 흐늘거리고 끈적거린다. 줄기나 엽병에 감염되면 감염 상부의 식물체는 급속히 시든다. 병원균은 대개 시든 꽃잎으로 침입하고, 이들 기부와 접촉되어 있는 꼬투리로 급속히 진행된다. 감염된 꽃잎이 떨어진 식물체 부위에서도 균의 침입은 쉽다. 다습조건하에서 꽃과의 접촉 부위 사이에 수막이 형성될 때 감염되기 쉽다. 잎에서는 뚜렷한 회색 내지 황갈색의 병반이 형성되고, 가장자리는 황화된다. 줄기와 엽병에서는 긴 갈색 줄무늬가 형성된다. 꼬투리에서는 처음에 수침상으로 나타난 후 회갈색으로 되고 움푹 들어간다. 이병조직이 마르면서 표면에는 회갈색의 포자덩어리가 형성되고 줄기나 꼬투리에는 검은 쥐똥 모양의 균핵이 형성된다. 감염은 대개 시들고 손상된 자엽에서 시작되나 곧 어린 줄기와 잎에서도 발생한다. 감염된 줄기는 가장 안정적인 2차 접종원이며 개화기동안 지속적으로 포자를 형성한다. 꽃은 시들 때 특히 감수성으로 잎과 꼬투리를 감염하는 주요 접종원이 된다. 줄기와 꼬투리에 형성된 균핵들은 포장에 남아있거나 종자와 함께 섞인다. 포자는 재배기간 동안 감염 조직에 있는 균핵에서 형성된다. 포자가 기주조직을 침해하려면 수막이 형성되어야 한다. 감염은 10~25℃에서 20시간 내에 일어나며, 잎에 진딧물의 분비물, 꽃가루 및 다른 외부 영양원이 존재하는 경우 더 빨라질 수 있다. 괴사조직으로부터 감염은 포자감염에 비해 수분에 대한 의존도가 적고 배우 빠르게 일어난다. 감염 2~3일 후 이병조직에서는 넓은 온도와 습도범위에서 포자가 형성된다. 토양이나 식물체상에 있는 균핵에서 포자는 장기간 형성될 수 있다. 토양으로 떨어진 꽃잎 또한 전염원이 된다.

두류 점무늬병(斑點病, Leaf spot) : 두류에서는 다양한 점무늬 증상을 일으키는 6속의 병원균이 알려져 있다. *Cercospora*屬과 관련 속들은 구형이나 각진 황갈색 병반을 형성한다. 중앙에는 회색 내지 황갈색이고 가장자리는 적갈색이다. *Septoria*에 의해서는 단엽에 많은 구형이나 불규칙한 암갈색의 매우 작은 반점이 형성된다. 인접한 반점들은 합쳐져서 불규칙한 점무늬를 나타내며, 반점의 중앙에는 검은 점 같은 병자각이 형성되고, 심하면 잎은 황화하면서 조기낙엽 된다. 삼출 엽에서는 수많은 불규칙한 황갈색 병반으로 발달하고, 후에는 진한 갈색으로 변한다. *Phyllosticta*는 잎에 구형의 병반을 형성하고, 경우에 따라서 적갈색 병반이 잎의 가장자리부터 시작하며 안쪽으로 진행되면서 불규칙하거나 V자 형을 나나낸다. *Phoma*는 잎에서 갈색 내지 흑색의 뚜렷한 윤문 증상을 나타내고, 심하면 병반은 잎 전체의 절반까지 발달한다. 병반 중앙에는 작고 검은 병자각이 형성된다. 꼬투리에서도 암갈색으로 다소 움푹 들어가는 윤문을 형성한다. 균은 작물의 잔재물이나 종자에서 생존한다. *Cercospora*와 *Septoria*는 따뜻하고 습도가 높을 때 발병하기 쉬우며, 포자들은 종자에 의해 장거리 전반되고, 바람, 빗물에 의해서는 포장의 작물 간에 전반이 이루어진다. *Phyllosticta*는 선선하고 습한 조건하에서 감염하기 쉽다. *P. exigua*는 다범성 병원균으로 콩뿐만 아니라 여러 다른 작물들에서 병을 일으킬 수 있으므로 1차 전염원은 여러 곳에 존재할 수 있다. 포자가 식물로 감염되려면 28℃ 이하의 온도와 바람이 동반된 빈번한 강우와 높은 상대습도가 필요하다. 점무늬병은 *Cercospora*와 관련 속이 관여한다. *C. canescens*은 녹두와 팥, *Pseudocercospora cruenta* (*C. cruenta*, *C. vignae*)는 강낭콩, 팥 및 동부, *Passalora sojina* (*C. sojina*)는 콩에서 보고되었다. *Cercospora*와 관련 속들은 병반 조직에 자좌를 형성한다. 자좌는 표피를 뚫고 나오면서 분생자경을 형성한다. 분생자경은 다발모양이거나, 병렬로 총생하고, 대개 격막을 갖고, 담갈색 내지 갈색으로 표면은 매끄럽고, 분생포자 이탈 흔적은 뚜렷하지 않거나(*Pseudocercospora* 屬), 크고 뚜렷하거나(*Cercospora* 屬), 작고 뚜렷하나(*Passalora* 屬). 분생포자는 단생하며, 곤봉형, 사상 내지 침상으로 격막은 적거나, 많고, 무색 내지 연녹색이고, 매끄러우며, 정단부는 날카롭거나 뭉툭하고, 기부의 끝은 편평하고, 분생자경과 부착했던 부위(hilum)는 뚜렷이 두껍고 짙거나, 두껍지 않고 짙지 않으며, 돌출하거나 돌출하지 않는다. 콩 갈색무늬병을 일으키는 *Septoria glycines*의 병자각은 잎의 앞면 조직 속에 함몰되어 있다가 돌출하며, 연갈색 내지 진갈색으로 아구형이고, 크기는 100~180㎛이다. 분생자경은 병자각의 안쪽에서 발생하고, 곤봉형 내지 서양배 모양이며, 크기는 6~10×3~4㎛이다. 분생포자는 투명하고, 유적이 있고, 일직선이거나 굽어있고, 기부 끝은 뭉툭하며, 점점 가늘어지고, 정단부는 둥글고, 2~4개의 격막을 갖고, 크기는 30~50×1.5~2㎛이다. 갈색무늬병을 일으키는 또 다른 균인 *Phyllosticta phaseolina*의 병자각은 계란형으로 크기는 70~90㎛이다. 포자는 투명하고 난형 내지 장타원형으로 단세포이고 크기는 4~6×2~3㎛이다. 콩, 강낭콩, 녹두 및 팥의 잎에 겹무늬 증상을 나타내는 *Phoma exigua* var. *exigua* (*Aschochyta phaseolorum*)의 병자각 직경은 평균 150㎛이다. 포자는 원통형 내지 구형으로 양끝이 둥글고 다소 굽은 소시지 모양이며,

주로 단세포이나 생체 내에서는 격막이 있는 포자가 있고, 뚜렷한 2개의 유적을 갖고, 크기는 5~10×2~3㎛이다.

두류 탄저병(炭疽病, Anthracnose) : 잎, 줄기, 꼬투리, 종자에 발생한다. 잎에서는 처음에 갈색의 다각형 병반으로 나타나고, 병이 진전되면 갈색 내지 암갈색의 부정형 병반으로 확대된다. 오래된 병반의 내부는 회색 내지 담황색으로 변하고, 까만 점이 보이며, 잘 찢어진다. 줄기에서는 갈색의 타원형 내지 부정형 병반이 형성되는데, 후에 병반이 약간 움푹 들어가며 균열이 생기고, 오래된 병반에는 황색 내지 담홍색의 분생포자 덩어리가 형성된다. 심하게 병든 줄기는 검게 변색되고, 말라죽는다. 꼬투리에서는 초기에 갈색 내지 암갈색의 원형 혹은 타원형 병반으로 나타나고, 후에 겹무늬 병반으로 확대되면서 병반이 움푹 들어가기도 한다. 오래된 병반에는 황색 내지 담홍색의 분생포자 덩어리가 형성된다. 심하게 병든 꼬투리는 생장이 정지되고, 기형으로 변하며, 일찍 말라죽는다. 성숙한 꼬투리에 병이 심하게 진전되면 꼬투리 내의 종자에도 갈색 내지 흑색의 부정형 병반이 형성되고, 후에 종자가 전체적으로 변색되어 썩는다. 병원균은 균사의 형태로 종자 혹은 병든 부위에서 월동 후 분생포자를 형성하여 1차 전염원이 된다. 종자에 감염되어 있는 병원균은 초기에 묘를 침해하여 잘록 증상을 일으키거나, 병반 형성 없이 감염된 상태로 있다가 작물이 성숙할 때 2차 전염원이 된다. 병원균의 감염은 온도 25~30℃, 상대습도 70% 이상에서 잘 이루어지며, 분생포자의 전반은 고온기에 관수시의 물방울이나 빗방울 혹은 바람에 의해 이루어진다. 병 증상은 주로 식물체의 생육중기 이후에 많이 진전되어 나타나는데, 병 발생은 여름철 장마기에 시작하여 가을 수확기까지 계속된다. 이 병은 여름에서 가을까지 온도가 높고, 비가 많이 오면 심하게 발생한다. 병원체는 ①*Glomerella glycines* (무성세대 : *Colletotrichum destructivum*), ②*G. lindemuthiana* (무성세대 : *C. lindemuthianum*), ③*G. cingulata* (무성세대 : *C. gloeosporioides*), ④*C. truncatum*, ⑤*Colletotrichum trifolii* 등이 보고되어 있다. 국내에서 두류작물에 탄저병을 일으키는 균은 균계의 자낭균문에 속하는 3종의 *Glomerella*균과 2종의 *Colletotrichum*균이 보고되어 있다. 콩과 녹두의 탄저병 발생에 관여하는 균은 *G. glycines*, *G. cingulata*, *C. truncatum*이고, 팥 탄저병에 관여하는 균은 *G. glycines*와 *C. trifolii*이며, 강낭콩 탄저병에 관여하는 균은 *G. lindemuthiana*이다. *Glomerella*균은 자낭각 내에 자낭과 자낭포자를 형성하는데, 자낭각은 흑색, 구형 내지 서양배 모양이며, 자낭은 곤봉형 내지 관상형이고, 이중막으로 되어 있다. 자낭포자는 자낭 안에서 8개씩 형성되고, 무색, 단세포이며, 약간 굽은 타원형 혹은 방추형이다. 이들 2종의 *Colletotrichum*균과 3종의 *Glomerella*균은 분생포자층에서 분생포자를 형성하는데, 이들 분생포자는 무색, 단세포이나 형태는 종에 따라서 다르다. *C. truncatum*의 분생포자는 낫 모양이고, 방추형인데 비해 다른 4종의 분생포자는 곧거나 혹은 약간 굽은 타원형 내지 원통형이다. 상기 ①~

⑤번 균들의 각 분생포자 크기는 10~22×4~6㎛, 10~12×3~5㎛, 14~24×4~6㎛, 16~24×3~4㎛, 6~18×4~8㎛이다.

딸기 검은무늬병(黑斑病, Alternaria leaf spot) : *Alternaria alternata.*

딸기 검은뿌리썩음병(黑根腐病, Black root rot) : *Fusarium* sp., *Pythium* sp., *Rhizoctonia fragariae.*

딸기 겹둥근무늬병(輪紋病, Leaf blight) : *Phomopsis obscurans.*

딸기 겹무늬병(輪斑病, Leaf blight) : *Phomopsis obscurans* (*Phoma obscurans, Phyllosticta obscurans*). 잎, 잎자루, 포복경에 발생한다. 잎에는 처음 자갈색의 부정형 병반으로 나타나고, 진전되면 직경 1~2㎝ 크기의 대형병반으로 확대된다. 오래된 병반의 중앙은 회갈색, 주위는 자갈색으로 변화되며, 병반상에는 흑색의 소립점(병자각)이 생긴다. 발생이 심한 잎은 말라죽는다. 잎자루와 포복경에는 암갈색 부정형 병반으로 나타난다. 병원균은 병든 잎에서 병자각 형태로 월동하여, 바람에 비산 1차 전염원이 된다. 고온성 병해로 7~8월에 강우가 많으면 심하게 발생한다.

딸기 균핵병(菌核病, Sclerotinia rot) : *Sclerotinia sclerotiorum.*

딸기 그을음병(煤病, Scab) : *Cladosporium herbarum.*

딸기 눈마름병(芽枯病, Bud rot) : *Thanatephorus cucumeris* (무성세대 : *Rhizoctonia solani*). 생육 초기부터 중기까지 저온기에 많이 발생한다. 감염초기에는 관부의 새싹부위가 적갈색을 띠면서 마르고, 진전되면 암갈색으로 변하여 말라죽는다. 감염된 잎에는 갈색 내지 적갈색의 작은 원형반점이 형성되고, 진전되면 병반이 융합하여 약간 확대된다. 감염된 뿌리는 암갈색 내지 흑색으로 변하여 썩는다. 병든 식물체는 생육이 불량하고, 심하게 진전되면 그루 전체가 말라죽는다. 병원균은 병든 식물체의 조직 혹은 토양 내에서 균사나 균핵의 형태로 존재하며, 월동 후, 발아하여 균사가 식물체의 지제부 혹은 지하부를 침해하여 병을 일으킨다. 보통 습기가 많은 토양에서 발병이 잘된다.

딸기 무름병(軟腐病, Rhizopus rot) : *Rhizopus nigricans.*

딸기 뱀눈무늬병(蛇眼病, Leaf spot) : *Mycosphaerella fragariae* (*Ramularia brunnea*). 잎에는 처음 진홍색의 불명확한 소형반점이 형성되고, 진전되면 직경 3~6㎜의 원형 내지 타원형의 병반이 된다. 병반의 중앙은 회백색, 주위는 자갈색으로 마치 뱀눈모양의 특이한 병무늬가 형성되는 것이 특징이다. 심하면 병반과 병반이 합쳐져 불규칙한 병반이 되며, 잎이 마른다. 우리나라에서는 흔하게 볼 수 있는 병으로 어디에서나 관찰되나 큰 피해는 없다. 병 발생은 봄과 가을에 많이 되는데, 병 발생 적온은 20℃ 전후이며, 다습한 환경에서 많이 발생한다. 병원균은 병든 잔사물에서 월동하여 1차 전염원이 된다.

딸기 뿌리썩음병(根腐病, Pythium root rot) : *Pythium ultimum, P. myriotylum.* 두 종 이상의 병원균에 의해 발생되는데 병 증상은 비슷하다. 주로 어린뿌리가 침해되어 식물체의 활력이 떨어지고 생육이 불량해지며 과실은 작고 수량이 감소된다. 병이 심하게 진전되면 잎은 퇴록되고 서서히 시들다가 결국 죽기도 한다. 병원균은 물로 먼 거리로 이동되며 주 전염원은 오염된 토양으로부터 유입된다. 포장이 과습하고 물 빠짐이 나쁘거나 침수되면 병 발생이 조장된다. 노지에서는 6월 초순부터 발생되어 장마기에 주로 증식 전파되고 8~9월에 발생이 가장 심하며 연작지 하우스 재배에서는 연중 발생한다.

딸기 뿌리썩음병(根腐病, Root rot) : *Cylindrocarpon destructans.*

딸기 시들음병(萎黃病, Fusarium wilt) : *Fusarium oxysporum* f.sp. *fragariae.* 병든 그루는 생육이 위축되고 황화되며 시들다가 죽는다. 잎이 건전주에 비해 작고 새 잎의 크기가 다르기 때문에 농가에서는 짝재기병이라 부르기도 한다. 땅가의 관부는 적갈색으로 변색되고 뿌리는 심하게 썩는다. 병원균은 주로 흙 입자에 묻혀 농기구나 사람을 통해 먼 거리로 이동된다. 포장정식 직후 뿌리의 상처 등을 통해 감염되는 경우가 많으며 생육 중기 이후 기온이 올라가면 병 증상이 나타난다. 토양온도가 16℃ 이하일 때는 잘 발생하지 않고 25~28℃ 내외이며 병 발생이 가장 심하다. 일반적으로 산성토양과 사질토양에 발생이 많다.

딸기 역병(疫病, Phytophthora root rot) : *Phytophthora nicotianae, P. cactorum.* 두 종의 역병균에 의해 발생되는데 병 증상은 비슷하다. 유묘기 부터 전 생육기에 발생되며 주로 뿌리와 땅가 부위를 침해하지만 외부증상은 감염 정도에 따라 다양하게 나타난다. 생육은 위축되고 하엽은 적갈색을 띠며 어린잎은 퇴록되고 포기 전체가 시들고 죽는다. 병든 포기의 과실은 작고, 포복지 형성도 불량하다. 병원균은 물로 먼 거리로 이동되는데, 전염원은 오염된 토양으로부터 유입된다. 포장이 과습하고 물 빠짐이 나쁘거나 침수되면 병 발생이 조장된다. 노지에서는 6월 초순부터 발생되어 장마기에 주로 증식 전파되고 8~9월에 발생이 가장 심하며, 연작지 하우스 재배에서는 연중 발생된다.

딸기 열매썩음병(果實腐敗病, Fruit rot) : *Alternaria tenuissima.*

딸기 잎마름병(葉枯病, Leaf blight) : *Diplocarpon earlianum* (무성세대 : *Marssonina fragariae*).

딸기 잿빛곰팡이병(灰色黴病, Gray mold) : *Botrytis cinerea.* 주로 과실에 발생하나 잎, 잎자루, 꽃받침, 과경 등에도 발생한다. 과실에는 작은 수침상의 담갈색 병반이 나타나고, 점차 진전되면 과일전체가 부패한다. 부패한 과실에는 분생포자가 뒤덮인다. 잎에는 꽃잎이 떨어져 붙어있는 부분에서부터 감염이 시작되어 번지기 시작하며, 과경과 잎자루에는 암갈색 병반이 형성되고 심하면 전체가 마르고, 잿빛곰팡이가 밀생한다. 시설재배지의 저온 다습한 환경에서 많이 발생하나 다른 작물과는 달리 노지재배에서도 심하게 발생한다. 병원균은 균핵, 분생포자, 균사의 형태로 월동하여 1차 전염원이 되며, 병반상에 무수히 형성된 분생포자가 바람에 날려 2차 전염한다. 밤낮의 온도차가 심하여 환기가 어려우면 습도가 높아지고 물방울이 맺히는 시간이 많아 작물도 연약하게 자라는데, 이때의 환경이 병 발생에 가장 좋은 조건이 된다.

딸기 점균병(粘菌病, Slime mold) : *Physarum* sp. 잎과 잎자루에 발생한다. 식물체에 검은 준 구형의 포자낭이 무수히 형성된다. 포자낭은 식물체에 부착할 수 있는 기구를 가지고 있지 않으며, 손으로 문지르면 잘 떨어진다.

딸기 탄저병(炭疽病, Anthracnose) : *Glomerella cingulata* (무성세대 : *Colletotrichum gloeosporioides*). 병 무늬는 런너와 잎, 잎자루에 형성되기 쉽다. 런너에 병이 걸린 경우는 처음 에 방추형으로 움푹 들어가 흑갈색의 병 무늬를 형성하며, 더욱 진행되면 휘어져 부러지고 습기가 많을 때에는 병 무늬 위에 분홍색의 포자덩어리(분생자층)를 만든다. 잎에 발생하는 경우는 적은 편이나 초기에는 직경 2~3㎜정도의 작고 엷은 흑갈색 반점을 형성한 다음 점차 커지지만 잎이 작아지거나 누렇게 변하는 황변현상은 일어나지 않는 것이 특징이다. 또한 관부가 침해되어 시들거나 말라 죽을 경우도 있는데 포기가 시들었을 때 절단해 보면 관부를 싸고 있는 탁엽으로부터 내부를 향하여 갈색으로 변하는 현상이 진행되지만, 위황병이나 시들음병과 같이 도관부가 갈색으로 변하는 현상이 보이지 않으므로 구별이 가능하다.

딸기 흰가루병(白粉病, Powdery mildew) : *Sphaerotheca humuli* (구명 : *Erysiphe humuli*, Current name : *Podosphaera macularis*), *S. macularis* f.sp. *fragariae*. 잎, 과실, 과경에 발생한다. 잎에는 뒷면에 흰색의 균총이 나타나고, 점차 진전되면 잎 전체가 흰가루로 뒤덮인다. 과실에는 뚜렷하지는 않으나 흰가루가 과실 표면에 나타나고, 어린과실은 비대가 억제되고 경화되며, 기형과가 나타난다. 성숙과는 물러서 변질되고 상품가치가 떨어진다. 병원균은 병든 식물체의 잔재물에서 균사나 분생포자의 형태로 월동하여 1차 전염원이 되는 것으로 생각된다. 주로 봄과 가을의 시설재배지에서 심하게 발생하며, 여름철에는 잘 발생하지 않는다. 본 병원균은 딸기에만 병원성이 알려져 있으며, 시설재배시 초세가 약한 잎이나 포기에 많이 발생한다.

딸기 흰무늬병(白斑病, Leaf spot) : *Septoria fragariae*.

땅콩 갈색무늬병(褐斑病, Brown leaf spot) : *Mycosphaerella arachidicola* (Current name : *Didymosphaeria arachidicola*). 잎과 줄기에 암갈색의 병반이 생기고, 잎 뒷면에 회색 곰팡이가 생기며 잎이 떨어지고 썩는다.

땅콩 검은곰팡이병(Black mold) : *Aspergillus niger*.

땅콩 검은무늬병(黑斑病, Black leaf spot) : *Passalora personata* (*Cercospora personata*, 유성세대 : *Mycosphaerella berkeleyi*).

땅콩 검은뿌리썩음병(黑色根腐病, Root rot) : *Cylindrocladium crotalariae*.

땅콩 그물무늬병(褐紋病, Web blotch) : *Phoma arachidicola*.

땅콩 그을음병((煤病, Sooty mold) : *Leptosphaerulina arachidicola*.

땅콩 녹병(銹病, Rust) : *Puccinia arachidis*(*Uromyces arachidis*). 두류 녹병 참조.

땅콩 잎마름병(葉枯病, Leaf blight) : *Rhizoctonia solani*.

땅콩 잘록병(立枯病, Damping-off) : *Myrothecium verrucaria*.

땅콩 좀균핵병(小菌核病, Sclerotinia rot) : *Sclerotinia arachidis*.

땅콩 큰균핵병(大菌核病, Sclerotinia rot) : *Sclerotinia miyabeana*. 성숙기에 많이 발생하며 줄기의 표피가 갈색으로 변하였다가 회색으로 변하며 가늘게 쪼개지고 껍질이 벗겨져서 백색의 줄기가 노출되는데, 검은 균핵이 형성되며 심할 경우에는 피해주가 황변, 고사한다.

땅콩 흰비단병(白絹病, Stem rot) : *Athelia rolfsii*(구명 : *Corticium rolfsii*).

라이족토니아병 : *Thanatephorus cucumeris* (무성세대 : *Rhizoctonia solani*). 가지, 토마토, 오이 류, 사탕무, 담배, 목화 등의 줄기 땅가 부위에 발생한다. 유묘의 땅 가부분의 줄기는 연화되고 잘록이 생기며 부러져서 넘어진다. 토양에서 균사로, 또는 균핵으로 전염되며, 토양에서 균사나 균핵으로 월동한다.

마늘 갈색잎마름병(褐色葉枯病, Brown Leaf spot) : *Heterosporium allii* (Current name : *Mycosphaerella allii-cepae*, 유성세대). 잎에 처음에는 백색 내지 황백색의 타원형 병반으로 나타나고, 심하면 잎 전체가 말라죽는다. 병반 중앙에는 흑색의 분생포자가 무수히 형성되는 것을 볼 수 있다.

마늘 검은무늬병(黑斑病, Alternaria leaf spot, Purple blotch) : *Alternaria porri*.

마늘 구근마름병(球皮乾腐病, Bulb canker) : *Embellisia allii*.

마늘 녹병(銹病, Rust) : *Puccinia allii*. 잎에는 처음 황색의 작은 반점이 나타나고 진전되면 적황색으로 변한다. 진전되면 감염부위가 융기되고 균열되어 적황색의 분말이 분출되며, 5~6월 수확기에는 회색 내지 흑갈색의 병반이 형성된다. 심한 포장은 잎 전체가 주황색으로 말라 죽는다.

마늘 마른썩음병(乾腐病, Dry rot) : *Fusarium oxysporum* f.sp. *cepae*. 전 생육기에 발생하지만 특히 저장 중에 많이 나타난다. 포장에서는 잎이 구부러지고 황화되며 시드는데 심한 경우 잎이 오그라들면서 마르고 뿌리는 썩어 쉽게 뽑힌다. 마늘을 까보면 1개 혹은 몇 개의 인편이 뿌리부분부터 썩어있기도 하며 병든 부위는 갈색을 띠며 썩고 흰 곰팡이가 보이기도 한다. 수송이나 저장 중에도 발생되는데 병원균은 25~28℃ 내외에서 활동이 가장 왕성하다. 병원균은 주로 흙 입자나 감염된 인편으로 먼 거리로 이동된다. 포장정식 직후 뿌리의 상처 등을 통해 감염되는 경우가 많으며 생육 중기 이후 기온이 올라가면 병 증상이 심하게 나타난다. 일반적으로 산성토양과 사질토양에 발생이 많다.

마늘 시들음병(萎黃病, Fusarium wilt) : *Fusarium oxysporum* f.sp. *cepae*. 시들음병 참조.

마늘 잎마름병(葉枯病, Leaf blight) : *Pleospora herbarum* (구명 : *Sphaeria herbarum*). 잎에 주로 발생하나 줄기, 종다리 등에도 발생한다. 잎에서는 처음 회백색의 작은 반점이 형성되고, 진전되면 병반주위가 담갈색을 띠며 중앙부위는 적갈색으로 변한다. 간혹 흑갈색 병반만 형성될 때도 있다. 오래되면 병반이 상하로 길게 확대되고 심하면 잎 끝까지 엽맥을 따라 변색된다. 병반상에는 검은 곰팡이(분생포자)가 밀생한다. 잎집이나 종다리에도 잎의 병징과 같이 형성되며 심하면 줄기가 마르고 구부러지는 수도 있다. 심한 포장은 밭전체가 불에 그을린 것처럼 까맣게 보인다.

마늘 잿빛곰팡이병(灰色黴病, Gray mold) : *Botrytis allii* (*B. aclada*). 주로 잎에 발생한다. 잎에서는 처음 갈색 수침상의 병반이 형성되고, 진전되면 병반이 확대되고, 잎이 말라죽는다.

마늘 푸른곰팡이병(青黴病, Blue mold) : *Penicillium hirsutum* (Current name : *P. hirsutum* var. *hirsutum*, *P. corymbiferum*). 인편에 발생하며, 저장중의 마늘에 피해가 크나 포장에서도 발생한다. 저장중인 마늘에서는 인편의 뿌리부분이나 상처부위에 처음에는 담갈색의 반점이 나타나고, 흰 균사가 자라다가 진전되면서 푸른곰팡이가 많이 형성된다. 심하게 감염되면 인편 전체가 푸른곰팡이로 뒤덮인다. 생육중인 마늘에는 파종 후 발아시에 나타나는데, 정상적인 생육을 하지 못하고, 위축되며 잎이 변색된다. 병든 뿌리의 생장은 미약하고, 인편에 푸른곰팡이가 많이 형성되며, 지상부는 말라죽는다. 병원균은 주로 균사의 형태로 토양 중에 있는 유기물에서 월동 후, 분생포자를 형성하여 1차 전염원이 된다. 저장 중에 흔히 발생하며, 특히 상온 저장시 심하게 발생한다. 재배 중 포장에서의 발생은 난지형 마늘인 경우에는 가을에, 한지형 마늘인 경우에는 3월에 마늘싹이 지상부로 5~10㎝정도 자랄 때 발생이 많다.

마늘 황색점무늬병(黃色斑點病) : *Heterosporium allii* (Current name : *Mycosphaerella allii-cepae*, 유성세대). 파 황색점무늬병 참조.

마늘 흑색썩음균핵병(黑腐菌核病, Black rot) : *Sclerotium cepivorum* (*Stromatinia cepivora*). 포장에서의 병징은 마늘 지상부가 황변하여 고사하는 증상으로 나타난다. 지하부의 구근에는 처음 흰균사가 나타나며, 병이 진전되면서 구근 껍질에 흑색의 균핵이 형성된다. 심하면 구 전체가 흑색으로 변하여 썩고 지상부는 고사한다.

토양병해이므로 대부분 군데군데 집단으로 발생하여 큰 피해를 주는데, 객토한 밭이나 발생초기는 산발적으로 나타날 수도 있다.

맥류 겉깜부기병(裸黑穗病, Loose smut) : *Ustilago nuda*. 맥류 깜부기병 참조.

맥류 그을음병(煤病, 黑點病, Sooty mold) : 시들거나 손상된 조직에서도 발생하며, 주로 이삭에서 암녹색, 회색 내지 흑색 반점, 때로는 분홍색이나 흰색의 곰팡이 형태로 나타나 피해를 준다. 상엽에서도 자주 발생하여 그을음 증상을 나타내며 매우 지저분하게 보인다. 잎에서 곰팡이 발생 정도와 종류는 영양, 날씨조건과 관련되어 있다. 식물체 표면상에 존재하는 영양분, 꽃가루 혹은 곤충의 분비물은 병 발생을 조장한다. 피해를 입은 종자는 변색, 품질저하로 인하여 상품가치가 하락하며 종자 발아율이 감소한다. 병이 발생된 포장은 수확할 때 검은 먼지를 일으키고 일부의 사람들에게는 알르레기 증상이 나타날 수 있다. 발생조건은 여러 측면에서 고려할 수 있다. 식물체가 입고병과 같은 다른 병에 의해 피해를 입거나, 건조나 한발 등의 스트레스, 영양불균형에 의해 식물체가 시들고, 연약해지며, 생육이 불량한 미숙 이삭에서 균에 감염되기 쉽다. 또한 진딧물 등 곤충이 분비하는 당 성분이 포함된 분비물은 그을음병균들이 생존할 수 있는 기질을 제공하여 병이 만연될 수 있다. 심하게 감염되면 식물체의 광합성이 감소된다. 기상조건은 대게 높은 상대습도와 강우 시에 발생한다. 종자에서 균은 특히 유숙기에 감염하기 쉽고, 성숙기에 습한 날씨가 지속되고 수확이 지연될 때 격발하며, 대개 5월말~6월 수확기에 심한 것을 볼 수 있다. 다수의 병원균이 관여하며, 그을음을 일으키는 곰팡이들은 부생성이고 미약한 기생종인 *Cladosporium*, *Alternaria* 뿐만 아니라, *Stemphylium*, *Epicocum*, *Aureobasidium*, *Sporobolomyces*, *Cryptosporium* 도 관여하는 것으로 알려져 있다. 그을음 증상을 나타내는 균들 중 하나인 *Cladosporium ferbarum*은 가장 흔하게 볼 수 있다. 분생자경은 직립하고, 군생하거나 독생하며, 정단부에서 많이 분지한다. 분생포자는 갈색이고 1~2개의 세포로 구성되어있다. *Alternaria*屬은 암갈색의 단순한 분생자경을 형성하고 단순하거나 분지된 분생포자경을 형성한다. 다세포이며 정단부의 비크는 단순하거나 분지한다.

맥류 깜부기병(黑穗病, Smut) : *Ustilago hordei*, *U. nuda*. 깜부기병은 속깜부기병(堅黑穗病)과 겉깜부기병(裸黑穗病)이 있다. 속 깜부기병은 겉깜부기병 보다 피해가 적고 건전한 보리보다 다소 늦게 출수하거나 많은 경우에는 잎집에 싸여 출수하지 못한다. 암갈색 내지 흑색의 후막포자 덩어리가 씨알에 발생하여 백색의 피막에 싸여있으므로 수확할 때까지는 내부의 흑색 후막포자가 비산하지 않는다. 드물게는 엽신에 긴 띠의 포자층이 나타난다. 겉깜부기병은 출수직후 씨알에 발생하며 화기 전염한다. 출수기와 성숙기사이에 뚜렷하여 처음 이병된 이삭은 검게 되고 건전한 이삭들 사이에서 뚜렷하게 볼 수 있다. 심하게 감염된 이삭은 건전한 이삭보다 다소 빨리 출수하는 경향이다. 병에 걸린 씨알은 처음 회색의 얇은 피막에 쌓여있다. 이

후 피막이 찢기고 속의 후막포자가 비산하면 수일 내에 이삭의 축만이 남는다. 속깜부기병균은 후막포자(동포자) 형태로 종자에 부착하거나 토양 속에서 월동한다. 종자가 발아하면서 포자도 발아하여 소생자를 형성하고 이것이 자엽초(떡잎집)를 침입한 후 생장점 아래에 도달한다. 꽃이 형성될 때 균은 씨방조직으로 들어가서 종자 내신 균 덩어리를 형성한다. 겉깜부기병균은 종자의 배에서 휴면 균사체로 생존한다. 감염종자가 발아하면 병원균도 발아하여 경정 부위로 이동하고, 종자 원기에 도달한다. 모든 이삭조직은 후막포자로 전환된다. 후막포자는 개화기에 바람에 의해 비산하여 주두와 자방벽을 침입한다. 균사체는 세포 사이로 퍼져나가며 주로 배반조직에 존재한다. 개화기 중 상대습도가 높고 16~22℃의 온도가 유지되면 균의 포자 발아를 자극할 뿐만 아니라, 개화기간을 연장시켜 포자가 화기조직과 접촉할 충분한 시간을 제공함으로써 균의 침입을 쉽게 한다.

맥류 깨씨무늬병(胡麻葉枯病, **Brown spot**) : *Helminthosporium sativum* (Current name : *Cochliobolus sativus*, 유성세대). 벼 깨씨무늬병 참조.

맥류 녹병(銹病, **Rust**) : 병 무늬의 증상에 따라 붉은녹병(leaf rust), 좀녹병(dwart leaf rust), 줄녹병(stripe rust), 줄기녹병(stem rust)이 있다. 붉은녹병은 밀에, 좀녹병은 보리에 발생하며, 줄녹병과 줄기녹병은 보리, 밀에 발생한다. 어느 경우든 병반 상에 약간 융기한 병반이 생기며 그 표면에 적갈색 녹가루가 생기는 것이 특징이다. 앞서의 네 가지 종류에 따라 병무늬와 색깔에 약간의 차이가 있으나 어느 경우든 병반이 커지면서 융합하며 황화 되고 진전하면 말라죽는다. 병든 잎은 광합성이 불가하며 조기에 고사하므로 수량에 상당한 영향을 끼친다. 병든 잔재물에서 동포자, 하포자의 형태로 월동한다. 일반적으로 겨울이 따뜻하고 비가 많이 와서 봄철 작물체가 잘 자라 번성한 경우 많이 발생하며, 일찍 파종하고 질소질 비료를 많이 시용해도 병 발생이 많아진다. 병원체 ; ①*Puccinia recondita* (붉은녹병), ②*P. hordei* (좀녹병), ③*P. striiformis* var. *striformis* (줄녹병), ④*P. graminis* (줄기녹병). 담자균에 속하는 진균의 일종으로 하포자와 동포자를 만든다. 동포자는 1차 전염원의 역할을 하며 발아하여 4개의 소생자를 만들고, 소생자가 바람에 날려 공기 전염한다. 2차 전염원은 병반에 형성된 등황색 구형의 하포자이며 비산하여 작물체 표면에 도달한 후 침입하여 감염을 일으킨다. 종류에 따라서는 동포자를 만들지 않고 하포자만으로 병환을 계속하는 것도 있다. 동포자는 방추형으로 1개의 격막을 가지며 연갈색을 띤다. 붉은녹병 하포자의 발아 적온은 15~23℃, 맥류 침입 적온은 18~25℃이며 기공을 통하여 침입하고 7~8일 후에 돌기한 병반 상에 하포자퇴를 형성한다. 좀녹병균의 하포자 발아 및 침입 적온은 11~25℃이고, 줄녹병균의 발아 및 침입 적온은 10~15℃, 잠복기간은 12~14일 이며, 줄기녹병균의 발아 적온은 20~22℃, 침입은 20~25℃가 가장 알맞다. 녹병균은 절대 활물기생균으로 인공 배지에서 배양이 곤란하며 종류에 따라 여러 가지 레이스가 존재한다.

맥류 마름병 : *Gaeumannomyces graminis* (구명 : *Ophiobolus graminis*). 밀, 보리(귀리, 호밀, 많은 화본과 잡초)에 발생한다. 뿌리 및 줄기의 땅가에 주로 발생된다. 뿌리가 썩어서 뽑히기 쉽고 줄기의 땅가 부위는 검게 되며, 잎집에는 검은 소립(자낭각)을 형성한다. 균사가 병든 식물과 함께 토양에 있다가 어린뿌리를 침해하며, 균사의 형태로 토양내의 식물 잔재물에서 월동한다.

맥류 붉은곰팡이병(赤黴病, Scab, Ear blight) : *Gibberella zeae* (무성세대: *Fusarium graminearum*). 밀, 보리, 호밀, 옥수수, 벼 에 발생한다. 이삭은 처음 일부 보리알이 갈색으로 변색되고 점차 진전되면 보리알의 껍질 부위에 홍색의 곰팡이(분생포자)로 뒤덮인다. 보리알과 알 사이는 흰 균사가 발생하기도 하며 오래된 병환부에는 흑색소립(유공자낭각)이 산생하기도 한다. 줄기에 발생하면 잎집의 부착부위가 갈색으로 변하며, 아주 어린 묘에 발생하면 주 전체가 말라죽는다. 병원균의 전염경로는 종자, 그루터기, 토양 등에서 월동하여 1차 전염원이 되며 병징에서 형성된 분생포자가 비산하여 급속히 확산된다. 주로 출수 후 이삭에 발생하나 유묘, 줄기, 뿌리 등에도 발생하여 피해를 주며 심하게 이병된 종자는 파종직후 발아가 되지 않으며 부패한다. 발육온도는 8~23℃정도이며, 발육최적온도는 24~28℃ 정도이다. 가을 파종기의 온도가 15℃ 내외일 때 발병이 많고 10℃ 이하일 때 발병이 적다. 병의 발생에는 습도가 가장 중요한데 강우일수가 많아 95% 이상의 습도가 3~5일 이상 유지될 때 병 발생이 급격히 증가한다. 특히 출수기 이후의 계속되는 강우는 병 발생에 매우 중요한 요인으로 알려져 있다. 실제로 붉은곰팡이병의 피해가 큰 1993년과 1998년의 기상을 보면 보리 출수기 이후(4월 하순~5월 초순) 강우일수가 많고 습도가 높은 것을 알 수 있다. 감염 시기는 주로 출수기부터 유숙기 사이에 많이 감염되며, 이삭이 출수하기 전에는 거의 감염되지 않는다. 출수 전에 이삭을 채취하여 실내에서 병원균 감염여부를 조사한 결과 전혀 감염되어 있지 않았으며, 출수 후 이삭을 채취하여 조사한 결과 3.5%의 감염률을 나타내었다. 이 병원균은 보리에 피해가 가장 크나 밀, 벼, 옥수수, 귀리 등에도 발생하며 심하면 밭둑이나 논둑의 화본과 잡초에도 발생한다.

맥류 뿌리썩음병(根腐病, Root rot) : *Fusarium nivale* (Current name : *Monographella nivalis*, 유성세대).

맥류 속깜부기병(堅黑穗病, Covered smut) : *Ustilago hordei*. 맥류 깜부기병(黑穗病) 참조.

맥류 잎집눈무늬병(葉鞘眼斑病, Sharp eyespot) : *Ceratobasidium cereale* (무성세대 : *Rhizoctonia cerealis*). 보리와 밀 등의 잎집에 타원형의 눈무늬 증상으로 나타나며, 병반의 가장자리는 갈색 내지 암갈색을 띠고, 내부는 회색을 띤다. 초기에는 병반의 길이가 1~2㎝이고, 병이 진전되면 병반이 길게 확대되며, 융합하여 커지고, 잎집이 마른다. 후에 병반의 이면에는 암갈색 내지 흑색의 원통형 혹은 부정형 균핵이 형성된다. 잎집눈무늬병은 보리의 생육기 중에 많이 발생하지만, 이 병으로 인하여 경제적으로 큰 피해는 발생하지 않는다. 병원균은 병든 식물체의 조직에서 균사체나 균핵의 형태로 존재하며, 균핵이 병반으로부터 떨어져 지표면에 있거나 토양 속에 묻혀 있다가 월동 후, 이듬에 봄에 다시 벼를 침해한다. 포장 내 지표면 혹은 토양 속에 있던 균핵들은 담수하거나 경운 작업시 수면위로 떠올라 부유하게 된다. 이러한 균핵들은 벼가 생장할 때 수면에 접한 잎집 부위에 부착하게 되고, 그곳으로부터 발아하여 균사가 식물체의 위쪽으로 자라면서 침입하여 병반을 형성한다. 벼의 수확기에 이르러 병반에서는 다시 균핵이 형성된다.

맥류 줄기녹병(黑銹病, Stem rust) : *Puccinia graminis*. 밀, 보리, 호밀, 귀리 등에 발생한다. 줄기를 비롯하여 잎, 엽초, 이삭에 발생한다. 잎에 녹색반점(하포자퇴), 그 후에 암흑색의 줄무늬(동포자퇴)가 생긴다. 엽초나 줄기에도 줄무늬가 생성된다. 하포자와 녹포자로 전염하며, 동포자로 월동한다. 봄에 담포자가 형성되어 중간기주인 매자나무(Berberis vulgaris)를 감염한다.

맥류 줄녹병(黃銹病) : *Puccinia striiformis* (Current name : *P. striiformis* var. *striiformis*). 밀, 호밀, 보리 등에 발생한다. 잎, 엽초, 줄기, 이삭 등에 발생하며, 잎맥 또는 줄기에 세로로 황색의 줄무늬(하포자퇴)가 생기며, 후에 암갈색의 동포자퇴를 형성한다. 하포자로 전염하며 가을에 잎에서 균사로 월동한다. 중간기주가 알려져 있지 않다.

맥류 줄무늬병(斑葉病, Leaf stripe) : *Pyrenophora graminea* (무성세대 : *Drechslera graminea, Helminthosporium gramineum*). 잎이나 잎집에 주로 발생하나 간혹 이삭이나 줄기에도 발생한다. 잎이나 잎집의 표면에 담황색 또는 황백색의 줄무늬가 생기고 진전되면 갈색으로 변한다. 심한 병반은 잎이 세로로 쪼개지기도 하며, 병반상에 분생포자가 형성되어 흑색으로 된다. 이병에 걸리면 대부분 출수가 어렵고 출수가 되더라도 잎집에 쌓여서 기형이 되고 나중에는 말라죽는다. 특히 생육초기에 일찍 병이 발생한 포장은 병든 주가 크지 못하고 일찍 고사한다. 이 병은 종자전염성 병해로 보리가 10~15㎝ 자랐을 때부터 발생하고 발병 최성기는 5월경이다. 토양 온도가 비교적 냉하고 습하며 비옥한 토양에서 자란 보리에 많이 발생한다. 병원균의 생육온도는 25℃ 정도이며, 8℃ 이하나 32℃ 이상에서는 생육이 어렵다. 병원균은 52℃에서 10분이면 사멸된다. 전염방법은 개화기 때 병원균이 비산되어 꽃의 내부로 침입하며, 저항력이 강한 휴면균사나 분생포자의 형태로 여름을 난 다음 가을에 파종된 보리가 발아하면서 기부를 침해한다. 잎이 전개하면 병징이 있는 부분에 줄이 지는 것을 볼 수 있다. 전염은 거의가 종자에 의하고 생육 중에 2차로 감염되는 일은 드물다.

맥류 흰가루병(白粉病, Powdery mildew) : *Blumeria graminis* (구명 : *Erysiphe graminis*). 보리, 밀, 귀리, 호밀 등의 잎, 줄기, 이삭에 발생한다. 아래 잎부터 잎

표면에 흰색 혹은 회백색 곰팡이가 생겨 덮인다. 병반은 점점 위로 올라가 엽초, 줄기, 이삭줄기까지 퍼지는데 광합성을 방해하므로 수량에 상당한 영향을 끼친다. 후기에는 회백색으로 덮인 병반에 까뭇까뭇한 작은 흑색 점들이 생기는데 이것이 병원균의 월동형(폐쇄자낭각)으로 다음 해의 전염원이 된다. 병반의 초기에는 윤곽이 뚜렷한 원형 내지 타원형 병반이 형성되나 나중에는 병반끼리 합쳐져 엽신 표면이 모두 회백색 가루로 뒤덮이게 된다. 봄철의 재배기간 중 따뜻하고 비가 자주 오는 해에 발생이 많아지며, 해에 따라 맥류가 빨리 자라 카누피가 조기에 형성되고 무성해지면 발생이 많아지다. 또한 지형상 통풍이 잘 안 되는 곳, 숙기가 지연될 경우, 질소질 비료를 많이 주어 웃자라고, 추비의 시용이 늦어져 연약하게 자란 포장에서 발생이 많다.

맥류(호밀) 맥각병(麥角病) : *Claviceps purpurea*. 이삭에 모가 난 검은 덩어리 즉 맥각이 생기는 병으로서 밀과 보리에서 발생한다. 맥각에는 유독성분이 있어 인축에 해롭지만 ergotoxin 등의 성분이 있어 수축제 또는 혈압상승제 등의 약용으로 이용되기도 한다. 병원균의 균핵인 맥각이 포장에서 월동하여 다음해 봄에 자낭포자를 형성한 후 개화 중인 암술머리에 도달하여 씨방에 침입하고 번식하여 분생포자를 만드는데, 이것은 점착성이 있고 꿀이 섞여 있어 밀로라고 하며, 곤충이 이것을 흡수하여 다른 꽃에 옮긴다.

메밀 노균병(露菌病, Downy mildew) : *Peronospora ducometi*.

메밀 녹병(銹病, Rust) : *Puccinia fagopyri*. 맥류 녹병 참조.

메밀 역병(疫病, Late blight) : *Phytophthora fagopyri*.

메밀 점무늬병(斑點病, Leaf spot) : *Phyllosticta fagopyri*.

메밀 흰가루병(白粉病, Powdery mildew) : *Erysiphe polygoni*.

모잘록병(立枯病, Damping off) : *Pythium debaryanum* (*P. aphanidermatum*, *P. arrhenomanes*, *Eupythium debaryanum*). 각종 식물의 유묘에 발생하거나 파종한 종자가 발아하지 못한다. 유묘의 줄기에 잘록이 생겨 쓰러지며, 잎에 암갈색 병반이 생성된다. 유주자로 과습한 상태에서 잘 전염되며, 병원균은 토양에서 병든 조직이나 난포자 혹은 균사체로 월동한다.

목화 검은무늬병(黑斑病, Block spot) : *Alternaria macrospora* (*Macrosporium nigricans*).

목화 겹둥근무늬병(輪紋病, Early blight) : *Ascochyta gossypii*. 모, 잎, 줄기에 발생한다. 잎에는 준원형의 회색 또는 암록색 병반이 생기는데, 습하면 썩고 구멍이 뚫리며, 건조할 때에는 병반의 중앙부는 담갈색, 가장자리는 갈색을 띠고 가느다란 선으로 된 중윤문이 생긴다. 분생포자로 전염하며, 병든 부위와 종자 등에서 분생포자로 월동한다.

목화 뿌리썩음병(根腐病, Root rot) : *Phymatotrichum omnivorum* (Current name : *Phymatotrichopsis omnivora*).

목화 시들음병(萎黃病, Fusarium wilt) : *Fusarium oxysporum* f.sp. *vasinfectum*. 시들음병 참조.

목화 잎갈색무늬병 : *Phyllosticta gossypina*.

목화 큰점무늬병(大斑點病) : *Pestalotia gossypii*.

목화 탄저병(炭疽病, Anthracnose) : *Glomerella gossypii* (무성세대 : *Colletotrichum gossypii*). 떡잎이 지면에 나오기 이전에 발병한 경우는 그대로 고사하거나 혹은 떡잎 때에 줄기 밑 부분에 발병하여 고사하기도 한다. 피해가 가벼울 때는 출현 후 몇일 사이에 떡잎에 암갈색의 반점이 생기고 점차 커져서 말라붙어 구멍이 생긴다. 다래에는 처음에는 적갈색의 작은 반점이 생기고 병세가 진전 되면 담홍색의 포자덩이가 생긴다. 병이 심한 어린 다래는 편평해지고 말라버리거나 완전하게 목화송이가 피지 못한다. 또한 병균이 다래껍질을 침해하면 균사가 내부까지 침입하여 섬유나 종자에 피해를 준다. 분생포자로 전염되며 균사 또는 포자형으로 종자나 병환부에서 월동한다.

목화 흰곰팡이병(白黴病) : *Mycosphaerella areola*.

무 갈색뿌리썩음병(褐色根腐病, Pythium root rot) : *Pythium* sp. 주로 유묘기에 묘상에서 잘록증상을 일으키며, 종자가 발아하여 싹이 튼 직후부터 발생된다. 땅가의 줄기가 수침상으로 썩는데 기온이 높고 건조해지면 감염부위가 말라 가늘게 실처럼 되기도 한다. 생육중기와 후기에는 뿌리의 중간 부위나 땅가 관부에서 발생하는데, 불에 데친 것 같은 큰 부정형 병반을 형성한다. 병원균은 토양에 존재하며, 토양 전염성이나 관수에 의해 전염되기도 한다. 일반적으로 고온다습한 조건에서 발생이 심하다. 대부분의 *Pythium*屬 균은 병든 식물체의 조직 속에서 난포자를 쉽게 형성하는데, 이들이 토양 속에서 월동하고 이듬해에 다시 발아하여 1차 전염원이 된다. 토양온도가 10℃ 이상 되면 병원균은 활동을 시작하며, 이때 충분한 토양수분이 필요하다. 발아한 난포자는 유주자낭을 형성하고 유주자낭은 다시 소낭을 형성하는데 이속에서 유주자가 형성된다. 유주자는 물속에서 유출되고 물을 따라 전반되는데, 식물체의 뿌리나 땅가 줄기에 부착한 다음 발아관을 내어 직접 침입한다.

무 검은무늬병(黑斑病, Black spot) : *Alternaria brassicae*, *A. brassicicola*. 주로 잎에 발생하며, 간혹 줄기와 꼬투리에도 발생한다. 잎에 처음에는 원형의 암갈색 내지 흑색의 작은 반점으로 나타나고, 진전되면 병반이 약간 확대되며 병반끼리 합쳐져 커지기도 한다. 오래된 병반의 내부는 찢어져 구멍이 생기기도 하며, 심하게 감염된 잎 전체가 황갈색으로 변하여 말라죽는다. 꼬투리에 병이 발생하면 종자의 임실(稔

實)이 저해된다. 병원균은 종자나 병든 부위에서 균사 혹은 분생포자의 형태로 월동 후, 분생포자를 형성하여 공기전염을 한다. 보통 가을철 비가 많이 온 후에 심하게 발생한다.

무 검은뿌리썩음병(黑根腐病, Black root rot) : *Aphanomyces raphani.* 무의 전 생육기간에 발생한다. 주로 배축 부위가 검게 썩는 증상으로 나타나고, 생육중기부터는 뿌리의 지하부에 부정형의 검은 반점으로 나타난다. 감염부위의 표면은 균열증상이 나타나고, 간혹 감염부위의 아래쪽으로 잘록하게 좁아 보이기도 한다. 병든 무의 내부는 검게 변하여 썩는 증상으로 나타나는데, 횡단면을 보면 검게 변색된 줄무늬가 방사선상으로 표면부터 속까지 이어져 있다. 병반의 변색 부위는 무르지 않고, 마른 상태로 썩는다. 병원균은 감염된 식물체의 조직 내에서 난포자의 형태로 생존하다가 월동 후 발아하여 전염원이 된다. 봄부터 가을 까지 작물의 생육기 중에는 유주자의 형태로 전반되어 병을 일으킨다.

무 균핵병(菌核病, Sclerotinia rot) : *Sclerotiniasclerotiorum.* 생육초기에는 잎자루와 잎에서 발생한다. 감염부위에서는 흰 균사가 자라면서 식물체가 물러썩고, 후에 부정형의 검은 균핵이 형성된다. 생육중기 이후에는 뿌리 상부와 잎자루에서 발생하며, 감염부위가 물러 썩으면서 흰 균사가 자라고, 흰 균사가 뭉쳐 균핵을 형성한다. 생육후기에는 줄기와 꼬투리에도 발생하며, 감염부위가 백색 내지 회색으로 변하여 말라죽고, 그 내부에는 부정형의 검은 균핵이 형성된다. 생육후기의 병든 그루에서는 종자수확을 하기 어렵다. 병원균은 병든 식물체의 조직 및 토양 내에서 균핵의 형태로 월동한 다음, 발아하여 자낭반과 자낭포자를 형성한다. 자낭포자는 식물체의 약한 부위에 부착하여 침입하며, 균핵 및 균사체로부터 발아하여 뻗어 나온 균사가 식물체를 직접 침해하기도 한다. 습도가 높고, 기온이 15~25℃의 서늘한 상태에서 병발생이 심하다.

무 노균병(露菌病, Downy mildew) : *Peronospora parasitica* (Current name : *Hyaloperonospora parasitica*). 묘상에 발생하면 피해가 아주 크며 잎은 쉽게 떨어지고 묘 전체가 죽는다. 생육기 중에는 별 문제가 되지 않다가 생육 후기에 저온다습해지면 하엽부터 발생하고 속잎으로 번지는데 잎 뒷면에 형성된 곰팡이가 이슬처럼 보이기 때문에 노균병으로 불린다. 이른 봄과 늦가을에 발생이 많으며 초기에는 잎에 작은 부정형 병반이 퇴록 반점으로 나타나고 뒷면에는 흰색의 곰팡이가 생긴다. 병이 진전되면 부정형의 병반이 담갈색으로 변하고 잎 전체가 말라죽는다. 생육 후기에 감염된 잎은 잘 떨어지지 않고, 작은 병반들이 합쳐져 잎 전체가 황록색 혹은 황갈색으로 변하며 말라죽는다. 병원균은 무 배추 등 십자화과 작물을 침해하는데 주로 병든 식물체내에서 난포자 상태로 월동한다. 병원균의 최적온도는 8~16℃이며 상대습도가 96~100% 일 때 3~4시간 내에 식물체를 침입한다. 오전 10시까지 잎에 이슬이 맺혀있는 기간이 3~4일 지속되면 심하게 발병된다.

무 노균병(露菌病, Downy mildew) : *Hyaloperonospora parasitica* (*Peronospora parasitica*).

무 무사마귀병(뿌리혹병, 根瘤病, Clubroot) : *Plasmodiophora brassicae*. 감염된 그루는 잎이 초기에 약간 시드는 증상으로 나타나고, 병이 심하게 진전되면 잎이 전체적으로 푸른 상태로 시든다. 지상부의 병징은 정상적인 식물체와 외관상으로는 구별하기 어려운 경우가 많으나 생육초기에 감염된 무의 뿌리는 기형으로 되고, 지상부의 생장도 부진하다. 무의 생육 중기 이후에는 혹 모양의 이상비대 증상으로 나타나고, 혹 부위의 표면은 거친 모양의 돌기가 많이 형성되거나 균열이 생기기도 한다. 병든 무의 생육 후기에 이르러서는 혹 증상의 균열부위로 세균이나 다른 병원균이 침입하여 뿌리가 썩기도 한다. 이 병의 발생은 토양산도 및 토양수분과 밀접한 관계가 있으므로 토양 속에 병균의 밀도가 높다고 해도 조건이 활동에 적합하지 못하면 발병하지 않는다. 토양이 산성일 경우에는 발병하기 쉽고 중성 및 알칼리성(pH 7.2~7.4이상)일 경우에는 발병하지 않는다. 또 토양수분이 적을 경우에는 포자의 발아가 억제되는데, 특히 건조에 대한 저항성이 약하여 45% 이하의 습도에서는 사멸한다. 지온과 기온이 18~25℃ 일 때에 가장 발병이 많다.

무 뿌리썩음병(根腐病, Rhizoctonia root rot) : *Thanatephorus cucumeris* (무성세대 : *Rhizoctonia solani*). : 무의 생육 중기부터 수확기에 뿌리 표면에 암갈색 내지 흑색의 부정형 썩음 증상으로 나타난다. 병이 심하게 진전된 부위의 표면은 거북등과 같은 균열이 생기고, 거친 모양으로 나타난다. 병징은 표피 등에 한정되어 나타나며, 병든 무의 내부는 변색 증상이 나타나지 않는다.

무 시들음병(萎黃病, Fusarium wilt) : *Fusarium oxysporum* f.sp. *raphani*. 아래 잎이 누렇게 변하고 생육이 불량해지며 포기가 시들어 죽는다. 생육 중기 이후에 주로 발생되나 포장 파종(정식) 후 2～4주 후부터 발생된다. 식물체는 감염되어도 잘 죽지 않고 오랫동안 매우 불량한 생육을 보이기도 하는데 뿌리를 절단해보면 도관부가 암갈색 띠를 형성하고 있다. 토양온도가 16℃ 이하일 때는 잘 발생하지 않고 25～28℃ 내외에서 병 발생이 가장 심하며 일반적으로 산성토양과 사질토양에 발생이 많다. 병원균은 주로 흙 입자에 묻혀 먼 거리로 이동된다. 포장정식 직후 뿌리의 상처 등을 통해 감염되며 이 시기에 비가 자주 오면 침입이 용이해 지며 생육 중기 이후 기온이 올라가면 병 증상이 심하게 나타난다.

무 잎마름병(葉枯病, Leaf blight) : *Thanatephorus cucumeris* (무성세대 : *Rhizoctonia solani*). 처음에는 잎에 원형의 작은 암갈색 반점으로 나타나고, 진전되면 병반이 부정형으로 확대되면서 잎이 마른다. 심하게 병든 잎은 갈색 내지 황갈색으로 변하여 썩고 말라 죽는다. 병원균은 병든 식물체의 조직 혹은 토양 내에서 균사와 균핵 상태로 존재하다가 전염원이 된다.

무 잘록병(立枯病, Damping-off) : *Thanatephorus cucumeris* (무성세대 : *Rhizoctonia solani*). 유묘기에는 잘록 증상으로 나타나며, 병든 묘는 잘 쓰러지고, 말라죽는다. 생육초기에는 뿌리의 지제부가 회갈색으로 변하며 잘록하게 썩어 들어가고, 지상부는 시들어 죽는다. 병원균은 병든 식물체의 조직 혹은 토양 내에서 균사나 균핵의 형태로 존재하며, 월동후 발아하여 균사가 식물체의 지제부 혹은 지하부를 침해하여 병을 일으킨다. 보통 습기가 많은 토양에서 발병이 잘 되고, 병원균의 병을 일으키는 균사융합군은 AG-2-1과 AG-4 이다. 이들 그룹의 균사융합군은 많은 다른 작물에도 잘록병을 일으킨다.

무 점균병(粘菌病, Slime mold) : *Physarum* sp. 잎에 까만 준 구형의 병원균 포자낭이 형성되고, 진전되면 잎 전체가 파리 똥 모양의 까만 점으로 뒤덮인다. 포자낭은 식물체에 살짝 부착되어 있어 손으로 문지르면 잘 떨어지고, 식물체뿐만 아니라 주위의 토양, 퇴비 등 어디에나 붙어 있다.

무 탄저병(炭疽病, Anthracnose) : *Colletotrichum higginsianum*. 주로 잎에 발생하며, 간혹 꽃자루와 꼬투리에도 발생한다. 잎 앞면의 병반은 부정형의 작은 회색반점으로 나타나고, 잎 뒷면의 병반은 갈색 내지 흑색의 테두리를 가진 부정형의 회색반점으로 나타난다. 진전되면 병반이 합쳐져 확대되고, 잎이 마른다.

무 흰녹가루병(白銹病, White rust) : *Albugo macrospora* (*A. candida* var. *macrospora*). 무, 배추 등의 십자화과 식물에 발생한다. 주로 잎에 나타나며, 간혹 줄기와 꽃자루에도 나타난다. 처음에는 잎의 뒷면에 흰색의 작은 병반이 나타나고, 점차 진전되면 표피가 갈라지면서, 백색분말(분생포자)이 형성된다. 잎 앞면에는 뚜렷하지 않은 황갈색의 병반으로 나타난다. 유주자로 기공을 통해 침입하며, 병원균은 병환부에서 난포자로 월동한다.

무 흰무늬병(白斑病, Cercospora white spot) : *Cercospora brassicicola*. 잎에 원형 내지 부정형의 흰 반점으로 나타나며, 진전되면 병반이 서로 합쳐져 커지고, 잎이 마른다. 병원균은 병든 잎의 조직 내에서 균사체로 월동 후, 이듬해 온도와 습도가 높은 시기에 분생포자를 형성하여 공기 전염한다. 주로 여름철 장마기나 가을의 비가 많이 오는 시기에 많이 발생한다.

밀 검은점병(黑點病, Black leaf spot) : *Epicoccum tritici*.

밀 겉깜부기병(裸黑穗病, Loose smut) : *Ustilago tritici* (Current name : *U. nuda* f.sp. *tritici*).

밀 깜부기병(黑穗病, Smut) : *Tilletia tritici* (구명 : *Lycoperdon tritici*, Current name : *Tilletia caries*).

밀 노균병(露菌病, Downy mildew) : *Sclerophthora macrospora*.

밀 눈속썩음병(雪腐病, Snow mold) : *Micronectriella nivalis* (*Fusarium nivale* f.sp. *graminicola*).

밀 마름병 : *Gaeumannomyces graminis* var. *tritici*.

밀 모무늬병(角斑病, Gray leaf spot) : *Selenophoma donacis*.

밀 붉은곰팡이병(赤黴病, Petch) : *Gibberella zeae*(무성세대 : *Fusarium graminearum*).

밀 붉은녹병(赤銹病, Stem rust) : *Puccinia recondita*(*P. triticina*). 잎, 엽초, 줄기, 이삭 등에 발생한다. 잎의 표면에 불규칙하게 산재하는 갈색의 하포자퇴가 생성되며, 잎의 뒷면에는 흑색의 동포자퇴가 형성된다. 하포자 및 녹포자로 전염하며 병든 밀과 중간기주에서 균사로 월동한다. 중간기주는 좀 꿩의 다리(*Thalicturum flavum*)이다.

밀 비린깜부기병(腥黑穗病, Stinking bunt) : *Tilletia caries* (*T. tritici*, 구명 : *Uredo caries*). 병든 이삭은 다소 암록색을 띠며 씨껍질은 불규칙하게 중축에 착생하고 팽대한 씨알이 노출된다. 이 씨껍질에 암다갈색의 후막포자가 가득 차 있고 악취(비린내)를 발산한다. 종자에 붙어 있는 후막포자로 전염하며 유묘감염을 한다. 종자에 후막포자로 월동한다.

밀 잎마름병(葉枯病, Septoria leaf blotch) : *Septoria tritici* (Current name : *Mycosphaerella graminicola*, 유성세대). 출수기에 잎, 잎집에 발생한다. 처음에 담황 또는 담갈색의 방추형 무늬가 생기고 이들이 합쳐서 황갈색으로 되며 잎이 마른다. 분생포자로 전염하며 균사 또는 분생자각으로 병든 잎에서 월동한다.

밀 잎집눈무늬병(葉鞘眼斑病, Sharp eyespot) : *Rhizoctonia cerealis*.

밀 점무늬병(斑點病, Leaf spot) : *Cochliobolus sativus*(구명 : *Ophiobolus sativus*).

밀 줄기깜부기병(稈黑穗病, Flag smut) : *Urocystis tritici* (Current name : *U. agropyri*).

밀 줄기녹병(黑銹病, Stem rust, Black rust) : *Puccinia graminis*.

밀 줄녹병(黃銹病, Stripe rust, Yellow rust) : *Puccinia striiformis* var. *triiformis*.

밀 줄무늬마름병(條斑病, Cephalosporium stripe) : *Cephalosporium gramineum* (유성세대 : *Hymenula cerealis*).

밀 흰가루병(白粉病, Powdery mildew) : *Blumeria graminis*(*Erysiphe graminis*).

밀 tanspot병 : *Pyrenophora tritici-repentis*(구명 : *Pleospora tritici-repentis*).

바나나 시들음병(萎黃病, Fusarium wilt) : *Fusarium oxysporum* f.sp. *cubense*.

밤나무 가지마름병(枝枯病, Twig blight) : *Cryptodiaporthe castaneae*, *Pseudovalsa modonia*(무성세대 : *Coryneum castaneae*).

밤나무 갈색고약병(褐色膏藥病, Brown felt) : *Septobasidium tanakae.*

밤나무 검은가지마름병(黑斑胴枯病, Black blight) : *Cryptodiaporthe japonica* (무성세대 : *Catinula japonica*). 줄기와 가지에 발생한다. 병든 부위는 흑갈색으로 변하고, 후에 이곳에 병자각이 모인 자좌가 형성된다. 자좌 내에는 또한 자낭각이 형성되어 흑색 소립상으로 돌출한다. 병든 부위에서 형성된 자낭포자 및 병포자가 전염원이 되어 줄기 및 가지의 상처를 통해 감염이 된다. 부러지거나 쇠약한 가지에서 발병이 심하다.

밤나무 점무늬병(斑點病, Leaf spot) : *Cercospora castaneae.*

밤나무 점무늬병(斑點病, Leaf spot) : *Pestalotiopsis guepini.*

밤나무 줄기마름병(胴枯病, Chestnut blight) : *Cryphonectria parasitica, Endothia parasitica* (구명 : *Diaporthe parasitica*). 밤나무 나뭇가지나 줄기에 발생한다. 처음 적갈색을 띠며 진전 된 후에 궤양상이 되고 등황색의 소립(자좌)이 밀생하여 상어껍질처럼 된다. 병원균은 병든 조직 내에서 균사 또는 자낭각내에서 월동한 후 이듬해 봄부터 가을까지 감염을 유발한다. 병원균의 분생포자나 자낭포자가 주로 상처를 통해서 침입하여 수피 아래의 형성층에서 균사가 생장하며 조직을 감염시킨다. 빗물이나 곤충에 의해서도 전반된다.

밤나무 줄기썩음병(黑色胴腐病, Black rot), 열매썩음병(果實腐敗病, Fruit rot) : *Botryosphaeria dothidea*(*B. ribis*).

밤나무 탄저병(炭疽病, Anthracnose) : *Glomerella cingulata* (무성세대 : *Colletotrichum gloeosporioides*).

밤나무 흰가루병(白粉病, Powdery mildew) : *Microsphaera alni* (구명 : *Erysiphe alni*, Current name : *Microsphaera penicillata*). 잎에 부정형의 흰 반점을 형성하며, 병이 진전되면서 잎 전면이 밀가루를 뿌린 것처럼 하얗게 보이며, 후에 잎이 말라죽는다. 가을에 이르러 병든 잎에 자낭각이 형성되어 흑색의 작은 점으로 보인다.

배나무 갈색무늬병(褐斑病, Brown spot) : *Septoria piricula* (Current name : *Mycosphaerella sentinal*, 유성세대). 배나무 잎에 원형의 병반을 형성한다. 중앙부는 회백색이며 흑색의 소립이 밀생하고 그 주위는 갈색인 윤문이 생긴다. 분생포자로 전염하며 떨어진 병든 잎에서 병자각과 자낭각으로 월동한다.

배나무 검은무늬병(黑斑病, Black spot) : *Alternaria kikuchiana* (*A. gaisen*). 잎, 가지, 과실에 발생한다. 잎에서는 원형 또는 부정형의 검은 병반이 겹무늬와 함께 생기고, 심하게 감염되면 조기낙엽이 된다. 어린 가지에서는 흑갈색의 반점으로 나타나며, 건전부위와 접하는 경계부위가 쪼개진다. 유과에서는 약간 움푹 들어간 검은 병반으로 나타나고, 중앙에 검은곰팡이(분생포자)가 밀생하는데, 후에 경화되고, 열과가 된다. 병든 성과는 쪼개지지는 않으나, 연화되면서 썩고, 일찍 떨어지기도 한다. 병원균은 균사나 분생포자의 형태로 잎이나 가지의 병든 부위에서 월동 후, 다시 분생포자를 형성하여 1차 전염원이 된다. 5월부터 10월까지 계속하여 발생하고, 특히 발생환경이 알맞은 6~7월에 심하게 발생하며, 20세기 계통의 배나무에서 심하게 발생한다. 관리가 부실한 과수원에서는 발생이 특히 심하다.

배나무 검은별무늬병(黑星病, Pear scab) : *Venturia nashicola, V. pyrina* (무성세대 : *Fusicladium pirinum,* 구명 : *Helminthosporium pyrorum*). 잎, 과실, 첫가지, 눈 등에 발생한다. 잎에는 처음 황백색, 다각형 병무늬가 생기지만 나중에는 흑색의 그을음 모양의 분생포자가 생겨 까맣게 변한다. 어린 과일에는 일부가 황변하고, 그 곳에 그을음 모양의 포자가 형성되며, 어린 유과는 일찍 낙과되고, 성숙과는 단단한 더뎅이 증상이 나타나며, 균열이 생긴다. 첫가지의 병 무늬는 처음 흑색의 둥근 병반이 형성되고, 진전되면 타원형으로 변하며, 그 표면에 그을음 모양의 분생포자가 많이 형성된다. 오래되면 병 무늬는 괴사되고 퇴색하여 나무껍질과 유사한 색깔을 나타내며, 건전부와 병 환부는 균열이 생긴다. 균사나 분생포자의 형태로 병든 가지, 월동 눈, 잎에서 월동하여 1차 전염원이 된다. 병원균은 각피를 뚫고 침입하며, 감염에 알맞은 온도는 15~20℃이다. 잠복기는 15~16일이나 전염 후 1개월이 지난 잎에는 발병되지 않는다. 발병은 잎과 줄기가 새로 형성되는 5~7월에 가장 심하고, 여름에는 일시 중지되었다가 가을에 새순이나 눈이 발생하면 다시 나타난다.

배나무 겹무늬병(輪紋病, Pear ring spot, Blister canker) : *Botryosphaeria dothidea* (무성세대 : *Fusicoccum aesculi*). 줄기, 과일, 잎에 발생한다. 가지에는 처음 표면에 직경 5~10㎜의 혹이 생기는데 이것이 여러 개가 합쳐져 사마귀조피증상을 나타낸다. 다른 하나의 증상은 사마귀조피증상이 생기지 않고, 줄기 썩음 증상으로 나타나는데 중앙에는 많은 병자각(분생포자 주머니)이 형성되는 것을 볼 수 있다. 과일에는 성숙기에 많이 나타나는데, 배에서는 봉지 씌우기를 하므로 큰 피해는 없다. 처음에는 갈색의 원형병반이 생겨 점차 진전되면 동심윤문의 병반으로 나타난다. 병원균은 사마귀조피증상이나 줄기 썩음 증상에서 자낭각 또는 병자각 형태로 월동하여 1차 전염원이 된다. 포자분출과 전파는 5월부터 이루어지며, 줄기 및 가지의 피목과 과실의 과점을 통하여 침입한다. 8월 중순경 조생종 품종부터 발생하기 시작하며, 9~10월에 많이 발생한다.

배나무 그을음병(煤病, Sooty mold) : *Capnodium fuliginodes*. 잎과 과일에 발생하나 주로 잎에 발생한다. 진딧물, 깍지벌레의 분비물을 이용하여 급속히 발생되는데, 심하면 잎전체에 그을음증상이 나타난다. 식물체에서 양분을 직접 흡수하지 않으므로 급속히 말라죽는 일은 없으나, 동화작용에 장해를 주고, 과일에 발생하면 상품가치를 저하시킨다. 진딧물이나 깍지벌레의 피해가 심하면 대발생할 우려가 있으며, 병원균은 우기에 비바람에 의하여 전파되고, 기타 곤충과 조류에 의하여 전파되기도 한다.

배나무 뒷면흰가루병(裏白粉病, Powdery mildew) : *Phyllactinia mali*(*Phyllactinia pyri*).

배나무 붉은가지마름병(紅色枝枯病, Nectria canker, Nectria twig blight, Coral spot) : *Nectria cinnabarina*(무성세대 : *Tubercularia vulgaris*). 줄기에 발생한다. 잔가지에 많이 발생하나 심하면 굵은 줄기에도 발생한다. 처음에는 수침상의 흑색 소형반점이 형성되고, 진전되면 병환부가 마르면서 흑갈색 또는 적갈색으로 변한다. 병징은 확대되어 수㎝ 크기로 형성되며, 건전부와의 뚜렷한 경계층이 형성되고 수세가 약해진다. 오래된 병반상에는 홍색 내지 적갈색의 소립점(자좌)이 형성하는데, 마치 산호 모양처럼 형성 되므로 영명으로는 coral spot라고 불리기도 한다. 병원균은 이 병지에 형성된 자좌속에서 자낭포자와 분생포자의 형태로 월동하여 1차 전염원이 된다. 3~5월 알맞은 환경이 주어지면, 자좌속의 포자가 강한 비바람에 의하여 비산, 전파되고 상처를 통하여 침입 한다. 4~6월과 9~10월에 피해가 크며, 관리가 부실한 과원에서 발생이 많다.

배나무 붉은별무늬병(赤星病, Rust) : *Gymnosporangium asiaticum*. 어린 잎, 어린 열매, 햇가지에 발생한다. 잎에는 처음 등황색의 아주 작은 점무늬가 생기고 커지면서 나중에 그 위에 많은 과립체(녹병자기)를 형성한다. 이 과립체는 점차 검은색으로 변하고 단맛이 있는 끈끈한 물질을 분비한다. 등황색의 점무늬가 생긴지 약 1개월 후의 병무늬 뒷면에는 회색 내지 자갈색의 모상체(毛狀體, 녹포자기)가 생겨 이것이 나중에 엷은 누른색으로 변한다. 개화기를 전후해서 비가 자주 오면 어린 열매와 햇가지에도 잎에서와 비슷한 병징이 생기는데 나중에 모상체로 변하는 것을 볼 수 있다. 향마무에서는 잎, 햇가지에 갈색의 혀모양 돌기(동포자퇴)가 형성된다. 배나무는 소생자로, 향나무는 녹포자로 감염한다. 균사형태로 중간기주인 향나무에서 월동한다.

배나무 역병(疫病, Collar and fruit rot) : *Phytophthora cactorum*(구명 : *Peronospora cactorum*). 줄기에는 주로 1년생 묘목에 발생이 많으며, 성목은 대체로 역병에 저항성이다. 지제부 줄기는 흑갈색으로 썩으며 부정형의 큰 병반은 줄기 둘레 전반에 나타나고 위로 진전되는데 토양이 장기간 과습하면 수침상의 병반이 건전부위와 불분명하게 나타난다. 잎에는 흑갈색의 큰 병반이 부정형으로 확대되는데 대개의 경우 1개의 잎에 1~3개의 병반이 형성된다. 가지에는 주로 1년생 가지에 발생이 많지만 2~3년생 가지에도 발생된다. 병원균은 세포분열이 왕성하고 부드러운 조직인 화총 형성부위로 가장 용이하게 침입하는데 일단 감염되면 화총 전체는 검게 고사하고 화총 생성 부위의 가지는 흑갈색의 큰 부정형 반점이 형성된다. 병원균은 주로 병든 부위에서 균사나 난포자 형태로 월동하여 다음해 1차 전염원이 되며, 토양중에서도 난포자 형태로 2년 이상 생존하여 전염원이 될 수 있다. 병반에서 분출된 병원균은 빗방울에 튀어 땅 가까운 과일에 이병되기 시작하고 점차 상부 과일로 전파된다. 과일이나 가지의 이병부는 알맞은 온도(25℃ 전후)와 습도가 주어지면 병반상에 유주자낭이 형성되어 2차 전염원이 된다. 장마가 오래 계속되는 해에 많이 발생하고, 봄에 피해가 크며 한여름에는 진전이 억제된다. 습하고 배수가 불량한 토양에서 병 발생이 심하며 한번 발생하면 방제가 매우 어렵다. 지면에서 가까운 부분은 비교적 음습하여 병 발생이 유리하고 밀식하거나 나무가 쇠약하면 피해가 크다.

배나무 유사검은무늬병(類似黑斑病, Necrotic spot) : 잎에 흑갈색의 작은 반점이 형성, 점차 진전되면서 원형 또는 불규칙한 병반이 형성된다. 병반의 직경은 1~3㎜인데, 병반과 병반이 합쳐져 부정형 병반이 되기도 하나, 더 이상 커지지는 않는다. 오래되면 병반이 회색으로 변하고, 간혹 찢어져 지저분하게 된다. 생육후기에는 여러 가지 점무늬병 또는 검은무늬병과 혼합 발생하여 구분하기가 매우 어렵다. 지역에 따라 다소 다르나, 5월 하순경 아래 잎부터 발생하기 시작하여 차츰 위쪽으로 확산된다. 주로 신고, 만삼길 등의 일부 고접한 나무에서 발생이 심하고, 장십랑 등 다른 품종에서는 거의 발생하지 않고 있다. 본 병은 아직 정확한 원인 규명이 이루어지지 않았다. 생리적 장해 혹은 어떤 병원체에 의한 병해일 가능성이 추정되고 있으나, 여러 가지 측면에서 많은 연구가 이루어져야 할 것으로 생각된다.

배나무 잿빛곰팡이병(灰色黴病, Gray mold) : *Botrytis cinerea*. 잎과 과실에 발생한다. 잎에서는 처음 갈색 소형반점이 생기고, 점차 진전되면서 겹무늬, 회갈색의 대형병반으로 확대된다. 과실에는 저장 중에 다소 발생하는데, 처음에는 갈색반점이 형성되고, 심하면 과실전체가 부패한다. 주로 20℃ 전후의 서늘한 기후와 다습한 환경에 병 발생이 많으며, 무더운 여름에는 발생이 멈춘다. 병든 부위에서 형성된 분생포자가 비산하여 전염되며, 기주범위가 매우 넓어 다른 병든 식물에서 전염되는 수도 많다. 배에서는 큰 피해가 없으나 밀식된 과수원의 하부엽에 다소 발생하는 것을 볼 수 있다.

배나무 잿빛무늬병(黴星病, Brown spot) : *Monilinia fructigena* (*Sclerotinia fructigena*).

배나무 줄기마름병(胴枯病, Die-back) : *Phomopsis fukushii* (*Diaporthe medusaea*). 줄기와 가지에 발생한다. 처음에는 불규칙한 타원형, 수침상의 병무늬가 암갈색을 나타내면서 생기고 나중에 마르면 건전부와의 경계부위에 틈이 생기고 적갈색으로 된다. 병세가 진전되면 병무늬 표면에 흑색의 과립체(병자각)가 밀생하며 나무껍질이 거칠게 된다. 줄기의 방향별로는 서남쪽에, 큰 가지에는 위쪽에 발병이 많으며, 또 햇가지가 병에 걸리면 6월경에 급히 말라죽으면서 가지마름현상을 나타낸다. 병무늬는 봄과 가을에 확대되나 여름에는 한 때 멎는다. 분생포자는 상처를 통해서 침입하며, 분생자각으로 병든 가지에서 월동한다.

배나무 탄저병(炭疽病, Bitter rot, Anthracnose) : *Glomerella cingulata* (무성세대 : *Colletotrichum gloeosporioides*). 잎, 가지, 과실에 나타난다. 잎에는 처음 적색 내

지 갈색의 소형병반이 형성되고 점차 진전되면서 2~3㎜의 회백색 병반으로 되며, 그 표면에 흑색의 소반점(분생자층)이 다수 형성된다. 봉지 씌우기를 하지 않은 과일의 숙과에 발생하는데, 처음에는 갈색의 원형반점이 생기고, 진전되면 윤문상으로 나타난다. 심하면 병반부가 함몰되고, 습하면 담홍색의 점질물(포자퇴)이 형성된다. 가지에 발병하면 수피가 흑변하고, 가지가 고사된다. 병든 부위에서 월동한 자낭각 및 균사가 다음해 1차 전염원이 되며, 생육후기에 많이 발생한다. 주로 비가 많은 여름철에 포자비산이 많으며, 병 발생이 심하다.

배나무 푸른곰팡이병(靑黴病, Blue mold) : *Penicillium crustosum* (Current name : *P. solitum* var. *crustosum*). 포장에서는 거의 병 발생을 볼 수 없으며, 저장중이나 운송도중 많이 나타난다. 과일에 처음 담갈색의 병반이 형성되고, 진전되면 표면에 백색의 균사가 형성되며, 점차 푸른색으로 변한다. 주로 상처를 통하여 침입하여 발병되고, 병원균은 부생성이 강하여 불량한 환경조건에서도 오래 생존한다. 장기 저장시에 많이 나타나나, 상처가 없으면 큰 피해는 없다.

배나무 흰가루병(白粉病, Powdery mildew) : *Phyllactinia pyri* (구명 : *Erysiphe pyri*, Current name : *P. mali*). 성엽에 발생하며, 과일과 어린잎에는 발생하지 않는다. 처음에는 성엽의 뒷면에 흰 균총이 생기며, 점차 진전되면 잎 전면이 흰가루로 뒤덮인다. 이러한 흰가루 병반 속에 담황색에서 흑색을 띤 원형의 알맹이가 형성되는데 이것이 자낭구(자낭주머니)이다. 심한 경우는 퇴록하며 낙엽 된다. 늦가을이 되면 하얀 균총이 사라지고 흑색의 자낭구만이 남게 되어 다른 병으로 진단하기 쉽다. 병에 걸린 낙엽에서 자낭구의 형태로 월동하여 1차 전염원이 된다. 1차 전염원에 의해 발생한 병반에 많은 분생포자들이 형성되는데 이 분생포자가 비산, 2차 전염원이 된다. 주로 방제가 소홀한 과수원이나 수확 후 관리가 부실한 과수원에 많이 발생하며, 9~10월에 주로 발생한다.

배나무 흰날개무늬병(白紋羽病, White root rot) : *Rosellinia necatrix* (무성세대 : *Dematophora necatrix*). 뿌리와 땅가 부분의 줄기에 나타난다. 지상부 병징은 일반적으로 사과나무의 병징 처럼 급격히 나타나지 않으며 발병 초기에 나타나는 증상은 건전한 나무에 비하여 낙엽이 빠르고, 착과 수가 많으며 과실의 비대가 현저히 떨어진다. 병이 점차 진행되면 잎이 황화 되며 후기에는 검게 변한다. 신초의 생장이 억제되고 꽃눈 분화가 많아진다. 병이 심해지면 신초의 생장은 급격히 나빠지고 수세가 현저히 쇠약해지며 최후에는 나무 전체가 고사하게 된다. 지하부 병징은 심하게 피해를 받은 나무의 뿌리는 이 병의 특징이라 할 수 있는 흰색의 균사막으로 싸여 있으며, 이 균사막은 시간이 경과하면 회색 내지 흑색으로 변한다. 굵은 뿌리의 표피를 제거하면 목질부에 백색 부채모양의 균사막과 실모양의 균사속을 확인할 수 있다. 본 병원균은 대부분의 과수류에 침해하나 특히 배나무는 약하다. 분생포자와 자낭포자의 상태로 전염되는 것 보다는 이병주의 잔재물이 땅속에 오래 존재하여 다음 작물에 전염원이 된다. 영년생 작물은 이병 뿌리와 건전 뿌리가 얽혀 감염되는 것으로 생각된다. 잘게 파쇄한 전정가지 같은 거친 유기물을 사용하면 유기물에 병원균이 증식, 발병이 심해지는 것으로 알려져 있다.

배나무 흰무늬병(白斑病, Leaf spot) : *Phoma pomorum* var. *pomorum* (구명 : *Coniothyrium pyrinum*).

배나무 흰별무늬병(白星病, Leaf spot) : *Leptosphaeria nashi* (구명 : *Leptosphaerella nashi*). 잎에 발생한다. 처음에는 잎에 불규칙한 암갈색 소반점이 생기고, 점차 진전되면서 원형 내지 부정형의 회색 반점이 형성된다. 병반상에는 까만 흑색소립(병자각)이 형성된다. 피해 잎에서 자낭각이나 병자각 상태로 월동 후 1차 전염원이 되는 것으로 생각되며, 우리나라에서는 발생이 매우 적어 크게 문제되지 않는 병이다.

배추 검은무늬병(黑斑病, Black spot) : *Alternaria brassicae* (구명 : *Macrosporium brassicae*). 잎, 줄기 등에 발생한다. 잎에는 둥근 흑갈색 무늬가 생기고 나중에 구멍이 뚫리기도 한다. 병반에 암갈색의 곰팡이(분생포자)가 생긴다. 병원균은 종자나 병든 잎에서 균사 혹은 분생포자의 형태로 생존하다가 분생포자를 형성하여 공기전염을 한다. 시설재배보다는 노지재배시 8～10월에 많이 발생한다.

배추 검은뿌리썩음병(黑根腐病, Black root rot) : *Aphanomyces raphani*. 배추의 어린 모에는 잘록증상을 보이고, 정식 후에는 배추 뿌리의 발달이 미약해져 생육이 쇠퇴하며 결구기 이후에는 포기전체가 시든다. 병든 포기의 뿌리는 거의 마모되어 잘록하게 지상부에 붙어 있고, 잔뿌리는 없다. 따라서 바람이나 기타 외부의 물리적인 힘에 의하여 지상부와 지하부가 쉽게 분리된다. 배추의 검은뿌리썩음병은 대체로 정식 후 15~20일경부터 발생하기 시작하여 정식 20~40일 후에 발생이 가장 심하고 결구 이후에는 발생이 증가하지 않는다. 작물이 어릴수록 발병이 심한데 이것은 작물이 어릴수록 뿌리가 가늘고 연약하며 잔뿌리가 없어 병원균의 침입이 용이하기 때문이다.

배추 균핵병(菌核病, Sclerotinia rot) : *Sclerotinia sclerotiorum*, *S. minor*. 잎 밑둥에서부터 담갈색으로 변해 썩어 올라가며, 감염부위에는 흰 균사가 자라고, 후에 흑색 부정형의 큰 균핵이나 구형 내지 부정형의 작은 균핵이 형성된다. 심하게 진전되면 속잎까지 썩으면서 병든 부위가 물러져 잘 찢어지게 되나 악취는 나지 않는다. 병원균은 병든 식물체외 조직 및 토양 내에서 균핵의 형태로 월동한 다음, 발아하여 자낭반과 자낭포자를 형성한다. 자낭포자는 식물제의 약한 부위에 부착하여 침입하며, 균핵 및 균사체로부터 발아하여 뻗어 나온 균사가 식물체를 직접 침해하기도 한다. 습도가 높고, 기온이 15～25℃의 서늘한 상태에서 병 발생이 심하다.

배추 그루썩음병(株腐病, Pythium rot) : *Pythium ultimum*. 유묘기에는 잘록 증상으로

나타나며, 생육초기 이후에는 엽육이 썩는 증상으로 나타난다. 처음에는 지제부가 수침상으로 썩고, 갈색을 띤다. 병징은 땅에 가까운 아래 잎부터 발생되어 속잎으로 번지며, 주로 엽육이 심하게 썩는다. 아래 잎은 누렇게 변하며 회갈색으로 말라죽는다. 세균무름병 같이 보이기도 하나 감염부위가 물컹하게 썩지 않고, 악취는 나지 않는다. 병원균은 병든 식물체의 조직 속에서 난포자를 형성하여, 토양 속에서 월동 후 다시 발아하여 1차 전염원이 된다. 기온이 다소 서늘하고(20℃ 이하) 토양이 다습한 조건에서 발생이 심하지만 외부 병징은 고온 건조시에 잘 나타난다. 병든 식물체내에서 난포자 상태로 월동한 병원균은 이듬해에 토양온도가 10℃ 이상이 되면 다시 발아하여 활동을 시작한다. 병원균은 물을 따라 전반되며, 관수 후 2~3일 내에 식물체를 침입한다. 전염원은 주로 토양에 존재하나 관수로 전염될 수도 있으며, 식물체에 상처 없이도 침입이 가능하지만 상처가 있을 때 침입이 더 용이하다. 종자전염이 가능하나 병원균은 주로 토양전염 되며, 작물이 습해를 받게 되면 병 발생이 더욱 조장된다.

배추 노균병(露菌病, Downy mildew) : *Peronospora parasitica* (Current name : *Hyaloperonospora parasitica*). 잎에 주로 발생하나 줄기, 꽃대, 꼬투리, 뿌리에도 발생한다. 묘상에 발생하면 잎은 쉽게 떨어지고 묘 전체가 죽기 때문에 피해가 아주 크다. 생육기 중에는 별 문제가 되지 않다가 생육 후기에 저온 다습하면 하엽부터 발생하여 속잎으로 번지는데 잎 뒷면에 형성된 곰팡이가 이슬처럼 보이기 때문에 노균병으로 불린다. 이른 봄과 늦가을에 발생이 많으며 초기에는 잎에 작은 부정형 병반이 퇴록반점으로 나타나고 뒷면에는 흰색의 곰팡이가 생긴다. 병이 진전되면 부정형의 병반이 담갈색으로 변하고 잎 전체가 말라죽는다. 생육 후기에 감염된 잎은 잘 떨어지지 않고, 작은 병반들이 합쳐져 잎 전체가 황록색 혹은 황갈색으로 변하며 말라죽는다. 분생포자로 기공을 통해 침입하며, 균사 또는 난포자로 기주조직에서 월동한다.

배추 무사마귀병(根瘤病, Club root) : *Plasmodiophora brassicae*. 감염된 식물체의 지상부는 건전한 식물체에 비해 생육이 부진하고, 병이 진전됨에 따라서 점점 시드는 증상이 심해진다. 생육 초기에 감염된 식물체는 잎이 낮에는 시들고 밤에는 회복하는 현상을 반복하다가 결국 고사된다. 이러한 증상은 수분과 양분을 흡수하는 뿌리의 유관속부가 정상적으로 분화하지 못하고 이상 비대하여 제 기능을 발휘하지 못하는 것에 기인한다. 생육 중기 이후에 감염된 식물체는 주로 아래쪽의 잎만 시드는 증상을 나타내거나 시드는 증상을 별로 나타내지 않기도 하는데, 보통 정식 후 30일 정도 후인 생육 중・후기에 감염이 되면 무사마귀병에 걸리더라도 수확은 가능한 것으로 판단된다. 병든 식물체의 뿌리는 이상 비대되어, 뿌리에는 작거나 큰 부정형의 혹이 여러 개 형성되고, 형성된 혹의 모양은 식물체의 생육 단계 및 감염 정도에 따라서 다르게 보인다. 혹의 모양은 둥글거나 타원형 등 다양한 형태 또는 다양한 크기의 돌기가 형성되는데, 서로 떨어져서 발생하기도 하지만 나중에는 서로 이어져서 뿌리 전체에 퍼지기도 한다. 오래된 큰 혹은 수확기 이전에 다른 부생적인 세균이나 곰팡이에 의해 혹 조직이 붕괴되거나 터져 버린다. 이 때 터져 나오는 균의 형태는 휴면포자로 십자화과 채소를 정식하는 등 환경조건이 맞을 경우 재침입해 병을 일으키게 된다. 휴면포자에서 나온 유주자가 토양에서 감염한다. 병원균은 토양에서 휴면포자로 월동을 한다.

배추 밑둥썩음병(尻腐病, Bottom rot) : *Thanatephorus cucumeris* (무성세대 : *Rhizoctonia solani*). 잎과 뿌리에 발생하며, 잎에서는 처음 밑둥에 타원형의 갈색 내지 암갈색 반점으로 나타난다. 진전되면 잎의 위쪽으로 병반이 크게 확대되어 올라가면서 아래부위는 암갈색으로 변하여 심하게 썩고, 잎이 전체적으로 누렇게 변하며 말라죽는다. 여름철 노지포장에서는 잎의 밑둥보다는 잎 위쪽이 감염되어 썩으며, 말라죽는 경우도 있다. 뿌리에 균이 감염되면 지제부가 마른 상태로 잘록하게 썩어 뿌리의 아래부위는 쉽사리 분리되거나 소실되기도 한다.

배추 뿌리마름병(根乾腐病, Brittle root rot) : *Aphanomyces raphani*. 뿌리의 지제부가 마른 상태로 잘록하게 썩어 들어가고, 잎은 푸른 상태로 시든다. 병이 진전되면 병든 그루는 건전한 그루에 비해서 생육이 점점 부진하게 되고, 뿌리가 가느다랗게 심부만 남게 되어 잎이 서서히 시드는 증상으로 나타난다. 병든 그루는 생육후기에 이르러 결구가 불량하게 되고, 바람 등의 물리적인 힘에 의해 가느다랗게 남아 있는 뿌리가 쉽게 부러져 잘 넘어진다. 병원균은 감염된 식물체의 조직 내에서 난포자의 형태로 생존하다가 월동 후, 발아하여 1차 전염원이 된다. 봄부터 가을까지 작물의 생육기중에는 유주자의 형태로 전반되어 병을 일으킨다. 비가 많이 와서 토양에 습기가 많은 여름철에 병 발생이 심하며, 가을철에는 병 발생이 줄어든다.

배추 시들음병(萎黃病, Fusarium wilt) : *Fusarium oxysporum* f.sp. *conglutinans*. 병든 그루의 아래 잎은 누렇게 변하고 생육이 불량해지며 포기 전체가 시든다. 생육중기 이후에 주로 발생되나 식물체는 잘 죽지 않고 오랫동안 매우 불량한 생육을 보이기도 한다. 뿌리 내부가 암갈색으로 변해 썩는다. 토양온도가 16℃ 이하일 때는 잘 발생하지 않고 25～28℃ 내외에서 병 발생이 가장 심하며 일반적으로 산성토양과 사질토양에 발생이 많다. 병원균은 주로 흙 입자에 묻혀 농기구나 사람을 통해 먼 거리로 이동된다. 포장정식 직후 뿌리의 상처 등을 통해 감염되며 이 시기에 비가 자주 오면 침입이 용이해지며 생육 중기 이후 기온이 올라가면 병 증상이 심하게 나타난다.

배추 역병(疫病, Phytophthora root rot) : *Phytophthora cryptogea*, *P. drechsleri*. 초기에는 아래 잎이 시들고, 가끔 연한 적갈색을 띠기도 한다. 병이 진전되면 포기 전체가 심하게 시들고, 말라죽는다. 전생육기에 발생하며, 어린 묘의 뿌리는 심하게 썩고, 쉽게 뽑힌다. 생육초기에 감염되면 뿌리 발달이 미약하고, 주근 내부가 갈색으로 변하며 썩는데, 간혹 병든 그루의 하엽에 수침상의 병반이 나타나기도 한다. 지상부의 시들음 증상은 무사마귀병이나 뿌리마름병과 유사하여 쉽게 구분되지 않는다. 토양이 장기간 과습하거나 침수 되면 발생하기 쉽다. 거의 모든 십자화과 작물에 발생할 수 있으나, 국내에서는 배추와 시금치에서 발생이 확인되었다. 병원균은 종자전염이 가능하나 대부분의 전염원은 토양에서 유입되며, 병든 식물체의 조직에서 균사나 난포자 상태로 월동하여 이듬해에 다시 발아하여 10℃ 이상 올라가면 활동하기 시작한다. 배추 역병균은 거베라 역병균과 동일하며, 전국의 거베라 주산단지에는 이 균이 널리 퍼져 있는 것으로 확인되었는데, 아직 배추에는 큰 피해가 없는 것으로 생각된다. 배추 역병균에 대해 배추는 감수성, 무는 중도저항성, 양배추, 케일, 치커리, 갓 등은 저항성이 있다.

배추 잘록병(立枯病, Damping-off) : *Thanatephorus cucumeris* (무성세대 : *Rhizoctonia solani*). 유묘기에는 잘록 증상으로 나타나며, 병든 묘는 잘 쓰러지고, 말라죽는다.

배추 점균병(粘菌病, Slime mold) : *Physarum* sp. 잎에 처음에는 까만 준구형의 포자낭이 형성되고, 오랜 시간이 지나면 끈적끈적한 회백색의 변형체가 형성된다. 포자낭은 식물체에 부착할 수 있는 힘이 없어 잘 떨어지며, 식물체뿐만 아니라 토양, 퇴비 등에도 많이 부착되어 있다. 이 병이 발생하면 상품가치를 저하시키므로 피해가 매우 크다. 서울 근교 시설채소 재배지에서 많이 발생한다. 기타 무점균병 참조.

배추 탄저병(炭疽病, Anthracnose) : *Colletotrichum higginsianum*. 주로 잎에 발생하며, 후에 줄기와 꼬투리에도 발생한다. 잎에서는 처음에 흰색의 원형 내지 타원형 반점으로 나타나고, 진전되면 병반이 부정형으로 확대되면서 병반의 내부는 회색 내지 황회색을 띠고, 테두리는 흑색을 띠게 된다. 심하게 감염된 잎에서는 병반이 융합하여 커지고, 잎이 말라죽는다. 병원균은 종자 혹은 병든 식물체의 조직에서 균사와 분생포자의 형태로 월동 후, 분생포자를 형성하여 공기전염을 한다. 주로 여름과 가을의 노지포장에서 많이 발생한다.

배추 흰가루병(白粉病, Powdery mildew) : *Erysiphe polygoni* (Current name : *E. betae*). 꼬투리, 잎, 줄기 등에 발생한다. 생육 중인 잎에도 발생하는 것으로 보고되어 있으나 발견되지 않았다. 처음에는 잎이나 꼬투리에 흰 가루증상이 조금씩 나타나고, 진전되면 잎 전면에 흰가루를 뿌려 놓은 것 같은 증상으로 나타난다. 심하면 잎 전체가 황갈색으로 변하고 고사한다. 꼬투리나 꽃자루에 심하게 발생하면 종자가 성숙하는데 큰 지장을 초래한다. 주로 온실내의 채종재배시 피해가 크다. 자낭각이 월동하여 1차 전염원이 되며, 온실내의 건조한 조건하에서 심하게 발생한다. 일반적인 노지포장에서는 발생이 매우 드물다.

배추 흰녹가루병(白銹病, White rust) : *Albugo candida*(*Albugo macrospora*).

배추 흰무늬병(白斑病, White spot) : *Pseudocercosporella capsellae*. 주로 잎에 발생

한다. 처음에는 작은 흰색 반점이 나타나고, 진전되면 원형 내지 부정형의 대형병반이 형성된다. 심하게 발병되면 병반이 융합하여 커지고 잎의 위쪽 부분이 회백색으로 변하며, 말라 고사한다. 오래된 병반은 구멍이 생기고 찢어지고도 한다. 전 재배기간을 통하여 발생하나 특히, 5~6월 봄 재배와 11~12월 겨울재배에 비가 많이 오면 많이 발생한다. 병원균은 병든 잎의 조직 내에서 균사체 형태로 월동한 후 분생포자를 형성하여 공기전염 한다.

배추뿌리썩음병(根腐病, Black leg) : *Phoma lingam.*

벼 갈색균핵병(褐色菌核病, Brown sclerotium disease) : *Rhizoctonia oryzae-sativae* (*Sclerotium oryzae-sativae*). 잎집에 타원형 내지 부정형의 작은 반점을 나타내며 병반의 가장자리에는 갈색 내지 암갈색을 띈다. 병반의 길이는 0.2~2.5㎝내외로서 대부분 회색 내지 회백색을 띠고 진전되면 병반들이 융합하여 커지고 잎집이 마른다. 후에 병반의 이면에는 담갈색 내지 암갈색의 구형 혹은 부정형 균핵이 형성된다. 잎집무늬마름병과 유사한 방법으로 감염되며 칼리가 부족하면 발생을 조장한다는 보고도 있다. 그러나 이 병의 발생은 같은 논 내에서도 양상이 다르다. 특히 관수구 쪽에서는 적고, 배수구 쪽에서는 많은 경향도 있어 균핵의 이동, 부착 및 수온과 관계가 있는 것으로 생각되나 우리나라에서는 많이 연구되어 있지 않다. 특이한 사항은 등숙 후기가 되어 급속히 발병이 진전된다는 점이다.

벼 갈색무늬병(褐斑病, Brown spot) : *Nigrospora oryzae.*

벼 갈색잎마름병(褐色葉枯病, Brown leaf blight) : *Microdochium oryzae* (Current name : *Monographella albescens,* 유성세대). 잎에 갈색 내지 적갈색의 부정형 병반이 다수 형성되거나 잎의 끝 혹은 가장자리로부터 암갈색내지 회갈색으로 변하여 말라 들어간다. 잎의 끝이나 가장자리로부터 형성된 병반은 주로 얼룩무늬 또는 구름모양으로 나타난 다. 병반이 진전되면 병반이 서로 합쳐져서 커지고, 나중에 말라 죽는다. 병원균은 병든 식물체, 잡초 또는 종자에서 자낭포자나 균사로 월동하여 온도와 습도가 높아지면 자낭포자나 분생포자를 형성하여 1차 전염원이 된다. 잎이나 줄기의 침입은 기공을 통해서 이루어지고, 벼 알이나 이삭은 표피를 통해서 이루어진다. 발병은 잎이 성숙할 때 시작되는 데 비가 내릴 때나 습도가 높은 시기에 발병이 증가하며, 질소질 비료를 많이 주면 발병이 심해진다. 병원균의 침입적온은 24~26℃이고, 분생포자의 비산은 주로 야간에 많이 이루어진다. 포장에서 갈색잎마름병의 발생은 품종 간 차이가 많은데 일반적으로 일반계(자포니카형) 품종이 통일계(인디카형) 품종이나 통일계×일반계품종들보다 저항성이며, 밭벼보다는 논벼가 저항성인 것으로 알려져 있다.

벼 갈색점무늬병(褐色斑點病, Narrow brown leaf spot) : *Cercospora janseana* (*C. oryzae*, Current name : *Sphaerulina orzina*, 유성세대).

벼 공균핵병(小球菌核病, Culm rot) : *Leptosphaeria salvinii* (Current name : *Magnaporthe salvinii*). 지표면에 가까운 벼의 잎집 또는 줄기에 발생한다. 처음에는 수면에 접하는 잎집만 흑색으로 변하지만, 개화기가 지난 다음에는 수면부의 줄기에도 발생하고, 그 표면에 세로로 긴 흑선이 생기며, 이것이 점차 확대되어 결국에는 줄기가 갈변하고 썩는다. 줄기는 연약해지고 병환부는 잘 부러지며, 줄기의 병환부 조직 속이나 줄기의 빈 속에는 정구형의 흑색 균핵이 형성된다. 병원균은 균핵의 형태로 병환부에서 월동하여 다음해에 1차 전염원이 된다.

벼 그을음병(煤病, Leaf mold) : *Cladosporium herbarum*. 출수기 경 벼 잎이나 이삭에 검게 그을음 형태로 발생한다. 그을음은 벼 잎이나 벼 알조직의 중심부로 침입 하지는 않는다. 그을음을 형성하는 곰팡이는 점으로 형성되든가 조직의 대부분을 덮어버리는 경우도 가끔 있으며, 벼 생육후기에 벼 잎의 전면에서 쉽게 발견된다. 이 병은 자연계에서도 널리 분포하며, 표피부생균으로 식물체에서 영양분을 흡수하지 않고, 진딧물 등의 분비물을 이용하여 번식하므로 병 발생은 곤충의 밀도와 매우 밀접한 관계가 있으며, 특히 진딧물 발생이 많은 때에는 발병이 심하다. 그을음병으로 인하여 식물체가 시들든가 썩는 경우는 거의 없으며, 다만 심할 경우에는 광합성작용이 저해되기 때문에 식물이 쇠약해지기도 하며, 탄소 동화작용이 저해된다.

벼 깨씨무늬병(胡麻葉枯病, Brown spot) : *Cochliobolus miyabeanus* (무성세대 : *Bipolaris oryzae, Helminthosporium oryzae, Dreschlera oryzae*). 잎, 잎집, 이삭줄기, 이삭목, 이삭가지, 벼알에 발생하나 주로 잎에 많이 발생한다. 깨알 같이 작은 암갈색 타원형의 병반이 무수히 형성되며 잎의 초기 병반은 주위에 황색의 중독부를 가지고 시간이 지나면 원형의 대형 병반으로 윤문이 있다. 잎집과 줄기에는 흑갈색의 미세한 무늬가 생기고 후에 확대하여 합쳐지면 잎집과 줄기 전체가 담갈색으로 변한다. 벼 알에는 암갈색의 반점으로 되고 후에는 회백색 붕괴부를 형성하며, 벼알 전면이 갈변하는 일도 있다. 분생포자로 전염되며, 볏짚, 볍씨에서 분생포자나 균사 상태로 월동한다.

벼 노균병(露菌病, Downy mildew), 누른오갈병(黃化萎縮病) : *Sclerophthora macrospora*. 벼, 맥류 등의 화본과 식물에 발생한다. 초기에는 잎에 흰색 혹은 연노랑의 작은 퇴록 반점이 생기고 진전되면 잎은 뒤틀리고 구부러지기도 하며 노랗게 되는데 개화기에 심하게 나타난다. 병든 포기는 생육불량으로 위축되고 황화 되며 과분얼 되기도 한다. 병든 포기는 출수가 잘 되지 않거나 심하게 변형되고 뒤틀린 기형출수(crazy top)가 되기도 한다. 심하게 발병된 포장은 생육이 매우 불규칙하고 전체적으로 누렇게 보인다. 발병 적온은 15~25℃이며 5℃ 이하와 30℃ 이상에서는 잘 나타나지 않고 침수지역이나 안개가 많은 다습지역에서 주로 발생한다. 유주자가 기주의 어린 눈을 통해 침입한다. 병원균은 식물 조직에서 난포자로 월동을 한다.

벼 누른오갈병(露菌病, 黃化萎縮病, Downy mildew) : *Sclerophthora macrospora.*

벼 도열병(稻熱病, Blast) : *Magnaporthe grisea* (무성세대 : *Pyricularia oryzae*). 도열병은 벼의 유묘기 부터 수확기까지 전 생육기를 걸쳐 발생하며, 피해부위별로 보면, 잎, 줄기, 목, 가지, 벼알, 썩은 잔해물까지도 침해하므로 최적조건에서는 가장 심각한 피해를 가져온다. ①모도열병 : 전년도 감염종자가 제대로 종자소독이 안 된 상태로 재사용되었을 경우 종자가 발아하면서 병징이 나타나는데 싹의 기부나 중앙부위에 갈색의 병반이 나타나 말라죽게 된다. 또는 못자리 때나 이앙초기 본답 및 보식용 묘에서 발생하는 병반을 모두 모도열병이라 할 수 있는데, 5월 초순~하순에 고온다습한 환경조건 하에서 병이 빠른 속도로 진전되기 쉽다. ②잎도열병 : 잎도열병 병반은 저항성 병반(갈점형, 백점형)과 이병성 병반(급성형, 만성형)으로 나눌 수 있는데, 갈점형 병반은 비친화성 병원균이 침해하였을 때 벼 식물체가 과민성반응(hypersensitivity reaction)을 나타내어 방어 시스템으로 전환되는 것을 말한다. 이러한 기작은 저항성 품종 육성의 기본적인 이론이라 할 수 있다. 이병성 병반 중 급성형 병반은 장마철에 많이 나타나며, 방추형으로 회백색을 보인다. 1개의 병반에 수많은 포자가 형성되며, 한 세대가 매우 짧으므로 병 전염에 가장 큰 역할을 하는 위험한 병반이다. ③이삭도열병 : 이삭도열병은 목도열병 및 벼알, 가지도열병을 포함하는데 그 중 목도열병이 가장 치명적이다. 이삭목이 일찍 도열병균의 침입을 받으면 양분과 수분이 공급되지 않아 침해를 받은 위로는 말라버려 벼알이 불임이거나 이삭전체가 백수현상을 보인다. 가지나 벼알이 침해를 받으면 부분적으로 병징을 보여 회백색이나 갈색의 포자가 둘러싸여 있는 것을 볼 수 있다. 벼 재배에서 가장 무서운 병이며 많은 레이스(race)가 알려져 있다.

벼 모마름병(苗立枯病, Seedling damping-off) : 주로 지체부가 갈변, 위조현상을 보이며. *Fusarium roseum*의 경우 지제부나 엽초에서 흰색이나 담홍색의 균사체를 형성하고, *Pythium*의 경우는 둥근 고사환을 만든다. *Rhizopus*는 지표면에 흰색의 균총이 뒤덮여 고사하며, *Mucor*는 회백색의 기중균사가 두텁게 덮어 버린다. 육묘상에서 고온다습한 육묘 관리(온도, 관수, 시비, 밀파)로 육묘상자에 파종 직후 발생하며 못자리 초기 이후에는 마름증상을 보이며, 세균 등에 의해 복합 감염된다. 다수의 병원균이 관여하는데 토양전염성에 의한 묘입고를 일으키는 병원균은 *Fusarium* spp., *Pythium* spp., *Rhizopus* spp., *Trichoderma viride*, *Rhizoctonia solani*, *Athelia rolfsii*, *Mucor fragilis* 등이 있고, 종자 전염성에는 *Pyricularia grisea*, *Cochliobolus miyabeanus*, *Gibberella fujikuroi*, *Phoma* spp. *Pseudomonas* spp. 등이 있다.

벼 모썩음병(苗腐病, Seed and seedling rot) : *Pythium*균과 *Achlya*균이 주 병원균이며, *Achlya* (*A. conspicua, A. oryzae*)균이 *Pythium*균에 비해 병원성이 강하다. 볍씨나 모에 발생하는 데 파종 초기에 감염되면 젤라틴 같은 흰 점액질이 생겨 발아하지 못하고 썩는다. 모썩음병에 감염된 종자는 시일이 지나면서 균사가 방사(放射)되어 둥그런 균사덩이가 형성되며 조류나 세균이 2차적으로 감염되면 종자 주위의 토양표면에 검은색을 띄게 된다. 발병된 모에는 볍씨가 붙어있는 부분에 다발 모양으로 흰색의 면모가 생기며 때로는 모가 부패되지만, 그대로 자란 모는 생육이 매우 나쁘고 황백색이 된다. 병원균은 토양에서 난포자로 월동 한다. 이외에도 *Dictyuchus*균, *Fusarium*균, *Rhizoctonia*균도 이병된 묘에 복합체를 형성하는데 한 가지 병원균의 단독 감염보다는 여러 병원균에 의해 복합 감염되는 것이 일반적이다.

벼 붉은곰팡이병(赤黴病, Scab, Fusarium blight) : *Gibberella zeae* (무성세대 : *Fusarium graminearum*). 이삭은 처음 일부 벼알이 암갈색으로 변색되고 점차 진전되면 벼알의 껍질부위에 홍색의 곰팡이(분생포자)로 뒤덮이게 되는데, 포장에서는 벼 알에 분생포자가 뒤덮인 것을 찾아보기는 어렵다. 벼 알과 알 사이는 흰 균사가 발생하기도 하며, 오래된 병환부에는 흑색소립(자낭각)이 산생하기도 한다. 줄기에 발생하면 잎집의 부착 부위가 갈색으로 변한다. 병원균은 균사, 분생자 또는 자낭포자 형태로 병든 식물체나 벼알, 맥류나 화본과 목초의 병든 줄기나 잎, 종자에서 월동 하여 다음해의 전염원이 된다. 병원균의 발육온도는 8~23℃ 정도이며, 발육최적온도는 24~28℃ 정도이다. 병의 발생에는 습도가 가장 중요한 데 강수일수가 많아 95%이상의 상대습도가 3~5일 이상 유지될 때 병 발생이 증가 한다. 특히 출수기 이후의 계속되는 강우는 병 발생에 매우 중요한 요인으로 알려져 있다.

벼 이삭누룩병(稻麹病, False smut) : *Ustilaginoidea virens* (*Claviceps oryzae-sativae, C. virens*). 벼 알에서만 발생하며, 초기에는 벼 알의 표면에 황녹색을 나타내어 육안으로 쉽게 구분되고, 시간이 지나면 벼 껍질이 약간 열리고 황녹색의 돌출물이 보이며 표면에 가루모양의 후막포자가 형성되면 검은색으로 변한다. 이삭누룩병에 걸린 벼 알의 껍질을 벗겨보면 내부는 흰색이나 겉은 짙은 녹색 혹은 검은 색을 나타내는데, 이삭에 누룩을 형성하므로 쉽게 식별된다. 한편, 벼 이삭 중 발병된 벼 알이 1~2%인 이삭에서는 건전 이삭과 비교하여 등숙에 차이가 없으나, 이병수율이 5%일 경우 수확량은 약 0.5%가 감수되고 발병 이삭을 수확하여 정미하면 후막포자가 현미 표면에 부착되어 검게 보이므로 품질저하의 원인이 된다. 또한, 이삭누룩병균은 ustiloxin을 분비하여 동식물의 세포에 대하여 생물적 활성을 저해하는 것으로도 알려져 있다. 1차 전염은 자낭포자로, 2차 전염은 후막포자로 하며, 후막포자 및 균핵으로 월동한다.

벼 이삭마름병(穗枯病, Ear blight) : 병의 등숙기에 벼알에 반점을 형성하거나 쭉정이가 되어 피해를 주며, 이삭목의 오염, 벼 알의 변색, 이삭목의 고사 등 이삭이 마르는 현상을 총칭하여 이삭 마름병이라 한다. 대부분의 식물병이 단일 병원균의 감염에 의하여 병의 명칭이 명명 되는 것에 반하여 벼 이삭 마름병은 많은 병원균이 관여하여 이삭 마름 증상을 일으키는 점이 다른 병과 다르다. 벼이삭마름병에 관여하는 병원균은 벼 재배기간 중 잎이나 이삭을 함께 침해하는 여러 병원균들에 의하여 발생되며, *Alternaria altanata, Bipolaris oryzae, Cladosporium cladosporides, Curvularia lunata, Epicoccum purpurascens, Fusarium fujikuroi, Fusarium semitectum, Monographella albescens* (*Gerlachia oryzae*), *Nigrospora oryzae, Pyricularia grisea, Trichoconis padwickii* (*Alternaria padwickii*) 등 11종이 관여하는 것으로 보고되어 있지만, 이보다 훨씬 많은 병원균들이 관여하는 것으로 생각된다. 이삭마름병은 일반적으로 늦게 이앙한 논에서 발생이 많으며, 질소, 칼리, 철, 망간 및 마그네슘이 결핍된 토양에서 발병되기 쉽다. 특히 출수기부터 등숙기까지의 기상과 관련이 깊어 출수기부터 등숙기까지 비가 자주오거나 고온다습할 경우 발병이 심하게 된다.

벼 잎집눈무늬병(葉鞘眼斑病, Sheath eyespot) : *Ceratobasidium cereale* (무성세대: *Rhizoctonia cerealis*). 잎집에 타원형의 눈무늬 증상으로 나타나며, 병반의 가장자리에는 갈색 내지 암갈색을 띤다. 병반의 길이는 0.2~2.5㎝로서 내부는 회색 내지 회황색을 띤다. 병이 진전되면 병반들이 융합하여 커지고, 잎집이 마른다. 후에 병반의 이면에는 암갈색 내지 흑색의 원통형 혹은 부정형 균핵이 형성된다. 이 병은 주로 서늘한 기후에서 발생하는데, 국내 포장에서는 병 발생이 매우 적고, 이 병으로 인한 경제적인 피해도 거의 없다. 병원균은 병든 식물체의 형태로 존재하며, 균핵이 병반으로부터 떨어져 지표면에 있거나 토양 속에 묻혀 있다가 월동 후 이듬해 봄에 다시 벼를 침해한다. 포장 내 지표면 혹은 토양 속에 있던 균핵들은 담수하거나 경운 작업 시 수면 위로 떠올라 부유하게 된다. 이러한 균핵들은 벼가 생장할 때 수면에 접한 잎집 부위에 부착하게 되고, 그곳으로부터 발아하여 균사가 식물체의 위쪽으로 자라면서 침입하여 병반을 형성한다. 벼의 수확기에 이르러 병반에서는 다시 균핵이 형성된다.

벼 잎집무늬마름병(紋枯病, Sheath blight) : *Thenatephorus cucumeris* (무성세대 : *Rhizoctonia solani*). 처음에 반점은 타원형 또는 난형이며 약간 불규칙적이고 회녹색 또는 암회색의 원형 또는 부정원형의 점무늬가 생겨 이것이 점차 회백색이 되며 가장자리는 담갈색을 띠는데 여기에 갈색의 균핵을 만든다. 포장에서 병반은 일반적으로 수면가까이에서 관찰되고 조건이 좋으면 상위 잎집이나 엽신에도 번지게 된다. 잎집무늬마름병에 의한 피해는 주로 등숙 장애와 천립중의 감소로 나타나는데 일반적으로 지엽이나 엽초까지 발병한 경우 질소수준에 따라 40~50%, 13엽까지 발병할 경우 15~20% 감수되는 것으로 나타났다. 균핵이 잎집에 부착하여 균사로 침입하며, 토양에서 균핵으로 월동한다.

벼 잎집썩음병(紋腐病, Sheath rot) : *Sarocladium oryzae* (구명 : *Acrocylindrium oryzae*). 주로 병징은 최상위 엽초에 나타난다. 병반은 초기에는 타원형 또는 약간 부정형으로 0.5~1.5㎝크기에 달한다. 병반의 중앙부는 회색을, 병반 가장자리는 갈색을 나타낸다. 병진전이 심하여 이와 같은 소병반이 융합되어 어린 이삭을 싸고 있는 엽초전체로 확대되면 출수가 되지 않거나 된다고 해도 충분히 성숙되지 않는다. 피해 받은 엽초의 안쪽과 어린이삭에는 흰가루 모양의 균사체와 포자가 덮혀 있는 것도 볼 수 있다. 아주 피해가 심한 경우에는 불임이 되거나 피해 받은 쌀알은 갈색을 띄고 도정율이 떨어진다.

벼 적색균핵병(赤色菌核病, Rice bordered sheath spot) : *Waitea circinata*(무성세대 : *Rhizoctonia oryzae*). 잎집에 타원형 내지 긴 타원형의 반점을 나타내며 병반의 가장자리에는 암갈색 내지 흑색의 짙은 테두리가 형성된다. 병반의 길이는 0.5~10.0㎝ 내외로서 내부는 암회색 내지 암갈색을 띠고 진전되면 병반들이 융합하여 커지고 잎집이 마른다. 후에 병반의 이면에는 적색의 부정형 균핵이 형성된다. 잎집무늬마름병과 유사한 방법으로 감염되며 생육 최적온도는 31℃로 고온에서 발생을 조장한다. 보통기 재배에 비해 조기, 조식재배에서 발생이 많다.

벼 좀공균핵병(小黑菌核病, Stem rot, Culm rot) : *Magnaporthe salvinii*(무성세대 : *Sclerotium oryzae*, *Nakataea sigmoidea*). 잎집과 줄기가 암갈색 내지 흑색으로 변하여 썩는 증상으로 나타난다. 병반의 길이는 2.0~22.5㎝로서 부정형으로 길게 늘어져 형성되며 후에 병반의 내부에는 매우 작고 검은 균핵이 많이 형성된다. 이 병에 걸린 벼의 잎집과 줄기는 썩고 말라죽게 된다. 이 병의 1차 전염원은 피해주의 그루터기나 피해 짚, 혹은 지면에 떨어진 균핵으로 못자리 때 수면으로 떠올라 벼포기 아래에 부착하지만, 엽초에 안정적으로 부착하여 침입을 개시하는 것은 분얼기 이후이다. 보통 7월 중순경부터 발병이 시작하여 점차 증가하다가 8월 중・하순경에는 일시적으로 병세가 줄어들다가 9월 상순경부터 일시적으로 시작된다. 이 시기의 증가는 분생자에 의한 2차 감염에 기인한다. 발생환경에서 비료와의 관계를 보면 벼가 추락되는 조건 하에서 발생이 조장된다. 재배시기의 조・만 관계에서는 학자에 따라 이견이 많아 불분명하고 품종의 저항성 역시 불분명하다.

벼 키다리병(馬鹿苗病, Bakanae disease) : *Gibberella fujikuroi*(무성세대 : *Fusarium moniliforme*). 벼 모가 도장(徒長)하고 잎이 담록색을 띤다. 본 논의 벼꽃이 필 때에 감염된 종자를 파종하면 못자리에서 발병이 시작된다. 심하게 감염된 종자는 발아하면서 말라 죽게 되고 중간 정도로 감염된 종자는 전형적인 키다리 증상을 나타낸다. 약하게 감염된 것은 본 논에 심겨지더라도 분얼이 다소 적고 생육은 어느 정도 된다. 그러나 생육도중에 발병환경이 좋아지면 도관내에 수없이 많이 형성된 포자가 밖으로 자라나 줄기 표면에 흰가루 모양의 포자가 형성된다. 이런 포자들은 이삭이 나올 때에 다시 건전한 벼 포기를 감염시켜 종자감염이 된다. 병든 종자에서 분생포자, 균사나 후막포자로 월동한다.

벼 토양전염성병해 : 지제부가 갈변, 위조현상으로 결국엔 담갈색으로 고사하는 경우로 *Fusarium roseum*의 경우 지제부나 엽초에서 흰색이나 담홍색의 균사체를 볼 수

있다. *Pythium*의 경우, 보온절충 못자리에서 발생이 심한 편이며, 초기에는 종자 발아를 불량하게 하며, 후기에는 급격히 위조 고사하며 군데군데 둥근형의 고사환을 만든다. 건전모에는 거의 발생이 없지만 지난해 이병토양이라든가 녹화기 이후 저온에서는 발병이 조장되기도 한다. 또한 너무 건조하거나 과습할 경우에 발병이 심하다. *Rhizopus* spp.에 의한 경우에는 출아기에 고온(30℃)다습할 때 급격히 발생하며, 지표면에 흰색의 균총이 뒤덮여 종자가 발아하지 못하고 고사하여 못자리 전 면적이 피해를 받는 경우가 있다. 녹화기 이후 10일간 5~10℃의 저온이 경과되면 발병하기 쉬우며, 질소(유안)사용량이 많을 때나 상처 난 불량종자를 사용하였을 때, 오염도가 높은 육묘시설 및 자재 사용 시, 주·야간의 온도차가 클 때 병 발생이 조장 된다. 처음에는 백색의 균총이 상토를 덮어 빠른 속도로 퍼져 회색의 균사체가 묘를 황녹색으로 퇴색시켜 생육이 불량하게 된다. *Mucor fragilis*는 *Rhizopus*균사체와 달리 회백색의 기중균사가 두텁게 덮어버리지만 갈변되는 속도가 느려 *Rhizopus*보다는 피해정도가 경미하다.

벼 회색균핵병(灰色菌核病, Gray sclerotium disease) : *Ceratobasidium setariae* (무성세대 : *Rhizoctonia fumigata*). 처음에는 잎집에 적갈색의 작은 부정형 반점으로 나타난다. 병반의 길이는 0.3~1.2㎝로서 진전되면 잎집이 마르고, 후에 병반의 표면에는 회색의 구형 내지 편구형 균핵이 형성된다. 국내 포장에서 간혹 발생하고 있으나, 이병으로 인한 경제적 피해는 매우 작다. 병원균은 병든 식물체의 조직에서 균사체나 균핵의 형태로 존재하며, 균핵이 병반으로부터 떨어져 지표면에 있거나 토양 속에 묻혀 있다가 월동 후 이듬해 봄에 다시 벼를 침해한다. 포장 내 지표면 혹은 토양 속에 있던 균핵들은 담수하거나 경운작업 시 수면 위로 떠올라 부유하게 된다. 이러한 균핵들은 벼가 생장할 때 수면에 접한 잎집 부위에 부착하게 되고, 그곳으로부터 발아하여 균사가 식물체 위쪽으로 자라면서 침입하여 병반을 형성한다. 벼의 수확기에 이르러 병반에서는 다시 균핵이 형성된다.

보리 겉깜부기병(裸黑穗病, Loose smut) : *Ustilago nuda*. 출수 직후 씨알에 발생하며 화기 전염한다. 병징은 출수기와 성숙기 사이에 뚜렷하여 처음 이병된 이삭은 검게 되고 건전한 이삭들 사이에서 뚜렷하게 볼 수 있다. 심하게 감염된 이삭은 건전한 이삭보다 다소 빨리 출수하는 경향이다. 병에 걸린 씨알은 처음 회색의 얇은 피막에 싸여 있다. 이 후 피막이 찢어지고 속의 후막포자가 비산하면 수일 내에 이삭축만 남는다. 후막포자로 화기 감염하며 전균사가 씨방을 침입한다. 종자나 감염된 식물에서 균사로 월동한다.

보리 구름무늬병 : *Rhynchosporium secalis*. 잎에 처음에는 백색의 장방추형 병반이 생기며 나중에 갈색으로 변하고 내부가 회색을 띠는 구름무늬를 보인다. 분생포자, 균사로 전염되며, 후막포자 및 균사로 종자 및 보리 짚에서 월동한다.

보리 그루썩음병(株腐病, Foot rot) : *Rhizoctonia cerealis*.

보리 그물무늬병 : *Pyrenophora teres*(*Drechslera teres*, *Helminthosporium hordei*).

보리 그을음병(黑點病, Sooty mold) : *Cladosporium herbarum*.

보리 둥근겹무늬병 : *Ascochyta hordei*.

보리 마름병(立枯病, Take-all white head) : *Gaeumannomyces graminis* (*Ophiobolus graminis*).

보리 붉은곰팡이병(赤黴病, Scab, Ear blight) : *Gibberella zeae* (무성세대: *Fusarium graminearum*). 이삭은 처음 일부 보리알이 갈색으로 변색되고 점차 진전되면 보리알의 껍질부가 홍색의 곰팡이(분생포자)로 뒤덮인다. 보리알과 알 사이는 흰 균사가 발생하기도 하며 오래된 병환부에는 흑색소립(자낭각)이 산생하기도 한다. 줄기에 발생하면 잎집의 부착부위가 갈색으로 변하며, 아주 어린 묘에 발생하면 주전체가 말라죽는다.

보리 속깜부기병(堅黑穗病, Covered smut) : *Ustilago hordei*. 겉깜부기병 보다 피해가 적고 건전한 보리보다 다소 늦게 출수하거나 많은 경우에는 잎집에 싸여 출수하지 못한다. 암갈색 내지 흑색의 후막포자 덩어리가 씨알에 발생하며 백색의 피막에 싸여 있으므로 수확할 때까지는 내부의 흑색 후막포자가 비산하지 않는다. 드물게 엽신에서 긴 띠의 포자층이 나타난다. 종자에 붙어 후막포자로 유묘감염을 하며, 종자에서 후막포자로 월동한다.

보리 잎집눈무늬병(葉鞘眼斑病, Sharp eyespot) : *Rhizoctonia cerealis*.

보리 점무늬병(斑點病, Leaf spot) : *Bipolaris sorokiniana* (구명 : *Helminthosporium sorokinianum*, Current name : *Cochliobolus sativus*, 유성세대).

보리 좀녹병(小銹病, Dwarf leaf rust) : *Puccinia hordei*. 주로 잎에 많이 발생하며 처음에는 적갈색의 미세한 반점이 생겨 이것이 찢어지면서 적갈색 분말(하포자)을 비산한다. 생육말기에 깨알만한 흑점이 생기는데 이것이 동포자층이며 줄기녹병과는 달리 표피가 터지지 않는 것이 특징이다.

보리 줄기녹병(黑銹病, Stem rust) : *Puccinia graminis*. 줄기와 잎에 발생하며 그 표면에 원형 또는 타원형의 황갈색 반점이 생기고 진전되면 그 표피가 찢어져 구리색의 분말(하포자퇴)을 비산한다. 그 후 병반 부근에 암흑색의 조반이 생기고 동포자퇴를 노출하여 흑색의 동포자를 비산한다. 매발톱나무에서는 잎, 열매 등에 원형의 황색 또는 황갈색반점이 형성되고 거기에는 정자각(精子殼)과 수자강(銹子腔)이 생긴다.

보리 줄녹병(黃銹病, Stripe rust) : *Puccinia striiformis* var. *triiformis* (*Puccinia glumarum*).

보리 줄무늬병(斑葉病, Leaf stripe) : *Pyrenophora graminea* (*Drechslera graminea*). 잎, 잎집, 이삭에 발생하는 전신병이다. 발병 초에는 잎, 잎집에 담황색, 나중에는

갈색의 줄무늬가 생긴다. 전체식물의 생장이 억제되며 출수하지 못하고 기형으로 되어 말라 죽는다. 분생포자로 꽃을 통하여 침입하며, 종자전염이 된다. 2차 감염은 없다. 종자에서 균사로 월동한다.

보리 흰가루병(白粉病, Powdery mildew) : *Erysiphe graminis* (Current name : *Blumeria graminis*). 잎 표면에 회백색의 하얀 가루가 생겨 점차 잎면을 덮게 되며 오래된 병반에는 흑색소립이 생기기도 하므로 쉽게 진단이 가능하다. 병에 걸린 잎은 점차 누렇게 변하며 말라 죽는다.

복숭아나무 검은별무늬병(黑星病, Scab) : *Cladosporium carpophilum* (Current name : *Venturia carpophila*, 유성세대). 가지, 잎, 과실에 발생하는데 피해가 나타나는 것은 과실이다. 발병이 적은 경우에는 보기 싫은 정도이나 병반이 합쳐져서 커지면 그 부분이 코르크화하여 과실이 비대하지 못하므로 균열을 일으켜서 열과가 일어난다. 과실의 상품가치를 크게 떨어뜨리며 부패하기도 한다. 잎에는 감염이 많지 않으나 묘목의 잎자루에 발병하는 경우 낙엽이 된다. 세균성구멍병과 혼동이 되는데 세균성구멍병은 병반의 색깔이 흑갈색이며 병반의 내부가 움푹 들어간다.

복숭아나무 과일흰가루병(果白粉病, Powdery mildew) : *Podosphaera tridactyla* (*Oidium passerinii*). 주로 과일에 발생한다. 처음에는 과일에 백색의 작은 반점이 나타나고, 점차 커지면서 원형내지 불규칙한 흰색의 대형병반이 형성된다. 병반주위에 적갈색의 병 무늬가 나타나기도 한다. 정확한 발생생태에 관한 것은 아직 연구된바 없으며, 우리나라에서는 수원지방에 봉지를 씌우지 않은 과수원에서 일부 관찰 되었으나, 피해는 거의 없다.

복숭아나무 구멍병 : *Phyllosticta maculiformis* (*Leptosphaeria pomona*, Current name : *Mycosphaerella punctiformis*, 유성세대).

복숭아나무 균핵병(Sclerotinia rot) : *Sclerotinia fructicola* (*S. laxa*, 구명 : *Ciboria fructicola*, Current name : *Monilinia fructicola*).

복숭아나무 그을음병(煤病, Sooty mold) : *Capnophaeum fuliginodes*. 잎과 가지에 발생한다. 처음에는 작은 암색 병반이 생기고, 진전되면서 흑색, 그을음상의 균총이 병반 표면을 덮는다. 심하면 피막을 형성한 균사층이 병반의 표층에서 막이 형성되어 매우 지저분해진다. 병원균은 균사 및 자낭각의 형태로 월동하는 것으로 생각된다. 표피 기생균으로 식물체에서 영양분을 흡수하지 않고, 진딧물 및 깍지벌레등의 분비물을 이용하여 번식하므로 병 발생은 이들 곤충의 밀도와 매우 밀접한 관계가 있다. 그을음병으로 인하여 식물체가 갑자기 말라 죽는 일은 없으나, 발생이 심하면 동화작용을 방해하고, 과일의 상품가치를 떨어뜨린다.

복숭아나무 더뎅이병(瘡痂病, Scab) : *Cladosporium carpophilum* (유성세대 : *Venturia carpophila*).

복숭아나무 무름병(軟腐病, Rhizopus soft rot) : *Rhizopus nigricans.*

복숭아나무 역병(疫病, Phytophthora rot) : *Phytophthora cactorum.* 주로 지면과 가까운 과실부터 발생하여 지상부의 잎, 신초, 가지 등 전 부위를 침해하지만 줄기에는 잘 발생하기 않는다. 과일에는 불분명한 갈색의 큰 병반이 희미하게 퍼지는데 비교적 단단하며 병든 과실은 쉽게 낙과되고 약한 알콜 냄새를 풍기기도 한다. 병원균은 주로 토양에 존재하지만 병원균의 포자낭은 쉽게 이탈되므로 비바람에 의해 공기 중으로 쉽게 전파되어 지상부위를 침해한다. 병원균은 물속에서 증식 전파되며 장마기 비바람에 의해 먼 거리로 이동되고 대 발생된다. 포장이 과습하고 물빠짐이 나쁘거나 침수되면 병 발생이 조장되며 스프링클러로 자주 관수하는 과원에서는 병 발생의 위험이 높다.

복숭아나무 잎오갈병(縮葉病, Leaf curl) : *Taphrina deformans.* 잎에 주로 발생하나 꽃, 신소 등에도 발생한다. 발병 초기에는 잎 표면에 적색 내지 황색의 융기 현상이 나타나고 점차 비후해져 잎은 주름살이 생기고 오그라든다. 병든 잎의 표면과 뒷면에는 백색분말이 생긴다. 병진전 후반에는 갈색에서 흑색으로 변하여 낙엽이 된다. 감염된 꽃이나 유과는 조기 낙과되고 어린가지는 비후해져 생장이 억제된다. 심하면 수지를 분비하고 말라 죽는 것도 있다. 봄에 분생포자로 어린잎의 각피를 통해 침입한다. 나뭇가지나 눈에서 분생포자로 월동한다.

복숭아나무 잎흰가루병(葉白粉病, Powdery mildew) : *Podosphaera tridactyla* (무성세대 : *Oidium passerinii*). 잎에 발생한다. 잎에는 처음 담황록색 병징이 나타나고, 점차 진전되면서 잎 뒷면에는 백색의 균사가 밀생한다. 병든 잎은 생육이 억제되고, 심하면 찢어지며, 성목보다는 유목에 발생이 많다. 전염경로 및 발병은 조사된 바 없으나, 자낭각이 지표면에 떨어진 잎에서 월동하여 전염되는 것으로 생각된다. 우리나라에서는 경북지방 일부 포장에서 관찰되나 큰 피해는 없다.

복숭아나무 잿빛곰팡이병(灰色黴病, Gray mold) : *Botrytis cinerea.* 잎, 과실에 발생하나, 간혹 꽃에도 발생한다. 과실에는 처음 황갈색의 작은 반점이 생기고, 병이 진전되면서 잿빛곰팡이가 밀생한다. 잎에는 처음 잎 끝부분부터 발생하기 시작하여 잎 중앙으로 확대되는데, 특히 상처가 있거나 다른 병의 병반부위에 복합 감염되어 발병되는 수도 있다.

복숭아나무 잿빛무늬병(灰星病, Brown rot) : *Monilinia fructicola* (*Sclerotinia fructicola*). 꽃, 어린 열매, 나무 가지 등에서 발병하나 대개 성숙된 과실에서 심하다. 꽃에 발병하면 꽃잎이 시들고 갈변하며, 결국에는 부패하여 꽃 썩음을 일으킨다. 꽃에 감염된 균은 확대되어 가지로 옮겨지고, 궤양이나 심하면 가지마름 증상을 나타내지만 지난해의 묵은 가지로 진전되지는 않는다. 어린 열매는 정상적으로 저항성이나 상처를 통해 감염될 수 있다. 과실이 성숙함에 따라 감수성이 된다. 과실에 감염되면 부패하면서 갈색 반점이 나타나고, 급속히 확대되어 황갈색의 분생포자 덩어리를 형성한다. 심하면 부패하면서 심한 악취가 난다. 과실 전체가 급속히 썩고, 마르면서 주름모양으로 딱딱하게 굳어지고 오그라든다. 썩은 과실은 나무에 남아 있거나 땅으로 떨어진다.

복숭아나무 줄기마름병(胴枯病, Canker, Die-back) : *Leucostoma persoonii* (무성세대 : *Cytospora leucostoma*, 구명 : *Valsa persoonii*). 줄기에 발생한다. 이 병에는 두 가지 병원균이 관여하는데 *Leucostoma*균에 의한 병징은 처음 피층부가 갈변되어 부풀고, 심하면 알콜 냄새가 난다. 오래된 병반에는 많은 융기된 흑색의 소립점이 형성된다. 병든 줄기는 갈색으로 변하여 고사한다. *Phomopsis*균에 의한 병은 주로 쇠약한 줄기나 작은 가지에 발생한다. 처음에는 줄기에 갈색의 작은 병반이 나타나며, 진전되면 줄기에 수 ㎝의 갈색병반이 형성되고, 잔가지는 고사한다. *Leucostoma*균은 병자각과 자낭각의 형태로 병든 가지에서 월동 후 1차 전염원이 되며, 병포자는 주로 가을에, 자낭포자는 봄에 분출된다. 동해나 전정상구 등을 통하여 침입한다. *Phomopsis*균도 병든 가지에 형성된 병자각이 월동 후 병포자가 바람에 비산 1차 전염원이 되며, 포자비산은 주로 5~8월에 많다. 동해가 많은 포장에서 심하게 발생한다.

복숭아나무 줄기썩음병(莖腐病, Canker, Fruit rot, Gummosis) : *Botryosphaeria dothidea* (구명 : *Sphaeria dothidea*, 무성세대 : *Fusicoccum aesculi*). 가지와 과실에 발생한다. 과실에는 처음 황갈색의 작은 반점이 형성되어, 점차 진전되면 과일 전체가 갈색으로 부패하며, 병반 중앙에는 흑색소립(병자각)이 형성된다. 가지에는 동부증상을 일으키는 것과 사마귀증상을 일으키는 두 가지 형태의 병징이 있다. 동부증상은 주로 작은 가지에 많이 나타나고, 사마귀증상은 굵은 가지에 많이 나타나고, 후에 조피 증상을 일으켜 수지가 분비된다.

복숭아나무 탄저병(炭疽病, Anthracnose) : *Glomerella cingulata* (무성세대 : *Colletotrichum gloeosporioides*). 과실, 가지, 잎에 발생한다. 과실에는 갈색의 작은 반점이 형성되고, 점차 커지면서 대형 병 무늬가 나타난다. 후에 병반과 병반이 합쳐져 과피가 변색되고, 과실내부까지 썩으며, 감염부위에는 담홍색의 포자덩어리가 누출된다. 가지에서는 마름증상으로 나타나며, 잎에서는 갈색의 원형 반점이 형성된다. 분생포자로 새 잎, 어린 열매의 털로 침입하며, 균사로 나뭇가지 또는 열매의 병든 부위에서 월동한다.

복숭아나무 흰가루병(白粉病, Powdery mildew) : *Podosphaera oxyacanthae* (구명 : *Erysiphe oxyacanthae*, Current name : *P. clandestina*).

비린깜부기병(腥黑穗病, Stinking smut) : *Tilletia foetida* (구명 : *Erysibe foetida*, Current name : *T. laevis*).

뽕나무 갈색무늬병(褐斑病, Brown spot) : *Septogloeum mori* (구명 : *Septoria mori*, Current name : *Mycosphaerella mori*, 유성세대). 잎의 양면에 갈색 또는 암갈색의 작은 반점이 생겨 확대되며 부정형이 된다. 분생포자로 전염하며 포자나 균사로 병든 잎에서 월동한다.

뽕나무 눈마름병(芽枯病) : *Gibberella lateritium* (Current name : *G. baccata*, 무성세대 : *Fusarium lateritium* f.sp. *mori*). 뽕나무 가지에 발생한다. 눈에 등황색소립(분생포자층)이 밀생하며, 후에 자흑색소립(자낭각)이 생긴다. 분생포자나 자낭포자로 기주의 상처를 통해 침입한다. 주로 자낭각으로 월동하며, 분생포자로도 월동한다.

뽕나무 뒷면흰가루병(白粉病, Powdery mildew) : *Phyllactinia moricola*. 뽕나무 잎의 뒷면에 백색의 반점이 생기며, 반점은 처음 황색이나 후에 흑색소립(자낭각)이 형성된다. 분생포자로 전염하며, 나뭇가지나 잎에서 자낭각으로 월동한다.

뽕나무 자주날개무늬병(紫紋羽病, Violet root rot) : *Helicobasidium mompa* (Current name : *H. longisporum*). 뽕나무 이외에 다수의 목본식물 뿌리 및 나무줄기의 땅가에 발생한다. 수세가 쇠약해지고 잎은 생기를 잃고 가지부터 마르며, 뿌리는 황갈색으로 썩고, 외면에 균사가 발달하여 자갈색의 두꺼운 날개무늬가 생긴다. 균사로 전염하며 담자포자에 의해 전염되는 일은 거의 없다. 균사, 균핵, 균사층으로 병든 뿌리에서 월동한다.

사과나무 갈색무늬병(褐斑病, Blotch) : *Marssonina mali* (Current name : *Phyllachora pomigena*, 유성세대). 잎, 과실에 발생하나 주로 잎에서 발생한다. 잎에 원형의 흑갈색 반점이 형성되어 점차 확대되어 직경 1㎝정도의 원형 내지 부정형 병반이 되며 병반위에는 흑갈색 소립이 많이 형성되는데 이것이 병원균의 포자층으로 많은 포자를 생성한다. 잎은 2~3주 후에 황색으로 변하여 일찍 낙엽이 되나 황변하지 않고 그대로 나무상에 남아 있는 것도 있다. 병반이 확대되어 여러 개가 합쳐지면 부정형으로 되며, 발병 후기에는 병반 이외의 건전부위가 황색으로 변하고 병반주위가 녹색을 띄게 되어 경계가 뚜렷해지며 병든 잎은 쉽게 낙엽이 된다. 분생포자로 각피를 침입하여 전염하며 포자로 병든 잎에서 월동한다.

사과나무 검은별무늬병(黑星病, Scab) : *Venturia inaequalis* (*Cladosporium dendriticum*, *Fusicladium dendriticum*). 병 발생부위는 잎, 가지, 열매 등이다. 꽃이 진 후 잎에 직경 2~3㎜정도 크기의 녹갈색 원형 병무늬가 형성된 후 깃털모양의 검은 반점으로 진전 확대된다. 어린과실에는 꽃이 진 후 3~4주경에 과실표면 위에 1~2㎜크기의 녹갈색 반점이 생겨 과실의 생육과 함께 흑색의 병무늬가 형성되며 진전됨에 따라 균열이 생기고 울퉁불퉁한 병증세를 나타낸다. 다 자란 과실에서는 2차 감염으로 발생이 많아지고 수확 전 방제가 충분치 못했을 때 자주 발생한다. 병원균이 부착된 과실은 저장 시 환경에 따라 회갈색의 병무늬를 형성한다. 또한 1년생 가지에는 직경 2~3㎜정도 크기의 병무늬가 생겨 표면이 볼록하게 올라오고 중앙부위가 파괴되어 흑색부위로 되며 나중에는 4~6㎜ 정도의 타원형 병무늬가 형성되는 특징을 보인다. 검은별무늬병의 진전이 심하면 일찍 낙엽이 지며, 과실의 품질을 현저히 떨어뜨린다. 1차 전염은 낙엽에서 형성된 자낭포자에 의해 이루어지며 3월 하순부터 4월 하순에 자낭포자가 흩날릴 수 있는 단계에 이르게 된다. 이 시기에는 15~20℃ 정도의 적온(발아 한계온도 0.5℃)과 강우나 이슬 등에 의해 적당한 습기를 지니면 자낭포자는 바람에 의해 흩날려 사과나무의 잎, 가지, 과실에 달라붙어 발병을 하게 된다. 2차 전염은 병든 사과나무 잎이나 과실의 병 무늬에서 생긴 분생포자(발아 가능온도 2~5℃)에 의해 이루어지며 잎이 젖은 상태가 길어질수록 전염이 용이하다. 발병 적온은 15~20℃ 정도이며 고온시에는 병 무늬의 확대가 거의 정지되거나 약해진다. 감염에서 발병까지 잠복기간은 대개 8~10일 정도이다. 구미 각국에서 피해가 가장 큰 병이며 우리나라에서는 1974년 왜성사과 나무에서 발생하였다.

사과나무 겹무늬썩음병(輪紋病, White rot, Canker) : *Botryosphaeria dothidea* (*B. ribis, B. berengeriana*). 사과나무, 배나무, 복숭아나무 자두나무, 능수버드나무, 자작나무 등 주로 과실, 나뭇가지에 발생한다. 주로 수확기 과일에 겹무늬 모양의 갈색 윤문이 나타나면서 썩는 병을 말하는데 최근의 연구결과 사과나무 가지에 발생하는 사마귀 모양의 돌기(병자각)가 형성되는 것도 동일 병원균에 의한 것으로 밝혀졌다. 이러한 사마귀 증상이 2~3년생 가지에 심하게 형성되면 가지 전체가 고사한다. 또한 주간과 같은 굵은 가지에 형성된 사마귀는 시간이 지남에 따라 조피 증상으로 바뀌어 다른 병원균의 침입도 용이하게 하여, 나무 전체의 수세를 약화시켜 사과 수량과 품질이 저하되고, 결국 사과나무의 경제 수령을 단축시키는 결과를 초래한다. 분생포자로 전염한다. 우리나라에 1970년대부터 크게 문제되고 있고 부패병으로 알려져 있다. 과실에서는 처음 과점으로 부터 갈색의 작은 반점이 생기고 점차 확대되어 윤문상의 큰 병반이 형성되고 심하면 물이 흐르고 과실 전체가 부패되어 낙과된다. 탄저병과 다른 점은 과실이 부패되어도 과실모양이 변하지 않으며 과실전체가 썩는 것이며, 병반 중앙부에만 검고 작은 점의 병자각을 형성한다. 가지에서는 사마귀가 형성되고 굵은 가지에서의 윤문 증상 및 가지마름 증상 등이 나타나며 사마귀 증상의 피해가 가장 크다.

사과나무 그을음병(煤病, Sooty blotch) : *Gloeodes pomigena* (이명 : *Dothidea pomigena*, Current name : *Phyllachora pomigena*). 과실, 가지에 발생한다. 과실에는 표면에 흑녹색 내지 흑색의 그을음증상이 부정형으로 나타난다. 표면에만 기생하며, 조직내부에 침입, 피해를 주지는 않으나, 발생하면 상품가치가 떨어진다. 나뭇가지에도 그을음 증상이 나타나나 큰 피해는 주지 않는다. 과실의 발병은 품종에 따라 다르나 7월경부터 발생하기 시작, 생육후기에 피해가 크다. 본 병의 발생은 저온과 비가 계속되는 해에 많고, 특히 관리가 소홀한 과수원에서는 심하게 발생한다.

사과나무 그을음점무늬병(煤點病, Fly speck) : *Zygophiala jamaicensis* (Current name : *Schizothyrium pomi*, 이명 : *Leptothyrium pomi*). 과실, 가지에 발생한다. 주로 성과의 과피에 많이 발생한다. 처음에는 침으로 찌른 것 같은 증상이 나타나고 점차 융기한 흑점이 형성된다. 흑점은 여러 개가 모여 형성되는 경우가 많으며, 심하면 과실전체에 형성된다. 그을음병의 발병과 비슷하며, 그을음병과 같이 과실에 발생하는 경우가 많다. 관리가 소홀한 과수원에서는 매우 심하게 발생한다.

사과나무 꽃썩음병 : *Sclerotinia mali*. 잎, 열매, 꽃, 나뭇가지에 발생한다. 병환부는 시들고 회백색의 가루덩이(분생포자)가 생긴다.

사과나무 부란병(腐爛病, Canker) : *Valsa ceratosperma*. 처음에는 갈색 내지 적갈색의 작은 반점이 형성되어 잠차 진전되면서 약간 부풀어 오르고 쉽게 벗겨지며 병환부에서 알콜 냄새를 발산한다. 오래된 병징은 병환부가 건조해져 수분을 상실, 움푹 들어가게 되며 정상부위와 균열이 생긴다. 병반상에는 검은색의 소형돌기(병자각)이 형성되며 4~5월 포자분출에 알맞은 환경이 주어지면 실모양의 노란 포자각(포자집단)이 분출되는 것을 볼 수 있다. 가지나 굵은 주간의 둘레가 전부 병징으로 진전되면 수분과 양분의 이동이 저해되어 가지나 나무전체가 마르고 고사한다. 분생포자가 매개층을 통하여 기주의 상처로 침입한다. 병원균은 균사, 자낭각, 병자각으로 병든 부위에서 월동한다.

사과나무 붉은별무늬병(赤星病, Rust) : *Gymnosporangium yamadae*. 주로 잎에 발생하나 과실, 신소에서도 발생한다. 5월 하순부터 등황색의 선명한 작은 반점이 생기고, 점차 진전되면서 두터워지고 부풀며, 여름이 되면 잎 뒷면에 수술모양의 모상체(녹포자기)가 생긴다. 발병이 심할 때에는 한 잎에 수십 개의 병 무늬가 생기고 병든 잎은 조기 낙엽 된다. 과일의 병반은 잎의 병반보다 크며, 녹갈색을 나타내고 주변은 짙은 녹색을 나타낸다. 첫 가지의 병반은 두텁고 타원형이며, 가을에는 병든 부위의 끝이 말라죽는다. 4월말부터 5월사이 향나무에 형성된 동포자 덩어리가 부풀고 발아하여 전균사와 소생자를 형성한다. 소생자는 바람에 날려 다시 향나무에 옮겨진 다음 비늘잎 속에서 겨울을 지낸다. 이른 봄 향나무를 침해하며, 그대로 다시 월동을 한 다음(2년째) 동포자와 소생자를 형성하고, 4~5월 소생자가 바람에 비산 사과나무에 전파된다. 이 병원균은 향나무에서 21개월, 사과나무에서 3개월로 2년 주기의 생활환을 가지고 있다. 소생자의 비산 거리는 1 km이상이다.

사과나무 역병(疫病, Phytophthora fruit rot) : *Phytophthora cactorum*. 주로 땅가 부위 줄기와 지면에 가까운 과실에 발생한다. 과실에는 불분명한 갈색의 병반이 희미하게 퍼지는데 단단한 것이 특징이며, 과심에 백색의 솜털모양 균사가 있고 병과는 쉽게 낙과된다. 저장 중에도 발생하며 5~6월에 비가 자주 오면 어린 과실에 많이 발생하기도 하는데 과실은 뜨거운 물에 데친 것처럼 보인다. 지면과 맞닿은 줄기는 갈색으로 썩는데 진전되면 내부 조직까지 병원균이 침투하여 나무는 쇠약해지고 결국 죽는다. 병든 부위가 2차적으로 다른 균에 오염되면 검게 보이기도 하는데 점질을 칼로 벗겨 보면 호랑이 가죽 무늬로 보인다. 고온과 과습에서 유주자로 기주를 침입한다.

사과나무 자색점무늬병(紫色斑點病, Septoria leaf spot) : *Septoria* sp. 처음에는 흑갈색의 작은 반점이 형성되고, 진전되면 0.5~1㎝의 원형 병 무늬로 확대된다. 오래되면 중앙에 검은 점(병자각)이 많이 형성되고, 중앙은 회백색으로 변한다.

사과나무 자주날개무늬병(紫紋羽病, Violet root rot) : *Helicobasidium mompa* (Current name : *H. longisporum*). 초기에는 뿌리표면에 적자색의 균사체가 자라 엉키고, 후에 균사속이 층을 형성하여 뿌리 전체를 둘러싸면서 자주색의 날개무늬로 나타난다. 병이 진전되면 땅가 부분의 줄기까지 자색의 균사체가 자라고, 지상부는 수세가 약해져 시들다가 후에 말라죽는다. 병원균은 토양속의 뿌리 잔재 및 줄기에서 균사와 균핵의 형태로 월동 후, 균사에 의해 사과나무를 침해하며, 담자포자에 의하여 병이 전염되는 일은 매우 희박하다. 미분해 된 유기물이 많은 토양에서는 병원균이 오래 생존할 수 있으며, 균핵은 내구성이 매우 강하다. 이 균은 기주범위가 매우 넓어 화본과를 제외한 많은 작물을 침해한다.

사과나무 잿빛곰팡이병(灰色黴病, Gray mold) : *Botrytis cinerea*.

사과나무 점무늬낙엽병(斑點落葉病, Alternaria leaf spot) : *Alternaria mali*. 주로 잎에 발생하나 열매에도 나타난다. 전개 직후의 어린잎에 침입하기 쉽다. 처음에는 2~5㎜의 갈색 내지 암갈색의 원형 병반이 형성되고 병반이 오래되면 주변은 적갈색, 내부는 갈색 내지 회갈색으로 된다. 병반부는 파괴되어 구멍이 생기고 발병이 심하면 잎이 황화되어 낙엽 된다. 과실은 유과기 부터 발병하기 시작하여 8월 하순부터 9월 중순까지가 가장 중요한 시기이다. 병반의 형태는 감염 시기에 따라 다르나 일반적으로 과실 표면에 자갈색의 약간 오목한 반점을 형성하게 되며 상품성을 떨어뜨린다. 가지에서는 피목을 중심으로 타원형 또는 부정형의 갈색 병반을 형성한다. 분생포자로 전염되며, 잎, 가지에서 균사 및 포자로 월동한다.

사과나무 줄기마름병(胴枯病, Die-back) : *Phomopsis mali* (*P. truncicola*, Current name : *P. prunorum*) : 줄기, 가지, 저장과일에 나타난다. 줄기와 가지에 발생하면 수피가 부패하여 병든 부위가 암갈색으로 변하고, 움푹 들어간다. 병반부의 표면에는 흑색점(병자각)이 생기고, 병반부가 가지 둘레로 확산되면 고사한다. 이 병은 부란병과 비슷한 병징을 나타내나, 병반부에서 발산하는 특이한 알콜 냄새가 없어 부란병과 구별할 수 있다. 병자각의 형태로 월동 후 습도가 높으면 병자각에서 병포자가 분출되는데, 강우나 바람에 의하여 전반되며, 병포자의 비산 시기는 보통 6~8

월경이다. 수분이 과다하고, 동해가 심한 포장에서 발생이 심하다.

사과나무 탄저병(炭疽病, Bitter rot, Anthracnose) : *Glomerella cingulata* (무성세대 : *Colletotrichum gloeosporioides*). 주로 과실에 발생한다. 과실의 표면에 갈색의 작은 반점이 형성되고, 후에 확대되면서 병반 중앙부가 약간 움푹 들어간다. 병반 중앙부에서부터 동심윤문의 흑색 포자층이 밀생하며, 고온다습할 경우에는 병반에서 담홍색의 분생포자덩어리가 형성된다. 분생포자가 빗물, 곤충에 의해 전염되어 각피를 침입한다. 분생포자, 자낭각 또는 균사로 열매나 나뭇가지에서 월동한다.

사과나무 푸른곰팡이병(青黴病, Blue mold, Penicillium rot) : *Penicillium expansum*. 저장중인 과일에 많이 발생하고, 일반포장에서는 거의 발생하지 않는다. 처음에는 담갈색의 소형반점이 생기고, 점차 진전되면 병반상에 백색의 균사가 점점이 형성된다. 오래되면 병반에 분생포자가 형성되어 청색으로 변하고, 과실전체가 부패한다. 과점이나 상처를 통하여 침입하며, 환경이 불량할 때 많이 발생한다. 저장 중이나 운송도중에 피해가 크다.

사과나무 흰가루병(白粉病, Powdery mildew) : *Podosphaera leucotricha* (*Albugo leucotricha*). 잎, 신초, 꽃 및 어린 과실에 발생하며, 전 생육 기간에 걸쳐 발생된다. 발생이 심하면 신초의 생장이 억제되며 조기낙엽된다. 신초에 발생이 심하며 처음에는 잎 뒷면에 회백색의 균총이 나타나고 진전되면서 전면에 흰가루 모양의 분생포자가 덮힌다. 과실에서는 낙화 후 어릴 때 발병하며 동녹 발생에 원인이 된다. 분생포자로 전염하며, 병반위에서 자낭각으로, 또는 병소(病消)의 눈에서 균사로 월동한다.

사과나무 흰날개무늬병(白紋羽病, White root rot) : *Rosellinia necatrix* (*Dematophora necatrix*). 피해 나무의 뿌리에 백색의 흰균사가 얽히고, 수피속의 형성층에도 얇은 균사층이 형성된다. 병든 나무는 쇠약해져 잎이 황변하고 낙엽 되며, 나뭇가지는 끝에서부터 점차 아래쪽으로 말라 들어간다. 배수가 잘되고 수분이 충분한 토양에서 잘 발생하며, 유기물을 많이 시용하면 유기물에서 병원균이 증식되어 밀도가 높아진다. 토양병해로 병원균은 항상 토양 속에 존재하며, 나무가 쇠약해지면 침입한다. 강전정, 과다한 결실, 과도한 건조를 패해야 하며, 전정가지를 잘게 부숴 유기물로 시용하는 것은 병 발생을 증가시킨다.

사과나무 흰무늬병(白斑病, Leptosphaeria leaf spot) : *Leptosphaeria* sp. (불완전세대 : *Phoma* sp.). 처음에는 갈색의 작은 반점이 형성되고, 점차 진전되면서 회갈색의 병반으로 확대된다. 병반상에는 흑색의 돌기(병자각 및 자낭각)가 형성된다. 상세한 발생소장 및 피해정도는 아직 조사된 바 없으며, 안성군 일부에서 발견되었으나 피해는 아주 미약하다.

사탕무 갈색무늬병(褐斑病, Cercospora leaf spot) : *Cercospora beticola*. 잎을 비롯하

여 줄기, 종자, 근두부에 발생한다. 자홍색의 반점이 생기고 가운데가 회갈색으로 변하고 심하면 잎 전체가 갈변된다. 분생포자로 기공을 통하여 전염되며, 분생포자, 균사로 잎, 종자, 줄기에서 월동한다.

사탕무 뱀눈무늬병(蛇眼病, Leaf spot) : *Phoma betae* (Current name : *Pleospora betae*). 모, 잎, 꽃대, 뿌리에 발생한다. 모에서는 잘록병을 일으킨다. 잎에는 갈색 무늬가 생기고 윤문으로 되며, 뿌리는 검고 약간 움푹해진다. 분생포자로 전염되며, 포자 또는 균사로 종자 및 뿌리, 잎 등의 병든 부위에서 월동한다.

사탕무 흰가루병(白粉病, Powdery mildew) : *Erysiphe betae*.

사탕수수 노균병(露菌病, Downy mildew) : *Peronosclerospora sacchari* (*P. philippinensis*).

사탕수수 탄저병(炭疽病, Anthracnose) : *Colletotrichum falcatum* (Current name : *Glomerella tucumanensis*, 유성세대).

상추 갈색무늬병(褐斑病, Cercospora leaf spot) : *Cercospora longissima*. 잎에 처음에는 수침상의 작은 반점으로 나타나고, 진전되면 암갈색의 부정형 반점으로 확대 된다. 병반은 약간의 겹무늬로 나타나고, 그 중앙에는 눈동자와 같은 회색반점이 형성된다. 심하게 감염된 잎은 병반들이 서로 융합하여 커지고, 잎이 누렇게 변하여 말라죽는다. 병원균은 병든 잎에서 균사와 분생포자 형태로 월동 후, 분생포자를 형성하여 공기전염 한다. 병은 아래쪽 잎에서부터 발생하기 시작하여 위쪽 잎으로 전염되어 올라가는 데, 주로 생육후기에 이르러 발생한다.

상추 균핵병(菌核病, Sclerotinia rot) : *Sclerotinia sclerotiorum* (*S. minor*, *S. intermedia*). 처음에는 식물체의 지제부가 담갈색으로 물러 썩고, 진전되면 흰 균사가 자라면서 그루 전체가 썩는다. 후에 감염부위에는 부정형의 검고 큰 균핵이 형성되거나, 구형 내지 부정형의 검고 작은 균핵이 형성되기도 한다.

상추 노균병(露菌病, Downy mildew) : *Bremia lactucae*. 상추 및 각종 국화과 식물 잎에 발생한다. 하위엽이 침해받기 쉽고 엽맥 주위로 각진 병반을 형성한다. 오래된 이병잎은 점차 말라죽고 결국에는 결구부 외엽에도 발생한다. 전 생육기에 발생되며, 처음에는 잎 표면에 부정형의 퇴록 반점이 생기고, 담황색을 띠는데 주로 아래 잎부터 발생된다. 병이 진전되면 병반은 합쳐지고, 잎 뒷면에 흰 균사체로 보이는 많은 유주자낭을 형성하게 된다. 병든 잎은 잎 끝에서 부터 갈색으로 변하여 썩고 말라죽는다. 분생포자로 기공을 통해 침입한다. 병원균은 병환부에서 난포자로 월동한다.

상추 밑둥썩음병(尻腐病, Bottom rot) : *Thanatephorus cucumeris* (무성세대 : *Rhizoctonia solani*). 생육초기부터 중기까지 발생한다. 감염된 그루의 잎 밑둥이 암갈색으로 변해 썩으며, 진전되면 그루 전체가 말라죽는다. 양상추인 경우에는 잎 밑 등에 원형 내지 타원형의 암갈색 반점이 형성되고, 진전되면 병반이 크게 확대되어 잎 밑둥이 마른 상태로 썩기도 한다. 병원균은 병든 식물체의 조직 혹은 토양 내에서 균사나 균핵의 형태로 존재하며, 월동 후, 발아하여 균사가 식물체의 지제부 혹은 지하부를 침해하여 병을 일으킨다. 보통 습기가 많은 토양에서 발병이 잘된다.

상추 시들음병(萎黃病, Fusarium wilt) : *Fusarium oxysporum* f.sp. *lactucae*. 육묘상, 본 재배포장 등 전 생육기간 동안 발생하나 고온기인 7~8월에 주로 발생이 심하다. 육묘기에는 본 잎이 2~3매 정도 될 때 발생하기 시작하는 데 처음에는 잎이 황화되고 시들음 증상을 보이다가 결국은 말라죽는다. 본 밭에서는 발생초기에 아래 잎부터 생기를 잃어 활력이 떨어지면서 서서히 황색으로 변한다. 병세가 진전되면서 녹색의 잎이 황갈색으로 변하며 결국은 말라죽는다. 이러한 증세가 위쪽으로 올라가면서 발생하고 심하면 주 전체가 말라죽는다. 이때 발병주를 뽑아보면 가는 뿌리는 갈변 부패되어있고, 원 뿌리를 칼로 절단해 보면 유관속이 갈변되어 있다.

상추 역병(疫病, Phytophthora root rot) : *Phytophthora dreshcleri*. 병 발생 초기에는 상추뿌리가 갈색으로 변하며 진전되면 뿌리가 검게 썩고 떨어져 나간다. 잎은 초기에 활력을 잃고 시들다가 포기 전체가 시들어 죽는다. 심하게 오염된 포장에는 베드로 정식한지 일주일 후면 병 증상이 나타나 2~3주 만에 거의 모든 포기가 감염되어 거의 수확을 하지 못하게 된다.

상추 잿빛곰팡이병(灰色黴病, Gray mold) : *Botrytis cinerea*. 잎과 땅가 부분의 포기에 발생한다. 처음에는 담갈색 수침상의 작은 병반이 형성되고, 급속히 확산되어 잎과 그루 전체가 부패한다. 잎 끝부분에 감염이 시작될 때는 잎이 갈색으로 오그라들고 다른 잎으로 전염된다. 상추 밑둥 부분의 병반에서는 부정형의 검은 균핵이 형성되며, 병반상에는 잿빛의 곰팡이가 밀생한다. 기온이 20℃ 내외이고 습도가 높을 때 많이 발생하며, 특히 시설재배지에서 피해가 크다. 병원균은 병든 부위에서 균핵 혹은 분생포자의 형태로 월동하여 1차 전염원이 된다.

생강 근경썩음병(根莖腐敗病, 뿌리썩음병, Rhizome rot) : *Pythium myriotylum* (*P. zingiberum*). 지하부의 줄기, 근경이 병원균에 의하여 수침상으로 썩기 때문에 썩는 부분에 해당하는 지상부의 잎이 노랗게 황화하기 시작한다. 점차 지하부의 썩음이 진전됨에 따라 지상부 전체가 노랗게 변색되고, 황갈색으로 변하며 전부 고사하게 된다. 초기의 증상이 잎이 노랗게 변색하므로 농민들은 이 병을 노랑병으로 부른다. 병에 걸린 주를 뽑아서 관찰하여 보면 줄기의 지제부 부근이 수침상으로 썩어 잘 탈락하며 근경도 옅은 회색으로 병이 진전하면서 그 표면에 흰색의 균사가 나와 있고 더 진전하면 근경의 내부가 완전히 썩어서 속이 빈채로 미이라화 된다. 일단 썩음이 시작된 근경은 수확한 후에도 계속 수침상으로 진전하기 때문에 상품으로 가치가 전혀 없다. 따라서 수확시 생강의 일부분만 썩었다하더라도 그 생강은 폐기대상이 된다. 생강의 생육초기 지상부의 아랫 잎이 노랗게 변색하는 것은 생강 뿌리썩음병의 진단에 가장 핵심적인 요소가 된다. 생강의 지하부 새싹이 병원균에 의하여 침해되기 가장 쉽고 다음이 지하부 줄기, 근경, 뿌리, 지상부 줄기, 잎 등의 순이다.

생강 마른썩음병(乾腐病, Dry rot) : *Fusarium solani*. 외부 병징은 *Pythium*균에 의한 근경썩음병과 유사하다. 잎이 황화되고 시들며, 생육은 불량하다. 근경썩음병이나 풋마름병과는 달리 병이 서서히 진전되며, 갑자기 시들지는 않고, 아래 잎이 밑으로 처지며 말라죽는다. 근경표면은 검은 마름증상을 보이며, 속은 연한 갈색으로 썩는데, 병든 조직이 무르지는 않는다. 토양전염성 병원균으로 토양에 널리 분포하며, 병든 식물체와 함께 월동한다. 토양 중에서는 후막포자 상태로 존재하는데, 기주식물이 없이도 수년 간 생존할 수 있다. 병원균은 주로 포장에 종강을 파종한 후 2~3주 만에 상처로 침입하는데, 이때 적당한 토양수분이 필요하며, 외부 병증상은 기온이 상승하고 건조할 때 심하게 나타난다. 작은 곤충 등에 의해 상처가 생기면 병원균의 침입이 조장되고, 발병 이후에 이차적으로 곤충이 침해하게 되면 종강부패는 더욱 심해진다. 물로 이동되는 거리는 매우 짧고, 주로 흙 입자에 묻혀 농기구나 사람 등을 통해 먼 거리로 이동되며, 감염된 종강을 통해 넓은 지역으로 퍼진다. 포장에서 수확 시 감염된 종강은 저장 중에서도 계속 썩는다.

생강 잎집무늬마름병(紋枯病, Sheath blight) : *Thanatephorus cucumeris* (무성세대 : *Rhizoctonia solani*). 잎집에 타원형의 반점 혹은 얼룩무늬증상으로 나타나며, 병반의 가장자리는 갈색을 띠고, 내부는 회색 내지 회갈색을 띤다. 병이 진전되면 잎집이 누렇게 변해 마른다. 병원균의 균사융합군 및 배양형은 AG-2-2(IIIB)와 AG-5이다.

생강 잎집썩음병(葉鞘腐敗病, Sheath rot) : *Ceratobasidium setariae* (무성세대 : *Rhizoctonia fumigata*). 줄기 지제부의 잎집에 처음에는 원형 내지 타원형의 갈색 혹은 암갈색 반점으로 나타나며, 후에 병반이 융합하여 부정형으로 커지면서 위쪽으로 진전된다. 감염된 잎집은 황갈색으로 변하여 썩고, 말라죽는다. 병원균은 병든 식물체의 잔재 혹은 토양에서 균핵과 균사형태로 월동한 다음, 발아하여 1차 전염원이 된다. 토양이 적당히 젖은 정도의 조건에서 균사가 자라 직접 식물체를 침입하며, 여름과 가을에 걸쳐 간혹 발생한다.

생강 흰별무늬병(白星病, Leaf spot) : *Phyllosticta zingiberi* (Current name : *P. zingiberis*). 잎에 처음에는 황색의 불분명한 원형 반점으로 나타나고, 진전되면 병반의 중앙에 회백색 반점이 선명하게 나타난다. 심하면 병반이 길게 확대되고, 잎 전체가 고사한다. 병반상에는 흑색의 소립점이 분산되어 나타난다. 병원균은 병든 잎에서 병자각의 형태로 월동 후, 병포자를 형성하여 공기전염 한다. 가을철 일부 포장에서 많이 발생하나 이 병으로 인한 피해는 그다지 크지 않다.

소나무 잎떨림병 : *Lophodermium pinastri.* 4~5월경 잎에 황갈색의 반점이 생기며 수시로 낙엽진다. 초가을에는 잎에 검은 횡막이 있고 그 중간에 방추형의 흑색 종반이 생긴다. 자낭포자로 침입하며 2차 감염은 없다. 병든 잎에서 자낭으로 월동한다.

소나무 혹병 : *Cronartium quwrcuum.* 소나무, 해송, 졸참나무, 신갈나무 등에 발생한다. 소나무의 가지나 줄기에 혹이 생겨 해마다 비대해져 지름 30㎝ 이상의 혹이 된다. 봄철 이후에 단물이 나온다. 소나무에서 병포자와 녹포자를 만들며, 봄에 전균사에 형성된 소생자가 소나무의 가지, 줄기를 침해한다. 동포자로 참나무속 식물의 변환부에서 월동한다.

수목 뿌리썩음병(根腐病, Root rot) : *Phytophthora cinnamomi.*

수박 검은별무늬병(黑星病, Scab) : *Cladosporium cucumerinum.*

수박 검은점뿌리썩음병(黑點根腐病, 검은점썩음병, Monosporascus root rot, Black root rot) : *Monosporascus cannonballus.* 주로 뿌리에 발생하는데 뿌리 표면에 검은 점이 부분적으로 무수히 찍혀 있는 것이 특징이다. 검은점뿌리썩음병에 걸린 기주식물은 보통 수확 2~3주 전부터 과실의 착과 후 비대기를 거치면서 덩굴과 잎의 생육이 떨어지며 수확 10~15일 전부터 한낮에는 시들다가 저녁에는 회복되는 현상이 2~3일 진전되다가 급속히 고사하게 된다. 이와 같은 증상은 실제로 박과채소의 급성위조증상과 유사하다. 뿌리에 검은 점의 자낭각이 형성된다. 뿌리의 검은 점 증상은 대체로 잎과 줄기가 고사한 이후에 형성된다. 병든 뿌리를 파보면 작은 털뿌리는 이미 갈변화 되었거나 떨어져 없으며, 굵은 뿌리 몇 개만이 식물을 지탱하고 있는 경우가 많으며 지상부가 완전히 고사하게 되면 남아있는 뿌리에 형성된 성숙된 자낭각을 확인할 수 있다. 덩굴마름병의 경우 뿌리의 접목부위 또는 줄기의 마디가 마르며, 역병의 경우는 땅가 부근의 뿌리목이 썩고, 덩굴쪼김병은 밑둥의 줄기를 잘라보면 유관속의 갈변화를 확인할 수 있다. 뿌리혹선충이 감염된 경우에는 뿌리에 형성된 혹으로 진단이 가능하다. 그러나 검은점뿌리썩음병의 경우 줄기가 갈색으로 완전히 말라죽어도 뿌리목은 살아있다. 또한 유관속의 갈변화증상이 없다. 줄기가 완전히 고사하고 뿌리 부분이 다소 부패한 식물을 파보면 검은점썩음병균의 자낭각인 검은 점들을 육안으로 확인할 수 있다. 병원균은 토양 속에서 5년 이상 생존하며 종자전염을 한다. 고온성 병해로 발병 상습지에서는 기온이 30℃ 일 경우 88%, 20℃ 일 경우 16.7%의 발병율을 나타내는 것으로 보아 토양의 온도가 병 발생에 큰 영향을 주는 것을 알 수 있다.

수박 겹둥근무늬병(輪紋病, Myrothecium leaf spot) : *Myrothecium roridum.*

수박 덩굴마름병(蔓枯病, Black rot, Gummy stem blight) : *Mycosphaerella melonis* (Current name : *Didymella bryoniae*). 유묘, 줄기, 잎, 잎줄기(엽병), 열매줄기(과경)에 주로 발생하며 과실에는 거의 발생하지 않고, 뿌리에는 전혀 발생하지 않는

다. 묘상에서는 자엽에 수침상의 원형 내지 부정형의 병반이 생겨 급격히 확산되며, 후에 땅가 줄기로 번져 잘록병처럼 고사하는 경우도 있다. 특히 저온기에 육묘한 조숙재배나 터널재배에서 발병하기 쉽다. 배엽과 자엽 아랫부분이 침해되기 쉬운데 병이 진전되면 자엽에서 줄기로 감염이 이어진다. 대목으로 사용하는 박의 육묘시에도 발생하며 접목 후에는 자엽에서 줄기의 병이 진전된다. 잎에서는 잎 가장자리에서 시작되는 경우가 많은데, 모양이 일정치 않은 수침상의 병반이 생기고, 환경이 적합할 경우 급속히 잎 안쪽으로 번지면서 쐐기모양의 대형병반으로 된다. 병든 잎은 점차 흑갈색으로 마르면서 찢어지고 결국엔 조기 낙엽된다. 분생포자로 전염하며 각피를 통해 침입한다. 병자각이나 자낭각으로 병환부에서 월동한다.

수박 덩굴쪼김병(蔓割病, Fusarium wilt) : *Fusarium oxysporum* f.sp. *niveum*. 발생 초기증상으로 낮에는 포기전체가 시들고 밤에는 일시 회복하는 듯한 시들음 현상이 수일 동안 반복된다. 이런 포기를 뽑아보면 뿌리의 일부가 변색되어 썩어있고, 줄기를 쪼개보면 도관부가 갈색으로 변색되어 있으며 병이 더욱 진전되면 포기전체가 말라죽는다. 즉 병원균이 뿌리의 끝부분, 상처부위 또는 가는 뿌리 등에 침입 도관부에서 증식하여 양수분의 이동통로를 막아 포기전체가 시들어 죽게 된다. 참외, 메론 등은 땅가 부분의 줄기가 움푹 들어가 썩으며 그 주위에 옅은 홍색의 곰팡이가 형성된다. 수박의 경우는 줄기가 세로로 쪼개져 전형적인 덩굴쪼김병 증상을 나타내며 오래된 병환부에는 분홍색의 곰팡이가 밀생되어 있는 것을 볼 수 있다. 양·수분을 많이 필요로 하는 착과기에는 시드는 증상이 더욱 빠르게 진전된다.

수박 역병(疫病, Phytophthora rot) : *Phytophthora melonis*. 전 생육기에 발생되며 주로 굵은 뿌리와 지면과 맞닿은 줄기나 과실을 침해한다. 역병균은 주로 식물체의 지하부인 뿌리와 땅가 줄기를 침해하므로 식물체의 양수분 이동통로가 파괴되어 시들고 결국 말라죽는다. 하지만, 기상조건에 따라 병원균이 빗물에 튀어 올라 줄기, 잎, 과일 등 모든 지상부위를 침해할 수도 있다. 병든 포기는 쉽게 뽑히고 뿌리는 연한 갈색으로 부패되며 불명확한 수침상의 부정형 병반으로 나타난다. 과실에는 초기에 부정형의 연한 갈색반점이 나타나 점점 확대되는데 땅과 맞닿은 부위에서 시작되는 경우가 많다. 날씨가 흐리고 과습한 경우에는 병든 조직에 다량의 흰색 균사와 번식체인 유주자낭을 형성하기도 한다. 역병균에 의해 병이 발생된 후에 다른 균이 이차적으로 침입하게 되면 병든 부위는 물컹하게 썩기도 하며 진한갈색이나 검은색으로 변하고 악취가 나기도 한다.

수박 잎마름병(葉枯病, Leaf blight) : *Alternaria cucumerina* (구명 : *Macrosporium cucumerinum*). 잎에 처음에는 작은 원형의 수침상 반점으로 나타나며, 병반의 주위는 황색을 띤다. 진전되면 갈색 내지 암갈색의 원형 겹무늬 증상으로 확대되며, 잎이 암회색으로 변해 말라죽는다. 병원균은 종자 혹은 병든 잎에서 균사의 형태로 월동 후, 분생포자를 형성하여 공기전염을 한다. 고온다습한 환경에서 병발생이 심하다.

수박 잘록병(立枯病, Damping-off) : *Thanatephorus cucumeris* (무성세대 : *Rhizoctonia solani*). 유묘기 부터 생육후기까지 발생한다. 유묘기에는 지제부가 잘록하게 썩으면서 병든 묘는 잘 쓰러지고, 말라죽는다. 생육초기부터는 줄기 및 뿌리가 갈색 내지 암갈색으로 변하여 썩는 증상으로 나타나고, 병든 식물체의 지상부는 시들고, 후에 말라죽는다. 감염된 뿌리의 표면에는 후에 암갈색의 구형 내지 부정형 균핵이 형성된다. 병원균은 병든 식물체의 조직 혹은 토양 내에서 균사나 균핵의 형태로 존재하며, 월동 후 발아하여 균사가 식물체의 지제부 혹은 지하부를 침해하여 병을 일으킨다. 보통 습기가 많은 토양에서 발병이 잘된다.

수박 잿빛곰팡이병(灰色黴病, Gray mold) : *Botrytis cinerea* (유성세대 : *Botryotinia fuckeliana*). 잎, 꽃, 유과 등에 발생한다. 잎에서는 끝부분에서 많이 발생한다. 처음에는 갈색의 소형병반으로 나타나고, 점차 진전되면서 전체가 말라죽는다. 꽃과 유과에는 동시에 발생하는데, 특히 꽃에 감염되어 진전되면서 유과까지 부패한다. 병반상에는 잿빛의 곰팡이가 많이 형성된다.

수박 점무늬병(斑點病, Cercospora leaf spot) : *Cercospora citrullina* (Current name : *Didymella bryoniae*, 유성세대). 잎에 발생한다. 처음에는 수침상의 갈색 소형반점으로 나타나고, 진전되면 0.5~1㎝의 대형병반으로 확대된다. 병반의 중앙은 회백색이고, 주위는 담갈색을 띤다. 병이 심하게 발생하면 병반들이 합쳐져 대형 병 무늬로 나타나고, 잎 전체가 말라죽는다. 병든 식물체의 잔재에 존재하던 균사나 분생포자가 토양 속에서 월동하여 1차 전염원이 되며, 발병 후 병반상에 형성된 분생포자가 비산하여 2차 전염이 된다. 햇볕이 부족하여 웃자람이 심한 포장과 과습한 포장에서 피해가 크다. 특히 시설재배시에 많이 발생한다.

수박 탄저병(炭疽病, Anthracnose) : *Colletotrichum lagenaria* (Current name : *C. orbiculare*). 잎, 잎자루, 줄기, 과실 및 과경에 발생한다. 잎에서는 처음에 갈색의 부정형 반점으로 나타나고, 진전되면 암갈색의 겹무늬 증상으로 확대된다. 심하게 감염된 잎은 병반이 융합하여 커지면서 회흑색으로 변해 말라죽는다. 과실에서는 처음에 약간 움푹 들어간 작은 반점으로 나타나고, 진전되면 원형 내지 부정형으로 확대되면서 병반의 중앙부위에는 흑색의 소립점이 나타나고 갈라지며, 담황색의 분생포자덩어리가 많이 형성된다. 잎자루, 줄기, 과경에서는 약간 움푹 들어간 암갈색 타원형 병반으로 나타나며, 후에 담황색의 분생포자 덩어리가 형성된다. 심하게 감염된 그루는 전체적으로 시들고, 말라죽는다. 분생포자로 직접 각피를 통해 침입한다. 균사, 포자로 병든 부위 및 종자에서 월동한다.

수박 푸른곰팡이병(靑黴病, Blue mold) : *Penicillium oxalicum*.

수박 흰가루병(白粉病, Powdery mildew) : *Sphaerotheca fuliginea*. 잎과 줄기에 발생

하나, 주로 잎에 피해가 크다. 잎에는 처음 흰색의 균총이 불규칙한 원형으로 나타나고, 진전되면 잎전체가 밀가루를 뿌려놓는 것 같은 증상을 나타난다. 심해지면 잎이 퇴록되고, 오래된 잎은 갈색으로 변하여 말라죽는다. 병든 식물체의 잔재물에서 주로 자낭각 형태로 월동하여 1차 전염원이 되며, 병반상에 형성된 분생포자는 바람에 날려 전파된다. 이 병원균은 습도에 큰 영향을 받지 않고 건조한 조건하에서도 잘 발생하며, 특히 기온의 일교차가 심한 봄, 가을에 잘 발생한다. 질소질 비료를 과다시용 했을 때 많이 발생하는 경향이 있다.

수박균핵병(菌核病, Sclerotinia rot) : *Sclerotinia sclerotiorum*. 주로 줄기에 발생하며, 간혹 과실에도 발생한다. 줄기에서는 지제부 혹은 접목한 부위에서부터 회백색으로 변하여 썩으며, 흰 균사가 자라게 된다. 감염부위에서는 후에 부정형의 검은 균핵이 형성된다. 과실에서는 주로 꽃이 달렸던 끝부분에서부터 감염이 시작되어 진전되면 과실이 물러 썩는다. 병든 부위에서는 흰 균사가 자라면서 후에 줄기에서와 같은 균핵이 형성된다.

수수 그을음무늬병 : *Exserohilum turcicum* (이명 : *Helminthosporium turcicum*, Current name : *Setosphaeri aturcica*, 유성세대).

수수 노균병(露菌病, Downy mildew) : *Peronosclerospora sorghi* (구명 : *Sclerospora sorghi*).

수수 실깜부기병 : *Sphacelotheca reilianum*. 주로 이삭에 발생하나 드물게는 잎에도 발생한다. 이삭이 적색의 막으로 싸여 있고, 그 안에 후막포자가 있다. 종자에 붙어 있는 후막포자로 전염되며 유묘 감염한다. 병원균은 종자의 표면이나 토양에서 후막포자로 월동한다.

수수 점무늬병(斑點病, Leaf spot) : *Phyllosticta sorghina* (Current name : *Leptosphaeria sacchari*, 유성세대).

수수 점무늬병(斑點病, Leaf spot) : *Ramulispora andropogonis* (Current name : *Gloeocercospora sorghi*).

수수 탄저병(炭疽病, Anthracnose) : *Colletotrichum lineola*.

시금치 노균병(露菌病, Downy mildew) : *Peronospora spinaciae*. 시금치 잎의 표면에 회황색 병반이 형성된다. 병반 뒷면에 회색 곰팡이가 생성되며, 분생포자로 기주조직의 각피를 침입한다. 균사 또는 난포자로 병환부나 종자에서 월동한다.

시금치 시들음병(萎黃病, Fusarium wilt) : *Fusarium oxysporum* f.sp. *spinaciae*. 전생육기에 발생하나 주로 생육 중기부터 발생한다. 아래 잎부터 활력이 떨어지고 황화되며 서서히 시든다. 병든 포기는 위축되기도 하는데, 기온이 따뜻하고 건조하면 포기 전체가 시들어 죽는다. 토양 수분이 높고 기온이 내려가면 새 뿌리와 잎이 돋아나오며 소생되기도 한다.

시금치 역병(疫病, Phytophthora root rot) : *Phytophthora drechsleri.*

시금치 잘록병(立枯病, Damping-off) : 유묘기에 잘록증상으로 나타나며, 병든 묘는 잘 쓰러지고 말라 죽는다. 이 병은 두 종류의 균에 의해서 일어나는데, *Fusarium oxysporum* f.sp. *spinaciae*에 의한 병징은 주로 건조한 토양에서 발생하며, 감염된 묘의 지제부가 갈색 내지 암갈색으로 변해 썩는다. *Thanatephorus cucumeris*(무성세대 : *Rhizoctonia solani*)에 의한 병징은 주로 습한 토양에서 많이 발생하는데, 묘의 지제부가 흑갈색 내지 흑색으로 변해 썩는다.

시금치 잘록병(立枯病, Damping-off, Foot rot) : *Fusarium oxysporum* f.sp. *spinaciae, Pythium aphanidermatum*(*Pythium butleri*), *Rhizoctonia solani.*

시금치 점무늬병(斑點病, Leaf spot) : *Phyllosticta chenopodii.*

시금치 탄저병(炭疽病, Anthracnose) : *Colletotrichum spinaciae* (Current name : *C. dematium* f.sp. *spinaciae*).

시들음병(萎凋病, 萎黃病) : *Fusarium*에 의한 시들음병은 채소류, 화훼류, 초본성 다년생 관상식물 등 여러 작물에 발생하며, 유관속 시들음병(vascular wilts)에 걸린 작물은 초기에 시들음 증상을 보이다가 결국은 고사한다. *Fusarium* 屬 곰팡이 중에 시들음병을 일으키는 종은 대부분 *F. oxysporum*에 속하며 레이스 또는 분화형이 존재하여 기주 특이성이 높다. 이병은 토양병해로 후막포자를 형성하여 월동 및 장기간 토양 속에서 생존이 가능하여 농약에 의한 방제가 어렵다. 따라서 화학적 방제 등 관행적인 방제법의 어려움을 극복하고자 생물학적 방제 연구가 수행되어 왔다.

아스파라가스 잿빛곰팡이병(灰色黴病, Gray mold) : *Botrytis cinerea.* 줄기에 발생한다. 처음에는 줄기의 선단부 가지에 수침상의 소형 갈색 병반으로 나타나며, 진전되면, 병반 중앙은 회갈색으로 변하고, 병반 주위는 흑갈색으로 변한다. 심하게 진전되면 줄기가 마르고, 병반상에는 잿빛의 곰팡이가 밀생한다.

아스파라가스 줄기썩음병(莖腐病, Stem rot) : *Fusarium oxysporum.* 뿌리와 줄기에 발생한다. 감염된 뿌리는 갈색으로 변해 썩는다. 진전되면 줄기에 흰색 균사가 밀생한다. 병이 심해지면 지상부 전체가 누렇게 변해 말라 죽는다.

아스파라거스 줄기마름병(胴枯病, Canker, Die-back) : *Phoma asparagi* (Current name : *Phomopsis asparagi*). 줄기에 방추형 또는 긴 암갈색 무늬가 생기며, 나중에 적갈색으로 되고 움푹해진다. 후에 병반은 담황색 또는 회백색으로 되고 그 위쪽은 말라죽는다. 분생포자로 전염되며, 줄기의 병든 부위에서 분생자각으로 월동한다.

양다래 갈색고약병(褐色膏藥病, Felt) : *Septobasidiumtanakae* (구명 : *Helicobasidium tanakae*). 가지에 발생한다. 처음에는 회갈색의 작은 반점이 나타나고, 점차 진전되

면서 갈색 융단과 같은 부드러운 균사층이 뒤덮힌다. 심하면 균사층이 가지 둘레를 전부 뒤덮어 수세가 약해지고 가지는 말라 죽는다.

양다래 갈색점무늬병(褐色斑點病, Brown leaf spot) : *Pestalotiopsis* sp. 잎에 발생한다. 처음에는 갈색 또는 회갈색의 작은 점무늬가 형성되고, 점차 커지면서 직경 2~3㎝의 병반으로 확대 된다. 심하면 병반이 찢어져 지저분해지고, 병반 중앙에는 흑색의 포자층이 밀생한다. 포자층에서 분출된 분생포자가 빗물에 의하여 전반되며 주로 상처를 통하여 침입한다.

양다래 과실무름병(軟腐病, Fruit rot, Canker) : *Phomopsis* sp. 과실과 줄기에 발생한다. 과실에서는 담색의 병반으로 나타내고, 주위는 불분명한 농녹색을 띠며, 진전되면 무른 상태로 썩는다. 가지에서는 주로 갈색내지 적갈색으로 변하여 동고증상을 나타내는데, 큰 줄기보다는 작은 가지, 특히 전정부위에서 병 발생이 많다. 병든 부위에서 병자각 형태로 월동하여 다음해 1차 전염원이 된다. 병자각에서 월동된 병포자는 비바람에 의하여 전반, 과경을 침입하여 갈변시키고, 점차 진전되면 생육 중 또는 저장 중에 연부증상을 일으키는데, 특히 저장중의 피해가 크다.

양다래 꼭지썩음병(果柄腐敗病, Stem-end rot) : *Diaporthe actinidiae.*

양다래 붉은줄기마름병(赤胴枯病, Nectria canker, coral spot) : *Nectria* sp. 가지에 발생한다. 처음에는 병반이 다소 함몰되어 마르고, 점차 진전 되면서 병반위에 홍색의 소립점(자좌)이 다수 형성된다. 상처부위나 전정부위를 통하여 침입하며, 주로 세력이 약한 줄기에 발생한다. 발생생태에 관한 것은 아직 연구된바 없다. 남해 일부지역에서 발생하나 피해는 미약하다.

양다래 역병(疫病, Phytophthora root rot) : *Phytophthora drecsleri.* 양다래 역병은 뿌리에서 감염되어 물관부를 타고 올라가 심부를 부패시키기 때문에 수분과 양분 이동이 제대로 이루어지지 않아 말라죽는 병이다. 처음에는 잎 바깥쪽이 황화되고 잎이 말리거나 탈색되면서 낙엽과 함께 측지부터 말라 들어가는 증상을 보인다. 이러한 나무의 뿌리를 파보면 뿌리가 완전히 갈변되어 있는 것을 볼 수 있고, 줄기의 껍질을 벗겨보면 물관부가 갈변되고 심할 경우에는 심부도 부패되어 있는 것을 볼 수 있다. 그러나 줄기의 겉에는 별다른 증상을 보이지 않기 때문에 관리자들이 소홀히 하는 경향이 있다.

양다래 잿빛곰팡이병(灰色黴病, Gray mold) : *Botrytis cinerea.* 잎에는 처음 수침상의 작은 반점이 형성되고 점차 진전되면서 갈색의 대형 병반으로 확대된다. 주로 잎 끝부분에서부터 발병되는 일이 많으며, 습하면 병반상에 잿빛의 분생포자가 밀생한다. 과실에는 주로 저장 중에 나타나며, 처음에는 과육이 변색되고, 심하면 과실전체가 부패한다. 6~7월경 잎에 낙화한 꽃잎에 병원균이 부착 발병하며, 과실에서 저장 중에 발병하게 되면 과실 전체가 무르고 썩지만 전염경로는 분명치 않다.

양다래 점무늬병(斑點病, Leaf spot) : *Pestalotiopsis guepini.* 잎에 작은 원형 내지 부정형의 갈색반점을 형성하고, 병반의 주위는 노란색깔의 테를 두른다. 병이 진전되면 병반의 직경이 2~3㎜로 커지고, 병반의 내부는 회백색으로 변하면서 검은 소립점으로 보이는 분생자층을 형성한다.

양다래 줄기썩음병(莖腐病, Canker) : *Botryosphaeria dothidea* (무성세대 : *Fusicoccum aesculi*). 줄기와 과일에 나타나는데 굵은 가지에는 사마귀 증상과 가지마름 증상의 2가지 형태로 나타난다. 과일에는 처음 과경 부분부터 무르기 시작하여 진정되면 과육 심부까지 부패한다. 과일 속을 잘라보면 이병 부위는 연녹색으로 변색되고 정상부 과육은 진한 초록색을 띤다. *Phomopsis*균에 의하여 일어나는 과일 연부병과 흡사하여 육안으로 구분하기는 매우 힘들다.

양다래 탄저병(炭疽病, Anthracnose) : *Glomerella cingulata.* 잎에 발생하며 처음에는 작은 갈색의 점무늬가 형성되고 점차 진전되면서 원형 또는 불규칙한 반점으로 확대된다. 분생포자는 온·습도가 높으면 포자분출이 많아지게 되며 곤충이나 조류에 의해 전염되기도 한다. 잎에 발생하는 다른 점무늬병과 구별하기 매우 어렵다.

양딸기 뱀눈무늬병(蛇眼病, Leaf spot) : *Mycosphaerellar eagariae.* 꽃, 잎, 꽃대, 꽃받침대에 발생한다. 잎에 처음 자적색의 반점이 생기고 확대되며 후에 중앙부가 회백색으로 변하고 주위에는 자적색의 윤문이 생긴다. 특징인 뱀눈무늬를 형성한다. 분생포자로 전염되며 균사로 병환부에서 월동한다.

양딸기 잿빛곰팡이병(灰色黴病, Gray mold) : *Botrytis cinerea.* 병환부에 분생포자를 무수히 많이 생성하는 것이 특징인데, 이 포자가 공기를 통하여 전염한다. 열매, 잎, 신초, 꽃등에 발생한다. 신초나 꽃에 병든 부위가 갈색 또는 암갈색이 되며, 열매에는 갈색의 무른 부분이 생기고 잿빛 곰팡이가 밀생한다. 후에 병환부에 균핵이 형성된다. 분생포자로 각피를 통해 침입(기생성이 약함)하며, 균핵으로 병든 식물이나 토양에서 월동한다.

양배추 검은무늬병(黑斑病, Black spot) : *Alternaria brassicae, A. brassicicola.* 잎에 처음에는 흑색의 작은 점무늬증상으로 나타나고, 진전되면 병반이 둥글게 확대된다. 후에 병반이 서로 융합하여 커지기도 하고, 심하게 병든 잎은 말라죽는다. 병원균은 종자나 병든 부위에서 균사 혹은 분생포자의 형태로 월동 후, 분생포자를 형성하여 공기전염을 한다. 보통 가을철 비가 많이 온 후에 심하게 발생한다.

양배추 검은뿌리썩음병(黑根腐病, Black leg) : *Leptosphaeria maculans* (구명 : *Sphaeria maculans*, 무성세대 : *Phoma lingam*). 생육 초기부터 후기까지 발생한다. 주로 줄기의 지제부와 뿌리가 썩는 증상으로 나타나며 잎, 꽃자루, 꼬투리에서도 발생한다. 병든 그루의 뿌리털은 점차 썩어서 소실되며, 생육이 매우 부진하고, 줄기의 지하부 내부까지 검게 변하며 썩는다. 잎에서는 갈색의 작은 원형반점으로 나타나며, 진전되면 병반이 타원형으로 확대되고, 감염부위에는 병자각이 많이 형성되어 흑색의 작은 점으로 보인다. 병원균은 종자 내에서 균사 혹은 병자각의 형태로 존재하거나 병든 식물체의 조직 및 토양 중에서 자낭각 혹은 병자각의 형태로 월동 후, 병포자를 형성하여 전염원이 된다. 식물체의 지하부에서는 곤충이나 농기구에 의한 상처부위를 통해 잘 침입하며, 지상부의 잎이나 꼬투리 등에는 병포자의 비상에 의해서 공기전염을 주로 한다.

양배추 균핵병(菌核病, Sclerotinia rot) : *Sclerotinia sclerotiorum.* 감염초기에는 맨 아래쪽 잎자루 혹은 잎의 끝부분에서 수침상의 병만으로 나타난다. 이후 병반이 위쪽 혹은 아래쪽으로 진전되면서 감염부위에는 흰 균사가 자라고, 잎은 푸른 상태로 썩는다. 심하게 진전되면 속잎까지 썩어 들어가면서 그루 전체가 회색 내지 회갈색을 띤다. 감염부위에는 후에 부정형의 검은 균핵이 형성된다. 병원균은 병든 식물체의 조직 및 토양 내에서 균핵의 형태로 월동한 다음, 발아하여 자낭반과 자낭포자를 형성한다. 자낭포자는 식물체의 약한 부위에 부착하여 침입하며, 균핵 및 균사체로부터 발아하여 뻗어 나온 균사가 식물체를 직접 침해하기도 한다. 습도가 높고, 기온이 15~25℃의 서늘한 상태에서 병 발생이 심하다.

양배추 균핵병(菌核病, Sclerotinia rot) : *Sclerotinia sclerotiorum.*

양배추 노균병(露菌病, Downy mildew) : *Peronospora parasitica.* 배추 노균병 참조.

양배추 무사마귀병(根瘤病, Club root) : *Plasmodiophora brassicae.* 감염된 식물체의 지상부는 건전한 식물체에 비해 생육이 부진하고, 병이 진전됨에 따라서 점점 시드는 증상이 심해진다. 생육 초기에 감염된 식물체는 잎이 시드는 증상을 나타내며 낮에는 시들고 밤에는 회복하는 현상을 반복하다가 결국 고사된다. 혹이 달린 뿌리는 후에 암갈색으로 변해 쉽게 썩으면서 악취를 풍기기도 한다.

양배추 뿌리썩음병(根腐病, Rhizoctonia root rot) : *Thanatephorus cucumeris* (무성세대 : *Rhizoctonia solani*). 생육초기에는 잘록 증상으로 나타나며, 생육중기 이후부터는 뿌리가 썩는 증상으로 나타난다. 병든 식물체의 지상부는 생육이 매우 느리고, 시드는 증상을 보인다. 줄기의 지하부와 뿌리는 썩어서 소실되는 경우가 많다. 병원균은 병든 식물체의 조직 혹은 토양 내에서 균사나 균핵의 형태로 존재하며, 월동 후, 발아하여 균사가 식물체의 지제부 혹은 지하부를 침해하여 병을 일으킨다. 보통 습기가 많은 토양에서 발병이 잘된다.

양배추 뿌리썩음병(根腐病, Rhizoctonia root rot) : *Rhizoctonia solani.*

양배추 시들음병(萎黃病, Fusarium wilt) : *Fusarium oxysporum* f.sp. *conglutinans.* 감염된 그루는 아래 잎이 누렇게 변하고, 생육이 불량해지며 시든다. 생육초기부터 후기까지 발생되는데, 포장에서는 주로 정식 2~4주 후부터 발생된다. 병이 진전되면 포기 전체가 심하게 황화되고, 말라 죽는다. 포장조건과 기상에 따라 병 진전 정도가 매우 다른데, 경우에 따라서는 감염 후 몇 달 동안 식물체는 죽지 않고 매우 불량한 생육을 보일 때도 있다. 뿌리를 갈라보면 내부가 갈색으로 변해 있으며, 건부증상을 나타낸다.

양배추 잎썩음병(葉腐病, Leaf rot) : *Thanatephorus cucumeris* (무성세대 : *Rhizoctonia solani*). 처음에는 잎에 갈색의 타원형 병반으로 나타나고, 진전되면 병반이 부정형으로 크게 확대되면서 갈색 내지 암갈색으로 변하며 썩는다. 심하게 감염된 그루는 속잎까지 썩어 들어가며, 후에 병든 부위에는 암갈색의 편구형 혹은 부정형 균핵이 형성된다. 병원균의 균사융합군 및 배양형은 AG-1(IB)와 AG-1(IC)이다.

양배추 잎썩음병(葉腐病, Leaf rot) : *Rhizoctonia solani.*

양배추 잘록병(立枯病, Damping-off) : *Rhizoctonia solani.*

양배추 잿빛곰팡이병(灰色黴病, Gray mold) : *Botrytis cinerea.*

양송이버섯 괴균병(塊菌病, False truffle) : *Diehliomyces microsporus.* 초기에는 균사가 흐리게 나타났다가 몇일 후 진하게 변한다. 종균재식시에 감염되면 피해가 크며, 퇴비는 검은 수침상을 띠고, 양송이 균사가 사라지며, 암갈색으로 변한다. 복토나 퇴비에 발생하면 양송이는 노랗게 된다. 자낭과는 0.5~5㎝이고 자실체 발생 초기에는 어린버섯으로 오인하기 쉽다. 퇴적장에 잠복하고 있는 병원균의 포자가 퇴비에 묻어 재배사로 들어오고 퇴비 등이 결착되어 살균이 부족한 경우에 주로 발생된다. 초기 재배사에 병원균의 이동과 발병은 양송이 수납 시 이병지에서 운반된 용기 및 차량 등에 의해된다.

양파 검은곰팡이병(黑黴病, Black mold) : *Aspergillus niger.*

양파 검은무늬병(黑斑病, Alternaria leaf spot) : *Alternaria porri* (구명 : *Macrosporium porri*). 잎과 꽃자루에 발생한다. 처음에는 작고 하얀 수침상의 병반이 형성된다. 병반은 확대됨에 따라 타원형으로 되면서 약간 움푹 들어간 담갈색으로 된다. 병반은 점차 타원형 병반이 형성되며, 병반 중앙에는 검은 무늬가 나타나고 검은 포자(분생포자)가 밀생한다. 대형 병반들은 점점 확대되면서 서로 합쳐지기도 한다. 꽃자루에 심하게 발생될 경우 종자의 성숙이 불량 하게 되고 쭉정이가 생기기도 한다. 심하게 감염된 잎은 시들어 쳐진다. 인경은 수확시에 잿빛곰팡이병에 감염된다. 이 병은 수확시 절단된 잎(목 부분) 또는 상처를 통해 감염되기도 한다. 감염된 조직은 처음에는 진한 노란색으로 되고 점차 포도주색으로 변한다. 병이 진전되어 검은색의 곰팡이가 잔뜩 피면 부패된 조직은 진한 갈색 또는 검은색을 띈다.

양파 검은점무늬마름병(黑點燁枯病, Black spotted blight) : *Septoria alliacea.*

양파 검은점무늬마름병(黑點葉枯病, Black spotted leaf blight) : *Septoria alliacea.* 잎의 중앙부 또는 선단부에 처음에는 흰색의 반점으로 나타나고, 진전되면 장타원형 내지 부정형의 대형병반으로 확대 된다. 심하면 병반의 윗부분이 전부 말라죽고, 오래된 병반상에는 흑색소립(병자각)이 산재되어 나타난다. 비교적 서늘한 5~6월에 국내 양파 재배지에서 다소 발생하나 큰 피해는 없다.

양파 깜부기병(黑穗病, Smut) : *Urocystis cepulae*. 잎, 잎집, 인경에 발생한다. 처음 표피 밑에 약간 융기한 어두운색의 줄무늬가 생기며, 표피가 터지면 후막포자가 날아 흩어진다. 병든 잎은 오그라들고 구부러진다. 후막포자로 유묘감염하며, 토양에서 후막포자로 월동한다.

양파 노균병(露菌病, Downy mildew) : *Peronospora destructor*. 초기 병징은 주로 오래된 잎에서 시작되며 작은 반점으로 나타나는데 이른 아침에 병 증상을 관찰하기가 용이하다. 이슬이 아직 남아 있을 때 자세히 관찰해 보면 희미한 회색 혹은 보라색의 줄무늬 병반에 보드라운 털 같은 병원균의 균사체가 관찰된다. 병 반점이 확대되어 여러 개가 합쳐지면 3~30㎝ 정도로 커지고 엷은 녹색이나 회색을 띤다. 병이 진전되면 병든 잎은 심하게 구부러져 결국엔 뒤틀리고 누렇게 변하면서 말라죽는다. 품종이나 환경조건에 따라 병징이 연한 자주색 혹은 갈색을 띠기도 하므로 파류에 흔히 발생하는 검은무늬병(黑斑病, *Alternaria porri*)의 초기 병징과 혼동하기 쉽다. 상대습도가 80% 이하이거나 24℃ 이상 고온일 때는 병원균은 사라지고 다른 병원균에 의한 유사병징이 잎에 나타난다. 흐린 날이 계속되면 포장 전체로 번지기도 하지만 맑은 날씨가 지속되면 새잎이 돋아 나와 회복된다.

양파 분홍빛뿌리썩음병(紅色根腐病, Pink root rot) : *Pyrenochaeta terrestris*.

양파 시들음병(萎黃病, Fusarium wilt) : *Fusarium oxysporum* f.sp. *cepae*. 전 생육기에 발생하는데 초기에는 잎이 구부러지고 황화되며 심하게 진전되면 잎이 오그라들면서 썩거나 마른다. 감염된 포기는 생육이 불량하고 뿌리가 썩어 쉽게 뽑힌다. 병든 그루의 인경을 세로로 잘라보면 갈변된 조직이 나타난다. 토양온도가 16℃ 이하일 때는 잘 발생하지 않고 25～28℃ 내외에서 병 발생이 가장 심하며 일반적으로 산성토양과 사질토양에 발생이 많다. 병원균은 주로 흙 입자나 감염된 인편으로 먼 거리로 이동된다. 포장정식 직후 뿌리의 상처 등을 통해 감염되는데, 이 시기에 비가 자주 오면 침입이 용이해 지며 생육 중기 이후 기온이 올라가면 병 증상이 심하게 나타난다.

양파 잎마름병(葉枯病, Leaf blight) : *Pleospora herbarum* (구명 : *Sphaeria herbarum*). 잎과 꽃자루에 발생한다. 처음에는 회백색의 작은 반점이 형성되고, 점차 진전되면 타원형 내지 방추형의 자갈색 대형병반으로 확대된다. 병반 주위는 황갈색을 띠고, 중앙에는 흑색의 분생포자가 밀생한다. 병반은 상하로 길게 진전되고, 심하면 전체가 말라죽는다. 병원균은 종자 혹은 병든 부위에서 균사, 분생포자, 자낭각의 형태로 월동 후, 분생포자를 형성하여 1차 전염원이 된다. 이 병은 생육후기에 많이 발생하며, 특히 강우일수가 많고, 고온다습한 환경이 계속되면 심하게 발생한다. 발생이 심한 포장에서는 수량이 크게 감소된다.

양파 잘록병(立枯病, Damping-off) : *Thanatephorus cucumeris* (무성세대 : *Rhizoctonia solani*). 유묘기에 잘록증상으로 나타나며, 병든 묘는 잘 쓰러지고 말라죽는다.

양파 잿빛곰팡이병(灰色黴病, Gray mold) : *Botrytis allii* (*B. aclada*). 처음에는 잎에 가운데 부분이 1~2㎜ 정도 되는 하얀 괴저반점이 불규칙하게 생기고 그 주위에 연한 녹색의 테두리가 생긴다. 이런 증상은 발병초기에 이 병을 진단하는 기준이 된다. 병이 진전함에 따라 병반이 점점 확대되어 타원형으로 되며 연한 녹색테두리는 없어지기도 한다. 병반은 보통 최대 길이가 7㎜, 폭이 5㎜ 정도까지 확대되나, 이 균이 자라기 적당한 12~24℃의 다습한 조건에서는 병이 급격히 진전되어 아래 잎부터 마르며 그 표면에 잿빛곰팡이가 생긴다. 이 병이 감염되어 잎을 고사시킬 경우 인경의 크기가 작아지므로 수량에 절대적인 영향을 미친다. 저장 중 감염된 양파는 물러 썩으며 표면은 잿빛곰팡이가 핀다. 이 병은 병환부에 생긴 흑색 균핵이나 잿빛곰팡이로 쉽게 진단할 수 있다.

양파 탄저병(炭疽病, Anthracnose) : *Colletotrichum circinans*.

양파 푸른곰팡이병(青黴病, Blue mold) : *Penicillium* sp. 처음에는 저장 중에 뿌리와 인경의 상처부위에 하얀 균사가 나타나고, 진전되면 인경 전체로 퍼지는데, 분생포자가 형성되면서 푸른색으로 변한다. 심하면 인경 전체가 물러 썩는다. 재배포장에서는 발생하지 않으며, 주로 저장중의 양파에 발생한다. 재배포장에서 묻어 들어온 병원균이 저장 중인 양파의 상처부위를 통해 침입하여 발병되는 것으로 추정된다. 상온저장 시 피해가 매우 크며, 저온저장 시에도 간혹 발생한다.

양파 흑색썩음균핵병(黑腐菌核病, White rot) : *Sclerotium cepivorum* (*Stromatinia cepivora*). 포장에서의 병징은 양파 지상부가 황변하여 고사하는 증상을 나타낸다. 지하부의 주 인경에는 처음 흰균사가 나타나며, 병이 진전되면서 인경에 흑색의 균핵이 형성된다. 심하면 전체가 흑색으로 변하여 썩고 지상부는 고사한다. 토양병해이므로 대부분 군데군데 집단으로 발생하여 큰 피해를 주는데 객토한 밭이나 발생초기는 산발적으로 나타나는 수도 있다.

오얏나무 보자기열매병 : *Taphrina pruni*. 열매가 팽대해지고 주름이 잡히고 속이 빈다. 표면에 회백색 분말(자낭)이 생긴다.

오이 갈색무늬병(褐斑病, Corynespora leaf spot) : *Corynespora cassiicola* (*Corynespora melonis*).

오이 검은별무늬병(黑星病, Scab) : *Clodosporium cucumerinum*. 과실, 잎, 줄기, 잎자루 등에 발생한다. 주로 어린 과실이나 연한 잎, 생장점에 발생하여 큰 피해를 준다. 과실에서는 처음 수침상의 작은 반점으로 나타나고, 진전되면 병반이 함몰되며 갈색의 더뎅이증상으로 변한다. 함몰된 병반에는 흑색의 분생포자가 밀생한다. 잎이나 줄기에서는 작은 반점으로 나타나고, 진전되면 병반이 찢어져 구멍이 생긴다. 줄기에도 과실과 같은 증상이 나타난다. 어린 순에 발병되면 순 멎이 현상이 나타나고, 병에 심하게 걸린 과실은 기형과가 된다. 병원균은 병든 잎이나 줄기에서 균사나 분생포자의 형태로 월동하여 1차 전염원이 된다. 2차 전염은 병반상에 형성된 분생포자가 바람에 날려 이루어진다. 발병적온은 18~22℃이며, 저온 다습한 환경에서 발생이 심하다. 시설재배 시 피해가 크며, 노지재배 시에는 드물게 발생한다.

오이 검은점뿌리썩음병(黑點根腐病, Root rot) : *Monosporascus cannonballus.*

오이 균핵병(菌核病, Sclerotinia rot) : *Selerotinia sclerotiorum.* 줄기와 과실 등에 발생한다. 줄기에서는 처음에 지제부가 약간 무른 증세를 보이며 변색되어 썩고 진전되면서 흰 균사가 자란다. 후에 감염부위에는 부정형의 검은 균핵이 형성된다. 과실에서는 꽃이 달려 있는 끝부분에서부터 물러 썩으며, 흰 균사가 자라고, 후에 부정형의 검은 균핵이 형성된다. 생육초기에 감염된 과실은 크지 못하고 비틀어진 상태로 말라죽는다. 병원균은 병든 식물체의 조직 및 토양 내에서 균핵의 형태로 월동한 후, 발아하여 자낭반과 자낭포자를 형성한다. 자낭포자는 식물체의 약한 부위에 부착하여 침입하며, 균핵 및 균사체로부터 발아하여 뻗어 나온 균사가 식물체를 직접 침해하기도 한다. 습도가 높고, 기온이 15~25℃의 서늘한 상태에서 병발생이 심하다.

오이 노균병(露菌病, Downy mildew) : *Pseudoperonospora cubensis* (구명 : *Peronospora cubensis*). 오이, 수박, 참외, 호박 등의 오이과 채소에 발생한다. 초기에는 잎의 앞면에 퇴록된 부정형 반점이 생기고 엷은 황색을 띠는데, 잎 뒷면에는 불분명하게 보인다. 아래 잎에서 먼저 발생되고 위로 번지며, 반점들이 합쳐지면 병반은 커지고 잎이 말라죽는다. 이때 병든 잎은 잘 찢어지고, 황갈색을 띤다. 잎 뒷면에는 이슬처럼 보이는 곰팡이가 다량 형성되어 흰색 혹은 회색으로 보인다. 노균병은 거의 모든 박과 채소작물에 발생하지만 특히 오이에 피해가 큰 중요 병해로서 보통 생육중기 이후부터 잎에 발생한다. 생육후기에 저온 다습하면 아래 잎부터 발생하여 큰 피해를 주는데, 최소 6시간 동안 100%의 상대습도가 유지되어야만 병원균의 포자낭이 형성된다. 발병온도 범위는 5~30℃이며, 발병적온은 15~20℃이다. 병원균은 병든 식물체의 조직 속에서 난포자 상태로 월동하여 이듬해 새로운 식물체가 파종되어 생장하면 다시 발아하여 지상부로 침입하고, 잎 뒷면에서 다량의 포자를 형성하여 공기 중으로 쉽게 전반된다. 병원균의 균사가 잎의 기공이나 수공으로 침입하여 세포간극에서 생장하며 흡기를 내어 세포의 영양을 흡수한다.

오이 덩굴마름병(蔓枯病, Black rot, Gummy stem blight) : *Didymella bryoniae* (무성세대 : *Ascochyta cucumis, Mycosphaerella melonis*). 잎, 줄기, 과일에 발생한다. 줄기에는 처음 회갈색의 불규칙한 병반이 형성되고, 심하면 그루 전체가 말라죽는

다. 잎에는 처음 황갈색의 작은 반점이 나타나고 점차 진전되면 큰 원형내지 부정형 병반으로 확대된다. 병반상에는 흑색소립점(병자각)이 형성된다. 과실에는 배꼽부분이 갈색으로 변색되고 과일 전체가 마르고 썩는다. 박과작물 전반에 걸쳐 발생하며, 줄기가 과번무 하거나 생육기에 비료성분이 떨어져 쇠약해지면 많이 발생한다. 병원균은 이병 잔사물에서 병자각 또는 자낭각의 형태로 월동하거나, 종자에 감염되어 1차 전염원이 되며, 2차 전염원은 병반상에 형성된 분생포자가 비산하여 감염된다.

오이 덩굴쪼김병(蔓割病, Fusarium wilt) : *Fusarium oxysporum* f.sp. *cucumerinum.* 병 발생초기에는 포기전체가 생기를 잃고 신초부터 시들음 증상을 나타내기 시작한다. 이러한 증세가 밤에는 약간 회복되고, 한낮에는 다시 시드는 현상이 반복되다가 결국에는 말라죽는다. 이렇게 죽은 병든 포기의 지제부 주변의 줄기는 황갈색으로 변하고 진자주색의 진물이 나오기도 한다. 하우스재배에서 습도가 높은 환경에서는 갈색으로 변한 부위에 담홍색의 곰팡이가 핀다. 덩굴쪼김병에 심하게 걸린 포장에서는 다양한 증상이 나타난다. 발생이 심한 것은 땅가 부위 줄기가 부스러지는 것도 있고, 또 덩굴이 쪼개지면서 말라죽는 것도 볼 수 있다. 이러한 주는 뿌리의 일부가 갈변 및 부패되었다. 증세가 심할수록 뿌리의 부패정도가 심하다. 각종 포자, 균사로 각피를 침입하여 물관을 통해 전신 감염 된다. 후막포자나 균사로 땅속에서 월동한다.

오이 역병(疫病, Phytophthora root rot) : *Phytophthora capsici, P. drechsleri.* 유묘기부터 생육후기까지 발생되며, 주로 뿌리와 땅가 줄기에서 발병되지만 병원균이 빗물에 튀어 올라 열매 등의 지상부를 침해하기도 한다. 현재까지 2종의 역병균이 오이를 침해하는 것으로 확인되었는데, 이들 균에 의한 병증상은 매우 유사하다. 일반적으로 유묘기에 감염되면 그루 전체가 심하게 시들고 말라 죽는다. 생육 중기나 후기에 감염되면 초기에는 아래 잎부터 황화되고 시들며, 후에 말라죽는다. 병든 포기의 땅가 줄기와 굵은 뿌리는 수침상으로 썩으며, 쉽게 뽑힌다. 간혹 지표면 가까이에 매달린 과실에도 수침상의 병반이 나타나는데, 회갈색의 큰 원형으로 썩으며, 기상에 따라 흰 곰팡이 균사체와 포자가 형성되기도 한다.

오이 잎마름병(葉枯病, Leaf blight) : *Alternaria cucumerina.*

오이 잘록병(立枯病, Damping-off) : *Pythium ultimum, Thanatephorus cucumeris* (*Rhizoctonia solani*). 유묘기 부터 생육초기까지 발생하며, 식물체의 지제부가 잘록하게 썩는다. 병든 식물체는 잘 쓰러지고, 후에 말라죽는다. 이 병은 두 종류의 병원균에 의해서 일어나는데, *Pythium*균에 의한 증상은 식물체의 지제부가 수침상으로 물러 썩는 것으로 나타나고, *Thanatephorus*균에 의한 증상은 지제부가 갈색 내지 암갈색으로 변하며, 마른 상태로 썩는다. 병든 식물체의 조직 속에서 난포자를 형성하여 토양 속에서 월동 후, 다시 발아하여 1차 전염원이 된다. 기온이 다소 서늘하고 토양이 다습한 조건에서 발생이 심하다. *T. cucumeris*는 병든 식물체의 조직 혹은 토양 내에서 균사나 균핵의 형태로 존재하며, 월동 후, 발아하여 균사가 식물체의 지제부 혹은 지하부를 침해하여 병을 일으킨다. 보통 습기가 많은 토양에서 발병이 잘된다.

오이 잿빛곰팡이병(灰色黴病, Gray mold) : *Botrytis cinerea*. 꽃, 과실 및 잎에 발생한다. 개화 후 시드는 꽃잎에서 발생하며 회갈색으로 썩는다. 어린 과실에서는 꽃이 붙어있는 부위에서부터 연갈색 내지 황갈색으로 부패하기 시작하여 과실 전체로 퍼지면서 무르고, 과습이 지속되면서 표면에는 수많은 포자가 밀생한다. 대개 지면에 가까이 있는 과실에서 발생하기 쉽다. 잎에서는 꽃잎이 떨어지거나 병든 과실과 접촉한 부위에서 발생하고, 회갈색의 둥근 대형 병반이 형성된다.

오이 점무늬병(斑點病, Leaf spot) : *Phyllosticta cucurbitacearum*.

오이 탄저병(炭疽病, Anthracnose) : *Colletotrichum orbiculare* (*C. lagenaria*). 잎, 잎자루, 줄기, 과실에 발생한다. 잎에서는 초기에 황갈색 내지 암갈색의 원형반점으로 나타나고, 진전되면 원형 내지 부정형의 큰 병반으로 확대된다.

오이 흰가루병(白粉病, Powdery mildew) : *Sphaerotheca fuliginea*. 잎, 줄기와 잎자루에 발생한다. 잎에는 처음에 흰색의 균총이 원형으로 나타나고, 진전하면 잎 전체가 밀가루를 뿌려 놓은 것 같은 증상이 나타난다. 심해지면 잎이 갈변되고 고사한다. 하엽에서 발생이 시작하여 위쪽의 잎으로 진전된다. 분생포자로 주로 잎을 통해 침입한다. 병원균은 자낭각으로 병든 부위에서 월동한다.

옥수수 그을음병무늬병 : *Exserohilum turcicum* (이명 : *Helminthosporium turcicum*, Current name : *Setosphaeria turcica*, 유성세대).

옥수수 깜부기병(黑穗病, Smut) : *Ustilago maydis* (*Ustilago zeae*). 암수의 이삭, 줄기, 잎, 그리고 드물게 뿌리에 발생한다. 병든 부위는 이상비대로 말미암아 혹으로 변하며, 큰 혹의 직경은 10㎝ 이상에 달한다. 혹은 초기에 광택이 있는 하얀 막에 싸여 있으나 후에 이 막이 터지고 속에서 검은 가루모양의 후막포자가 나온다. 후막포자로 어린 생장조직에 국부감염 되며, 토양이나 병든 식물부위에서 후막포자로 월동한다.

옥수수 깨씨무늬병(胡麻葉枯病, Southern corn leaf blight) : *Cochliobolus heterostrophus* (무성세대 : *Bipolaris maydis*, 이명 : *Helminthosporium maydis*). 잎, 잎집, 포엽 등에 발생한다. 잎에서는 처음에 갈색을 띈 작은 반점으로 나타나고, 진전되면 1㎝ 정도 크기의 방추형 혹은 타원형 병반으로 확대된다. 병반의 가장자리는 보통 자색 내지 적색을 띄게 된다. 병반은 후에 그 내부가 퇴색되고, 암갈색으로 변하며, 분생포자가 많이 형성되어 우산모양으로 보인다. 병반의 주위에는 흔히 몇 개의 겹무늬가 나타나기도 한다. 잎집과 포엽 등에서도 잎에서와 같은 병반이 흔히 형성된다. 1970~1971 년에 미국의 옥수수 재배지에 격발하여 텍사스 웅성불임계통(Tms)이 거의 전멸하였다.

옥수수 노균병(露菌病, Downy mildew) : *Peronosclerospora philippinensis* (구명 : *Sclerospora philippinensis*, Current name : *P. sacchari*).

옥수수 녹병(銹病, Rust) : *Puccinia sorghi*.

옥수수 둥근무늬병(圓斑病, Northern leaf spot) : *Bipolaris zeicola*.

옥수수 모잘록병(立枯病, Damping off) : *Pythium aphanidermatum* (*P. irregulare*). 종자가 썩어 발아가 되지 않거나 발아 후 어린 묘에 잘록 증상과 시들음 혹은 마름 증상 등을 일으킨다. 주로 어린 묘에 발생되지만 옥수수가 어느 정도 자란 후에도 토양이 장기간 과습하거나 침수되면 뿌리와 아래 줄기를 썩히기도 한다. 줄기 내부와 뿌리가 진한 갈색 혹은 검은색으로 썩기도 한다.

옥수수 밑둥썩음병(根株腐敗病, Stalk rot) : *Fusarium moniliforme*.

옥수수 붉은곰팡이병(赤黴病, Scab, Ear blight, Fusarium blight) : *Gibberella zeae* (무성세대 : *Fusarium graminearum*). 옥수수의 수확기 및 저장 중 이삭에 발생한다. 수확기에는 주로 이삭의 끝부분에서부터 감염이 시작되어 안쪽으로 변색되어 썩어 들어가는 증상으로 나타나며, 저장 중에는 이삭의 어느 부위에서나 낟알이 변색되어 썩는 증상으로 나타난다. 심하게 병든 이삭은 포엽과 함께 전체적으로 썩으며, 포엽과 이삭 사이에는 분홍색 내지 적색을 띤 곰팡이 균사와 포자덩어리가 많이 형성된다. 저장 중에는 병든 이삭의 종자가 변색되어 썩으며, 종자에는 병원균의 흰 균사가 자라 뒤덮고, 후에 종자에는 분홍색 내지 적색의 분생포자 덩어리가 형성된다. 심하게 병든 이삭은 전체적으로 붉은 색을 띠며 썩는다. 이 병에 걸린 옥수수 이삭을 돼지 등 가축의 사료로 쓰게 되면 중독을 일으킨다.

옥수수 뿌리썩음병(根腐病, Root and basal stalk rot) : *Pythiogeton zeae*. 생장이 위축되고 뿌리와 땅가 줄기 내부가 심하게 썩는다. 심하게 병든 포기는 생기를 잃고 누렇게 되다가 결국 시들고 죽는다. 줄기를 갈라보면 내부가 검게 썩어 있는데 *Pythium*에 의한 뿌리썩음 증상과 비슷하다. 배수가 불량하거나 토양이 장기간 과습한 경우에 발생된다. 발병 최적온도는 28~30℃ 정도로 고온이다. *Pythiogeton*은 수생생활을 하는 부생균으로 식물병원균으로 보고된 전례가 없어 잘 알려져 있지 않으나, 본 병원균은 수원의 일부 옥수수 육종포장에서 대발생한 바 있다. 병원체는 색조류계의 난균문에 속하며 *Phytophthora*와 *Pythium*과 같은 부패균과(Pythiaceae)이다. 일반적으로 *Pythiogeton*은 물속에서 부생적 생활을 하는 곰팡이다. 인공배양이 잘 되지 않는 편이며 매우 크고 다양한 형태의 유주자낭을 형성한다(44~328×36~88㎛). 자웅동주균으로 병든 조직에서나 배양기에서 다량의 큰 난포자를 형성한다(22~72×31~52㎛). 생육 최적온도는 28℃이다.

옥수수 이삭썩음병(穗腐病, Gibberella ear rot) : *Gibberella moniliformis* (Current name : *Gibberella fujikur oi*,무성세대 : *Fusarium verticillioides*). 초기에는 옥수수의 열매 껍질과 알맹이가 부분적으로 분홍색 혹은 적갈색을 띤다. 병이 진전되면 옥수수 알갱이와 열매 껍질에 분홍색을 띤 곰팡이 가루가 솜털 같이 뭉쳐서 자라는 것이 보인다. 벌레가 먹은 구멍이나 상처 주변에서 곰팡이가 많이 자라는 것을 흔히 볼 수 있다. 후기에 감염되면 알갱이 껍질에 흰 줄무늬가 생기기도 한다. 약간 건조하고 따뜻한 날씨에 발생이 많다. 일반적으로 건전한 열매에는 발생이 많지 않고 주로 새나 벌레에 의해 열매에 상처가 나거나 구멍이 뚫린 경우에 흔히 발생한다. 품종에 따라 감수성 차이가 있으나 국내 재배 품종별 감수성 정도는 잘 알려져 있지 않다. 옥수수 저장 중에도 발생하는 경우가 종종 있다.

옥수수 잎마름병(葉枯病, Leaf blight) : *Exserohilum turcicum* (*Helminthosporium turcicum*).

옥수수 잎집무늬마름병(紋枯病, Sheath blight) : *Thanatephorus cucumeris* (무성세대 : *Rhizoctonia solani*). 처음에는 잎집에 타원형 내지 부정형의 얼룩무늬 증상으로 병반이 나타나며, 병반의 가장자리는 담갈색 내지 갈색을 띠고, 내부는 회백색 내지 황백색을 띤다. 병반은 6~7월에 식물체의 잎집 아래 부위에서 형성되고, 수확기까지 식물체의 위쪽으로 계속 진전되며, 후에 병반 표면에는 암갈색의 편구형 혹은 부정형 균핵이 형성된다. 심하게 감염된 식물체의 잎집과 잎은 전부 말라죽고, 간혹 잎집 내 줄기에도 암갈색 부정형 병반이 크게 형성되고, 썩는 증상이 나타난다. 병원균은 병든 식물체의 조직 혹은 토양 내에서 균사체와 균핵의 형태로 존재하며, 월동 후 균핵으로부터 자라 나온 균사가 식물체의 지제부로부터 지상부를 침입하여 병을 일으킨다. 이 병은 습기가 많은 토양에서 발생이 잘되며, 여름철 장마기에 비가 자주 오고, 식물체가 무성하게 자라 통풍이 잘 되지 않으면 병 진전이 빠르게 이루어진다.

옥수수 잎집점무늬병(葉鞘斑點病, Sheath spot) : *Rhizoctonia zeae*.

옥수수 점무늬병(斑點病, Leaf spot) : *Curvularia intermedia*.

완두 갈색무늬병(褐斑病, Brown spot) : *Ascochyta pisi*(*A. pisicola*).

완두 검은무늬병(黑斑病, Black spot) : *Mycosphaerella pinodes*.

완두 녹병(銹病, Rust) : *Uromyces pisi* (구명 : *Uredo appendiculata*, Current name : *Uromyces pisi-sativi*).

완두 뿌리썩음병(根腐病, Root rot) : *Aphanomyces euteiches*.

완두 시들음병(萎黃病, Fusarium wilt) : *Fusarium oxysporum* f.sp. *pisi*.

완두 잿빛곰팡이병(灰色黴病, Gray mold) : *Botrytis cinerea*.

완두 탄저병(炭疽病, Anthracnose) : *Colletotrichum pisi*.

완두 흰가루병(白粉病, Powdery mildew) : *Erysiphe pisi*.

유채 균핵병(菌核病, Sclerotinia rot) : *Sclerotinia sclerotiorum* (구명 : *Peziza sclerotiorum*). 유채, 오이, 토마토 등 많은 식물에서 발생한다. 줄기의 아래 부위가 갈색으로 썩어 윗부분이 시들어 죽는다. 줄기 내에 하얀 균사가 자라고 쥐똥 같은 흑색의 균핵이 형성된다. 균핵 위의 자낭반에서 생선된 자낭포자로 전염되며, 토양에서 균핵으로 월동한다.

인삼 뿌리썩음병(根腐病, Root rot) : *Cylindrocarpon destructans* (구명 : *Ramularia destructans*, Current name : *Nectria radicicola*, 유성세대). 뿌리에 처음 둥근 또는 부정형의 흑갈색 무늬가 생기고 차차 퍼져서 전체가 썩는다. 포자나 균사로 각피나 상처로 침입하며, 후막포자로 땅 속에서 월동한다.

인삼 탄저병(炭疽病, Anthracnose) : *Colletotrichum panacicola*. 주로 잎에 방생하며 줄기 및 열매에도 발생한다. 잎의 표면에 암록색의 부정원형 무늬가 생겨 갈색 또는 다갈색으로 변한다. 분생포자로 각피 침입을 한다. 균사로 병든 잎의 조직에서 월동한다.

잣나무 털녹병(銹病, White pine blister rust) : *Cronartium ribicola*. 줄기와 가지는 등황색으로 되고 부풀어 녹포자기를 형성한다. 중간 기주인 송이풀과 까치밤나무에 하포자퇴를 형성한다. 9월초에 동포자가 발아하여 소생자가 소나무잎을 침해한다. 중간기주에 녹포자가 침입하며, 잣나무에서 균사로 월동한다.

장미 흰가루병(白粉病, Powdery mildew) : *Oidium leucoconium* (*Sphaerotheca pannosa*, Current name : *Podosphaera pannosa*, 유성세대). 식물조직의 표면에 존재하는 균사체와 포자덩어리로 구성된 회백색의 가루모양을 나타낸다. 색은 흰색, 연회색 내지 연황색으로 다양하지만 뚜렷하여 다른 병들과는 쉽게 구분된다. 흰가루병에 대한 장미의 반응은 매우 다양하다. 감염 시에 조직의 노화정도, 품종의 감수성, 생육정도, 균의 레이스 및 환경과 재배조건에 따라 병징의 정도가 달라진다. 전개되지 않은 새로운 잎은 가장 감수성이다. 성숙한 잎은 저항성이며 대개 병징이 나타나지 않거나 나타나더라도 작은 국부 병반만을 형성한다. 균은 잎의 뒷면을 먼저 침입한 후 나중에 앞면을 침입한다. 잎에서 병반은 먼저 작고 융기하며 물집모양으로 뒤틀리고 자줏빛으로 되거나 오그라들 수 있다. 병 발달이 지속되면 잎의 표면은 회백색 곰팡이로 덮이고 잎들은 꼬이고 기형이 된다. 어린줄기가 감염되면 왜소해지고 기형이 된다. 심하게 감염되면 연약한 어린줄기의 선단은 죽을 수 있다. 꽃봉오리는 종종 부분적으로 곰팡이로 덮이고 꽃의 품질 저하를 초래한다. 꽃잎은 대개 영향을 받지 않으나 꽃받침은 곰팡이로 덮일 수 있다. 분생포자로 전염을 하며, 균사로 병든 잎에서 월동한다.

조 군데병 : *Sclerospora graminicola* (*Peronospora graminicola*). 조, 강아지풀에 발생

한다. 잎에는 처음 담황색의 줄무늬가 생성되고, 뒷면에 흰곰팡이가 착생한다. 후에는 병든 잎이 잎맥만 남고 머리털모양으로 된다. 이삭은 씨껍질이 여물지 않고 전체가 기형으로 된다. 분생포자 또는 유주자로 전염하며, 종자나 토양 속에서 난포자로 월동한다.

줄기썩음병(胴腐病, Stem rot) : *Botryosphaeria dothidea* (구명 : *Sphaeria dothidea*, 무성세대 : *Fusicoccum aesculi*).

참깨 검은무늬병(Black spot) : *Alternaria longissima*(*A. sesami*, *A. sesamicola*).

참깨 마름병 : *Phoma sesami*.

참깨 시들음병(萎黃病, Fusarium wilt) : *Fusarium oxysporum* f.sp. *vasinfectum*.

참깨 역병(疫病, Phytophthora blight) : *Phytophthora nicotianae*. 주로 땅가 부위의 줄기와 굵은 뿌리를 침해하여 식물체는 시들고 결국 말라죽는다. 뿌리와 지제부 줄기는 암갈색으로 썩어있다. 육묘상에서 부터 전 생육기에 발생되며 노지에서는 장마기에 급격히 전파된다. 토양이 장기간 과습하거나 침수되면 병 발생이 조장되며 병원균은 오염된 토양과 관수로 유입된다. 30℃ 내외의 고온 다습한 날이 계속되면 병 발생이 많다.

참깨 역병(疫病, Phytophthora blight) : *Phytophthora nicotianae* (*Phytophthora nicotianae* var. *parasitica*).

참깨 잎마름병(葉枯病, Leaf blight) : *Corynespora cassiicola*. 잎마름병은 참깨에 가장 많이 피해를 주는 병중의 하나로서 잎, 줄기, 꼬투리에 발생한다. 초기에 잎에 나타나는 증상은 잎에 자갈색 내지 자흑색의 작은 반점이 생기며 이것들이 커짐에 따라 부정다각형이 되고 심하면 잎이 말려서 오그라지게 되어 결국 낙엽이 된다. 줄기와 꼬투리에는 크고 작은 반점이 생겨 차차 길다란 타원형으로 확대되어 나중에는 줄기와 꼬투리가 검붉은 무늬로 얼룩지게 되다가 심하면 식물체 전체가 검붉게 보인다. 분생포자로 상처를 통해 침입하며, 균사로 수확 잔재물 및 종자에서 월동한다. 잎마름병을 일으키는 병원균으로는 *C. cassiicola*가 있지만 실제로 포장에서 잎마름병과 함께 병을 일으키는 것은 검은무늬병균인 *Alternaria sesami*, 점무늬병균인 *A. sesamicola*, 그리고 *A. longissima*가 있다. 이들 각 병원균 중 어떤 병원균이 참깨 잎마름병에 가장 크게 영향을 미치는지를 알아보기 위해 7월 5일부터 8월 5일까지 10일 간격으로 포장에서 잎마름병 증상을 보이는 병반을 채집하여 병원균의 분리비율을 조사한 결과 발병 초기에는 점무늬병균(*A. sesamicola*)의 가장 높은 빈도로 분리되었으나, 시간이 갈수록 서서히 감소하였다. 이와는 반대로 잎마름병균(*C. cassiicola*)은 발병초기(7월 5일)에는 낮은 빈도로 분리되다가 시일이 경과됨에 따라 점차 증가하여 8월 5일에는 43%정도 분리빈도를 보였다. *A. sesami*와 *A. longissima*는 상기 두 균에 비하여 시기적인 분리빈도의 변동이 뚜렷하지 않고 낮은 빈도를 유지하였으나 검은무늬병균(*A. sesami*)은 7월 14일에 약 17%로 약간 높게 분리되는 경우도 있었다. 그러나 이 두 병원균은 실험에서 타균에 비하여 병원성이 강하므로 낮은 빈도로 검출된다 하더라도 그 피해가 적지 않을 것으로 생각된다. 이상의 결과로 미루어 본다면 잎마름성 병해의 발병초기에는 점무늬병균(*A. sesamicola*)에 의한 피해가 가장 크고 생육 후기에는 잎마름병균(*C. cassiicola*)에 의한 피해가 큰 것으로 생각된다.

참깨 잘록병(입고병, Damping-off) : *Macrophomina phaseolina* (*Macrophomina phaseoli*), *Phoma sesami*, *Rhizoctonia solani*.

참깨 점무늬병(반점병, Leaf spot) : *Cercospora sesami*(*Cercosporina sesami*).

참외(메론) 검은별무늬병(黑星病, Scab) : *Cladosporium cucumerinum*. 잎, 과실, 줄기에 발생한다. 잎과 줄기에는 처음 암갈색의 작은 병반으로 나타나고, 진전되면 갈색으로 변한다. 과실에는 암록색 내지 암갈색의 반점으로 나타나고, 진전되면 직경 0.5~1㎝ 크기의 병반으로 확대된다. 잎이나 과실 모두 오래된 병반에는 검은 곰팡이가 밀생하여 병반이 흑색 또는 흑갈색으로 보인다. 병든 잎은 후에 구멍이 뚫리고, 병든 과실에는 더뎅이증상이 나타난다. 병원균은 병든 잎이나 줄기에서 균사나 분생포자의 형태로 월동하여 1차 전염원이 된다. 2차 전염은 병반상에 형성된 분생포자가 바람에 날려 이루어진다. 발병적온은 18~22℃ 내외이며, 저온 다습한 환경에서 발생이 심하다. 시설재배 시 피해가 크며, 노지재배 시에는 드물게 발생한다.

참외(메론) 검은점뿌리썩음병(黑點根腐病, Root rot) : *Monosporascus cannonballus*.

참외(메론) 균핵병(菌核病, Sclerotinia rot) : *Sclerotinia sclerotiorum*. 줄기와 과실에 발생한다. 줄기의 감염부위는 백색 내지 회백색으로 변하여 썩으며, 후에 흰 균사가 자라면서 부정형의 검은 균핵을 형성한다, 과실에서는 주로 꽃이 달린 부위에서부터 감염이 시작되고, 진전되면 과실이 물러 썩는다. 병든 부위에서는 진물이 흘러나오고, 흰 균사가 자라다가 부정형의 검은 균핵을 형성한다.

참외(메론) 노균병(露菌病, Downy mildew) : *Pseudoperonospora cubensis* (구명 : *Peronospora cubensis*). 육묘기 부터 전 생육기에 발생할 수 있으며 주로 잎에 발생 하지만 가끔 화방이나 줄기에 발생하기도 한다. 주로 하엽과 오래된 잎에서 시작되어 상위 엽으로 번지는데 생육중기 이후에 심하게 발생한다. 초기에는 잎 앞면에 퇴록된 부정형 반점이 나타나고 엷은 황색을 띠는데 잎 뒷면의 병반은 불분명하다. 병이 진전되면 퇴록과 연노란색 반점이 잎 표면에 나타나고 뒷면에는 수침상 병반이 나타기도 하며 초기의 퇴록 황색반점은 커지면서 조직은 괴사되고 잘 찢어져 갈색으로 말라죽는다.

참외(메론) 덩굴마름병(蔓枯病, Black rot, Gummy stem blight) : *Didymella bryoniae* (*Ascochyta cucumis*, *Mycosphaerella melonis*). 줄기, 잎, 과일에 발생한다. 줄기의 병징은 땅가 부분의 접목부위에서 심하게 발생한다. 처음에는 수침상의 황갈색

반점이 나타나고 점차 진전되면 적갈색 내지 회갈색으로 변하며, 오래된 줄기는 말라죽는다. 대목으로 사용하는 박의 묘에서도 발생할 수 있다. 병원균은 병든 식물체의 병환부에서 자낭각 및 병자각 형태로 월동하거나 종자표면에 붙어있는 균사의 형태로 월동하여 다음해 1차 전염원이 된다. 토양 중에서는 생존기간이 짧아 토양전염성의 위험은 거의 없다. 병환부에서 월동한 병원균의 자낭포자가 바람에 날려 전파되며, 2차 전염은 병반상에 형성된 분생포자가 비산하여 된다. 발병은 주로 서늘하고 과습한 환경조건하에서 심하게 발생하는데, 비가 자주오며, 90% 이상의 상대습도와 20~24℃ 온도가 지속될 때 피해가 크다. 착과 후 과실의 비대기에 초세가 쇠약해지면 집중적으로 발생한다. 유묘기 때 접목부위나 지상부의 잎에 발생하는 것은 종자전염에 의한 발병일 경우가 많다. 또한 계속해서 참외를 연작하면 포장내 병원균의 밀도가 증가해서 병 발생이 많아지는 것으로 생각된다.*P*

참외(메론) 덩굴쪼김병(蔓割病, Fusarium wilt) : *Fusarium oxysporum* f.sp. *melonis.* 유묘기에는 주로 잘록증상으로 나타나며, 생육중기 이후에는 포기 전체가 황화되고 시든다. 시들음 증상을 보인지 3~5일이 지나면 회복이 어렵고, 식물체는 곧 죽는다. 주로 하엽부터 황화되고, 한쪽의 줄기가 먼저 시드는 경향을 보이는데 어떤 때는 갑자기 포기 전체가 시들기도 한다. 병원균은 주로 곁뿌리가 나온 부분으로 침입하여 도관부를 침해하는데, 내부는 20~50㎝ 위까지 암갈색으로 썩는다. 간혹 끈적끈적한 수액이 병든 조직으로부터 유출되기도 한다. 기온이 상승하고, 건조한 낮 동안에는 심하게 시들고, 아침에는 다소 회복되기도 하는데, 과실이 착과된 이후에 갑자기 시드는 경우가 많다.

참외(메론) 뿌리썩음병(根腐病, Pythium root rot) : *Pythium ultimum.* 유묘기에는 잘록 증상으로 나타나고, 기온이 높고 건조해지면 감염부위가 말라 가늘어진다. 생육기에는 뿌리와 줄기 썩음으로 나타나며, 땅가 부위의 줄기나 뿌리는 수침상으로 썩고, 연한 갈색으로 변한다. 병든 그루의 잎은 누렇게 변해 시든다. 일반적으로 잔뿌리가 먼저 침해를 받고, 진전되면 주근과 줄기로 병반이 확대된다. 생육중기와 후기에는 병 발생이 그리 많지 않지만 토양이 다습하고 배수가 불량하면 심하게 발생한다.

참외(메론) 역병(疫病, Phytophthora rot) : *hytophthora capsici, P. melonis, P. drechsleri, P. nicotianae, P. parasitica.* 전 생육기에 발생되며 주로 굵은 뿌리와 지면에 맞닿은 줄기나 과실을 침해한다. 역병균은 주로 식물체의 지하부인 뿌리와 땅가 줄기를 침해하므로 식물체의 양·수분 이동통로가 파괴 되어 시들고 결국 말라죽는다. 하지만, 기상조건에 따라 병원균이 빗물에 튀어 올라 줄기, 잎, 과일 등 모든 지상부위를 침해할 수도 있다. 병든 포기는 쉽게 뽑히고 뿌리는 연한 갈색으로 부패되어 불명확한 수침상의 부정형 병반으로 나타난다. 과실에는 초기에 부정형의 연한 갈색반점이 나타나 점점 확대되는데 땅과 맞닿은 부위에서 시작되는 경우가 많다. 날씨가 흐리고 과습한 경우에는 병든 조직에 다량의 흰 균사와 번식체인 유주자낭을 형성하기도 한다. 역병균에 의해 병이 발생된 후에 다른 균이 이차적으로 침입하게 되면 병든 부위는 물컹하게 썩기도 하며, 진한갈색이나 검은색으로 변해 악취가 나기도 한다.

참외(메론) 잘록병(立枯病, Damping-off) : *Thanatephorus cucumeris* (무성세대 : *Rhizoctonia solani*). 유묘기부터 생육중기까지 발생한다. 유묘기에는 묘의 지제부가 잘록해 지면서 썩고, 병든 묘는 잘 쓰러지며, 말라죽는다. 생육이 어느 정도 진전된 식물체는 줄기의 지제부에서부터 황갈색으로 변하며 썩어 올라간다. 병든 식물체의 지상부는 시들고, 말라죽는다. 병원균은 병든 식물체의 조직 혹은 토양 내에서 균사나 균핵의 형태로 존재하며, 월동 후 발아하여 균사가 식물체의 지제부 혹은 지하부를 침해하여 병을 일으킨다. 보통 습기가 많은 토양에서 발병이 잘된다.

참외(메론) 잿빛곰팡이병(灰色黴病, Gray mold) : *Botrytis cinerea*.

참외(메론) 탄저병(炭疽病, Anthracnose) : *Colletotrichum orbiculare* (*C. lagenaria*). 잎, 줄기, 과실에 발생한다. 잎에서는 처음에 갈색의 작은 점무늬로 나타나고, 진전되면 암갈색의 부정형 병반으로 확대되면서 병반의 주위는 황색을 띠게 된다. 심하게 감염된 잎은 잘 찢어지고, 잎이 말라죽는다. 줄기에서는 황백색 내지 회백색의 타원형 병반으로 나타나고, 진전되면 부정형으로 확대되면서 감염부위가 잘게 갈라진다. 심하게 병든 줄기는 회갈색으로 변해 말라죽는다. 과실에서는 처음에 황갈색 내지 회갈색의 약간 움푹 들어간 병반으로 나타나고, 진전되면 암갈색, 타원형, 혹은 부정형 병반으로 확대된다. 감염부위는 후에 분화구처럼 움푹 파이고, 그 내부에 담황색의 분생포자 덩어리를 형성한다.

참외(메론) 푸른곰팡이병(青黴病, Blue mold) : *Penicillium oxalicum*.

참외(메론) 흰가루병(白粉病, Powdery mildew) : *Sphaerotheca fusca* (구명 : *Erysiphe fusca*, Current name : *Podosphaera fusca*). 잎, 줄기, 잎자루, 과실에 발생하나 주로 잎에 발생한다. 처음에는 하얀 균총이 잎 앞면에 부분적으로 나타나고, 심해지면 잎 전체에 밀가루를 뿌려 놓은 것 같은 증상이 나타난다. 오래된 잎은 황화되고 말라죽는다. 양분의 수탈과 햇빛을 차단하여 광합성 작용이 저해되어 과실의 당도가 감소되므로 상품성을 하락된다.

침엽수 목재썩음병 : *Fomes pinicola* (구명 : *Boletus pinicola*, Current name : *Fomitopsis pinicola*).

콩 갈색무늬병(褐紋病, Brown spot) : *Septoria glycines*. 주로 잎에 발생한다. 잎에 처음에는 적갈색의 부정다각형의 병반이 생기고 나중에는 서로 합쳐져서 잎 전체가 누렇게 되고 낙엽이 된다. 분생포자 기공으로 전염하며, 분생자각으로 잎 종자에서 월동한다.

콩 검은뿌리썩음병(黑色根腐病, Black root rot, Red crown rot) : *Calonectria ilicola* (*Calonectria crotalariae*, 무성세대 : *Cylindrocladium crotalariae*).

콩 겹무늬병 : *Ascochyta phaseolorum*(Current name : *Phoma exigua*).

콩 녹병(銹病, Rust) : *Phakopsora pachyrhizi*(*Uromyces sojae*).

콩 미이라병(木乃伊病, Pod and stem rot) : *Phomopsis sojae* (Current name : *Diaporthe phaseolorum* var. *sojae*, 유성세대). 줄기, 잎자루, 꼬투리, 종자에서 주로 발생되며 간혹 잎에도 발생된다. 따뜻하고 습한 경우 본엽이 출현되는 생육초기에 이병잔재물이나 상처난 잎의 잎자루 조직에서 병원균이 생장을 시작한다. 병은 주로 꼬투리가 형성되는 시기에 아래 부분 잎의 잎자루와 부러진 줄기 등에서 나타나기 시작한다. 병에 걸린 식물체는 잘 자라지 못하며 식물체가 성숙됨에 따라 검은색의 수많은 병자각이 줄기와 꼬투리에 형성된다. 줄기에서는 병자각이 상하로 줄무늬 형태로 형성된다. 포장에서는 줄기에 특별한 증상이 나타나지 않기도 하지만 습한 경우에는 일시에 식물체 전체에서 병자각이 형성되기도 한다. 그러나 건조한 기후에서는 대부분 땅 가까이의 줄기와 마디에만 국한되어 발생되고 꼬투리에서는 간혹 산발적으로 나타나는 정도이다. 심하게 이병된 종자는 갈라지고 쭈그러지며 보통 흰색의 균사로 덮여있고 대부분 발아가 되지 않는다. 경미하게 이병된 종자는 크기나 모양이 정상적으로 보이기도 한다. 종자로부터 감염된 어린 식물체의 자엽에는 색깔이 없는 것에서부터 갈색 내지는 연한 빨간색을 보이는 것과 작은 반점에서부터 자엽 전체를 덮을 정도 크기의 병반이 형성되는 등 다양하게 나타나며, 심할 경우 묘가 자라지 못하고 말라죽기도 한다. 잎에도 감염이 일어날 수 있지만 병징이 발현되지는 않으며 주로 잎자루로 병이 진전된다. 균사로 전염되며, 병든 부위에서 균사, 포자형태로 월동한다.

콩 뿌리썩음병(根腐病, Root rot) : *Phytophthora megasperma* (*Pythiomorpha miyabeana*).

콩 시들음병(萎凋病, Fusarium wilt, Fusarium blight, Root rot) : *Fusarium oxysporum* f.sp. *tracheiphilum*, *F. oxysporum* f.sp. *vasinfectum*, *F. solani* f.sp. *glycines*.

콩 자주무늬병(紫斑病, Purple blotch, Purple spot) : *Cercospora kikuchii*. 포장에서의 병징은 종자가 맺히기 시작할 때부터 시작이 되며 적자색의 각이진 불규칙한 형태의 병반이 잎에 형성된다. 병반의 크기는 작은 것부터 큰 것까지 다양하며 인접한 병반이 합쳐져서 큰 괴저를 만들기도 한다. 줄기와 잎자루, 꼬투리에서도 병반이 형성되며 조기낙엽을 초래한다. 줄기와 잎자루의 병징은 움푹 들어간 형태로서 세로로 길게 줄무늬형태로 나타난다. 병반은 처음에는 적자색을 띄다가 나중에 검은색을 띈 흑자색으로 변한다. 그러나 가장 뚜렷한 병징은 종자에서 나타나며, 적자색 내지 흑자색의 병반이 종피에 형성된다. 심하게 이병된 종자는 쭈글쭈글하기도 하며 1차 전염원으로 작용하여 입묘를 불량하게 하거나 어린묘에 병을 일으키기도 한다. 분생포자로 전염되며, 종자나 식물체에서 균사로 월동한다.

콩 점무늬병(斑點病, Frogeye leaf blight) : *Cercospora sojina.*

콩 흰가루병(白粉病, Powdery mildew) : *Erysiphe diffusa*(*Microsphaera diffusa*).

콩 탄저병(炭疽病, Anthracnose) : *Glomerella glycines* (무성세대 : *Colletotrichum destructivum, C. truncatum, C. caulivorum, C. glycines*). 주로 줄기와 꼬투리, 잎자루 및 잎에 불규칙한 갈색병반으로 나타난다. 병이 진전되면 감염된 조직은 흑색 소립의 병원균으로(fruiting body) 덮여지며 육안으로 쉽게 관찰된다. 잎에서는 습한 조건이 지속될 경우에 병징이 나타나는데 잎이 말리고, 잎맥이 변색되며, 잎자루에 병반이 형성되면 일찍 낙엽이 진다. 심하게 이병된 식물체는 건전 주에 비해 키가 작다. 감염종자를 파종할 경우에는 발아가 안 되거나 발아 직후 고사된다. 흔히 흑갈색의 움푹한 병반이 발아하는 어린 묘의 자엽에 형성되며 상위 잎과 아래로는 배축 까지 진전된다. 습한 날씨에서 자엽은 수침상이 되었다가 급격히 시들고 결국은 떨어지게 된다. 탄저병균은 자엽으로부터 어린줄기로 생장하여 조그마한 움푹파인 병반을 무수히 형성하면서 어린 식물체를 고사시킨다. 본 병은 성체에서도 비가 오는 날 식물체 하층부의 그늘진 줄기와 잎에 발병될 경우 피해가 크다. 어린 꼬투리는 감염되어 죽는다. 꼬투리는 일찍 감염될 경우에는 종실이 형성되지 않거나 혹은 생육이 매우 불량하다. 탄저병균 균사가 꼬투리 내부 공간을 꽉 채우고, 종실은 무르고 흑갈색으로 변하며 쭈글쭈글해진다. 약하게 감염될 경우에는 특별한 증상이 나타나지 않기도 한다. 분생포자로 전염하며 균사로 종자에서 월동한다.

토마토 갈색뿌리썩음병(褐色根腐病, Corky root) : *Pyrenochaeta lycopersici.*

토마토 검은점뿌리썩음병(黑點根腐病, Black dot root rot) : *Colletotrichum atramentarium* (*C. coccodes*). 감염된 식물체의 지상부는 초기에 푸른 상태로 약간 시들다가 계속 진전되면 전체적으로 누렇게 변하여 시들고, 후에 말라죽는다. 병든 식물체의 뿌리는 코르크화 되어 썩고, 감염부위에는 검은 소립의 균핵이 많이 붙어 있다. 병든 뿌리의 심부와 표피층은 쉽게 분리되고, 부서진다. 병원균은 병든 부위 혹은 토양에서 균사 및 균핵의 형태로 월동 후, 1차 전염원이 된다. 주로 시설재배 포장에서 수확기에 이르러 병증상이 나타난다.

토마토 겹무늬병(輪紋病, Early blight) : *Alternaria tomatophila, A. solani.* 잎, 줄기, 과실에 발생한다. 잎에는 처음 소형 갈색반점으로 나타나고, 진전되면 타원형의 암갈색 겹무늬 증상으로 확대된다. 심하면 병반과 병반이 합쳐져 잎 전체가 마르고, 그 위에 흑색의 분생포자가 형성된다. 줄기에도 갈색 내지 암갈색의 병반이 형성되며, 특히 가지나 잎의 분지점에 많이 발생한다. 심하면 줄기전체가 시들고 말라죽는다. 과일도 갈색으로 부패하고, 진전되면 분생포자가 밀생하여 검게 나타나며, 상품가치를 잃게 된다. 병원균은 균사 또는 분생포자 형태로 병든 부위 또는 종자에서 월동하고 1차 전염원이 되는데, 비바람에 의해 전파되고 각피를 뚫고 침입한다. 고온(28~30℃) 다습한 조건하에서 병 발생이 많고, 거름기가 모자랄 때 발병을 증가시킨다. 노지재배에서 발생이 많고, 특히 억제재배 또는 가공용 토마토에 발병이 심하다.

토마토 균핵병(菌核病, Sclerotinia rot) : *Sclerotinia sclerotiorum, S. minor.* 줄기와 가지, 잎과 잎자루, 과실과 과경에 발생한다. 줄기와 가지에는 처음에 감염부위가 수침상으로 변하고, 진전되면 회색 내지 회갈색의 병반이 형성되어 감염부위를 중심으로 위와 아래로 확대된다. 병든 부위는 마른상태로 썩고, 그 내부에 부정형의 검은 균핵을 형성한다. 줄기가 감염된 그루는 후에 시들고 말라죽는다. 감염된 잎과 잎자루는 암갈색으로 물러 썩고 흰 균사가 그 위에서 자라다가 후에 균핵을 형성한다. 과실과 과경에서는 주로 꼭지부위에서부터 감염이 이루어지고, 그곳에서 흰 균사가 자라며, 진전되면 과실 전체가 물러 썩고, 부정형의 점은 균핵이 형성된다. 병원균은 병든 식물체의 조직 및 토양 내에서 균핵 형태로 월동한 다음 발아하여 자낭반과 자낭포자를 형성한다. 자낭포자는 식물체의 약한 부위에 부착하여 침입하며 균핵 및 균사체로부터 발아하여 뻗어 나온 균사가 식물체를 직접 침해하기도 한다. 습도가 높고 기온이 15~25℃의 서늘한 상태에서 병 발생이 심하다.

토마토 뿌리썩음병(根腐病, Crown and root rot) : *Fusarium oxysporum* f.sp. *radicis-lycopersici.*

토마토 뿌리역병(疫病, Phytophthora root rot) : *Phytophthora capsici, P. dreshcleri, P. megasperma.* 전 생육기에 발생되며 지상부의 모든 부위와 지하부를 침해한다. 잎에는 초기에 불명확한 수침상의 부정형 병반으로 나타나서 급속히 커진다. 현재까지 3종의 역병균이 토마토 뿌리썩음병을 일으키는 것으로 확인되었는데, 균 종류별, 재배 품종별 병증상은 매우 유사하다. 유묘기에 감염되면 그루 전체가 심하게 시들고 생육중기나 후기에 감염되면 초기에는 아래 잎부터 약간 황화 되어 시들고, 말라 죽는다. 병든 줄기의 땅가 줄기와 굵은 뿌리는 수침상으로 썩으며, 껍질을 벗겨 보면 줄기내부가 연한 갈색이나 암갈색으로 썩어 있다. 간혹 지표면 가까이에 매달린 과실에도 수침상의 병반이 나타나 회갈색의 큰 원형병반으로 확대되어 썩으며, 다습한 환경에서 흰 곰팡이 균사체와 포자가 많이 형성된다.

토마토 시들음병(萎黃病, Fusarium wilt) : *Fusarium oxysporum* f.sp. *lycopersici.* 모에서는 아래 잎이 누렇게 변하고 새순이 시들음 증상을 보인다. 줄기의 유관속은 갈변하나 풋마름병과 같이 고름 같은 즙액이 나오지는 않는다. 주로 곁뿌리가 나온 부분으로 병원균이 침입하여 도관부를 파괴한다. 병반 부위는 암갈색의 괴저가 생기고 내부가 갈변되어 있는데 낮에는 시들고 아침에는 다소 회복되다가 죽는다. 포장정식 직후 뿌리의 상처 등을 통해 감염되는 경우가 많으며, 생육 중기 이후 기온이 올라가면 병 증상이 나타난다. 유묘기의 발병 적온은 18~20℃ 내외이며, 생육기 발병적온은 24~30℃ 정도로 일반적으로 산성토양과 사질토양에 발생이 많다.

토마토 잎곰팡이병(葉黴病, Leaf mold) : *Fulvia fulva* (구명 : *Cladosporium fulvum*, Current name : *Mycovellosiella fulva*, 유성세대). 토마토에만 발생하며 주로 잎에 발생한다. 처음에는 잎의 표면에 흰색 또는 담회색의 반점으로 나타나고 진전되면 황갈색 병반으로 확대된다. 잎 뒷면에 담갈색의 병반이 형성되는데, 병반상에는 갈색의 곰팡이가 융단처럼 밀생되어 있는 것을 볼 수 있으며, 오래되면 균총이 갈색에서 연한 자색으로 변한다. 주로 하엽에서 피해가 크며, 심하면 하엽전체가 황화되고 고사한다. 분생포자로 기공을 통해 침입하며, 잎 줄기, 종자에서 분생포자나 균사로 월동한다.

토마토 잎마름병(葉枯病, Leaf blight, Target Leaf spot) : *Corynespora casiicola*. 주로 잎과 잎자루에 발생하며, 간혹 줄기와 과실에도 발생한다. 잎에서는 처음 수침상의 둥근 점무늬로 나타나고, 진전되면 갈색의 원형 내지 부정형 병반으로 확대된다. 심하게 감염된 잎은 누렇게 변하여 말라죽는다. 잎자루와 줄기에서는 처음에 작은 점무늬로 나타나고, 진전되면 병반이 감염부위를 둘러싸게 되고, 그 위쪽은 말라 죽게 된다. 과실에서는 처음에 갈색의 원형 반점이 약간 움푹 들어간 형태로 나타나며, 진전되면 분화구처럼 확대되고, 후에 감염부위가 쪼개지기도 한다. 병원균은 병든 부위에서 균사나 분생포자의 형태로 월동 후, 분생포자를 형성하여 공기전염 한다. 감염은 16~32℃에서 일어나며, 병발생 적온은 20~28℃이다. 이 병은 참깨, 콩 등의 다른 작물에서도 발생한다.

토마토 잎마름역병(疫病, Phytophthora late blight) : *Phytophthora infestans*. 잎, 과실, 줄기 등에서 발생한다. 잎에 발생하는 초기증상은 불명확한 수침상의 부정형 병반으로 나타나고, 점점 커져 급속히 넓은 면적으로 번진다. 병든 잎은 연한 녹색이나 갈색으로 썩고, 과습하면 잎 뒷면에 다량의 흰 균사와 유주자낭을 형성하여 이슬처럼 보인다. 병든 잎은 갈색으로 썩고 오그라들면서 말라죽는데, 병 발생이 심한 포장은 냉해를 입은 것처럼 보이기도 한다. 어린 가지나 줄기 혹은 잎자루 등의 병든 부위는 갈색으로 썩으며, 저온다습하면 흰 균사와 포자가 수 없이 많이 형성된다. 과실의 병든 부위는 흑갈색으로 썩고, 비교적 단단하며 과실전체가 심하게 오그라들기도 한다. 다른 병원균이 이차적으로 침입하게 되면 과실 전체가 물컹하게 썩기도 한다. 노지포장에서도 발생되지만 시설재배에서 피해가 심하다. 기온이 낮고 비가 잦으면 심하게 발생하여 치명적인 피해를 주는 병해로서 1~2주 만에 전 포장을 황폐화시키기도 한다. 병원균은 기주작물이 재배되지 않을 때는 주로 병든 식물체의 잔재 등에서 월동하는데 병든 감자 종서가 결정적인 전염원이 될 수 있다. 밤기온은 낮고, 낮에는 따뜻하여 일교차가 크고 다습할 때 심하게 발생하며, 습도는 91~100%, 온도는 3~26℃ 사이에서 발병되나, 발병 최적온도는 18~22℃이고, 28℃ 이상에서는 거의 발병되지 않는다. 이 병은 주로 토마토와 감자에서 발생한다.

토마토 잘록병(立枯病, Damping-off) : 유묘기에 발생하며, 식물체의 지제부가 잘록하게 썩는다. 병든 묘는 잘 쓰러지고, 후에 말라 죽는다. 이 병은 두 종류의 병원균에 의해서 일어나는데, *Pythium*균에 의한 병징은 묘의 지제부가 수침상으로 물러 썩는 증상으로 나타나고, *Thanatephorus*균에 의한 병징은 지제부가 암갈색으로 변해 마른 상태로 썩는다.

토마토 잿빛곰팡이병(灰色黴病, Gray mold) : *Botrytis cinerea.* 토마토 잎, 엽병, 줄기와 과실 등 지상부 어느 부위에서도 발생한다. 잎에서 병반은 종종 노후화된 조직이나 어떤 물리·화학적 상처로 인해 일어날 수 있으나, 대개 잎으로 떨어진 꽃잎이나 화분이 균의 포자 발아나 병원성을 증가시켜 병 발생의 출발점이 된다. 발병하면 처음에는 작은 황갈색 반점이 나타나고, 점점 확대되어 크고 불규칙한 갈색 병반이 형성된다. 병반 상에는 수많은 분생자경이 발생하며, 회갈색을 띠고 솜털처럼 보인다. 엽병의 병반은 어린 잎의 감염에서 비롯되며, 줄기로 확대될 수 있다. 유묘기에 줄기의 감염은 지제부에서 발생하며, 노후화된 자엽(떡잎)이나 상처조직을 통해 일어난다. 작물 생육기 동안 줄기 감염은 잎의 상처, 죽은 잎 혹은 여러 가지 형태의 줄기 상처를 통해 감염되고, 감염된 줄기 위 부분은 위조를 일으킬 수 있다. 병든 잎과 접촉한 과실에서는 병반이 발달할 수 있다. 균이 꽃잎에 감염되면 꽃잎이 피기 전 꽃받침 쪽으로 진행되어 과실로 침입하거나 꽃잎 뒤에 있는 줄기 쪽으로 발달하여 흰색 내지 배지색을 띠는 궤양 증상을 나타낼 수 있다. 또한 감염된 꽃잎은 과실에 부착되어 남아있는 경우 직접 과실을 침입한다. 미성숙한 푸른 과실에서는 이병된 다른 부위와 접촉지점부터 발병하기 시작하며 연갈색이나 백색의 연부 증상을 나타내고, 표피는 완전하게 보이나 내부조직은 흐물거리고 수침상을 나타낸다. 심하게 되면 병반상에 잿빛의 솜털과 같은 곰팡이가 피어나고 죽은 꽃받침 아래에 균핵이 나타날 수 있다. 또한 녹색과실은 다른 감염과의 접촉 대신에 공기전염성 포자에 의해 직접 감염될 수 있다. 과실에는 백색 원형의 halo 반점이 나타나며, 과실이 성숙하면서 halo의 색은 흰색에서 황색으로 바뀐다. 이 병징은 과실의 포자발아와 침입에 기인하며, 크기가 작을 때만 감수성이고 과실이 윤기가 나기 시작하면 균이 감염되지 않는다. 과실로 균사체가 침입하면 기주는 더 이상의 균사생장을 막고 병원균을 국한시키는 반응을 나타낸다.

토마토 점무늬병(斑點病, Gray leaf spot) : *Stemphylium lycopersici, S. solani.*

토마토 점무늬병(斑點病, Septoria leaf spot) : *Septoria lycopersici.* 잎, 줄기에 발생한다. 잎에는 처음 뒷면에 수침상의 작은 무늬가 생겨 커지면서 가장자리는 암갈색, 가운데는 회색으로 된다. 분생포자로 전염하며, 균사나 분생자각으로 병든 부위에서 월동한다.

토마토 탄저병(炭疽病, Anthracnose) : *Colletotrichum phomoides* (구명 : *Gloeosporium phomoides,* Current name : *C. coccodes*). 주로 성숙기의 과실에 발생하며, 간혹 줄기와 과경, 잎에서도 발생한다. 과실에서는 성숙과에서 발생하는데, 처음에는 표

면에 수침상의 작은 반점으로 나타나고, 진전되면 약간 움푹 들어간 형태의 둥근 병반으로 확대된다. 병반에는 흑색의 작은 소립점이 생겨 겹무늬를 나타내고, 후에 담황색 내지 적자색의 포자덩어리가 형성된다. 병든 과실은 후에 전체적으로 물러 썩게 된다. 줄기와 과경에서는 갈색 내지 암갈색 원형 반점으로 나타나고, 잎에서는 작고 둥근 갈색반점으로 나타나는데, 병반 주위는 황색을 띠고, 그다지 진전되지는 않는다.

토마토 흰가루병(白粉病, Powdery mildew) : *Golovinomyces cichoracearum* (구명 : *Erysiphe cichoracearum*), *Leveillula taurica* (구명 : *Erysiphe taurica*). *G. cichoracearum*는 외부기생균으로. 병징은 잎에서 처음에 흰가루가 불규칙한 모양으로 나타나고, 진전하면 잎 전체가 밀가루를 뿌려 놓은 것 같은 증상이 나타난다. 심해지면 잎이 황화되어 말라 죽는다. 주로 잎에 발생하며, 심하면 잎자루나 과경에 발생한다. *L. taurica*는 내부기생균으로 잎에 발생하며, 잎의 앞면에 황갈색이나 황백색의 병반이 불규칙 다각형으로 형성되며, 잎의 뒷면에 분생포자가 생기며, 고추 흰가루병균과 같은 병원균이다. 이 두 병원균에 의한 흰가루병의 발생은 아래 잎으로부터 발생이 시작하여 위 잎으로 진전된다.

토마토 흰무늬병(白斑病, Septoria leaf spot) : *Septoria lycopersici*. 잎, 잎자루, 줄기, 가지, 괴경에 발생한다. 발생초기에는 식물체의 아래쪽에서부터 병증상이 나타나고, 위쪽으로 진전되어 올라간다. 감염부위에는 갈색 내지 암갈색의 작은 반점이 형성되고, 진전되면 병반의 내부는 회색으로 변하며, 그 곳에 흑색의 소립점이 보인다. 심하게 병든 잎은 황색으로 변하여 마르고, 일찍 떨어진다. 심하게 병든 가지는 후에 황색으로 변해 말라 죽는다. 병원균은 병든 부위에서 병자각 형태로 월동 후, 병포자를 형성하여 공기 전염한다. 병원균의 감염적온은 20~25℃이고, 습도가 높은 경우에 병 발생이 심하다.

토마토 흰비단병(白絹病) : *Sclerotium rolfsii*.

파 검은무늬병(黑斑病, Alternaria leaf spot) : *Alternaria porri* (구명 : *Macrosporium porri*). 잎과 꽃자루에도 발생하나 주로 잎에 피해가 크다. 처음에는 타원형 또는 방추형의 담갈색 병반으로 나타나고, 진전되면 여러 겹무늬의 대형병반으로 확대된다. 병반 중앙에는 분생포자가 밀생하여 검게 보이며, 심하게 감염되면 잎 전체가 말라 죽는다. 분생포자로 상처를 통해 침입하며, 균사 또는 분생포자로 병든 부위에서 월동한다.

파 노균병(露菌病, Downy mildew) : *Peronosporadestructor* (*Botrytis destructor*). 주로 잎에 발생하며 이른 아침에 병 증상을 관찰하기가 쉽다. 초기에는 잎에 작은 반점으로 시작되어 잎 전체로 퍼지는데 병든 잎은 심하게 구부러지고 뒤틀린다. 잎은 초기에 퇴록되고 진전되면 누렇게 변해 말라죽는다. 궂은 날이 계속되면 포장 전체로 퍼지기도 하지만, 맑은 날이 지속되면 새 잎이 돋아나고 회복된다. 파, 양파 등의 백합과 작물만 침해한다. 주로 병든 식물체내에서 난포자 상태로 월동하는데 마늘과 양파의 인경이 월동처가 되기도 한다. 병원균의 활동 범위는 4~25℃이나 상대습도가 2시간 이상 100%로 지속될 때 포자낭은 발아되고 식물체를 침입한다. 병증상은 감염 후 10~17일 지난 후에 외부로 나타낸다.

파 녹병(銹病, Rust) : *Puccinia allii.* 주로 잎에 발생한다. 처음에는 잎에 융기된 아주 작은 반점이 나타나고, 진전되면 병반주위가 회갈색으로 변한다. 점차 시간이 지나면 융기된 병반 부위가 파열되어 등황색가루(하포자)가 분출 비산된다. 가을철 융기된 부분이 흑갈색으로 변하여 겨울포자층이 형성되기도 한다. 심한 포장은 병든 잎이 황백색으로 변하여 말라죽는다. 병원균은 이병 잔사물에서 하포자와 동포자 형태로 월동하여 1차 전염원이 된다. 봄과 가을에 저온이 계속되고, 비가 많으면 발생이 많아진다. 해에 따라 발병정도가 매우 다르며, 비료성분이 부족하여 쇠약해지면 피해가 크다.

파 시들음병(萎黃病, Fusarium wilt) : *Fusarium oxysporum* f.sp. *cepae.* 전 생육기에 발생하는데 초기에는 잎이 구부러지고 황화되며 심하게 진전되면 잎 전체가 시들고 하얗게 마르고 죽는다. 뿌리 부위는 갈색으로 썩고 흰 곰팡이가 보이기도 한다. 하우스 연작 재배시 발생이 많다. 토양온도가 16℃ 이하일 때는 잘 발생하지 않고 25~28℃ 내외에서 병 발생이 가장 심하며, 일반적으로 산성토양과 사질토양에는 발생이 없다. 병원균은 주로 흙 입자나 감염된 인편으로 먼 거리로 이동된다. 포장 정식 직후 뿌리의 상처 등을 통해 감염되는 경우가 많으며, 생육 중기 이후 기온이 올라가면 병 증상이 심하게 나타난다.

파 역병(疫病, Phytophthora blight) : *Phytophthora porri* (*P. allii, P. nicotianae*). 주로 잎에 발생하며 간혹 땅가 줄기나 뿌리에 발생하기도 한다. 땅가 줄기나 뿌리가 심하게 감염되면 포기 전체가 쓰러지고 말라죽는다. 대부분의 경우에는 잎에 흰색의 큰 반점으로 나타나는데 병든 잎은 꺾이거나 뒤틀리고 윗부분은 말라죽는다. 맑은 날이 지속되면 병든 잎은 말라죽지만 새 잎이 나와 상품화 할 수 있기 때문에 역병이 대 발생하지 않을 경우 농민들은 치명적인 병해로 인식하지 않는 경향이 있다.

파 잎마름병(葉枯病, Leaf blight) : *Pleospora herbarum* (구명 : *Sphaeria herbarum*), *Stemphylium vesicarium* (*Pleospora allii, Sphaeria allii*). 잎과 꽃자루에 발생한다. 처음에는 적자색의 작은 반점이 형성되고, 진전되면 암갈색 병반상에 분생포자가 형성되어 검게 보인다. 병반부의 위와 아래쪽은 길게 황백색으로 변하고 심하게 진전되면 잎 전체가 말라죽는다. 오래된 병반에는 검은 곰팡이가 밀생한다. 병원균은 종자 혹은 병든 부위에서 균사 또는 자낭각의 형태로 월동 후, 분생포자를 형성하여 1차 전염원이 된다. 이 병은 생육후기에 많이 발생하며, 특히 강우일수가 많고, 고온다습한 환경이 계속되면 심하게 발생한다. 발생이 심한 포장에서는 수량이 크게 감소된다.

파 잘록병(立枯病, Damping-off) : *Thanatephorus cucumeris* (무성세대 : *Rhizoctonia solani*). 유묘기에 잘록증상으로 나타나며, 병든 묘는 잘 쓰러지고 말라죽는다.

파 잿빛곰팡이병(灰色黴病, Gray mold) : *Botrytis* spp. 주로 잎에 발생한다. 잎에는 처음 흰색의 아주 작은 반점으로 나타나고, 진전되면 잎 전체가 소형병반으로 뒤덮힌다. 심한 포장은 하엽 부터 고사되며, 상부는 잎끝 부분부터 고사되기 시작한다. 딸기나 외류에 발생하는 잿빛곰팡이병균(*B. cinerea*)에 의한 병징은 흰 소반점과 회갈색의 대형반점으로 나타나고 분생포자가 잘 형성되며, 파에 많이 발생하는 잿빛곰팡이병균(*B. squamosa*)의 증상은 흰 소반점으로 분생포자가 잘 형성되지 않는다. 병원균은 균핵이나 분생포자의 형태로 토양이나 병든 식물체의 잔재에서 월동하여 1차 전염원이 된다. 비교격 저온에서 발생하는 병으로 겨울, 봄, 가을에 피해가 크며, 시설재배에서 병발생이 많다. 15~20℃의 온도와 과습이 병 발생에 가장 중요한 요인이다.

파 탄저병(炭疽病, Smudge, Anthracnose) : *Colletotrichum circinans*.

파 황색점무늬병(黃斑病, Leaf spot) : *Heterosporium allii* (Current name : *Mycosphaerella allii-cepae*, 유성세대). 잎에 발생한다. 처음에는 백색 내지 황색의 소형병반이 형성되고, 점차 진전되면 병반과 병반이 합쳐져 불규칙한 대형 병반으로 나타난다. 심하면 잎 전체가 고사하는데, 병반상에는 흑색의 분생포자가 형성되어 반점으로 나타난다. 병원균이 어떻게 월동하는지는 아직 구명되어 있지 않으나, 병든 식물체의 조직 내에서 균사나 분생포자의 형태로 월동하는 것으로 추정된다. 2차 전염은 병반상에 형성된 분생포자가 비산하여 공기전염 된다. 비가 많은 해에 다소 발생하나 큰 피해는 없다.

파 흑색썩음균핵병(黑腐菌核病, Black rot) : *Sclerotium cepivorum* (*Stromatinia cepivora*). 마늘과 양파 및 쪽파에서 병 증상은 비슷하게 나타난다. 하엽의 선단부터 잎이 누렇게 변하고 생육이 불량해지며 아래 잎부터 마르고 아래로 처지면서 뒤틀리고 결국 말라죽는다. 지하부의 구근에는 처음 흰 균사가 나타나며, 병이 진전되면서 구근 껍질에 검은 균핵이 형성된다. 병이 심하면 구 전체가 검게 변하여 불에 탄 것처럼 보이며 지상부는 곧 말라죽는다. 토양병해이므로 대부분 군데군데 집단으로 발생하여 큰 피해를 주는데, 객토한 밭이나 발생초기는 산발적으로 나타날 수도 있다. 마늘에서 피해가 가장 크지만, 최근에는 양파, 파, 쪽파 등에도 전국적으로 발생되고 있으며, 일본에서는 부추와 교자에서도 발생하는 것으로 보고되어 있다.

팥 갈색겹무늬병(褐色輪紋病) : *Phyllosticta phaseolina* (*P. phaseolorum*). 주로 잎에 발생하며 꼬투리에도 발생한다. 잎 표면에 처음에는 다갈색의 작은 반점이 생기고 점차 담갈색이 되어 동심윤문이 나타난다. 분생포자, 균사로 전염되며 종자나 잎에서 분생자각 또는 균사로 월동한다.

팥 겹무늬병 : *Ascochyta phaseolorum*(Current name : *Phoma exigua*).

팥 녹병(銹病, Rust) : *Uromyces appendiculatus*(*U. phaseoli*).

팥 점무늬병(斑點病, Leaf spot) : *Cercospora cruenta* (Current name : *Mycosphaerella cruenta*, 유성세대)

팥 탄저병(炭疽病, Anthracnose) : *Colletotrichum phaseolorum*.

포도나무 갈색(점)무늬병(褐斑病, 褐色斑點病, Leaf spot) : *Pseudocercospora vitis* (무성세대 : *Cercospora viticola*, 구명 : *Cladosporium viticola*). 잎에 흑갈색의 반점이 생기고 밀생하며 갈변되어 조기에 낙엽된다. 병든 잎은 미국종에서는 6월 낙화기경 새가지 밑 부분 3~4장의 작은 잎에 원형 또는 다각형의 흑갈색 병반이 나타나고 주위는 적갈색으로 되나 경계는 명확하지 않다. 병반이 진전됨에 따라 점차 확대되어 합쳐지고 잎마름 증상이 나타난다. 유럽종에서는 원형 내지 타원형의 흑갈색 병반으로 크기는 미국종에서 보다 약간 작다. 품종에 관계없이 병반 뒷면에는 그을음 같은 가루(분생포자)가 밀생하는 것이 특징이며 하나의 잎에 하나 내지 수십 개의 병반이 형성된다.

포도나무 그을음점무늬병(Fly speck) : *Zygophiala jamaicensis* (Current name : *Schizothyrium pomi*, 이명 : *Leptothyrium pomi*). 처음에는 과실표면에 침으로 찌른 것 같은 크기의 작은 흑색의 점무늬를 형성한다. 이 흑색 점무늬는 분산되어 발생하기도 하나 수십 개 씩 모여 나타나기도 한다. 칼이나 손끝으로 문지르면 점무늬가 쉽게 이탈된다. 작은 가지에서 월동하거나 과수원 주변의 야생식물에서 월동 후, 1차 전염원이 된다. 분생포자의 비산은 5월부터 시작되며, 6월말에 비산된 분생포자가 과일에 부착, 7월 중하순경에 나타나는 것이 피해가 가장 크다.

포도나무 꼭지마름병(房枯病, Peduncle rot, Black rot) : *Botryosphaeria dothidea* (구명 : *Sphaeria dothidea*). 잎, 과경, 과실에 발생한다. 성숙된 과실에는 담색의 동심원형 병반을 형성하고, 7~3일이 지나면 과실 전체로 진전되어 수분부족 상태로 된다. 후기 병징은 과면에 소립점을 형성하고, 자흑색 내지 흑갈색으로 변한다. 잎에는 회백색 원형 흑점이 형성되며, 과경이나 과축에는 담갈색 점무늬가 생기고, 진전되면 말라 시들어 과면이 쭈글쭈글 해진다. 발병과는 미이라가 되어 오래도록 남아있다. 이병가지의 병환부에서 자낭각이나 병자각의 형태로 월동하여 1차 전염원이 된다. 비가 자주오고 흐린 날씨가 계속되거나 유효 잎 수가 부족할 때 많이 나타난다. 7월 착색기부터 성숙기에 걸쳐 많이 발생 한다.

포도나무 노균병(露菌病, Downy mildew) : *Plasmopara viticola* (*Botrytis viticola*, *Peronospora viticola*). 여름부터 가을에 걸쳐 발생되며 주로 잎에 발생되나 새순과 과실이 피해를 입기도 한다. 잎에서는 초기에 윤곽이 확실하지 않은 담황록색의 병반이지만 이 부분을 햇빛에 비추어 보면 마치 기름이 밴 것처럼 수침상으로 보인다. 병반 형성(4~5일) 후에 잎의 표면에 흰색의 흰가루병과 비슷한 곰팡이를 형성한다. 병반은 점차 갈색으로 변하고 심하면 잎 전체가 불에 덴 것 같이 말라 낙엽진다. 꽃송이(花穗)와 과실에도 피해가 나타나며 어린 포도송이에 감염되면 열매꼭지로부터 쉽게 떨어지게 된다. 늦게 감염된 포도알은 시들고 갈색으로 변하며 결국 미이라과가 되어 열매꼭지로부터 떨어지게 된다. 유주자로 기주의 기공을 통해 침입하며, 난포자로 식물 잔재물에서 월동한다.

포도나무 녹병(銹病, Rust) : *Phakopsora ampelopsidis.* 잎에 황색분말(하포자퇴)의 병반이 생성된다. 나중에 흑갈색의 다각형 병반(동포자퇴)이 되며. 조기 낙엽진다. 하포자로 전염하며 주로 동포자로 월동하나, 온난한 지방에서는 하포자로도 월동한다.

포도나무 덩굴쪼김병(蔓割病, Dead arm) : *Cryptosporella viticola* (무성세대 : *Phomopsis viticola*). 주간 및 덩굴에서는 지제부 혹은 1m정도의 높이까지 암갈색의 조반이 생기며, 나중에는 흑변하며 목질부 까지 균열이 생긴다. 다발하면 생육이 부진하고, 퇴색 위축한다. 가지는 적갈색 내지 흑갈색으로 변하고, 유과 및 미숙과는 기형이 되고, 열과가 생기며 흑색소립점이 생긴다. 피해 받은 나무는 만성적으로 수세가 약해진다. 결과모지의 병든 부위에서 병자각으로 월동한다. 5월에 강우로 병포자가 분출되어 1차 전염원이 되며, 주로 상처를 통하여 침입한다. 잠복기간은 1개월 정도이며, 여름의 건조한 기후에서는 발병하지 않는다.

포도나무 붉은가지마름병(紅色枝枯病, Nectria canker) : *Nectria* sp. 원줄기에 발생한다. 주로 땅가 부분에서 30㎝이내의 줄기에 발생하는데, 처음에는 가지가 마르고, 흰색의 균사가 병반상에 밀생하며, 점차 진전되면서 붉은색의 작은 혹(자좌)이 병반상에 형성된다. 습한 포장에서 발생이 심하며, 주로 포도나무를 논에 식재하였을 때 피해가 크다. 병의 발생소장 및 전염원의 월동에 대해서는 아직 연구된 바 없다.

포도나무 새눈무늬병(黑痘病, Bird's eye rot) : *Elsinoe ampelina* (무성세대 : *Sphaceloma ampelinum*). 잎, 과실, 줄기 및 덩굴손에 발생한다. 잎에서는 잎맥이 흑갈색으로 변하고 중심부가 회백색 내지 갈색을 띤 원형 내지 타원형의 작은 반점으로 나타난다. 진전되면 흑색반점이 확대되어 구멍이 뚫리기도 하며, 잎의 생장이 정지되고, 기형화 된다. 과실에서는 초기에 흑갈색의 작은 반점으로 나타나고, 병반이 약간 움푹 들어가며, 안쪽은 회백색 내지 흑자색으로 변해 새의 눈처럼 보인다. 병든 과실은 딱딱하고 신맛이 난다. 분생포자로 각피를 통해 침입하며, 균사로 병든 덩굴, 열매에서 월동한다.

포도나무 역병(疫病, Phytophthora root rot) : *Phytophthora drechsleri.*

포도나무 잿빛곰팡이병(灰色黴病, Gray mold) : *Botrytis cinerea* (유성세대 : *Botryotinia fuckeliana*). 주로 꽃과 열매에 발병하여 큰 피해를 주고 있으나 눈, 잎 및 신초에도 나타난다. 꽃에서는 대개 이른 봄 개화기에 화관이 벌어지지 않은 꽃봉오리 상태에서 감염되면 수정이 이루어지지 않아 포도 알이 착립되지 않고 열매자루(과경)에 붙어있거나 땅에 떨어지게 되어 매우 엉성하게 보이는 꽃떨이(화진) 현상이 일어난다. 감염된 꽃은 초기에 갈변하나 점차 흑변하고, 과경과 포도송이(과방)로 진행된다. 열매는 성숙기에 상처나 표피를 통해 쉽게 감염된다. 감염된 포도는 연화되고 수침상이 된다. 열매에 균이 감염되면 백색 포도 품종들은 갈변하고 쭈글쭈글해지며, 흑자색 포도 품종들은 적색을 띄게 된다. 높은 상대습도에서 포도는 대개 회색의 균사체로 덮이고 포도송이내의 한 두개의 포도알 혹은 포도송이 전체가 감염될 수 있다. 건조하면 썩은 포도는 시간이 지나면서 쭈글 거리고 딱딱하게 굳어 땅으로 떨어진다. 잎의 감염은 노지재배에서는 볼 수 없으나 시설하우스에서 저온, 과습한 경우에 대개 잎의 가장자리부터 불규칙한 적갈색 병반을 형성한다.

포도나무 큰송이썩음병(Berry rot) : *Pestalotia uvicola* (Current name : *Pestalotiopsis uvicola*). 과실과 과경에 발생한다. 처음에는 과면에 암갈색의 소형반점이 형성되고, 점차 진전되면서 과면전체가 암갈색으로 변하며, 부분적으로 주름이 진다. 오래되면 흑색의 소립점이 생기고, 흑색으로 경화되어 부패한다.

포도나무 탄저병(炭疽病, Anthracnose) : *Glomerella cingulata* (무성세대 : *Colletotrichum gloeosporioides*). 성숙기의 과실에 주로 발생한다. 발병 초기에는 담갈색의 작은 반점이 전면에 발생하고, 진전되면 적갈색, 원형반점이 점점 불규칙한 병반을 형성한다. 과실의 표면에는 포자층이 형성되어 검고 작은 점으로 보이며, 그 위에서 담홍색, 점질의 분생포자 덩어리가 형성된다. 때로는 병반이 겹무늬를 나타내기도 한다.

포도나무 흰가루병(白粉病, Powdery mildew) : *Uncinula necator* (무성세대 : *Oidium tuckeri*, Current name : *Erysiphe necator*). 잎, 덩굴, 과실 등에 발생한다. 잎에서는 발병 초에 백색 내지 백록색의 작은 반점이 생기며, 이격이 융합되면 회백색을 띤 밀가루 모양의 곰팡이가 뒤덮힌다. 병든 잎은 기형이 되고 퇴색하며, 병반상에 흑색소립점(자낭각)이 형성된다. 과실에 발생하면 생장이 둔화되고, 후기에 발병하면 과실이 일그러지고 설익은 채 굳어져 돌포도가 된다. 병원균은 병환부에서 균사상태로 월동하여 1차 전염원이 되며, 일부지역에서는 결과모지의 병반상에서 월동이 가능하다. 1차 전염원에 의하여 형성된 병반상에 분생포자가 형성, 바람에 비산되어 2차 감염된다. 개화기 무렵부터 10월 하순까지 계속해서 발생한다.

포도나무 흰날개무늬병(白紋羽病, White root rot) : *Rosellinia necatrix* (*Dematophora necatrix*). 뿌리에 발생한다. 발병초기는 병징이 나타나지 않기 때문에 피해받은 나무는 서서히 쇠약해지고, 잎이 황화된다. 전개된 잎은 위축되고, 눈 형성이나 발아가 불량해지며, 형성층에 침입을 받으면 고사된다. 세근에는 백색균사가 피고, 주근에는 날개무늬모양의 균사막이 생긴다. 자실체 형성에 의한 전염은 매우 늦으며, 보통 병든 뿌리와 건전 뿌리와의 균사 접촉에 의해 전파된다.

포도나무 흰날개무늬병(白紋羽病, White root rot) : *Rosellinia necatrix*.

포도나무 흰빛썩음병(白腐病, White rot) : *Coniella diplodiella* (무성세대 : *Phoma diplodiella, Coniothyrium diplodiella*). 과실, 과경, 줄기 밑에 발생한다. 과경에는 처음 갈색 병반이 생겨 점차 진전되면 표면이 거칠어진다. 과실은 꼭지 부착점에서부터 점차 담갈색으로 나타나고, 과실전체가 변색 부패한다. 잎에는 갈색 대형병반을 형성하며, 신소에는 처음 불규칙한 갈색 병반이 생기고, 점차 진전되면 새눈이 마른다. 대체로 발병초기에는 꼭지마름병과 구분하기가 매우 어렵다. 6월 중순부터 수확기까지 계속해서 발생하며, 고온다습한 환경조건하에서 많이 발생한다. 병원균은 이병된 가지상에서 병자각 형태로 월동하여 1차 전염원이 되며, 5월 하순부터 병포자가 분출되어 강우에 의하여 전파된다.

포도나무흰빛마름병(白枯病) : *Coniella diplodiella* (무성세대 : *Phoma diplodiella, Coniothyrium diplodiella*). 신초, 열매꼭지, 열매에 발생한다. 신초에는 불규칙한 갈색 병반이 생겨 확대되고, 줄기에는 피층이 터져 섬유가 노출된다. 열매 꼭지에는 가장자리가 불명료한 갈색 반점이 생기며, 열매도 담갈색을 띠고 전체가 변색 된다. 분생포자로 전염하며 분생자각으로 병과에서 월동한다.

표고버섯 검은단추버섯 : *Hypocea schweinnitzii*. 초기에는 수피표면에 중심은 푸른색을 띠며, 가장자리는 백색의 균사를 나타내는 검은단추버섯의 불완전세대인 푸른곰팡이가 발생된 후에 생장하다가 발병 중심부에 직경 3~12㎜ 정도의 크기를 갖는 원반형의 자실체를 형성하며, 서로 중복되면서 부정형이 되기도 한다. 자실체의 표면은 다갈색에서 흑갈색으로 내부는 백색이다. 이 병의 발생은 직사광선을 받은 골목내의 표고버섯균이 약화된 후 습도가 높은 시기에 병원균이 감염되어 발생되며, 주변의 폐골목, 토양 공기 중에 있는 병원균이 바람에 의해 이동 전염된다.

표고버섯 검은혹버섯 : *Hypoxylon truncatum* (구명 : *Sphaeria truncata*, Current name : *Annulohypoxylon truncatum*). 골목표피나 접종부위에 발생하는 황록색의 곰팡이를 불완전세대로 하는 병원균으로 완전세대의 자실체는 단추버섯과 유사한 형태를 가지나 표면에 돌기가 있고 육질의 색은 흑색이며, 매우 단단하다. 발생조건은 습도가 95~100%일 때에 주로 발생되며, 특히 고온기에 주로 발생된다. 특히 이병은 직사광선에 의해 골목의 온도가 상승될 때에 감염이 촉진된다. 이 병원균은 주변의 폐골목, 토양, 숲속의 고목에 존재하면서 바람에 의해 전반된다.

표고버섯 고무버섯 : *Bulgaria inquinans*. 이 병원균의 자실체는 구형 또는 달걀을 거꾸로 놓은 모습을 갖고 있으며, 표피색은 흑갈색이고, 성숙되면 윗부분이 개열되어 제기(祭器)와 같은 모양이 되고, 상부에는 흑색의 자실층에 포자를 형성한다. 자실체의 육질은 고무와 비슷한 탄력을 가지며, 흑회색을 띤다. 발생조건은 원목벌채 후 건조가 충분히 이루어지지 않아 수분 함량이 높은 상태로 원목의 조직이 고사되지

않은 상태에서 감염된다. 이 병은 원목에 대한 양분의 이용정도가 낮으며, 첫 해에 발생하였다가 표고균의 재점령에 의하여 회복되기도 하며, 그 피해가 심하지 않으나 수량의 감소는 예상된다. 이 병원균은 골목장 주변의 폐골목, 토양, 숲속의 고목에 존재하면서 바람에 의해 전반된다.

표고버섯 주홍꼬리버섯 : *Diatrype stigma*. 봄부터 가을까지 수피상에 분생자층의 포자가 점질물에 의해 결합되어 분출되는데 약간 건조될 때에는 주황색이나 올리브색을 갖는 돼지꼬리모양의 포자퇴를 분출하며, 강우시에는 수피표면에 액상의 형태로 분출된다. 이 병의 발병조건은 종균접종후 급격한 건조나 건습이 반복되어 수피가 목재부와 분리되는 경우에 대량 발생하며, 88년도에 대량으로 발생되었다. 병원균이 침입하면 수피와 목재부 사이에 균사가 매우 빠르게 생장하며, 병해가 심해지면 수피가 벗겨지고, 벗겨진 목재부분의 표면은 진한 흑갈색으로 변색되어 진다. 이 병원균은 골목장주변의 폐골목, 토양, 숲속의 고목에 존재하면서 바람에 의해 전반된다.

표고버섯 치마버섯 : *Schizophyllum commune* (*Agaricus alneus*). 담자균에 속하는 목재부후균으로 자연상태에서 많이 발생하며, 버섯의 형태는 갓은 부채꼴 또는 손바닥 모양으로 갈라지고, 표면은 백색, 갈색을 띤 거친 털이 밀생하고 있으며, 끝부분은 갈라진 톱니모양이다. 이 균이 생장한 부위는 표고균이 생장하지 못하며, 피해부위는 전체가 엷은 흑갈색으로 착색되기도 한다. 균사생장적온은 28~35℃로 약간 고온에 생장하는 건성 해균으로 직사광선에 의해 골목의 온도상승과 건조가 주요인이다. 이 병원균은 골목장주변의 폐골목, 토양, 숲속의 고목에 존재하면서 바람에 의해 전반된다.

표고버섯 푸른곰팡이병(靑黴病, Green mold) : *Trichoderma* sp., *Gliocladium* sp.. 푸른곰팡이병은 균사생장기에는 백색이나 포자가 형성되면서 푸른색을 띠는 병해의 총칭으로 목재의 부패는 물론 표고균사에 직접 기생하여 균사를 사멸시키거나 독소를 분비하여 균사생장 및 버섯의 발생을 억제한다. 푸른곰팡이 병원균은 대부분 25~30℃가 적온이며, 습도가 85%이상으로 유지되는 시기에 발병된다. 병의 발생 초기에는 보호막이 없는 절단면과 표피가 제거된 부위에 발생하며, 고온다습한 시기에 1차 발생 부위에서 포자가 비산되어 전체적으로 대량 발생한다.

호밀 맥각병(麥角病, Ergot) : *Claviceps purpurea*. 주로 호밀, 밀, 보리, 화본과 잡초에 발생한다. 드물게 꽃에 밀로를 분비하고 여기에 분생포자가 생성된다. 씨방은 커져서 자흑색의 균핵(맥각)이 된다. 화기감염 후에 분생포자를 지닌 밀로를 분비하고 이것이 충매전염 된다. 균핵으로 토양에서 월동한다.

호박 검은별무늬병(黑星病, Scab) : *Cladosporium cucumerinum*. 과실, 잎, 줄기에 발생하나 일반적으로 생장점 부근의 어린잎, 어린줄기, 어린과일에서 매우 심하다. 어린잎, 줄기에는 처음에 물에 데친 모양의 반점이 나타나다가 작은 콩알 크기 정도의 병반을 만들고 담갈색에서 갈색으로 진전되어 마른다. 표면에 흑색의 분생포자가 형성되며, 피해가 심하면 그 주의 생장은 중단되고 순멎이 현상을 나타낸다. 어린 과일에는 암록색으로 변하고 움푹 들어가는 흠집 모양의 병반이 생기며 흑색의 분생포자가 생긴다. 약간 큰 과실에는 표면에 수침상의 병반을 나타내고 확대되면 원형 또는 부정다각형의 병반이 되며, 그 곳에 그을음 모양의 곰팡이가 밀생한다. 병세가 진전되면 주의 병반이 합쳐져 대형의 병반이 된다. 과실은 병반부 내측으로 구부러지며 기형과가 된다. 늙은 과실에는 병반부위가 경화되어 더뎅이증상을 나타내기도 하고 균열되어 점액을 분비한다. 잎에는 수침상의 반점이 나타나고 갈색 또는 담갈색의 병반이 생긴다. 병세가 진전되면 병반이 불규칙하게 찢어져 별 모양의 구멍이 생긴다. 잎자루 등 덩굴에는 타원형 또는 길게 함몰되고 그을름 모양의 곰팡이가 밀생한다.

호박 검은점뿌리썩음병(黑點根腐病, Root rot) : *Monosporascus cannonballus.*

호박 균핵병(菌核病, Sclerotinia rot) : *Sclerotinia sclerotiorum.* 줄기, 잎, 잎자루, 과실에 발생한다. 줄기에서는 지제부가 변색되어 썩으며, 흰 균사가 자라다가 후에 부정형의 검은 균핵을 형성한다. 잎과 잎자루에서는 주로 상처부위에서부터 감염되어 흰 균사가 자라면서 썩고, 후에 균핵이 형성된다. 과실에서는 꽃이 달린 부위에서부터 감염이 시작되어 과실 안쪽으로 물러 썩으며, 흰 균사가 자라고, 균핵을 형성한다.

호박 노균병(露菌病, Downy mildew) : *Pseudoperonospora cubensis* (구명 : *Peronospora cubensis*). 주로 생육 중기 및 후기의 잎에 발생한다. 초기에는 잎의 앞면에 퇴록된 반점이 엷은 황색을 띠고 뒷면의 병반은 불분명하다. 아래 잎에서 먼저 발생되는데 병반들이 합쳐지면 잎이 말라죽는다. 환경이 적당하면 잎 뒷면에 이슬처럼 보이는 하얀 곰팡이가 다량 형성된다. 보통 생육 중기 이후부터 아래 잎에서 먼저 발생되며, 6시간 이상 100% 습도가 유지되면 발병된다. 주로 병든 식물체 내에서 난포자 상태로 월동하고 이듬해 1차 전염원이 되는데 발병 적온은 15∼20℃ 내외 이다.

호박 덩굴마름병(蔓枯病, Black rot, Gummy stem blight) : *Didymella bryoniae* (*Ascochyta cucumis*, *Mycosphaerella melonis*). 잎과 줄기에 발생하나 드물게는 과실에도 발생한다. 잎에는 처음 소형의 갈색 반점이 생기고, 진전되면 부정형의 대형 갈색병반(1~2㎝)으로 확대된다. 줄기와 과경에는 회백색의 작은 반점이 나타나고, 진전되면 줄기를 따라 상하로 병반이 확대되며, 심하면 줄기 전체가 고사하고, 병반상에는 작은 흑색점(병자각, 자낭각)이 많이 형성된다.

호박 덩굴쪼김병(蔓割病, Fusarium wilt) : *Fusarium oxysporum* f.sp. *niveum.* 유묘기에는 잘록증상으로 나타나며, 생육기에는 잎이 퇴록되고, 포기 전체가 서서히 시들며 황색으로 변해 말라죽는다. 시들음 증상을 보인지 3~5일이 지나면 회복이 어렵고 식물체는 곧 죽는다, 주로 하엽부터 황화되고, 한 쪽의 줄기가 먼저 시드는 경향을 보이는데, 어떤 때는 갑자기 포기 전체가 시들기도 한다. 병원균은 주로 곁뿌리가 나온 부분으로 침입하여 도관부를 침해하는데, 뿌리와 줄기 아래는 암갈색으로 썩는다. 간혹 끈적끈적한 수액이 병든 조직으로부터 유출되기도 하고, 줄기가 갈라지기도 한다. 기온이 상승한 건조한 낮 동안에는 심하게 시들고 아침에는 다소 회복되기도 하는데, 과실이 착과된 이후에 갑자기 시드는 경우가 많다.

호박 무름병(軟腐病, Rhizopus soft rot) : *Rhizopus stolonifer*.

호박 뿌리썩음병(根腐病, Pythium root & fruit rot) : *Pythium spinosum*. 유묘기에는 잘록증상을 일으키며, 생육중기 이후에는 시들음을 일으키는데, 땅에 닿은 과실이 썩기도 한다. 땅가 부위의 줄기나 뿌리는 수침상으로 썩고, 갈색을 띠며, 잎은 누렇게 변하고 시든다. 일반적으로 잔뿌리가 먼저 침해를 받고, 진전되면 주근과 줄기 아래로 병이 진전된다. 과실에는 흰 곰팡이 균사가 자라고, 후에 감염부위는 물컹하게 썩는다. 기온이 다소 서늘하고 토양이 다습한 조건에서 발생이 심하지만 외부 병징은 고온 건조시에 잘 나타난다. 병든 식물체내에서 난포자 상태로 월동 후, 토양 온도가 10℃ 이상 되면 다시 발아하여 활동을 시작하는데, 주로 물을 따라 전반되며, 관수 후 2~3일 내에 기주를 침입한다. 전염원은 주로 토양에 존재하며, 관수로 전염될 수도 있으며, 상처 없이도 침입이 가능하지만 상처가 있을 때 침입이 용이하다.

호박 역병(疫病, Phytophthora fruit rot) : *Phytophthora capsici*. 전 생육기에 발생되며 주로 굵은 뿌리와 지면과 맞닿은 줄기나 과실을 침해한다. 역병균은 주로 식물체의 지하부인 뿌리와 땅가 줄기를 침해하므로 식물체의 양·수분 이동통로가 파괴되어 시들고 결국 말라죽는다. 하지만, 기상조건에 따라 병원균이 빗물에 튀어 올라 줄기, 잎, 과일 등 모든 지상부위를 침해할 수도 있다. 병든 포기는 쉽게 뽑히고 뿌리는 연한 갈색으로 부패되며 불명확한 수침상의 부정형 병반으로 나타난다. 과실에는 초기에 부정형의 연한 갈색반점이 나타나 점점 확대되는데 땅과 맞닿거나 가까운 부위에서 시작되는 경우가 많다. 날씨가 흐리고 과습한 경우에는 병든 조직에 다량의 흰 균사와 번식체인 유주자낭을 형성하기도 한다. 역병균에 의해 병이 발생된 후에 다른 균이 이차적으로 침입하게 되면 병든 부위는 물컹하게 썩기도 하며 진한 갈색이나 검은색으로 변해 악취가 나기도 한다.

호박 잘록병(立枯病, Damping-off) : *Thanatephorus cucumeris* (무성세대 : *Rhizoctonia solani*). 유묘기부터 생육중기까지 발생한다. 어린 식물체는 지제부가 잘록하게 썩고, 감염된 묘는 잘 쓰러지며, 후에 말라죽는다. 어느 정도 자란 식물체는 줄기의 지제부가 움푹 들어가거나 갈라지면서 썩는다. 감염 부위는 흑갈색 내지 흑색으로 변하며, 지상부의 생장은 부진하다. 병원균의 병발생 관여 균사융합군 및 배양형은 AG-1(IB), AG-5인데, 생육초기까지는 이들 균사융합군이 모두 병을 일으킬 수 있으며, 생육중기에는 주로 AG-4에 의해서만 병이 발생한다. 기타 무잘록병 참조.

호박 잿빛곰팡이병(灰色黴病,Gray mold) : *Botrytis cinerea*. 잎, 과실, 잎자루에 발생한다. 과실에는 배꼽부분에서부터 시작되는데, 처음에는 수침상의 병반으로 나타나고, 황갈색으로 변해 썩는다. 진전되면 병반상에 회갈색의 분생포자가 무수히 형성된다. 잎과 잎자루에는 꽃잎이 떨어져 붙어 있는 부분에서 감염이 시작되며, 처음에는 갈색 소형 병반이 형성되고, 진전되면 대형의 회색 병반으로 확대된다.

호박 점무늬병(斑點病, Leaf spot) : *Cercospora citrullina*(*Cercospora cucurbitae*).

호박 탄저병(炭疽病, Anthracnose) : *Colletotrichum orbiculare* (*C. lagenaria*). 수확기의 과실이나 수확 후 저장중인 과실에서 발생한다. 처음에는 과실표면이 수침상으로 물러 보이고, 진전되면 약간 움푹 들어간 암갈색 내지 흑색의 원형병반이 형성된다. 심하게 진전되면 병반이 겹둥근무늬로 확대되고, 병반의 중앙부위는 물러 썩으며, 후에는 과실의 내부까지 병원균의 균사가 자라면서 심하게 썩는다.

호박 흰가루병(白粉病, Powdery mildew) : *Sphaerotheca fusca* (구명 : *Erysiphe fusca*, Current name : *Podosphaera fusca*). 주로 잎에 발생하며, 잎자루와 줄기에도 발생한다. 잎에는 처음 흰색의 분생포자가 점점이 나타나고 진전되면 잎 전체에 밀가루를 뿌려 놓은 것 같은 증상으로 변한다. 기온이 서늘해지면 병반상에 흑색소립점(자낭각)이 형성된다. 이 병으로 인하여 잎이 고사되는 일은 드무나, 발병이 심하면 잎이 노화되어 수확기간이 단축된다.

호프 노균병(露菌病, Downy mildew) : *Pseudoperonospora humuli* (*Peronospora humuli*). 맹아 직후의 줄기가 노균병균의 침해를 받으면, 잎이 황화되고 뒤로 말리는 현상이 나타나며, 절간이 짧아지고 줄기 끝에서부터 고사되기 시작한다. 완전히 성숙된 잎에 침입하면 엽맥과 엽맥 사이에 각형의 작은 황색반점이 형성되고, 이것이 확대되면서 반점들이 합쳐지며 갈색으로 변한다. 잎의 뒷면에는 무수히 많은 분생포자가 형성된다. 꽃망울이나 구화가 노균병균의 침입을 받으면 그대로 고사해 버린다. 구화에서는 포가 갈색으로 변하고 오므러 들며 상품가치가 현저히 떨어진다. 가을이 되어 기온이 낮아지면 수확 후의 줄기나 잎에 다시 분생포자를 형성한다. 유주자로 기공을 통해 침입하며, 기주조직 내에서 균사 또는 난포자로 월동한다.

활엽수 목재썩음병 : *Coriolus versicolor* (구명 : *Boletus versicolor, Polyporus versicolor*). 말라 죽은 변재를 갯솜처럼 희게 썩히며 심재도 연약해져 가루로 된다. 살아있는 엽수의 줄기도 침해하며 목재에 형성된 자실체에서 담자포자가 상처를 통해 침입한다. 자실체인 버섯으로 월동한다.

흰비단병(白絹病) : *Corticium rolfsii* (Current name : *Athelia rolfsii*, 무성세대 : *Sclerotium rolfsii*). 오이류, 가지, 담배, 토마토, 감자, 인삼, 무, 양배추 등에 발생하는 다범성 병이다. 줄기의 땅가에 발생하며, 병환부가 백색의 명주실과 같은 균사로 덮이고, 그 위에 잘 보이지 않을 정도 크기의 다갈색 균핵이 생긴다. 줄기는 썩고 잎은 시든다. 균핵에서 균사가 형성되어 전염되며, 균핵으로 토양에서 월동한다.

Ⅳ. 세균의 학명

Acidovorax avenae **pv.** ***avenae*** : 그람음성이며 호기성이고 속생모를 가진 간균이다. 형광색소를 분비하지 않으며, 질산염을 환원시키고, oxidase를 생성하지 않는다. Dextrose · galactrose · mannitol을 이용하여 산을 생성한다. 과거에는 *Pseudomonas*屬이었으나, *Acidovorax*屬으로 재분류되었다. DNA의 G+C mol %는 70.2이다(기타 세균의 특성은 Acidovorax 참조). 한국에서 벼의 세균성줄무늬병과 옥수수의 줄기썩음병을 일으키는 것으로 보고되어 있다.

A. avenae **pv.** ***citrulli*** : 그람음성이며 호기성이고 1개의 단극모를 가진 간균이다. Oxidase와 catalase · lipase를 생성하며 형광색소를 형성하지 않는다. PHB 입자를 축적하며, gelatin을 액화시킨다. Ethanol · n-propanol을 이용하며, glucose는 이용하지 않는다. McConkey 한천배지에서 자라며, 41℃에서 생육이 가능하다. DNA의 G+C mol %는 62～64이다(기타 세균의 특성은 Acidovorax 참조). 한국에서 수박의 과일썩음병과 멜론의 세균성과일썩음병을 일으키는 것으로 보고되어 있다. 과거의 학명은 *Pseudomonas pseudoalcaligens* subsp. *citrulli*였다.

Agrobacterium radiobacter : *Agrobacterium*屬 세균 중 식물에 혹 형성을 유도하는 Ti plasmid나 털뿌리 형성를 유도하는 Ri plasmid 등 병원성을 결정하는 plasmid가 없기 때문에, 병원성이 없는 세균의 종(種)이다(기타 세균의 특성은 Agrobacterium 참조). 호주의 A. Kerr(1972)은 bacteriocin을 생성하는 *A. radiobacter* strain 84를 이용하여 복숭아나무의 뿌리혹병(*A. tumefaciens*)을 성공적으로 방제하였으며, 이것은 식물세균병에 대한 생물적 방제법을 실용화한 첫 번째 예로 기록되었다.

A. rhizogenes : Ri(root inducing) plasmid를 가지고 있으며, 한국에서는 사과나무에 털뿌리병을 일으키는 것으로 보고되어 있다.

A. rubi : *Rubus*속 식물(산딸기, 멍석딸기, 멍덕딸기 등)에 혹을 만드는 혹병균이며, 한국에서는 아직 이 병원세균에 의한 병이 발견되지 않았다.

A. tumefaciens : 이 병원세균에 의한 혹병을 과거에는 근두암종병(根頭癌腫病)이라고 불렀다. 식물에 혹을 유도하는 Ti-plasmid를 가지고 있으며, 과수 등 목본식물 뿐만 아니라 고추 · 참외에도 혹병을 일으킨다. 한국에서 다음 식물의 뿌리혹병을 일으키는 것으로 보고되어 있다 : 가래나무, 감나무, 고추, 국화, 멜론, 밤나무, 배나무, 복사나무(복숭아나무), 사과나무, 사탕무, 살구나무, 삼나무, 은수원사시(현사시나무), 참외, 포도나무, 호프. 특히 근래에 한국 경북지방의 감나무에 이 병원세균에 의한 혹병이 심하게 발생되고 있다.

A. vitis : 주생모를 가진 그람음성 호기성 세균이며, 한국에서 포도나무에 뿌리혹병을 일으키는 것으로 보고되어 있다.

Arthrobacter ilicis : American holly의 세균성마름병균이다. 그람음성 간균으로 균체가 길게 자라지만, 그 후 짧게 잘라져서 작은 구균처럼 된다. Yeast extract-peptone 한천배지 상에서 노란색 콜로니를 형성하며, 운동성이 있다(기타 세균의 특성은 Arthrobacter 참조). 아직 한국에서는 이 병원세균에 의한 병이 발견되지 않았다.

Bacillus cereus : 내생포자를 형성하는 그람 양성인 간균이다. 주생모를 가지며 질산염을 환원하고 전분과 casein을 가수분해한다. 한천배지 상에서 매끈한 콜로니를 형성하며, 생육적온은 30℃이다. 직접 식물에 침입하여 기생하는 병원세균은 아니다. 그러나 담배의 근권토양에 이 세균의 밀도가 높아지면, 이 세균이 분비하는 어떤 독성 물질이 식물의 단백질 대사에 영향을 주어 잎이 가늘게 자라는 세엽병의 원인이 된다고 한다. 담배의 세엽병은 한국의 충북 청주와 경북 영양 지방에서 관찰된 바 있다.

B. megatrium pv. ***cerealis*** : 호기성 그람양성균이며, 둥글거나 긴 내생포자를 생성한다. 영양한천배지 상에서 배양하면 처음에는 어두운 노란색 콜로니를 형성하지만 오래 배양하면 흑갈색으로 된다(기타 세균의 특성은 Bacillus 참조). 밀의 white stripe병을 일으키는 것으로 알려져 있으나, 아직 한국에서는 이 병원세균에 의한 병이 발견되지 않았다.

B. subtilis : 토양, 마른풀, 먼지 등에 널리 분포하고 있어서 고초균(枯草菌)이라고도 부른다. 내생포자를 생성하며 주생모를 가진 호기성 그람양성 간균이다. Nutrient 한천배지에서 잘 자라기 때문에, 미생물학 실험에서 많이 사용되고 있는 세균이다. 이 세균이 일으키는 식물 병은 아직 알려지지 않았다.

Brenneria nigrifluens : 주생모를 가진 그람음성, 통성혐기성 간균이며, 과거의 학명은 *Erwinia nigrifaciens*였다. Bacto-EMB 한천배지에서 어두운 자주색 콜로니를 형성한다. CVP 한천배지에서 배양하면 콜로니 주변 배양기가 움푹 들어간다. Cystein에서 H_2S gas를 생성한다. 한국에서 복숭아나무와 자두나무에 세균성구멍병을 일으키는 것으로 보고되어 있다.

B. rubrifaciens : 주생모를 가진 그람음성, 통성혐기성 간균이며, 과거의 학명은 *Erwinia rubrifaciens*였다. Nutrient 한천배지에서는 약하게 자라지만, yeast extact glucose 한천배지에서는 잘 자라서 우유빛 내지 노란색 콜로니를 형성한다. 분홍색 색소인 rubrifacine를 생성하며, CVP 한천배지에서 배양하면 콜로니 주변 배양기가 움푹 들어간다. Cystein에서 H_2S gas를 생성한다. 호두나무 궤양병균이지만, 한국에서는 아직 이 병원세균에 의한 병이 보고되지 않았다.

Burkholderia andropogonis : 한국에서 카네이션의 반점세균병을 일으키는 것으로 보고되어 있다. 그람음성이며, 단극모를 가진 호기성 간균이다. 26~28℃에서 잘 자란다.

Glucose를 비롯한 많은 당류에서 산을 생성하며, gelatin을 액화시키지 않는다(기타 세균의 특성은 Burkholderia 참조). 과거의 학명은 *Pseudomonas woodsii*였다.

B. cepacia : 그람음성 호기성 간균이며, 1개 이상의 속생모를 가지고 있다. 생육적온은 30~35℃이며 40℃에서 생육이 가능하다. Oxidase와 PHB를 생성한다. 질산염을 환원하며, lipase를 생성하여 tween 80를 가수분해한다. D-ribose, saccharate, leburinate, ciraconate, meso-tartrate, adonitol, 2,3-butylene glycol을 이용하여 생육할 수 있다. 과거의 학명은 *Pseudomonas cepacia*였다. 한국에서 마늘의 부패병, 양배추의 무름병, 양파의 구(球) 썩음병을 일으키는 것으로 보고되어 있다.

B. gladioli pv. *gladioli* : 한국에서 글라디올러스의 세균성부패병을 일으키는 것으로 보고되어 있으며, 병원세균에 의해 감염된 종구에 의해서 전반된다. 그람음성, 호기성 간균이며, 1개 이상의 속생모를 가지고 있다. 생육적온은 30~35℃이며 41℃에서 생육이 가능하다. Gelatin을 가수분해하고 oxidase, lecithinase, lipase를 생성하며, 균체에 PHB를 집적한다. D-xylose, D-ribose, saccharate, ciraconate, mesaconate, D-tartrate, meso-tartrate, adonitol을 탄소원으로 이용한다. 과거의 학명은 *Pseudomonas gladioli* pv. *gladioli*였다.

B. glumae : 그람음성의 호기성 간균이고, 2~4개의 속생모를 가지고 있다. 감자 한천배지 상에서 형광색소를 생성하고, 질산염을 환원시키며, 전분을 가수분해하고 H_2S gas를 생성한다. Gelatin은 가수분해하지 않으며, 생육적온은 30~35℃이다. Arabinose, glucose, mannitol, inositol, fructose, galactose, mannose, xylose, glycerol을 이용하여 산을 생성한다. 과거의 학명은 *Pseudomonas glumae*였다. 종자전염을 하며, 벼과 식물의 근권(根圈)에서도 월동하여 전염원이 된다. 한국에서 벼 세균성벼알마름병과 잎집썩음병을 일으키는 것으로 보고되어 있다.

B. plantarii : 단극모 또는 3개 이내의 속생모를 가지고 있는 그람음성의 호기성 간균이며, 균체 안에 PHB 입자를 축적한다. 형광색소는 생성하지 않으며, 한천영양배지에서 약간 노란색의 콜로니를 생성하지만 특수배지에서는 적갈색 콜로니도 생성한다. Oxidase를 생성하고 gelatin을 액화시킨다. Arginine가수분해효소를 생성하지 않으며, 담배 잎에 침윤시켰을 때 초과민반응을 일으키지 않는다. Siderophore 유사물질인 troporone을 분비하여, 벼 잎에 황화마름현상을 일으키고 뿌리신장을 억제시킨다. 과거의학명은 *Pseudomonas plantarii*였다. 벼의 모마름병균으로 알려져 있으나, 한국에서는 아직 이 병원세균에 의한 피해가 보고되어 있지 않다.

Candidatus Phytoplasma asteris : 아직 Bergey's manual of systematic bacteriology 2판(2001)에 등재되지 못한 후보종이다. 마름무늬매미충(*Hishimonus sellatus*)이나 마름무늬매미충붙이(*Hishimonoides sellatiformis*), 담배장님노린재(*Cyrtopeltis tennuis*), 썩덩나무 노린재(*Halyomorpha halys*), 오대산매미충(*Scleroracus flavopictus*), 점

알락매미충(*Macrosteles orientalis*) 등에 의해 전염된다. 한국에서 이 병원체에 의해 발생되는 것으로 보고 된 식물 병은 다음과 같다 : 개머루 빗자루병, 국화 누른오갈병, 물푸레나무 빗자루병, 미나리 빗자루병, 밤나무 소엽병, 붉나무(오배자나무) 빗자루병, 뽕나무 오갈병, 섬왕머루 빗자루병, 솜대 빗자루병, 시호 오갈병(빗자루병), 오동나무 빗자루병, 왕대 빗자루병, 이팝나무 오갈병, 조릿대 빗자루병, 좀쇠물푸레나무 빗자루병, 참오동나무 빗자루병.

Candidatus **Phytoplasma castaneae** : 아직 Bergey's manual of systematic bacteriology 2판(2001)에 등재되지 못한 후보종이다. 한국에서 밤나무에 빗자루병을 일으키는 것으로 보고되어 있다. 이 병원체를 매개하는 곤충은 아직 알려져 있지 않다.

Candidatus **Phytoplasma puruni** : 아직 Bergey's manual of systematic bacteriology 2판(2001)에 등재되지 못한 후보종이다. 오대산매미충(*Ophiola flavopicula*=*Scleroracus flavopictus*) 등에 의해 전염되는 것으로 알려져 있으며, 한국에서 이 병원체에 의해 발생되는 것으로 알려진 식물 병은 다음과 같다. 개쑥부쟁이 누른오갈병, 섬쑥부쟁이 누른오갈병, 울릉미역취 빗자루병, 질경이 빗자루병, 창질경이 오갈병, 천궁 빗자루병.

Candidatus **Phytoplasma solani** : 아직 Bergey's manual of systematic bacteriology 2판(2001)에 등재되지 못한 후보종이다. 한국에서 백합에 대화병을 일으키는 것으로 알려져 있으며, 이 병원체의 매개충은 아직 알려져 있지 않다.

Candidatus **Phytoplasma trifolii** : 아직 Bergey's manual of systematic bacteriology 2판(2001)에 등재되지 못한 후보종이다. 한국에서 감자에 빗자루병을 일으키는 것으로 알려져 있으며, 오대산매미충(*Scleroracus flavopictus*)에 의해 전염된다.

Candidatus **Phytoplasma zizyphi** : 아직 Bergey's manual of systematic bacteriology 2판(2001)에 등재되지 못한 후보종이다. 마름무늬매미충(*Hishimonus sellatus*) 등에 의해 전염되며, 한국에서 이 병원체에 의해 발생되는 것으로 보고 된 식물 병은 다음과 같다 : 광나무 빗자루병, 대추나무 빗자루병, 묏대추나무 빗자루병, 수수꽃다리(라일락) 빗자루병, 산조나무 빗자루병, 제주광나무(당광나무) 빗자루병, 쥐똥나무 빗자루병.

Clavibacter michiganensis subsp. ***sepedonicus*** : 한국에서 감자에 둘레썩음병을 일으키는 것으로 보고되어 있다. 그람 양성의 호기성인 짧은 간균이며, 운동성이 없는 도관병균이다. Mannitol과 sorbitol을 이용하여 산을 생성하며, acetate, citrate, succinate를 이용한다. 감자전분을 가수분해하며, peptone을 이용하여 H_2S gas를 생성하지 않는다. 과거의 학명은 *Corynebacterium michiganense* subsp. *sepedonicum*이다.

C. michiganensis subsp. ***michiganensis*** : 한국에서 고추와 토마토에 궤양병을 일으키는

것으로 보고되어 있으며, 종자전염을 한다. 그람 양성의 호기성인 짧은 간균이며, 운동성이 없는 도관병균이다. Mannose를 이용하여 산을 생성하며, acetate, citrate, succinate를 이용한다. 감자전분을 가수분해하며, peptone을 이용하여 H_2S gas를 생성한다. 24~27℃에서 잘 자란다(기타 세균의 특성은 Clavibacter 참조). 과거의 학명은 *Corynebacterium michiganense* subsp. *michiganense*이다.

Curtobacterium flaccumfaciens pv. ***flaccumfaciens*** : 그람양성의 호기성균이며, 균체의 형태는 생육초기엔 짧은 막대모양이지만 생육시기에 따라 일정하지 않다. Catalase를 생성한다(기타 세균의 특성은 Curtobacterium 참조). 강낭콩의 세균성시들음병균으로 알려져 있지만, 한국에서는 아직 이 병원세균에 의한 피해가 보고되지 않았다.

C. flaccumfaciens pv. ***oortii*** : 그람양성의 호기성균이며, 균체의 형태는 생육초기엔 짧은 막대모양이지만 생육시기에 따라 일정하지 않다. Catalase를 생성하며, 균체의 측면에 몇 개의 편모가 있는 주모균이다. 한국에서 튜울립에 잎쪼김병을 일으키는 것으로 보고되어 있다.

C. flaccumfaciens pv. ***poinsettiae*** : 그람양성균의 호기성균이며, 균체의 형태는 생육초기엔 짧은 막대모양이지만 생육시기에 따라 일정하지 않다. Catalase를 생성하며, 노란색 비수용성 색소인 carotinoid를 생성한다. 포인세치아 궤양병균으로 보고되어 있지만, 한국에서는 아직 이 병원세균에 의한 피해가 보고되어 있지 않다.

Enterobacter cloacae : 주생모를 가진 그람음성의 혐기성 간균이다. VP test에서 양성반응을 하며, Arginine가수분해효소와 ornithine decarboxylase를 생성한다. D-glucose를 이용하여 gas를 생성하며 melibiose를 이용한다. Indol을 생성하지 않으며, arginine과 gelatin을 가수분해하지 않는다(기타 세균의 특성은 Enterobacter 참조). 참외의 내생균으로 잠복하여 있다가 참외의 저항성이 약해지면 급속히 증식하여 발효과의 원인이 된다.

E. pyriforiae : 한국에서 배나무에 가지마름병을 일으키는 것으로 보고되었다. 사과나무 및 배나무에 화상병을 일으키는 *Erwinia amylovora*와 매우 유사하지만 gelatin을 액화시키지 않으며 acetoin을 이용하지 않는 점에서 다르다.

E. pyrinus : 한국에서 배나무 잎에 갈색점무늬병을 일으키는 것으로 보고되어 있다. 주생모를 가진 그람음성의 짧은 간균이며, *Erwinia rhapontici* 및 *E. cypripedii*와 매우 유사한 형질을 나타낸다. 그러나 urease를 생성하며 erythromycin에 대해 저항성이고 D-lactose를 이용하지 못한다는 점에서 이 두 세균과 다르다.

Erwinia amylovora : 주생모를 가진 그람음성의 짧은 간균이다. Glucose를 5% 함유한 한천배지에서 흰색으로 융기된 콜로니를 형성한다. Gelatin을 액화시키고, fructose, D-galactose, D-glucose, ribose, sucrose, trehalose, citrate, formate, lactate를 이용한다. DNA의 G+C mol %는 53.6~54.1이다. EPS의 일종인 amylovorin이라는

독소를 생성한다(기타 세균의 특성은 Erwinia 참조). 한국에서 배나무와 사과나무에 화상병을 일으키는 것으로 보고되어있으나, 최근에 이 병이 관찰되지 않아 비슷한 병징을 나타내며 세균학적 특성이 비슷한 *Enterobacter pyriforiae* 또는 *Enterobacter pyrinus*를 잘못 동정한 것으로 의심되고 있다.

E. rhapontici : 주생모를 가진 그람음성의 짧은 간균이며, pink색 색소를 생성한다. Cystein을 이용하여 H_2S gas를 생성하며, 질산염을 환원시키고 5% NaCl 용액에서 생육이 가능하다. L-arabinose, cellobiose, escullin, fructose, D-galactose, D-glucose, glycerol, myo-inositol, inulin, lactose, maltose, D-mannitol, D-mannose, melibiose, raffinose, L-rhamnose, ribose, salicin, D-sorbitol, starch, sucrose, trehalose를 이용하여 산을 생성하며, citrate, formate, lactate를 이용한다. 한국에서 마늘・양배추・양파・파에 무름병을 일으키며, 뽕나무와 천궁에 줄기썩음병을 일으키는 것으로 보고되어 있다.

E. tracheiphila : 주생모를 가진 그람음성의 통성혐기성인 짧은 간균이다. Cystein을 이용하여 H_2S gas를 생성하며, fructose, D-galactose, D-glucose, sucrose를 이용한다. 한국에서 오이와 참외에 시들음병을 일으키는 것으로 보고되어 있다.

Escherichia coli : 대장균. 장내세균과에 속하며, 주생모를 가진 그람 음성의 통성혐기성인 짧은 간균이다. Catalase를 생성하지만 oxidase는 생성하지 않는다. Indole과 lysine decarboxylase를 생성하며, D-glucose를 이용하여 gas를 생성하고, L- arabinose, lactose, D-mannitol, D-sorbitol, trehalose, D-xylose를 이용하여 산을 생성한다. 보통 약자(*E. coli*)로 사용한다. 한천배지에서 잘 자라며 동물의 장내에 흔히 존재하기 때문에, 동물의 배설물에 오염되었는지를 알기 위한 지표균으로 사용하고 있다.

Gluconobacter oxidans : 그람음성 간균이다. 생육적온은 25~30℃이며, 영양한천배지에서 배양하면 무색 콜로니를 형성한다. Catalase를 생성하지만, oxidase는 생성하지 않는다. 질산염 환원, 젤라틴 액화, indole생성, 유화수소가스 생성 시험에서는 음성 반응을 나타낸다. Ethanol을 산화하여 acetic acid를 생성하며, D-glucose로부터 ketogluconic acid를 생성한다. 생육에 nicotinate가 필요하지만, ribitol이나 arabitol은 이용하지 않는다(기타 세균의 특성은 Gluconobacter 참조). 외국에서 파인애플 pink병균으로 알려져 있으며, 한국에서는 배나무의 과일에 갈색썩음병을 일으키는 것으로 보고되어 있다.

Herbaspirillum rubrisubalbicans : 그람음성균이며, 1개의 단극모나 3개 이내의 속생모를 가진 균체는 보통 vibroid형이다. 감자 한천배지에서 배양하면 중앙이 갈색이고 매끈한 콜로니를 형성한다. Oxidase를 생성하며, malate, fumarate, succinate, pyruvate, citrate를 영양원으로 이용하여 잘 자란다. 생육최적온도는 34℃이다(기타 세균의 특성은 Herbaspirillum 참조). 사탕수수의 mottled stripe병원균이며, 아

직 한국에서는 이 병원세균에 의한 피해가 보고되지 않았다.

Microbacterium phyllosphaerae : 목초의 엽권에서 처음 분리된 세균이다. 한천배지 상에서 노란색 콜로니를 형성하며, 단극모를 가진 그람양성의 호기성 간균이다. 2% NaCl 용액에서 생육이 가능하고 전분가수분해효소를 생성하며, phenyl acetate를 이용하며, glucose를 이용하여 산을 생성한다(기타 세균의 특성은 Microbacterium 참조). 한국에서 참외에 침입하여 내생균으로 잠복해 있다가, 참외의 저항성이 약해지면 급속히 증식하여 발효과의 원인이 되는 것으로 보고되었다.

Nocardia vaccini : 방선균문에 속하는 사상세균이며, esculin을 분해하고, meso-inocitol, D-mannitol, L-arabinose, pimelic acid를 이용한다. Acid phosphatase, α-esterase, β-esterase, nitrate reductase, urease를 생성하고 lysozyme에 저항성이다(기타 세균의 특성은 Nocardia 참조). Blueberry의 혹병균이지만, 아직 우리나라에서는 이 병원세균에 의한 피해가 보고되지 않았다.

Paenibacillus polymyxa : 4개 이상의 주생모를 가진 그람양성인 호기성 짧은 간균이며, 혐기적 조건에서도 생육이 가능하다. 전분을 가수분해 한다. 과거에는 *Bacillus*속으로 분류되던 세균이다. 근래에 식물생육촉진효과가 있는 근권세균(PGPR)으로 보고되어, 식물 병에 대한 생물적 방제 이용 가능 세균으로 관심을 모으고 있다. 한편 최근에는 이 병원세균이 높은 농도로 존재할 경우에는 저장 중인 인삼뿌리를 썩힐 수 있는 것으로 한국에서 보고되었다.

Pantoea ananas : 주생모를 가진 그람음성의 간균이다. VP test 결과 양성반응을 보이며, H_2S gas를 생성한다. Malonate와 L-arabinose, maltose, D-mannitol, D- mannose, L-rhamnose, salicin, sucrose, trehalose, D-xylose를 이용한다. D- glucose를 이용하여 산은 생성하지만 gas를 생성하지는 않는다. 질산염을 환원하며, catalase와 esculin 가수분해효소를 생성한다. 한국에서 벼의 내영갈변병과 칼랑코에 세균성무름병을 일으키는 것으로 보고되었다. 과거의 학명은 *Erwinia herbicola*였으나 *Pantoea agglomerans*를 거쳐 현재의 학명으로 개명되었다. 이 세균은 빙핵세균으로도 잘 알려져 있다.

P. ananas* pv. *miletia : 한국에서 등나무에 혹병을 일으키는 것으로 보고되었다. 주생모를 가진 그람음성의 짧은 통성혐기성 간균이며, 한천영양배지에서 옅은 노란색(yellowish white) 콜로니를 형성한다. 질산염을 환원시키고 catalase를 생성하며, levan을 생성한다. Citrate · acetate · gluconate를 영양원으로 이용하며, dextrose · galactose · maltose · mannitol · sucrose · xylose를 이용하여 산을 생성한다. 이 세균의 과거 학명은 *Pantoea agglomerans* pv. *miletia*였다.

P. stewartii : 운동성이 없는 그람음성의 통성혐기성 간균이며, 노란색 색소를 생성한다. 5% NaCl 용액에서 생육이 가능하고, melibiose, raffinose, L-arabinose, sorbitol, ribose, mannose, mannitol, lactose, xylose, trehalose를 이용하여 산을 생성한다.

Citrate, formate, lactate, tartrate를 이용한다. 옥수수 시들음병균이다. 과거의 학명은 *Erwinia stewartii*였으며, 아직 우리나라에서는 이 병원세균에 의한 피해가 알려져 있지 않다.

Pectobacterium carotovorum **subsp.** ***atrocepticum*** : 한국에서 감자의 줄기검은병을 일으키는 것으로 보고되어 있다. 그람음성의 주생모를 가진 짧은 간균이며, pectin 분해효소를 생성하는 통성혐기성균이다. Cystein으로부터 H_2S gas를 생성하며, gelatin을 액화시키고 질산염을 환원한다. Citrate, formate, lactate를 이용하며, mannose를 비롯한 많은 당류를 이용하여 산을 생성한다. 36℃에서 생육이 불가능하며, maltose와 α-methyl glucoside를 이용하여 산을 생성한다는 점에서 subsp. *carotovorum*과 다르다. 과거의 학명은 *Erwinia carotovora* subsp. *atroceptica*였다.

P. carotovorum **subsp.** ***carotovorum*** : Pectin분해효소를 생성하여 거의 모든 채소에 무름병을 일으킨다. 그람음성의 주생모를 가진 짧은 간균이며, 통성혐기성균이다. Cystein으로부터 H_2S gas를 생성하며, gelatin을 액화시키고, 질산염을 환원한다. Citrate, formate, lactate를 이용하며, mannose를 비롯한 많은 당류를 이용하여 산을 생성한다. 36℃에서 생육이 가능하며, casein 분해효소를 생성하고, glycerol을 이용하여 산을 생성한다는 점에서 subsp. *atrocepticum* 과 다르다. 과거의 학명은 *Erwinia carotovora* subsp. *carotovora* 였다. 한국에서는 다음 식물 병을 일으키는 것으로 보고되어 있다. 가지 무름병, 감자 무름병, 갓 세균성무름병, 고추 무름병, 고추냉이(겨자냉이) 무름병, 군자란 세균성무름병, 구약감자 무름병, 꽃양배추 세균성무름병, 담배 줄기속마름병, 당근 무름병, 마늘 무름병, 멜론 세균성무름병, 무 무름병, 바이올렛 세균성무름병, 배추 무름병, 백합 세균성무름병, 베고니아 세균성무름병, 부추 세균성무름병, 붓꽃 무름병, 비트 세균성무름병, 산취선인장 세균성무름병, 상추 무름병, 생강 세균성땅속줄기썩음병, 샐러리 무름병, 순무 무름병, 쑥갓 무름병, 시클라멘 세균성무름병, 양귀비 무름병, 양배추 무름병, 인삼 줄기속무름병, 치커리 세균성무름병, 토마토 무름병, 파 무름병, 파슬리 무름병, 호박 세균성무름병.

P. chrysanthemi **pv.** ***chrysanthemi*** : Pectin분해효소를 생성하는 혐기성균이며, 주생모를 가진 그람 음성의 짧은 간균이다. 36℃에서 생육이 가능하며 cystein을 이용하여 H_2S gas를 생성하고, D-glucose를 이용하여 산을 생성한다. 질산염을 환원시키며, phosphatase, lecithinase를 생성한다. Glycerol을 비롯한 많은 당류를 이용하여 산을 생성하며, citrate, formate, lactate, malonate를 이용한다. 과거의 학명은 *Erwinia chrysanthemi* pv. *chrysanthemi*였다. 한국에서는 다음 식물 병을 일으키는 것으로 보고되어 있다. 마늘 무름병, 알로에 무름병, 양배추 무름병, 파인애플 열매썩음병. 그 밖에 아직 pathovar가 동정되지 못한 *P. chrysanthemi*에 의해 발생되는 병은 다음과 같다 : 국화 세균성마름병, 무 무름병, 덴드로비움 세균성무름병, 바나나 무름병, 스킨답시스(은빛담쟁이덩굴) 세균성갈색부패병, 양란(심비디움) 잎무름

병, 팔레놉시스(호접란) 무름병.

P. cypripedii : Pectin분해효소를 생성하는 혐기성균이며, 주생모를 가진 그람 음성의 짧은 간균이다. 36℃에서 생육이 가능하며, cystein을 이용하여 H_2S gas를 생성한다. Gluconate를 산화시키며, D-glucose, trehalose등 많은 당을 이용하여 산을 생성한다. 질산염을 환원시키며, phenylalanine deaminase를 생성한다. Citrate, formate, galactronate, lactate, taltrate를 이용한다. 한국에서 군자란에 세균성 갈색부패병을 일으키는 것으로 보고되어있다. 과거의 학명은 *Erwinia cypripedii*였다.

Phytoplasma sp. : 1967년에 일본의 Doi 등이 오갈병에 걸린 뽕나무와 누른오갈병에 걸린 과꽃의 도관세포에서 발견하였다. 동물 폐역병균인 Mycoplasma속 원핵생물과 모양이 같지만, 인공합성배지에서 배양이 되지 않아 Mycoplasma유사체(MLO)라고 불렀다. 1994년 프랑스 보르도에서 열린 제10회 국제마이코플라스마학회에서 식물병원 MLO의 속명(屬名)을 *Phytoplasma*로 잠정 결정하였다. 세포벽이 없고 세포질은 두 겹의 세포질막에 싸여 있으며, tetracyclin계 항생물질에 저항성이다. 전 세계에서 100여 종의 식물에 병을 일으키는 것으로 알려져 있다. 매미충 또는 노린재 등의 흡즙성 곤충에 의한 충매전염이나 병든 식물을 이용한 영양번식에 의해 전염되는 것으로 알려져 있다. Bergey's manual of systematic bacteriology 2판(2001)에는 아직 이 속(屬)이 등재되어 있지 않으며, 이屬의 종 분류가 가능한 분류군에 대해 후보학명(canditatus)이 주어지고 있다. 한국에서 아직 후보종으로 분류되지 못한 phytoplasma에 의해 발생되는 것으로 보고 된 식물 병은 다음과 같다. 고구마 빗자루병, 구실밤나무 빗자루병, 리아트리스 빗자루병, 미역취 빗자루병, 산딸기 빗자루병, 산사나무 빗자루병, 상수리나무 빗자루병, 스타티스 빗자루병, 아까시나무 빗자루병, 왕머루 빗자루병, 왕쥐똥나무 빗자루병, 용담 빗자루병, 자두나무 빗자루병, 좀쥐똥나무 빗자루병, 참깨 엽화병, 참싸리 빗자루병, 토끼풀 오갈병, 파드득나물(반디나물) 빗자루병,

Pseudomonas corrugata : 속생모를 가진 그람음성의 호기성인 짧은 간균이다. 균체 안에 PHB 입자를 축적하며 형광색소를 생성하지 않는다. 한천배지 상에서 노란색의(때로 중앙이 초록색인) 주름진 콜로니를 형성한다. Gelatin을 가수분해하지만, 전분은 가수분해하지 않는다. 37℃에서 생육이 가능하다. Pectin 가수분해효소를 생성하지 않으며, 양파절편을 부패시키지 않고, D-arabinose, cellobiose, adipate, meso- tartrate, citraconate를 이용하지 않는다는 점에서 *Burkholderia cepacia* 및 *B. gladioli*와 다르다. 한국에서 토마토에 줄기속썩음병을 일으키는 것으로 1999년에 처음 보고되었다.

P. ararici : 1~2개의 편모를 가진 그람음성의 호기성인 짧은 간균이며, King B 한천배지 상에 배양하면 녹색 형광색소를 생성한다. Oxidase와 catalase · pectin 분해효소를 생성하며, 질산염을 환원시킨다. 전분과 esculin을 가수분해하며, levan을 생성한

다. Arabinose · glucose · mannitol을 이용하여 산을 생성한다. Acetate · benzoate · citrate · formate · fumarate · gluconate · lactate · propionate · succinate를 이용한다. 양송이버섯에 drippy gill병을, 느타리버섯에 yellow blotch병을 일으키지만, 한국에서는 아직 이 병 발생이 보고되지 않았다. Benzoate를 이용한다는 점에서 양송이와 느타리버섯에 갈색무늬병을 일으키는 *P. tolaasii*와 다르다.

P. cichorii : 1개 이상의 단극모 또는 속생모를 가진 그람음성의 호기성 짧은 간균이며, 균체 안에 PHB 입자를 집적하지 않는다. King B 한천배지에 배양하면 형광색소를 생성하며, oxidase와 lecithinase를 생성하고 arginine 가수분해효소를 생성하지 않는다. Fumarate, sucrose, glutarate, saccharate, maronate, m-tartrate, L-tartrate, α-ketoglutarate, pyruvate, L-tyrosine, lecithin을 이용한다. 한국에서 다음 식물 병을 일으키는 것으로 보고되어 있다. 당근 무름병, 지황 세균성잎마름병, 마늘 부패병, 상추 세균성썩음병, 양배추 세균성부패병, 인삼고무나무 세균성뿌리썩음병, 바나나 무름병.

P. fluorescens : 속생모를 가진 그람음성의 호기성인 짧은 간균이다. 균체 안에 PHB 입자를 축적하지 않으며, arginine을 가수분해한다. King B 한천배지에 배양하면 *P. syringae*의 pv.(pathovar)들처럼 푸른색 형광색소(fluorescin)를 생성하는 대표적인 세균이다. Oxidase를 생성하고 gelatin을 가수분해한다. 세균의 생리적 특성에 따라 5개의 biovar로 나누어지며, biovar II는 *Pseudomonas marginalis*와 같은 균이다. 생육적온은 25~30℃이다. 한국에서 인삼의 근부병 · 느타리버섯 등 버섯류의 세균성부패병을 일으키는 것으로 보고되어 있으며, 빙핵세균으로도 알려져 있다.

P. hibisci : 한국에서 황촉규에 세균성점무늬병을 일으키는 것으로 보고되었다. 이 세균의 학명은 *P. syringae* pv. *syringae*로 통합되었다.

P. marginalis* pv. *marginalis : Bergey's manual of systematic bacteriology 초판(1988)에 의하면, 이 세균에 대해 일반 세균학자들이 사용하는 학명은 *P. fluorescens* biotype II이다. 따라서 세균의 일반적 특성은 *P. fluorescens* biotype II와 같다. 한국에서 다음 식물 병을 일으키는 것으로 보고되어 있다 : 가지 무름병, 감자 부패병, 고추 무름병, 당근 무름병, 마늘 부패병, 마늘 잎집썩음병, 무 무름병, 배추 부패병, 백합 세균성무름병, 상추 세균성썩음병, 생강 세균성땅속줄기썩음병, 양배추 세균성부패병, 양파 구썩음병, 케일 세균성점무늬병, 토마토 무름병, 파 무름병.

P. putida : 속생모를 가진 그람음성의 호기성 짧은 간균이다. 균체 안에 PHB 입자를 축적하지 않으며, arginine을 가수분해한다. King B 한천배지 상에서 배양하면 푸른색 형광색소를 생성하며, oxidase를 생성하고 glucose, 2-ketogluconate, L-valine, β-alanine을 이용한다. 생화학적 특성에 따라 biovar A와 B가 있으며, biovar B는

testosterone, L-tryptophan, L-kynurenine, anthranilate를 이용하고 DNA의 G+C mol %가 60.7이라는 점에서 biovar A와 다르다. Biovar A는 위 영양소를 이용하지 못하며, DNA의 G+C mol %가 62.5이다. 한국에서 이 세균의 biovar A가 콩나물에 세균성부패병을 일으키는 병원세균으로 보고되어 있다. 그러나 감자의 생육을 촉진시키는 식물생육촉진근권세균(PGPR)으로도 알려져 있으며, 또 이 세균이 생성하는 siderophore가 각종 식물에 시들음병을 일으키는 *Fusarium oxysporum*의 후벽포자 발아를 억제한다는 보고도 있다.

P. savastanoi **pv.** ***glycinea*** : 속생모를 가진 그람음성의 호기성인 짧은 간균이다. 균체 안에 PHB 입자를 축적하지 않으며, arginine을 가수분해하지 않는다. 25℃에서 잘 자란다. King B 한천배지 상에 배양하면 푸른색 형광색소를 생성하며, oxidase를 생성하지 않는다. Glucose, mucate, succinate, glycerol, L-aspartate, L-glutarmate, L-glutamine, fumarate, carprate, pyruvate, L-alanine를 이용하지만, D-tartrate를 이용하지 못한다는 점에서 *P. viridiflava*와 다르다. 한국에서 콩 잎에 세균성점무늬병을 일으키는 병원세균으로 보고되어 있으며, 과거의 학명은 *P. syringae* pv. *glycinea*이다. Levan을 형성하고 inositol, trigonellin, quinate를 영양원으로 이용하지만, betaine과 sorbitol을 이용하지 못한다는 점이 *P. syringe*의 다른 pathovar들과 다르다.

P. savastanoi **pv.** ***phaseolicola*** : 속생모를 가진 그람음성의 호기성인 짧은 간균이다. 균체 안에 PHB 입자를 축적하지 않으며, arginine을 가수분해하지 않는다. King B 한천배지 상에 배양하면 푸른색 형광색소를 생성하며, oxidase를 생성하지 않는다. Glucose, mucate, succinate, glycerol, L-aspartate, L-glutarmate, L-glutamine, fumarate, carprate, pyruvate, L-alanine를 이용하지만, D-tartrate를 이용하지 못한다는 점에서 *P. viridiflava*와 다르다. 강낭콩의 잎에 halo blight를 일으키는 병원세균이며, 과거의 학명은 *P. syringae* pv. *phaseolicola*이다. 한국에서는 아직 이 병원세균에 의한 피해가 보고되지 않았다. Levan을 형성하고 trigonellin, quinate를 영양원으로 이용하지만, inositol과 sorbitol을 이용하지 못한다는 점이 *P. syringe*의 다른 pathovar들과 다르다.

P. savastanoi **pv.** ***savastanoi*** : 속생모를 가진 그람음성의 호기성인 짧은 간균이다. 균체 안에 PHB 입자를 축적하지 않으며, arginine을 가수분해하지 않는다. King B 한천배지 상에 배양하면 푸른색 형광색소를 생성하며, oxidase를 생성하지 않는다. Glucose, mucate, succinate, glycerol, L-aspartate, L-glutarmate, L-glutamine, fumarate, carprate, pyruvate, L-alanine를 이용하지만, D-tartrate를 이용하지 못한다는 점에서 *P. viridiflava*와 다르다. Mannitol과 betaine을 영양원으로 이용하지만, levan을 형성하지 못하며 quinate와 erythritol을 이용하지 못한다는 점이 *P. syringe*의 다른 pathovar들과 다르다. Indole acetic acid(IAA)를 생성하여 올리브

나무에 혹병을 일으키는 병원세균이다. 아직 한국에서는 이 병원세균에 의한 피해가 보고되지 않았다. 과거의 학명은 *P. syringae* pv. *savastanoi*였다.

P. syringae : 속생모를 가진 그람음성의 호기성인 짧은 간균이다. 균체 안에 PHB 입자를 축적하지 않으며, arginine 가수분해효소와 oxidase를 생성하지 않는다. 균체의 크기는 0.7~1.2×1.5㎛이며, King B 한천배지에 배양하면 푸른색 형광색소(fluorescin)를 생성하는 대표적인 세균이다. Glucose, mucate, succinate, glycerol, L-aspartate, L-glutarmate, L-glutamine, fumarate, carprate, pyruvate, L-alanine를 이용하지만, D-tartrate를 이용하지 못한다는 점에서 *P. viridiflava*와 다르다. 많은 식물 병원세균을 pathovar로 포함하고 있다. 이 세균에 의해 한국에서 발생되는 것으로 보고 된 병 중에서, 병원세균의 pathovar가 동정되지 못한 세균에 의한 병은 다음과 같다. 강활 궤양병, 더덕(사삼) 세균성마름병, 도라지 순마름병, 독일붓꽃 세균성잎마름병, 두릅나무 궤양병, 양다래 꽃썩음병, 은방울꽃 세균성잎마름병.

P. syringae **pv. *actinidiae*** : 속생모를 가진 그람음성의 호기성 짧은 간균이다. 균체 안에 PHB 입자를 축적하지 않으며, arginine을 가수분해하지 않는다. King B 한천배지 상에서 배양하면 푸른색 형광색소를 생성하며, oxidase를 생성하지 않는다. Glucose, mucate, succinate, glycerol, L-aspartate, L-glutarmate, L-glutamine, fumarate, carprate, pyruvate, L-alanine를 이용하지만, D-tartrate를 이용하지 못한다는 점에서 *P. viridiflava*와 다르다. 한국에서 양다래(키위)에 궤양병을 일으키는 병원세균으로 보고되어있다.

P. syringae **pv. *aptata*** : 속생모를 가진 그람음성의 호기성인 짧은 간균이다. 균체 안에 PHB 입자를 축적하지 않으며, arginine을 가수분해하지 않는다. King B 한천배지 상에서 배양하면 형광색소를 생성하며, oxidase를 생성하지 않는다. Glucose, mucate, succinate, glycerol, L-aspartate, L-glutarmate, L-glutamine, fumarate, carprate, pyruvate, L-alanine를 이용하지만, D-tartrate를 이용하지 못한다는 점에서 *P. viridiflava* 와 다르다. Levan을 형성하고 inositol, trigonellin, quinate, erythritol, D-tartrate, L-lactate, betaine, sorbitol을 영양원으로 이용하지만, L-tartrate와 anthranilate를 이용하지 못한다는 점이 *P. syringe*의 다른 pathovar들과 다르다. 한국에서 사탕무의 잎에 세균성점무늬병을 일으키는 것으로 보고되어 있다.

P. syringae **pv. *lachrymans*** : 속생모를 가진 그람음성의 호기성인 짧은 간균이다. 균체 안에 PHB 입자를 축적하지 않으며, arginine을 가수분해하지 않는다. King B 한천배지 상에서 배양하면 형광색소를 생성하며, oxidase를 생성하지 않는다. Glucose, mucate, succinate, glycerol, L-aspartate, L-glutarmate, L-glutamine, fumarate, carprate, pyruvate, L-alanine를 이용하지만, D-tartrate를 이용하지 못한다는 점

에서 *P. viridiflava* 와 다르다. Levan을 형성하고 inositol, trigonellin, quinate, erythritol, D-tartrate, L-lactate, sorbitol을 영양원으로 이용하지만, betaine, L-tartrate, anthranilate를 이용하지 못한다는 점이 *P. syringe* 의 다른 pathovar들과 다르다. 한국에서 오이 잎에 세균성모무늬병과 호박 잎에 세균성점무늬병을 일으키는 병원세균으로 보고되어 있다.

P. syringae **pv.** ***maculicola*** : 속생모를 가진 그람음성의 호기성인 짧은 간균이다. 균체 안에 PHB 입자를 축적하지 않으며, arginine을 가수분해하지 않는다. King B 한천배지 상에서 배양하면 형광색소를 생성하며, oxidase를 생성하지 않는다. 25~27℃에서 잘 자란다. Glucose, mucate, succinate, glycerol, L-aspartate, L- glutarmate, L-glutamine, fumarate, carprate, pyruvate, L-alanine를 이용하지만, D-tartrate를 이용하지 못한다는 점에서 *P. viridiflava*와 다르다. 대부분이 십자화과 채소에 침입하지만, 주로 무에 병을 일으키는 계통과 배추·순무를 침입하는 계통으로 나누어진다. 무에 침입하는 계통은 불투명한 콜로니를 형성하며 잎에 큰 병반을 형성하는 계통과 투명한 콜로니를 형성하며 잎과 뿌리에 모두 병반을 형성지만 잎에 작은 병반을 형성하는 계통으로 나누어진다. 한국에서 무와 배추의 세균성검은무늬병을 일으키는 것으로 보고되어 있다.

P. syringae **pv.** ***mori*** : 속생모를 가진 그람음성의 호기성인 짧은 간균이다. 균체 안에 PHB 입자를 축적하지 않으며, arginine을 가수분해하지 않는다. King B 한천배지 상에서 배양하면 형광색소를 생성하며, oxidase를 생성하지 않는다. Glucose, mucate, succinate, glycerol, L-aspartate, L-glutarmate, L-glutamine, fumarate, carprate, pyruvate, L-alanine를 이용하지만, D-tartrate를 이용하지 못한다는 점에서 *P. viridiflava*와 다르다. Levan을 형성하고 mannitol, inositol, trigonellin을 영양원으로 이용하지만, betaine, quinate, erythritol, L-tartrate와 anthranilate를 이용하지 못한다는 점이 *P. syringe*의 다른 pathovar들과 다르다. 생육적온은 28~32℃이며, 이 균주의 약 50%는 빙핵활성을 가지고 있어서 식물에 상해(霜害)를 유발시킬 수 있다. 한국에서 뽕나무의 잎과 새순에 세균성오갈병을 일으키는 병원세균으로 보고되어 있다.

P. syringae **pv.** ***morsprunorum*** : 속생모를 가진 그람음성의 호기성인 짧은 간균이다. 균체 안에 PHB 입자를 축적하지 않으며, arginine을 가수분해하지 않는다. King B 한천배지 상에서 배양하면 형광색소를 생성하며, oxidase를 생성하지 않는다. Glucose, mucate, succinate, glycerol, L-aspartate, L-glutarmate, L-glutamine, fumarate, carprate, pyruvate, L-alanine를 이용하지만, D-tartrate를 이용하지 못한다는 점에서 *P. viridiflava*와 다르다. Levan을 형성하고 betaine, mannitol, inositol, trigonellin, quinate, L-tartrate, anthranilate, sorbitol을 영양원으로 이용하지만, D-tartrate와 L-lactate를 이용하지 못한다는 점이 *P. syringe*의 다른

pathovar들과 다르다. 한국에서 매실나무와 자두나무, 양다래(키위)나무와 양앵두나무에 궤양병을 일으키는 병원세균으로 보고되어 있다.

P. syringae pv. *panaci* : 속생모를 가진 그람음성의 호기성인 짧은 간균이다. 1922년에 Tanaka(中田覺五郞)와 Takimoto(瀧元淸透)가 조선총독부 권업모범장 보고서에서 한국의 인삼 뿌리에 엿빛무름병을 일으키는 병원세균으로 보고하였다. 그러나 국제세균명명규약(1980)에서는 이 학명을 인정하지 않고 있다.

P. syringae pv. *phaseolicola* : Levan과 전분가수분해효소를 생성하지 않으며, 41℃에서 자라지 못한다. Mannitol · quinate · glucose · L-alanine · L-asparagine · D-laffinose를 탄소원으로 이용하지만, inositol · sorbitol · erythritol · cellobiose · trehalose · L-rhamnose · adonitol · L-lactate · L-leucine은 이용하지 못한다. 한국에서 칡나무에 세균성점무늬병을 일키는 원인균으로 보고되어 있다.

P. syringae pv. *porri* : 속생모를 가진 그람음성의 호기성인 짧은 간균이다. 균체 안에 PHB 입자를 축적하지 않으며, arginine을 가수분해하지 않는다. King B 한천배지 상에서 배양하면 형광색소를 생성하며, oxidase를 생성하지 않는다. Glucose, mucate, succinate, glycerol, L-aspartate, L-glutarmate, L-glutamine, fumarate, carprate, pyruvate, L-alanine를 이용하지만, D-tartrate를 이용하지 못한다는 점에서 *P. viridiflava*와 다르다. 한국에서 마늘의 세균성점무늬병균으로 보고되어 있다.

P. syringae pv. *sesami* : 속생모를 가진 그람음성의 호기성인 짧은 간균이다. 균체 안에 PHB 입자를 축적하지 않으며, arginine을 가수분해하지 않는다. King B 한천배지 상에서 배양하면 형광색소를 생성하며, 30℃에서 잘 자란다. Oxidase는 생성하지 않는다. Glucose, mucate, succinate, glycerol, L-aspartate, L-glutarmate, L-glutamine, fumarate, carprate, pyruvate, L-alanine를 이용하지만, D-tartrate를 이용하지 못한다는 점에서 *P. viridiflava*와 다르다. Levan을 형성하고 betaine, inositol, trigonellin, quinate, L-tartrate, erythritol을 영양원으로 이용하지만, mannitol, sorbitol, D-tartrate, L-lactate를 이용하지 못한다는 점이 *P. syringe* 의 다른 pathovar들과 다르다. 한국에서 참깨의 잎에 세균성점무늬병을 일으키는 병원세균으로 보고되어 있다.

P. syringae pv. *syringae* : 속생모를 가진 그람음성의 호기성인 짧은 간균이다. 균체 안에 PHB 입자를 축적하지 않으며, arginine을 가수분해하지 않는다. King B 한천배지 상에서 배양하면 형광색소를 생성하며, oxidase를 생성하지 않는다. Glucose, mucate, succinate, glycerol, L-aspartate, L-glutarmate, L-glutamine, fumarate, carprate, pyruvate, L-alanine를 이용하지만, D-tartrate를 이용하지 못한다는 점에서 *P. viridiflava*와 다르다. Levan을 형성하고 betaine, mannitol, inositol, trigonellin, quinate, erythritol, anthranilate, sorbitol, L-lactate를 영양원으로 이

용하지만, L-tartrate, anthranilate, homoserine을 이용하지 못한다는 점이 *P. syringe*의 다른 pathovar들과 다르다. 한국에서 콩과 팥의 세균성갈색무늬병, 수수꽃다리(라일락)의 세균성잎마름병, 양파의 구썩음병, 배나무와 사과나무의 가지마름병을 일으키는 병원세균으로 보고되어 있다.

P. syringae pv. ***tabaci*** : 속생모를 가진 그람음성의 호기성인 짧은 간균이다. 균체 안에 PHB 입자를 축적하지 않으며, arginine을 가수분해하지 않는다. King B 한천배지 상에서 배양하면 형광색소를 생성하며, oxidase를 생성하지 않는다. Glucose, mucate, succinate, glycerol, L-aspartate, L-glutarmate, L-glutamine, fumarate, carprate, pyruvate, L-alanine를 이용하지만, D-tartrate를 이용하지 못한다는 점에서 *P. viridiflava*와 다르다. Levan을 형성하고 betaine, mannitol, inositol, trigonellin, quinate, L-tartrate, sorbitol을 영양원으로 이용하지만, D-tartrate, L-lactate, anthranilate, homoserine을 이용하지 못한다는 점이 *P. syringe*의 다른 pathovar들과 다르다. 담배 잎에 들불병을 일으키며, tabtoxin을 생성하여 검은 갈색 병반 주위의 잎 조직을 황변시켜 노란 달무리를 형성시킨다. 그러나 한국의 황색종 담배산지에서는 tabtoxin 생성능력을 상실한 이 병원세균의 변종(strain *angulata*)에 의한 모무늬 병징이 흔하게 발생되고 있다. 이 병원세균에 의한 모무늬 병징은 담배 잎에 검은 갈색 점무늬 병반으로 나타나지만, 병반 주위의 노란색 달무리는 나타나지 않는다.

P. syringae pv. ***tagetis*** : 속생모를 가진 그람음성의 호기성인 짧은 균이다. 균체 안에 PHB 입자를 축적하지 않으며, arginine을 가수분해하지 않는다. King B 한천배지 상에서 배양하면 형광색소를 생성하며, oxidase를 생성하지 않는다. Glucose, mucate, succinate, glycerol, L-aspartate, L-glutarmate, L-glutamine, fumarate, carprate, pyruvate, L-alanine를 이용하지만, D-tartrate를 이용하지 못한다는 점에서 *P. viridiflava* 와 다르다. 한국에서 군자란에 세균성점무늬병을 일으키는 것으로 보고되어 있다.

P. syringae pv. ***theae*** : 속생모를 가진 그람음성의 호기성 짧은 간균이다. 균체 안에 PHB 입자를 축적하지 않는다. King B 한천배지 상에서 배양하면 형광색소와 catalase를 생성하며, oxidase는 생성하지 않는다. Glucose, mucate, succinate, glycerol, L-aspartate, L-glutarmate, L-glutamine, fumarate, carprate, pyruvate, L-alanine를 이용하지만, D-tartrate를 이용하지 못한다는 점에서 *P. viridiflava* 와 다르다. Levan을 생성하며 gelatin을 가수분해하고, D-sorbitol, sucrose, D-mannose, D-mannitol, D-galactose, fructose, L-arginine을 이용한다. 전분을 가수분해하지 않으며, 질산염을 환원시키지 않고 H_2S와 indole도 생성하지 않는다. 한국에서 차나무 갈색마름병의 병원세균으로 보고되어 있다.

P. tolaasii : 5개 이내의 속생모를 가진 그람음성의 호기성인 짧은 균이다. Oxidase를 생성하고 King B 한천배지에서 배양하면 형광색소를 생성하며, glucose를 이용하여

산을 생성한다. Gelatin을 액화시키며, arginine을 가수분해하지 않는다. 감자를 부패시키지 않으며, levan을 생성하지 않는다. Mannitol, sorbitol, m-tartrate를 영양원으로 이용한다. Tolaasin이라는 독소를 생성하며, 한국에서 양송이의 갈색무늬병과 느타리버섯·표고버섯의 세균성부패병을 일으키는 것으로 보고되어 있다.

P. viridiflava : 속생모를 가진 그람음성의 호기성인 짧은 간균이다. 균체 안에 PHB 입자를 축적하지 않으며, arginine을 가수분해하지 않는다. King B 한천배지 상에서 배양하면 형광색소를 생성하며, oxidase를 생성하지 않는다. Glucose, mucate, succinate, glycerol, L-aspartate, L-glutarmate, L-glutamine, fumarate, carprate, pyruvate, L-alanine를 이용하지 못하지만, D-tartrate를 이용한다는 점에서 *P. syringae* pv.들과 다르다. 한국에서 이 병원세균에 의해 발생되는 것으로 보고 된 식물 병은 다음과 같다. 가지 무름병, 갓 세균성잎마름병, 고추 무름병, 당근 무름병, 배추 세균성갈색줄무늬병, 상추 세균성썩음병, 벤자민고무나무 세균성잎마름병, 양배추 세균성부패병, 왜당귀(잎당귀) 세균성점무늬병, 인삼고무나무 세균성뿌리썩음병, 토마토 세균성검은무늬병, 황금대만고무나무 세균성잎마름병.

Ralstonia solanacearum : 그람 음성의 호기성인 짧은 간균이며, 속생모를 가지고 있지만 1개의 단극모를 가진 균체가 대부분이다. 균체 안에 PHB 입자를 축적하며, arginine 가수분해효소를 생성하지 않는다. 형광색소를 생성하지 않으며, lipase를 생성하여 tween 80을 분해한다. 전분과 gelatin을 가수분해 하지 않는다. Sucrose, trehalose, benzoate, gluconate, acetate, citrate, glycerol, L-aspartate, L-glutamate, fumarate, pyruvate를 영양원으로 이용한다(기타 세균의 특성은 Ralstonia 참조). 많은 가지과 식물에 시들음병을 일으키는 병원세균이다. 이 세균은 기주식물의 물관 속에서 급속히 증식하며, 균체의 세포벽을 둘러싸고 있는 점질다당류 때문에 세균덩어리를 형성한다. 그 결과 세균 덩어리가 식물의 물관을 막기 때문에 시들음병이 발생되는 것으로 알려져 있다. 이 밖에 glycoprotein으로 된 독소와 섬유소분해효소를 생성하여 식물세포를 죽이는 것으로 알려져 있다. 과거의 학명은 *Pseudomonas solanacearum* 이었으나, *Burkholderia solanacearum* 을 거쳐 현재의 학명으로 재분류되었다. 기주범위에 따라 5개의 race로 분류된다. 한국에서 이 세균에 의해 발생되는 것으로 보고 된 식물 병은 다음과 같다. 감자 풋마름병, 가지 풋마름병, 고추 풋마름병, 담배 세균성마름병, 들깨 풋마름병, 땅콩 풋마름병, 생강 세균성땅속줄기썩음병, 참깨 풋마름병, 토마토 풋마름병, 해바라기 풋마름병.

Rathayibacter tritici : 최근에 *Clavibacter* 속으로부터 분리·신설된 Rathaybacter 속 세균을 구성하는 세 종(*R. iranicum, R. rathayi, R. tritici*) 중 하나이다. 그람음성 호기성균이며, 노란색 색소를 생성한다. Inulin을 이용하여 산을 생성하며, acetate를 영양원으로 이용하지만 formate는 이용하지 못한다. Esculin은 가수분해하지만 casein은 가수분해하지 못한다. 그러나 *R. iranicum*은 aceton을 이용하지 못하며,

*R. rathayi*는 acteton을 이용하지 못할 뿐만 아니라, inulin을 이용하여 산을 생성하지도 않는다는 점에서 *R. tritici*와 구별된다. 방선균문에 속하는 사상세균이며, 밀의 malformation병균이다(기타 세균의 특성은 Rathayibacter 참조). 아직 한국에서이 병원세균에 의한 피해는 보고되지 않았다.

Rhizobacter daucus : *Rhizobacter*속은 일본의 Goto와 Kuwata에 의해 1988년에 신설된 새로운 屬이며, *R. daucus*는 이屬을 구성하는 유일한 종이다. 대부분의 식물 병원세균이 eutrophs인데 비하여 이 세균은 oligotrophs이다(세균의 특성은 Rhizobacter 참조). 당근의 세균성뿌리혹병균이지만, 아직 한국에서는 이 병원세균에 의한 피해가 보고되어 있지 않다.

Rhizobium leguminosarum : 주생모를 가진 그람음성의 호기성인 짧은 간균이다. Nitrogenase를 생성하며, yeast extract mannitol 한천배지에서 잘 자란다. Glucose, galactose, fructose, arabinose, xylose, rhamnose, maltose, sucrose, lactose, fumarate, citrate를 영양원으로 이용한다(기타 세균의 특성은 Rhizobium 참조). 클로버의 뿌리에 공생하는 뿌리혹세균이다.

Rhizomonas suberifaciens : *Rhizomonas*속은 van Bruggen 등에 의해 1990년에 신설된 새로운屬이며, *R. suberifciens*는 이屬을 구성하는 유일한 종이다. 대부분의 식물 병원세균이 eutrophs인데 비하여 이 세균은 oligotrophs이다(세균의 특성은 Rhizomonas 참조). 상추의 corkyroot병균이지만, 아직 한국에서는 이 병원세균에 의한 피해가 보고되어 있지 않다.

Rhodococcus fascians : 그람양성이며 호기성인 사상세균이다. Exopeptidase를 생성하여 pyroglutamate를 이용하며, tyrosine을 degradation시킨다. Mannose, citraconic acid, D-mandelic acid, spermine을 탄소원으로 이용하고, L-asparagine을 탄소원 및 질소원으로 이용한다(기타 세균의 특성은 Rhodococcus 참조). 완두의 대화병균이지만, 아직 한국에서는 이 병원세균에 의한 피해가 보고되어 있지 않다.

Serratia liquefaciens : 주생모를 가진 그람음성의 임의적 혐기성인 짧은 간균이다. 한천영양배지 상에서 배양하면 우유 빛 콜로니를 형성한다. Catalse를 생성하지만 oxidase와 indole을 생성하지 않으며, methyl red, VP test에서 양성으로 반응한다. Lysine decarboxylase, ornithine decarboxylase, gelatin 가수분해 효소, esculin 가수분해효소를 생성한다. D-glucose를 이용하여 산을 생성하며, L-arabinose, glycerol, maltose, D-mannitol, D-mannose, sallicin, D-sorbitol, sucrose, trehalose, D-xylose를 영양원으로 이용한다(기타 세균의 특성은 Serratia 참조). 우리나라에서는 경상북도 봉화지역에서 인삼 뿌리썩음병균으로 분리 동정되었다. 인삼 뿌리를 암갈색으로 끈적끈적하게 썩히며 냄새가 난다.

S. proteamaculans : 주생모를 가진 그람음성의 임의적 혐기성인 짧은 간균이다. Catalse를 생성하지만 oxidase와 indole을 생성하지 않는다. Lysine decarboxylase, ornithine decarboxylase, lipase, gelatin 가수분해효소를 생성한다. D-glucose를 이용하여 산과 gas를 생성하며, L-arabinose, maltose, D-mannitol, D-mannose, melibiose, raffinose, sucrose, trehalose, D-xylose를 영양원으로 이용한다. 용왕꽃(king protea, *Protea cynaloides*)의 잎에 점무늬병을 일으키는 병원세균이지만, 아직 한국에서는 이 병원세균에 의한 피해가 보고되어 있지 않다.

Spiroplasma citri : 세포벽과 편모가 없는 부정형균이며, 생육에 cholesterol이 필요하다. 균체의 모양은 공모양, 타원형, 나선형으로 다양하다. Arginine을 가수분해하고 phosphatase activity가 있다. Glucose와 fructose를 이용하여 산을 생성한다(기타 세균의 특성은 Spiroplasma 참조). 생육최적온도는 30~32℃이며 37℃에서는 전혀 자라지 않는다. 감귤나무의 오갈병균이지만, 아직 한국에서는 이 병원세균에 의한 피해가 보고되어 있지 않다.

Streptomyces acidiscabies : 사상세균이며, 감자의 더뎅이병균이다. 직파상형으로 길게 뻗으며 끝이 약간 휘어진 포자사슬과 흰색 포자덩이를 형성한다. 배지 이면의 영양균사는 갈색이다. Tyrosine 한천배지에서 배양하면 melanin 색소를 생성하지 않는 것으로 알려져 있으나, 한국에서 분리된 균주는 melanin 색소를 생성한다. L-arabinose · D-fructose · rhamnose · sucrose · D-xylose · L-proline · L-methionine을 이용한다. Xylan을 가수분해하지만, arbutin과 polygalactronic acid를 가수분해하지 못한다. Strain에 따라 raffinose에 대한 이용성이 다양하지만, 한국에서 분리된 균주는 이용하지 않는 것으로 보고되었다. pH 4.0 이하에서도 잘 자란다. 20μg strptomycin ml^{-1}이나 10 IU penicillin ml^{-1}에서 자랄 수 있다. 한국에서도 1998년에 이 병원세균에 의한 더뎅이병 발생이 확인되었다.

S. anulatus : 과거의 학명은 *S. griseus*였으나 이 학명으로 통합되었다. 토양에 많이 서식하고 있는 방선균이며, spore chain은 꾸불꾸불하다. Czapek 's solution 한천배지에서 약하게 자란다. Streptomycin · streptocin · mannosidostreptomycin · cycloheximide를 비롯한 여러 종류의 항생물질을 생성한다.

S. cabiscabies : *S. scabies*와 *S. ipomoea*가 나선형으로 꼬불꼬불한 포자사슬을 형성하는데 비하여, 이 세균은 나선형이 아닌 포자사슬을 형성한다. YME배지에서 melanin 색소를 생성하지 않으며, 황금빛 또는 밝은 갈색 콜로니를 형성한다. 포자는 흰색이다. Raffinose · L-proline · L-methionine을 이용하며, xylan을 가수분해한다. L-arabinose · D-fructose · D-mannitol · rhamnose · sucrose · D-xylose를 이용하지 못한다. pH 4.5에서 자랄 수 없는 점이 *S. acidiscabies*와 다르며, 4% NaCl 농도에서 자라지 못한다. 0.1% phenol, 20μg strptomycin ml^{-1}이나 10 IU penicillin ml^{-1}에서 자라지 못한다. 캐나다에서 감자 더뎅이병을 일으키는 것으로 알려져 있으나, 아직 한국에서는 이 병원세균에 의한 피해가 보고되지 않았다.

S. ipomoea : 나선형으로 꼬불꼬불한 포자사슬을 형성한다. YME배지에서 황금빛 콜로니를 형성하며, melanin 색소는 생성하지 않는다. 포자는 푸른색이다. L-arabinose · D-fructose · D-mannitol · raffinise · rhamnose · sucrose · D-xylose · L-proline · L-methionine을 이용한다. arbutin과 polygalactronic acid를 가수분해하지만, xylan을 가수분해하지 못한다. 4% NaCl 농도에서 자랄 수 있다. 0.1% phenol, 20μg strptomycin ml^{-1}, 0.5μg crystal violet ml^{-1}이나 10 IU penicillin ml^{-1}에서 자랄 수 있다. 한국에서 고구마 더뎅이병을 일으키는 것으로 2001년에 보고되었다.

S. luridiscabiei : 포자는 흰색 내지 노란색이며 표면이 매끈하고, 구불구불한 spore chain을 만든다. Tyrosine 한천배지와 peptone 한천배지에서 melanin 색소를 생성한다. pH 4.5에서 생육이 가능하며, 5% NaCl 농도에서 자라지 못한다. L-arabinose · D-fructose · D-glucose · D-mannitol · raffinose · rhamnose · sucrose · D-xylose · i-inositol을 이용한다. 0.1% phenol이나 20μg strptomycin ml^{-1}에서 생육하지 못하지만, 0.5μg crystal violet ml^{-1}이나 10 IU penicillin ml^{-1}에서 자랄 수 있다. DNA의 G+C mol %는 70.3이다. 한국에서 대지마 품종의 감자에 더뎅이병을 일으키는 것으로 2003년에 보고되었다.

S. niveiscabiei : 포자는 흰색이며 표면이 매끈하고, 구불구불한 spore chain을 만든다. Tyrosine 한천배지와 peptone 한천배지 모두에서 melanin 색소를 만들지 않는다. pH 3.5에서 자랄 수 있지만, 5% NaCl 농도에서 자라지 못한다. L-arabinose · D-fructose · D-glucose · D-mannitol · raffinose · rhamnose · sucrose · D-xylose · i-inositol을 이용한다. 0.5μg crystal violet ml^{-1} · 0.1% phenol · 20μg strptomycin ml^{-1}에서 생육하지 못하지만, 10 IU penicillin ml^{-1}에서 자랄 수 있다. DNA의 G+C mol %는 70.1이다. 한국에서 대지마 품종의 감자에 더뎅이병을 일으키는 것으로 2003년에 보고되었다.

S. puniciscabiei : 포자는 창백한 오렌지색이며 가시로 뒤덮여 있고, 구불구불한 spore chain을 만든다. Melanin 색소를 tyrosine 한천배지에서 생성하지만, peptone 한천배지에서는 만들지 않는다. pH 3.5 및 7% NaCl 농도에서 생육이 가능하다. L-arabinose · D-fructose · D-glucose · D-mannitol · raffinose · rhamnose · sucrose · D-xylose · i-inositol을 이용한다. 20μg strptomycin ml^{-1}에서 생육하지 못하지만, 0.1% phenol이나 0.5μg crystal violet ml^{-1} · 10 IU penicillin ml^{-1}에서 자랄 수 있다. DNA의 G+C mol %는 68.3이다. 한국에서 대지마 품종의 감자에 더뎅이병을 일으키는 것으로 2003년에 보고되었다.

S. rimosus subsp. *pseudoverticillatus* : Spore chain은 나선형이며, 포자색은 흰색 또는 노란색이고, 포자 표면은 매끈하다. Melanin 색소는 분비하지 않는다. Czapek's solution 한천배지에서 약하게 자란다. Adonitol을 이용하며, L-rhamnose는 이용하

지 않는다. Streptomycin과 neomycin에 저항성이다. 토양에 많이 서식하고 있는 방선균이며, oxytetracyclin을 비롯한 여러 종류의 항생물질을 생성한다.

S. scabies : 사상세균이며, 나선형으로 꼬불꼬불한 포자사슬과 회색 포자덩이를 형성한다. 포자의 표면은 매끈하고 배지 이면의 영양균사는 갈색이다. Tyrosine 한천배지에서 배양하면 melanin 색소를 생성한다. L-arabinose · D-fructose · D-glucose · D-mannitol · rhamnose · sucrose · D-xylose · inosotol을 이용한다. Raffinose를 이용하며, pH 5.0 이하에서 자라지 않는다는 점이 *S. acidiscabies*와 다르다. 괴경에 침입한 병원세균은 thaxtomin이라는 물질을 생성하여 괴경의 표피세포를 코르크층처럼 거칠어지게 한다. 한국에서 감자의 더뎅이병을 일으키는 병원세균으로 1989년에 처음 보고 되었으며, 당근의 더뎅이병균으로도 보고되어 있다. 더뎅이병을 일으키는 병원세균 중 우점종으로 알려져 있다.

S. turgidiscabies : 직파상형 spore chain을 형성하고 포자의 색은 회색이며 melanin 색소를 생성하지 않는다. pH 4.5 이상의 산성에서 생육한다는 점에서 *S. acidiscabies*와 다르며, raffinose를 이용한다는 점이 *S. scabies*와 다르다. 그 밖의 *S. scabies*가 이용하는 당류를 모두 이용한다. 20μg strptomycin ml^{-1}, 0.1% phenol, 0.5μg crystal violet ml^{-1}, 100μg oleandomycin ml^{-1}에서 모두 감수성이다. 감자 괴경에 괴저를 일으키는 thaxtomin을 생성한다. 1998년에 한국에서도 이 병원세균에 의한 감자 더뎅이병 발생이 보고되었다.

Xanthomonas arboricola* pv. *pruni : 1개의 단극모를 가진 그람음성의 호기성인 간균이다. 노란 색소인 xanthomonadin을 생성하며, esculin을 가수분해한다. 우유단백질 분해효소를 생성하며, peptone에서 H_2S gas를 생성한다. Glucose · sucrose · trehalose를 영양원으로 이용한다. Arabinose · mannose · galactose · cellobiose · fructose를 영양원으로 이용한다는 점에서 *X. axonopodis* 와 다르다(기타 세균의 특성은 Xanthomonas 참조). 식물의 잎에 작은 수침상 점무늬를 생성하며, 이 점무늬가 점차 커져 구멍이 되고 심하면 잎이 낙엽진다. 과거의 학명은 *X. campestris* pv. *pruni*였다. 한국에서 이 병원세균에 의해 발생되는 것으로 보고 된 병은 다음과 같다. 복사나무(복숭아나무) 세균성구멍병, 살구나무 세균성구멍병, 앵두나무 세균성구멍병, 양앵두나무 세균성구멍병, 자두나무 세균성구멍병.

X. axonopodis* pv. *citri : 1개의 단극모를 가진 그람음성 호기성인 간균이며, 노란색 색소인 xanthomonadine을 생성하여 한천배지 상에서 노란색 콜로니를 생성한다. 전분가수분해효소와 esculin 가수분해효소를 생성하며, H_2S gas를 생성한다. 우유단백질을 가수분해하지 않으며, arabinose · mannose · galactose · cellobiose · fructose를 영양원으로 이용하지 않는다는 점에서 *X. campestris*와 다르다. 한국에서 감귤나무에 궤양병을 일으키는 것으로 보고되어 있다. 과거에는 *X. campestris*의 pathovar로 분류되었었다. 기주세포 증생유전자를 가지고 있기 때문에, 식물의 병반을 돌출시킨다.

X. axonopodis **pv.** ***diffenbachiae*** : 1개의 단극모를 가진 그람음성인 호기성 간균이며, 노란색 색소인 Xanthomonadine을 생성하여 한천배지 상에서 노란색 콜로니를 생성한다. Casein과 esculin을 가수분해하며, peptone을 이용하여 H_2S gas를 생성한다. Arabinose · glucose · mannose trehalose · cellobiose · fluctose를 이용하여 산을 생성하며, acetate · citrate · malate · propionate · succinate · lactate를 영양원으로 이용한다. 한국에서 홍학꽃의 잎에 점무늬병을 일으키는 것으로 보고되어 있다. 과거의 학명은 *X. campestris* pv. *diffenbachiae*였다.

X. axonopodis **pv.** ***glycines*** : 1개의 단극모를 가진 그람음성 호기성인 간균이며, 노란색 색소인 Xanthomonadine을 생성하여 한천배지 상에서 노란색 콜로니를 생성한다. 전분과 esculin을 가수분해하며, peptone을 이용하여 H_2S gas를 생성한다. Trehalose를 이용하여 산을 생성한다. 한국에서 콩 잎에 불마름병을 일으키는 것으로 보고되어 있으며, 과거의 학명은 *X. campestris* pv. *glycines*였다. 콩 잎에 담록색의 작은 점무늬가 생겨서 점차 커지면서 중앙부위가 흑갈색으로 변한다.

X. axonopodis **pv.** ***malvacearum*** : 한국에서 목화 잎에 모무늬병을 일으키는 것으로 보고되어 있으며, 세균의 특징은 홍학꽃의 점무늬병균이나 콩 불마름병균과 비슷하다. 과거의 학명은 *X. campestris* pv. *malvacearum*였다.

X. axonopodis **pv.** ***phaseoli*** : 한국에서 강낭콩 불마름병과 팥 세균성잎마름병을 일으키는 것으로 보고되어 있으며, 세균의 특징은 홍학꽃의 점무늬병균이나 콩 불마름병균과 비슷하다. 과거의 학명은 *X. campestris* pv. *phasoli*였다.

X. axonopodis **pv.** ***phaseoli*** **var.** ***fuscans*** : 한국에서 팥 세균성점무늬병을 일으키는 원인균으로 보고되었다. 병원세균의 특징은 콩 불마름병균과 비슷하지만, King B 한천배지에서 배양하였을 때 갈색색소를 생성하며 cis-aconitate를 영양원으로 이용하지 않는다.

X. campestris : 많은 식물에 도관병이나 점무늬병을 일으키는 병원균으로 알려져 왔다. 이 병원세균은 몇 가지 형질에 의해 *X. axonopodis* 및 *X. arboricola*로 나누어졌다. *X. campestris*는 5% glucose를 함유한 배지에서 점질(mucoid) 형태의 콜로니를 형성하며, 우유단백질을 가수분해하고 arabinose와 cellobiose를 영양원으로 이용하여 산을 생성한다. *X, campestris*도 기주식물에 따라 여러 pathovar로 분류된다. 한국에서 아직 pathovar가 동정되지 못한 *X. campestris*에 의해 발생되는 것으로 알려진 식물 병은 다음과 같다. 뽕나무 가지썩음병, 왜당귀(잎당귀) 세균성검은줄기병, 인도고무나무 세균성점무늬병, 드라세나 세균성점무늬병, 스킨답시스(은빛담쟁이덩굴) 세균성점무늬병, 그러나 이 식물 병원균은 pathovar가 동정이 되지 않았을 뿐만 아니라 *X. campestris*로부터 *X. arboricola* 및 *X, axonopodis*가 분리되기 전에 동정된 것들이기 때문에 정확한 재동정이 필요하다.

X. campestris pv. ***aurantifolli*** : 중남미에서 감귤나무에 궤양병을 일으키는 것으로 알려졌으나, 아직 한국에서는 이 병원세균에 의한 피해가 보고되지 않았다. 기주세포 증생유전자를 가지고 있기 때문에, 식물의 병반을 돌출시킨다.

X. campestris pv. ***campestris*** : *X. campstris*로부터 기주 식물에 대한 병원성과 몇 가지 형질에 따라 재분류되었다. 30~32℃에서 잘 자란다. 한국에서 무·배추·양배추·꽃양배추·케일에 검은썩음병을 일으키는 것으로 보고되어 있다.

X. campestris pv. ***citrumelo*** : 중남미 및 북미에서 감귤나무에 궤양병을 일으키는 것으로 알려져 있으나, 아직 한국에서는 이 병원세균에 의한 피해가 보고되지 않았다. 이 병원세균은 *X. axonopodis* pv. *citri*가 가지고 있는 기주세포 증생유전자(*pth*A·*pth*B·*pth*C)를 가지고 있지 않기 때문에, 한국의 감귤나무 궤양병에서처럼 식물의 병반을 돌출시키지는 않는다.

X. campestris pv. ***sesami*** : 한국에서 참깨에 세균성잎마름병을 일으키는 것으로 2005년에 보고되었다. Acetate·L-aranine·cellobiose·citrate·dextrin·D-fructose·D-galactose·D-glucose·L-gluconate·glycerol·ketoglutarate·maltose·D-mannose·D-melibiose·sucrose·D-trehalose·L-threonine을 이용한다. 18~36℃에서 자랄 수 있으며, 27℃에서 잘 자란다.

X. hortorum pv. ***carotae*** : 당근의 세균성점무늬병균이며, 아직 한국에서는 이 병원세균에 의한 피해가 보고되지 않았다. 과거의 학명은 *X. campestris* pv. *carotae*였다.

X. hortorum pv. ***pelargonii*** : 한국에서 제라늄의 세균성점무늬병을 일으킨다고 보고되었다. 과거의 학명은 *X. campestris* pv. *pelargonii*였다.

X. hyacinthi : 히야신스의 뿌리썩음병을 일으키지만, 아직 한국에서는 이 병원세균에 의한 피해가 보고되지 않았다. 과거의 학명은 *X. campestris* pv. *hyasinthi*였다.

X. oryzae pv. ***oryzae*** : 벼에 흰잎마름병을 일으키며, 한국에서는 1930년에 일본인 다케우치(武內)에 의해 전라남도 해남에서 처음 발견되었다. 1개의 단극모를 가진 그람음성의 호기성인 짧은 간균이며, 한천배지 상에서 옅은 노란색 콜로니를 형성한다. 생육최적 온도는 26~30℃이며, 파지에 대한 감수성에 따라 5 계통의 파아지형(A~E의 phagotype)으로 나눈다. 일본에는 A계통이 많으나 한국에는 B계통이 많은 것으로 알려져 있다. 과거의 학명은 *X. campestris* pv. *oryzae*였다.

X. vesicatoria : 한국에서 고추의 세균성점무늬병을 일으키는 것으로 보고되었다. 과거의 학명은 *X. campestris* pv. *vesicatoria*였으며, 최적생육 온도는 28℃이다. 외국에서는 판별품종에 의해 구분되는 7개의 race가 보고되어 있으며, 이 가운데 2개의 race가 한국에도 분포되어 있는 것으로 보고되어 있다. 한국에 분포되어 있는 race 3는 모두 구리제(銅製)에 대해 저항성인 것으로 알려져 있다. 외국에서는 토마토에만 침범하는 토마토 계통(tomato strain)과 고추에 침범하는 고추 계통(pepper strain)이 알려져 있다.

Xylella fastidiosa : *Xylella*속(屬)을 구성하는 유일한 종(種)이다(이 세균의 특성은 Xylella 참조). PD3 배지(tryptone 4g, soytone 2g, trisodium citrate 1g, disodium succinate 1g, hemine chloride 0.01g, potatp starch 2g, $MgSO_4 \cdot 7H2O$ 1g, K_2HPO_4 1.5g, KH_2PO_4 1g, agar 15g)에서 생육한다. Carbenicillin 12.5 ㎍/㎖ 및 gentamycin 80 ㎍/㎖를 함유한 배지에서 못 자라지만, penicillin G 6.25㎍/㎖를 함유한 배지에서는 자란다. 포도나무 Piere's병균이지만, 아직 한국에서는 이 병원세균에 의한 피해가 보고되지 않았다.

Xylophilus ampelinus : *Xylophilus*속(屬)을 구성하는 유일한 종(種)이다(이 세균의 특성은 Xylophilus 참조). 포도나무 궤양병균이지만, 아직 한국에서는 이 병원세균에 의한 피해가 보고되지 않았다.

V. 세균의 병명

가지과작물 풋마름병(bacterial wilt of Solanaceae) : 병원세균은 *Ralstonia solanacearum*이다. 33과 197종이 넘는 식물에 병을 일으키며, 흰독말풀·까마중·독말풀 등 가지과 잡초에도 침범한다. 우리나라에서는 고추·토마토·참깨·담배에서 피해가 심하다. 이 병원세균에 의한 병을 보통 세균성풋마름병 또는 풋마름병(青枯病)이라고 부르지만, 담배에서는 세균성마름병(立枯病)이라고 부른다. 판별식물에 대한 병원성에 따라 5개의 race와 영양요구성에 따라 5개의 biovar로 나눈다.

Race	기 주 범 위	Biovar	분포지역
1	대부분의 가지과 식물	1, 3, 4	전세계
2	3배체 바나나, *Heliconia* sp.	1, 3, 4	중남미
3	감자, 토마토	2	전세계
4	뽕나무	5	중 국
5	생 강		호 주

밭 흙 속에 섞여 있는 병든 식물의 찌꺼기에서 월동한 병원세균이 주로 땅가 부분의 줄기나 뿌리에 생긴 상처를 통하여 침입한다. 병원세균이 흙탕물에 섞여서 또는 순지르기하는 도구에 묻어서 전반되기도 한다. 식물체 내에 침입한 세균이 물관에 도달하면 빠른 속도로 증식하여, 끈적끈적한 덩어리를 만들어 물관을 막기 때문에 식물이 시들게 된다. 또 세균이 생성하는 효소와 독소는 식물의 도관세포와 조직을 파괴한다. 한 포기에서도 병원세균에 의해 감염된 한쪽 잎부터 시들며, 병이 진전되면 포기의 잎 전체가 시들어 죽게 되고, 병원세균에 감염된 물관이 썩어서 줄기 외피까지 흑갈색의 줄무늬를 나타낸다. 병든 줄기를 잘라 보면 물관부위가 검게 썩어 있으며, 잘라진 줄기토막을 습한 곳에 보관하면 검게 썩은 물관부위로 우유 빛 고름이 밀려 나온다. 병든 줄기를 잘라 물위에 띄어 놓으면, 검게 썩은 물관 부위로부터 물 속으로 하얀 실처럼 세균이 누출된다. 뿌리혹선충(*Meloidogyne incognita* 외 3종)이나 고자리파리(*Delia antiqua*)의 유충이 많으면 뿌리에 상처를 주어 병 발생이 많아진다. 침수되었던 밭이나 인산비료를 많이 준 밭, 질소비료를 적게 준 밭에서 이 병의 발생이 많다. 토마토를 양액재배 하는 하우스에서 한번 공급하였던 양액을 회수하여 다시 공급하게 되면, 하우스 안의 모든 토마토에 병원세균을 전반시킬 수 있다.

감귤나무 궤양병(asiatic citrus bacterial canker) : 병원세균은 *Xanthomonas axonopodis* pv. *citri*이며, 병든 식물 조직에서 월동한 병원세균이 바람을 동반한 비나 흐르는

물 또는 곤충(잎을 가해하는 굴파리 등)에 의해 감수성 식물로 전반된다. 병원세균이 기공이나 상처를 통해 감수성 식물에 침입하며, 종자전염은 아직 알려져 있지 않다. 잎에 약간 돌출된 작은 병반이 형성되어 주위가 수침상 으로 되고, 점차 흑갈색으로 커지면 병반 주위가 노랗게 된다. 가지와 줄기에도 병반이 형성되며, 특히 열매에 생긴 과일은 상품성을 떨어뜨린다. 이 병은 일본·한국·중동에서 발생되는 토착병이며, 한국에서는 1935년에 처음 발생된 것이 기록되었다. 스위트오렌지·자몽·레몬·라임 등 감귤류 과수에서 발생되며, 제주도에서 재배되는 온주밀감나무에서 8월경에 가장 심하게 발생된다. 고온 다습할 때 이 병의 발생이 많다. 이 병을 방제하기 위하여 태풍이 불기 전에 농용항생제를 뿌려주거나, 새싹이 트기 전에 농용항생제 또는 동(銅)수화제를 뿌려준다.

감귤나무 스터번병(citrus stubborn) : 병원균은 *Spiroplasma citri* 이며, 병든 식물을 이용한 접목 또는 흡즙성 곤충인 매미충에 의해 전염된다. 잠복기간이 매우 길고 감염되어도 즉시 죽지는 않지만, 생산성은 매우 나빠진다. 곁눈이 일찍 싹 터서 마디 사이가 짧은 잔 가지가 총생하여 다발을 이루며, 잎은 작아지고 얼룩무늬가 생기거나 노랗게 변한다. 열매가 적게 맺히며 작아지거나 기형이 되고 맛도 없다. 십자화과·핵과류 등 많은 식물의 사부에서 발견되며, 완두나 강낭콩은 이 병원체가 감염되면 말라죽는다. 지중해 연안 국가들과 미국 캘리포니아에서 오렌지와 자몽에 가장 위협적인 병을 알려져 있지만, 아직 한국에서는 발생되지 않고 있다. 병든 나무에 테트라싸이클린을 수간 주사하면, 병징 발현이 억제된다.

감자 더뎅이병(scab of potato plants) : 한국에서 이 병의 병원세균으로 *Streptomyces scabies* 가 알려져 있었으나, 1998년 이후에 *S. acidiscabes, S. luridiscabiei, S. niveiscabiei, S. puniciscabiei, S. turgidiscabes* 에 의해서도 이 병이 발생되는 것으로 알려졌다. *S. scabies* 는 pH 5.0 이하의 산성에서 자라지 못하지만, *S. acidiscabes* 는 pH 4.0 이하의 산성에서도 잘 자란다. 토양이나 병든 식물 조직에서 월동한 병원세균이 흐르는 물이나 바람에 날리는 흙먼지를 타고 또는 병든 식물조직과 함께 감수성 식물로 전반된다. 병원세균의 포자가 발아하면 감수성 식물의 상처나 기공·피목을 통하여, 또는 어린 조직의 표피를 뚫고 괴경에 침입한다. 그러나 습도가 높으면 감자 괴경 표피가 콜크화되어 병원세균의 침입이 어렵다고 한다. 병원세균에 감염된 감자 괴경이 처음에는 부분적으로 검은 색으로 변하며, 병반이 점점 커지면서 그 표면이 콜크 모양으로 거칠어진다. 이 코르크층은 감자 괴경 표피보다 약간 부풀어 오르거나 3~4㎜ 정도 함몰되기도 한다. 한국에서 전국적으로 발생되고 있으며 평균 발병율이 30%에 이른다고 한다. 이 병이 수량감소에 미치는 영향보다는 감자의 상품성을 떨어뜨리는 피해가 크다. 캐나다에서는 *S. cabiscabies* 가 이 병을 일으키는 것으로 알려져 있으며, 한국에서 *S. ipomoeae* 가 고구마에 더뎅이병을 일으키는 것으로 알려져 있다.

감자 둘레썩음병(ring spot of potato plants) : 병원세균은 *Clavibacter michiganensis* subsp. *sepedonicus*이며, 병든 괴경에서 월동한다. 병든 괴경을 자른 칼이나 괴경을 담아두는 자루를 통하여 전반 된다. 병든 식물은 개화기 이후에 작은 잎이 노랗게 변하며, 병이 진전됨에 따라 잎 가장자리가 죽고 식물체 전체가 위축되거나 시든다. 줄기나 괴경을 잘라보면 물관 부위가 갈변되어 있고, 이 부분을 옆에서 누르면 갈색으로 변한 물관 부위에서 우유 빛 고름이 나온다. 18~24℃에서 잘 발병되며, 26℃ 이상이 되면 발병이 억제된다.

감자 빗자루병(witches' broom of potato plants) : 병원 원핵생물은 *candidatus* Phytoplasma trifolii이며, 아직 Bergey's manual of systematic bacteriology 2판(2001)에 등재되지 못한 후보종이다. 한국에서는 1997년과 1998년에 강원도 평창과 제주도 북제주군 대정읍에서 발생된 것으로 처음 보고되었다. 병든 식물은 잎이 쪼글쪼글해지고 잘 자라지 못하여 왜화 되며, 가느다란 줄기가 총생한다. 오대산매미충(*Scleroracus flavopictus*)에 의해 전염된다.

감자 흑각병(black leg of potato plants) : 병원세균은 *Pectobacterium carotovorum* subsp. *atrosepticum*이며, 한국에서는 제주도에서 발생된 것으로 1997년에 처음 보고되었다. 일본에서는 *P. chrysanthemi* pv. *chrysanthemi*도 이 병을 일으키는 것으로 알려져 있다. 1차 전염원은 병든 괴경이며, 포복지를 통해 건전한 괴경으로 침입한다. 병든 조직에서 흘러나온 병원세균이 빗물이나 곤충을 통해 전반된다. 병든 씨감자에서 싹이 난 줄기는 검게 변하며 아래 잎부터 노랗게 변하며 시들고, 심하면 포기 전체가 노랗게 되어 포기가 쓰러지기도 한다. 줄기의 유관속은 갈색으로 변하며, 병이 진전되면 줄기의 유관속은 물론이고 괴경 속까지 썩어서 속이 비게 된다. 토양이 저온·다습할 때 많이 발생하며, 이 병을 예방하기 위하여 아그리마이신 등 농용항생제를 씨감자에 뿌려서 종자소독한 후 말리고 절단하여 사용한다.

갓 세균성잎마름병(bacterial leaf blight of brown mustard plants) : 병원세균은 *Pseudomonas viridiflava*이며, 한국에서는 1996년에 전남 여수에서 발생된 것으로 처음 보고되었다. 병든 잎에 작은 수침상 부정형 점무늬가 생겨서 점차 병든 쪽이 위축되기 때문에 잎이 기형이 된다. 병이 더 심해지면 병든 잎이 회백색으로 말라 죽는다.

고추 궤양병(bacterial canker of pepper plants) : 병원세균은 *Clavibacter michiganensis* pv. *michiganensis*이며, 병든 식물조직 또는 병원세균에 감염된 종자가 중요한 월동처가 된다. 병든 잎에 물집과 같은 작은 점무늬가 생겨서, 점무늬의 중앙부위에서는 괴사가 일어나고 점무늬의 주변은 흰색 테두리가 형성된다. 잎 뒷면의 병반 중심에는 작은 더뎅이가 형성된다. 피망의 과실에서는 작고 하얀 점무늬가 생겨서 과피 위로 돌출되며, 점점 커져서 새눈 모양의 병반이 형성된다.

고추 세균성점무늬병(bacterial spot of pepper plants) : 병원세균은 *Xanthomonas vesicatoria*이며, 병든 식물조직에서 월동하여 토양전염도 가능하지만 종자전염이 가장 흔한 전염방법이다. 빗물에 의해 비산·전반되어 기공이나 상처를 통해 감수성 식물에 침입한다. 병든 고추의 잎에 암갈색 원통형 또는 부정형의 작은 점무늬가 생기고, 이 점무늬 주변에 노란색 달무리가 형성 된다. 병이 진전되면 여러 개의 점무늬가 합쳐져서 흑갈색 큰 병반이 된다. 잎 뒷면의 병반 중앙에 작고 볼록한 더뎅이가 생기기 때문에 더뎅이병이라고도 부른다. 심하면 잎자루와 줄기·과일에도 암갈색 병반이 생기며, 서늘하고 습도가 높은 환경에서 발병이 많다. 종자를 55℃의 더운물에 30분간 담가서 소독하면 종자전염을 막을 수 있으며, 비가림 재배를 하면 병 발생이 크게 줄어든다. 이 병을 방제하기 위한 농약은 포리동 수화제·쿠퍼 수화제·가스란 수화제 등 구리제와 아그리마이신 수화제·농용신 수화제 등 농용항생제가 있다.

과꽃·당근 누른오갈병(aster yellow) : 병원체는 Phytoplasma이며, 아직 종명(種名)은 결정되지 않았다. 엉겅퀴·질경이·민들레·야생당근·야생데이지 등 잡초에서 월동하여, 흡즙성 해충인 *Macrosteles*속과 *Scleroracus*속 곤충에 의해 매개된다. 과꽃은 잎이 노래지고 위축된다. 당근에서는 어린 잎에 황화가 일어나고, 곁눈이 발아하여 줄기의 마디 사이가 짧아져서 빗자루 모양이 된다. 생육 후기의 잎들은 구리색이나 붉은 색이 되며, 당근은 길쭉해지고 잔털이 많아진다. 1967년에 일본이 Doi에 의해 이 병의 병원체가 Phytoplasma라고 밝혀졌다. 이 병은 과꽃과 당근 외에 감자·토마토·상추에서도 발생한다. 한국에서는 아직 이 병의 발생이 보고되지 않았다.

과수 뿌리혹병(crown gall of woody plants) : = 근두암종병(根頭癌腫病). 병원세균은 *Agrobacterium tumefaciens*이며, 주로 흙 속의 병든 식물의 조직에서 월동한 병원세균이 땅 가 부분에 생긴 상처를 통하여 식물에 침입한다. 식물의 상처에서 흘러나온 페놀화합물에 의해 병원성 유전자가 발현되면, Ti plasmid의 T-DNA가 식물세포의 핵 염색체에 삽입된다. 형질전환된 식물세포는 auxin 및 cytokinin을 다량 생성하여 혹을 생성하게 된다. 발병 초기에는 뿌리나 땅가 부분의 줄기에서 약간 부은 것처럼 비대해진 부위가 생기며, 이것이 점차 커져서 혹이 된다. 식물의 땅 가부분이나 뿌리부분에 생긴 1차 혹보다 훨씬 위쪽의 지상부위로 병원세균의 T-DNA가 이동하여 2차 혹이 생기기도 한다. 포도나무에서는 여러 개의 혹이 줄기를 둘러싸기도 한다. 혹은 불규칙한 구형의 덩어리 모양이며, 표면이 거친 갈색 또는 흰색이다. 병든 식물은 생장이 나빠지고 허약해지며, 심하면 죽게 된다. 뿌리혹병은 세계적으로 90科 600여 種의 식물에서 발생되고 있으며, 한국에서는 포도나무·감나무·밤나무에서 피해가 심하고, 2000년에는 경상북도 안동 지방의 참외에서도 발병이 보고되었다.

국화 세균성마름병(bacterial blight of chrysanthemum) : 병원세균은 *Pectobacterium chrysanthemi*이다. 병든 식물은 땅가 부분의 줄기에 회색의 수침상 병반이 나타나며, 병반 위쪽의 식물은 시들게 된다. 병반이 점차 확대되면 줄기 속이 비고 갈라져서 쉽게 쓰러진다. 갈라진 줄기는 흑갈색으로 변하고, 갈라진 부위에서 세균점액이 흘러나오기도 한다. 한국에서 1990년 대전광역시에서 발생된 것으로 처음 보고되었다.

글라디올러스 목썩음병(neck rot of gladiolus) : 병원세균은 *Burkholderia gladioli* pv. *gladioli*이다. 병든 식물은 땅가 부분의 잎이나 엽초에 연한 적갈색 둥근 병반이 나타나고, 병반이 확대되면서 서로 합쳐져서 큰 부정형 암갈색 병반이 된다. 병이 더 진전되면 쓰러지거나 구근(球根)으로부터 쉽게 떨어져 나온다. 구근에는 흑갈색 둥근 병반이 생겨서 병반이 점차 확대되고 검은색 고무질이 흘러나온다. 한국에서는 1990년 충청남도 예산과 서산 지역에서 발생된 것으로 처음 보고되었다.

꽃양배추 검은썩음병(black rot of broccoli) : 병원세균은 *Xanthomonas campestris* pv. *campestris*이다. 한국에서는 2003년과 2004년에 강원도 평창에서 발생된 것으로 처음 보고되었다. 어린 묘에서는 떡잎의 가장자리가 검은색으로 변하고 오그라져서 떨어지며, 병든 어린 식물은 못자라고 노랗게 변하여 결국 죽는다. 잎은 가장자리부터 노란 V자 또는 U자모양의 병반이 생기고 점차 안쪽으로 커지면서 갈색으로 변해 조직이 죽는다.

담배 들불병(wild fire of tobacco plants) : 병원세균은 *Pseudomonas syringae* pv. *tabaci*이며, 병든 낙엽부스러기에서 월동하여 담배 잎이나 기공을 통해 식물에 침입한다. 병든 잎과의 접촉이나 빗방울 또는 안개(aerosol)와 함께 이동하여 전반되기도 한다. 잎에 노란색 수침상 점무늬가 생겨서 점차 커지면서 그 중앙이 흑갈색으로 변하고, 병반 주위가 노랗게 변한다. 병이 더 진전되어 여러 개의 병반이 합쳐지면, 병든 조직이 찢어져서 누더기처럼 된다. Tabtoxin을 상실한 병원세균에 의해 감염되면 병반 주위의 노란 달무리가 없이 흑갈색 병반만 형성되는데, 과거에는 이 병은 들불병과 구분하여 모무늬병(angular leaf spot)이라고 불렀다. 현재 우리나라에서 발생되는 들불병은 대부분이 모무늬 증상이다. 비가 와서 식물 표면이 물에 젖어 있으면 병 진전이 매우 빨라진다. 고온 다습한 환경에서 병 발생이 많다. 이 병을 방제하기 위하여 농용항생제를 살포한다.

담배 줄기속마름병(hollow stalk of tobacco plants) : 병원세균은 *Pectobacterium carotovorum* subsp. *carotovorum*이다. 이 병원세균은 밭 흙에 섞여 있는 병든 식물의 찌꺼기에서 월동하기 때문에 대부분의 식물에서는 뿌리나 땅가 부분에 생긴 상처를 통해 침입한다. 그러나 이 병원세균이 작은 물방울(aerosol)과 함께 공기 중에 떠다니기도 하며, 식물의 표피에도 많이 묻어 있다. 그래서 한국에서는 담배의 꽃대를 잘라준 상처(摘心部位)를 통해 침입하는 것이 보통이다. 잎을 수확한 상처나 폭풍우 등으로 잎에 생긴 상처를 통해 침입하기도 한다. 잎맥이 감염되면 물에 젖은 듯한 수침상 병반이 커지면서 조직이 물렁물렁하게 썩고, 줄기가 감염되면 줄기 속이 물렁물렁하게 썩어서 죽같이 된다. 이 줄기 속이 썩어서 말라붙게 되면 줄기 껍질 만 남고 줄기 속이 텅 비게 된다. 수확한 담배 잎을 건조하는 과정에서 병원세균에 오염된 담배 잎이 건조하게 되면, 건조하는 과정에서 잎자루가 썩어 담배 잎이 건조실 바닥에 떨어지며 채소 썩는 냄새가 난다. 햇볕이 쪼이는 맑은 날에는 병원세균에 의한 감염이 적기 때문에, 순지르기나 잎을 수확하는 작업은 맑은 날 하는 것이 좋다. 미국의 wisconson주에서 1914년에 이 병이 처음 보고되었다.

당귀 세균성점무늬병(bacterial leaf blight of angelica plants) : 병원균은 *Pseudomonas viridiflava*이며, 병든 잎에 마름모꼴의 수침상 점무늬가 생겨서 점차 잎 가장자리가 노랗게 변하고 심하면 잎이 낙엽진다.

당근 무름병(soft rot of carrot plants) : 병원세균은 *Pectobacterium carotovorum* subsp. *carotovorum* 외에 *Pseudomonas marginalis* pv. *marginalis*와 *P. viridiflava* 도 포함된다. 세 종의 세균에 감염된 당근 뿌리 모두에 수침상 병반이 생기고 병반이 확대되면서 물러 썩기 때문에, 병징만으로는 병원세균이 구분이 어렵다. 그러나 *Pectobacterium*屬 세균은 *Pseudomonas*屬 세균보다 부패시키는 속도가 빠르며 병든 조직에서 채소 썩는 냄새를 풍긴다. 고온기에 자라는 당근에서 많이 발생되며, 고랭지에서 재배되는 당근보다 노지에서 자라는 당근에서 많이 발생된다. 수송 도중 또는 저장 중에 발병하는 경우가 많다.

대추나무 빗자루병(witches' brom of jujube plants) : 병원세균은 *Phytoplasma zizyphi* 이며, 아직 Bergey's manual of systematic bacteriology 2판(2001)에 등재되지 못한 후보종이다. 자연상태에서 마름무늬매미충(*Hishimonus sellatus*)에 의한 충매전염에 의해 전염된다. 병든 대추나무에서 흡즙한 매미충은 일생동안 전염능력을 가지지만, 경란전염은 하지 않는다. 접목이나 분근(分根) 등 병든 식물을 이용한 영양번식에 의해서도 전염된다. 종자전염은 되지 않는다. 병든 대추나무는 잎이 작아지고 모든 액아들이 발아하여 잔가지가 많이 생기 때문에, 포기 전체가 작아지며 빗자루처럼 된다. 이 병에 걸린 나무는 열매가 열리지 않으며, 수세가 약해져서 마침내 말라죽어 버린다. 한국과 중국・인도・일본에서 발생되고 있으며, 대추나무에서 가장 피해가 심한 병중의 하나이다. 병든 대추나무의 수액이동이 활발한 4~9월 사이에, 대추나무 밑둥에 드릴로 구멍을 뚫고 oxytetracycline(테라마이신) 1,000배액을 수간 주입(樹幹注入) 한다. 수간 주입에 의해 병징을 은폐시키고 열매를 수확할 수 있으나, 근본적으로 병이 치유되는 것은 아니다. 한국에서 이 병원세균은 대추나무 외에 광나무・묏대추나무・수수꽃다리(라일락)・산조나무・제주광나무(당광나무)・쥐똥나무에도 빗자루병을 일으킨다.

등나무 혹병(bacterial gall of wisteria) : 병원세균은 *Pantoea agglomerans* pv. *milletiae* 이며, 상처를 통해 식물의 세포간극에 침입한 병원세균의 자극에 의해 식물세포가 이상 증식하여 혹이 생기게 된다. 처음에는 병든 줄기에 볼록하게 솟은 작은 점이 생기고, 점차 커지면 표면에 주름이 잡힌 크고 둥근 혹이 된다. 1920년에 일본에서 처음 보고 되었으며, 한국에서는 2000년에 경상북도 경산시 진량읍에서 처음 발생이 확인되었다. 이 병을 방제하기 위해서는 병든 식물조직을 잘라내고, 상처부위에 농용항생제나 포리동 수화제를 발라주고 약제가 마르면 페인트나 콜타르를 칠해준다.

마늘 부패병(bacterial rot of garlic plants) : 한국에서 이 병을 일으키는 병원세균은 *Burkholderia cepacia, Pseudomonas cichorii, P. marginalis* pv. *marginalis*의 3종인 것으로 알려져 있다. 이 가운데 *Pseudomonas*屬 두 종에 의한 부패병 발생은 1990년에 보고되었다. 병든 식물의 잎에는 수침상 암록색 병반이 생기면서 물러 썩고, 병이 진전되면 갈색 줄무늬를 형성한다. 엽초 부위에 감염되면 암록색으로 물러 썩어서 쓰러진다. 구(球)에서는 감염된 부위가 갈색으로 썩으면서 주위가 수침상이 된다. 병원세균에 따른 병징은 구별하기 어렵다.

마늘 잎집썩음병(sheath rot of garlic plants) : 병원세균은 *Pseudomonas marginalis* pv. *marginalis*이다. 생육 중기에 마늘의 잎집이 짙은 갈색으로 변하여 썩으며, 심하면 병든 부위가 물러 썩어서 부러지고 말라 죽는다. 잎과 종구에까지 병반이 생기는 경우도 있다.

멜론 세균성과일썩음병(bacterial fruit blotch of melon) : 병원세균은 *Acidovorax avenae* subsp. *citrulli*이다. 한국에서는 2005년 9~10월에 나주와 광주에서 발생된 것으로 원예연구소 서상태 등에 의해 처음 보고되었다. 잎에 V자 모양으로 괴저형 병반이 생기고 중앙잎맥을 향하여 점차 커진다. 과일에서는 함몰된 괴저형 병반이 생긴다.

무 세균성검은무늬병(bacterial leaf spot of radish plants) : 병원세균은 *Pseudomonas syringae* pv. *maculicola*이다. 살균된 토양에서 1년 이상 생존이 가능하기 때문에 토양전염이 중요하며, 종자전염과 비바람에 의한 전염·공기에 의한 전염도 된다. 잎에 수침상의 작은 점무늬가 생겨 차츰 흑갈색으로 변한다. 병이 심해지면 낙엽이 되고 뿌리가 자라지 않는다. 근두부(根頭部)에서는 작은 회색 병반이 생겨서 점차 커지면 검은색 부정형 병반이 된다. 병이 심해지면 뿌리 표면의 광택이 없어져서 갈색으로 변하고 지상부에 노출된 근두부의 흑갈색 병반이 쪼개지지만, 물러 썩지는 않는다. 꽃자루나 꼬투리에도 병반이 형성된다. 따뜻하고 비가 자주 오는 봄과 가을에 많이 발생한다. 점토질 보다 사질토에서, 질소질 비료가 부족한 밭에서 많이 발생한다. 종자를 50℃의 온수에 5분 동안 담가두면 보균종자를 소독할 수 있다고 한다.

무·양배추 검은썩음병(black rot of radish plants) : 병원세균은 *Xanthomonas campestris* pv. *campestris*이며, 병원세균에 오염된 종자와 토양 속에 섞인 병든

식물조직 부스러기가 1차 전염원이 된다. 식물에 침입한 병원세균은 도관에 이르러 빠르게 증식하여 부패시키며, 빗방울이나 곤충에 의해 2차 전염된다. 무 잎에 발생되면 잎 가장자리가 노랗게 변하고 잎맥이 검게 변하며, 심하면 잎 전체가 흑갈색이 된다. 뿌리는 도관부가 검게 변하고 심하면 속이 썩어 없어지고 껍질만 남는다. 양배추는 아래 잎부터 잎맥을 중심으로 잎 가장자리를 향해 V자 형으로 노랗게 변한다. 병이 더 심해지면 병반이 암갈색으로 변하고 말라서 부서진다. 더 심해지면 줄기까지 번지고 도관이 흑갈색으로 변한다. 봄·가을에 많이 발생하며 한여름에는 거의 발생되지 않는다. 종자를 50℃의 더운 물에 15분간 또는 55℃의 온수에 5분간 담가서 소독을 하면 종자전염에 의한 발병을 줄일 수 있다. 동수화제나 가스란 수화제를 정식 후부터 뿌려주어서 예방을 한다. 한국에서는 일본인 中田와 瀧元에 의해 1928.년에 처음 이 병의 발생이 보고되었다.

배나무 과일갈색썩음병(brown rot of oriental pear fruts) : 병원세균은 *Gluconobacter oxydans*이다. 한국에서 이 병이 발생된 것은 2006년에 처음 보고되었다. 7월 중순부터 과일에 작은 점이 생기고 점차 확대되면서 흑갈색으로 부패되는 병징이 나타난다. 자연상태에서 잎에는 병반이 나타나지 않는다. 감수성 배 품종은 니타카·황금이며, 원황·추황이 저항성 배 품종으로 보고되었다.

배나무 잎갈색점무늬병(brown leaf spot of pear trees) : 병원세균은 *Enterobacter pyrinus*이다. 병든 식물은 5월 중순 경 잎에 직경 2~3㎜의 둥근 흑갈색 점무늬가 생긴다. 이 점무늬가 고온다습한 여름철에 점차 커져서 배나무 생육후기에는 회백색의 부정형 병반이 된다. 6월 말부터 7월 초 사이에 가장 심하게 발생한다. 한국에서 이 병이 발생된 것은 1993년에 처음 보고되었다.

벤자민 고무나무·황금대만 고무나무 세균성잎마름병(bacterial leaf blight of gum trees cultivar benjamin or golden lea) : 병원세균은 *Pseudomonas viridiflava*이다. 잎에 갈색 점무늬가 생기며 점무늬 주위가 짙은 갈색으로 변하면서 점무늬 중앙이 회백색으로 마른다. 점무늬의 직경은 1~5㎜이다. 한국에서는 1988년 경기도 수원·성남·양재와 대전의 비닐하우스에서 재배되고 있는 벤자민 고무나무와 황금대만고무나무에서 발생된 것으로 처음 보고되었다.

벼 세균성벼알마름병(bacterial grain rot of rice plants) : 병원세균은 *Burkholderia glumae*이다. 벼 뿌리나 엽초 기부에서 부생생활을 하다가, 묘의 생장과 함께 엽초와 어린 이삭 표면에서 증식하여 벼 알의 기공으로 침입한다. 종자전염하기 때문에 못자리에서도 발병된다. 종자를 더운 물에 침지시켜 파종한 육묘상을 30℃ 이상의 고온에 두면 어린모에서 발병되고, 육묘상이 습하면 주위의 어린모에 2차 전염된다. 발아 직후 발병되면 제1엽이 전개되지 않고 썩어 죽는다. 어린모에서는 엽초가 갈변되고 엽신이 꼬이는 기형이 되거나 심하면 황갈색으로 말라 죽는다. 본답에서 병든 벼는 이삭이 마르고 벼 알이 쭉정이가 된다. 유숙기에 병든 벼 알은 홍색 띠를 띠며, 벼 알이 차지 않아서 호숙기가 되어도 이삭이 꼿꼿하게 서있게 된다. 고온 다습한 환경이 오래 지속되면 심하게 발병된다. 기계 이앙한 모에서 발병이 많으며 질소비료를 많이 주거나 밀식할 때 병 발생이 많다. 한국에서는 1987년에 이 병의 발생이 처음 보고되었다. 본답 초기에 베나솔 입제를 살포하거나 출수기에 가스가민 유제·올타 수화제를 2회 뿌려준다. 그 밖에 가드 수화제·훼림존 수화제·트리졸 수화제가 이 병을 대상으로 품목고시 되어 있다.

벼 세균성줄무늬병(bacterial brown stripe of rice plants) : 병원세균은 *Acidovorax avenae* subsp. *avenae*이며, 한국에서는 1979년에 모판에서 자라는 밀양23호 품종에서 발생된 것으로 처음 보고되었다. 병든 벼 잎과 잎집에 갈색 줄무늬가 생기며, 벼 종자에도 같은 병징이 나타나서 종자전염이 된다.

벼 흰잎마름병(bacterial leaf blight of rice plants) : 병원세균은 *Xanthomonas oryzae* pv. *oryzae*이며, 수로나 저수지에서 자라는 잡초인 겨풀·나도겨풀 등 벼과 잡초의 근권(根圈)이나 병든 볏짚에서 월동하여 1차 전염원이 된다. 논물 속에 있던 병원세균이 벼의 수공(水孔)이나 기공(氣孔) 또는 상처를 통해 벼에 침입하여 발병된다. 보통 분얼최성기 이후 벼의 아래 잎 가장 자리에 물에 젖은 듯한 작은 무늬가 생긴다. 이 병반이 커지면서 노랗게 변하고, 벼의 한 쪽 또는 양 쪽 가장자리로 벼 잎을 따라 길게 확대되면서 병반의 색이 흰색 또는 회백색으로 변한다. 습한 환경에서는 병반 표면에서 병원세균이 누출되어 우유 빛 이슬이 맺히기도 하며, 이 세균 누출액이 말라서 노란 딱지가 붙어 있는 것을 볼 수 있다. 병이 심해지면 벼 잎이 하얗게 말라죽는다. 모를 이앙한 후부터 분얼최성기 사이에 벼가 갑자기 말라죽는 급성형 병징(kresek symptom)이 이 병에 대해 감수성이 높은 밀양 21호와 23호 품종의 벼에서 나타나기도 한다. 이 급성형 병징은 한국에서 1976년에 처음 관찰되었다. 비바람이 강하게 불거나 태풍으로 벼가 물에 잠기면 이 병이 심하게 발병된다. 질소비료를 많이 주면 벼가 연약하게 자라서 이 병에 대해 감수성으로 된다. 한국에서는 1930년에 전라남도 해남에서 일본 식물병리학자 다케우치(武內)에 의해 처음 발견되었다. 이 병을 대상으로 품목고시 된 농약은 테람 수화제·훼나진 수화제·카프로파미드 액상수화제가 있다.

복숭아나무 세균성구멍병(bacterial shot-hole of peach trees) : 병원세균은 *Xanthomonas arboricola* pv. *pruni*이며, 복숭아나무 가지의 혹을 비롯한 병든 식물 조직이나 새순에서 월동하여 1차 전염원이 된다. 빗방울이나 매개곤충에 의해 복숭아나무의 새순으로 전반되어 상처나 기공을 통해 식물체에 침입한다. 잎에 작은 수침상 점무늬가 생겨서 점차 커지게 되고, 건강한 잎 조직과 병든 조직 사이에 이층(離層)이 생겨서 병든 조직이 떨어져 나가면 잎에 작은 구멍이 생긴다. 여러 개의 병반이 합쳐져서 큰 병반이 되면 잎이 낙엽지고, 과일에 원형 갈색 병반이 생기면 병반 근처가 갈라진다. 습한 환경에서는 병반으로부터 gum이 누출되어 과일의 상품성을 떨어뜨린다. 따뜻하고 습도가 높은 지역에서 많이 발생되며, 4월 초순부터 병징이 관찰되기 시작한다. 이 병을 방제하기 위하여 농용항생제를 뿌려주거나, 수확이 끝난 복숭아에 테라마이신 등 항생제를 수간주사하기도 한다.

뽕나무 세균성오갈병(bacterial leaf blight of mulberry trees) : 병원세균은 *Pseudomonas syringae* pv. *mori* 이다. 병든 뽕나무 가지의 조직이나 눈(芽) 주위에서 월동한 병원세균이 봄에 새싹의 일부에 침입하여 병징을 나타내기 시작한다. 또 낙엽이나 토양에서 월동한 병원세균이 빗방울에 섞여 전반되기도 하고, 2차 전염원으로부터 곤충이나 비바람에 의해 전반되기도 한다. 2차 감염은 기공이나 수공·상처를 통해 이루어진다. 잎에 수침상의 작은 점무늬가 생겨 점차 커지면서 갈변되고 찢어져 구멍이 생긴다. 잎맥이나 잎자루·새싹의 줄기에 감염되면 병든 조직이 괴사한다. 그 결과 잎이 오글쪼글해지거나 잎이 말리고 새싹의 줄기가 구부러지는 등 기형이 된다. 최고 기온이 30℃ 이하이고 비가 많이 올 때·가지치기를 심하게 하거나 밀식을 한 뽕밭·강풍이나 해충에 의해 상처가 발생하기 쉬운 뽕밭에서 많이 발생된다. 이 병을 방제하기 위해 농용항생제를 뿌려준다.

뽕나무 오갈병(Dwalf of mulberry trees) : 병원세균은 *candidatus* Phytoplasma asteris 이며, 아직 Bergey's manual of systematic bacteriology 2판(2001)에 등재되지 못한 후보종이다. 자연 상태에서 마름무늬매미충(*Hishimonus sellatus*)과 마름무늬매미충붙이(*H. sellatiformis*)에 의해 충매전염 된다. 병든 뽕나무에서 흡즙한 매미충은 일생동안 전염능력을 가지지만, 경란전염은 하지 않는다. 또 이 병이 전신병이기 때문에, 꺾꽂이와 접목 등 병든 식물을 이용한 영양번식에 의해서도 전염된다. 그러나 한 겨울에 병든 뽕나무 가지를 채취하여, 삽목이나 접목을 하면 전염이 되지 않는다. 종자전염은 되지 않는다. 병든 뽕나무는 잎이 작아지고 오글쪼글하게 되며 누런 연두색으로 된다. 줄기의 마디 사이가 짧아지고 잔가지가 많이 생겨서 포기 전체가 작아진다. 한국에서 이 병원세균은 뽕나무 외에 개머루·국화·물푸레나무·미나리·밤나무·붉나무(오배자나무)·섬왕머루·솜대·시호·오동나무·왕대·이팝나무·조릿대·좀쇠물푸레나무·참오동나무에도 빗자루병, 오갈병, 누른오갈병, 소엽병을 일으킨다. 이병을 방제하기위해서는 매개곤충을 구제하여야 한다.

사과나무 가지마름병(shoot blight of apple trees) : 병원세균은 *Enterobacter pyrifoliae* 와 *Pseudomonas syringae* pv. *syringae* 로 알려져 있다. 병든 식물의 꽃·잎·가지에 암갈색 수침상 병반이 나타나서 점차 확대되면서 검게 변하고, 더 심해지면 말라죽는다. 열매에서도 암갈색 수침상 병반이 생겨서 차츰 검게 변하며, 습한 환경에서는 세균점액이 누출되기도 한다. 이러한 병징은 사과나무 화상병의 병징과 매우 비슷하기 때문에 오진될 수 있다. 한국에서는 강원도 춘천 근교 사과원에서 1990년대 후반에 발생된 것으로 처음 보고되었다.

사과나무·배나무 화상병(fire blight of apple trees) : 병원세균은 *Erwinia amylovora* 이며, 모과 등 다른 장미과 과수에서도 발생된다. 병든 식물조직에서 월동하여 꿀벌에 의해 전반되고, 꿀샘이나 비바람에 의해 생긴 상처·기공·과일의 피목조직이나 새싹을 통해 감염된다. 병든 꽃은 시들어 검게 변하며, 병든 잎에서는 잎맥을 따라 병이 진전되어 가지까지 말라 죽는다. 어린 사과에서는 갈색, 배에서는 검은색 병반이 생긴다. 따듯하고 습한 날씨가 계속되면 병든 조직에서 우유 빛 세균 누출액이 흘러나온다. 저장 중이거나 운송 중의 과일에서 병반이 나타나기도 한다. 18세기 말 미국 뉴욕에서 처음 발생된 것으로 기록되었다. 한국에서는 1916년 조선총독부 보고서에 처음 기록되었으나, 근래에는 이 병이 관찰되지 않아 병징이 비슷한 사과나무 가지마름병이나 배나무 갈색점무늬병을 잘못 진단한 것으로 의심되고 있다. 이 병을 방제하기 위하여 농용항생제나 구리화합물을 뿌려주며, 구리화합물은 과실에 약해가 발생하지 않도록 개화기 이전에 사용한다.

사탕수수 새눈위축병(ratoon stunting of sugar cane plants) : 병원세균은 *Clavibacter xyli* subsp. *xyli*이며, 병든 식물의 조직에서 월동하여 병든 식물체를 자른 작업기구에 묻어 전염된다. 병든 식물은 생육이 늦고 위축되며, 가지 수가 적고 가늘게 자란다. 이 병원세균이 물관국재세균이기 때문에, 병든 식물의 물관이 변색되고 점액질 물질로 막혀있다. 그루터기에서 자란 새순에 많이 발생하며, 병든 식물이 수량이 크게 감소된다. 한국에서는 아직 이 병이 발생되었다는 보고가 없다.

상추 세균성썩음성(bacterial rot of lettuce) : 한국에서 상추에 뿌리썩음 병징을 일으키는 병원세균으로 *Psudomonas marginalis* pv. *marginalis, P. cichorii, P. viridiflava*가 알려져 있다. 병든 잎에 갈색의 작은 점무늬가 생겨서 점차 병이 진전되면 잎맥이나 잎자루의 일부까지 부패시킨다. 병원세균에 따른 병징의 차이는 구별하기 어렵다.

생강 세균성땅속줄기썩음병(bacterial rhizome rot of ginger plants) : 병원세균으로 *Pectobacterium carotovorum* subsp. *carotovorum, Pseudomonas marginalis* pv, *marginalis, Ralstonia solanacearum*이 알려져 있다. 병든 식물은 땅가 부위의 엽초가 노랗게 변하면서 아래 잎부터 시들기 시작하지만, 병이 진전되면서 식물이 쓰러지고 죽게 된다. *Pectobacterium carotovorum* subsp. *carotovorum*에 감염된 식물은 줄기와 뿌리가 물러 썩으며 썩은 부위에서 채소 썩는 냄새가 나지만, *Pseudomonas marginalis* pv. *marginalis*에 감염되어 썩은 부위에서는 채소 썩는 냄새가 나지 않는다. *Ralstonia solanacearum*에 감염된 식물은 잎이 말리고 푸른 상태로 시들고 말라죽는다.

수박 과일썩음병(bacterial fruit blotch rot of watermelon plants) : 병원세균은 *Acidovorax avenae* pv. *citrulli*이며, 종자전염되어 유묘에서부터 발생된다. 고온다습한 환경에서 발생이 잘 되며, 병든 유묘는 어린 떡잎에 검은 수침상 병반을 형성된다. 과실에는 암록색으로 얼룩진 병반이 생기고, 과육은 썩어서 함몰된다. 한국에서는 1991년에 전라남도 고창지방에서 발생된 것으로 처음 보고 되었으며, 이 병원세균은 수박 외에 참외·오이·칸타로프(cantaloupe)에도 병원성이 있는 것으로 보고되었다.

양다래 세균성점무늬병(Bacterial leaf spot of kiwifruit) : 병원균은 형광색소를 생성하는 *Pseudomonas*屬 세균이며, 한국에서는 2006년 장마철에 전남 양다래 과원에서 발생된 것으로 처음 보고되었다. 전형적인 병징은 양다래나무의 잎에 부정형 흑갈색 점무늬가 생기는 것이지만 점무늬 주변에 노란 달무리(halo)는 생기지 않는다. 비가 자주 오면 과원 전체에 급속히 만연되며, 심하면 잎이 시들고 낙엽진다.

양송이·느타리버섯 갈색무늬병(brown blotch of mushroom) : 병원세균은 *Pseudomonas toraasii*이다. 버섯의 갓에 작은 점무늬가 생기며, 병반이 커지면서 짙은 갈색으로 변하고 움푹하게 들어간다. 배지의 재료인 폐솜이나 균상(菌床)을 덮어주는 복토·균상준비 도구·해충·작업자의 손이나 발·볏짚·관수 등에 의해 전반된다. 병반 위에 점액성 물질이 덮여 있으며 비린 냄새가 난다. 버섯 재배 초기에 이 병이 발생하면 버섯 다발 전체가 노랗게 변하면서 생장이 정지되고 썩어버리기도 한다. 버섯이 물에 젖어 있는 시간이 길거나, 버섯을 겨울재배를 할 경우에도 재배사에 응결수가 쉽게 생겨서 이 병 발생이 많아진다. 이 병을 방제하기 위하여 재배사 안과 밖의 버섯파리나 응애를 철저히 잡아주고, 버섯을 재배하기 전에 재배사를 포르말린으로 소독한다.

양파 구썩음병(bacterial bulb rot of onion plants) : 병원세균은 *Burkholderia cepacia, Pseudomonas marginialis* pv. *marginalis, P. syringae* pv. *syringae*의 3종으로 알려져 있다. 병든 잎은 잎자루에 수침상 작은 점무늬가 생겨서 점차 잎맥을 따라 갈색 줄무늬로 진전된다. 심한 경우에는 병반이 엽초까지 진전되며 구(球)까지 물러 썩게 하고, 땅가 부분의 엽초가 쓰러지게 된다. 수확하여 유통이나 저장 중인 양파에서는 절단 부위에서부터 구가 썩으면서 채소 썩는 악취를 풍기기도 한다. 그러나 병원세균의 종류에 따른 병징의 차이가 없다. 한국에서는 1990년에 처음 이 병 발생이 보고되었다.

오동나무 빗자루병(Witches' broom of paulonia trees) : 병원세균은 *candidatus* Phytoplasma asteris이며, 아직 Bergey's manual of systematic bacteriology 2판(2001)에 등재되지 못한 후보종이다. 자연상태에서 담배장님노린재(*Cylotopeltis tenuis*)에 의해 충매전염 된다. 접목이나 분근(分根) 등 병든 식물을 이용한 영양번식에 의해서도 전염된다. 병든 오동나무는 봄에 자란 가지의 곁순이 발아하여 잔가지가 많이 생기 때문에, 포기 전체가 작아지며 빗자루처럼 된다. 병든 포기의 잎은 작고 연약하여 일찍 낙엽된다. 병든 가지는 1~2년 안에 말라 죽는다. 병든 오동나무의 수액이동이 활발한 4~9월 사이에, 오동나무 밑둥에 드릴로 구멍을 뚫고 oxytetracycline(테라마이신) 1,000배액을 수간 주입(樹幹注入) 하면 수세를 회복시킬 수 있으나, 근본적으로 병이 치유되는 것은 아니다. 한국에서 이 병원세균은 금잔화·나팔꽃에도 빗자루병을 일으킨다.

오이 세균성모무늬병(angular leaf spot of cuccumber plants) : 병원세균은

Pseudomonas syringae pv. *lachrymans* 이며, 대부분의 오이과 식물에 점무늬병을 일으킨다. 병든 식물조직에서 월동하며 병든 잎과의 접촉이나 병반에 부딪혀 튀는 물방울·곤충에 의해 2차 전염이 된다. 기공이나 상처를 통해 식물에 침입한다. 종자전염도 한다. 가는 잎맥에 둘러싸인 잎살(葉肉) 조직이 수침상으로 변하고 차츰 흰색 또는 담갈색의 모무늬 병반으로 변한다. 습한 환경에서 심하게 발병되며, 어린 식물의 떡잎 또는 어린 줄기나 과일에서도 병반이 생기고 병반에서 병원세균이 누출되어 우유 빛 물방울이 맺히기도 한다. 건조한 환경에서는 수침상 병반을 보기 어렵다. 이 병을 방제하기 위하여 70℃의 건열에 3일간 종자소독 하거나, 발병초기에 구리수화제를 뿌려준다.

오이 세균성시들음병(bacterial wilt of cuccumber plants) : 병원세균은 *Erwinia tracheiphila* 이며, 오이 잎벌레 성충의 소화기관에서 월동하여 잎벌레가 오이를 가해하는 과정에서 식물체에 침입한다. 오이 잎벌레와 곤충에 의해 2차 전염이 이루어지며, 기공을 통한 감염이나 종자전염은 일어나지 않는다. 식물체에 침입한 병원세균은 오이의 도관에서 증식하여 시들음 증상을 일으킨다. 병든 식물은 잎이 푸른 상태로 급속하게 시들며, 줄기가 물러 썩으면서 말라죽는다. 병든 줄기를 물에 담가보면 병든 식물이 도관으로부터 물 속으로 하얀 실 모양처럼 세균이 흘러나오는 것을 볼 수 있다.

은빛담쟁이덩굴 세균성갈색부패병(bacterial brown rot of ivy-aureus trees) : 병원세균은 *Pectobacterium chrysanthemi* 이며, 한국에서는 대전과 서울 근교의 화훼 재배 농가에서 발생된 것으로 1992년에 처음 보고되었다. 병든 식물의 잎에 암갈색 타원형 병반이 나타나서 점차 커지며, 갈색병반의 주위가 노랗게 변한다.

인삼고무나무 세균성뿌리썩음병(bacterial root rot of gum trees) : 병원세균은 *Pseudomonas cichorii* 이다. 병든 식물은 뿌리에 흑갈색의 수침상 병반이 나타나고, 병반이 점차 확대되면서 뿌리가 물러 썩는다. 한국에서는 1988년 경기도 수원·성남·양재와 대전의 비닐하우스에서 재배되고 있는 인삼고무나무에서 발생된 것으로 처음 보고되었다.

인삼 뿌리썩음병(root rot of ginseng plants) : 인삼의 뿌리를 썩히는 병원세균으로는 *Pectobacterium carotovorum* subsp. *carotovorum*, *Pseudomonas fluorescens*, *Paenibacillus polymyxa*, *Serratia liquefaciens* 가 알려져 있다. 이 가운데 *Paenibacillus polymyxa* 는 수확하여 저장 중인 인삼을 부패시키는 세균이다. 밭에서 자라는 인삼을 썩히는 병원세균으로는 *Pectobacterium carotovorum* subsp. *carotovorum* 이 가장 잘 알려져 있다. 뿌리로 병원세균이 침입하면 병든 뿌리는 썩어서 검은색으로 변하며 잎은 시든다. 꽃대를 잘라준 부위나 줄기로 병원세균이 침입하면 잎이 시들고 줄기 속은 썩어서 껍질만 남는다. 병이 더 진전되면 줄기에서 뇌두를 거쳐 뿌리까지 썩게 된다. *Cylindrocarpon destructans* 와 복합 감염된 인삼뿌리는 더 빨리 썩는다.

지황 세균성잎마름병(bacterial leaf blight of rehmannia) : 병원세균은 *Pseudomonas cichorii*이며, 한국에서 1997년에 경기도 수원에서 처음 발생된 것으로 보고되었다. 땅가 부분의 잎에서부터 잎맥을 따라 갈색으로 말라 죽으며, 병이 더 진전되면 잎 전체가 말라 죽는다.

차나무 갈색마름병(brown blight of tea trees) : 병원세균은 *Pseudomonas syringae* pv. *theae*이다. 한국에서는 전라남도 순천에서 2002년 봄에 발생된 것으로 처음 보고되었다. 잎에서 주맥을 따라 암갈색 내지 적갈색 수침상 병반이 나타나 잎살(葉肉)과 잎자루까지 갈색으로 번지면서 심하면 일찍 낙엽이 진다. Okuhikari 품종에서 심하게 발병되며, Okumidon, Kosyun, Husyun 품종에서는 발병이 적다.

참깨 세균성잎마름병(bacterial blight of sesame plants) : 병원세균은 *Xanthomonas campestris* pv. *sesami*이다. 인도・파키스탄・수단 등 참깨 원산지에서 이 병이 보고되어 있었으나, 한국에서는 2000년에 수원・홍천・연천에서 처음 발생된 것으로 보고되었다. 병징은 *Pseudomonas syringae* pv. *sesami*에 의한 세균성점무늬병과 구별되지 않는다.

참깨 세균성점무늬병(bacterial leaf spot of sesame plants) : 병원세균은 *Pseudomonas syringae* pv. *sesami*이며, 이 세균에 감염된 종자나 병든 식물의 찌꺼기에서 월동한다. 병든 식물과의 접촉, 또는 빗방울이나 바람에 의해 전반되어 기공이나 상처를 통해 식물에 침입한다. 잎에 작은 흑갈색 점무늬가 생겨서 점차 커지며 흑갈색 병반의 주위가 노랗게 변한다. 여러 개의 병반이 합쳐지면 부정형의 큰 병반이 형성된다. 심하면 잎자루와 줄기에도 병반이 형성된다. 습한 환경이 오래 지속되면, 병반으로부터 우유 빛 세균이 누출되는 것을 볼 수 있다. 이 병을 방제하기 위하여, 발병 초기에 구리 수화제나 농용항생제를 뿌려준다.

참(양)다래 궤양병(bacterial canker of kiwi fruit plants) : 병원세균은 *Pseudomonas syringae* pv. *actinidiae*이며, *P. syringae* pv. *morsprunorum*도 양다래에 궤양병을 일으키지만 병원성은 약한 것으로 알려져 있다. 병든 식물조직에서 월동하여 비바람을 타고 감수성 식물로 전반되며 주로 상처를 통하여 침입한다. 그러나 식물표면에서 부생생활을 하고 어린잎의 기공으로 침입할 수도 있다. 새싹이 10㎝ 정도 자란 후에 부정형 갈색 점무늬가 나타나며, 점무늬 주변이 노랗게 변한다. 습한 환경에서는 병반 주변이 노랗게 변하기 전에 급속도로 흑갈색 병반이 커진다. 새싹이 감염되면 수침상 내지는 갈색으로 변하면서 갈라지고 말라죽는다. 병든 가지에서는 2월 중순 이후에 암적색 수액과 함께 병원세균이 누출된다. 4월부터 6월까지 심하게 발병되며, 병원세균이 32℃에서 사멸될 정도로 고온에 약하기 때문에 한 여름에는 발생되지 않는다. 또 우리나라의 경우에 따듯한 곳보다는 상대적으로 기온이 낮은 곳에서 이 병이 심하게 발생된다고 한다. 일본에서 이 병이 심하게 발생되던 1980대 중반부터 제주도에서 발생되기 시작하여, 1993년에는 한반도 남부 지역까지 확산되었다. 이 병원세균이 참다래 외에 살구・매실에도 궤양병을 일으키지만,

감귤·라일락에는 병을 일으키지 않는다. 이병을 방제하기 위하여 싹이 튼 후 장마 전까지 농용항생제(농용신수화제·아그리마이신) 또는 농용항생제-구리 합제(타미나수화제 등)를 뿌려준다. 또 낙엽지기 전에 줄기 밑둥에 드릴로 구멍을 뚫고, 항생제(스트렙토마이신·테라마이신·가스가마이신 등)을 수간 주입하기도 한다.

참외(메론) 발효과(fermentation of oriental melon fruit) : 병원세균으로 *Enterobacter cloacae*·*Microbacterium phyllosphaerae* 및 정확하게 종(種)이 밝혀지지 않은 *Pseudomonas*屬 세균이 알려져 있다. 토양·물 또는 식물체의 표면에서 부생생활을 하던 병원세균이 참외 과일 안으로 침입하여 내생균으로 잠복해 있다가, 참외의 저항성이 약해지거나 세균의 증식조건이 좋아지면 급속하게 증식하여 발효과가 되게 하는 것으로 생각되고 있다. 참외의 과일은 정상적인 과일과 차이가 없지만, 과일을 잘라보면 속이 수침상으로 썩어 있고 불쾌한 냄새가 난다.

채소·화훼·특용작물 무름병(soft rot of vagetable plants) : 목본 식물을 제외한 거의 모든 식물에서 무름병이 발생되며, 대부분의 경우에 병원세균은 *Pectobacterium carotovorum* subsp. *carotovorum* 또는 *Pseudomonas marginalis* pv. *marginalis*이다. 당근에서는 *Pseudomonas viridiflava*에 의해서도 발생되며, 마늘과 양파에서는 *Burkholderia cepacia*와 *Erwinia rhapontici* 및 *Pectobacterium chrysanthemi*에 의해서도 발병된다. 주로 흙 속의 병든 식물의 조직에서 월동한 병원세균이 땅 가 부분에 생긴 상처를 통하여 식물에 침입한다. 흙먼지와 함께 또는 미세한 물방울(aerosol)에 섞여 바람을 타고 전반되어, 식물의 지상부에 생긴 상처나 기공으로 침입하기도 한다. 병원세균이 침입한 부위에서부터 수침상 병반이 생겨 물러 썩으며, 겉껍질이 단단한 식물의 줄기가 이 병에 감염되면 줄기의 껍질만 남고 속(髓部)은 썩어 없어져서 줄기 속이 텅 비게 된다. 병이 진전됨에 따라 식물이 시들어서 마침내 죽게 된다. 특히 여름철에 비가 많이 오면 이 병이 많이 발생되며, 흙 속에 고자리파리 등 식물에 상처를 주는 해충이 많으면 이 병의 발생도 많아진다. 병든 식물의 조직이 섞여 있으면, 저장인 농산물에서도 이 병이 발생된다. 수분이 많은 식물 조직에서 물러 썩는 속도가 빠르다. 병든 식물 조직이 완전히 썩어 없어지면, 흙 속에서 이 세균이 생존할 수 있는 기간도 짧아진다.

칡나무 세균성점무늬병(halo blight of kudzu vine tree) : *Pseudomonas syringae* pv. *phaseoli*가 병원세균이며, 한국에서는 2002년 경기도 수원·의왕, 대전, 전북 고창·부안에서 발생된 것으로 처음 보고되었다. 6월부터 잎에 노란 달무리에 둘러싸인 흑갈색 점무늬가 생겨서, 장마철까지 점차 확대되고 이웃 점무늬와 확대되어 큰 병반을 형성한다. 그러나 장마철이 끝나고 무더운 여름철이 되면 병반이 더 이상 확대되지 않는다.

카네이션 반점세균병(bacterial spot of carnation plants) : 병원세균은 *Burkholderia andropogonis*이며, 삽아(插芽)의 잎에 감염된 상태로 냉장고 속에서도 오랫동안 생존할 수 있다. 물을 줄 때 튀는 물방울과 함께 가까운 포기로 전반된다. 잎에 작은 수침상 점무늬가 생겨서 점차 커지면 중앙에 자주 빛 겹둥근 무늬(輪紋)가 있는 회색 병반이 된다. 이 병반의 주위는 노랗게 변하고, 병반이 말라 죽으면서 병든 조직이 얇아진다. 습한 환경에서는 병든 식물조직으로부터 병원세균이 누출되어 섞인 뿌연 물방울을 볼 수 있다. 보통 아래 잎에서부터 병반이 나타나기 시작하여 위 쪽 잎으로 번지지만, 줄기나 꽃봉오리에서 병반이 나타나기도 한다. 발생적온은 18~24℃이며, 한여름이나 겨울에는 발생이 적다. 습한 환경에서 발생되기 쉽다. 병원세균에 삽아가 오염되는 것을 막기 위하여, 싹을 채취하기 전에 유기동 수화제 500배액을 모본에 뿌려준다.

케일 검은썩음병(black rot of kale plants) : 병원세균은 *Xanthomonas campestris* pv. *campestris*이다. 한국에서는 1990년에 대전광역시 근교 케일 재배농장에서 발생된 것으로 처음 보고되었다. 병든 식물은 잎 가장자리에 V자 모양으로 노란색 병반이 형성되어, 병이 진전되면 잎맥을 따라 암갈색으로 변한다. 병이 더 심해지면 새로 자라는 잎을 제외한 모든 식물체가 검게 썩어 죽는다. 이 병원세균은 케일 외에 같은 십자화과 작물인 양배추·무우·cauliflower·broccoli에도 비슷한 병을 일으킨다.

케일 세균성점무늬병(bacterial leaf spot of kale plants) : 병원세균은 *Pseudomonas marginalis* pv. *marginalis*이며, 한국에서 1997년 경기도 남양주에서 처음 발생된 것으로 보고되었다. 병든 잎에 작은 흑갈색 점무늬가 생기고 점무늬 주변은 노랗게 변한다. 병이 저 진전되면 잎 전면에 작은 흑갈색 점무늬가 많이 생기지만, 점무늬의 크기가 다른 세균성점무늬병반처럼 크게 확대되지는 않는다.

콩 불마름병(bacterial pustule of soybean plants) : 병원세균은 *X. axonopodis* pv. *glycines*이며, 병든 식물조직에서 월동하여 접촉 또는 비바람에 의해 전반되고 기공이나 상처를 통해 식물에 침입한다. 잎에 담갈색의 작은 점무늬가 생겨서 점차 커지면서 짙은 갈색으로 변한다. 갈색 점무늬 주위에 노란 달무리가 생기며, 습한 환경에서는 병반 주위가 수침상으로 되기도 한다. 잎 뒷면의 병반 중앙에 옅은 갈색의 작고 볼록한 부스럼(pustule)이 생긴다. 이 병에 의한 피해를 줄이기 위하여, 발병 초기에 농용항생제를 뿌려준다.

콩 세균성점무늬병(bacterial blight of soybean plants) : 병원세균은 *Pseudomonas savastanoi* pv. *glycinea*이며, 병든 식물조직이나 종자에서 월동한다. 따라서 종자전염되거나 비바람에 의해 전반되어 기공이나 상처를 통해 감수성 식물에 침입한다. 잎에 작은 수침상 점무늬가 생겨서 점차 흑갈색 병반으로 커지고 여러 개의 병반이 합쳐서 불규칙한 대형 병반이 되면 찢어지거나 일찍 낙엽지기도 한다. 습한 환경이 오래 지속되면 병반으로부터 세균이 누출되며, 병반 주위에 노란 달무리가 형성되기도 한다. 심하면 잎자루와 줄기에도 병반이 형성되며, 콩 꼬투리에도 병반이 형성되어 종자감염의 원인이 되기도 한다.

콩나물 세균성부패병(soybean sprout bacterial rot) : 병원세균은 *Pectobacterium carotovorum* subsp. *carotovorum* 과 *Pseudomonas putida* 이며, 처음에는 연갈색 병반이 생겨서 점차 커지면서 수침상 갈색으로 변하고, 병이 더 진전되면 황갈색 반투명의 수침상으로 되고 식물 조직 속까지 썩게 된다. 콩나물 재배 용기의 아래쪽에서 주로 발생되며, 발아되지 않은 종자 주변에서 심하게 발생된다. 초산이나 인산을 첨가하여 pH 3 이하로 산성화 시킨 물에서 콩나물을 기르면, 이 병의 발생이 적다고 한다. 한국에서는 두 병원세균에 의한 콩나물 부패증상이 서울과 전라북도 익산에서 1997년에 처음 발생된 것으로 각각 보고되었다.

토마토 궤양병(bacterial canker of tomato plants) : 병원세균은 *Clavibacter michiganensis* pv. *michiganensis* 이며, 병든 식물조직에서 월동하지만 1차 전염은 주로 종자전염에 의해 이루어진다. 2차 전염은 빗물에 의해 이루어지며, 주로 상처를 통해 감수성 식물에 침입한다. 병든 식물은 물관이 갈색으로 변하면서 줄기와 잎자루가 쪼개지고, 잎이 시들면서 말라죽는다. 잎이나 잎자루에 작은 콜크 모양의 점무늬가 생기고, 잎이 뒤틀리면서 갈색으로 마른다. 과일에는 흰색으로 둘러싸인 갈색 작은 점이 나타난다. 발병 최적 온도는 26℃이다. 토마토 외에 고추에서도 발병된다. 전 세계에서 발생되고 있으며, 한국에서는 1997년에 경상북도 풍기, 김천, 경주 등에서 발생이 확인되었다. 이 병을 방제하기 위하여 아그리마이신, 농용신수화제 등 농용항생제를 뿌려준다.

토마토 세균성검은무늬병(black spot of tomato plants) : 병원세균은 *Pseudomonas viridiflava* 이다. 한국에서는 1986년에 경상남도 김해에서 발생된 것으로 처음 보고되었다. 병든 토마토 잎에 3~4㎜ 크기의 부정형 검은 점무늬가 생긴다. 줄기에는 유조직이 움푹 들어간 줄무늬 병반이 생긴다.

토마토 줄기속썩음병(pith necrosis of tomato plants) : 병원세균은 *Pseudomnas corrugata* 이다. 한국에서 1997년에 경기도 수원지방에서 발생된 것으로 처음 보고되었으며, 아래 잎부터 노랗게 변하면서 시들어 올라간다. 병이 더 진전되면 줄기 밑에서부터 흑갈색 병반이 생겨서 점차 줄기 위쪽으로 커진다. 병든 줄기에는 많은 부정근이 생기고, 유관속이 암갈색으로 변하며 줄기속도 썩어서 검게 변한다.

파인애플 열매썩음병(bacterial fruit rot of pineapple) : 병원세균은 *Pectobacterium chrysanthemi* 이며, 한국에서는 1989년 경상남도 김해에서 발생된 것으로 처음 보고되었다. 병든 열매에 암록색 병반이 생겨서 고온다습한 환경이 계속되면 빠른 속도로 열매조직 속이 썩는다. 병든 열매를 잘라보면, 열매 속이 갈색으로 썩어 들어가는 것을 볼 수 있으며, 심하면 조직 속이 썩어서 없어지기도 한다. 썩은 열매에서 채소 썩는 악취는 나지 않는다.

팥 세균성잎마름병(Bacterial common blight & Fuscous blight of small red bean) : 병원세균은 *Xanthomonas axonopodis* pv. *phaseoli* 와 *X. axonopodis* pv. *phaseoli* var.

fuscans 이며, 한국에서는 2003년 수원에서 발생된 것으로 처음 보고되었다. 잎에 물에 젖은 듯한 작은 점무늬가 생겨서, 점차 커지면 노란 달무리에 둘러싸인 흑갈색 점무늬가 된다. 병이 더 심해지면 일찍 낙엽이 지고, 잎자루와 꼬투리에도 병반이 생긴다.

포도나무 피어스병(pierce's disease of grape tree) : 이 병은 병원세균이 배양이 매우 까다로워서 바이러스에 의한 병으로 생각되어왔으나, 1978년에 세균(*Xylella fastidiosa*) 에 의한 병으로 확인되었다. 병원세균이 식물의 목부(xylem tissue)에만 존재하며, 흡즙성 곤충인 매미충(Cicadellidae)이나 나무이(Cercopidae)에 의해 전염된다. 잎가에 노란 점무늬가 생겨서 점차 커지고 주변 조직이 마르며, 결국 낙엽이 된다. 병든 줄기에서 열린 열매는 녹색과 갈색 띠가 생기거나 말라버린다. 병든 줄기는 새순이 늦게 나오고 더디 자라며, 마디 사이가 짧고 잎도 작다. 심은지 1년 이내의 어린 포도나무에 감염되면 말라죽는다. 1892년에 미국 캘리포니아에서 처음 발견되었으며, 중미와 남미 북부의 포도 재배 지역에서 큰 피해를 주고 있다. 이 병원세균은 미국캘리포니아의 아몬드와 알팔파, 코스타리가의 마카데미아에도 병을 일으킨다. 그러나 아직 한국에서 이 병원체에 의한 병 발생이 보고되지 않았기 때문에 식물검역대상 식물 병으로 지정되어 있다.

호박 세균성점무늬병(bacterial leaf spot of pumpkin plants) : 병원세균은 *Pseudomonas syringae* pv. *lachrymans* 이며, 한국에서는 대전광역시 시설재배농가에서 처음 발생한 것으로 1994년에 보고되었다. 열매 표면에는 수침상의 갈색 점무늬가 생겨서 점차 물러지고 그 위에 흰 점액질의 세균 덩어리가 누출되기도 한다. 줄기에는 갈색의 수침상 병반이 생겨서 심하면 쪼개지기도 한다. 이 줄기를 쪼개보면 속에 세균 콜로니가 형성된 것을 볼 수 있다. 잎은 갈색 점무늬가 생겨 병반 부위가 갈라지고 잎이 떨어진다.

홍학꽃 세균성점무늬병(bacterial leaf spot of anthurium) : 병원세균은 *Xanthomonas axonopodis* pv. *diffenbachiae* 이다. 한국에서는 1992년에 경기도 용인에서 발생된 것으로 처음 기록되었다. 병든 잎에 괴저형 점무늬가 생기며, 괴저형 점무늬의 주변은 노랗게 변하고 잎 뒷면의 병반은 수침상으로 보인다.

Ⅵ. Virus

African cassava mosaic virus (아프리카 카사바·모자이크바이러스) : ①(=cassava latent virus, cassava mosaic virus, cassava African mosaic virus), 약자 : ACMV. ②자연계 기주식물 및 병징 : *Hewittia sublobata*-모자이크. *Laportea aestuans*-황화. *Manihot esculenta, Jatropha multifada*-매우 뚜렷한 모자이크 등이 알려져 있음. ③매개충 : 영속성 감염형태로 *Bemisia tabaci*에 의해 매개되며 중남부 아프리카에 널리 분포함. ④분류 : *Geminiviridae*과. ⑤지놈 : 단일가닥 DNA를 유전물질로 갖는 2분절 지놈 바이러스.

Agropyron mosaic virus (아그로파이론·모자이크바이러스) : ①(=agropyron green mosaic virus, agropyron streak mosaic virus, agropyron yellow mosaic virus, couch grass streak mosaic virus), 약자 : AgMV. ②1937년 미국에서 McKinney에 의해 *Elytrigia repens*에서 처음 분리됨. ③유럽, 아시아, 북미에 분포함. ④자연계 기주식물 및 병징 : *Elytrigia repens, Triticum aestivum, T. durum*의 잎에서 모자이크를 동반한 황화현상을 보이고 식물은 위축됨. ⑤전파 : 곤충, 기계적 접종 및 종자감염은 불가능. ⑥매개충 : 응애. ⑦지놈 : 5' 말단은 VPg, 3' 말단은 poly(A)를 가진 단일가닥 RNA를 유전물질로 갖는 바이러스로서 전체 지놈 크기는 8~10 kb.

Alfalfa mosaic virus (알팔파·모자이크바이러스) : ①(=lucerne mosaic virus, potato calico virus), 약자 : AMV. ②1931년 미국의 Weimer 에 의해 Medicago sativa에서 처음 보고 됨. ③자연상태의 기주식물 및 병징 : *Caryopteris incana*-흰 반점. *Cicer arietinum*-시들음. *Lycopersicon esculentum*-괴저. *Apium graveolens, A. graveolens* var. *rapaceum, Lactuca sativa, Malva parviflora, Trifolium incarnatum, T. repens, Viburnum opulus*-모자이크. *Medicago sativa*-모자이크. 모틀, 기형. *Nicotiana tabacum, Lupinus* spp.-모자이크 및 모틀. *Phaseolus vulgaris, Vigna unguiculata, V. radiata, Astragalus glycyphyllos, Glycine max, Lablab purpureus, Lens culinaris, Capsicum annuum*-괴저 및 황화 반점. *Philadelphus* sp.-백색 얼룩. *Pisum sativum*-괴저. ④전파 : 곤충, 기계적 접종, 접목, 종자감염 가능함. ⑤매개충 : 비영속성 감염형태로 *Myzus persicae* 및 다른 13종의 곤충. ⑥분류 : *Bromoviridae*과 *Alfamovirus*속. ⑦지놈 : 전체 크기가 8.27 kb인 단일가닥 RNA를 유전물질로 3.64 kb(RNA-1), 2.59 kb(RNA-2), 2.04 kb의

3분절 지놈으로 구성됨. 3' 말단에 Poly A 부위 결여됨.

Alfamovirus : 식물바이러스 *Bromoviridea*과에 속한 속명(genus).

Apple chlorotic leaf spot virus (사과·황화반점바이러스) : ①약자 : ACLSV. ②세계적으로 분포하고, 1959년 미국에서 Mink 및 Shay 에 의해 *Malus* spp에서 처음 보고됨. ③자연 상태의 기주식물 및 병징 : *Malus platycarpa*-줄무늬 및 황화윤문, *Malus sylvestris*-황화반점 및 줄기에 구멍 형성, *Pyronia veitchii*-황화 및 위축, *Pyrus communis*-윤문 형성 및 모자이크, *Prunus armeniaca*-윤문 형성 및 모자이크, *Prunus spinosa*-황화윤문, *Prunus persica*-모틀. ③전파 : 기계적 접종 및 접목은 가능하나 종자전염 불가능. ④분류 : *Trichovirus*屬. ⑤지놈 : 5' 말단에 cap 구조, 3' 말단에 poly A부위를 가진 7.55 kb 단일 가닥 RNA.

Apple mosaic virus (사과·모자이크바이러스) : ①(=birch line pattern virus, birch ringspot virus, Dutch plum line pattern virus, European plum line pattern virus, hop A virus, horse chestnut yellow mosaic virus, rose mosaic virus), 약자 : ApMV. ②1928년 미국의 White(1928년), Bradford 및 Joley(1933년)에 의해 퍼음 보고됨. ③전 세계적으로 분포. ④자연 상태의 기주 및 병징 : *Malus domestica* 및 *Malus* spp.-모자이크. *Rosaceae* spp.-수 종에서 괴저윤문 반점. ⑤전파 : 기계적 접종, 접목에 의해 전파 가능하나, 종자감염 능력 없음. ⑥분류 : *Ilarvirus*속. ⑦지놈 : 단일가닥 RNA로 구성된 3분절 지놈.

Arabis mosaic virus (아라비스·모자이크바이러스) : ①(=ash ring and line pattern virus; raspberry yellow dwarf virus; Rhabarber-Mosaik-Virus; rhubarb mosaic virus; forsythia yellow net virus), 약자 : ArMV. ②자연 상태의 기주식물 및 병징 : *Anagallis arvensis, Apium graveolens* var. *dulce, Arabis hirsuta, Arabis* sp., *Armoracia rusticana, Asparagus officinalis, Astilbe* sp., *Bellis perennis, Beta vulgaris, Buxus sempervirens, Capsella bursa-pastoris, Carum segetum, Chamaecyparis lawsoniana, Cucumis sativus, Cucurbita pepo, Cyphomandra betacea, Daphne mezereum, Daucus carota, Delphinium* sp., *Dianthus caryophyllus, Euonymus europaeus, Forsythia x intermedia, Fragaria vesca, Fraxinus excelsior, Humulus lupulus, Jasminum officinale, Lactuca sativa, Lamium amplexicaule, Ligustrum vulgare, Melilotus officinalis, Mentha arvensis, Narcissus* sp., *Phaseolus coccineus, Plantago lanceolata, Polygonum aviculare, P. persicaria, Prunus avium, P. domestica, P. persica, Ranunculus repens, Rheum rhaponticum, Ribes* sp., *Rosa ssp., Rubus idaeus, R. procerus, Sambucus nigra, Senecio vulgaris, Solanum nigrum, Stellaria media, Syringa vulgaris, Taraxacum officinale, Trifolium repens, Tulipa* ssp., *Urtica dioica, U. urens, Vitis vinifera*-모자이크, 모틀, 황화윤문. ③형태 : 외막이 없고, 크기가 25~27㎚ 외피단백질로

둘러싸인 정이십면체 구형바이러스. ④지놈 : 13,100개의 염기로 구성된 단일가닥 RNA를 가진 2분절 지놈. RNA-1는 9,000개의 염기로 구성됨. ⑤전파 : 기계적 접종, 접목 및 종자감염 가능하나 기주식물간 접촉에 의한 전파는 불가능함. ⑤매개 : 자연계에서는 선충 *Xiphinema diversicaudatum* 에 의해 매개됨. ⑥분류 : *Comoviridae*과의 *Nepovirus*屬으로 분류.

Badnavirus : ①*Caulimoviridae* 과에 한 屬으로서 후손 바이러스를 증식하기 위하여 RNA 중간체를 DNA로 역전사하기 때문에 식물 pararetroviruses로 불리움. ②명칭 "*Badnavirus*"는 bacilliform DNA 바이러스로부터 유래됨. ③같은 屬으로 분류된 종으로는 Banana streak virus, Sugarcane bacilliform virus, Commelina yellow mottle virus, Cacao swollen shoot virus 등. ④염기 7,200~7,600개의 염기로 구성된 이중가닥 원형 DNA를 유전물질로 가지고 있음. ⑤길이가 95~130nm 혹은 60~900nm, 지름이 24~30~35nm로 다양한 크기를 가진 바이러스로서 외막이 없는 정이십면체 바이러스 모양. 외피단백질은 bacilliform이며 다층으로 구성됨.

Banana bunchy top virus (바나나 · 다발성상부바이러스) : ①(=abaca bunchy top virus, banana bunchy top disease), 약자 : BBTV. ②국제적으로 바나나 생산에 심각한 손실을 초래함. ③병징 : 잎꼭지에 다발형의 작은 잎 및 기형의 과실 형성함. ③형태 : 입자 크기가 18~20nm인 정이십면체 구형 모양 바이러스. ④지놈 : 단일가닥 DNA로 구성된 다분절 지놈.

Banana streak virus (바나나 · 점줄무늬바이러스) : ①약자 : BSV. ②1968년 아이보리코스트에서 처음 보고 되었고, 세계적으로 바나나 생산지역에 널리 분포. ③병징 : 잎에 황화 및 괴저 점줄무늬, 과실 기형, 식물 성장 위축. ④형태 : 150nm 길이 및 30nm 지름의 bacilliform. ⑤분류 : *Caulimoviridae*과 *Badnavirus*속. ⑥지놈 : 원형 이중가닥 DNA.

Barley stripe mosaic virus (보리 · 줄무늬모자이크바이러스) : ①(=barley false stripe virus, possibly barley yellow stripe virus, barley mild stripe virus, oat stripe mosaic virus), 약자 : BSMV. ②1951년 미국에서 McKinney에 의해 처음 보고됨. ③자연 상태의 기주식물 및 병징 : *Hordeum vulgare, Triticum aestivum*-온건한 줄무늬 모자이크 및 괴저. ④전파 : 기계적 접종, 종자 전염, 화분 전염 가능함. ⑤분류 : *Hordeivirus*속. ⑥형태 : 길이 112~150nm 및 18~24nm 넓이를 가진 사상형 모양의 입자. ⑦지놈 : 이분절 지놈 단일가닥 RNA-a : 130 kDa ORF1 (replicase); RNA-b. ⑧단백질 : 22 kDa ORF2(외피단백질), 60, 17 및 14 kDa (movement proteins).

Barley yellow dwarf virus (보리 · 누른오갈병바이러스) : ①(=cereal yellow dwarf virus, hordeum nanescens virus, oat red leaf virus, rice giallume virus, ryegrass chlorotic streak virus), 약자 : BYDV. ②1951 및 1953년 미국의 Oswald와

Houston에 의해 *Avena sativa, Hordeum vulgare* 및 *Triticum aestivum* 에서 처음 보고됨. ③자연계 기주식물 및 병징 : 보리, 귀리, 밀, 옥수수, 벼와 같은 곡류를 감염함. 잎의 변색(황적색 혹은 보라색 등 기주식물에 따라 다양한데, 특히 잎의 끝부위 및 가장자리부터 변색되기 시작함). ④매개충 : 20종 이상의 진딧물에 의해 매개되나 기계적 접종은 불가능함. ⑤형태 : 정이십면체 바이러스로서 25 혹은 30㎚의 크기를 갖음. ⑥지놈 : 전체 크기는 5.673 kb, 단일가닥 RNA. ⑦6개 단백질 : 95 kDa(복제효소), read through 단백질 69 kDa(바이러스 이동 단백질), 34 kDa(복제효소), 22 kDa(외피단백질), 6 kDa(VPg), 17 kDa(외피단백질의 내부 유전자).

Barley yellow mosaic virus (보리 · 누른모자이크바이러스) : ①(=barley mild mosaic virus), 약자 : BaYMV. ②1984년 독일에서 Huth 등에 의해 *Hordeum vulgare* 에서 처음 보고됨. ③병징 : 황색 줄무늬, 괴저. ④전파 : 진균 및 기계적 접종. ⑤매개 : 자연계에서는 진균 *Polymyxa graminis* 에 의해 매개됨. ⑥분류 : *Potyviridae* 과 *Bymovirus* 속. ⑦형태 : 길이 270~290㎚ 혹은 570~600㎚, 12~15㎚ 폭을 가진 사상형 입자. ⑧지놈 : 단일가닥 RNA로 구성된 2분절 지놈이며 전체길이는 12 kb(8 kb와 4 kb).

Barnaviridae : ①진균바이러스(과). ②길이 48~53㎚, 폭 18~20㎚의 외피단백질로 구성된 정이십면체 바이러스. ③4,400개의 염기로 구성된 단일가닥 RNA.

Bean common mosaic virus (강낭콩 · 모자이크바이러스) : ①(=bean mosaic virus, bean western mosaic virus, mungbean mosaic virus), 약자 : BCMV. ②미국의 Stewart 와 Reddick(1917년) 및 Pierce(1934년)가 *Phaseolus vulgaris* 에서 처음 보고함. ③기주식물 및 병징 : *Phaseolus vulgaris, Phaseolus coccineus*-모자이크 및 기형(잎). ④전파 : 곤충, 기계적 접종, 종자전염. ⑤매개충 : *Acyrthosiphon pisum, Aphis craccivora, A. fabae, Myzus persicae* 등에 의해 비영속성 감염으로 전파됨. ⑥분류 : *Potyviridae* 과 *Potyvirus* 속. ⑦형태 : 길이 847~886㎚, 폭 12~15㎚.의 주름진 사상형(flexuous rod). ⑧지놈 : 10 kb의 염기로 구성된 단일가닥 RNA.

Bean golden mosaic virus (강낭콩 · 황금모자이크바이러스) : ①약자 : BGMV. ②1993년 미국 남부 플로리다에 재배된 *Phaseolus vulgaris*에서 처음 보고됨. ③병징 : 황금색의 모자이크, 주름 및 말림(잎), 기형 및 위축(식물), 기형 및 모자이크 반점(꼬투리), 변색, 크기 감소(종자). ④분류 : *Geminiviridae*과. ⑤지놈 : 단일가닥 DNA.

Bean pod mottle virus (강낭콩 · 꼬투리모틀바이러스) : ①약자 : BPMV. ②1948년 미국의 Zaumeyer와 Thomas에 의해 *Phaseolus vulgaris* cv. Tendergreen에서 처음 보고됨. 북미에 널리 분포. ③자연계의 기주식물 및 병징 : *Phaseolus vulgaris*-심한 얼룩 및 기형(잎), 기형 꼬투리. *Glycine max*-모틀 및 줄무늬(종자). *Desmodium paniculatum*-모틀(잎). ④전파 : 곤충, 기계적 접종, 접목. ⑤매개충 :

Ceratoma trifurcata, Diabrotica balteata, D. undecimpunctata howardii, Colaspis flavida, C. lata, Epicauta vittata, Epilachna varivestis, (딱정벌레목) *Coleoptera.* ⑥형태 : 28㎚ 크기의 각진 정이십면체 입자. ⑦분류 : *Comoviridae*과 *Comovirus* 속. ⑧지놈 : 전체길이 12,800개의 염기로 구성된 2분절 단일가닥 RNA.

Bean yellow mosaic virus (강낭콩·노란모자이크바이러스) : ①(=bean virus 2, canna mosaic virus, gladiolus mosaic virus, gloriosa stripe mosaic virus), 약자 : BYMV. ②1925년 미국 및 네덜란드에서 Doolittle 과 Jones에 의해 *Phaseolus vulgaris*에서 처음 보고 됨. ③자연계의 기주식물 및 병징 : *Phaseolus vulgaris, Pisum sativum*(잎말단 괴저), *Gladiolus* sp., *Freesia* sp., *Lupinus luteus, Robinia pseudoacacia, Trigonella foenum-graecum, Vicia sativa, Papaver somniferum* (줄무늬, 모자이크, 모틀, 기형), *Arachis hypogaea* (모틀), *Crotalaria spectabilis, Glycine max, Canna* spp., *Trifolium subterraneum, Eustoma russellianum, Vicia faba, Medicago sativa, Trifolium hybridum, T. vesiculosum, T. incarnatum, T. pratense, T. repens* (모자이크). ④전파 : 곤충, 기계적 접종 가능, 종자전염(3%). ⑤매개충 : 20 종의 곤충에 의해 비영속성 전파됨, 예 : *Acyrthosiphon pisum, Macrosiphum euphorbiae, Myzus persicae, Aphis fabae,* (진딧물과) *Aphididae.* ⑥분류 : *Potyviridae*과 *Potyvirus*속. ⑦형태 : 750㎚ 길이 및 12~15㎚ 폭을 가진 주름진 사상형(flexuous rod) 입자. ⑧지놈 : 전체길이 10 kb의 염기로 구성된 단일가닥 RNA.

Beet curly top virus (사탕무우·오갈병바이러스) : ①(=sugarbeet curly top virus, sugarbeet curly-leaf virus, tomato yellows virus, western yellow blight virus), 약자 : BCTV. ②1909년 미국의 Ball에 의해 *Beta vulgaris*에서 처음 보고됨. ③자연계의 기주식물 및 병징 : *Spinacia oleracea, Cucurbitaceae, Phaseolus vulgaris, Linum* spp., *Capsicum* spp., *Lycopersicon esculentum, Solanum tuberosum* (투명엽맥, 수축, 기형), *Beta vulgaris*(잎 말림, 투명엽맥, 암초록색으로 변색). ④전파 : 기계적 접종 및 종자전염 불가능. ④매개충 : *Circulifer tenellus* (북미), *C. tenellus, C. opacipennis* (지중해 연안), 영속성 감염. ⑥분류 : *Geminiviridae* 과 *Hybrigeminivirus*속. ⑦형태 : 18~22㎚의 크기의 쌍둥이 입자.

Bromoviridae : ①식물바이러스의 한 과명. ②외피는 구형의 정이십면체형의 입자(T=3 혹은 T=1). ③입자 크기는 26~35㎚. ④지놈은 3분절로 구성된 단일가닥 RNA로 각 분절은 다른 입자에 외피화되어 있음.

Bromovirus : 식물바이러스 *Bromoviridae*과의 한 속명.

Bunyaviridae : ①negative-stranded RNA 바이러스 과. ②. 절지동물 및 설치류에서도 발견됨. ③매개 : 예외적으로 Hantaviruses를 제외하고는 절지동물을 통해매개됨(모

기, 진드기 등). ④*Hantavirus* 속; type species : Hantaan virus(Hantavirus pulmonary syndrome, Korean hemorrhagic fever), *Nairovirus* 속; type species : *Dugbe virus*, *Orthobunyavirus* 屬; type species : *Bunyamwera virus*, *Phlebovirus* 속; type species : Rift Valley fever virus, *Tospovirus* 속; type species : *Tomato spotted wilt virus*. ⑤형태 : 외막, 구형바이러스, 크기 : 90~100㎚. ⑥지놈 : 대(L), 중(M), 소(S)의 3분절, 원형, 나선형(바이러스입자), 단일가닥 RNA. L 분절 : RNA-polymerase, M 분절 : 당단백질(표면 돌기), S 분절 : 핵단백질(N).

Bymovirus : ①*Potyviridae*과의 한 속명. ②분포 : 극동아시아에 널리 분포. ③매개 : 진균 *Plasmodiophorales*목. ④전파 : 기계적 접종 가능하나, 접목, 기주식물간 접촉, 종자전염 불가능. ⑤형태 : 주름진 사상형 바이러스, 2 가지 입자, 길이 500~600㎚ 혹은 200~300㎚, 폭 12~15㎚. ⑥지놈 : 전체 염기 8500~10000 개로 구성된 2분절 지놈,(+) sense 단일가닥 RNA.

Carlavirus : ①식물바이러스 한 속명. ②사상형 입자. ③지놈 : 전체길이 6.48~7.772~8.5 kb.

Carmovirus : ①식물바이러스 한 속명. ②형태 : 정이십면체(T=3). 크기 : 27~30.5~34㎚ 직경. 외피단백질 : 구형 혹은 육각형. ③매개충 : 절지동물 *Coleoptera*목. ④전파 : 매개충 가능 혹은 불가능. 기계적 접종 가능 혹은 불가능. 접목 가능 혹은 불가능. 기주식물간 접촉 가능 혹은 불가능. 종자전염 가능 혹은 불가능. ⑤분류 : *Tombusviridae*과의 한 屬. 대표 종 : *Carnation mottle virus*. ⑥지놈 : monopartite. (+) sense, 단일가닥 RNA. ⑦satellite RNA 증식에 helper 바이러스 역할.

Carnation latent virus (카아네이숀·잠재바이러스) : ①(=dulcamara A virus, dulcamara B virus), 약자 : CLV. ②1955년 Kassanis에 의해 *Dianthus caryophyllus*에서 처음 보고됨. ③자연계 기주범위 및 병징 : *Dianthus caryophyllus*-무병징. ④전파 : 곤충 및 기계적 접종 가능하나 종자전염이나 기주식물 간 접촉에 의한 전파는 불가능함. ⑤매개충 : *Myzus persicae*, *Aphididae*에 의한 비영속성 감염. ⑥분류 : *Carlavirus*속. ⑦형태 : 사상형 입자, 나선형 대칭. 650㎚ 길이, 12㎚ 폭. ⑧지놈 : 전체 길이 7400~7700 개의 염기로 구성된 단일가닥(+) RNA.

Carnation mottle virus (카아네이숀·모틀바이러스) : ①약자 : CarMV. ②1955년 영국의 Kassanis에 의해 *Dianthus* ssp.에서 처음 보고 됨. ③자연계 기주범위 및 병징 : *Dianthus caryophyllus*, *D. barbatus*, *Saponaria vaccaria*-온건한 모틀, *Begonia elatior*, *Daphne odora*, *Dianthus chinensis*, *D. superbus*, *Saponaria officinalis*-모틀. ④전파 : 곤충 및 종자전염 불가능, 기계적 접종, 기주식물 간 접촉 및 접목 에 의한 전파 가능. ⑤분류 : *Tombusviridae*과, *Carmovirus*속. ⑥형태 : 34~35.6㎚ 크기인 정이십면체형(T=3). ⑦지놈 : 전체 길이 4003 개의 염기로 구성된 단일가닥(+) RNA. 외피단백질 코딩 Sub-genomic RNA(1.6 kb 염기, 347

개 아미노산).

Carnation ringspot virus (카아네이숀·둥근무늬바이러스) : ①약자 : CRSV. ②1955년 영국의 Kassanis에 의해 *Dianthus* ssp.에서 처음 보고됨. ③자연계 기주범위 및 병징 : *Dianthus caryophyllus, D. barbatus*-모틀 혹은 윤문반점(잎), 위축 및 기형(식물). ④전파 : 선충, 기계적 접종, 접목, 기주식물 간 접촉에 의해 가능하나 종자전염은 불가능. ⑤매개 : 선충 *Longidorus elongatus, L. macrosoma* 및 *Xiphinema diversicaudatum*에 의해 매개됨이 보고 되었으나 의문 제기됨. ⑥분류 : *Tombusviridae* 과 *Dianthovirus* 속. ⑦형태 : 크기가 31~34㎚인 정이십면체 바이러스. ⑧지놈 : 이분절, 전체 길이 5340 개의 염기로 구성된(+) 단일가닥 RNA.

Cauliflower mosaic virus (카울리플라워·모자이크바이러스) : ①(=brassica virus 3, broccoli mosaic virus, cabbage mosaic virus, cabbage virus B), 약자 : CaMV. ②1937년 미국의 Tompkins에 의해 *Brassica campestris* 및 *B. oleracea* 에서 처음 보고됨. ③자연계 기주범위 및 병징 : *Arabidopsis thaliana, Brassica* spp., *Raphanus* spp.-투명 엽맥 혹은 엽맥녹대 모자이크(잎). ④전파 : 매개충에 의한 준영속성 감염. 기계적 접종 가능함. ⑤매개충 : *Brevicoryne brassicae, Myzus persicae* 및 25 종의(진딧물과) *Aphididae*. ⑥분류 : *Caulimoviridae* 과, *Caulimovirus* 속. ⑦형태 : 정이십면체, 지름 50㎚. ⑧지놈 : 8.032 kb 원형 이중가닥 DNA.식물감염 pararetrovirus로서 역전사 시스템에 의해 증식.

Celery mosaic virus (셀러리·모자이크바이러스) : ①약자 : CeMV. ②1938년 미국의 Severin 과 Freitag에 의해 *Apium graveolens* var. dulce.에서 처음 보고됨. ③자연계 기주범위 및 병징 : *Apium graveolens* var. dulce, *Conium maculatum*-모틀 및 기형(잎), *Pastinaca sativa*-주름 및 모틀(잎), *Petroselinum crispum*-황화 및 괴저 반점(잎), *Coriandrum sativum* (황화 및 위축(잎), *Daucus carota*-모자이크(잎). ④전파 : 기계적 접종 가능하나 기주식물 간 접촉 및 종자전염 불가능. ⑤매개충 : 비영속성 감염 *Myzus persicae, Aphis middletonii, A. ferruginea- striata, A. apigraveolens, A. apii, A. gossypii, A. rumicis, Cavariella capreae, Myzus circumflexus, M. convolvuli, Rhopalosiphum melliferum, Cavariella aegopodii, C. pastinacae*. ⑥분류 : *Potyviridae* 과 *Potyvirus* 속. ⑦형태 : 길이 780㎚, 폭 15㎚ 크기의 주름진 사상형. ⑧지놈 : 전체 길이 9500~11000개의 염기로 구성된 단일가닥 RNA.

Cherry leaf roll virus (셀러리·잎말림바이러스) : ①(=ash mosaic virus(Nienhaus and Hamacher, 1990), sambucus ringspot and yellow net virus), 약자 : CLRV. ②Schuster 와 Miller(1933년), Swingle 등(1941, 1943년), Posnette 과 Cropley(1955)에 의해 *Ulmus americana* (American elm), *Prunus avium* (cherry) 및 *Juglans regia* (walnut)에서 처음 보고됨. ③자연계 기주범위 및 병징 : *Juglans* *regia*-검은 줄무늬(잎), *Ulmus americana*-황화 모자이크, 윤문(잎), *Prunus avium*-잎말림, 고사(잎), *Betula* spp., *Sambucus* spp., *Rubus* spp., *Cornus florida*-황화 윤문반점, 황색 엽맥(잎), *Ptelea trifoliata*-황색반점(잎). ④전파 : 선충, 기계적 접종, 접목, 기주식물 간 접촉에 의해 가능함. ⑤매개 : 선충 *Xiphinema coxi, X. diversicaudatum and X. vuittenez.* ⑥분류 : *Nepovirus*속. ⑦형태 : 28㎚ 직경의 정이십면체. ⑧지놈 : 전체길이가 16.5 kb인 이분절(9 kb RNA-1, 7.5 kb RNA-2) 단일가닥 RNA.

Chrysanthemum* B *virus (국화 · 모자이크바이러스) : ①(=chrysanthemum virus Q, chrysanthemum dwarf mottle virus, chrysanthemum mild mosaic virus, chrysanthemum necrotic mottle virus, gynura latent virus), 약자 : CVB. ②1952년 네덜란드의 Noordam에 의해 *Chrysanthemum morifolium*에서 처음 보고 됨. ③자연계 기주범위 및 병징 : *Chrysanthemum morifolium*-모틀, 투명엽맥, 혹은 괴저 줄무늬, *Gynura aurantiaca*-무병징. ④전파 : 곤충, 기계적 접종, 접목 가능하나 기주식물 간 접촉 및 종자전염 불가능. ⑤매개충 : 비영속성 감염; *Myzus persicae, Macrosiphum euphorbiae, Acyrthosiphon solani, Coloradoa rufomaculata, Macrosiphoniella sanborni,* (진딧물과) *Aphididae.* ⑥분류 : *Carlavirus*속. ⑦형태 : 685㎚ 길이의 사상형 입자. ⑧지놈 : 7.5 kb 길이의 단일가닥 RNA.

Chrysanthemum stunt viroid (국화 · 위축바이로이드) : ①약자 : CSVd. ②미국에서 유래되었고 1950년 유럽에 수입된 이래, 영국에서 심각한 경제적 손실 초래함. ③자연계 기주범위 및 병징 : *Dendranthema morifolium*(chrysanthemum)이 주요 기주식물이며 위축(50%) 및 무병징(30%)이 나타남. *Petunia hybrida* var. Surfinia 및 Ageratum에서 드물게 보고 됨. ④전파 : 절지 등에 의한 기계적 감염 및 기주식물 간 접촉. ⑤지놈 : 작은 원형 RNA.

Citrus exocortis viroid (감귤 · 수피병바이로이드) : ①약자 : CEVd. ②1948년 Fawcett와 Klotz에 의해 *Poncirus trifoliata*수피(bark)에서 처음 보고 됨. ③자연상태의 기주 및 병징 : tomato 교잡종(*Lycopersicon esculentum* Mill. x *Lycopersicon peruvianum*), *Carrizo citrange, Rangpur lime* 등-건조, 틈새, 왜화 및 수피층 제거. ④분류 : *Pospiviroide*과 *Pospiviroid*속.

Citrus tristeza virus (감귤 · 트리스테자바이러스) : ①(=citrus quick decline virus, grapevine A virus, hassaku dwarf virus, lime dieback closterovirus), 약자 : CTV. ②미국과 이탈리아에서 Meneghini(1946); Fawcett 과 Wallace(1946); Kitajima 등(1964)에 의해 *Citrus sinensis* 및 *C. aurantifolia* 에서 처음 보고 됨. ③자연상태의 기주 및 병징 : *Citrus aurantifolia*(sour orange) 뿌리 지하경에 접목된 *Citrus* spp.-급성소모성 징후, 줄기 구멍, *C. paradisi* (grapefruit)-위축, *C. aurantifolia* (lime)-고사, 잎마름병(die back), *C. aurantifolia*-황색 묘목, *C.*

reticulata(mandarin)-고사. ④전파 : 기계적 접종, 접목 가능하나 종자전염 불가능. ⑤매개충 : 비영속성 감염-*Toxoptera citricidus, Aphis gossypii, A. spiraecola, Toxoptera auranti* 등(진딧물과) *Aphididae.* ⑥분류 : *Closterovirus* 속. ⑦형태 : 길이 2000nm, 폭 12nm의 사상형 입자. ⑧지놈 : 전체길이 17~20kb 염기로 구성된 단일가닥 RNA.

Closterovirus : ①식물 바이러스의 한屬. ②지놈 : 전체길이 7.1~13.96~20 kb의 단일가닥 RNA. ③형태 : 길이 150~1504~2200nm 및 10~12.11~18nm 폭을 가진 주름진 사상형 입자.

Clover yellow mosaic virus (클로바·황색모자이크바이러스) : ①(=pea mottle virus), 약자 : ClYMV. ②미국의 Johnson(1942 년), Pratt(1961년)에 의해 *Trifolium repens*에서 처음 보고 됨. ③자연상태의 기주 및 병징 : *Trifolium* ssp., *Pisum sativum, Chenopodium album, Malus pumila, Medicago alba, M. sativa, Vicia sativa, Stellaria media*-괴저줄무늬 및 모자이크. ④전파 : 기계적 접종. ⑤분류 : *Potexvirus*속. ⑥형태 : 40nm 길이, 13nm 폭을 가진 주름진 사상형 입자. ⑦지놈 : 선형 단일가닥 RNA.

Clover yellow vein virus (클로바·황색엽맥바이러스) : ①(=dendrobium mosaic virus, pea mottle virus(Pratt, 1961; Johnson, 1942), pea necrosis virus), 약자 : ClYVV. ②1965년 영국의 Hollings 와 Nariani에 의해 *Trifolium repens*에서 처음 보고됨. ③자연상태의 기주 및 병징 : *Coriandrum sativum, Daucus carota, Pisum sativum, Trifolium hybridum, T. incarnatum, T. pratense, T. repens, T. subterraneum, T. vesiculosum*-모자이크, 얼룩, 줄무늬, 황색 잎맥. ④전파 : 곤충, 기계적 접종 가능. ⑤매개충 : 비영속성 감염; *Acyrthosiphon*(*Aulacorthum*) *solani, Macrosiphum euphorbiae, Myzus persicae,* (진딧물과) *Aphididae.* ⑥분류 : *Potyviridae*과 *Potyvirus*속. ⑦형태 : 760nm 길이, 12~15nm 폭을 가진 주름진 사상형 입자. ⑧지놈 : 9.5 kb 선형 단일가닥 RNA.

Cocksfoot mottle virus (새발풀·모틀바이러스) : ①약자 : CoMV. ②1963년 영국의 Serjeant에 의해 *Dactylis glomerata*에서 처음 보고 됨. ③자연상태의 기주 및 병징 : *Dactylis glomerata, Triticum aestivum*-노란 줄무늬와 모틀. ④전파 : 곤충, 기계적 접종 가능하나 종자전염 불가능. ⑤매개충 : 준영속성 감염; Chrysomelid beetles, *Lema melanopa, L. lichenis*(딱정벌레목) *Coleoptera.* ⑥분류 : *Sobemovirus*속. ⑦형태 : 30nm 크기의 정이십면체형 입자. ⑧지놈 : 전체길이 4,35 kkb 염기로 구성된 단일가닥 RNA.

Coconut cadang-cadang viroid (코코넛·카당카당 바이로이드) : ①약자 : CCCVd. ②자연상태의 기주 및 병징 : Coconuts 및 oilpalms-초기 병징 : 황색 반점, 중기 :

화환의 2/3이상이 황색으로 변색됨, 후기 : 초기 병징에서 8~16년 후 고사 됨. ③전파 : 종자 혹은 화분. ④지놈 : 최소 크기가 246 개의 염기로 구성된 원형 단일가닥 RNA.

Comoviridae : ①식물바이러스 과명. ②형태 : 28~30㎚ 크기의 32 개의 형태학적 단위(capsomer)를 가진 정이십면체 형. ③지놈 : 전체 길이 10000~15000개의 염기로 구성된 이분절 RNA 바이러스. 5'-말단 : VPg, 3 '-말단 : poly(A). ④입자 : 3가지 입자, 대 : 1분자 RNA-1(sedimenting component B). 중 : 1분자 RNA-2 (sedimenting component M). 소 : RNA 결여(sedimenting component T).

Cowpea mosaic virus (동부·모자이크바이러스) : ①약자 : CPMV. ②Chant(1959)에 의해 아프리카 나이제리아의 *Vigna unguiculata*로부터 처음 보고 됨. ③자연상태의 기주 및 병징 : *Vigna unguiculata, Cajanus cajan, Crotalaria juncea*-모자이크, 황화엽맥, 기형(잎). ④전파 : 곤충, 기계적 접종, 접목, 종자전염. ⑤매개충 : *Ootheca mutabilis, Paraluperodes quaternus, Nematocerus acerbus, Ceratoma variegata, C. ruficornis, C. trifurcata, Diabrotica balteata, D. undecimpunctata howardi, D. virgifera, Acalymma vittatum*; (딱정벌레목) *Coleoptera*. ⑥분류 : *Comoviridae* 과 *Comovirus*속. ⑦형태 : 28㎚ 크기의 정이십면체형 입자. ⑧지놈 : 전체길이 9870개의 염기로 구성된 이분절 단일가닥 RNA. 대 : 6.6 kb; 소 3.8 kb.

Cucumber green mottle mosaic virus (오이·녹반모자이크바이러스) : ①(=cucumber green mottle mosaic virus, tobacco mosaic virus watermelon strain-W, cucumber virus 3, cucumber virus 4, bottlegourd Indian mosaic virus, cucumis virus 2), 약자 : CGMMV. ②1935년 영국의 Ainsworth에 의해 *Cucumis sativus*에서 처음 보고 됨. ③자연상태의 기주 및 병징 : *Cucumis sativus, Citrullus vulgaris, Lagenaria siceraria* (bottlegourd)-모자이크. ④전파 : 곤충, 기계적 접종. ⑤매개충 : *Raphidopalpa fevicolis* ⑥분류 : *Tobamovirus* 속. ⑦형태 : 300㎚ 길이, 15㎚ 폭의 크기를 가진 사상형 입자. ⑧지놈 : 전체 길이 6.5 kb의 단일가닥 RNA.

Cucumber mosaic virus (오이·모자이크바이러스) : ①(=banana infectious chlorosis virus, coleus mosaic virus, cowpea banding mosaic virus, cowpea ringspot virus, cucumber virus 1, lily ringspot virus, pea top necrosis virus, peanut yellow mosaic virus, southern celery mosaic virus, soybean stunt virus, spinach blight virus, tomato fern leaf virus, pea western ringspot virus), 약자 : CMV. ②1934년 미국의 Price에 의해 *Cucumis sativus*에서 처음 보고 됨. ③자연상태의 기주 및 병징 : *Cucumis sativus* 를 포함한 박과 작물-모자이크, 위축, 수량감소. *Lycopersicon esculentum*-모자이크, 엽층 감소("fernleaf") 및 위축. *Spinacia oleracea*-황화 및 위축. ④전파 : 곤충, 기계적 접종 및 종자전염. ⑤매개충 : 비영속성 감염; *Acyrthosiphon pisum, Aphis craccivora* 및 *Myzus persicae*, (진딧물

과) *Aphididae*를 포함한 60종 이상. ⑥분류 : *Bromoviridae*과, *Cucumovirus*속. ⑦형태 : 29nm 크기의 정이십면체 입자. ⑧지놈 : 전체길이가 8.621 kb인 단일가닥 선형 RNA. 3분절 지놈; 대 3.389 kb, 중 3.035 kb, 소 2.197 kb. subgenomic mRNA(외피단백질), 혹은 satellite RNA(특정 isolates). ⑨단백질 : 대 36.3 kDa(791 개 아미노산; 바이러스 RNA 복제효소), 중 31 kDa(333 개 아미노산; 바이러스 RNA 중합효소), 소 9.9 kDa(353 개 아미노산; 3a protein; movement protein); 24.2 kDa 외피단백질.

Cucumber necrosis virus (오이 · 괴저바이러스) : ①약자 : CuNV. ②1959년 캐나다의 McKeen에 의해 *Cucumis sativus*에서 처음 보고됨. ③자연상태의 기주 및 병징 : *Cucumis sativus*-기형 및 황화엽. ④전파 : 진균, 기계적 접종 및 기주식물 간 접촉에 의해 전파 가능하나 종자 및 화분 전염 불가능. ⑤매개 : 진균 *Olpidium radicale* ⑥분류 : *Tombusviridae*과 *Tombusvirus*속. ⑦형태 : 30nm 크기의 정이십면체형. ⑧지놈 : 전체길이가 4.071 kb의 단일가닥 RNA. 5개의 ORF; p33, p92, p41, p21 및 p20.

Cucumovirus : 다분절 지놈 RNA를 가진 식물바이러스 *Bromoviridae*과의 한 屬.

Cymbidium mosaic virus (심비디움 · 모자이크바이러스) : ①약자 : CyMV. ②1959년 미국의 Jensen에 의해 *Cymbidium* spp.에서 처음 보고됨. ③자연상태의 기주 및 병징 : *Cymbidium* spp.-모자이크 및 괴저(잎), *Cattleya* spp.-모자이크(잎) 및 괴저(꽃). *Phalaenopsis* spp.-모자이크, 수침상 반점(잎), *Vanda* spp.-황화 반점(잎). ④매개충 : 미상. ⑤전파 : 기계적 접종 및 기주식물 간 접촉. ⑥분류 : *Potexvirus* 屬. ⑦형태 : 길이 480nm, 폭 13nm 크기의 주름진 사상형 입자. ⑧지놈 : 전체 길이 8.1 kb의 단일가닥 RNA. ⑨단백질 : 27.6 kDa 외피단백질.

Cymbidium ringspot virus (심비디움 · 윤문바이러스) : ①약자 : CyRSV. ②1963년 영국의 Hollings 와 Stone에 의해 *Cymbidium* spp.에서 처음 보고 됨. ③자연상태의 기주 및 병징 : *Cymbidium* spp.-황화윤문과 모틀(잎), *Trifolium repens*-황화반점 및 모틀(잎). ④매개충 : 미상. ⑤전파 : 기계적 접종 및 기주식물 간 접촉. ⑥분류 : *Tombusviridae* 과 *Tombusvirus* 속. ⑦형태 : 30nm 크기의 정이십면체 입자. ⑧지놈 : 전체 길이 4.733 kb의 염기를 가진 단일가닥 RNA. ⑨단백질 : 43.6 kDa 외피단백질.

Dahlia mosaic virus (다알리아 · 모자이크바이러스) : ①약자 : DMV. ②1928년 독일의 Brandenburg에 의해 *Dahlia pinnata*에서 처음 보고 됨. ③자연상태의 기주 및 병징 : *Dahlia pinnata*-황화녹대 엽맥, 모자이크, 기형(잎). ④전파 : 기계적 접종 가능하나 종자전염 불가능. ⑤매개충 : 16 종 곤충에 의한 비영속성 감염; *Aphis fabae, Myzus persicae, Macrosiphum euphorbiae,* (진딧물과) *Aphididae*. ⑥분류 : *Caulimovirus*속. ⑦형태 : 48～50nm 크기의 정이십면체 입자. ⑧지놈 : 전체 길이

6.8 kb의 이중가닥 원형 DNA.

Dasheen mosaic virus (타로토란 · 모자이크바이러스) : ①약자 : DsMV. ②네덜란드로부터 미국으로 수입된 *Zantedeschia elliottiana*에서 Zettler 등에 의해 1970년 처음 보고 됨. ③자연상태의 기주 및 병징 : *Aglaonema, Alocasia, Amorphophallus, Arisaema, Caladium, Cyrtosperma* ssp.-모자이크(잎), *Cryptocoryne, Dieffenbachia, Philodendron, Richardia, Zantedeschia* ssp.-모자이크 및 기형(잎), *Colocasia, Xanthosoma* spp.-모자이크 및 황화 깃털 모양(잎). ④전파 : 곤충, 기계적 감염. ⑤매개충 : 비영속성 감염-*Myzus persicae, Aphis craccivora, Aphis gossypii*; (진딧물과) *Aphididae*. ⑥분류 : *Potyviridae* 과 *Potyvirus* 속. ⑦형태 : 750㎚ 길이의 주름진 사상형 입자. ⑧지놈 : 선형 단일가닥 RNA. 단백질 : 29 kDa 외피단백질.

Eggplant mosaic virus (가지 · 모자이크바이러스) : ①약자 : EMV. ②Trinidad에서 Ferguson(1951) 및 West Indies에서 Dale(1954)에 의해 *Solanum melongena* 로부터 처음 보고 됨. ③자연상태의 기주 및 병징 : *Solanum melongena*-모자이크, *Solanum seaforthianum*-모틀 및 녹대무늬 엽맥, *Lycopersicon esculentum*-모자이크. ④전파 : 곤충, 기계적 접종 및 종자전염. ⑤매개충 : *Epitrix* sp.(잎벌레) 및 *Coleoptera*. ⑥분류 : *Tymovirus* 속. ⑦형태 : 30㎚ 크기의 정이십면체 입자. ⑧지놈 : 전체 길이 6.33 kb의 단일가닥 선형 RNA. ⑨단백질 : 19.8 kDa 외피단백질.

Geminiviridae : ①식물바이러스 과명. ②형태 : 각진 구형형태의 쌍둥이 입자, 15~19. 12~25㎚ 폭, 15~30.41~52㎚ 길이 ③지놈 : 전체 길이가 5.096~5.286~5.57 kb인 원형의 단일가닥 DNA, 이분절 지놈. ④단백질 : 1개 혹은 2개로 구성. 대 : 27.4~30~34 kDa. 소 : 27 kDa. ⑤특징 : 핵에서 증식.

Geminivirus : *Geminiviridae*과의 한 속명.

Grapevine fanleaf virus (포도 · 부채잎바이러스) : ①(=grapevine arricciamento virus, grapevine court noué virus, grapevine infectious degeneration virus, grapevine Reisigkrankheit virus, grapevine roncet virus, grapevine urticado virus), 약자 : GFLV. ②1883년 오스트리아의 Rathay에 의해 *Vitis vinifera*에서 처음 보고됨. ③자연상태의 기주 및 병징 : *Vitis vinifera, V. rupestris* 및 여러 *Vitis* spp.-모자이크, 윤문, 줄무늬, 부채꼴 모양(잎). ④전파 : 선충, 기계적 접종, 접목 ⑤매개 : *Xiphinema index, X. italiae*. ⑥분류 : *Comoviridae* 과 *Nepovirus* 속. ⑦형태 : 30㎚ 크기의 정이십면체 입자. ⑧지놈 : 전체 길이 11.116 kb인 단일가닥 RNA; 이분절; 대 7.342 kb; 소 3.774 kb. ⑨단백질 : 54 kDa 외피단백질.

Hop latent virus (호프 · 잠재바이러스) : ①약자 : HpLV. ②1966년 독일의 Schmidt 등에 의해 *Humulus japonicus, Humulus lupulus* 에서 처음 보고 됨. ③자연상태의 기주 및 병징 : *Humulus lupulus*-전신성 황화반점(잎). ④전파 : 곤충, 기계적 접종, 접목. ⑤매개충 : 비영속성 감염 *Myzus* (Phorodon) *humuli*; (진딧물과) *Aphididae*. ⑥분류 :

Carlavirus 속. ⑦형태 : 674nm 길이와 14.4nm 폭을 가진 사상형 입자. ⑧지놈 : 전체길이 8200개의 염기로 구성된 단일가닥 RNA. ⑨단백질 : 33 kDa 외피단백질.

Ilarvirus : ①식물바이러스의 한 속명. ②19~27.46~36nm 범주의 크기를 가진 정이십면체 입자. ③절지동물 총채벌레목(*Thysanoptera*), 기계적 접종, 접목, 기주식물 간 접촉 등에 의해 매개됨. ④3분절 단일가닥 RNA 지놈. ⑤3~5개의 지놈 혹은 서브지놈(subgenomic) RNA가 각기 다른 3 가지 입자에 외피화 되어 있음.

Iris mild mosaic virus (아이리스·경증 모자이크바이러스) : ①약자 : IMMV. ②네덜란드의 Van Slogteren(1958) 및 Loebenstein and Alper(1963)에 의해 Iris spp.에서 처음 보고됨. ③자연상태의 기주 및 병징 : *Iris* spp.(bulbous irises), *Iris xiphoides*(English iris), *I. xiphium*(Spanish iris), *I. tingitana*×*I. xiphium* (Dutch iris), *I. reticulata*, *I. danfordiae*-온건한 모자이크. ④전파 : 곤충, 비영속형 감염. ⑤매개충 : *Aphis gossypii*, *Macrosiphum euphorbiae*, *Myzus persicae*, (진딧물과) *Aphididae*. ⑥분류 : *Potyviridae* 과, *Potyvirus* 속. ⑦형태 : 750nm 길이와 12nm 폭을 가진 주름진 사상형 입자. ⑧지놈 : 단일가닥 RNA.

Iris severe mosaic virus (아이리스·중증 모자이크바이러스) : ①약자 : ISMV. ②네덜란드의 Atanasoff(1928) 및 Anon(1961)에 의해 *Iris* spp. 및 *Crocus vernus* 재배종 King of the Blues에서 처음 보고 됨. ③자연상태의 기주 및 병징 : *Crocus vernus*-모자이크(잎), 줄무늬(꽃). *Belamcanda chinensis*-심한 황화(잎). Iris spp.-줄무늬(잎), 위축(줄기), 변색(꽃). ④전파 : 곤충 및 기계적 접종. ⑤매개충 : *Macrosiphum euphorbiae*, *Myzus persicae*, (진딧물과) *Aphididae*. ⑥분류 : *Potyviridae* 과 *Potyvirus* 속. ⑦형태 : 750nm 길이와 12nm 폭을 가진 주름진 사상형 입자. ⑧지놈 : 단일가닥 RNA. ⑨단백질 : 33 kDa 외피단백질.

Kyuri green mottle mosaic virus (규리 녹반 모자이크바이러스) : ①약자 : KGMMV. ②1974년 일본 Tochihara등에 의해 오이에서 처음으로 보고 되었고, 1986년 Fancki와 Palukaitis에 의해 KGMMV로 재분류 됨 ③자연상태의 기주 및 병징 : 오이, 수박, 메론등-모자이크, 모틀링 병징이 나타남 ④전파 : 기계적 전염, 종자전염, 토양전염 ⑤매개충 : 알려진 것 없음 ⑥분류 : *Tobamovirus*속 ⑦형태 : 300nm 막대형 입자 ⑧지놈 : 외가닥 RNA(6,514개 염기) ⑨단백질 : 189 kDa(1,690개 아미노산; RNA 복제효소), 131 kDa(1166개 아미노산; 복제효소), 28 kDa(261개 아미노산; 이동단백질), 17 kDa(161개 아미노산; 외피단백질).

Lettuce mosaic virus (상치·모자이크바이러스) : ①(=lactuca virus), 약자 : LMV. ②미국 플로리다주의 *Lactuca sativa* 에서 처음 보고 됨. ③자연상태의 기주 및 병징 : *Lactuca* spp., *Senecio vulgaris*, *Sonchus* spp.-괴저 및 황화 국부반점, 줄무늬, 모자이크, 황화 엽맥, 기형(잎). *Cicer arietinum*-황백화(잎). *Pisum sativum*-황백화 모틀. ④전파 : 곤충, 기계적 접종, 종자전염. ⑤매개충 : 비영속성 감염-*Aphis gossypii*,

Macrosiphum euphorbiae, M. gei, Myzus persicae, (진딧물과) *Aphididae.* ⑥분류 : *Potyviridae* 과 *Potyvirus* 속. ⑦형태 : 750nm 길이 및 15nm 폭을 가진 주름진 사상형 입자. ⑧지놈 : 단일가닥 RNA. ⑨단백질 : 33 kDa 외피단백질.

Lettuce necrotic yellows virus (상치 · 누렁이괴저바이러스) : ①약자 : LNYV. ② 1963년 호주의 Stubbs 등에 의해 *Lactuca sativa* 에서 처음 보고 됨. ③자연상태의 기주 및 병징 : *Lactuca sativa*-황화, 시들음, 그을음(잎), 위축(식물). ④전파 : 곤충 및 기계적 접종. ⑤매개충 : 영속성 감염-*Hyperomyzus lactucae,* (진딧물과) *Aphididae.* ⑥분류 : *Rhabdoviridae* 과 *Cytorhabdoviruses* 속. ⑦형태 : 227~360nm 길이 및 52~66nm 폭. 외막으로 둘러싸인 총알모양의 입자. ⑧지놈 : 전체 길이 10.5~12.34~14 kb의(-) 단일가닥 RNA. ⑨단백질 : 180~190 kDa L protein, 76 kDa G protein, 54 kDa N protein, 38 kDa NS protein, 19 kDa M protein. 10) 특징 : G protein-glycosylation.

Lily symptomless virus (백합 · 잠재바이러스) : ①(=lily curl stripe virus, lily virus, lily streak virus), 약자 : LSV. ②1944년 미국의 Brierley 와 Smith에 의해 *Lilium* spp.에서 처음 보고 됨. ③자연상태의 기주 및 병징 : *Liliaceae*-전신 감염. *Lilium longiflorum*-컬링 및 줄무늬(저온). ④전파 : 곤충 및 기계적 접종. ⑤매개충 : 비영속성 감염-*Myzus persicae,* (진딧물과) *Aphididae.* ⑥분류 : *Carlavirus* 속. ⑦ 640nm 길이 및 17~18nm 폭을 가진 주름진 사상형 입자. ⑧지놈 : 8 kb 단일가닥 RNA.

Maize chlorotic dwarf virus (옥수수 · 왜성황화바이러스) : ①약자 : MCDV. ②1972 년 미국의 Bradfute등에 의해 *Zea mays*에서 처음 보고됨. ③자연상태의 기주 및 병징 : *Sorghum halepense*-투명 엽맥, *Zea mays*-위축, 홍화, 황화, 밴드무늬 엽맥(잎). ④전파 : 곤충. ⑤매개충 : 준영속성 감염-*Graminella nigrifrons* (다수), *Graminella sonora* 및 *Exitianus exitiosus* (소수); 매미충과(*Cicadellidae*). ⑥분류 : *Sequiviridae* 과 *Waikavirus* 속. ⑦형태 : 30nm 크기의 정이십면체형 입자. ⑧지놈 : 전체길이 10.67 kb의 단일가닥 RNA. ⑨단백질 : 30 kDa 외피단백질.

Maize chlorotic mottle virus (옥수수 · 황화모틀바이러스) : ①약자 : MCMV. ②1973 년 페루에서 Hebert 와 Castillo에 의해 *Zea mays*에서 처음 보고됨. ③자연상태의 기주 및 병징 : *Zea mays*-전신 황화 얼룩(잎). ④전파 : 곤충, 기계적 접종, 종자전염. ⑤매개충 : 비영속성 감염-*Diabrotica* spp. 총채벌레(thrips); 딱정벌레목(*Coleoptera*), 혹은 총채벌레목(*Thysanoptera*). ⑥분류 : *Machlomoviruses* 속. ⑦형태 : 30nm 크기의 정이십면체형 입자. ⑧지놈 : 전체길이 4.4 kb의 단일가닥 RNA. ⑨단백질 : 4개 ORF; 32 kDa, 50 kDa(polymerase), 9 kDa 및 25.1 kDa(외피단백질).

Maize dwarf mosaic virus (옥수수 · 왜성모자이크바이러스) : ①(=MDMV-A, MDMV-D, MDMV-E, MDMV-F), 약자 : MDMV. ②Williams 와 Alexander

(1965) 및 Dale(1965)에 의해 미국 오하이오주의 *Zea mays*에서 처음 보고됨. ③자연상태의 기주 및 병징 : *Sorghum halepense*-모자이크, *Zea mays*-모자이크 및 위축. ④전파 : 곤충, 기계적 접종. ⑤매개충 : 진딧물과(*Aphididae*)의 여러 종. ⑥분류 : *Potyviridae*과 *Potyvirus*속. ⑦형태 : 770nm 길이의 주름진 사상형 입자.

Maize rayado fino virus (옥수수·라야도피노바이러스) : ①약자 : MRFV. ②1961년 엘살바도르에서 Ancalmo 와 Davies 에 의해 *Zea mays*에서 corn stunt virus의 한 strain으로 보고 되었으나, 1969년 Gamez에 의해 새로운 바이러스로 보고 됨. ③자연상태의 기주 및 병징 : *Zea mays* ssp.-황화 줄무늬 엽맥. ④전파 : 곤충. ⑤매개충 : 영속성 감염-*Dalbulus maidis*, 매미충과(*Cicadellidae*). ⑥분류 : *Marafivirus*속. ⑦형태 : 30~33nm 크기의 구형 정이십면체 입자. ⑧지놈 : 전체길이 6.7 kb의 단일가닥 RNA. ⑨단백질 : 22 kDa 외피단백질.

Maize rough dwarf virus (옥수수·왜화바이러스) : ①약자 : MRDV. ②1959년 이스라엘의 Harpaz에 의해 *Zea mays*에서 처음 보고됨. ③자연상태의 기주 및 병징 : *Avena sativa* (CTD strain), *Cynodon dactylon*, *Digitaria sanguinalis*, *Echinochloa crus-galli*, *Hordeum vulgare* (CTD strain), *Lolium perenne*, *Setaria verticillata*, *Triticum aestivum* (CTD strain), *Zea mays*-잎 : 위축, 암초록색, 표면돌기(enation), 뿌리 : 세로쪼개짐. ④전파 : 곤충, 기계적 접종(비효율적). ⑤매개충 : 영속성 감염-*Delphacodes propinqua*, *Dicranotropis hamata*, *Laodelphax striatellus*, *Javasella pellucida*, *Sogatella vibix*, 멸구과(*Delphacidae*). ⑥분류 : *Reoviridae*과 *Fijivirus*속. ⑦형태 : 70nm 크기의 정이십면체형 입자. ⑧지놈 : 전체길이 26.169 kb의 이중가닥 RNA. 10분절(S1~10); 3.9 kb, 3.2 kb, 3.15 kb, 3.15 kb, 3.1 kb, 2.293 kb, 2.198, 1.735, 1.728, 1.715 kb(pairs). ⑨단백질 : 6개; 139 kDa, 125 kDa, 123 kDa, 111 kDa, 97 kDa, 64 kDa.

Maize streak virus (옥수수·점줄무늬바이러스) : ①(=bajra streak virus, cereal African streak virus, maize streak A virus), 약자 : MSV. ②남아프리카공화국의 Fuller(1901), Bock 등(1974), Storey(1925), Rose(1978)에 의해 *Zea mays*에서 처음 보고 됨. ③자연상태의 기주 및 병징 : *Avena sativa*, *Hordeum vulgare*, *Secale cereale*, *Sorghum bicolor*, *Triticum aestivum*, *Zea mays*, *Saccharum* spp., *Panicum maximum*, *Setaria verticillata*, *Digitaria abyssinica*, *Digitaria velutina*, *Cenchrus echinatus*, *Brachiaria reptens*, *Coix lacryma-jobi*, *Chloris gayana*, *Pennisetum purpureum*, *Sorghum sudanense*, *Eleusine africana*, *Eleusine indica*, *Rottboellia exaltata*, *Setaria homonyma*, *Setaria pallidifusca*, *Urochloa panicoides*, *Urochloa trichopus*-황백색 줄무늬 혹은 반점. ④전파 : 곤충. ⑤매개충 : 영속성 감염-*Cicadulina mbila*, *C. arachidis*, *C. bipunctella*, *C. triangula*, *C. bimaculata*, *C. similis*, *C. latens*, *C. ghaurii*, *C. parazeae*, 매미충과(*Cicadellidae*).

⑥분류 : *Geminiviridae* 과 *Monogeminivirus* 屬. ⑦형태 : 18nm 폭 및 30nm 길이의 각진 쌍둥이 입자. ⑧지놈 : 전체길이 2.69 kb의 원형 단일가닥 일분절 DNA. ⑨단백질 : 26.9 kDa 외피단백질.

Maize stripe virus (옥수수·줄무늬바이러스) : ①(=maize chlorotic stripe virus, maize hoja blanca virus, sorghum chlorosis virus), 약자 : MSpV. ③자연상태의 기주 및 병징 : *Rottboellia exaltata, Zea mays*-위축, 황화 줄무늬, 잎끝 구부러짐(잎), *Sorghum bicolor*-황색대 줄무늬(잎). ④전파 : 곤충. ⑤매개충 : 영속성 감염-*Peregrinus maidis,* 멸구과(*Delphacidae*). ⑥분류 : *Tenuivirus* 속. ⑦형태 : 3~4nm 폭, 주름진 총알모양의 사상형 입자. ⑧지놈 : 전체길이 18.6 kb인 오분절 단일가닥 RNA(9.12 kb; 3.58 kb; 2.38 kb; 2.23 kb; 1.32 kb). 단백질 : 32.7 kDa 외피단백질.

Mung bean yellow mosaic virus (녹두·황반모자이크바이러스) : ①약자 : MYMV. ②1960년 인도 델리(Delhi)의 Nariani에 의해 *Vigna radiata*에서 처음 보고됨. ③자연상태의 기주 및 병징 : *Vigna mungo, V. radiata*-흐린 황색반점 및 잎 말단부의 불규칙 얼룩. ④전파 : 곤충. ⑤매개충 : 비영속성 감염-*Bemisia tabaci,* 가루이과 (*Aleyrodidae*). ⑥분류 : *Geminiviridae* 과 *Bigeminivirus* 속. ⑦형태 : 각진 쌍둥이 입자. ⑧지놈 : 전체길이 5.096~5.286~5.57 kb의 원형 이분절 단일가닥 DNA. mushroom 162

Narcissus latent virus (수선화·잠재바이러스) : ①약자 : NLV. ②1967년 영국 Sussex에서 Brunt and Atkey에 의해 *Narcissus pseudonarcissus* cv. Golden Harvest로부터 처음 보고됨. ③자연상태의 기주 및 병징 : *Gladiolus* cv. Scarlet Royal, *Iris xiphium* cv. praecox×*I. tingitana* bulbous iris-무병징, *Narcissus pseudonarcissus*-잎 말단 황화. ④전파 : 곤충, 기계적 접종. ⑤매개충 : 비영속성 감염-*Acyrthosiphon pisum, Myzus persicae, Aphis gossypii,* 진딧물과(*Aphididae*). ⑥분류 : *Macluravirus* 속. ⑦형태 : 657nm 길이 및 13nm 폭을 가진 사상형 입자. ⑧지놈 : 단일가닥 RNA. ⑨단백질 : 32.6 kDa 외피단백질.

Narcissus mosaic virus (수선화·모자이크바이러스) : ①약자 : NMV. ②네덜란드의 Van Slogteren 과 de Bruyn Ouboter(1946년) 및 영국의 Brunt(1966년)에 의해 *Narcissus pseudonarcissus* 에서 처음 보고 됨. ③자연상태의 기주 및 병징 : *Narcissus pseudonarcissus*-무병징. ④전파 : 기계적 접종. ⑤분류 : *Potexvirus* 속. ⑥형태 : 550nm 길이 및 13~14nm 폭을 가진 주름진 사상형 입자. ⑦지놈 : 전체길이 6.955 kb인 단일가닥 RNA. ⑧단백질 : 24 kDa 외피단백질.

Nepovirus : ①식물바이러스 *Comoviridae* 과의 한 屬; 대표 종 : *Tobacco ring spot virus.* ②선충, 기계적 접종, 접목에 의해 매개됨. ③22~27.69~33nm 크기를 가진 각진 정이십면체 입자. ④10.1~12.82~16.9 kb의 길이를 가진 단일가닥 RNA 지

놈으로서 이분절로 구성됨.

Odontoglossum ringspot virus (오돈토글로썸 · 윤문반점바이러스) : ①약자 : ORSV. ②1951년 미국의 Jensen 과 Gold에 의해 *Odontoglossum grande*로부터 처음 보고된 이래 20종 이상의 난 屬에서 보고 됨. ③자연상태의 기주 및 병징 : *Odontoglossum grande*-윤문, *Cymbidium* spp.-다이아몬드 무늬 모틀. ④전파 : 기계적 접종. ⑤분류 : *Tobamovirus*屬. ⑦형태 : 300nm 길이와 18nm 폭의 사상형 입자. ⑧단백질 : 17.6 kDa 외피단백질.

Papaya ringspot virus (파파야 · 윤문반점바이러스) : ①(=watermelon mosaic virus 1), 약자 : PRSV. ②1949년 Jensen에 의해 *Carica papaya*에서 처음 보고 됨. ③자연상태의 기주 및 병징 : *Carica papaya*-모틀, 기형(잎), 윤문, 줄무늬(열매). ④전파 : 곤충, 기계적 접종. ⑤매개충 : 비영속형 감염-*Myzus persicae, Aphis gossypii,* (진딧물과) *Aphididae.* ⑥분류 : *Potyviridae* 과 *Potyvirus* 속. ⑦형태 : 760~800nm 길이와 12nm 폭을 가진 사상형 입자. ⑧지놈 : 전체길이 12 kb의 단일가닥 RNA. ⑨단백질 : 36.5 kDa 외피단백질.

Pea enation mosaic virus(완두 · 융기모자이크바이러스) : ①약자 : PEMV. ②1935년 Osborn에 의해 미국의 New York에서 *Vicia faba*로부터 처음 보고 됨. ③자연상태의 기주 및 병징 : *Cicer arietinum, Lathyrus odoratus, Lens culinaris, Medicago arabica, Pisum sativum, Trifolium incarnatum, Vicia faba, Vicia sativa*-투명한 융기반점, 모자이크, 작은 주름(puckering), 위축. ④전파 : 곤충 및 기계적 접종. ⑤매개충 : 영속성 감염-*Acyrthosiphon pisum, Myzus persicae,* (진딧물과) *Aphididae.* ⑥분류 : *Enamovirus* 속. ⑦형태 : 25 및 28nm크기의 각 혹은 둥근 정이십면체 입자. ⑧지놈 : 전체길이 9.96 kb의 이분절 단일가닥 RNA. RNA-1, RNA-2 : 각가 5개 ORF. ⑨단백질 : 54 kDa 외피단백질.

Peanut mottle virus (땅콩 · 모틀바이러스) : ①약자 : PeMoV. ②Kuhn(1965)에 의해 미국의 조지아로부터 *Arachis hypogaea* 및 *Glycine max*에서 처음 보고 됨. ③자연상태의 기주 및 병징 : *Arachis hypogaea*-동부 아프리카 분리균주 : 무병징 혹은 약한 얼룩. USA 분리균주 : 괴저, 얼룩. 모자이크. *Arachis pintoi*-황화 윤문(잎). *Cassia bicapsularis*(동부 아프리카) and *C. leptocarpa, C. occidentalis, C. tora*(미국)-암초록 모틀. *Glycine max, Phaseolus vulgaris, Pisum sativum*-모틀 및 괴저(잎), *Stylosanthes* sp.-온건한 황화 잎 및 위축. ④전파 : 곤충, 기계적 접종, 때때로 종자전염. ⑤매개충 : 비영속성 감염-*Aphis craccivora, A. gossypii, Hyperomyzus lactucae, Myzus persicae, Rhopalosiphum padi,* (진딧물과) *Aphididae.* ⑥분류 : *Potyviridae*과 *Potyvirus*속. ⑦형태 : 740~750nm 길이의 주름진 사상형 입자. ⑧지놈 : 전체길이 9.8 kb의 단일가닥 RNA. ⑨단백질 : 54.1 kDa 혹은 39.9 kDa 외피단백질.

Peanut stunt virus (땅콩・위축바이러스) : ①약자 : PSV. ②1966년 미국 버지니아에서 Miller 등에 의해 *Arachis hypogaea*로부터 처음 보고 됨. ③자연상태의 기주 및 병징 : *Robinia pseudoacacia*-모자이크 및 기형(잎), *Trifolium repens, T. pratense, T. vesiculosum, T. incarnatum, T. subterraneum, Medicago sativa*-황화 모틀. *Phaseolus* spp.-황화반점 및 모틀, 모자이크, *Arachis hypogaea*-위축, 온건한 모틀(잎), 꼬투리 기형, *Vicia* sp.-전신성 황화 모틀, *Glycine max, Pisum sativum, Vigna angularis, Coronilla varia, Tephrosia* sp., *Nicotiana tabacum, Apium graveolens, Lupinus luteus*-황화(잎). ④전파 : 곤충, 기계적 접종, 때때로 종자전염. ⑤매개충 : *Aphis craccivora, A. spiraecola, Myzus persicae,* (진딧물과) *Aphididae.* ⑥분류 : *Bromoviridae* 과 *Cucumovirus* 속. ⑦형태 : 30㎚ 크기의 둥근 정이십면체형 입자. ⑧지놈 : 전체길이 8.5 kb 의 3분절 단일가닥 RNA. 대 : 3.355 kb(RNA-1); 중 : 2.946 kb(RNA-2); 소 : 2.186 kb(RNA-3). 바이러스 subgenomic mRNA(RNA 4; 0.986 kb) 혹은 satellite RNA 함유; 전자는 외피단백질, 후자는 일명 PARNA-5라고 부르는 197 혹은 620개의 염기로 구성된 satellite RNA.

Plum pox virus (자두・곰보병바이러스) : ①약자 : PPV. ②1932년 불가리아의 Atanasoff에 의해 *Prunus domestica*로부터 처음 보고 됨. ③자연상태의 기주 및 병징 : *Prunus armeniaca*-미약한 윤문 및 기형(열매), *P. cerasifera*-잠복하나 때때로 미약한 얼룩잎, *P. domestica*-미약한 모틀 및 윤문(잎), *P. glandulosa, P. persica*-투명엽맥, 황화 모틀, 기형(잎) 및 미약한 윤문 형성(열매), *P. insititia, P. spinosa, P. salicina*-무병징. ④전파 : 곤충, 기계적 접종, 접목. ⑤매개충 : *Aphis craccivora, A spiraecola, Brachycaudus helichrysi, B. cardui, Myzus persicae, M. varians, Myzus(Phorodon) humuli,* (진딧물과) *Aphididae.* ⑥분류 : *Potyviridae* 과 *Potyvirus* 속. ⑦형태 : 660~770㎚ 길이와 12.5~20㎚ 폭을 가진 주름진 사상형 입자. ⑧지놈 : 전체길이 9,741 bp의 단일가닥 RNA.

Potato* A *virus (감자・A바이러스) : ①약자 : PVA. ②1932년 Murphy 와 McKay에 의해 *Solanum tuberosum*에서 처음 보고 됨. ③자연상태의 기주 및 병징 : *Solanum tuberosum*-온건한 모자이크, 물결모양의 가장자리를 가진 거칠은 표면(잎). ④전파 : 곤충 및 기계적 접종. ⑤매개충 : *Aphis frangulae, A nasturtii, Myzus persicae,* (진딧물과) *Aphididae.* ⑥분류 : *Potyviridae* 과 *Potyvirus* 속. ⑦형태 : 730㎚ 길이와 11㎚ 폭을 가짐 주름진 사상형 입자. ⑧지놈 : 전체길이 9,585bp의 단일가닥 RNA.

Potato leafroll virus (감자・잎말림바이러스) : ①약자 : PLRV. ②자연상태의 기주 및 병징 : 일반적으로 체관부에 잠복함. *Solanum tuberosum*-안쪽으로 말려 위로 향함, 연녹색으로 탈색(상엽), 성장 위축, 괴저반점(괴경) 등으로 인한 심각한 수확감

소. Ground cherry(*Physalis floridana*). ③매개충 : 영속성 감염-*Myzus persicae* (주요 벡터)를 포함한 10종 이상의 진딧물. ④분류 : *Luteoviridae* 과 *Polerovirus* 속. ⑤형태 : 정이십면체형 입자(T=3 quasi 대칭). ⑥지놈 : 전체길이 ~ 6 kb의 단일가닥 RNA. 지놈 5' 말단부위에 단단하게 부착된 VPg 함유. 6 개의 ORF로 구성됨. ⑦22~24 kDa 2개의 외피단백질(ORF3).

Potato* M *virus (감자 · M바이러스) : ①약자 : PVM. ②1923년 Schultz 와 Folsom에 의해 미국의 *Solanum tuberosum*에서 처음 보고 됨. ③자연상태의 기주 및 병징 : *Solanum tuberosum*-병징 약(cv. King Edward) ~ 강(cv. Arran Victory)으로 다양함. 모틀, 모자이크, 주름, 안쪽으로 말림(잎). ④전파 : 곤충, 기계적 접종, 접목. ⑤매개충 : *Myzus persicae*, (진딧물과) *Aphididae*. ⑥분류 : *Carlavirus* 속. ⑦형태 : 650nm 길이와 12nm 폭을 가진 사상형 입자. ⑧지놈 : 전체길이 8,535 bp의 단일가닥 RNA.

Potato* S *virus (감자 · S바이러스) : ①약자 : PVS. ②de Bruyn Ouboter(1952) 및 Rozendaal(1952)에 의해 네덜란드의 *Solanum tuberosum* 에서 처음 보고 됨. ③자연상태의 기주 및 병징 : *Solanum tuberosum*-무병징이나 괴경 수확감소(20%). ④전파 : 곤충 및 기계적 접종. ⑤매개충 : *Myzus persicae* ⑥분류 : *Carlavirus*속. ⑦형태 : 650nm 길이와 12nm 폭을 가진 사상형 입자. ⑧지놈 : 전체길이 7.5 kb의 단일가닥 RNA.

Potato spindle tuber viroid (감자 · 길쭉괴경바이로이드) : ①약자 : PSTV. ②첫 번째로 밝혀진 바이로이드. ③자연상태의 기주 및 병징 : 감자(*Solanum tuberosum*) 및 토마토(*Lycopersicon esculentum*)-잎 변색 및 열매 기형. 성장 위축. 지놈 : 원형 RNA. ④전파 : 기계적 접종. ⑤특징 : *Chrysanthemum stunt viroid*와 근연관계.

Potato* T *virus (감자 · T바이러스) : ①약자 : PVT. ②1977년 Salazar and Harrison에 의해 페루의 S*olanum tuberosum*에서 처음 보고 됨. ③자연상태의 기주 및 병징 : *Solanum tuberosum*-일반적으로 무병징이나 때때로 온건한 모틀 잎. ④전파 : 기계적 접종 및 접목. ⑤분류 : *Trichovirus*속. ⑥형태 : 637nm 길이와 12nm 폭을 가진 사상형 입자. ⑦지놈 : 전체길이 7.5 kb의 단일가닥 RNA. ⑧단백질 : 27 kDa 외피단백질.

Potato* X *virus (감자 · X모자이크바이러스) : ①약자 : PVX. ②1931년 영국의 Smith에 의해 *Solanum tuberosum* 에서 처음 보고 됨. ③자연상태의 기주 및 병징 : *Solanum tuberosum*-분리균주에 따라 병징 다양. *Brassica campestris* ssp. *rapa*-온건한 모자이크 모틀 및 뒤틀림(잎). ④전파 : 기계적 접종 및 기주식물 간 접촉. ⑤분류 : *Potexvirus*속. ⑦형태 : 515nm 길이와 13nm 폭을 가진 사상형 입자. ⑧지놈 : 전체길이 6.435 kb의 단일가닥 RNA.

Potato Y virus (감자 · Y모자이크바이러스) : ①약자 : PVY. ②1931년 Smith에 의해 영국의 *Solanum tuberosum*으로부터 처음 보고 됨. ③자연상태의 기주 및 병징 : *Solanum tuberosum*-온건 및 심한 모틀, 엽맥 괴저를 동반한 줄무늬, *Capsicum* spp.-모틀(잎), *Nicotiana* spp.-온건한 모틀 및 엽맥 괴저, *Lycopersicon esculentum*-온건한 모틀. ④전파 : 곤충, 기계적 접종. ⑤매개충 : 비영속성 감염 -*Myzus persicae* (주요 벡터), *Aphis fabae, Macrosiphum euphorbiae, Myzus* (*Nectarosiphon*) *certus, Myzus* (*Phorodon*) *humuli, Rhopalosiphum insertum* (진딧물과) *Aphididae*. ⑥분류 : *Potyviridae*과 *Potyvirus*속. ⑦형태 : 684nm 길이와 11 nm 폭을 가진 주름진 사상형 입자. ⑧지놈 : 전체길이 10.4 kb의 단일가닥 RNA. ⑨단백질 : 34 kDa 외피단백질.

Potato yellow dwarf virus (감자 · 누른오갈병바이러스) : ①약자 : PYDV. ②1922년 Barrus 와 Chupp에 의해 미국의 *Solanum tuberosum*에서 처음 보고 됨. ③자연상태의 기주 및 병징 : *Chrysanthemum leucanthemum, Solanum tuberosum, Trifolium incarnatum*-투명엽맥. ④전파 : 곤충 및 기계적 접종. ⑤매개충 : *Agallia constricta, A. quadripunctata, Aceratagallia sanguinolenta* (매미충과) *Cicadellidae*. ⑥분류 : *Rhabdoviridae*과 *Nucleorhabdovirus*속 ⑦형태 : 외막 및 380nm 길이와 75nm 폭을 가진 총알모양의 입자. ⑧지놈 : 전체길이 12.6 kb의(-) 단일가닥 RNA. ⑨단백질 : 180 kDa; 복제효소, 80 kDa; 돌기(spike)단백질, 55 kDa; 핵단백질, 31 kDa; 매트릭스(matrix)단백질, 26 kDa.

Potexvirus : ①식물바이러스의 한 속명. ②전체 지놈길이 5.845~6.725~8.1 kb로 구성된 단일가닥 RNA. ③445~523.1~775nm의 길이와 11~12.8~15nm의 폭을 가진 주름진 사상형 입자.

Potyvirus : ①식물바이러스의 한 속명. ②전체 지놈길이 9~10.08~12 kb로 구성된 단일가닥 RNA. ③650~758.4~900nm의 길이와 11~12.86~20nm의 폭을 가진 주름진 사상형 입자.

Prunus necrotic ringspot virus (자두 · 괴저윤문바이러스) : ①(=prunus ringspot virus), 약자 : PNRSV. ②1941년 미국 Cochran and Hutchins 에 의해 *Prunus persica*에서 처음 보고 됨 ③자연상태의 기주 및 병징 : *Prunus*屬, 호프, 장미, 아몬드, 오이-괴저윤문, 모자이크, 병징은폐가 자주 일어남 ④전파 : 기계적 전염, 종자전염 ⑤매개충 : 알려진 것 없음 ⑥분류 : *Bromoviridae*과 *Ilarvirus*속. ⑦형태 : 23~27nm 정이십면체 입자, ⑧지놈 : 단일가닥 선형 RNA, 3개의 분절게놈(RNA1 3,662개 염기, RNA2 2,507개 염기, RNA3 1,887개 염기), ⑨단백질 : 대 36.3 kDa(791 개 아미노산; 바이러스 RNA replicase), 중 31 kDa(333 개 아미노산; 바이러스 RNA polymerase), 소 9.9 kDa(353 개 아미노산; 3a protein; movement protein); 24.2 kDa 외피단백질.

Raspberry ringspot virus (나무딸기・윤문바이러스) : ①(=raspberry Scottish leaf curl virus, red currant ringspot virus), 약자 : RpRSV. ②1956년 스코트랜드 Cadman에 의하여 *Rubus idaeus*에서 처음 보고 됨 ③자연상태의 기주 및 병징 : *Rubus idaeus* cv. Norfolk Giant-잎 말림, 가지괴사 *Fragaria vesca*-마름병 *Narcissus pseudonarcissus*-무병징. ④전파 : 종자 전염, 기계적 전염, 화분 전염 ⑤매개충 : 선충 ⑥분류 : *Nepovirus*屬. ⑦형태 : 30㎚ 직경의 정이십면체 입자. ⑧지놈 : 단일가닥 선형 RNA, 2분절(RNA1 8,485개 염기, RNA2 4,242개 염기). ⑨단백질 : 54kDa 외피단백질.

Red clover necrtotic mosaic virus (붉은토끼풀・괴저모자이크바이러스) : ①(=clover primary leaf necrosis virus, clover red necrotic mosaic virus), 약자 : RCNMV. ②1969년 체코슬로바키아 Musil에 의해 *Trifolium pratense*에서 처음 보고됨 ③자연상태의 기주 및 병징 : *Trifolium pratense*-괴사반점, 모자이크, 잎 변형 *Medicago sativa, Melilotus officinalis, Trifolium repens* ④전파 : 기계적 전염 ⑤매개충 : 진균(*Olpidium radicale*) ⑥분류 : *Dianthovirus*屬. ⑦형태 : 31~34㎚ 직경의 정이십면체 ⑧지놈 : 단일가닥 선형 RNA, 2분절(RNA1 3,890개 염기, RNA2 1,448개 염기). ⑨단백질 : 40kDa 외피단백질

Rhabdoviruses : ①식물바이러스의 한 속명. ②전체 지놈길이 11~15 kb로 구성된 단일가닥 RNA. ③45~100㎚의 직경과 100~430㎚의 길이를 가진 총알형 입자.

Ribgrass mosaic virus (창질경이・모자이크바이러스) : ①(=Holmes' ribgrass virus, plantago mosaic virus, ribgrass strain of tobacco mosaic virus, rai mosaic virus, youcai mosaic virus.), 약자 : RMV. ②1941년 미국 뉴저지 Holmes에 의해 *Plantago lanceolata*에서 처음 보고 됨. ③자연상태의 기주 및 병징 : *Plantago lanceolata, P. major*-모틀, 윤문. *Digitalis lanata*-모자이크. *Rorippa amphibia*-mottling, 괴저. *Rorippa sylvestris*-무병징. *Eutrema wasabi*-모틀. *Sisymbrium loeselii*-황화, 엽맥 백화. *Melandrium album*-괴저 윤문. *Nicotiana tabacum*-stunting, 괴저. ④전파 : 기계적 전염, 접목, 식물간 접촉. ⑤매개충 : 없음. ⑥분류 : *Tobamovirus*속. ⑦형태 : 300㎚ 길이, 18㎚ 폭의 막대형 입자. ⑧지놈 : 단일가닥 선형 RNA 6,301개 염기. ⑨단백질 : 대 183 kDa, 126 kDa(1597개 아미노산 : RNA polymerase 도메인; 1103개 아미노산 : methyltransferase와 helicase 도메인) 중 60 kDa(264개 아미노산 : 이동단백질) 소 54 kDa(157개 아미노산 : 외피단백질).

Rice dwarf virus (벼・마름바이러스) : ①약자 : RDV. ②1895~1896년 일본 Takada에 의해 *Oryza sativa*에서 처음 보고 됨 ③자연상태의 기주 및 병징 : *Echinochloa crus-galli, Paspalum thumbergii, Oryza sativa, Alopecurus aequalis*-위축, 백색반점 ④전파 : 영속적 충매전염 ⑤매개충 : *Nephotettix cincticeps, N. apicalis, N. nigropictus, N. virescens, Recilia dorsalis* ⑥분류 : *Phytoreovirus*속. ⑦형태 : 70

nm 직경의 정이십면체 ⑧지놈 : 12분절 이중가닥 선형 RNA 25,130 nt(4,354; 3,385; 3,195; 2,468; 2,570; 1,699; 1,696; 1,424; 1,305; 1,319; 887; 828개 염기) ⑨단백질 : s3 114 kDa 단백질; s4 80 kDa 단백질; s5 91 kDa 단백질; s6 57 kDa 단백질; s7 55 kDa 단백질; s8 46 kDa 단백질; s9 39 kDa 단백질; s10 39 kDa 단백질; s11 21 kDa 단백질

Rice stripe virus (벼 · 줄무늬바이러스) : ①(=ine shima-ha gare uirusu), 약자 : RSV. ②1975년 일본 Koganezawa 등에 의해 *Oryza sativa*에서 처음 보고 됨 ③자연상태의 기주 및 병징 : *Avena sativa, Digitaria adscendens, D. violascens, Eragrostis multiflorum, Hordeum vulgare, Oryza sativa, Setaria italica, S. viridis, Triticum aestivum, Zea mays*-괴저반점, 황화반점, 줄무늬 ④전파 : 영속적 충매전염 ⑤매개충 : *Laodelphax striatellus, Terthron albovittatum, Unkanodes sapporona, U. albifascia* ⑥분류 : *Tenuivirus*屬. ⑦형태 : 8nm 폭의 다양한 형태의 나선형 ⑧지놈 : 4개의 단일가닥 선형 RNA(9,000, 3,500, 2,480, 2,140개 염기) ⑨단백질 : 대 32 kDa 중 23 kDa

Rice tungro spherical virus (벼 · 퉁그로병바이러스) : ①(=rice leaf yellowing virus, rice penyakit habeng virus, rice penyakit mentek virus, rice waika virus, rice yellow leaf virus), 약자 : RTSV. ②1968년 필리핀 Gállvez에 의해 *Oryza sativa*에서 처음 보고 됨 ③자연상태의 기주 및 병징 : *Oryza sativa*-약한 위축병 ④전파 : 준영속적 충매전염. ⑤매개충 : *Nephotettix virescens.* ⑥분류 : *Waikavirus*속. ⑦형태 : 30nm 직경의 구형입자. ⑧지놈 : 단일가닥 선형 RNA(10,422 nt). ⑨단백질 : 24 kDa, 23 kDa 외피단백질.

Soil-borne wheat mosaic virus (밀 · 모자이크바이러스) : ①(=wheat viruses 1 and 2, soil-borne wheat green mosaic virus, wheat mosaic virus), 약자 : SBWMV. ②1923년 미국 McKinney에 의해 *Triticum aestivum*에서 처음 보고 됨 ③자연상태의 기주 및 병징 : *Triticum aestivum, Hordeum vulgare*-밝은 녹색의 모자이크, 뿌리위축, 심한 rosetting ④전파 : 기계적 전염, 진균전염 ⑤매개충 : 진균 *Polymyxa graminis* ⑥분류 : *Furovirus* 屬 ⑦형태 : 82~110nm(T), 138~160nm (M), 280~300nm(B) 길이; 20nm 폭의 사상형 입자. ⑧지놈 : 2분절의 단일가닥 선형 RNA 10,400~10,700개 염기(6,500; 3,500개 염기). ⑨단백질 : 19.7 kDa 외피단백질.

Southern bean mosaic virus (콩 · 모자이크바이러스) : ①(=bean southern mosaic virus, southern bean mosaic virus), 약자 : SBMV. ②1943년 미국 Zaumeyer 와 Harter에 의해 *Phaseolus vulgaris*에서 처음 보고 됨 ③자연상태의 기주 및 병징 : *Phaseolus vulgaris, Vigna unguiculata, V. mungo, Glycine max*-모자이크와 모틀 ④전파 : 충매전염, 기계적 전염, 접목 전염, 종자 전염 ⑤매개충 : Chrysomelidae :

Ceratoma trifurcata, Epilachna variestis, Coleoptera ⑥분류 : *Sobemovirus*屬 ⑦형태 : 28㎚ 직경의 정이십면체 입자 ⑧지놈 : 단일가닥 선형 RNA 4,195 nt ⑨단백질 : 30 kDa, 12 kDa 외피단백질

Sowthistle yellow vein virus (방가지똥·황화엽맥바이러스) : ①약자 : SYVV. ②미국에 *Sonchus oleraceus*에서 처음 보고됨 ③자연상태의 기주 및 병징 : *Sonchus oleraceus*-엽맥 황화 ④전파 : 영속적 충매 전염 ⑤매개충 : *Hyperomyzus lactucae* ⑥분류 : *Nucleorhabdovirus*屬 ⑦형태 : 230㎚ 길이, 100㎚ 폭의 총알형 입자. ⑧지놈 : 단일가닥 선형 RNA 13,000~14,000개 염기. ⑨단백질 : 200 kDa : transcriptase, 78 kDa : spikes, 56 kDa : nucleocapsid, 44k kDa, 37 kDa.

Soybean mosaic virus (콩·모자이크바이러스) : ①약자 : SMV. ②1915년 미국 Clinton에 의해 *Glycine max* 에서 처음 보고 됨 ③자연상태의 기주 및 병징 : *Glycine max*-주름, 위축, 잎 말림, 괴사 등 여러 형태의 병징 ④전파 : 영속적 충매 전염, 기계적 전염, 종자 전염 ⑤매개충 : 16개종의 곤충 *Acyrthosiphon pisum, Aphis fabae, Myzus persicae* 등 ⑥분류 : *Potyvirus*屬 ⑦형태 : 650~700, 760㎚ 길이, 15~18㎚ 폭의 사상형 ⑧지놈 : 단일가닥 선형 RNA 10,400개 염기. ⑨단백질 : 34kDa(P1), 51kDa(HC-Pro), 39kDa(P3), 6.0kDa(6K1), 71kDa(CI), 5.8kDa(6k2), 21kDa(VPg), 27kDa(NIa), 60kDa(NIb), 30kDa(CP)

Soybean stunt virus (콩·위축바이러스) :(=cucumber mosaic virus).

Squash mosaic virus (호박·모자이크바이러스) : ①(=cucurbit ring mosaic virus, muskmelon mosaic virus, pumpkin mosaic virus), 약자 : SqMV. ②1956년 미국 Freitag에 의해 *Cucurbita pepo* 에서 처음 보고 됨 ③자연상태의 기주 및 병징 : *Cucumis melo, C. sativus, Cucurbita pepo, C. moschata, C. maxima*-전신 모자이크, 윤문, 잎 변형, *Ecballium elaterium*-황화모자이크, *Citrullus lanatus, Chenopodium album* ④전파 : 비영속적 충매 전염, 기계적 전염, 종자 전염 ⑤매개충 : *Acalymma trivittata, A. thiemei thiemei, Diabrotica undecimpunctata undecimpunctata, D. bivittula, Epilachna chrysomelina, E. paenulata* ⑥분류 : *Comovirus*屬 ⑦형태 : 28㎚ 직경의 정이십면체 입자. ⑧지놈 : 2분절 단일가닥 선형 RNA 11,200개 염기(6,800, 4,500개 염기) ⑨단백질 : 3종의 외피단백질(42 kDa, 22 kDa, 5 kDa), 6종의 단백질(190 kDa, 51 kDa, 32 kDa, 112 kDa, 105(90, 64, 40, 22) kDa.

Strawberry latent ringspot virus (딸기·잠재윤문바이러스) : ①(=aesculus line pattern virus, rhubarb virus 5), 약자 : SLRSV. ②1964년 스코트랜드 Lister에 의해 *Fragaria vesca* 와 *Rubus idaeus* 에서 처음 보고 됨 ③자연상태의 기주 및 병징 : *Fragaria vesca*-mottle, 괴사; *Apium graveolens*-잎 줄무늬; *Robinia pseudoacacia*-

모자이크; *Rosa* spp.-괴사윤문, 위축; *Euonymus europaeus*-황화 모틀. *Aesculus carnea*-줄무늬. *Rubus idaeus*-위축 ④전파 : 선충 전염, 기계적 전염, 접목 전염, 종자 전염 ⑤매개충 : 선충(*Xiphinema diversicaudatum*). ⑥분류 : *Nepovirus* 속 ⑦형태 : 30nm 직경의 정이십면체 입자. ⑧지놈 : 2분절 단일가닥 선형 RNA 12,600개 염기(7,800, 4,800개 염기). ⑨단백질 : 2종의 외피단백질(44 kDa, 29 kDa).

Sugarcane mosaic virus (사탕수수·모자이크바이러스) : ①(=grass mosaic virus, maize dwarf mosaic virus strain B, sorghum red stripe virus), 약자 : SCMV. ②1919년 Brandes에 의해 *Saccharum* spp.에서 처음 보고 됨 ③자연상태의 기주 및 병징 : *Saccharum* spp., *Sorghum bicolor, Panicum* spp., *Eleusine* spp., *Setaria* spp., *Zea mays*-모자이크, 윤문, 위축; *Sorghum halepense*-모자이크, 괴사 ④전파 : 비영속적 매개충 전염, 기계적 전염, 접목 전염, 종자 전염 ⑤매개충 : *Dactynotus ambrosiae, Hysteroneura setariae, Rhopalosiphum maidis, Toxoptera graminum.* ⑥분류 : *Potyvirus*屬 ⑦형태 : 730∼755nm 길이, 13nm 폭의 사상형 입자. ⑧지놈 : 단일가닥 선형 RNA 9,500개 염기. ⑨단백질 : 34kDa(P1), 51kDa (HC-Pro), 39kDa(P3), 6.0kDa(6K1), 71kDa(CI), 5.8kDa(6k2), 21kDa(VPg), 27kDa(NIa), 60kDa(NIb), 35kDa(CP).

Tobacco etch virus (담배·부식바이러스) : ①(=datura Z virus, tobacco severe etch virus, tomato etch virus), 약자 : TEV. ②1921년 미국 Blakeslee에 의해 *Datura* spp.에서 처음 보고 됨. ③자연상태의 기주 및 병징 : *Cassia obtusifolia*-모틀, 기형, 괴저(잎), 위축(식물), 종자수확 감소. *Capsicum annuum*-모틀, 모자이크, 기형(잎), 기형(열매), 위축(식물). *Datura stramonium*-모틀, 밴드 엽맥(잎), 기형 및 위축(열매). *Lycopersicon esculentum*-모틀, 기형(잎), 종자 수확 감소. *Nicotiana tabacum*-모틀, 괴저 및 융기(잎). *Physalis* spp.-황화(잎). ④전파 : 비영속성 충매 전염, 기계적 전염. ⑤매개충 : *Myzus persicae* 등의 10종. ⑥분류 : *Potyvirus* 속. ⑦형태 : 730∼750nm 길이, 12∼13nm 폭의 사상형 입자. ⑧지놈 : 단일가닥 선형 RNA; 9,494 개 염기. ⑨단백질 : 34kDa(P1), 51kDa(HC-Pro), 39kDa(P3), 6.0kDa(6K1), 71kDa(CI), 5.8kDa(6k2), 21kDa(VPg), 27kDa(NIa), 60kDa(NIb), 30kDa(CP).

Tobacco mild green mosaic virus (담배·연녹색모자이크바이러스) : ①(=green-tomato atypical mosaic virus, mild strain of tobacco mosaic virus, para-tobacco mosaic virus, tobacco mosaic virus-South Carolina mild mottling strain, tobacco mosaic virus strain U2, tobacco mosaic virus strain U5, tomato atypical mosaic green mottling strain), 약자 : TMGMV. ②1929년 카나리아 제도 McKinney에 의해 *Nicotiana glauca* 에서 처음 보고 됨. ③자연상태의 기주 및 병징 : *Nicotiana glauca*-황화 모자이크, 모틀, 윤문, 위축. *N. tabacum* cv. Samsun-연 녹색모자이

크. *Capsicum annuum*-괴사 모자이크. *Eryngium aquaticum, E. planum*-황화 반점. ④전파 : 기계적 전염, 접목 전염. ⑤매개충 : 없음. ⑥분류 : *Tobamovirus*속. ⑦형태 : 308㎚ 길이, 18㎚ 폭의 사상형 입자. ⑧지놈 : 단일가닥 선형 RNA 6,355개 염기. ⑨단백질 : 대 183 kDa(RNA polymerase 도메인), 126 kDa (methyltransferase와 helicase 도메인), 중 26 kDa(이동단백질), 소 17 kDa(외피단백질).

Tobacco mosaic virus (담배 · 모자이크바이러스) : ①(=virus mosaique de tabac, tobacco mosaic virus-U1, tobacco mosaic virus-type, tobacco mosaic virus-vulgare, tobacco mosaic virus common strain), 약자 : TMV. ②1886년 미국 Mayer에 의해 담배에서 처음 보고 됨. ③자연상태의 기주 및 병징 : *Nicotiana tabacum*-잎 모자이크, 수량 감소; 광범위한 기주 범위. ④전파 : 기계적 전염, 접목 전염, 접촉 전염, 종자 전염. ⑤매개충 : 없음. ⑥분류 : *Tobamovirus*속. ⑦형태 : 300㎚ 길이, 18㎚ 폭의 사상형 입자. ⑧지놈 : 단일가닥 선형 RNA 6,395개 염기. ⑨단백질 : 대 183 kDa(RNA polymerase 도메인), 126 kDa (methyltransferase와 helicase 도메인), 중 26.5 kDa(이동단백질), 소 17 kDa(외피단백질).

Tobacco necrosis virus (담배 · 괴사바이러스) : ①(=tulip Augusta disease virus, bean stipple streak virus, chenopodium necrosis necrovirus, cucumber systemic necrosis virus, strawberry necrotic rosette virus), 약자 : TNV. ②1935년 영국 Smith와 Bald에 의해 *Nicotiana tabacum*에서 처음 보고 됨 ③자연상태의 기주 및 병징 : *Chenopodium amaranticolor, C. quinoa*-반점, 괴사 *Cucumis sativus*-잎과 줄기 괴사 *Nicotiana clevelandii, N. tabacum*-괴사 반점 *Phaseolus vulgaris*-반점 *Tulipa gesneriana*-잎과 줄기 괴사 ④전파 : 기계적 전염 ⑤매개충 : 진균(*Olpidium brassicae*) ⑥분류 : *Necrovirus*속. ⑦형태 : 26㎚ 직경의 정이십면체 입자. ⑧지놈 : 단일가닥 선형 RNA 3,759개 염기. ⑨단백질 : 30 kDa(268~275 아미노산, 외피단백질).

Tobacco rattle virus (담배 · 래틀바이러스) : ①(=aster ringspot virus, belladonna mosaic virus, paeony mosaic virus, paeony ringspot virus, potato corky ringspot virus, potato stem mottle virus, stengelbonk virus, ratel virus, Tabakmauche Virus, Tabakstreifen-und Kraüselkrankheit Virus, spinach yellow mottle virus, tulip white streak virus), 약자 : TRV. ②1931년 독일 Böning에 의해 *Nicotiana tabacum*에서 처음 보고 됨 ③자연상태의 기주 및 병징 : *Stellaria media, Viola arvensis*-모틀. *Beta vulgaris, Spinacia oleracea*-괴사 반점. *Capsicum annuum*-윤문, 줄무늬. *Solanum tuberosum*-괴사반점. *Nicotiana tabacum*-괴사 반점, 괴사 윤문, 모틀. *Narcissus pseudonarcissus, Tulipa* sp., *Hyacinthus* sp.-모틀. ④전파 : 기계적 전염, 접목 전염, 종자 전염. ⑤매개충 : 선충(*Paratrichodorus allius, P. anemones, P. christiei, P. nanus, P. pachydermus, P. teres, Trichodorus minor,*

T. primitivus, T. viruliferus). ⑥분류 : *Tobravirus* 속. ⑦형태 : 46~114㎚(T), 180~197㎚(B) 길이; 22㎚ 폭의 막대형 입자. ⑧지놈 : 2분절 단일가닥 선형 RNA 9,090~11,515개 염기.(7,272; 1,818~4,242개 염기.) ⑨단백질 : 21~23 kDa(외피단백질), 187 kDa, 142 kDa.

Tobacco ringspot virus (담배 · 윤문바이러스) : ①(=anemone necrosis virus, blueberry necrotic ringspot virus, tobacco ringspot virus), 약자 : TRSV. ②1927년 Fromme 등에 의해 *Nicotiana tabacum* 에서 처음 보고 됨. ③자연상태의 기주 및 병징 : *Cucumis sativus, Glycine max, Lycopersicon esculentum, Nicotiana tabacum*-괴사반점, 모틀, 윤문. ④전파 : 기계적 전염, 종자 전염, 화분 전염. ⑤매개충 : 선충, *Xiphinema americanum.* ⑥분류 : *Nepovirus* 속. ⑦형태 : 25~29㎚ 직경의 정이십면체 입자. ⑧지놈 : 2분절 단일가닥 선형 RNA 11,200개 염기 (6,800; 4,364개 염기). ⑨단백질 : 58 kDa(외피단백질), 4 kDa(VPg).

Tobacco streak virus (담배 · 줄무늬바이러스) : ①(=asparagus stunt virus, datura quercina virus, strawberry necrotic shock virus), 약자 : TSV. ②1936년 미국 Johnson에 의해 *Nicotiana tabacum*에서 처음 보고됨. ③자연상태의 기주 및 병징 : *Dahlia* spp.-모틀(잎), 무병징. *Gossypium herbaceum, Melilotus albus, Trifolium pratense*-모틀(잎). *Phaseolus vulgaris*-붉은 마디. *Glycine max*-괴사. *Rosa setigera*-엽맥 황화. *Nicotiana tabacum*-괴사. *Asparagus officinalis*-위축. ④전파 : 충매 전염, 기계적 전염, 접목 전염, 종자 전염, 화분전염. ⑤매개충 : *Frankliniella occidentalis* 와 *Thrips tabaci.* ⑥분류 : *Ilarvirus* 속 ⑦형태 : 27, 30, 그리고 35㎚ 직경의 정이십면체 입자. ⑧지놈 : 3분절 단일가닥 선형 RNA 7,915개 염기(2,940; 2,770; 2,205개 염기). ⑨단백질 : 28.5~30 kDa(외피단백질).

Tobamovirus ①식물바이러스의 한 속명. ②전체 지놈길이 6,355~6,500 kb로 구성된 단일가닥 RNA. ③297~320㎚의 길이와 15~18.2㎚의 폭을 가진 막대형 입자.

Tobravirus ①식물바이러스의 한 속명. ②전체 지놈길이 8,600~11,300 kb로 구성된 단일가닥 RNA. ③L : 180~215㎚, S : 46~115㎚의 길이와 21.3~23.1㎚, 20.5~22.5㎚의 폭을 가진 막대형 입자.

Tomato aspermy virus (토마토 · 아스퍼미바이러스) : ①(=chrysanthemum mild mottle virus, chrysanthemum mosaic virus, chrysanthemum aspermy virus), 약자 : TAV. ②1939년 영국 Ainsworth에 의해 *Chrysanthemum morifolium* 에서 처음 보고 됨 ③자연상태의 기주 및 병징 : *Chrysanthemum morifolium*-꽃잎 breaking, 마름, 변형 *Lycopersicon esculentum*-잎 변형, 무종자 *Canna* spp., *Lilium* spp.-모자이크 ④전파 : 비 영속적 충매 전염, 기계적 전염, 접목 전염, 종자 전염 ⑤매개충 : *Myzus persicae.* ⑥분류 : *Cucumovirus*속. ⑦형태 : 29㎚ 직경

의 정이십면체 입자. ⑧지놈 : 3분절 단일가닥 선형 RNA 8,698개 염기(3,410; 3,074; 2,214개 염기). ⑨단백질 : 5개의 ORF; p33, p92, p41, p21 및 p20.

Tomato black ring virus (토마토·검은윤문바이러스) : ①(=bean ringspot virus, beet ringspot virus, celery yellow vein virus, lettuce ringspot virus, potato bouquet virus, potato pseudo-aucuba virus), 약자 : TBRV. ②1946년 영국 Smith에 의해 *Lycopersicon esculentum*에서 처음 보고 됨 ③자연상태의 기주 및 병징 : *Allium porrum, Beta vulgaris, Lactuca sativa, Phaseolus vulgaris, Robinia pseudoacacia, Fraxinus* sp., *Rubus* sp., *Lycopersicon esculentum, Solanum tuberosum, Apium graveolens, Narcissus pseudonarcissus, Tulipa* sp., *Vitis* sp., *and many weed and endemic sp.*-괴사윤문, 반점, mottle, 위축, 잎 변형, 엽맥 황화 ④전파 : 충매 전염, 기계적 전염, 접목전염, 종자 전염, 화분전염 ⑤매개충 : *Longidorus elongatus, L. attenuatus.* ⑥분류 : *Nepovirus*속. ⑦형태 : 26㎚ 직경의 정이십면체 입자. ⑧지놈 : 2분절 단일가닥 선형 RNA 13,000개 염기(8,200; 4,800개 염기). ⑨단백질 : 58 kDa(외피단백질), 4 kDa(VPg).

Tomato bushy stunt virus (토마토·위축바이러스) : ①약자 : TBSV. ②1935 영국 Smith에 의해 *Lycopersicon esculentum*에서 처음 보고 됨. ③자연상태의 기주 및 병징 : *Lycopersicon esculentum*-과실 위축. *Capsicum annuum*-위축, 모틀, 잎 변형. *Solanum melongena*-위축, 잎 모틀. *Tulipa* spp.-괴사. *Tolmiea menziesii*-위축, 잎 모틀. *Malus* spp., *Pyrus* spp.-무병징. ④전파 : 기계적 전염, 접목 전염, 종자 전염, 화분 전염. ⑤매개충 : 없음. ⑥분류 : *Tombusvirus*속. ⑦형태 : 30㎚ 직경의 정이십면체 입자. ⑧지놈 : 단일가닥 선형 RNA 4,776개 염기. ⑨단백질 : 외피단백질(42 kDa) 92 kDa, 33 kDa, 22 kDa.

Tomato golden mosaic virus (토마토·황금모자이크바이러스) : ①(=virus do mosaico dourado do tomateiro, possibly tomato yellow mosaic virus), 약자 : TGMV. ②1975년 브라질 Costa 등에 의해 *Lycopersicon esculentum*에서 처음 보고 됨. ③자연상태의 기주 및 병징 : *Lycopersicon esculentum*-위축, 잎과 정단부의 변형, 황화 모자이크. ④전파 : 충매, 기계적 접종, 접목. ⑤매개충 : *Bemisia tabaci*, (가루이과) *Aleyrodidae*. ⑥분류: *Geminiviridae*과 *Bigeminivirus* 속. ⑦형태: 25㎚ 크기의 쌍둥이형 입자. ⑧지놈 : 원형 단일가닥 DNA. ⑨단백질: 28.5 kDa 외피단백질.

Tomato mosaic virus (토마토·모자이크바이러스) : Tobacco mosaic virus 참고.

Tomato ringspot virus (토마토·윤문바이러스) : ①(=blackberry Himalaya mosaic virus, euonymus ringspot virus, grape yellow vein virus, grapevine yellow vein virus, peach yellow bud mosaic virus, prune brown line virus, prunus stem-pitting virus, red currant mosaic virus, tobacco ringspot virus 2, winter peach mosaic virus), 약자 : ToRSV. ②1936년 미국 Price에 의해 *Nicotiana tabacum*에서 처음 보고 됨 ③자연상태의 기주 및 병징 : *Pelargonium* spp., *Rubus* spp.-모자이크, 윤문 *Prunus* spp.-황화, 엽맥 황화 *Nicotiana tabacum*-윤문, 황화 ④전파 : 선충 전염, 기계적 전염, 접목 전염, 종자 전염, 화분전염 ⑤매개충 : *Xiphinema americanum* ⑥분류 : *Nepovirus*속. ⑦형태 : 25nm 직경의 정이십면체 입자. ⑧지놈 : 2분절 단일가닥 선형 RNA 15,800개 염기(8,500; 7,300개 염기). ⑨단백질 : 58 kDa(외피단백질).

Tomato spotted wilt virus (토마토·시들음바이러스) : ①(=dahlia oakleaf virus, dahlia ringspot virus, dahlia yellow ringspot virus, groundnut ringspot virus, mung bean leaf curl virus, pineapple yellow spot virus, watermelon silver mottle virus), 약자 : TSWV. ②1919년 Brittlebank에 의해 *Lycopersicon esculentum*에서 처음 보고 됨 ③자연상태의 기주 및 병징 : *Ananas comosus, Bidens pilosa, Capsicum annuum, Datura stramonium, Helianthus annuus, Ipomoea congesta, Lactuca sativa, Malva parviflora, Nicandra physalodes, Phaseolus vulgaris, Physalis peruviana, Zinnia elegans, Arachis hypogaea, Canavalia gladiata, C. obtusifolia, C. occidentalis, Crotalaria juncea, Desmodium triflorum, Glycine max, Pisum sativum, Tephrosia purpurea, Vicia faba, Vigna mungo, V. radiata, V. unguiculata, Lycopersicon esculentum, Nicotiana tabacum, Solanum melongena, S. capsicastrum, S. tuberosum*-괴사,괴사반점, 시들음, 반점, 줄무늬, 모자이크, 모틀, 잎 변형, 엽맥 황화, 윤문. ④전파 : 영속적 충매 전염, 기계적 전염, 접목 전염. ⑤매개충 : *Thrips tabaci, T. setosus, T. parmi, Frankliniella schultzei, F. occidentalis, F. fusca and Scirtothrips dorsalis.* ⑥분류 : *Tospovirus*속. ⑦형태 : 외막이 있는 85nm 직경의 구형바이러스 입자. ⑧지놈 : 3분절 단일가닥 선형 RNA 17,200개 염기(8,897; 5,400; 2,916개 염기). ⑨단백질 : 4종의 외피단백질(120 kDa, 78 kDa, 58 kDa, 27 kDa).

Tomato yellow leaf curl virus (토마토·잎말림바이러스) : ①(=tomato leaf curl virus), 약자 : TYLCV. ②1964년 이스라엘 Cohen과 Harpaz에 의해 *Lycopersicon esculentum*에서 처음 보고 됨 ③자연상태의 기주 및 병징 : *Lycopersicon esculentum*-위축; 수확량 감소 *Cynanchum acutum, Malva parviflora*-무병징 ④전파 : 영속적 충매 전염, 기계적 전염, 접목 전염 ⑤매개충 : *Bemisia tabaci*, Aleyrodidae. ⑥분류 : *Bigeminivirus*속 ⑦형태 : 20nm 직경, 30nm 길이의 쌍둥이 정이십면체 입자. ⑧지놈 : 2분절 단일가닥 선형 RNA 5,500개 염기(2,787; 2,700개 염기). ⑨단백질 : 28.5 kDa(외피단백질).

Tombusviridae : ① 식물바이러스의 한 과명. ②단일가닥의 선형 RNA로 전체 게놈의 크기는

5,000개 염기. ③30nm 정도의 직경을 가지고 있는 정이십면체의 구형바이러스 입자.

Trichovirus ①식물바이러스의 한 속명. ②전체 지놈길이 7.5~7.788~8.2 kb로 구성된 단일가닥 RNA. ③640~800nm의 길이와 10.2~12.5nm의 폭을 가진 로프모양의 사상형 입자.

Tulip breaking virus (튜울립 퇴록 바이러스) : ①(lily mosaic virus, lily mottle virus), 약자 : TBV. ②1928년 영국 Cayley에의해 *Tulipa* spp.에서 처음 보고 됨 ③자연상태의 기주 및 병징 : *Tulipa* spp. 백합-colour-breaking, 잎퇴록 ④전파 : 기계적 전염, 접목전염 ⑤매개충 : *Myzus persicae, Aphis gossypii, A. fabae, Macrosiphum euphorbiae, Dysaphis tulipae, Aulocorthum circumflexum* ⑥분류 : Potyviridae 과 *Potyvirus* 속 ⑦형태 : 750~775nm 사상형입자 ⑧지놈 : 외가닥 RNA(9644개 염기) ⑨단백질 : 34.2 kDa(309개 아미노산; P1 protein), 52.1 kDa(458개 아미노산; HC-Pro protein), 40.7 kDa(352개 아미노산; P3 protein), 6 kDa(53개 아미노산; 6K1 protein), 71.1 kDa(635개 아미노산; CI protein), 6.7 kDa(60개 아미노산; 6K2 protein), 22.4 kDa(194개 아미노산; VPg protein), 27.7 kDa(243개 아미노산; NIa-Pro), 58.8 kDa(516개 아미노산; NIb protein), 30.7 kDa(274개 아미노산; 외피단백질)

Turnip crinkle virus (순무 크링클 바이러스) : ① 약자 : TCV. ②1995년 스코틀랜드 Broadbent and Blencowe 에의해 *Brassica campestris* ssp. *rapa* 에서 처음 보고 됨. ③자연상태의 기주 및 병징 : *Brassica campestris* ssp. *rapa*-모틀링과 잎 뒤틀림. ④전파 : 기계적 전염, 접촉전염. ⑤매개충 : *Phyllotreta* (9종) and *Psylloides* (2종). ⑥분류 : *Tombusviridae* 과 *Carmovirus* 속. ⑦형태 : 28nm 구형입 자. ⑧지놈 : 외가닥 RNA(4050개 염기). ⑨아미노산 : 88 kDa(775개 아미노산; P88 protein), 27.5 kDa(250개 아미노산; P28 protein), 7.6 kDa(72개 아미노산; P8 protein), 37.9 kDa(351개 아미노산; 외피단백질).

Turnip mosaic virus (순무 모자이크 바이러스) : ①(anemone mosaic virus, cabbage A virus), 약자 : TuMV. ②1921년 미국 Schultz에의해 *Brassica campestris* ssp. *chinensis* 에서 처음 보고 됨 ③자연상태의 기주 및 병징 : *Capsella bursa-pastoris, Brassica nigra, Brassica campestris ssp. pekinensis*-퇴록반점, 모자이크, 모틀링 ④전파 : 기계적 전염 ⑤매개충 : *Myzus persicae* and *Brevicoryne brassicae* ⑥분류 : *Potyviridae* 과 *Potyvirus* 속 ⑦형태 : 720nm 사상형입자 ⑧지놈 : 외가닥 RNA(9798개 염기) ⑨단백질 : 40 kDa(362개 아미노산; P1 protein), 51.6 kDa(458개 아미노산; HC-Pro protein), 40.3 kDa(355개 아미노산; P3 protein), 5.9 kDa(52개 아미노산; 6K1 protein), 71.7 kDa(644개 아미노산; CI protein), 5.9 kDa(53개 아미노산; 6K2 protein), 21.8 kDa(192개 아미노산; NIa-VPg protein), 27.3 kDa(243개 아미노산; NIa-Pro protein), 59.6 kDa(517개 아미노

산; NIb protein), 33 kDa(288개 아미노산; 외피단백질)

Turnip yellow mosaic virus (순무 황화 모자이크 바이러스) : ①(cardamine yellow mosaic virus), 약자 : TYMV. ②1949년 유럽의 Markham and Smith에 의해 배추(*Brassica campestris* ssp. *pekinensis*)에서 처음 보고 됨 ③자연상태의 기주 및 병징 : *Brassica* spp. and many Brassicaceae-엽맥퇴록, 모자이크 ④전파 : 기계적 전염, 종자전염 ⑤매개충 : *Phyllotreta* and *Psylloides* species(flea beetles) and *Phaedon cochleariae* (the mustard beetle) ⑥분류 : *Tymoviridae* 과 *Tymovirus* 속 ⑦형태 : 28㎚ 구형입자 ⑧지놈 : 단일가닥 RNA(6318개 염기). ⑨단백질 : 69 kDa(628개 아미노산; over lapping/movement protein), 206 kDa(1844개 아미노산; replicase/papain-like protease), 66 kDa(585개 아미노산; RNA polymerase), 19.9 kDa(189개 아미노산; 외피단백질).

Tymoviruses ①식물바이러스의 한 속명. ②전체 지놈길이 6~7 kb로 구성된 단일가닥 RNA. ③25~28.03~32㎚의 구형 입자.

Watermelon mosaic virus **2** (수박 모자이크 바이러스 2) : ①(marrow mosaic virus) 약자 : WMV2. ②1965년 Webb등에 의해 *Citrullus lanatus* 에서 처음 보고 됨. ③자연상태의 기주 및 병징 : 호박; 오이; 메론-모자이크, 모틀, 기형(잎). ④전파 : 기계적 전염. ⑤매개충 : *Myzus persicae, Aphis craccivora.* ⑥분류 : *Potyviridae* 과 *potyvirus* 속. ⑦형태 : 730~765㎚ 사상형 입자. ⑧지놈 : 단일가닥 RNA게놈(10,035개 염기). ⑨단백질 : 3217개 polyprotein; 50.3 kDa(443개 아미노산; P1 protein), 52.3 kDa(457개 아미노산; HC-Pro protein), 40.2 kDa(347개 단백질; P3 protein), 5.8 kDa(52개 아미노산; 6K1 protein), 71.5 kDa(634개 아미노산; CI protein), 6.1 kDa(53개 아미노산; 6K2 protein), 21.8 kDa(190개 아미노산; NIa-VPg protein), 27.7 kDa(243개 아미노산; VPg-Pro protein), 31.4 kDa(281개 아미노산; 외피단백질).

Wheat dwarf virus (밀 위축 바이러스) : ① 약자 : WDV. ②1961년 Vacke 에의해 *Triticum aestivum* 에서 처음 보고 됨. ③자연상태의 기주 및 병징 : *Avena sativa, Hordeum vulgare, Secale cereale, Triticum aestivum*-황화 및 위축증상 등 성장장애가 발생함. ④전파 : 곤충에 의한 영속성 감염. ⑤매개충 : *Psammotettix alienus.* ⑥분류 : *Geminiviridae* 과 *monogeminivirus* 속. ⑦형태 : 쌍동이형 입자, 직경18㎚, 길이 30㎚. ⑧지놈 : 단일가닥 DNA 게놈(2750개 염기). ⑨단백질 : 10 kDa(90개 아미노산; movement protein), 29.2 kDa(260개 아미노산; 외피단백질), 40.3 kDa(351개 아미노산; replicase-associated protein), 29.9 kDa(264개 아미노산; replication-associated protein A).

Wheat streak mosaic virus (밀 엽반 모자이크 바이러스) : ① 약자 : WSMV. ②1937

년 미국 McKinney에 의해 *Triticum aestivum*에서 처음 보고 됨. ③자연상태의 기주 및 병징 : *Triticum aestivum, Echinochloa* spp., *Panicum* spp., *Setaria* spp.-심한 모자이크. ④전파 : 기계적 전염, 종자전염. ⑤매개충 : *Aceria tulipae*(응애). ⑥분류 : *Potyviridae*과 *Rymovirus*속. ⑦형태 : 700㎚ 사상형 입자. ⑧지놈 : 단일가닥 RNA 게놈(9384개 염기). ⑨아미노산 : 40.1 kDa(352개 아미노산; P1 protein), 44.3 kDa(384개 아미노산; HC-Pro protein), 32.1 kDa(278개 아미노산; P3 protein), 5.9 kDa(51개 아미노산; 6K1 protein), 72.5 kDa(645개 아미노산; CI protein), 5.8 kDa(51개 아미노산; 6K2 protein), 23.1 kDa(197개 아미노산; NIa-VPg protein), 25.6 kDa(229개 아미노산; NIa-Pro protein), 5 kDa(499개 아미노산; NIb protein), 36.6 kDa(349개 아미노산; 외피단백질).

Wound tumor virus (운드 암종 바이러스) : ①(=clover big vein virus, Aureogenus magnivena virus), 약자 : WTV. ②1944년 미국 Black에 의해 *Melilotus officinalis*에서 처음 보고 됨. ③자연상태의 기주 및 병징 : *Trifolium incarnatum, Melilotus officinalis*-부정형 엽맥확장, 측뿌리 기저부에서 뿌리혹. ④전파 : 충매전염. ⑤매개충 : *Agalliopsis novella, Agallia constricta, A. quadripunctata.* ⑥분류 : *Reoviridae*과 *Phytoreovirus*속. ⑦형태 : 73㎚ 구형 입자. ⑧지놈 : 이중가닥 12분절 게놈(전체길이: 25,277개 염기). ⑨단백질 : 114 kDa(s3 protein), 79.8 kDa(s48 protein), 90.5kDa(s5 protein), 57.4 kDa(s6 protein), 55.3 kDa(s7 protein), 46.4 kDa(s8 protein), 38.9 kDa(s9 protein), 39.1 kDa(s10 protein), 20.8 kDa(s11 protein).

Yam mosaic virus (마 모자이크 바이러스) : ①약자 : YMV. ②1977년 Ivory coast *Dioscorea cayenensis*에서 Thouvenel and Fauquet에 의해 처음 보고 됨. ③자연상태의 기주 및 병징 : *Dioscorea*속-모자이크, 엽맥녹대 병징이 나타남. ④전파 : 기계적 전염. ⑤매개충 : 진딧물류. ⑥분류 : *Potyviridae*과 *Potivirus*속 ⑦형태 : 745 ㎚ 사상형 입자. ⑧지놈 : 단일가닥 선형 RNA(9,608개 염기). ⑨단백질 : 34.1 kDa(297개 아미노산; P1 protease), 51.5 kDa(458개 아미노산; HC-Pro protein), 39.7 kDa(350개 아미노산; P3 protein), 5.6 kDa(50개 아미노산; 6K1 protein), 70.6 kDa(635개 아미노산; CI protein), 6 kDa(52개 아미노산; 6K2 protein), 22.3 kDa(197개 아미노산; NIa-VPg protein), 27 kDa(243개 아미노산; NIa-Pro protein), 59.8 kDa(519개 아미노산; NIb protein), 33.7 kDa(302개 아미노산; 외피단백질).

Zucchini green mottle mosaic virus (쥬키니 녹반 모자이크 바이러스) : ① 약자 : ZGMMV. ②1999년 한국 Ryu등에 의해 zucchini squash *Cucurbita pepo*에서 처음으로 보고 됨. ③자연상태의 기주 및 병징 : zucchini squash *Cucurbita pepo*-모자이크, 모틀링 병징이 나타남. ④전파 : 기계적 전염, 종자전염, 토양전염. ⑤매개충 :

알려진 것 없음. ⑥분류 : *Tobamovirus*속. ⑦형태 : 300㎚ 막대형 입자. ⑧지놈 : 단일가닥 RNA(6,513개 염기). ⑨단백질 : 189 kDa(1690개 아미노산; RNA replicase), 131 kDa(1166개 아미노산; replicase), 28 kDa(261개 아미노산; movement protein), 17 kDa(161개 아미노산; 외피단백질).

Zucchni yellow mosaic virus **(쥬키니 황화 모자이크 바이러스)** : ①(=muskmelon yellow stunt virus), 약자 : ZYMV. ②1981년 이탈리아 Lisa 등에 의해 *Cucurbita pepo*에서 처음 보고 됨. ③자연상태의 기주 및 병징 : *Cucurbita pepo*(zucchini squash); *Cucumis melo* (muskmelon); *Cucumis sativus* (cucumber); *Citrullus lanatus* (watermelon)-모자이크, 황화, 위축 과실과 종자의 변형. *Melothria pendula*-모자이크, 황화. ④전파 : 비 영속적 충매전염, 기계적 전염. ⑤매개충 : *Aphis citricola, Aphis gossypii, Myzus persicae, Macrosiphum euphorbiae, Aphis middletonii, Aphis craccivora, Acrythosiphon pisum, Lipaphis erysimi, Uroleucon* sp. ⑥분류 : *Potyvirus*속. ⑦형태 : 750㎚ 사상형 입자. ⑧지놈 : 단일가닥 선형 RNA(9,000개 염기). ⑨단백질 : 34.1 kDa(297개 아미노산; P1 protease), 51.5 kDa(458개 아미노산; HC-Pro protein), 39.7 kDa(350개 아미노산; P3 protein), 5.6 kDa(50개 아미노산; 6K1 protein), 70.6 kDa(635개 아미노산; CI protein), 6 kDa(52개 아미노산; 6K2 protein), 22.3 kDa(197개 아미노산; NIa-VPg protein), 27 kDa(243개 아미노산; NIa-Pro protein), 59.8 kDa(519개 아미노산;NIb protein), 33.7 kDa(302개 아미노산; 외피단백질).

Ⅶ. 식물 병원진균의 분류학적 위치

Pseudofungi(類似菌類, Fungallike Organism)
Kingdom Protozoa(原生動物界)

Phylum Myxomycota(粘菌門)
Class Myxomycetes(粘菌綱, Slime mold)
Subclass Incertae sedis
Order Physarales(紫色粘菌目)
Family Didymiaceae
Genus *Mucilago* Battarra. (1755). 지면 가까이에 있는 식물체를 뒤덮어 점균병을 일으킴.
Family Physaraceae(紫色粘菌科)
Genus *Fuligo* Haller. (1768). 지면 가까이에 있는 식물체를 뒤덮어 점균병(粘菌病)을 일으킴.
Genus *Physarum* Pers. (1794). 고구마·딸기·무·배추 점균병균.

Phylum Plasmodiophoromycota(根瘤病菌門, 寄生粘菌門, 무사마귀병균門)
Class Plasmodiophoromycetes(根瘤病菌綱)
Subclass Incertae sedis
Order Plasmodiophorales(根瘤病菌目, 무사마귀병균目)
Family Plasmodiophoraceae(根瘤病菌科, 무사마귀병균과)
Genus *Plasmodiophora* Woronin. (1877). : 십자화과의 뿌리에 기생하여 무사마귀병을 일으킴. *P. brassicae* : 배추 무사마귀병균.
Genus *Polymyxa* Ledingham. (1933). 맥류와 벼과 목초류에 각종 뿌리병을 일으킴.
P. graminis : 맥류에 각종 뿌리병을 일으키며, 식물바이러스를 매개하기도 한다.
P. betae : beet necrotic yellow vein virus를 매개한다.
Genus *Spongospora* Brunch. (1887). 가루더뎅이병균. potato mop-top Virus를 매개한다. *S. subterranea* : 감자 가루더뎅이병균.

Kingdom Chromista(色藻類界)

Phylum Oomycota(卵菌門)

Class Oomycetes(卵菌綱)

Subclass Incertae sedis

Order Peronosporales(露菌病菌目)

Family Albuginaceae(흰녹가루病菌科, the white rusts)

Genus *Albugo*(Pers.) Roussel. (1806). 십자화과 식물의 흰녹가루병을 일으킴.

A. macrospora : 십자화과 식물에 흰녹가루병을 일으킴.

A. candida : 무・배추 흰녹가루병균.

Family Peronosporaceae(露菌病菌科, the downy mildews)

Genus *Bremia* Regel. (1843). *B. lactucae* : 상치 노균병(露菌病)균.

Genus *Hyaloperonospora* Constant. (2002).

H. brassicae(*Peronospora brassicae*) : 무・배추 노균병균.

Genus *Peronospora* Corda. (1837) : 무・배추 등에 노균병을 일으킴.

P. brassicae : 무・배추 노균병균.

P. destructor : 양파・파 노균병균.

Genus *Plasmopara* J. Schröt. (1886).

P. viticola : 포도나무 노균병균.

P. halstedii : 해바라기 노균병균.

Genus *Pseudoperonospora* Rostovzev. (1903). 각종 박과작물 노균병균.

P. cubensis : 오이・참외・호박 노균병균.

Order Pythiales(腐敗菌目)

Family Pythiaceae(腐敗菌科)

Genus *Eupythium* Nieuwl. (1916).

E. debaryanum(Current name : *Pythium debaryanum*) : 모잘록병(立枯病)균.

Genus *Phytophthora* de Bary. (1876). 각종 작물에 역병을 일으킴.

P. capsici : 고추・호박 역병균.

P. nicotianae : 가지・딸기・참깨 역병균.

Genus *Pythiomorpha* H.E. Petersen.(1909).

P. miyabeana(*Phytophthora megasperma*) : 토마토 뿌리역병(疫病)균, 콩 뿌리썩음병(根腐病)균.

Genus *Pythium* Pringsh.(1858). 각종 작물에 모잘록병, 뿌리썩음병을 일으킴.

P. aphanidermatum : 모잘록병균.

P. ultimum : 배추 그루썩음병균. 모잘록병균.

Family Pythiogetonaceae

Genus *Pythiogeton* Minden. (1916). *P. zeae* : 옥수수 뿌리썩음병(根腐病)균.

Order Saprolegniales(물곰팡이目, 水生菌目)

Family Leptolegniaceae

Genus *Aphanomyces* de Bary. (1860). *A. cocriodis* : 시금치 뿌리썩음병균.

Family Saprolegniaceae(물곰팡이과, 水生菌科)

Genus *Achlya* Nees. (1823). *A. oryzae* : 벼 모썩음병균.

Order Sclerosporales

Family Sclerosporaceae

Genus *Peronosclerospora* C.G. Shaw. (1978). *P. maydis* : 옥수수 노균병균.

Genus *Sclerospora* J. Schröt. (1879). 각종 벼과작물에 노균병을 일으킨다. *S. graminicola* : 목초・기장(조) 노균병균.

Family Verrucalvaceae

Genus *Sclerophthora* Thirum., C.G. Shaw & Naras. (1953).

S. macrospora : 알곡류(옥수수, 벼, 밀)와 목초 노균병균.

True Fungi(진균류)

Kingdom Fungi(균계)

Phylum Chytridiomycota(병꼴균門)

Class Chytridiomycetes(병꼴균綱)

Subclass Incertae sedis

Order Blastocladiales

Family Physodermataceae

Genus *Physoderma* Wallr. (1833). *P. maydis* : 옥수수 갈색점무늬병균.

Genus *Urophlyctis* J. Schröt. (1886). 감염조직이 이상증식하고 이상비대 한다.

U. alfalfae(Current name : *Physoderma alfalfae*) : 알팔파 crown wart병균.

Order Chytridiales(병꼴균目)

Family Cladochytriaceae

Genus *Cladochytrium* Nowak. (1877). *C. alfalfae* (Current name : *Physoderma alfalfae*) : 알팔파 crown wart병균.

Family Synchytriaceae(癌腫病菌科)

Genus *Synchytrium* de Bary & Woronin (1863). 감염조직이 이상증식하고 이상비대 한다. *S. endobioticum* : 감자 암종병균.

Order Incertae sedis

Family Olpidiaceae(올피디아科)

Genus *Olpidium* (A. Braun) J. Schröt. (1886). 여러 식물의 뿌리를 침해하며 감염식물체로부터 건전식물체로 바이러스를 전염시키기도 한다.

O. brassicae : 양배추 모잘록병과 위황병을 일으키며 식물바이러스를 매개한다.

Phylum Zygomycota(接合菌門)

Class Zygomycetes(接合菌綱, the bread molds)

Subclass Incertae sedis

Order Mucorales(털곰팡이目)

Family Choanephoraceae

Genus *Choanephora* Curr. (1873). *C. cucurbitarum* : 호박 무름병균.

Family Mucoraceae(털곰팡이科)

Genus *Mucor* Fresen. (1850). 각종 과일 및 채소류의 저장 중에 부패병을 일으킴. *M. mucedo* : 고구마 털곰팡이병균.

Genus *Rhizopus* Ehrenb. (1821). 고구마 무름병을 비롯하여 각종 과일 및 채소류에 무름병을 일으킴. *R. stolonifer* : 고구마 무름병균.

Phylum Ascomycota(子囊菌門, Ascomycetes, the sac fungi)

Class Saccharomycetes(酵母綱, the yeasts)

Subclass Saccharomycetidae

Order Saccharomycetales(酵母目)

Family Dipodascaceae

Genus *Galactomyces* Redhead & Malloch. (1977). 감귤류에 sour rot병을 일으킴.

Family Incertae sedis

Genus *Geotrichum* Link. (1809). *G. candidum* : 과일 및 채소류의 sour rot병균.

Family Saccharomycetaceae(酵母科)

Genus *Saccharomyces* Meyen ex E.C.Hansen. (1838). *S. cerevisiae* : 빵효모.

Class Ascomycetes(子囊菌綱)

Subclass Dothideomycetidae

Order Capnodiales(그을음病菌目)

Family Capnodiaceae(그을음병균科)

Genus *Capnodium* Mont. (1848). 식물에 그을음병을 일으키는 균류 중의 하나.

C. tanakae : 감귤나무 그을음병균.

C. salicinum : 버드나무 그을음병균.

Genus *Capnophaeum* Speg. (1918). *C. fuliginodes* : 감나무・배나무・복숭아나무 그을음병균.

Order Dothideales(褐斑病菌目)

Family Botryosphaeriaceae

Genus *Botryosphaeria* Ces. & De Not. (1863). *B. dothidea* (무성세대 : *Fusicoccum aesculi*) : 사과나무 겹무늬썩음병균, 줄기썩음병균.

Genus *Fusicoccum* Corda. (1829). *Botryosphaeria dothidea* 의 무성세대, 사과나무 겹무늬썩음병균, 줄기썩음병균.

Genus *Guignardia* Viala & Ravaz. (1892). 무성세대는 *Phyllosticta* 이며, 각종 식물에 점무늬병을 일으킴.

Genus *Macrophoma* (Sacc.) Berl. & Voglino. (1886). *M. kaki* : 감나무 갈색무늬병균.

Genus *Phyllosticta* Pers. (1818). 유성세대는 *Guignardia* 이며, 각종 식물에 점무늬병을 일으킴.

Family Dothideaceae

Genus *Dothidea* Fr. (1818). *D. pomigena* (*Gloeodes pomigena*, Current name : *Phyllachora pomigena*) : 사과나무 그을음병(煤病)균.

Genus *Phyllachora* Nitschke ex Fuckel. (1867). *P. graminis* : 화곡류 흑종병균.

Order Incertae sedis

Family Incertae sedis

Genus *Ascochyta* Lib. (1830). 작물에 점무늬변, 겹무늬병 등을 일으킴.

Order Mycosphaerellales

Family Mycosphaerellaceae

Genus *Cercospora* Fuckel. (1863). 유성세대는 *Mycosphaerella* 이며, 각종 식물에 점무늬병을 일으킴.

Genus *Cercosporina* Speg. (1911).

C. asparagicola (Current name : *Cercospora asparagi*) : 아스파라가스 검은무늬병(黑斑病)균.

Genus *Cladosporium* Link. (1816). *C. carpophilum* (Current name : *Venturia carpophila*) : 복숭아 검은별무늬병균.

Genus *Davidiella* Crous & U. Braun. (2003). *D. rosigena* (舊名 : *Sphaerella rosigena, Mycosphaerella rosigena*) : 장미 둥근무늬병균.

Genus *Fulvia* Cif. (1954). *F. fulva* (舊名 : *Cladosporium fulvum,* Current name : *Mycovellosiella fulva*, 유성세대) : 토마토 잎곰팡이병(葉黴病)균.

Genus *Heterosporium* Klotzsch ex Cooke. (1877). *H. allii* (Current name : *Mycosphaerella allii-cepae*, 유성세대) : 마늘・파 황색점무늬병(斑點病)균.

Genus *Mycosphaerella* Johanson. (1884). 각종 식물에 점무늬병을 일으킴. 無性世代는 *Cercospora* 와 *Septoria* 속. *M. allii-cepae* (Current name : *Davidiella allii-cepae*, 유성세대) : 마늘・파 황색점무늬병(黃色斑點病)균.

Genus *Mycovellosiella* Rangel. (1917). *M. fulva* (무성세대 : *Cladosporium fulvum, Fulvia fulva*) : 토마토 잎곰팡이병균.

Genus *Passalora* Fr. (1849). *P. sojina* (Current name : *Cercospora sojina*) : 콩 점무늬병균.

Genus *Pseudocercospora* Speg. (1910). *P. cruenta* (Current name : *Mycosphaerella cruenta*) : 강낭콩・팥・동부 점무늬병균

Genus *Pseudocercosporella* Deighton. (1973). *P. capsellae* : 배추 흰무늬병균.

Genus *Ramularia* Sacc. (1880). *R. brunnea* (*Mycosphaerella fragariae*) : 딸기 뱀눈무늬병균.

Genus *Septoria* Sacc. (1884). *Mycosphaerella*의 무성세대. *S. glycines* : 콩 갈색무늬병균.

Genus *Sphaerella* Ces. & De Not. (1863).

S. camilleae(Current name : *Guignardia camelliae*) : 차나무 잎마름병균.

S. rosigena(Current name : *Davidiella rosigena*) : 장미 둥근무늬병균.

Genus *Sphaerulina* Sacc. (1878). *S. orzina* (무성세대 : *Cercospora janseana, C. oryzae*) : 벼 갈색점무늬병균.

Order Myriangiales

Family Elsinoaceae

Genus *Elsinoë* Racib. (1900). *E. ampelina* (*Sphaceloma ampelinum*) : 포도나무 새눈무늬병균.

Order Pleosporales (僞子囊殼菌目)

Family Corynesporascaceae

Genus *Corynespora* Güssow. (1906). *C. cassiicola* : 토마토・참깨 잎마름병균.

Family Didymosphaeriaceae

Genus *Didymosphaeria* Fuckel. (1870). *D. arachidicola* : 땅콩 갈색무늬병균.

Family Incertae sedis

Genus *Didymella* Sacc. (1880). *D. bryoniae* (무성세대 : *Cercospora citrullina*) : 수박 점무늬병균.

Genus *Phoma* Sacc. (1880). *Diaporthe* 의 무성세대. *P. lingam* : 양배추 검은

뿌리썩음병균.

Family Leptosphaeriaceae

Genus *Coniothyrium* Corda. (1840). *C. diplodiella* : 포도나무 흰빛마름병균, 포도나무 흰빛썩음병균.

Genus *Leptosphaeria* Ces. & De Not. (1863). 무성세대는 *Phoma* 이며, 양배추 뿌리썩음병을 일으킴.

Genus *Ophiobolus* Riess. (1854). *O. graminis* : 맥류 마름병균 (Current name : *Gaeumannomyces graminis*).

Family Phaeosphaeriaceae

Genus *Phaeosphaeria* I. Miyake. (1909). *P. nodorum* (舊名 : *Septoria nodorum*) : 콩 갈색무늬병(褐斑病)균.

Family Pleomassariaceae

Genus *Helminthosporium* Link. (1809).

H. maydis : 옥수수 깨씨무늬병균.

H. oryzae (*Drechslera oryzae*, Current name : *Cochliobolus miyabeanus*, 유성세대) : 벼 깨씨무늬병균.

Family Pleosporaceae

Genus *Alternaria* Nees. (1816). 각종 겹무늬병, 점무늬병, 잎마름병의 원인균.

A. alternata : 고추 검은곰팡이병균.

A. mali : 사과나무 점무늬낙엽병균.

Genus *Bipolaris* Shoemaker. (1959). 맥류, 벼과 목초류에 깨씨무늬병 및 뿌리썩음병을 일으킴. *B. sorokiniana* : 보리 점무늬병균.

Genus *Cochliobolus* Drechsler. (1934). 무성세대는 *Bipolaris* 또는 *Curvularia* 이며, 벼, 맥류, 벼과 목초류에 깨씨무늬병을 일으킴. *B. oryzae*(완전세대 : *Cochliobolus miyabeanus*) : 벼 깨씨무늬병균.

Genus *Drechslera* S. Ito. (1930). *D. graminea* (舊名 : *Helminthosporium gramineum*, Current name : *Pyrenophora graminea*, 유성세대) : 맥류 줄무늬병균.

Genus *Exserohilum* K.J. Leonard & Suggs.(1974). *E. turcicum* (Current name : *Setosphaeria turcica*, 유성세대) : 수수·옥수수 그을음무늬병균.

Genus *Pleospora* Rabenh. ex Ces. & De Not. (1863). 무성세대는 *Stemphylium* 이며, 토마토 등에 겹무늬병이나 잎마름병을 일으킴. *P. herbarum* (*Stemphylium botryosum*) : 파·양파·마늘 잎마름병균.

Genus *Pyrenophora* Fr. (1849). 무성세대는 *Drechslera* 이며, 각종 맥류 및 벼과 목초류에 줄무늬병이나 그물무늬병 등을 일으킴. *P. graminea*(무성세

대 : *Drechslera graminea*) : 맥류 줄무늬병균.

Genus *Setosphaeria* K.J. Leonard & Suggs. (1974). 무성세대는 *Exserohilum* 이며, 각종 맥류 및 벼과 목초류에 점무늬병 등을 일으킴. *S. turnica.*

Genus *Stemphylium* Wallr. (1833). *S. botryosum* (Current name : *Pleospora tarda,* 유성세대) : 마늘 잎마름병균.

Family Venturiaceae

Genus *Apiosporina* Höhn. (1910). *A. morbosa* (*Dibotryon morbosum, Sphaeria morbosa*) : 체리나무 · 서양자두 검은썩음병균.

Genus *Dibotryon* Theiss. & Syd. (1915). 체리나무와 서양자두에 검은썩음병을 일으킴. *D. morbosum.*

Genus *Fusicladium* Bonord. (1851).

F. dendriticum (Current Name : *Venturia inaequalis,* 유성세대) : 사과나무 검은별무늬병균.

F. pirinum (Current name : *Venturia pyrina,* 유성세대) : 배나무 검은별무늬병균.

Genus *Venturia* De Not. (1844). 무성세대는 *Spilocaea*이다.

V. inaequalis(*Fusicladium dendriticum*) : 사과나무 검은별무늬병균.

V. nashicola : 배나무 검은별무늬병균.

V. pyrina : 배나무 검은별무늬병균.

Subclass Erysiphomycetidae

Order Erysiphales (白粉病菌目, the powdery mildew fungi)

Family Erysiphaceae (흰가루병균과, 白粉病菌科)

Genus *Blumeria* Golovin ex Speer. (1975). 맥류 및 잔디류에 흰가루병을 일으킴.

B. graminis : 맥류 및 벼과 목초류 흰가루병균.

B. graminis f.sp. *hordei* : 보리 흰가루병균.

B. graminis f.sp. *tritici* : 밀 흰가루병균.

Genus *Erysiphe* R. Hedw. ex DC. (1805). 많은 초본류에 흰가루병을 일으킴.

E. graminis : 맥류 흰가루병균.

Genus *Golovinomyces* (U. Braun) V.P. Gelyuta. (1988). *G. cichoracearum* (舊名 : *Erysiphe cichoracearum*) : 토마토 흰가루병균.

Genus *Leveillula* G. Arnaud. (1921). 고추, 토마토 등에 흰가루병을 일으킴. *L. taurica* : 토마토 흰가루병균.

Genus *Microsphaera* Lév. (1851). 라일락 흰가루병을 비롯하여 각종 수목에 흰가루병을 일으킴.

Genus *Oidiopsis* Scalia. (1902). *O. taurica* (舊名 : *Erysiphe taurica*, Current name : *Leveillula taurica*) : 고추 흰가루병균.

Genus *Oidium* Link. (1824). *O. leucoconium* (Current name : *Podosphaera pannosa*, 유성세대, *Sphaerotheca pannosa*) : 장미 흰가루병균.

Genus *Phyllactinia* Lév. (1851). *P. mali* (舊名 : *Erysiphe pyri*, *P. pyri*) : 배나무 흰가루병균.

Genus *Podosphaera* Kunze. (1823). *P. tridactyla* (무성세대 : *Oidium passerinii*) : 복숭아 잎흰가루병균.

Genus *Sphaerotheca* Lév. (1851). *S. fuliginea* : 오이 · 수박 · 호박 흰가루병균.

Genus *Uncinula* Lév. (1851). *U. necator* : 포도 흰가루병을 일으킴.

Subclass Eurotiomycetidae

Order Eurotiales

Family Trichocomaceae

Genus *Aspergillus* Link. (1809). 빵 및 곡류종자의 부패병균. *A. flavus* : 곡류 저장병균.

Genus *Penicillium* Link. (1809). 과일류의 푸른곰팡이병균. *P. crustosum* : 배 푸른곰팡이병균.

Subclass Incertae sedis

Order Incertae sedis

Family Icmadophilaceae

Genus *Tubercularia* F.H. Wigg. (1780). *T. vulgaris* (Current name : *Nectria cinnabarina*, 유성세대) : 배나무 붉은가지마름병균.

Family Incertae sedis

Genus *Acrocylindrium* Bonord. (1851). *A. oryzae* : 벼 잎집썩음병균.

Genus *Dendrophoma* Sacc. (1880). *D. obscurans* (舊名 : *Phoma obscurans*, 무성세대 : *Phomopsis obscurans*) : 딸기 겹무늬병균.

Genus *Diehliomyces* Gilkey. (1955). *D. microsporus* : 양송이버섯 괴균병 (塊菌病)균.

Genus *Gloeocercospora* D.C. Bain & Edgerton ex Deighton. (1971). *G. sorghi* (舊名 : *Ramulispora andropogonis*) : 수수 점무늬병균.

Genus *Gloeodes* Colby. (1920). *G. pomigena* (*Dothidea pomigena*, Current name : *Phyllachora pomigena*) : 사과 그을음병균.

Genus *Leptothyrium* Kunze. (1823). *L. pomi* (*Schizothyrium pomi*, *Zygophiala jamaicensis*) : 사과나무 그을음점무늬병균.

Genus *Macrophomina* Petr. (1923). *M. phaseolina* (舊名 : *Macrophoma phaseolina*) : 가지 검은썩음병(炭腐病)균.

Genus *Pseudophloeosporella* U. Braun, (1993). *P. dioscoreae* (무성세대 : *Cylindrosporium dioscoreae*) : 마 흰빛모무늬병균.

Genus *Rhynchosporium* Heinsen ex A.B. Frank. (1897).

R. oryzae : 벼 구름무늬병균.

R. secalis : 보리 · 호밀 구름무늬병균.

Genus *Sarocladium* W. Gams & D. Hawksw. (1976). *S. oryzae* (舊名 : *Acrocylindrium oryzae*) : 벼 잎집썩음병(葉鞘腐敗病)균.

Genus *Septogloeum* Sacc. (1880). *S. mori* : 뽕나무 갈색무늬병균.

Genus *Ustilaginoidea* Bref. (1895). *U. virens* (*Claviceps oryzae-sativae*, *C. virens*) : 벼 이삭누룩병균.

Genus *Zygophiala* E.W. Mason. (1945). *Z. jamaicensis* (Current name : *Schizothyrium pomi*) : 사과 · 포도나무 그을음점무늬병균.

Subclass Lecanoromycetidae

Order Lecanorales

Family Rhizocarpaceae

Genus *Melanospora* Mudd. (1861). 무성세대인 *Phialophora* 와 *Gonatobotrys* 가 *Ophiostoma*, *Ceratocystis*, *Fusarium* 과 *Verticillium* 등 중요한 식물 병원곰팡이를 비롯한 많은 곰팡이의 균사에 기생한다.

Subclass Leotiomycetidae

Order Helotiales(菌核病菌目)

Family Bulgariaceae

Genus *Bulgaria* Fr. (1822). *B. inquinans* : 표고버섯 고무버섯.

Family Dermateaceae

Genus *Cylindrosporium* Grev. (1822). *C. dioscoreae* : 마 흰빛모무늬병균.

Genus *Diplocarpon* F.A. Wolf. (1912).

D. maculatum : 마르멜로 · 서양배나무 점무늬병균.

D. rosae : 장미 검은무늬병균.

Genus *Entomosporium* Lév. (1856). *E. maculatum* (Current name : *Diplocarpon maculatum*) : 마르멜로 · 서양배나무 점무늬병균.

Genus *Gloeosporium* Desm. & Mont. (1849). *G. lacticola* : 복숭아 탄저병균.

Genus *Marssonina* Magnus. (1906). *M. mali* : 사과나무 갈색무늬병균.

Genus *Pseudopeziza* Fuckel. (1870). *P. trifolii* : 알팔파 점무늬병균.

Family Hemiphacidiaceae

Genus *Rhabdocline* Syd. (1922). 소나무류에 잎떨림병을 일으킴.

Family Hyaloscyphaceae

Genus *Ramulispora* Miura. (1920). *R. andropogonis* : 수수 점무늬병균.

Family Sclerotiniaceae

Genus *Botryotinia* Whetzel. (1945). *Botrytis*의 유성세대. *B. fuckeliana* : 수박 · 고추 잿빛곰팡이병균.

Genus *Botrytis* P. Micheli ex Pers. (1794). 각종 식물의 잿빛곰팡이병균.

B. cinerea(유성세대 : *Botryotinia fuckeliana*) : 수박 · 고추 잿빛곰팡이병균.

Genus *Ciboria* Fuckel. (1870). *C. fructicola* (*Sclerotinia fructicola, S. laxa*, Current name : *Monilinia fructicola*) : 복숭아나무 균핵병균.

Genus *Monilia* Bonord. (1851). *M. digitata* (*Mucor digitata, Penicillium digitatum*) : 감귤나무 녹색곰팡이병균.

Genus *Monilinia* Honey. (1928). 핵과류에 잿빛무늬병을 일으킴. *M. laxa* : 복숭아 잿빛무늬병균.

Genus *Phymatotrichum* Bonord. (1851). *P. omnivorum* : 목화 뿌리썩음병균.

Genus *Sclerotinia* Fuckel. (1870). 각종 채소류에 균핵병을 일으킴.

S. minor : 배추 · 상추 균핵병균, 화훼류 균핵병균.

S. sclerotiorum : 고추 · 호박 · 가지 · 감자 · 무 · 배추 · 상추 · 두류 · 수박 · 양배추 · 참외 · 무 · 오이 · 토마토 균핵병균.

Genus *Stromatinia* (Boud.) Boud. (1907). *S. cepivora* (*Sclerotium cepivorum*) : 마늘 · 양파 · 파 흑색썩음균핵병(黑腐菌核病)균.

Genus *Whetzelinia* Korf & Dumont. (1972). *W. sclerotiorum* (Current name : *Sclerotinia sclerotiorum*) : 가지 균핵병균.

Order Rhytismatales(타르病菌目)

Family Rhytismataceae(타르병균科)

Genus *Hypoderma* De Not. (1847). 소나무류에 잎떨림병을 일으킴.

Genus *Lophodermium* Chevall. (1826). 소나무류에 잎떨림병을 일으킴. *L. pinastri* : 소나무 잎떨림병균.

Genus *Rhytisma* Fr. (1818). *R. acerinum* : 단풍나무 타르점무늬병균.

Genus *Xyloma* Pers. (1794). *X. salicinum* (Current name : *Rhytisma salicinum*) : 포플러 타르점무늬병균.

Subclass Pezizomycetidae

Order Pezizales

Family Ascobolaceae

Genus *Ascobolus* Pers. (1791). *A. trifolii* (Current name : *Pseudopeziza trifolii*) : 알팔파 점무늬병균.

Family Morchellaceae

Genus *Boletus* Tourn. ex Adans. (1763). *B. versicolor* (Current name : *Coriolus versicolor*) : 활엽수 목재썩음병균.

Family Pezizaceae

Genus *Peziza* Fr. (1822). *P. sclerotiorum* (Current name : *Sclerotinia sclerotiorum*) : 유채 균핵병(菌核病)균.

Subclass Sordariomycetidae

Order Diaporthales(胴枯病菌目)

Family Diaporthaceae(胴枯病菌科)

Genus *Diaporthe* Nitschke. (1870). 무성세대는 *Phomopsis* 屬. *D. medusaea* (무성 세대 : *Phompsis fukushii*) : 배나무 줄기마름병(胴枯病)균.

Family Gnomoniaceae

Genus *Gnomonia* Ces. & De Not. (1863). 탄저병과 점무늬병을 일으킴.

Family Melanconidaceae

Genus *Coniella* Höhn. (1918). *C. diplodiella* (무성세대 : *Phoma diplodiella, Coniothyrium diplodiella*) : 포도나무 흰빛 마름병, 흰빛썩음병(白腐病)균.

Family Valsaceae

Genus *Cryphonectria*(Sacc.) Sacc. & D. Sacc. (1905). *C. parasitica* : 밤나무 줄기마름병균.

Genus *Cryptodiaporthe* Petr. (1921). *C. japonica* (무성세대 : *Catinula japonica*) : 밤나무 검은가지마름병(黑斑胴枯病)균.

Genus *Cryptosporella* Sacc. (1877). *C. viticola* (무성세대 : *Phomopsis viticola*) : 포도나무 덩굴쪼김병균.

Genus *Cytospora* Ehrenb. (1818). *C. leucostoma* (*Leucostoma persoonii, Valsa persoonii*) : 복숭아나무 줄기마름병균.

Genus *Depazea* Fr. (1818). *D. batatas* (*Phyllosticta batatas*) : 고구마 점무늬병균.

Genus *Endothia* Fr. (1849). *E. parasitica* (舊名 : *Diaporthe parasitica, Cryphonectria parasitica*) : 밤나무 줄기마름병균.

Genus *Laestadia* Auersw. (1869). *L. aesculi* (Current name : *Guignardia aesculi*) : 침엽수 잎마름병균.

Genus *Leucostoma* (Nitschke) Höhn. (1917). (舊名 : Valsa) : 사과나무 부란병을 비롯하여 각종 수목에 궤양병을 일으킴.

Genus *Phomopsis*(Sacc.) Bubák. (1905). *P. citri* : 감귤나무 검은점무늬병균.

Genus *Valsa* Fr. (1849). *V. ceratosperma* : 사과나무 부란병(腐爛病)균.

Order Hypocreales(肉座菌目)

Family Clavicipitaceae

Genus *Atkinsonella* Diehl. (1950). 벼과 및 사초과 목초류에 내생균으로 존재함.

Genus *Balansia* Speg. (1885). 벼과 및 사초과 목초류에 내생균으로 존재함.

Genus *Claviceps* Tul. (1853). 인축에 독성을 나타내는 맥각병을 일으킴. *C. purpurea* : 호밀 맥각병균.

Genus *Xylaria* Hill ex Grev. (1823). 각종 수목에 궤양병 및 목재부후를 일으킴.

Family Hypocreaceae

Genus *Gliocladium* Corda. (1840). 식물 병원진균의 생물적 방제균으로 이용된다.

Genus *Hypocrea* Fr. (1825). 몇몇 식물 병원곰팡이의 생물적 방제에 이용되는 *Trichoderma*屬과 *Gliocladium*屬을 무성세대로 갖는 종들이 포함된다.

Genus *Trichoderma* Pers. (1794). 식물 병원진균의 생물적 방제균으로 이용된다. *T. harzianum*, *T. koningii*, *T. polysporum*, *T. viride* 등.

Family Incertae sedis

Genus *Acremonium* Link. (1809). 각종 목초류에 내생균으로 존재하며, 유성세대는 *Epichloe*속 임.

Genus *Verticillium* Nees. (1816). 각종 식물의 시들음병을 일으킴.

V. albo-atrum : 가지 반신위조병균.

V. dahliae : 채소 시들음병균.

V. malthausei : 양송이 갈색무늬병균.

Family Nectriaceae

Genus *Calonectria* De Not. (1867). *C. ilicicola* (무성세대 : *Cylindrocladium parasiticum*) : 두류 검은뿌리썩음병(黑色根腐病)균.

Genus *Cylindrocarpon* Wollenw. (1913). 대형분생포자가 원통형이며 끝이 뭉툭한 것이 *Fusarium*과 구별된다. *C. destructans* : 인삼뿌리썩음병균.

Genus *Fusarium* Link. (1809). 시들음병, 뿌리썩음병, 줄기썩음병, 종자썩음병을 일으킴. 소형분생포자 (microconidia)의 존재여부, 대형분생포자 (macroconidia)와 후막포자 (chlamydospore)의 크기. 형태 등에 따라 분류된다(*F. oxysporum*, *F. solani*에서 많은 formae speciales가 다시 세분되어 진다).

F. moniliforme (유성세대 : *Gibberella fujikuroi*) : 벼 키다리병균, 수수·옥수수 줄기썩음병균.

F. oxysporum f.sp. *cucumerinum* : 오이류 덩굴쪼김병균.

F. oxysporum f.sp. *melonis* : 참외·오이 덩굴쪼김병균.

Genus *Gibberella* Sacc. (1877). 벼 키다리병, 옥수수 이삭썩음병, 맥류 붉은곰팡이병 등을 일으킴. *G. fujikuroi* (무성세대 : *Fusarium moniliforme*) : 벼 키다리병균.

Genus *Nectria* (Fr.) Fr. (1849). 각종 수목의 가지와 줄기에 궤양병을 일으킴. 붉은가지마름병균. *N. cinnabarina* : 배나무 붉은가지마름병균.

Genus *Ophionectria* Sacc. (1878). *O. sojae* 콩 줄기썩음병균.

Order Incertae sedis

Family Annulatascaceae

Genus *Ceratostomella* Sacc. (1878). *C. ulmi* (*Ophiostoma ulmi*, Current name : *Ceratocystis ulmi*) : 느릅나무 마름병균.

Family Glomerellaceae

Genus *Glomerella* Spauld. & H. Schrenk. (1903). 사과 탄저병을 비롯한 각종 식물의 탄저병을 일으킨다. *G. cingulata* (무성세대: *Colletotrichum gloeosporioides*) : 고추 · 사과나무 · 포도나무 탄저병균.

Family Incertae sedis

Genus *Graphium* Corda. (1837). *G. ulmi* (Current name : *Ophiostoma ulmi*) : *Ceratocystis ulmi*의 무성세대명.

Family Magnaporthaceae

Genus *Clasterosporium* Schwein. (1832). *C. moli* : 뽕나무 그을음병균.

Genus *Gaeumannomyces* Arx & D.L. Olivier. (1952). 맥류, 벼, 각종 벼과 목초류에 마름병을 일으킴. *G. graminis* (*Ophiobolus graminis*) : 맥류 마름병균.

Genus *Magnaporthe* R.A. Krause & R.K. Webster. (1972). *M. grisea* (무성세대 : *Pyricularia oryzae*) : 벼 도열병균.

Genus *Nakataea* Hara. (1939). *N. sigmoidea* (Current name : *Magnaporthe salvinii*, 舊名 : *Helminthosporium sigmoideum*) : 벼 좀공균핵병(小黑菌核病)균.

Genus *Pyricularia* Sacc. (1880).

P. grisea : 벼 도열병균.

P. oryzae : 벼 도열병균.

Order Microascales(小子囊菌目)

Family Ceratocystidaceae,

Genus *Ceratocystis* Ellis & Halst. (1890). *C. coerulescens* : 목재표면의 변색균 또는 청변균.

Family Incertae sedis

Genus *Thielaviopsis* Went. (1893). *T. basicola* : 담배 검은뿌리썩음병균.

Family Microascaceae

Genus *Trichurus* Clem. (1896). *T. spiralis* : 느타리버섯 흑회색융단곰팡이.

Order Ophiostomatales(長頸子囊殼菌目)

Family Ophiostomataceae(長頸子囊殼菌科)

Genus *Ophiostoma* Syd. & P. Syd. (1919). 무성세대는 *Sporothrix*와 *Graphium*

屬이 있다.

O. ulmi(舊名 : Ceratocystis ulmi) : 느릅나무 마름병균.

O. novo-ulmi : 병원성이 더 강한 느릅나무 마름병균으로 자연계에서 *O. ulmi*를 대체한다.

Order Phyllachorales(黑腫病菌目)

Family Phyllachoraceae(黑腫病菌科)

Genus *Colletotrichum* Corda. (1831). 각종 작물에 탄저병을 일으킴. *C. destructivum*(유성세대 : *Glomerella glycines*) : 두류 탄저병균.

Genus *Polystigma* DC. (1815). *P. rubrum* : 오얏나무 붉은무늬병균.

Order Sordariales

Family Incertae sedis

Genus *Monosporascus* Pollack & Uecker. (1974). *M. cannonballus* : 수박 검은점썩음병, 검은점뿌리썩음병(黑點根腐病)균.

Order Xylariales(꼬투리버섯目)

Family Amphisphaeriaceae

Genus *Pestalotia* De Not. (1841). *P. diospyri* : 감나무 잎마름병균.

Genus *Pestalotiopsis* Steyaert. (1949). *P. guepini* : 감나무 잎마름병(葉枯病)균. 양다래 점무늬병균.

Family Diatrypaceae

Genus *Eutypa* Tul. & C. Tul. (1863). *E. armeniacae* : 각종 과수에 심한 궤양병을 일으킴.

Family Hyponectriaceae

Genus *Microdochium* Syd. (1924). *M. oryzae* (Current name : *Monographella albescens*, 유성세대) : 벼 갈색잎마름병(褐色葉枯病)균.

Genus *Physalospora* Niessl. (1876). *P. laricina* (Current name : *Guignardia laricina*) : 잎갈나무 가지끝마름병균.

Family Incertae sedis

Genus *Monographella* Petr. (1924). *M. albescens* (무성세대 : *Microdochium oryzae*) : 벼 갈색잎마름병(褐色葉枯病)균.

Family Xylariaceae

Genus *Annulohypoxylon* Y.M. Ju, J.D. Rogers & H.M. Hsieh. (2005). *A. truncatum* (舊名 : *Sphaeria truncata, Hypoxylon truncatum*) : 표고버섯 검은혹버섯.

Genus *Dematophora* R. Hartig. (1883). *D. necatrix* : 배나무・사과나무・포도나무・대추나무 흰날개무늬병균.

Genus *Entoleuca* Syd. (1922). *E. mammata* (舊名 : *Sphaeria mammata,*

Hypoxylon mammatum) : 포플러 궤양병균.

Genus *Hypoxylon* Adans. (1783). 포플러류에 궤양병을 일으킴. *H. mammatum* : 포플러 궤양병균.

Genus *Rosellinia* De Not. (1844). 각종 과수에 흰날개무늬병을 일으킴. *R. necatrix* (*Dematophora necatrix*) : 배나무 · 사과나무 · 포도나무 · 대추나무 흰날개무늬병균.

Genus *Sphaeria* Haller. (1768). *S. dothidea* (*Fusicoccum aesculi*, 유성세대 : *Botryosphaeria dothidea*) : 겹무늬썩음병(胴腐病)균, 줄기썩음병(胴腐病)균.

Class Taphrinomycetes(外子囊菌綱)

Subclass Taphrinomycetidae

Order Taphrinales(外子囊菌目)

Family Taphrinaceae(外子囊菌科)

Genus *Taphrina* Fr. (1815). 복숭아 잎오갈병, 서양자두 보자기열매병, 참나무 leaf blister병 등을 일으킨다.

T. deformans : 복숭아나무 잎오갈병균.

T. pruni : 오얏나무 보자기열매병균.

Phylum Basidiomycota (擔子菌門, basidiomycetes, the club and mushroom fungi)

Class Basidiomycetes

Subclass Agaricomycetidae

Order Agaricales(주름균목, 주름버섯목)

Family Agaricaceae,

Genus *Agaricus* L. (1753). *A. alneus* (Current name : *Schizophyllum commune*) : 표고버섯 치마버섯.

Family Lycoperdaceae

Genus *Lycoperdon* Tourn. ex L. (1753). *L. tritici* (*Tilletia tritici*, Current name : *T. caries*) : 밀 깜부기병균.

Family Marasmiaceae

Genus *Armillaria* (Fr.) Staude. (1857). 과수와 임목에 뿌리썩음병을 일으킴. *A. mellea* : 과수 뿌리썩음병균.

Genus *Marasmius* Fr. (1836). 낙엽버섯류. 잔디밭에 fairy ring을 형성함.

Family Pleurotaceae

Genus *Pleurotus* (Fr.) P. Kumm. (1871). 느타리버섯류. 생목, 그루터기, 목재

에 백색부후를 일으킴.

Family Schizophyllaceae

Genus *Schizophyllum* Fr. (1815). *S. commune* (*Agaricus alneus*) : 표고버섯 치마버섯.

Family Strophariaceae

Genus *Pholiota* (Fr.) P. Kumm. (1871). 비늘버섯류. 활엽수에 갈색부후를 일으킴.

Family Tricholomataceae

Genus *Crinipellis* Pat. (1889). *C. perniciosus* : 코코아 빗자루병균.

Family Typhulaceae

Genus *Sclerotium* Tode. (1790). 각종 식물 흰비단병균. *S. rolfsii* (*Corticium rolfsii*) : 각종식물 흰비단병균.

Genus *Typhula*(Pers.) Fr. (1818). *T. incarnata* : 맥류 설부균핵병균.

Order Ceratobasidiales(뿔담자균目)

Family Ceratobasidiaceae(뿔담자균科)

Genus *Ceratobasidium* D.P. Rogers. (1935).

C. cereale(무성세대 : *Rhizoctonia cerealis*) : 맥류 잎집눈무늬병(葉鞘眼斑病)균.

C. setariae(*C. oryzae-sativae*, 무성세대 : *Rhizoctonia oryzae-sativae, R. fumigata*) : 벼 회색균핵병(灰色菌核病)균. 생강 잎집썩음병(葉鞘腐敗病)균.

Genus *Thanatephorus* Donk. (1956). 각종 식물 라이족토니아병. *T. cucumeris* : 벼 잎집무늬마름병균, 무성세대는 *Rhizoctonia solani*이다.

Genus *Waitea* Warcup & P.H.B. Talbot. (1962). *W. circinata* (무성세대 : *Rhizoctonia oryzae*) : 벼 적색균핵병(赤色菌核病)균.

Order Hymenochaetales(모균목)

Family Hymenochaetaceae(모균과)

Genus *Inonotus* P. Karst. (1879). 시루뻔버섯류는 생목에 심재부후를, 목재 및 죽은 나무에도 부후를 일으킴.

Genus *Phellinus* Quél. (1886). 구멍버섯류는 수목에 뿌리썩음을, 건물의 목재에 갈색부후를 일으킴. *P. pomaceus.*

Order Polyporales

Family Atheliaceae

Genus *Athelia* Pers. (1822). *A. rolfsii* (*Corticium rolfsii*, 무성세대 : *Sclerotium rolfsii*) : 각종식물 흰비단병(白絹病)균.

Family Corticiaceae

Genus *Corticium* Pers. (1794). 고약버섯류는 잔디류에 red thread병을 일으킴. *C. rolfsii*(*Sclerotium rolfsii*) : 각종식물 흰비단병균.

Genus *Rhizoctonia* DC. (1816). 다범성 병원균으로 토양에서 발견되고 잘록병, 뿌리썩음병 등을 일으킨다. *R. cerealis* (유성세대 : *Ceratobasidium cereale*) : 맥류 잎집눈무늬병균.

Family Fomitopsidaceae

Genus *Fomitopsis* P. Karst. (1881). *F. pinicola* (舊名 : *Boletus pinicola, Fomes pinicola*) : 침엽수 목재썩음병균.

Genus *Postia* Fr. (1874). 임목에 목질부후 및 근부를 일으킴.

Family Ganodermataceae

Genus *Ganoderma* P. Karst. (1881). 영지버섯류는 각종 수목에 근부썩음병을 일으킴.

Family Meruliaceae

Genus *Chondrostereum* Pouzar. (1959). *C. purpureum* : 수목에 은엽병을 일으킴.

Family Polyporaceae

Genus *Coriolus* Quél. (1886). *C. versicolor* : 활엽수 목재썩음병균 (*Polyporus versicolor*).

Genus *Fomes*(Fr.) Fr. (1849).

F. igniarius : 버드나무 목재썩음병균.

F. pinicola : 침엽수 목재썩음병균.

Genus *Phaeolus*(Pat.) Pat. (1900). *P. schweinitzii* (*Polyporus schweinitzii*) : 낙엽송 목재썩음병균.

Genus *Polyporus* Fr. (1815). 구멍장이버섯류는 생목에 심재부후를 일으키며, 목재 및 죽은 나무에도 부후를 일으킴. *P. schweinitzii* 낙엽송 목재썩음병균.

Order Russulales

Family Bondarzewiaceae

Genus *Heterobasidion* Bref. (1888). *H. annosum* : 각종임목의 심재부후병균.

Family Peniophoraceae

Genus *Peniophora* Cooke. (1879). 껍질고약버섯류는 송백류 목재 및 펄프목을 썩힘. *P. gigantea.*

Subclass Incertae sedis

Order Incertae sedis

Family Incertae sedis

Genus *Phymatotrichopsis* Hennebert. (1973). *P. omnivora* (*Phymatotrichum omnivorum*) : 목화 뿌리썩음병(根腐病)균.

Genus *Sporotrichum* Link. (1809). 식물 병원곰팡이의 생물적방제균.

Subclass Tremellomycetidae

Class Urediniomycetes(녹병균강)

Subclass Incertae sedis

Order Incertae sedis

Family Helicobasidiaceae

Genus *Helicobasidium* Pat. (1885). *H. mompa* : 고구마·뽕나무 자줏빛 날개무늬병균.

Order Microbotryales

Family Microbotryaceae

Genus *Sphacelotheca* de Bary. (1884). *S. reilianum* : 수수 실깜부기병균.

Order Septobasidiales

Family Septobasidiaceae

Genus *Septobasidium* Pat. (1892). *S. tanakae* (舊名 : *Helico-basidium tanakae*) : 양다래 갈색고약병(褐色膏藥病)균.

Order Sporidiobolales

Family Incertae sedis

Genus *Sporobolomyces* Kluyver & C.B. Niel. (1924). 담자균의 불완전 세대로 알려져 있다.

Order Uredinales(녹병균目, rust fungi)

Family Cronartiaceae

Genus *Cronartium* Fr. (1815). 송백류 수목의 줄기녹병(털녹병)을 일으킴.

C. quwrcuum : 소나무 혹병균.

C. ribicola : 잣나무 털녹병균.

Family Incertae sedis

Genus *Erysibe* Theophr. ex Wallr. (1833). *E. foetida* (Current name : *Tilletia laevis*) : 비린 깜부기병균.

Genus *Uredo* Pers. (1801).

U. appendiculata (Current name : *Uromyces pisi-sativi*) : 완두 녹병(銹病)균.

U. caries(Current name : *Tilletia caries*) : 밀 비린깜부기병균.

U. fabae (Current name : *Uromyces viciae-fabae* var. *viciae-fabae*) : 잠두 녹병(銹病)균.

Family Melampsoraceae

Genus *Melampsora* Castagne. (1843). *M. larciepitea* : 낙엽송 녹병균.

Family Phakopsoraceae

Genus *Phakopsora* Dietel. (1895). 콩과 식물에 녹병을 일으킴.

Family Pucciniaceae

Genus *Gymnosporangium* R. Hedw. ex DC. (1805). 동포자가 2개의 세포로 되어 있고 긴 자루를 가진다. *G. asiaticum* : 배나무 붉은별무늬병균.

Genus *Puccinia* Pers. (1801). 동포자가 2개의 세포로 되어 있다. *P. allii* : 마늘·파 녹병균.

Genus *Uromyces*(Link) Unger. (1832). 동포자가 단세포이다.

U. appendiculatus(*U. phaseoli*) : 강낭콩·팥·녹두 녹병균.

U. pisi : 완두 녹병균.

Class Ustilaginomycetes(깜부기병균綱)

Subclass Exobasidiomycetidae

Order Entylomatales

Family Entylomataceae

Genus *Entyloma* de Bary. (1874). *E. oryzae* : 벼 잎깜부기병균.

Order Exobasidiales(떡병균目)

Family Exobasidiaceae(떡병균科)

Genus *Exobasidium* Woronin. (1867). *E. japonicum* : 진달래나무 떡병균.

Order Tilletiales(비린깜부기병균目)

Family Tilletiaceae (비린깜부기병균科) : 전균사는 단세포이고 동포자에서 감수분열하여 전균사 끝에 소생자를 윤생한다.

Genus *Tilletia* Tul. & C. Tul. (1847).

T. caries(이명 : *T. tritici*) : 밀 비린깜부기병균.

T. contraversa : 위축비린깜부기병균.

Subclass Ustilaginomycetidae

Order Urocystales

Family Urocystaceae

Genus *Urocystis* Rabenh. ex Fuckel. (1870).

U. cepulae : 양파 깜부기병균.

U. tritici : 밀 줄기깜부기병균.

Order Ustilaginales(깜부기병균目, smut fungi)

Family Ustilaginaceae(깜부기병균과)

Genus *Ustilago*(Pers.) Roussel. (1806).

U. hordei : 맥류 속깜부기병균.

U. zeae : 옥수수 깜부기병균.

식물 병원진균의 분류체계(비교)

구 분류체계	신 분류체계
Kingdom Protozoa(原生動物界)	Kingdom Protozoa
Phylum Myxomycota(粘菌門)	Phylum Myxomycota
Class Myxomycetes(粘菌綱)	Class Myxomycetes
Order Physarales(紫色粘菌目)	Order Physarales
Phylum Plasmodiophoromycota (根瘤病菌門)	Phylum Plasmodiophoromycota
Class Plasmodiophoromycetes (根瘤病菌綱)	Class Plasmodiophoromycetes
Order Plasmodiophorales (根瘤病菌目)	Order Plasmodiophorales
Kingdom Chromista(色藻類界)	Kingdom Chromista
Phylum Oomycota(卵菌門)	Phylum Oomycota
Class Oomycetes(卵菌綱)	Class Oomycetes
Order Peronosporales(露菌目)	Order Peronosporales
	Order Pythiales
Order Saprolegniales(水生菌目)	Order Saprolegniales
	Order Sclerosporales
Kingdom Fungi	Kingdom Fungi
Phylum Chytridiomycota(병꼴균門)	Phylum Chytridiomycota
Class Chytridiomycetes(병꼴균綱)	Class Chytridiomycetes
	Order Blastocladiales
Order Chytridiales(병꼴균目)	Order Chytridiales
	Order Incertae sedis
Phylum Zygomycota(接合菌門)	Phylum Zygomycota
Class Zygomycetes(接合菌綱)	Class Zygomycetes
Order Mucorales(털곰팡이目)	Order Mucorales
Phylum Basidiomycota(擔子菌門)	Phylum Basidiomycota
Class Hymenomycetes(모균강)	**Class Basidiomycetes**
Order Agaricales(주름균목)	Order Agaricales
Order Ceratobasidiales(뿔담자균목)	Order Ceratobasidiales
Order Auriculariales(목이균목)	Order Hymenochaetales

Order Exobasidiales(떡병균목)	Order Polyporales
Order Aphyllophorales(민주름버섯목)	Order Russulales
	Subclass Incertae sedis
	Order Thelephorales
	Order Incertae sedis
Class Urediniomycetes(녹병균강)	Class Urediniomycetes
	Order Incertae sedis
	Order Microbotryales
	Order Septobasidiales
	Order Sporidiobolales
Order Uredinales(녹병균目)	Order Uredinales
Class Ustilaginomycetes(깜부기병균강)	Class Ustilaginomycetes
	Order Entylomatales
	Order Exobasidiales
	Order Tilletiales
	Order Georgefischeriales
	Subclass Ustilaginomycetidae
	Order Urocystales
Order Ustilaginales(깜부기병균目)	Order Ustilaginales
Phylum Ascomycota(子囊菌門)	Phylum Ascomycota
Class Archiascomycetes(原生子囊菌綱)	**Class Ascomycetes**
Order Taphrinales(外子囊菌目)	Subclass Dothideomycetidae
Class Saccharomycetes(酵母綱)	Order Capnodiales
Class Filamentous Ascomycetes	Order Dothideales
(菌絲子囊菌綱)	Order Incertae sedis
Order Erysiphales(흰가루病菌目)	Order Microthyriales
Class Pyrenomycetes(殼菌綱)	Order Mycosphaerellales
Order Hypocreales(肉座菌目)	Order Myriangiales
Order Microascales(小子囊菌目)	Order Pleosporales
Order Phyllachorales(黑腫病菌目)	Subclass Erysiphomycetidae
Order Ophiostomatales(長頸殼菌目)	Order Erysiphales
Order Diaporthales(胴枯病菌目)	Subclass Eurotiomycetidae
Order Xylariales(꼬투리버섯目)	Order Eurotiales
Class Loculoascomycetes	Subclass Incertae sedis
(小房子囊菌菌綱)	Order Incertae sedis
Order Dothideales(褐斑病菌目)	Subclass Lecanoromycetidae
Order Capnodiales(그을음病菌目)	Order Lecanorales
Order Pleosporales(僞子囊殼菌目)	Subclass Leotiomycetidae
Class Discomycetes(盤菌綱)	Order Helotiales
Order Rhytismtales(타르病菌目)	Order Rhytismatales
Order Helotiales(菌核病菌目)	Subclass Pezizomycetidae
	Order Pezizales

Subclass Sordariomycetidae
Order Diaporthales
Order Hypocreales
Order Incertae sedis
Order Microascales
Order Ophiostomatales
Order Phyllachorales
Order Sordariales
Order Xylariales
Class Saccharomycetes
Subclass Saccharomycetidae
Order Saccharomycetales
Class Taphrinomycetes
Subclass Taphrinomycetidae
Order Taphrinales

Phylum Deuteromycotina(불완전균류)

	Class, Order
Class Blastomycetes(분아균강)	
Order Sporobolomycetales	
Genus Sporobolomyces →	Urediniomycetes, Sporidiobolales
Class Hypomycetes(총생균강)	
Order Agonomycetales (무포자균목)	
Genus Rhizoctonia →	Basidiomycetes, Order Polyporales
Genus Sclerotium →	Basidiomycetes, Agaricales
Order Hyphomycetales (총생균목)	
Genus Acrocylindrium →	Ascomycetes, Incertae sedis
Genus Aspergillus →	Ascomycetes, Eurotiales
Genus Botrytis →	Ascomycetes, Helotiales
Genus Penicillium →	Ascomycetes, Eurotiales
Genus Phymatotrichum	Ascomycetes, Helotiales
Genus Pseudocercosporella →	Ascomycetes, Mycosphaerellales
Genus Pyricularia →	Ascomycetes, Incertae sedis
Genus Rhynchosporium →	Ascomycetes, Incertae sedis
Genus Sporotrichum →	Basidiomycetes, Incertae sedis
Genus Trichoderma →	Ascomycetes, Hypocreales
Genus Verticillium →	Ascomycetes, Hypocreales
Genus Alternaria →	Ascomycetes, Pleosporales
Genus Bipolaris →	Ascomycetes, Pleosporales

Genus Cercospora →	Ascomycetes, Mycosphaerellales
Genus Cladosporium →	Ascomycetes, Mycosphaerellales
Genus Clasterosporium →	Ascomycetes, Incertae sedis
Genus Corynespora →	Ascomycetes, Pleosporales
Genus Exserohilum →	Ascomycetes, Pleosporales
Genus Helminthosporium →	Ascomycetes, Pleosporales
Genus Thielaviopsis →	Ascomycetes, Microascales
Order Stilbellales(속상선균목)	
Genus Graphium →	Ascomycetes, Incertae sedis
Order Tuberculariales (류상선균목)	
Genus Fusarium →	Ascomycetes, Hypocreales
Genus Cylindrocarpon →	Ascomycetes, Hypocreales
Class Coelomycetes(有殼菌綱)	
Order Sphaeropsidales → (분생자각균목)	
Genus Phyllosticta →	Ascomycetes, Dothideales

Ⅷ. 식물 병원세균의 분류학적 위치

Kingdom Procaryotae(원핵생물계)
Domain Archaea : 과거 Mendosicutes문에 속하던 세균들. 식물 병원세균은 없다.

Domain Bacteria : 과거 Eubacteria와 Mollicutes에 속하던 균들.

Phylum ⅩⅡ. Proteobacteria
Class I. Alphaproteobacteria
Order Rhodospirillales
Family Acetobacteriaceae
*Genus *Actetobacter* : *A. ?*(파인애플 pink병균),
Genus *Gluconobacter* : *G. oxidans*(배나무 과일갈색썩음병균)
Order Sphingomonadales
Family Sphingomonadaceae(가칭)
*Genus *Rhizomonas* : *R. suberifaciens*(상추 corkyroot병균)
Order Rhizobiales
Family Rhizobiaceae
Genus *Rhizobium* : *R. leguminosarum*(클로버 뿌리혹세균)
Genus *Agrobacterium* : *A. tumefaciens*(과수 뿌리혹병균)
Class 2. Betaproteobacteria
Order Burkholderiales
Family Burkholderiaceae
Genus *Burkholderia* : *B. cepacia*(양파 구썩음병균)
Family Ralstoniaceae
Genus *Ralstonia* : *R. solanacearum*(가지과 작물 세균성풋마름병균)
Family Oxalobacteriaceae
*Genus *Herbaspirillum* : *H. rubrisubalbicans*(사탕수수 mottled stripe병균)
Family Comamonadaceae
Genus *Acidovorax* : *A. avenae* pv. *avenae*(벼 세균성줄무늬병균)
Class 3. Gammaproteobacteria
Order Xanthomonadales
Family Xanthomonadaceae

Genus *Xanthomonas* : *X. oryzae* pv. *oryzae*(벼 흰잎마름병균)
*Genus *Xylella* : *X. fastidiosa*(포도나무 piere's병균)
Order Pseudomonadales
Family Pseudomonadaceae
Genus *Pseudomonas* : *P. syringae* pv. *tabaci*(담배 들불병균)
Genus *Rhizobacter* : *R. daucus*(당근 세균성뿌리혹병균)
*Genus *Xylophilus* : *X. ampelinus*(포도나무 궤양병균)
Order Enterobacteriales
Family Enterobacteriaceae
Genus *Enterobacter* : *E. cloacae*(참외 발효과 원인균)
Genus *Brenneria* : *B. nigrifluens*(복숭아나무 세균성구멍병균)
Genus *Erwinia* : *E. amylovora*(사과나무 화상병균)
Genus *Pantoea* : *P. stewartii*(옥수수 시들음병균)
Genus *Pectobacterium* : *P. carotovorum* subsp. *carotovorum*(채소 무름병균)
Genus *Serratia* : *S. proteamaculans*(*Protea synaloides*의 점무늬병균)

Phylum XIII. Firmicutes : 과거 Firmicutes문의 내생포자를 생성하는 세균과 과거 Tenericutes문의 Mollicutes강에 속하던 세균들
Class 1. Clostridia
Order Clostridiales
Family Clostridiaceae
*Genus *Clostridium* : *C.* ?(느릅나무 wet-wood syndrome)
Class 2. Mollicutes
Order Entomoplasmatales
Family Spiroplasmataceae
*Genus *Spiroplasma* : *S. citri*(감귤나무 오갈병균)
Order 및 Family 미정
Genus *Phytoplasma* (Bergey's manual에서는 이 학명을 인정하지 않고 있음) : *Candidatus* P. ziziphy(대추나무 빗자루병균)
Class 3. Bacilli
Order : Bacillales
Family Bacillaceae
*Genus *Bacillus* : *B. megatrium* pv. *cerealis*(밀 white stripe병균)
Family Paenibacillaceae
Genus *Paenibacillus* : *P. polymyxa*(인삼 뿌리썩음병균)
Phylum XIV. Actinobacteria : 과거 Firmicutes문의 Thallobacteria강에 속하던 세균

Class 1. Actinobacteria

Subclass Actinobacteridae

Order : Actinomycetales

Suborder Micrococcineae

Family Micrococcaceae

*Genus *Arthrobacter* : *A. illicis*(American holly의 세균성마름병균)

Family Microbacteriaceae

Genus *Microbacterium* : *M. Phyllosphaerae*(참외 발효과 원인균)

Genus *Clavibacter* : *C. michiganensis* subsp. *sepedonicus*(감자 둘레썩음병균)

Genus *Curtobacterium* : *C. flaccumfaciens* pv. *oortii*(튤립 잎쪼김병균)

*Genus *Rathayibacter* : *R. tritici*(밀 malformation병균)

Suborder Corynebacterineae

Family Nocardiaceae

*Genus *Nocardia* : *N. vaccini*(blueberry의 혹병균)

*Genus *Rhodococcus* : *R. fasciens*(완두 대화병균)

Suborder Streptomycineae

Family Streptomycetaceae

Genus *Streptomyces* : *S. scabies*(감자 더뎅이병균)

앞에 * 표시가 된 속(屬)의 세균은 2006년 현재까지 한국에서 식물에 병을 일으켰다는 보고가 없다.

Ⅸ. 참고문헌

Agrios, N. George. 1997. Plant pathology. 4th ed. Academic press. 635pp.

Benson, H. J. 1990. Microbiological application. Wm.C.Brown publishers. 367pp.

Boone, D. R. and Castenholz. 2001. Bergey's manual of systematic bacteriology. 2nd ed., Vol. 1., Williams & Wilkins. Baltimore. 721pp.

Buchanan, R. E. and Gibbons, N. E. 1974. Bergey's manual of determinative bacteriology. 8th ed. Williams & Wilkins. Baltimore. 1,246pp.

CABI Bioscience Databases : http://www.indexfungorum.org

Goyer, C., Faucher, E., and Beaulieu, C. 1996. Streptomyces caviscabies sp. nov., from deep-pitted lesions in potatoes in Quebec, Canada. Int. J. Syst. Bacteriol. 46: 635~639.

Hollyday, Paul. 1989. A dictionary of plant pathology. Cambridge university press. 369pp.

Holt, G. H., Krieg, N. R., Sneath, P. H. A., Staley, J. T. and Williams S. T. 1994. Bergey's manual of determinative bacteriology. 9th ed. Williams & Wilkins. Baltimore. 787pp.

Juo, P. 2002. Concise dictionary of biomedicine and molecular biology. 2nd ed. CRC press. 1,153pp.

Kenneth, H. John. 1963. Henderson's dictionary of biological terms. 8th ed. Van Nostrand Rainhold Co. 640 pp.

Kirk, P. M., P. F. Cannon, J. C. David and J. A. Stalpers. 2001. Ainsworth and Bisby's Dictionary of the Fungi, 9th Edition. CABI. 624pp.

Korean society of plant pathology. 1999~2006. The plant pathology journal 15~22.

Krieg, N. R. and Holt, J. G. 1984. Bergey's manual of systematic bacteriology. Vol. 1~4. Williams & Wilkins. Baltimore.

Park, D. H., Kim, J. S., Kwon, S. W., Wilson, C, Yu J. H. and Lim, C. K. 2003. Streptomyces luridiscabiei sp. nov., Streptomyces puniciscabiei sp. nov. and Streptomyces niveiscabiei sp. nov., which cause potato common scab disease in Korea. Int. J. Syst . Evol. Microbiology 53: 2,049~2,054.

Singleton, Paul and Sainsbury Diana. 1978. Dictionary of microbiology. John Willy &

Sons. 481pp.

Walkey. D. 1991. Applied plant virology. Chapman and Hall. 338pp.

권진혁, 김경희, 김국형, 김동근, 김완규, 김진원, 류기현, 박병용, 유승헌, 이기운, 이순구, 이승규, 이승돈, 이영근, 이재열, 임춘근, 지형진, 차병진, 차재순, 최국선, 최동로, 최장경, 최재을, 최홍수, 현익화, 홍성기, 홍승범, 2004. 한국식물병명목록. 제4판. 한국식물병리학회. 779pp.

김경민. 서영훈. 신주옥. 이혜영. 정인실. 조은희. 하영미. 2003. 미생물학. 라이프사이언스. 1035pp.(번역. original : Microbiology 5th ed. by Prescott L., John, P. and Klein, D. 2003. McGrow Hill.)

김경민. 서영훈. 신주옥. 이혜영. 정인실. 조은희. 하영미. 2003. 일반미생물학. 라이프사이언스. 668pp.(번역. original : Microbiology 5th ed. by Prescott L., John, P. and Klein, D. 2003. McGrow Hill.)

이갑상. 1988. 미생물학용어사전. 지구문화사. 292pp.

이두형, 백수봉. 1998. 식물병리학. 도서출판 우성. 516pp.

이영근. 2002. 식물병리학도를 위한 미생물학 개론. 안동대학교 농업과학기술연구소. 185pp.

이영근. 2003. 식물세균병학과 실험. 안동대학교 농업과학기술연구소. 282pp.

이준탁. 1998. 파이토플라스마병의 전염 및 진단방법. pp. 165~182. 식물바이러스학 논고. 소인영교수 정년퇴임기념사업회. 218pp.

정영호, 박영선. 1990. 농약학. 전국농업기술자협회. 576pp.

조용섭, 박창석, 이순구, 이영근, 임춘근, 차재순, 최용철, 최재을, 허성기, 황인규. 1999. 식물세균병학. 서울대학교 출판부. 455pp.

조원대, 김완구, 지형진, 최용수, 이승돈, 김충회, 유재기, 고현관, 이승환, 최준열, 이관석. 2000. 채소 병해충 진단과 방제. 아카데미 서적. 331pp.

최상업, 김종우, 백만기, 백영학, 신영기, 심종섭, 윤영석, 이병돈, 조순탁, 한갑수, 홍문화. 1983. 과학기술용어집. 한국과학기술단체총연합회. 1363pp.

최장경, 이상용. 1993. 식물바이러스학 개론. 강원대학교 출판부. 225pp.

한국생물과학협회. 1998. 생물학사전. 아카데미서적. 2,068pp.

허성기. 1997. Ⅱ. 식물 병원성 *Corynebacterium, Agrobacterium, Pseudomonas*의 분류. pages 6~31. 식물 병원세균의 분류동정. 한국식물병리학회, 105pp.

황병국. 류문일. 김충회. 이인원. 김희규. 유승헌. 조백호. 김형무. 이영근. 안용준. 황인

규. 이기운. 고영진. 구한모. 이용세. 차병진. 임춘근. 조기종, 김기덕. 2000. 식물의학(개정판). 탐구당. 640pp.

농약공업협회. 2006. 농약사용지침서. 1,023pp.

농촌진흥청. 1978. 농업용어집. 426pp.

농촌진흥청・농업기술연구소. 1993. 과수병해 원색도감. 286pp.

농촌진흥청・농업과학기술원. 1997. 채소병해 원색도감. 447pp.

농촌진흥청・농업과학기술원. 2005. 식량작물 병해충 잡초 진단과 방제. 435pp.

한국식물병리학회. 1985~1998. 한국식물병리학회지 1~14.

한국식물병리학회. 1999~2006. 식물병연구 5~12.

한국식물보호학회. 1962~1987. 한국식물보호학회지 1~26.

한국식물병리학회. 2006. 한국식물병리학회 학술발표회 순서 및 요약.

X. 색 인

영 문

C

E

G

I

M

S

T

W

X

국 문

ㅅ